2024 NCS 학습 모듈 및

2024
국가기술자격
검정시험대비

위험물 기능사 필기 한권완성

김찬양 편저

CRAFTSMAN
HAZARDOUS MATERIAL

예문에듀
EDU

머리말

과거부터 지금까지 위험물과 관련된 각종 사고가 끊임없이 발생하고 있습니다. 이러한 사고의 원인은 대부분 위험물에 대한 전문지식이 부족하여 발생한 인재(人災)이므로 위험물 전문인력을 통해 사고를 예방 · 축소할 수 있습니다.

위험물을 취급하는 사업장은 안전 관련 법규를 준수하는 것뿐만 아니라 안전에 대한 사회적 관심에 대한 부응을 위해서, 사업장의 재산 · 임직원을 보호하기 위해서도 안전한 작업환경을 갖추어야 합니다. 이에 따라 위험물 전문자격에 대한 수요는 앞으로도 계속 늘어날 것입니다.

'위험물기능사'는 위험물안전관리법에 의거하여 모든 종류의 위험물을 취급할 수 있는 전문기술자격으로, 위험물을 취급하는 사업장은 위험물자격증을 취득한 사람을 채용해야 하는 의무가 있습니다. 위험물 기능사는 설비와 위험물을 점검하고 작업자를 지시 · 감독하며 재해 발생 시 응급조치와 안전관리를 책임지는 직무를 수행합니다.

'위험물기능사'라는 자격을 어떻게 하면 더 효율적으로 취득할 수 있을지에 대해 고민을 하였고 '자격증 시험은 100점 만점에 가까워야 하는 시험이 아니라, 60점 이상만 되면 합격하는 시험이다'라는 관점에서 바쁜 현대인이 최소한의 시간과 노력으로 "합격"할 수 있도록 교재를 만들어야겠다는 결론을 내렸습니다. 이에 따라 NCS를 비롯한 기출문제를 전면 검토하였고 핵심만을 선별 · 정리하여 덜 외우고 더 쉽게 문제를 풀 수 있도록 하였습니다.

본 교재는 이론–적중문제–기출문제로 3단계 구성되었습니다.

1단계 이론학습, 지루할 수 있는 법규들과 위험물의 특징은 그림과 도표로 한눈에 볼 수 있도록 하였습니다. 또한, 쉽게 암기하는 팁, 꼭 암기하여야 하는 팁 등 다양한 추가적인 내용을 넣어 학습에 도움이 되도록 하였습니다.

2단계 적중 핵심예상문제, 이론 학습 이후 내용 숙지가 잘 되었는지 확인하며 머리 속으로 정리가 될 수 있도록 핵심 문제를 제공하고 있습니다.

3단계 CBT 최신 기출복원문제, 출제기준과 출제된 키워드를 통해 분석하여 정리한 기출복원문제 5개년(2019~2023년)을 제공하고 있습니다. 실제 시험과 동일한 유형의 문제를 풀어보면서 시험에 대한 두려움을 줄일 수 있도록 하였습니다.

추가적으로 제공되는 소책자를 통해 출 · 퇴근길, 시험장으로 가는 길 등 다양한 곳에서 복습하실 수 있도록 하였습니다.

이 교재를 통해 수험생 여러분들께서 반드시 "합격"하시기를 기원합니다.

끝으로 본 도서가 출간되기까지 애써주신 예문사 임직원분들께 감사의 말씀을 전합니다.

저자 김찬양

시험안내

위험물기능사 개요

위험물 취급은 위험물 안전 관리법 규정에 의거 위험물의 제조 및 저장하는 취급소에서 각 류별 위험물 규모에 따라 위험물과 시설물을 점검하고, 일반 작업자를 지시 감독하며 재해 발생 시 응급조치와 안전관리 업무를 수행하는 일을 말하며 이에 따라 전문 기능인력이 필요하게 되었다.

시험정보

1. 검정방법

① 시행처 : 한국산업인력공단
② 관련학과 : 전문계고 고등학교 화공과, 화학공업과 등 관련학과
③ 시험과목(필기) : 화재예방과 소화방법, 위험물의 화학적 성질 및 취급
④ 검정방법(필기) : 객관식 4지 택일형 과목당 60문항(60분)
　　※ 합격 기준 : 100점을 만점으로 하여 60점 이상
⑤ 필기시험 수수료 : 14,500원

2. 응시현황

회별	필기시험			실기시험		
	원서접수	시험시행	합격자발표	원서접수	시험시행	합격자발표
정기기능사 제1회	1.2.~1.5.	1.21.~1.24.	1.31.	2.5.~2.8.	3.16.~3.29.	1차 : 4.9., 2차 : 4.17.
정기기능사 제2회	3.12.~3.15.	3.31.~4.4.	4.17.	4.23.~4.26.	6.1.~6.16.	1차 : 6.26., 2차 : 7.3.
정기기능사 제3회	5.28.~5.31.	6.16.~6.20.	6.26.	7.16.~7.19.	8.17.~9.3.	1차 : 9.11., 2차 : 9.25.
정기기능사 제4회	8.20.~8.23.	9.8.~9.12.	9.25.	9.30.~10.4.	11.9.~11.24.	1차 : 12.4., 2차 : 12.11.

※ 자세한 내용은 한국산업인력공단(www.q-net.or.kr)을 참고하시기 바랍니다.

3. 출제기준

주요항목	세부항목	세세항목	
화재 예방 및 소화 방법	화학의 이해	• 물질의 상태 및 성질 • 유기, 무기화합물의 특성	• 화학의 기초법칙
	화재 및 소화	• 연소이론 • 폭발의 종류 및 특성	• 소화이론 • 화재의 분류 및 특성
	화재 예방 및 소화 방법	• 위험물의 화재 예방	• 위험물의 화재 발생 시 조치 방법
소화약제 및 소화기	소화약제	• 소화약제의 종류	• 소화약제별 소화원리 및 효과
	소화기	• 소화기의 종류 및 특성	• 소화기별 원리 및 사용법
소방시설의 설치 및 운영	소화설비의 설치 및 운영	• 소화설비의 종류 및 특성 • 위험물별 소화설비의 적응성	• 소화설비 설치기준 • 소화설비 사용법
	경보 및 피난설비의 설치기준	• 경보설비 종류 및 특징 • 피난설비의 설치기준	• 경보설비 설치 기준

위험물의 종류 및 성질	제1류 위험물	• 제1류 위험물의 종류 • 제1류 위험물의 위험성	• 제1류 위험물의 성질 • 제1류 위험물의 화재 예방 및 진압 대책
	제2류 위험물	• 제2류 위험물의 종류 • 제2류 위험물의 위험성	• 제2류 위험물의 성질 • 제2류 위험물의 화재 예방 및 진압 대책
	제3류 위험물	• 제3류 위험물의 종류 • 제3류 위험물의 위험성	• 제3류 위험물의 성질 • 제3류 위험물의 화재 예방 및 진압 대책
	제4류 위험물	• 제4류 위험물의 종류 • 제4류 위험물의 위험성	• 제4류 위험물의 성질 • 제4류 위험물의 화재 예방 및 진압 대책
	제5류 위험물	• 제5류 위험물의 종류 • 제5류 위험물의 위험성	• 제5류 위험물의 성질 • 제5류 위험물의 화재 예방 및 진압 대책
	제6류 위험물	• 제6류 위험물의 종류 • 제6류 위험물의 위험성	• 제6류 위험물의 성질 • 제6류 위험물의 화재예방 및 진압 대책
위험물안전관리 기준	위험물 저장 · 취급 · 운반 · 운송기준	• 위험물의 저장기준 • 위험물의 운반기준	• 위험물의 취급기준 • 위험물의 운송기준
기술기준	제조소등의 위치구조설비기준	• 제조소의 위치구조설비 기준 • 옥내저장소의 위치구조 설비 기준 • 옥외탱크저장소의 위치 구조설비 기준 • 옥내탱크저장소의 위치 구조설비 기준 • 지하탱크저장소의 위치 구조설비 기준 • 간이탱크저장소의 위치 구조설비 기준 • 이동탱크저장소의 위치 구조설비 기준 • 옥외저장소의 위치 구조설비 기준 • 암반탱크저장소의 위치 구조설비 기준 • 주유취급소의 위치 구조설비 기준 • 판매취급소의 위치 구조설비 기준 • 이송취급소의 위치 구조설비 기준 • 일반취급소의 위치 구조설비 기준	
	제조소등의 소화설비, 경보설비 및 피난설비기준	• 제조소등의 소화난이도등급 및 그에 따른 소화설비 • 위험물의 성질에 따른 소화설비의 적응성 • 소요단위 및 능력단위 산정법 • 옥내소화전의 설치기준 • 옥외소화전의 설치기준 • 스프링클러의 설치기준 • 물분무소화설비의 설치기준 • 포소화설비의 설치기준 • 불활성가스 소화설비의 설치기준 • 할로겐화물소화설비의 설치기준 • 분말소화설비의 설치기준 • 수동식소화기의 설치기준 • 경보설비의 설치기준 • 피난설비의 설치기준	
위험물안전관리법상 행정사항	제조소등 설치 및 후속절차	• 제조소등 허가 • 탱크안전성능검사 • 제조소등 용도폐지	• 제조소등 완공검사 • 제조소등 지위승계
	행정처분	• 제조소등 사용정지, 허가취소	• 과징금처분
	안전관리 사항	• 유지 · 관리 • 정기점검 • 자체소방대	• 예방규정 • 정기검사
	행정감독	• 출입 검사 • 벌금 및 과태료	• 각종 행정명령

도서의 구성과 활용

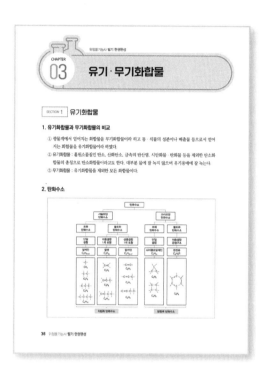

STEP 1 핵심이론

- 효율적인 학습을 위해 최신 출제기준을 분석하여 체계적으로 핵심이론을 수록하였습니다.
- 다양한 도표 및 그림을 통해 쉽게 이해되도록 하였습니다.

STEP 2 적중 핵심예상문제

- 단원별 중요 포인트들만 모아 만든 마무리문제로 학습한 내용을 본인의 지식으로 정리되는 것을 돕도록 구성하였습니다.
- 문제 아래 해설을 배치하여 빠른 학습이 가능하도록 하였습니다.

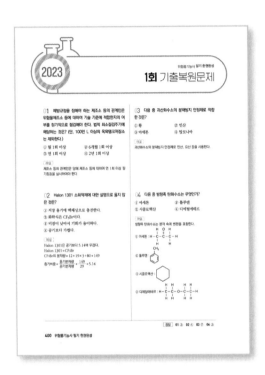

STEP 3 CBT 최신 기출복원문제

- 출제기준과 해당 회차의 기출 키워드 등을 통해 2019년부터 2023년까지 5개년 기출복원문제를 수록하였습니다.
- 문제와 해설을 분리 구성하였으며 문제를 풀어보며 문제의 유형 및 난이도를 확인하고 학습이 부족한 단원을 체크 할 수 있도록 하였습니다.

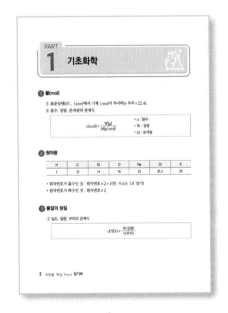

STEP 4 위험물 핵심 Point 암기북

- 시험장 가는 길에 마지막으로 확인해야 할 이론 포인트만 모아 휴대하기 좋게 핸드북 크기로 제작하였습니다.

CBT 모의고사 이용 가이드

STEP 1 ▶ 로그인 후 메인 화면 상단의 [CBT 모의고사]를 누른 다음 시험 과목을 선택합니다.

STEP 2 ▶ 시리얼 번호 등록 안내 팝업창이 뜨면 [확인]을 누른 뒤 시리얼 번호를 입력합니다.

시리얼번호			
XXXX	XXXX	XXXX	XXXX

STEP 3 ▶ [마이페이지]를 클릭하면 등록된 CBT 모의고사를 [모의고사]에서 확인할 수 있습니다.

시리얼 번호

S103 - RE50 - 2M64 - C120

머리말

위험물기능사 필기 한권완성

위험물기능사 필기 한권완성
Craftsman Hazardous material

PART

01

기초화학

CHAPTER 01 화학물질

SECTION 1 주기율표

1. 주기율표

원소들을 원자번호 순서대로 열거하되 반복되는 주기적 화학적 성질에 따라 배열한 표이다.

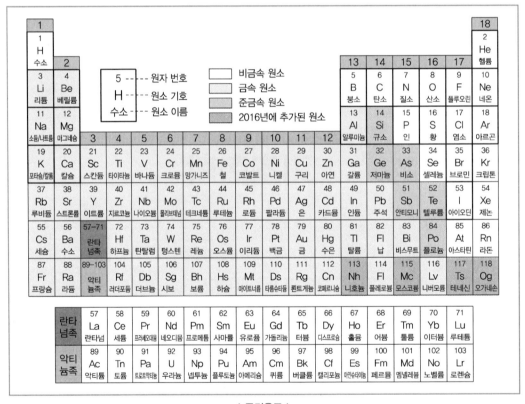

| 주기율표 |

 암기필수

H He Li Be / B C N O / F Ne Na Mg / Al Si P S / Cl Ar K Ca
수 헬 리 베 / 붕탄질산 / 플 네 나 마 / 알규 인황/ 염아 칼카

2. 전자껍질 모형에 따른 1~20번 원소의 전자 배치

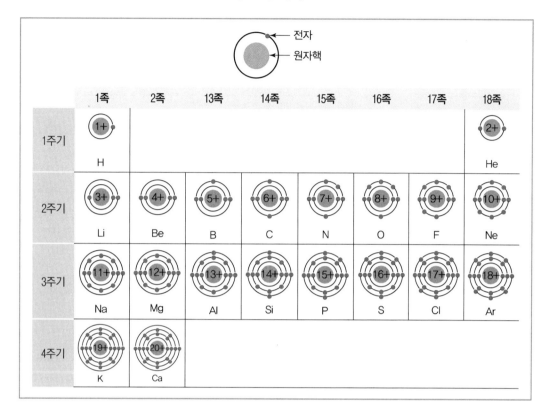

① 전자껍질 : 전자는 원자핵에 가까운 전자껍질부터 차례대로 2개, 8개, 8개씩 채워진다.

② 원자가 전자 : 가장 바깥쪽 전자껍질에 있는 전자를 말하며, 화학 결합에 참여하는 전자로 원자의 화학적 성질을 결정한다.

3. 주기

① 주기율표의 가로줄을 주기라 하고, 1주기~7주기가 있다.

② 주기는 전자가 들어있는 전자껍질 수와 같다(주기 번호 = 전자껍질 수).

③ 같은 주기의 원소는 전자껍질 수가 같다.

4. 족

① 주기율표의 세로줄을 족이라 하고, 1족~18족(0족)이 있다.

② 같은 족 원자는 원자가 전자 수가 같아서 화학적 성질이 비슷하다.

③ 1족, 2족, 13족~17족의 원자가 전자 수는 족의 끝자리 수와 같다(족의 끝자리 수 = 원자가 전자 수).

1족	알칼리 금속	• 수소를 제외한 1족 원소를 알칼리 금속이라고도 한다. • 전자 1개를 잃고 +1가 양이온이 되기 쉽다. • 원자 번호가 클수록 양이온이 되려는 성질이 크다.
17족	할로겐 원소	• 17족 원소들을 할로겐 원소라고도 한다. • 전자 1개를 얻어 −1가 음이온이 되기 쉽다. • 원자 번호가 클수록 반응성이 작아진다.
18족	비활성 기체	• 18족 원소들을 비활성 기체라고도 한다. • 안정하여 다른 원소들과 거의 반응하지 않는다.

SECTION 2 | **원자**

1. 정의

① 원자 : 물질을 구성하는 기본 단위로, 화학반응을 통해 더 쪼갤 수 없는 단위이다.

　例 H, C, N, O 등

② 분자 : 물질의 고유한 성질을 띠는 가장 작은입자로, 원자가 2개 이상 결합된 형태이다(단, 18족 (He, Ne, Ar, …)은 원자 자체가 분자이다.).

　例 H_2, CO_2, N_2, O_2, H_2O 등

2. 몰

(1) 몰

① 아주 작은 입자를 세는 단위이다.

② 원자량이 12인 탄소원자 ^{12}C 12.0g에 해당하는 ^{12}C 원자 수로 정의한다.

$$1몰 = 6.02 \times 10^{23}개$$

(2) 아보가드로수(N_A)

① 1몰은 6.02×10^{23}개만큼 모인 집단이며, 이 수를 아보가드로수라고 한다.

② 모든 입자 1몰에는 그 입자가 6.02×10^{23}개 존재한다.

$$N_A(아보가드로수) = 6.02 \times 10^{23}$$

③ 몰과 입자수

입자	1몰의 의미	몰과 입자 수
원자 1몰	원자 6.02×10^{23}개	질소원자(N) 1몰＝질소원자(N) 6.02×10^{23}개
분자 1몰	분자 6.02×10^{23}개	질소분자(N_2) 1몰＝질소분자(N_2) 6.02×10^{23}개 ＝질소원자(N) $2 \times 6.02 \times 10^{23}$개

(3) 몰농도(M)

① 용액의 농도를 몰을 이용하여 나타낸 값이다.

② 용질의 양(몰)을 용액의 부피(L)로 나눈 값이다.

$$몰농도(M) = \frac{용질의\ 양(mol)}{용액의\ 부피(L)}$$

예 질산 수용액 4L에 질산이 2mol 들어있다면, 이 수용액의 몰농도는 $\dfrac{2mol}{4L} = 0.5M$이다.

3. 원자량, 분자량

(1) 원자량

① 원자 1개의 상대적 질량이다.

② 탄소 원자(^{12}C)의 질량을 12로 정하고, 이것을 기준으로 다른 원자의 질량을 상대적으로 나타낸 값이다.

③ 원자 1mol의 질량(g)으로, 단위는 g/mol이다.

예 산소원자(O)의 원자량은 16g/mol이다(＝산소 원자가 1mol 있을 때의 질량은 16g이다.).

💡 **암기필수** −암기해야 하는 원자량

H	C	N	O	Na	Cl	K
1	12	14	16	23	35.5	39

• 원자번호가 홀수인 것 : 원자번호×2+1(단, 수소는 1로 암기)
• 원자번호가 짝수인 것 : 원자번호×2

(2) 분자량

① 분자 1개의 상대적 질량이다.

② 분자를 이루는 원자들의 원자량을 모두 더한 값이다.

O_2	$16 \times 2 = 32$
H_2O	$1 \times 2 + 16 = 18$
NH_3	$14 + 1 \times 3 = 17$
CO_2	$12 + 16 \times 2 = 44$

③ 분자 1mol의 질량(g)으로, 단위는 g/mol이다.

예 산소분자(O_2)의 분자량은 32g/mol이다(= 산소 분자가 1mol 있을 때의 질량은 32g이다.).

④ 몰수, 질량, 분자량의 관계

$$n = \frac{W}{M}$$

- n : 몰수(mol)
- W : 질량(g)
- M : 분자량(g/mol)

적중 핵심예상문제

01 다음 중 알칼리 금속이 아닌 것은?

① Li ② Ca

③ Na ④ K

해설

Ca는 2족 알칼리토금속이고, 나머지는 1족 알칼리 금속이다.

02 다음 중 할로겐 원소는 무엇인가?

① K ② P

③ I ④ S

해설

I(요오드)는 17족 할로겐 원소이다.

03 다음 중 원자가 전자가 가장 많은 원자는 무엇인가?

① Be ② Al

③ F ④ K

해설

원자가 전자는 가장 바깥쪽 전자껍질에 있는 전자를 말하며, 족의 끝자리 수와 같다.

① Be : 2족

② Al : 13족

③ F : 17족

④ K : 1족

04 다음 중 17족의 원소가 아닌 것은?

① F ② B

③ Cl ④ I

해설

B(붕소)는 13족이다.

05 다음 중 화학적 성질이 비슷한 것끼리 묶인 것은?

① H, He ② Mg, Al, Si

③ Li, Na, K ④ C, N, O

해설

같은 족끼리 화학적 성질이 비슷하다. Li, Na, K는 1족(알칼리 금속)으로 족이 같다.

06 CO_2 1몰은 산소원자가 몇 몰이 포함되어 있는가?

① 1몰 ② 2몰

③ 3몰 ④ 4몰

해설

CO_2 1몰은 탄소원자(C) 1몰과 산소원자(O) 2몰로 구성되어 있다.

07 질소기체 2mol이 있을 때, 이 기체의 N 원자의 몰수로 옳은 것은?

① 1mol ② 1.5mol

③ 2mol ④ 4mol

해설

질소기체(N_2 분자) 2mol에는 N(원자)2mol×2=4mol이 있다.

08 NaCl의 분자량으로 옳은 것은?

① 28 ② 39

③ 58.5 ④ 74.5

해설

Na의 원자량 23+Cl의 원자량 35.5 = 58.5

정답 01 ② 02 ③ 03 ③ 04 ② 05 ③ 06 ② 07 ④ 08 ③

09 메탄올(CH_3OH)의 분자량으로 옳은 것은?

① 28 ② 32

③ 36 ④ 44

해설

12(C의 원자량) + 1(H의 원자량) × 4 + 16(O의 원자량) = 32

10 질산(HNO_3)의 분자량으로 옳은 것은?

① 53 ② 59

③ 63 ④ 81

해설

1(H의 원자량) + 14(N의 원자량) + 16(O의 원자량) × 3 = 63

11 트리니트로톨루엔($C_7H_5N_3O_6$)의 분자량은 얼마인가?

① 217 ② 227

③ 289 ④ 265

해설

$C_7H_5N_3O_6$의 분자량 = $12 \times 7 + 5 + 14 \times 3 + 16 \times 6 = 227$

12 이산화탄소(CO_2) 88g은 몇 mol인가?

① 1mol ② 2mol

③ 3mol ④ 4mol

해설

$n = \dfrac{W}{M}$ 식을 사용하여 mol을 구한다.

• 이산화탄소의 분자량(M) = $12 + 16 \times 2 = 44 g/mol$

• 이산화탄소의 질량(W) = 88g

$\therefore n = \dfrac{88\,g}{44\,g/mol} = 2mol$

13 0.7M의 과염소산 용액이 2L일 때, 과염소산은 몇 몰이 포함되어 있는가?

① 1.4몰 ② 1.8몰

③ 2.4몰 ④ 3.2몰

해설

몰농도(M) = $\dfrac{용질의\ 양(mol)}{용액의\ 부피(L)}$

$0.7M = 0.7\dfrac{mol}{L} = \dfrac{x\ mol}{2L}$

$\therefore x = 1.4mol$

14 500mL 부피플라스크에 질산 0.5mol을 넣고 남은 양을 물로 채웠을 때 질산의 몰농도는?

① 1M ② 1.2M

③ 2M ④ 2.4M

해설

몰농도(M) = $\dfrac{용질의\ 양(mol)}{용액의\ 부피(L)} = \dfrac{0.5\,mol}{0.5\,L} = 1M$

CHAPTER 02 물질

SECTION 1 ## 물질의 정의 및 성질

1. 물질의 정의

(1) 일반적 정의

일정한 공간을 점유하고 질량을 갖는 것이 물질이다.

(2) 물리 · 화학적 정의

화합물과 혼합물을 합한 것이 물질이다.

① 물질의 분류

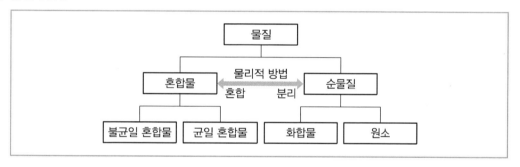

- ㉠ 혼합물 : 두 종류 이상의 물질이 화학적 반응을 일으키지 않고 물리적으로 단순히 섞여 있는 물질로, 성분 물질들이 고르게 섞여 있느냐에 따라 균일혼합물과 불균일혼합물로 분류하는데, 그 분리 방법에는 밀도차나 용해도 차이를 이용하는 방법, 크로마토그래피를 이용하는 방법 등이 있다.

  예 공기(균일혼합물), 연기(불균일혼합물)

- ㉡ 화합물 : 두 종류 이상의 다른 화학 원소가 일정 비율의 무게로 결합하여 만들어진 순수한 화학 물질로, 물리적인 방식으로는 각각의 성분으로 분리할 수 없다. 또한, 끓는점과 녹는점 등의 고유한 물리적 성질을 갖고 있다.

  예 소금물, 물 등

ⓒ 원소 : 물질을 이루는 기본 성분으로, 화학적인 방법으로 더 이상 다른 물질로 분해되지 않는
성분을 말한다.

　예 수소(H), 산소(O), 질소(N), 탄소(C) 등

2. 물질의 성질

(1) 물리적 성질

① 밀도

ⓐ 물질의 질량을 부피로 나눈 값으로 물질마다 고유한 값(고정된 값)을 지닌다.

$$밀도 = \frac{질량}{부피}$$

> **참고 – 암기법**
>
> 질량의 'ㅈ', 부피의 'ㅂ'을 따와서 '밀도 = 즙'이라고 외운다.

　예 물의 밀도 = $1g/cm^3$ = 1kg/L

물이 $1cm^3$의 부피를 차지할 때의 질량 = 1g

물이 1g의 질량일 때의 부피 = $1cm^3$

물이 1kg의 질량일 때의 부피 = 1L

물이 1L의 부피를 차지할 때의 질량 = 1kg

② 비중

ⓐ 비중(액비중)

- 1기압, 4℃ 물(밀도 : $1g/cm^3$)을 기준물질로 삼아 물의 밀도에 대한 상대적인 비를 나타낸다.

　예 밀도가 $0.8g/cm^3$인 물질 A의 비중 = $\dfrac{0.8\,g/cm^3}{1\,g/cm^3}$ = 0.8

비중이 0.8인 물질 A의 밀도 = $0.8 \times 1g/cm^3$ = $0.8g/cm^3$

ⓑ 가스비중(증기비중)

- 공기를 기준물질로 삼아 공기의 밀도에 대한 대상 물질의 상대적인 비를 나타낸다.
- 표준상태(0℃, 1기압)에서 같은 부피(22.4L)를 차지하고 있는 공기와의 분자량으로 비교한다.

　예 프로판(C_3H_8)의 증기비중 구하기

프로판이 22.4L(1mol)의 부피를 차지할 때의 분자량 = $12 \times 3 + 8$ = 44g

공기가 22.4L(1mol)의 부피를 차지할 때의 분자량 = 29g

프로판의 비중 = $\dfrac{프로판\ 분자량}{공기\ 분자량}$ = $\dfrac{44g}{29g}$ = 1.517

③ 끓는점(비등점)

- 액체가 끓어 기체로 바뀌는 온도로, 기화가 일어나는 동안 열을 가해도 물질의 온도는 변하지 않는다.

  예 물의 끓는점은 100℃이다.

④ 어는점(녹는점)

- 액체가 굳어 고체가 되거나, 고체가 녹아 액체가 되는 온도이다.

  예 물의 어는점은 0℃이다.

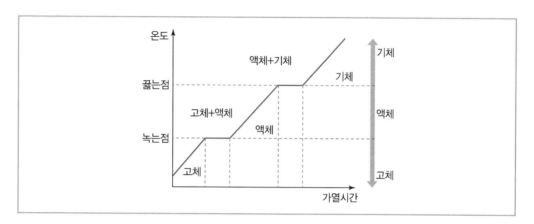

⑤ pH

- 용액의 수소이온지수 즉, 용액의 산성이나 알칼리성의 정도를 나타내는 수치이다.

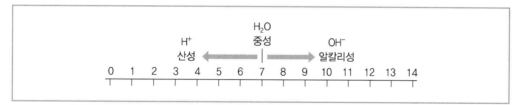

(2) 화학적 성질

① 물질의 고유한 성질 중 화학반응에서 보이는 성질이다.

② 산성 · 알칼리성 · 가연성 · 폭발성 · 산화성 · 환원성 등이 있다.

③ 분자인 경우 구성하고 있는 원자 또는 원자단(基)의 성질이나 배치 · 결합 상태를 반영하고, 원자인 경우는 주로 전자껍질의 모양에 의한다.

물질의 상태 및 성질

1. 물질의 상태

① 고체 : 물질을 구성하는 입자들의 상호 인력에 의해 서로의 위치가 고정되어 일정한 모양과 부피를 갖는 상태이다.

② 액체 : 물이나 기름과 같이 자유로이 유동하여 용기의 모양에 따라 그 모양이 변하며 일정한 형태를 가지지 않고 압축해도 거의 부피가 변하지 않는 물질이다.

③ 기체 : 일정한 모양과 부피를 갖지 않고 용기를 채우려는 성질이 있는 물질의 상태이다.

구분	고체(Solid)	액체(Liquid)	기체(Gas)
형태			
분자간거리	가깝다	중간	멀다
압력	높다	중간	낮다
온도	낮다	중간	높다

2. 물질의 상변화

(1) 상변화

열을 가함에 따라 물질이 고체, 액체, 기체로 변화하는 것을 상변화라고 한다.

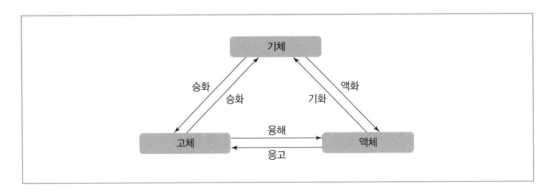

(2) 현열, 잠열

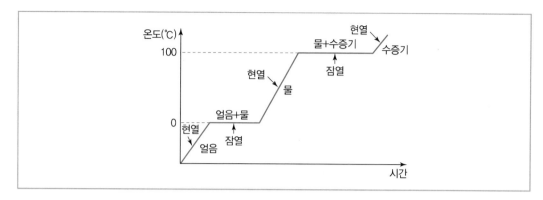

① 현열 : 물질이 상태변화 없이 온도변화가 생길 때 방출하거나 흡수하는 열량이다(cal/g·℃ 또는 J/g·℃의 단위를 주로 사용한다.).

　㉠ 비열 : 어떤 물질 1g의 온도를 1℃만큼 올리는 데 필요한 열량이다.

$$Q = c \cdot m \cdot \triangle t$$

- Q : 열량(cal 또는 J)
- c : 비열(cal/g·℃ 또는 J/g·℃)
- m : 질량(g)
- $\triangle t$: 온도변화(℃)

참고 - 암기법

Q=씨(c)암(m)탉($\triangle t$)

② 잠열 : 물질이 온도변화 없이 상태변화만 일으키는 데 필요한 열량이다(cal/g 또는 J/g의 단위를 주로 사용한다.).

　㉠ 기화열 : 증발열이라고도 하며 액체가 기체로 바뀔 때 외부에서 흡수하는 열량을 말한다.

　㉡ 액화열 : 기체가 액체로 바뀔 때 외부로 방출하는 열량을 말한다.

　㉢ 융해열 : 고체가 액체로 바뀔 때 외부에서 흡수하는 열량을 말한다.

　㉣ 응고열 : 액체가 고체로 바뀔 때 외부로 방출하는 열량을 말한다.

　㉤ 승화열 : 기체가 고체로, 고체가 기체로 바뀔 때 외부로 흡수 또는 방출하는 열량을 말한다.

$$Q = c \cdot m$$

- Q : 열량(cal 또는 J)
- c : 잠열(cal/g 또는 J/g)
- m : 질량(g)
- 현열은 온도변화가 있어서 $\triangle t$를 곱해주지만, 잠열은 온도변화가 없기 때문에 $\triangle t$를 곱해줄 필요가 없다.

(3) 물 1kg의 상태변화와 열량

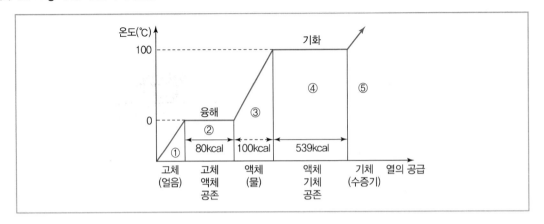

구간	상태	설명
①	얼음	• 열을 공급해 줄수록 얼음의 온도가 올라간다. • 상태변화(액체로의 변화)는 일어나지 않는다.
②	얼음+물	• 공급해준 열이 상태변화에 쓰이며, 얼음의 온도는 상승하지 않는다(0℃ 고정). • 물 1kg당 80kcal의 융해열이 상변화(고체 → 액체)에 사용된다.
③	물	• 열을 공급해 줄수록 물의 온도가 올라간다. • 상태변화(기체로의 변화)는 일어나지 않는다. • 물의 비열=1kcal/kg · ℃(물 1kg을 1℃ 올리는 데 1kcal이 필요하다.) • 물 1kg을 0℃에서 100℃로 올리기 위해 100kcal의 열량이 필요하다($Q=c \cdot m \cdot \triangle t$ $=(1kcal/kg \cdot ℃)(1kg)((100-0)℃)=100kcal$).
④	물+수증기	• 공급해준 열이 상태변화에 쓰이며, 물의 온도는 상승하지 않는다(100℃ 고정). • 물 1kg당 539kcal의 기화열이 상변화(액체 → 기체)에 사용된다.
⑤	수증기	열을 공급해 줄수록 수증기의 온도가 올라간다.

암기필수

• 물의 융해열(얼음 → 물) : 80cal/g
• 물의 비열(물의 온도상승) : 1cal/g · ℃
• 물의 증발열(물 → 수증기) : 539cal/g
※ 물의 증발열은 매우 크기 때문에 소화약제로 쓰일 때 효과적이다.

| SECTION 3 | 화학반응 |

1. 질량보존의 법칙

닫힌 계에서 화학반응 전 화합물 전체의 질량 합과 반응 후의 화합물 전체 질량의 합이 같다.

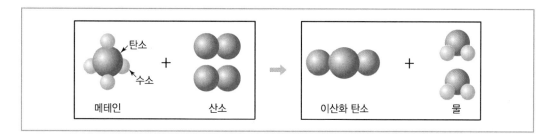

2. 일정 성분비의 법칙

하나의 순수한 화합물을 이루는 구성 원소들의 질량비는 항상 일정하다.

예 물(H_2O) : 물은 어느 곳에서 취수하든지 89wt%의 산소, 11wt%의 수소로 이루어져 있다(물 1mol (18g) 기준으로, H원자 2g(11wt%), O원자 16g(89wt%)으로 이루어져 있다.).

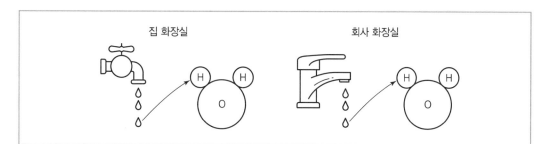

3. 배수비례의 법칙

2종류의 원소가 화합하여 2종 이상의 화합물을 만들 때, 한 원소의 일정량과 결합하는 다른 원소의 질량비는 항상 간단한 정수비를 나타낸다는 법칙이다.

예 질소산화물 : 14g 질소에 대해 화합하는 산소는 8g의 배수. 즉, $N_2O : NO : N_2O_3 : NO_2 : N_2O_5$ – 1 : 2 : 3 : 4 : 5로 되어 있다.

4. 기체반응의 법칙

화학반응이 기체 사이에서 일어날 때 같은 온도와 같은 압력에서 반응하는 기체와 생성되는 기체의 부피 사이에는 간단한 정수비가 성립한다는 법칙이다.

例 $2H_2 + O_2 \rightarrow 2H_2O$

부피비 = $H_2 : O_2 : H_2O = 2 : 1 : 2$

例 $3H_2 + N_2 \rightarrow 2NH_3$

부피비 = $H_2 : N_2 : NH_3 = 3 : 1 : 2$

5. 아보가드로의 법칙

① 동일한 온도와 압력에서 부피가 같은 기체는 종류에 관계없이 같은 수의 입자를 갖는다.

② 표준상태($0℃$, $1atm$)에서 기체 1몰은 22.4L의 부피를 차지한다.

③ 표준상태($0℃$, $1atm$)에서 기체 1몰은 6.02×10^{23}개의 기체 분자가 있다.

표준상태($0℃$, $1atm$)에서,
기체 $1mol = 22.4L = 6.02 \times 10^{23}$개

종류	헬륨(He) 1몰	암모니아(NH₃) 1몰	이산화탄소(CO₂) 1몰
부피	22.4L	22.4L	22.4L
분자수	6.02×10^{23}개	6.02×10^{23}개	6.02×10^{23}개
무게	4.0g	17.0g	44.0g
모양			

6. 돌턴의 부분압력의 법칙

① 혼합 기체의 전체 압력은 각 성분 기체의 부분 압력을 더한 값과 같다.

② 어느 한 성분 기체의 부분 압력은 섞여 있는 다른 기체 분자의 존재 여부와 무관하다.

③ 혼합 기체 중의 성분 기체의 부분압력은 성분기체의 몰분율에 비례한다.

$$P = P_A + P_B + P_C + \cdots$$

- P : 혼합기체의 전체 압력
- P_A : 성분기체 A의 부분 압력
- P_B : 성분기체 B의 부분 압력
- P_C : 성분기체 C의 부분 압력

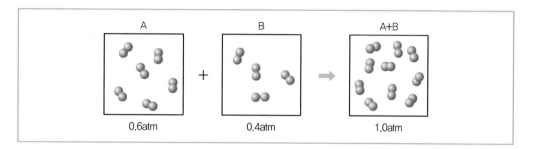

④ 단독으로 있을 때 0.6기압과 0.4기압인 두 기체를 혼합하면 각 기체의 부분 압력은 단독으로 있을 때와 같이 0.6기압과 0.4기압을 나타내므로 전체 압력은 1.0기압이 된다.

7. 화학반응식

① 화학반응식 만들기 순서

순서	방법	예
1.	'→' 기준으로 왼쪽에는 반응물을, 오른쪽에는 생성물을 쓰고, 2가지 이상이면 '+'로 연결한다.	$H_2 + O_2 \rightarrow H_2O$
2.	반응물과 생성물에 있는 원자의 종류와 개수가 같도록 계수를 맞추고, 계수가 1이면 생략한다.	$2H_2 + O_2 \rightarrow 2H_2O$
3.	물질의 상태를 표시할 경우 ( ) 안에 g, l, s 등 기호를 써서 표시한다.	$2H_2(g) + O_2(g) \rightarrow 2H_2O(g)$

② 화학반응식의 해석 : 화학반응식의 계수는 반응하는 물질의 mol과 비례한다(기체반응일 경우 부피와 비례한다.).

예 $2H_2(g) + O_2(g) \rightarrow 2H_2O(g)$의 해석

- 2mol의 수소분자(H_2)가 1mol의 산소분자(O_2)가 반응하여 2mol의 물분자(H_2O)가 생성된다.
- 4mol의 물분자가 생성되었다면 4mol의 수소분자와 2mol의 산소분자가 반응한 것이다.
- 44.8L의 수소분자와 충분한 양의 산소분자가 반응하면 물분자는 44.8L 생성된다.

8. 완전연소 반응식

① 산소를 충분히 공급하고 적정한 온도를 유지시켜 반응물질이 더 이상 산화되지 않는 물질로 변화하도록 하는 연소반응이다.

② 탄화수소가 완전연소하면 CO_2, H_2O만 발생한다.

예 $CH_4 + 2O_2 \rightarrow CO_2 + 2H_2O$

9. 이상기체방정식

(1) 이상기체방정식

$$PV = nRT$$

- P : 기체의 압력(atm)
- V : 기체의 부피(L)
- n : 기체의 몰수(mol)
- R : 이상기체 상수 $\left(0.082\dfrac{atm \cdot L}{mol \cdot K}\right)$
- T : 절대온도(K)

💡 **암기필수** – 이상기체방정식의 변형

$$PV = nRT$$
$$PV = \frac{W}{M}RT \left(\because n = \frac{W}{M}\right)$$
$$P = \frac{WRT}{VM} = \frac{dRT}{M} \left(\because d = \frac{W}{V}\right)$$

- P : 기체의 압력(atm)
- V : 기체의 부피(L)
- n : 기체의 몰수(mol)
- R : 이상기체 상수 $\left(0.082\dfrac{atm \cdot L}{mol \cdot K}\right)$
- T : 절대온도(K)
- W : 질량(g)
- M : 분자량(g/mol)
- d : 밀도(g/L)

(2) 이상기체방정식 관련 법칙

① 보일의 법칙 : 온도가 일정하면 압력과 부피는 반비례한다. $P \propto \dfrac{1}{V}$

② 샤를의 법칙 : 압력이 일정하면 부피는 온도에 비례한다. $V \propto T$

③ 아보가드로의 법칙 : 온도와 압력이 일정하면 부피는 몰수에 비례한다. $V \propto n$

(3) 단위 변환

① 압력

$$1atm = 760mmHg$$
$$= 101,325Pa = 1.01325bar$$
$$= 10.332mH_2O = 1.0332kg/cm^2$$
$$= 14.7psi = 14.7lb/in^2$$

② 부피

$$1m^3 = 1,000L$$
$$1L = 1,000cm^3$$

③ 온도

$$K = ℃ + 273$$

10. 이온결합

(1) 이온결합

양이온과 음이온 사이의 정전기적 인력에 기반을 둔 결합이다.

예 $Na^+ + Cl^- \rightarrow NaCl$, $H^+ + OH^- \rightarrow H_2O$

(2) 이온결합 화합물 화학식 쓰는 방법

방법	예시
양이온을 왼쪽에, 음이온을 오른쪽에 쓴다.	Na^+ / SO_4^{2-}
양이온, 음이온의 전하량의 합이 0이 되도록 양이온과 음이온의 개수비를 산정한다.	Na^+ : 2개 / SO_4^{2-} : 1개
양이온과 음이온의 개수비를 원자단 아래에 작게 쓴다(개수가 1개이면 1은 생략).	Na^+_2 / SO_4^{2-}
양이온과 음이온을 합쳐 쓴다.	Na_2SO_4

(3) 원자의 전하량

① 주기율표의 족과 매칭하여 암기한다.

속	1족	2족	16족	17족
전하량	+1	+2	−2	−1
예시	H^+ Li^+ Na^+ K^+	Mg^{2+} Ca^{2+} Ba^{2+}	O^{2-} S^{2-}	F^- Cl^- Br^- I^-

② 그 외의 원자의 전하량을 암기한다.

원자	구리(Cu)	납(Pb)	철(Fe)	알루미늄(Al)
전하량	Cu^{2+}	Pb^{2+}	Fe^{2+}	Al^{3+}

③ 원자단의 전하량을 암기한다.

- 원자단 : 다수의 원자가 모여서 구성된 화학적, 기능적으로 구별되는 단위

원자단	이온식
암모늄이온	NH_4^+
수산화이온	OH^-
황산이온	SO_4^{2-}
질산이온	NO_3^-
탄산이온	CO_3^{2-}
인산이온	PO_4^{3-}
염소산이온	ClO_3^-
과망간산이온	MnO_4^-
중크롬산이온	$Cr_2O_7^{2-}$
시안화이온	CN^-
아세트산이온	CH_3COO^-
브롬산이온	BrO_3^-

(4) 이온결합 반응식

① 분자를 양이온, 음이온으로 쪼개어 결합하는 반응식을 작성한다.

이온결합 반응식 **예**

NaH+H₂O의 반응식	6NaHCO₃+Al₂(SO₄)₃의 반응식
$NaH + H_2O$ $\Downarrow$ $Na^+ \; H^- + H^+ \; OH^-$ $\Downarrow$ $Na^+ \; H^- \; + \; H^+ \; OH^-$ $\Downarrow$ $NaOH + H_2$ $\Downarrow$ $NaH + H_2O \rightarrow NaOH + H_2$	$6NaHCO_3 + Al_2(SO_4)_3$ $\Downarrow$ $6Na^+ \; 6H^+ \; 6CO_3^{2-} + 2Al^{3+} \; 3SO_4^{2-}$ $\Downarrow$ $6Na^+ \; 6H^+ \; 6CO_3^{2-} \; + \; 2Al^{3+} \; 3SO_4^{2-}$ $6OH^- + 6CO_2$ $\Downarrow$ $3Na_2SO_4 + 2Al(OH)_3 + 6CO_2$ $\Downarrow$ $6NaHCO_3 + Al_2(SO_4)_3 \rightarrow 3Na_2SO_4 + 2Al(OH)_3 + 6CO_2$

11. 산화 · 환원 반응

(1) 산화 · 환원

산화 반응	환원 반응
산소를 얻는다. 예 $C + O_2 \rightarrow CO_2$	산소를 잃는다. 예 $2H_2O \rightarrow 2H_2 + O_2$
수소를 잃는다. 예 $CH_3CH_2OH \rightarrow CH_3CHO + H_2$	수소를 얻는다. 예 $N_2 + 3H_2 \rightarrow 2NH_3$
전자를 잃는다(산화수가 증가한다.). 예 $2KCl + F_2 \rightarrow 2KF + Cl_2$ 2개의 Cl^-이 전자를 잃고 Cl_2가 되었다.	전자를 얻는다(산화수가 감소한다.). 예 $2KCl + F_2 \rightarrow 2KF + Cl_2$ F_2가 전자를 얻어 2개의 F^-가 되었다.

(2) 산화제 · 환원제

① 산화제 : 산화 환원 반응에서 자신은 환원되면서 다른 물질을 산화시키는 물질이다.

② 환원제 : 산화 환원 반응에서 자신은 산화되면서 다른 물질을 환원시키는 물질이다.

예 $2KCl + F_2 \rightarrow 2KF + Cl_2$
     환원제 산화제

참고 – 혼동방지 팁

- '소화제'가 소화제 물질 자체가 소화되는 것이 아니라, 사람을 소화시키 듯
- '산화제'는 본인이 산화되는 것이 아니라 다른 물질을 산화시키는 물질이다.
- '환원제'는 본인이 환원되는 것이 아니라 다른 물질을 환원시키는 물질이다.

12. 열의 이동 원리(전도, 대류, 복사)

① 전도 : 물질이 직접 이동하지 않고, 물체에서 이웃한 분자들의 연속적 충돌에 의해 열이 전달되는
현상으로 주로 고체의 열 이동 방법이다.

② 대류 : 액체나 기체 상태의 분자가 직접 이동하면서 열을 전달하는 현상이다.

    예 해풍과 육풍이 일어나는 원리

- 낮에는 육지의 뜨거운 공기가 상승하고, 바다쪽 공기는 아래로 내려오면서 해풍이 분다.
- 밤에는 반대로 육지가 빨리 식어 공기가 하강하고, 바다쪽 공기는 상승하며 육풍이 분다.

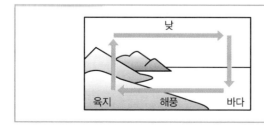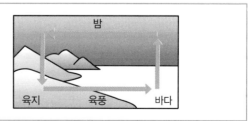

③ 복사 : 열을 전달해주는 물질 없이 열에너지가 직접 전달되는 현상이다.

예 • 더러운 눈이 빨리 녹는 현상 : 눈의 오염물질이 복사열을 흡수하여 눈이 더 빨리 녹는다.

• 그늘이 시원한 이유 : 햇빛의 복사열을 가린 그늘에 있으면 서늘하다.

• 보온병 내부를 거울벽으로 만드는 것 : 거울벽이 내부 액체의 열을 다시 반사하여 열 손실을 막아준다.

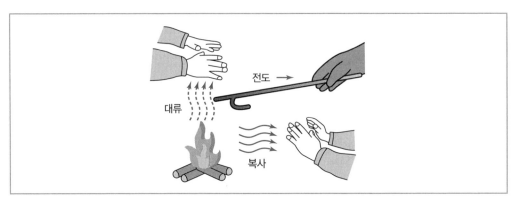

| 열의 이동 |

적중 핵심예상문제

01 에탄올 1kg의 부피를 구하시오. (단, 에탄올의 밀도는 0.789g/mL이다.)

① 1.267L   ② 2.267L
③ 3.267L   ④ 4.267L

해설

$$밀도 = \frac{질량}{부피}$$

$$0.789 \text{g/mL} = \frac{1000\text{g}}{x\,\text{mL}}$$

$$x = \frac{1000\text{g}}{0.789\,\text{g/mL}} = 1{,}267.427\text{mL} = 1.267\text{L}$$

02 에틸알코올의 증기비중을 구하시오.

① 0.72   ② 0.91
③ 1.13   ④ 1.59

해설

증기비중 = 가스비중 = 해당 가스의 분자량/공기 분자량
               = 46/29 = 1.59
에틸알코올(C_2H_5OH) 분자량 = 46

03 이황화탄소 기체(분자량 76)는 수소 기체(분자량 2)보다 몇 배 더 무거운가? (단, 20℃, 1기압이다.)

① 11배   ② 22배
③ 32배   ④ 38배

해설

이황화탄소 분자량 : $CS_2 = 12 + 32 \times 2 = 76$
수소기체 분자량 : $H_2 = 2$
$76 \div 2 = 38$

04 비중이 0.789인 용액 1mL의 질량은?

① 0.395g   ② 0.789g
③ 1.184g   ④ 1.578g

해설

용액의 밀도 = 0.789 × 1g/mL(물의 밀도) = 0.789g/mL

$$밀도 = \frac{질량}{부피} \rightarrow 밀도 \times 부피 = 질량$$

$$0.789\text{g/mL} \times 1\text{mL} = 0.789\text{g}$$

05 메탄가스의 비중은? (단, 메탄의 분자량은 16g/mol이다.)

① 0.55   ② 0.66
③ 0.77   ④ 0.88

해설

$$가스비중 = \frac{16}{29} = 0.55$$

06 다음 중 이산화탄소의 비중에 대한 설명으로 옳지 않은 것은?

① 이산화탄소의 비중은 1 이상이다.
② 이산화탄소는 공기보다 무겁다.
③ 비중의 단위는 g이다.
④ 이산화탄소가 실내에서 누출되면 낮은 곳에 체류한다.

해설

비중의 단위는 없다.

$$이산화탄소의 비중 = \frac{이산화탄소분자량}{공기분자량} = \frac{44}{29} = 1.52$$

정답   01 ①   02 ④   03 ④   04 ②   05 ①   06 ③

07 물의 끓는점과 어는점을 순서대로 올바르게 나열한 것은?

① 100℃, 10℃   ② 200℃, 0℃
③ 100℃, 0℃   ④ 200℃, 10℃

해설
물의 끓는점은 100℃, 어는점은 0℃이다.

08 pH 10에 대한 설명으로 옳은 것은?

① 산성이다.
② 중성이다.
③ 염기성이다.
④ 일반적인 생수의 pH이다.

해설
pH 10은 염기성(알칼리성)이다.

09 다음 중 옳지 않은 것은?

① 끓는점에서는 온도변화가 없다.
② 물의 끓는점은 100℃이다.
③ 물의 끓는점에서는 얼음, 물, 수증기가 공존한다.
④ 물의 어는점은 0℃이다.

해설
물의 끓는점에서는 물, 수증기가 공존한다.

10 고체에서 기체상태로 변화하는 것은?

① 융해   ② 기화
③ 승화   ④ 응고

해설

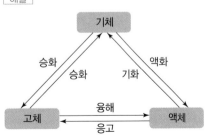

11 다음 중 분자간 거리가 가장 먼 것은?

① 수증기
② 얼음
③ 물
④ 분자간 거리는 수증기, 얼음, 물 모두 같다.

해설
분자간 거리가 큰 순서대로 나열하면 수증기, 물, 얼음이다.

12 다음 중 현열에 대한 설명으로 옳은 것은?

① 물질이 상태변화 없이 온도변화가 생길 때 방출하거나 흡수하는 열량이다.
② 물질이 온도변화 없이 상태변화만 일으키는 데 필요한 열량이다.
③ 현열의 예로 기화열이 있다.
④ 현열의 열량은 현열에 질량을 곱하여 구한다.

해설
② 물질이 온도변화 없이 상태변화만 일으키는 데 필요한 열량은 잠열이다.
③ 잠열의 예로 기화열, 액화열, 융해열, 응고열, 승화열이 있다.
④ 현열의 열량은 $Q = c \cdot m \cdot \Delta t$로 구한다.

13 물의 용융잠열은 약 몇 cal/g인가?

① 180   ② 80
③ 539   ④ 32

해설
물의 용융열은 80cal/g이다.

14 20℃의 물 100kg이 100℃ 수증기로 증발하면 몇 kcal의 열량을 흡수할 수 있는가? (단, 물의 증발잠열은 540cal/g이다.)

① 540   ② 7,800
③ 62,000   ④ 108,000

해설

$Q = Q_1 + Q_2$

$$\boxed{\quad 10℃\ 물 \xrightarrow{\text{1) } Q_1} 100℃\ 물 \xrightarrow{\text{2) } Q_2} 100℃\ 수증기 \quad}$$

1) 20℃ 물 → 100℃ 물
- 물의 비열(c) = 1kcal/(kg · ℃)
- $Q_1 = c \cdot m \cdot \triangle t$
- $Q_1 = 1kcal/(kg · ℃) × 100kg × (100-20)℃$
  $= 8,000kcal$
2) 100℃ 물 → 100℃ 수증기
- $Q_2 = c \cdot m$
- $Q_2 = 540cal/g × 100kg × \dfrac{1000\,g}{1\,kg} = 54,000,000cal$
  $= 54,000kcal$
3) $Q = Q_1 + Q_2$
- $Q = 8,000 + 54,000 = 62,000kcal$

15 10℃의 물 2g이 100℃ 수증기로 증발하면 몇 cal의 열량을 흡수할 수 있는가? (단, 물의 증발잠열은 539cal/g이다.)

① 180
② 340
③ 719
④ 1,258

해설

$Q = Q_1 + Q_2$

$$\boxed{\quad 10℃\ 물 \xrightarrow{\text{1) } Q_1} 100℃\ 물 \xrightarrow{\text{2) } Q_2} 100℃\ 수증기 \quad}$$

1) 10℃ 물 → 100℃ 물
- 물의 비열 = 1cal/(g · ℃)
- $Q_1 = 1cal/(g · ℃) × 2g × (100-10)℃ = 180cal$
2) 100℃ 물 → 100℃ 수증기
- $Q_2 = 539cal/g × 2g = 1,078cal$
3) $Q = Q_1 + Q_2$
- $Q = 180 + 1,078 = 1,258kcal$

16 15℃의 기름 100g에 8,000J의 열량을 주면 기름의 온도가 몇 ℃가 되겠는가? (단, 기름의 비열은 2J/g℃이다)

① 25
② 45
③ 50
④ 55

해설

$Q = cm\triangle t$

$Q = \dfrac{2\,J}{g \cdot ℃} × 100g × (x - 15)℃ = 8,000J$

$\therefore x = 55℃$

17 구리 50g을 20℃에서 100℃까지 올리는 데 필요한 열량은 몇 cal인가? (단, 구리의 비열은 0.093cal/g℃이다.)

① 520
② 450
③ 372
④ 184

해설

$Q = cm\triangle t$

$Q = \dfrac{0.093\,cal}{g \cdot ℃} × 50g × (100 - 20)℃ = 372cal$

18 다음 아세톤의 완전연소 반응식에서 (　　)에 알맞은 계수를 차례대로 옳게 나타낸 것은?

$CH_3COCH_3 + (\quad)O_2 \rightarrow (\quad)CO_2 + 3H_2O$

① 3, 4
② 4, 3
③ 6, 3
④ 3, 6

해설

반응식의 좌항과 우항의 원소 개수를 비교하여 구한다.

19 1몰의 에틸알코올(C_2H_5OH)이 완전연소하였을 때 생성되는 이산화탄소는 몇 몰인가?

① 1몰
② 2몰
③ 3몰
④ 4몰

해설

탄화수소가 완전연소하며 CO_2, H_2O만 발생한다.

$\square C_2H_5OH + \square O_2 \rightarrow \square CO_2 + \square H_2O$

$\square$(계수)를 채우기 위해서 반응식의 좌항과 우항의 원소 개수를 비교하여 구한다.

$C_2H_5OH + 3O_2 \rightarrow 2CO_2 + 3H_2O$

에틸알코올 1몰이 연소할 때 2몰의 이산화탄소가 생성된다.

20 메탄 1g이 완전연소하면 발생되는 이산화탄소는 몇 g인가?

① 1.25g   ② 2.75g
③ 14g   ④ 44g

> 해설

탄화수소가 완전연소하면 CO_2, H_2O만 발생한다.
$CH_4 + 2O_2 \rightarrow CO_2 + 2H_2O$
메탄 1mol이 완전연소하면 이산화탄소 1mol이 발생된다.
→ 메탄 16g(= 1mol)을 완전연소하면 이산화탄소 44g(= 1mol)이 발생한다.
메탄 16g : 이산화탄소 44g = 메탄 1g : 이산화탄소 xg
$$x = \frac{44}{16}\,g = 2.75g$$

21 벤젠 1몰을 충분한 산소가 공급되는 표준상태에서 완전연소시켰을 때 발생하는 이산화탄소의 양은 몇 L인가?

① 22.4L   ② 134.4L
③ 168.8L   ④ 224.0L

> 해설

탄화수소가 완전연소하면 CO_2, H_2O만 발생한다.
$2C_6H_6 + 15O_2 \rightarrow 12CO_2 + 6H_2O$
벤젠 2몰이 반응하여 이산화탄소 12몰이 발생한다.
→ 벤젠 1몰이 반응하여 이산화탄소 6몰이 발생한다.
이산화탄소 $6mol = 6mol \times \dfrac{22.4L}{1mol} = 134.4L$

22 표준상태에서 탄소 1몰이 완전히 연소하면 몇 L의 이산화탄소가 생성되는가?

① 11.2L   ② 22.4L
③ 44.8L   ④ 56.8L

> 해설

$C + O_2 \rightarrow CO_2$
탄소 1몰이 완전히 연소하면 이산화탄소 1몰이 생성된다.
기체 1몰(기체 종류 상관없음)은 표준상태(1atm, 0℃)에서 22.4L의 부피를 차지한다.
따라서, 이산화탄소 1몰이 생성되었다는 것은 이산화탄소 22.4L가 생성된다고 표현할 수 있다.

23 탄소 24g을 완전연소시키는 데 필요한 이론산소량은 표준상태를 기준으로 몇 L인가?

① 5.6   ② 11.2
③ 22.4   ④ 44.8

> 해설

$C + O_2 \rightarrow CO_2$
탄소 1mol을 완전연소시키는 데 산소 1mol이 필요하다.
→ 탄소 12g(= 1mol)을 완전연소시키는 데 산소 22.4L(= 1mol)이 필요하다.
→ 탄소 24g(= 2mol)을 완전연소시키는 데 산소 44.8L(= 2mol)이 필요하다.

24 탄소 80%, 수소 14%, 황 6%인 물질 1kg이 완전연소하기위해 필요한 이론공기량은 약 몇 kg인가? (단, 공기 중 산소는 23wt%이다.)

① 3.31kg   ② 7.05kg
③ 11.6kg   ④ 14.4kg

> 해설

1) 물질 1kg에 들어있는 각 원소들의 무게는 다음과 같다.
- 탄소 : $1kg \times \dfrac{80}{100} = 0.8kg$
- 수소 : $1kg \times \dfrac{14}{100} = 0.14kg$
- 황 : $1kg \times \dfrac{6}{100} = 0.06kg$

2) 각 원소별로 완전연소식을 적고, 필요한 산소량을 구한다.
- 탄소 : $C + O_2 \rightarrow CO_2$
  탄소 1몰(12g)이 완전연소하려면 산소 1몰(16×2g)이 필요하다.
- C 12g : O_2 32g = C 0.8kg : O_2 $x$kg
  ∴ $x = 2.133kg$
- 수소 : $4H + O_2 \rightarrow 2H_2O$
  수소 4몰(4g)이 완전연소하려면 산소 1몰(16×2g)이 필요하다.
  H 4g : O_2 32g = H 0.14kg : O_2 $x$kg
  ∴ $x = 1.12kg$
- 황 : $S + O_2 \rightarrow SO$
  황 1몰(32g)이 완전연소하려면 산소 1몰(16×2g)이 필요하다.
  S 32g : O_2 32g = S 0.06kg : O_2 $x$kg
  ∴ $x = 0.06kg$

---

3) 필요한 산소량을 모두 합한다.

$2.133 + 1.12 + 0.06 = 3.313kg$

4) 공기 중 산소 농도 $= \dfrac{\text{산소의 질량}}{\text{공기의 질량}}$

$23wt\% = \dfrac{3.313kg}{\text{공기}\,kg} \times 100\%$

$\therefore$ 공기$kg = \dfrac{3.313kg}{23\%} \times 100\% = 14.4kg$

25 수소화나트륨(NaH) 240g과 충분한 물이 완전 반응하였을 때 발생하는 수소의 부피는? (단, 표준상태를 가정하며 나트륨의 원자량은 23이다.)

① 22.4L
② 224L
③ $22.4m^3$
④ $224m^3$

해설

$NaH + H_2O \rightarrow NaOH + H_2$

수소화나트륨 1mol이 반응하면, 수소 1mol이 생성된다.

수소화나트륨 $240g = 240g \times \dfrac{1\,mol}{(23+1)g} = 10mol$

수소화나트륨 10mol이 반응하면, 수소 10mol이 생성된다.

수소 $10mol = 10mol \times \dfrac{22.4L}{1\,mol} = 224L$

26 과산화나트륨 78g과 충분한 양의 물이 반응하여 생성되는 기체의 종류와 생성량을 옳게 나타낸 것은?

① 수소, 1g
② 산소, 16g
③ 수소, 2g
④ 산소, 32g

해설

$2Na_2O_2 + 2H_2O \rightarrow 4NaOH + O_2$

과산화나트륨 2몰이 반응하여 산소 1몰이 생성된다.

과산화나트륨 $78g = 78g \times \dfrac{1\,mol}{(23 \times 2 + 16 \times 2)g} = 1mol$

과산화나트륨 1몰이 반응하면 산소 0.5몰이 생성된다.

산소 $0.5mol = 0.5mol \times \dfrac{(16 \times 2)g}{1\,mol} = 16g$

27 다음과 같은 반응에서 $5m^3$의 탄산가스를 만들기 위해 필요한 탄산수소나트륨의 양은 약 몇 kg인가? (단, 표준상태이고 나트륨의 원자량은 23이다.)

$$2NaHCO_3 \rightarrow CO_2 + H_2O + Na_2CO_3$$

① 18.75
② 37.5
③ 56.25
④ 75

해설

- 탄산가스 $5m^3$의 몰수 $= 5m^3 \times \dfrac{1\,kmol}{22.4m^3} = 0.223kmol$
- 탄산가스 1mol이 생길 때, 필요한 탄산수소나트륨은 2mol
- 탄산가스 0.223kmol이 생길 때, 필요한 탄산수소나트륨은 $0.223kmol \times 2 = 0.446kmol$
- 탄산수소나트륨 0.446kmol

  $= 0.446kmol \times \dfrac{(23+1+12+16 \times 3)kg}{1\,kmol} = 37.5kg$

28 화학포의 소화약제인 탄산수소나트륨 6몰과 충분한 양의 황산알루미늄이 반응하여 생성되는 이산화탄소는 몇 L인가? (단, 표준상태이고, 반응식은 아래와 같다.)

$$6NaHCO_3 + Al_2(SO_4)_3 \cdot 18H_2O \rightarrow 3Na_2SO_4 + 2Al(OH)_3$$
$$+ 6CO_2 + 18H_2O$$

① 22.4
② 44.8
③ 67.2
④ 134.4

해설

탄산수소나트륨 6몰이 반응하여 6몰의 이산화탄소가 생성된다.

$\rightarrow 6mol\ CO_2 = 6mol \times \dfrac{22.4L}{1\,mol} = 134.4L$

29 0.99atm, 55℃에서 CO_2의 밀도는 몇 g/L인가?

① 0.62g/L
② 1.62g/L
③ 9.65g/L
④ 12.65g/L

정답 25 ② 26 ② 27 ② 28 ④ 29 ②

이상기체방정식을 이용하여 계산한다.

$PV = nRT$

$PV = \dfrac{W}{M}RT \left[\because n(몰수) = \dfrac{W(질량)}{M(분자량)}\right]$

$PM = \dfrac{W}{V}RT$

$PM = dRT \left[\because d(밀도) = \dfrac{W(질량)}{V(부피)}\right]$

$d = \dfrac{PM}{RT}$ 식에

- P(압력) = 0.99atm
- M(분자량) = 44g/mol
- R(기체상수) = 0.082atm · L/(mol · K)
- T(온도) = 55℃ + 273 = 328K를 대입한다.

$\therefore d = 1.62 \ g/L$

30 드라이케미컬로 $10m^3$의 탄산가스를 얻으려면 표준상태에서 몇 kg의 탄산수소나트륨을 써야 하는가? (단, 탄산수소나트륨의 분자량은 84이다.)

① 18.75kg   ② 56.25kg

③ 75kg   ④ 95kg

드라이케미컬은 분말 소화기를 뜻한다.

1) 탄산수소나트륨(제1종)의 열분해 반응식

    $2NaHCO_3 \rightarrow Na_2CO_3 + CO_2 + H_2O$

    2mol의 탄산수소나트륨으로, 1mol의 탄산가스를 얻을 수 있다.

    $\rightarrow 2mol \times \dfrac{84g}{1mol} = 168g$의 탄산수소나트륨으로,

    $1mol \times \dfrac{22.4L}{1mol} = 22.4L$의 탄산가스를 얻을 수 있다.

    $\rightarrow 2kmol \times \dfrac{84kg}{1kmol} = 168kg$의 탄산수소나트륨으로,

    $1kmol \times \dfrac{22.4m^3}{1kmol} = 22.4m^3$의 탄산가스를 얻을 수 있다.

2) 비례식

    $168kg$ 탄산수소나트륨 : $22.4m^3$ 탄산가스 $= x$kg 탄산수소나트륨 : $10m^3$ 탄산가스

    $\therefore x = 75kg$

31 액화 이산화탄소 1kg이 25℃, 2atm에서 방출되어 모두 기체가 되었다. 방출된 기체상의 이산화탄소 부피는 약 몇 L인가?

① 278L   ② 556L

③ 1,111L   ④ 1,985L

$PV = nRT$식에

- P(압력) = 2atm
- V(부피) = x
- n(몰수) = W(질량)/M(분자량) = 1,000g/(44g/mol) = 22.73mol
- R(기체상수) = 0.082atm · L/(mol · K)
- T(온도) = 25℃ + 273 = 298K를 대입한다.

$\therefore x = 277.72L$

32 소화기 속에 압축되어 있는 이산화탄소 1.1kg을 표준상태에서 분사하였다. 이산화탄소의 부피는 몇 m^3가 되는가?

① $0.56m^3$ ② $5.6m^3$

③ $11.2m^3$ ④ $24.6m^3$

1) 이산화탄소의 몰수

    $1.1kg \times \dfrac{1kmol}{44kg} = 0.025kmol$

2) 몰수와 부피의 관계(표준상태)

    $0.025kmol \times \dfrac{22.4m^3}{1kmol} = 0.56m^3$

33 2mol의 브롬산칼륨이 모두 열분해 되어 생긴 산소의 양은 2기압 27℃에서 약 몇 L인가?

① 32.4L   ② 36.9L

③ 41.3L   ④ 45.6L

- $2KBrO_3 \rightarrow 2KBr + 3O_2$

    2몰의 브롬산칼륨이 열분해되면, 3몰의 산소가 생성된다.
- $PV = nRT$ 식에
- P(압력) = 2atm
- V(부피) = x

- n(몰수) = 3mol
- R(기체상수) = 0.082atm · L/(mol · K)
- T(온도) = 27℃ + 273 = 300K를 대입한다.

$$x = \frac{3mol \times 0.082L \cdot atm/(K \cdot mol) \times 300K}{2atm} = 36.9L$$

34 다음 중 이온결합이 잘못된 것은?

① $Mg + OH \rightarrow Mg(OH)_2$

② $K + CO_3 \rightarrow K_2CO_3$

③ $H + PO_4 \rightarrow H_2PO_4$

④ $H + ClO_3 \rightarrow HClO_3$

해설

$3H^+ + PO_4^{3-} \rightarrow H_3PO_4$

35 산화·환원반응에서 환원제가 되기 위한 조건은?

① 전자를 잃기 쉬워야 한다.

② 자기 자신은 환원되기 쉬워야 한다.

③ 산소를 내놓기 쉬워야 한다.

④ 산화수가 감소되기 쉬워야 한다.

해설

환원제는 자신은 산화되면서 다른 물질을 환원시키는 물질이다.
- 산화반응
  - 산소를 얻는다.
  - 수소를 잃는다.
  - 전자를 잃는다.

- 환원반응
  - 산소를 잃는다.
  - 수소를 얻는다.
  - 전자를 얻는다.

36 열의 이동 원리 중 복사에 관한 예로 적당하지 않은 것은?

① 그늘이 시원한 이유

② 더러운 눈이 빨리 녹는 현상

③ 보온병 내부를 거울벽으로 만드는 것

④ 해풍과 육풍이 일어나는 원리

해설

해풍과 육풍이 일어나는 원리는 대류에 관한 예이다.

정답 34 ③ 35 ① 36 ④

CHAPTER 03

유기·무기화합물

SECTION 1 유기화합물

1. 유기화합물과 무기화합물의 비교

① 광물계에서 얻어지는 화합물을 무기화합물이라 하고 동·식물의 성분이나 배출물 등으로서 얻어지는 화합물을 유기화합물이라 하였다.

② 유기화합물 : 홑원소물질인 탄소, 산화탄소, 금속의 탄산염, 시안화물·탄화물 등을 제외한 탄소화합물의 총칭으로 탄소화합물이라고도 한다. 대부분 물에 잘 녹지 않으며 유기용매에 잘 녹는다.

③ 무기화합물 : 유기화합물을 제외한 모든 화합물이다.

2. 탄화수소

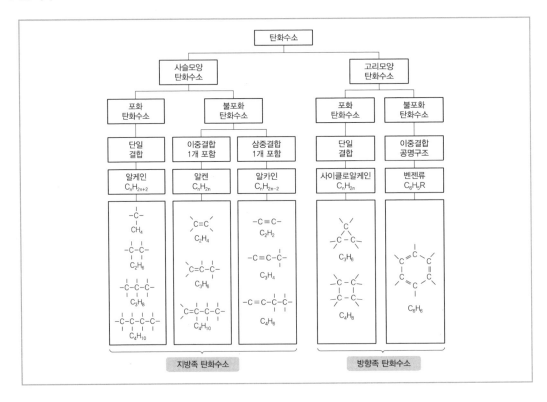

(1) 알칸(= 알케인, C_nH_{2n+2})

분자식	CH_4	C_2H_6	C_3H_8	C_4H_{10}
명명법	methane (메탄)	ethane (에탄)	propane (프로판)	butane (부탄)
분자식	C_5H_{12}	C_6H_{14}	C_7H_{16}	C_8H_{18}
명명법	pentane (펜탄)	hexane (헥산)	heptane (헵탄)	octane (옥탄)
분자식	C_9H_{20}	$C_{10}H_{22}$		
명명법	nonane (노난)	decane (데칸)		

(2) 알켄(C_nH_{2n})

분자식	C_2H_4	C_3H_6	C_4H_8	C_5H_{10}
명명법	ethene (에텐, 에틸렌)	propene (프로펜, 프로필렌, 메틸에틸렌)	butene (뷰텐, 뷰틸렌)	pentene (펜텐)
분자식	C_6H_{12}	C_7H_{14}	C_8H_{16}	C_9H_{18}
명명법	hexene (헥센)	heptene (헵텐)	octene (옥텐)	nonene (노넨)
분자식	$C_{10}H_{20}$			
명명법	decene (데센)			

(3) 알킨(= 알카인, C_nH_{2n-2})

분자식	C_2H_2	C_3H_4	C_4H_6	C_5H_8
명명법	ethyne (아세틸렌, 에타인)	propyne (프로파인)	butyne (뷰타인)	pentyne (펜타인)
분자식	C_6H_{10}	C_7H_{12}	C_8H_{14}	C_9H_{16}
명명법	hexyne (헥사인)	heptyne (헵타인)	octyne (옥타인)	nonyne (노나인)
분자식	$C_{10}H_{18}$			
명명법	decyne (데카인)			

(4) 시클로알칸(= 사이클로알케인, C_nH_{2n})

분자식	C_3H_6	C_4H_8	C_5H_{10}	C_6H_{12}
명명법	cyclopropane (시클로프로판)	cyclobutane (시클로부탄)	cyclopentane (시클로펜탄)	cyclohexane (시클로헥산)

(5) 지방족 탄화수소의 작용기

작용기	이름	예시
R-OH	알코올	CH_3OH(메탄올), C_2H_5OH(에탄올)
R-CHO	알데히드	HCHO(포름알데히드), CH_3CHO(아세트알데히드)
R-COOH	카르복시산	HCOOH(개미산, 포름산), CH_3COOH(아세트산)
R-O-R'	에테르	$C_2H_5OC_2H_5$(디에틸에테르) $CH_3 - CH_2 - O - CH_2CH_3$
R-CO-R'	케톤	CH_3COCH_3(아세톤), $CH_3COC_2H_5$(메틸에틸케톤)
R-COO-R'	에스테르	$HCOOCH_3$(포름산메틸), $CH_3COOC_2H_5$(아세트산에틸, 에틸아세테이트)

(6) 방향족 화합물

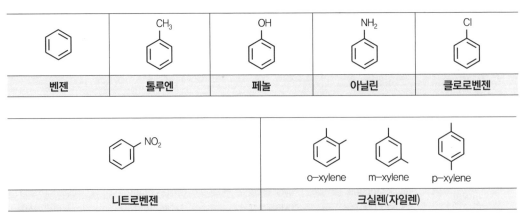

벤젠	톨루엔	페놀	아닐린	클로로벤젠

니트로벤젠	크실렌(자일렌)

o-xylene m-xylene p-xylene

3. 화학식의 표현

① 시성식 : 분자의 특성을 나타내는 식으로 작용기를 기록한 식이다.

예 디에틸에테르의 시성식 : $C_2H_5OC_2H_5$

에탄올의 시성식 : C_2H_5OH

② 구조식 : 분자를 구성하는 원자 사이의 결합이나 배열을 선으로 나타낸 식이다.

예 벤젠의 구조식 :

에탄올의 구조식 :

$$\begin{array}{ccc} & H & H \\ & | & | \\ H- & C- & C-O-H \\ & | & | \\ & H & H \end{array}$$

③ 분자식 : 분자를 이루는 원자의 수를 나타낸 식이다.

예 디에틸에테르($C_2H_5OC_2H_5$)의 분자식 : $C_4H_{10}O$

에탄올(C_2H_5OH)의 시성식 : C_2H_6O

④ 실험식 : 원자의 조성을 가장 간단한 정수비로 나타낸 식이다.

예 아세틸렌(C_2H_2)의 실험식 : CH

벤젠(C_6H_6)의 실험식 : CH

SECTION 2 **무기화합물**

1. 무기화합물

(1) 특징

① 유기화합물을 제외한 모든 화합물이다.

② 대부분 탄소가 없는 분자로, 금속과 비금속의 화합물이다.

예 KNO_3(질산칼륨) : K^+(금속)$+NO_3^-$(비금속)

(2) 무기화합물 구성원자의 예

① 1족(알칼리금속) : Li, Na, K

② 2족(알칼리토금속) : Be, Mg, Ca, Ba

③ 15족 : N, P

④ 16족 : O, S

⑤ 17족(할로겐) : F, Cl, Br, I
⑥ 18족(불활성기체) : He, Ne, Ar

2. 금속의 불꽃반응

금속을 불꽃에 넣었을 때 특정한 불꽃색을 나타낸다.

불꽃색	빨간색	노란색	보라색	청록색
금속	Li	Na	K	Cu

참고 – 암기하는 방법

빨(간색)리(Li) 노(란색)라(Na) 보(라색)까(K)? 구(Cu)청(록색)에서

적중 핵심예상문제

01 다음 중 유기화합물이 아닌 것은?

① 아세트산
② 에틸알코올
③ 산화알루미늄
④ 톨루엔

해설
산화알루미늄은 무기화합물이다.
① 아세트산(CH_3COOH)
② 에틸알코올(C_2H_5OH)
③ 산화알루미늄(Al_2O_3)
④ 톨루엔($C_6H_5CH_3$)

02 1분자 내에 포함된 탄소의 수가 가장 많은 것은?

① 아세톤
② 톨루엔
③ 아세트산
④ 이황화탄소

해설
① 아세톤(CH_3COCH_3)
② 톨루엔($C_6H_5CH_3$)
③ 아세트산(CH_3COOH)
④ 이황화탄소(CS_2)

03 다음 위험물 중 분자식이 C_3H_6O인 물질은 무엇인가?

① 에틸알코올
② 에틸에테르
③ 아세톤
④ 아세트산

해설
① 에틸알코올 : C_2H_6O

```
    H   H
    |   |
H - C - C - OH
    |   |
    H   H
```

② 에틸에테르 : $C_4H_{10}O$
$CH_3 - CH_2 - O - CH_2CH_3$

③ 아세톤 : C_3H_6O

```
    H   O   H
    |   ||  |
H - C - C - C - H
    |       |
    H       H
```

④ 아세트산 : $C_2H_4O_2$

```
    H   O
    |   ||
H - C - C - O - H
    |
    H
```

04 지방족 탄화수소가 아닌 것은?

① 톨루엔
② 아세트알데히드
③ 아세톤
④ 디에틸에테르

해설
톨루엔은 방향족 탄화수소이다.

② 아세트알데히드 :
```
    H   O
    |   ||
H - C - C
    |    \
    H     H
```

③ 아세톤 :
```
      O
      ||
  CH_3   CH_3
```

④ 디에틸에테르 : CH_3 ⌒ O ⌒ CH_3

05 시클로헥산에 관한 설명으로 가장 거리가 먼 것은?

① 고리형 분자구조를 가진 방향족 탄화수소화합물이다.
② 화학식은 C_6H_{12}이다.
③ 비수용성 위험물이다.
④ 제4류 제1석유류에 속한다.

해설
시클로헥산은 고리형 분자구조를 가신 시방속 탄화수소와압물이다. 방향족 탄화수소화합물은 벤젠고리를 포함한다.

06 다음 중 톨루엔의 시성식으로 옳은 것은?

① C_6H_6
② C_6H_5OH
③ $C_6H_5NH_2$
④ $C_6H_5CH_3$

해설

톨루엔의 시성식은 $C_6H_5CH_3$이다.
① 벤젠
② 페놀
③ 아닐린

07 지방족 탄화수소의 작용기에 대한 설명으로 옳지 않은 것은?

① 아세톤의 시성식은 CH_3OCH_3이다.
② 포름산의 시성식은 $HCOOH$이다.
③ 알코올의 작용기는 $-OH$이다.
④ 디에틸에테르의 작용기는 에테르기이다.

해설

아세톤의 시성식은 CH_3COCH_3이다.

08 디에틸에테르의 시성식으로 옳은 것은?

① CH_3OCH_3
② $C_2H_5OC_2H_5$
③ CH_3COCH_3
④ $C_2H_5COC_2H_5$

해설

디에틸에테르의 시성식은 $C_2H_5OC_2H_5$이다.

09 금속염을 불꽃반응 실험을 한 결과 노란색의 불꽃이 나타났다. 이 금속염에 포함된 금속은 무엇인가?

① Cu
② K
③ Na
④ Li

해설

① Cu : 청록색
② K : 보라색
④ Li : 빨간색

위험물기능사 필기 한권완성
Craftsman Hazardous material

PART

02

화재예방 및 소화방법

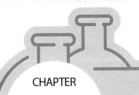

CHAPTER 01 연소이론

| SECTION 1 | 연소의 3요소

1. 연소의 3요소

연소가 되기 위한 필수 조건으로 가연물, 산소공급원, 점화원을 말한다.

※ 연소의 3요소 중 하나라도 빠지면 연소가 이루어지지 않는다.

| 연소의 3요소 |

2. 연소의 3요소(구성요소)

(1) 가연물

① 가연물 정의 : 불에 잘 타거나 또는 그러한 성질을 가지고 있는 물질

  ㉠ 가연성 물질

  ㉡ 이연성 물질(쉽게 불에 탈 수 있는 물질)

  ㉢ 환원성 물질(산화반응(연소반응)을 하는 물질)

② 가연물 예시 : 목재, 종이, 기름, 페인트, 알코올, 인화성 가스, 가연성 가스 등

③ 가연물 조건

  ㉠ 열전도율이 작다.

  ㉡ 발열량이 크다.

ⓒ 표면적이 넓다.

ⓔ 산소와 친화력이 좋다.

ⓜ 활성화에너지가 작다.

④ 가연물이 될 수 없는 조건(불연성 물질)

ⓐ 산소와 이미 결합한 물질 : H_2O, CO_2, SO_3, 제1류 위험물, 제6류 위험물

ⓑ 18족(0족) 원소인 불활성 가스 : He, Ne, Ar 등

ⓒ 산소와 반응할 수 있지만, 흡열반응을 하는 물질 : 질소(N_2) 또는 질소산화물(N_2O)

(2) 산소공급원

① 산소공급원 정의 : 연소반응이 일어나도록 산소를 공급해주는 물질

② 산소공급원 예시

ⓐ 산소

ⓑ 공기(공기의 21vol%가 산소)

ⓒ 조연성 가스(자신은 연소하지 않고 가연물의 연소를 돕는 가스, Cl_2)

ⓓ 제1류 위험물(산화성 고체)

ⓔ 제6류 위험물(산화성 액체)

ⓕ 제5류 위험물(자기반응성 물질 : 분자 내에 가연물과 산소를 함유)

(3) 점화원

① 점화원 정의 : 가연물이 연소를 시작할 때 필요한 열에너지 또는 불씨 등

② 점화원 예시 : 불꽃, 성냥불, 물리적 에너지(마찰열, 단열압축, 스파크), 전기적 에너지(정전기열, 전기저항열), 화학적 에너지(연소열, 산화열, 분해열, 중합열) 등

③ 점화원 특징

ⓐ 점화에너지의 크기는 최소한 가연물의 활성화에너지의 크기보다 커야 한다.

ⓑ 화학적으로 반응성이 큰 가연물일수록 점화에너지가 작아도 된다(인화성 액체는 정전기 정도의 작은 에너지만으로도 화재가 발생할 수 있어서 주의해야 한다.).

01 다음 중 가연물이 아닌 것은?

① 수소　　　　　　② 염소
③ 암모니아　　　　④ 부탄

해설
염소는 조연성 가스로 연소의 3요소 중 산소공급원에 해당한다.

02 연소의 3요소를 모두 포함하는 것은?

① 과염소산, 산소, 불꽃
② 마그네슘분말, 연소열, 수소
③ 아세톤, 수소, 산소
④ 불꽃, 아세톤, 질산암모늄

해설
연소의 3요소는 가연물, 산소공급원, 점화원이다.
• 가연물 : 마그네슘분말, 수소, 아세톤
• 산소공급원 : 과염소산(제6류 위험물), 산소, 질산암모늄
　(제1류 위험물)
• 점화원 : 불꽃, 연소열

03 다음 중 연소의 3요소를 모두 갖춘 것은?

① 휘발유, 공기, 수소
② 적린, 수소, 성냥불
③ 성냥불, 황, 염소산암모늄
④ 알코올, 수소, 염소산암모늄

해설
연소의 3요소는 가연물, 산소공급원, 점화원이다.
• 가연물 : 휘발유, 수소, 적린, 알코올, 황
• 산소공급원 : 공기, 염소산암모늄(제1류 위험물)
• 점화원 : 성냥불

04 가연물이 되기 쉬운 조건이 아닌 것은?

① 산소와 친화력이 커야 한다.
② 열전도율이 커야 한다.
③ 발열량이 커야 한다.
④ 활성화에너지가 작아야 한다.

해설
가연물은 열전도율이 작아야 한다.

05 다음 중 점화원에 대한 설명으로 옳지 않은 것은?

① 점화에너지의 크기는 최소한 가연물의 활성화에너지의 크기보다 커야 한다.
② 정전기, 고열, 마찰열은 점화원이 될 수 있다.
③ 화학적으로 반응성이 큰 가연물일수록 점화에너지가 작아도 된다.
④ 자기연소를 하는 물질의 점화원으로 가능한 것은 "충격"뿐이다.

해설
자기연소의 점화원으로는 가열, 마찰, 충격 등이 있다.

06 다음 점화에너지 중 물리적 변화에서 얻어지는 것은?

① 압축열　　　　　② 산화열
③ 중합열　　　　　④ 분해열

해설
점화에너지 종류
• 물리적 에너지 : 마찰열, 압축열
• 화학적 에너지 : 분해열, 산화열, 연소열, 중합열
• 전기적 에너지 : 정전기열, 전기저항열

정답　01 ②　02 ④　03 ③　04 ②　05 ④　06 ①

| SECTION 2 | 연소 관련 개념 |

1. 연소 정의

물질이 빛이나 열 또는 불꽃을 내면서 빠르게 산소와 결합하는 반응으로 가연물이 공기 중의 산소 또는 산화제와 반응하여 열과 빛을 발생하면서 산화하는 현상이다.

2. 연소범위(폭발범위), 위험도

(1) 연소범위(폭발범위)

① 연소가 가능한 가연물과 공기의 혼합비율의 범위이다.

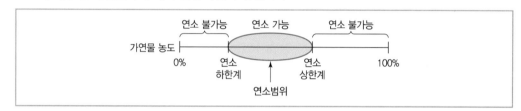

② 연소범위는 물질의 종류에 따라 다르다.

③ 연소하한계 : 공기 중의 산소농도에 비하여 가연성 기체의 수가 너무 적어서 연소가 일어날 수 없는 한계이다(연료 부족, 산소 과잉).

④ 연소상한계 : 산소에 비하여 가연성 기체의 수가 너무 많아서 연소가 일어날 수 없는 한계이다(연료 과잉, 산소 부족).

⑤ 연소범위에 영향을 미치는 요인

    ㉠ 온도 : 온도가 상승하면 연소범위가 증가한다.

    ㉡ 압력 : 압력이 상승하면 연소범위가 증가한다.

    ㉢ 산소농도 : 산소농도 증가하면 연소범위가 증가한다.

    ㉣ 불활성 기체 : 불활성 기체 농도가 증가하면 연소범위가 감소한다.

(2) 위험도

① 가연성가스 또는 증기의 위험도를 나타내는 척도이다.

$$H = \frac{U - L}{L}$$

여기서, H : 위험도

U : 연소상한계(폭발상한계)

L : 연소하한계(폭발하한계)

② 연소하한계가 낮고 연소범위가 넓을수록 위험도가 크다.

3. 인화점, 연소점, 착화점(발화점)

(1) 정의

인화점 (flash point)	• 연소범위에서 외부의 직접적인 점화원에 의해 인화될 수 있는 최저온도
연소점 (fire point)	• 가연성 액체(고체)를 공기 중에서 가열하였을 때, 점화한 불에서 발열하여 계속적으로 연소하는 액체(고체)의 최저온도 • 인화점의 경우 한 번 불이 붙으면 그 이후는 불이 꺼져도 무방하지만 연소점에서는 지속되어야 함 • 보통 인화점보다 약 10℃ 높음
착화점 (발화점, auto ignition point)	• 별도의 점화원이 존재하지 않는 상태에서 온도가 상승하여 스스로 연소를 개시하여 화염이 발생하는 최저온도

(2) 발화점(착화점)이 낮아지는 조건

① 화학적 활성도가 높을 때

② 발열량이 클 때

③ 산소와 친화력이 좋을 때

④ 주위 압력이 높을 때

4. 연소속도에 영향을 미치는 요인

① 산소와의 친화력이 클수록(산화속도가 빠를수록) 연소반응이 잘 일어난다.

② 활성화에너지가 작을수록 연소반응이 잘 일어난다.

③ 가연물의 온도가 높을수록 연소반응이 잘 일어난다.

④ 압력이 높을수록 연소반응이 잘 일어난다.

5. 고온체의 색깔과 온도

온도(℃)	520	700	850	950	1,100	1,300	1,500 이상
색깔	담암적색	암적색	적색	휘적색	황적색	백적색	휘백색

암기필수 −I Will be back＝암휘백

"암 · 휘 · 백＋적색"으로 암기하고 왼쪽으로 갈수록(온도가 낮아질수록) 진한 색, 오른쪽으로 갈수록(온도가 높아질수록) 백색에 가까워진다.

- 암(700) 적색
- 휘(950) 적색
- 백(1,300) 적색

01 메틸알코올의 연소범위를 더 좁히기 위하여 첨가하는 물질로 거리가 먼 것은?

① 산소
② 질소
③ 아르곤
④ 이산화탄소

해설

산소를 첨가하면 연소범위가 더욱 넓어진다.

02 아세톤의 위험도를 구하면 얼마인가? (단, 아세톤의 연소범위는 2~13vol%이다.)

① 0.846
② 1.23
③ 5.5
④ 7.5

해설

위험도 = (H - L)/L = (13 - 2)/2 = 5.5

03 이황화탄소의 연소범위가 1~44%라고 할 때 위험도는 얼마인가?

① 43
② 44
③ 52
④ 60

해설

위험도 = (H - L)/L = (44 - 1)/1 = 43

04 위험물의 화재위험에 관한 제반조건을 설명한 것으로 옳은 것은?

① 인화점이 높을수록, 연소범위가 넓을수록 위험하다.
② 인화점이 낮을수록, 연소범위가 좁을수록 위험하다.
③ 인화점이 높을수록, 연소범위가 좁을수록 위험하다.
④ 인화점이 낮을수록, 연소범위가 넓을수록 위험하다.

해설

• 인화점이 낮을수록 낮은 온도에서도 불이 붙을 수 있어서 위험하다.

• 연소범위가 넓을수록 넓은 범위의 농도에서 불이 붙을 수 있어서 위험하다.

05 다음 빈칸에 들어갈 알맞은 말은?

인화점은 가연성 액체 또는 고체가 공기 중에서 생성한 가연성 증기가 연소범위의 (㉠)계에 도달하는 (㉡)의 온도를 말한다.

	㉠	㉡
①	상한	최고
②	상한	최저
③	하한	최고
④	하한	최저

해설

인화점은 가연성 액체 또는 고체가 공기 중에서 생성한 가연성 증기가 연소범위의 하한계에 도달하는 최저의 온도를 말한다.

06 다음 중 '인화점 80℃'의 의미를 가장 옳게 설명한 것은?

① 주변의 온도가 80℃일 경우 액체가 발화한다.
② 주변의 온도가 80℃ 이상이 되면 자발적으로 점화원 없이 발화한다.
③ 액체의 온도가 80℃ 이상이 되면 가연성 증기를 발생하여 점화원에 의해 인화한다.
④ 액체를 80℃ 이상으로 가열하면 발화한다.

해설

• 인화점 : 점화원에 의해 인화하는 최저온도
• 발화점 : 점화원 없이 스스로 발화하는 최저온도

정답 **01** ① **02** ③ **03** ① **04** ④ **05** ④ **06** ③

07 다음 중 발화점이 달라지는 요인으로 가장 거리가 먼 것은?

① 가연성가스와 공기의 조성비
② 발화를 일으키는 공간의 형태와 크기
③ 가열속도와 가열시간
④ 가열 도구의 내구연한

해설
가열 도구의 내구연한은 발화점과 관련이 없다.

08 다음 중 발화점이 낮아지는 조건은?

① 화학적 활성도가 낮을 때
② 발열량이 클 때
③ 산소와 친화력이 나쁠 때
④ 주위의 압력이 낮을 때

해설
화학적 활성도가 높을 때, 발열량이 클 때, 산소와 친화력이 좋을 때, 주위의 압력이 높을 때 발화점이 낮아진다.

09 다음 중 착화점이 낮아지는 경우는?

① 발열량이 작을 때
② 산소의 농도가 낮을 때
③ 화학적 활성도가 높을 때
④ 산소와 친화력이 작을 때

해설
물질의 발화온도가 낮다는 것은 낮은 온도에서도 불이 잘 붙는다는 의미이다. 화학적 활성도가 높아지면 입자끼리의 충돌이 빈번해져 불이 잘 붙게 된다.

10 다음 중 연소속도와 의미가 가장 가까운 것은?

① 기화열의 발생속도 ② 환원속도
③ 착화속도 ④ 산화속도

해설
연소는 빛과 열을 내는 산화반응으로 산화속도와 가장 의미가 가깝다.

11 연소반응이 일어날 수 있는 가능성이 가장 큰 물질은?

① 산소와의 친화력이 작고 활성화에너지가 작은 물질
② 산소와의 친화력이 크고 활성화에너지가 큰 물질
③ 산소와의 친화력이 작고 활성화에너지가 큰 물질
④ 산소와의 친화력이 크고 활성화에너지가 작은 물질

해설
• 산소와의 친화력이 클수록 연소반응이 잘 일어난다.
• 활성화에너지가 작을수록 연소반응이 잘 일어난다.

12 다음 고온체의 색상을 낮은 온도부터 나열한 것으로 옳은 것은?

① 암적색<황적색<백적색<휘적색
② 휘적색<백적색<황적색<암적색
③ 휘적색<암적색<황적색<백적색
④ 암적색<휘적색<황적색<백적색

해설
고온체의 색깔

온도 (℃)	520	700	850	950	1,100	1,300	1,500 이상
색깔	담암적색	암적색	적색	휘적색	황적색	백적색	휘백색

13 고온체의 색상이 휘적색일 경우 온도는 약 몇 ℃ 정도인가?

① 500℃ ② 950℃
③ 1,300℃ ④ 1,500℃

해설
고온체의 색깔

온도 (℃)	520	700	850	950	1,100	1,300	1,500 이상
색깔	담암적색	암적색	적색	휘적색	황적색	백적색	휘백색

정답 **07** ④ **08** ② **09** ③ **10** ④ **11** ④ **12** ④ **13** ②

연소의 형태

1. 기체의 연소

예혼합연소	• 미리 연료(기체 연료)와 공기를 혼합하여 버너로 공급하여 연소시키는 방식이다. • 공기와 연료를 미리 혼합해 두어서 버너에서 연소반응이 신속히 행해질 수 있다. 예 LPG 차량의 엔진실 연소
확산연소	• 연료와 공기를 혼합시키지 않고, 연료만 버너로부터 분출시켜 연소에 필요한 공기는 모두 화염의 주변에서 확산에 의해 공기와 연료를 서서히 혼합시키면서 연소시키는 방식이다. • 기체 연료의 연소법으로 많이 이용한다(가스레인지). 예 메탄, 암모니아, 아세틸렌, 일산화탄소, 수소 등
폭발연소 (비정상연소)	• 밀폐용기 안에 많은 양의 가연성 가스와 산소가 혼합되어 있을 때 점화되어 일시에 폭발적으로 연소하는 현상이다.

2. 액체의 연소

증발연소	• 가연성 물질을 가열했을 때 열분해를 일으키지 않고 액체 표면에서 그대로 증발한 가연성 증기가 공기와 혼합해서 연소하는 것이다. 예 알코올, 석유(휘발유, 등유, 경유), 아세톤 등 가연성 액체
분무연소 (액적연소)	• 버너 등을 사용하여 연료유를 기계적으로 무수히 작은 오일 방울로 미립화(분무)하여 증발 표면적을 증가시킨 채 연소시키는 것이다. 예 벙커C유 등
분해연소	• 점도가 높고 비휘발성인 액체가 고온에서 열 분해에 의해 가스로 분해되고, 그 분해되어 발생한 가스가 공기와 혼합하여 연소하는 현상이다. 예 중유, 아스팔트 등

3. 고체의 연소

분해연소	• 가연성 물질(고체)의 열 분해에 의해 발생한 가연성가스가 공기와 혼합하여 연소하는 현상이다. • 가연성 물질(고체)가 연소할 때 일정한 온도가 되면 열분해되며, 휘발분(가연성 가스)을 방출하는데, 이 가연성 가스가 공기 중의 산소와 화합하여 연소하는 것이다. 예 목재, 석탄, 종이, 플라스틱, 섬유, 고무 등
증발연소	• 가연성 물질(고체)을 가열했을 때 열분해를 일으키지 않고 액체로, 그 액체가 기체상태로 변하여 그 기체가 연소하는 현상이다. 예 유황, 나프탈렌, 왁스, 파라핀(양초) 등
표면연소 (무연연소)	• 가연성 고체가 그 표면에서 산소와 발열 반응을 일으켜 타는 연소형식이다. • 열분해에 의한 가연성 가스를 발생하지 않는다. 예 숯, 코크스, 목탄, 금속분
자기연소 (내부연소)	• 공기 중의 산소가 필요하지 않고, 가연물 자체적으로 지닌 산소를 이용하여 내부 연소하는 형태이다. 예 제5류 위험물(니트로셀룰로오스, 셀룰로이드, TNT 등)

적중 핵심예상문제

01 수소, 아세틸렌과 같은 가연성 가스가 공기 중 누출되어 연소하는 형식에 가장 가까운 것은?

① 확산연소
② 증발연소
③ 분해연소
④ 표면연소

가연성 가스가 공기 중 누출되어 연소하는 형식은 확산연소이다.

02 연료의 일반적인 연소형태에 대한 설명 중 틀린 것은?

① 목재와 같은 고체 연료는 연소 초기에는 불꽃을 내면서 연소하나 후기에는 점점 불꽃이 없어져 무연 연소형태로 연소한다.
② 알코올과 같은 액체 연료는 증발에 의해 생긴 증기가 공기 중에서 연소하는 증발연소의 형태로 연소한다.
③ 기체 연료는 액체 연료, 고체 연료와 다르게 비정상적 연소인 폭발현상이 나타나지 않는다.
④ 석탄과 같은 고체 연료는 열분해하여 발생한 가연성 기체가 공기 중에서 연소하는 분해연소형태로 연소한다.

기체 연료는 비정상적인 연소로 인해 폭발현상이 잘 나타난다.

03 가연성 액체의 연소형태를 옳게 설명한 것은?

① 연소범위의 하한보다 낮은 범위에서라도 점화원이 있으면 연소한다.
② 가연성 증기의 농도가 높으면 높을수록 연소가 쉽다.
③ 가연성 액체의 증발연소는 액면에서 발생하는 증기가 공기와 혼합하여 타기 시작한다.
④ 증발성이 낮은 액체일수록 연소가 쉽고 연소속도는 빠르다.

① 연소범위의 하한보다 낮은 범위에서는 점화원이 있어도 연소하지 않는다.
② 가연성 증기의 농도가 연소상한계보다 높아지면 연소가 일어나지 않는다.
④ 증발성이 높은 액체일수록 연소가 쉽고 연소속도는 빠르다.

04 가연성 물질과 주된 연소형태의 연결이 틀린 것은?

① 종이, 섬유 – 분해연소
② 셀룰로이드, TNT – 자기연소
③ 목재, 석탄 – 표면연소
④ 유황, 알코올 – 증발연소

목재, 석탄는 분해연소를 한다.

05 연소의 종류와 가연물을 잘못 연결한 것은 어느 것인가?

① 증발연소 : 가솔린, 알코올
② 표면연소 : 코크스, 목탄
③ 분해연소 : 목재, 종이
④ 자기연소 : 에테르, 나프탈렌

• 자기연소 – 제5류 위험물(니트로셀룰로오스, 셀룰로이드, TNT 등)
• 증발연소 – 에테르, 나프탈렌

06 다음 중 증발연소를 하는 물질이 아닌 것은?

① 황
② 석탄
③ 파라핀
④ 나프탈렌

석탄은 분해연소를 한다.

정답 01 ① 02 ③ 03 ③ 04 ③ 05 ④ 06 ②

07 연소형태가 표면연소인 것을 올바르게 나타낸 것은?

① 중유, 알코올   ② 코크스, 숯

③ 목재, 종이   ④ 석탄, 플라스틱

해설

연소형태
- 표면연소 : 코크스, 숯
- 분해연소 : 목재, 종이, 석탄, 플라스틱
- 증발연소 : 중유, 알코올
- 자기연소 : 제5류 위험물

08 촛불의 연소형태는?

① 표면연소   ② 분해연소

③ 자기연소   ④ 증발연소

해설

촛불의 연소형태는 증발연소이다.

09 제2류 위험물인 유황의 대표적인 연소형태는?

① 표면연소   ② 분해연소

③ 확산연소   ④ 증발연소

해설

유황의 연소형태는 증발연소이다.

10 다음 중 증발연소를 하는 물질이 아닌 것은?

① 황   ② 석탄

③ 파라핀   ④ 나프탈렌

해설

석탄은 분해연소를 한다.

11 분자 내에 니트로기와 같이 쉽게 산소를 유리할 수 있는 작용기를 가지고 있는 화합물의 연소형태는?

① 표면연소   ② 분해연소

③ 증발연소   ④ 자기연소

해설

분자 내에 니트로기와 같이 쉽게 산소를 유리할 수 있는 작용기를 가지고 있는 화합물을 자기반응성 물질이라고 한다. 자기반응성물질의 연소형태는 자기연소이다.

12 금속분, 목탄, 코크스의 연소형태에 해당하는 것은?

① 자기연소   ② 증발연소

③ 분해연소   ④ 표면연소

해설

금속분, 목탄, 코크스는 표면연소를 한다.

자연발화

1. 자연발화의 원인(형태)

산화열에 의한 발화	• 산소와 결합하여 발생하는 열 예 건성유, 고무분말, 금속분, 석탄 등
분해열에 의한 발화	• 물질이 분해되며 발생하는 열 예 셀룰로이드, 니트로셀룰로오스(질화면), 아세틸렌
중합열에 의한 발화	• 물질의 중합반응에서 발생한 열 예 액화시안화수소(HCN) 등
미생물에 의한 발화	• 미생물에 의한 발효 등에서 발생한 열 예 건초류, 먼지, 퇴비 등
흡착열에 의한 발화	• 물질이 흡착되며 발생하는 열 예 목탄, 활성탄 등

2. 자연발화에 영향을 주는 요인

① 발열량
② 열전도율
③ 열의 축적
④ 공기의 유동
⑤ 수분

3. 자연발화의 조건

① 주위의 온도가 높아야 한다.
② 열전도율이 낮아야 한다.
③ 발열량이 커야 한다.
④ 표면적이 넓어야 한다.

4. 자연발화 방지법

① 환기를 잘 시킨다.
② 저장실의 온도를 낮춘다.
③ 저장실의 습도를 낮춘다.
④ 산화, 분해, 중합 등 반응이 일어나지 않도록 취급한다.
⑤ 불활성가스를 주입하여 산소와의 접촉을 막는다.

적중 핵심예상문제

01 니트로셀룰로오스의 자연발화는 일반적으로 무엇에 기인한 것인가?

① 산화열   ② 중합열

③ 흡착열   ④ 분해열

해설

니트로셀룰로오스는 분해열에 의해 자연발화할 수 있다.

02 다음 중 자연발화의 원인으로 가장 거리가 먼 것은?

① 기화열에 의한 발화

② 산화열에 의한 발화

③ 분해열에 의한 발화

④ 흡착열에 의한 발화

해설

자연발화의 원인으로는 산화열, 분해열, 중합열, 미생물, 흡착열이 있다.

03 자연발화가 일어나기 좋은 조건으로 옳지 않은 것은?

① 주위의 온도가 높다.

② 열전도율이 낮다.

③ 표면적이 넓다.

④ 습도가 낮다.

해설

습도가 높으면 미생물이 활동하기 좋아 미생물에 의한 자연발화가 발생할 수 있다.

04 자연발화를 방지하기 위한 방법으로 옳시 않은 것은?

① 습도를 가능한 한 높게 유지한다.

② 열 축적을 방지한다.

③ 저장실의 온도를 낮춘다.

④ 정촉매작용을 하는 물질을 피한다.

해설

자연발화를 방지하기 위해서는 미생물이 활동하기 어렵도록 습도를 낮추어야 한다.

정답   01 ④   02 ①   03 ④   04 ①

CHAPTER 02 폭발

SECTION 1 **폭발**

1. 폭발 정의

압력의 급격한 발생 또는 개방된 결과로서 폭음을 수반하는 팽창 등이 일어나는 현상이다.

2. 폭발의 종류

(1) 원인물질에 의한 분류

① 물리적 폭발

ㄱ 화학물질의 성질 변화 없이 물리적 변화에 의해서만 일어나는 폭발

ㄴ 폭발 예시 : 고압용기의 파열, 진공용기 감압파열, 폭발적 증발 등

② 화학적 폭발

ㄱ 화학반응을 통해 가스가 생성되거나, 반응열에 의해 고온이 되어 일어나는 폭발

ㄴ 화학적 폭발 종류 : 산화폭발, 분해폭발, 중합폭발

• 산화폭발

  - 가연물이 공기(산소)와 혼합하여 발생하는 폭발

  - 가연물 예시 : 메탄, 프로판

• 분해폭발

  - 자기반응성 물질의 자체 분해 반응열에 의해 발생하는 폭발

  - 가연물 예시 : 아세틸렌, 산화에틸렌, 히드라진, 과산화수소 등

• 중합폭발

  - 중합과정에 발생하는 중합열에 의해 발생하는 폭발

  - 가연물 예시 : 시안화수소, 염화비닐

(2) 원인물질 상태에 따른 분류

① 가스폭발 : 가연성 가스와 공기가 일정비율로 혼합되어 있을 때 점화원에 의해 착화되어 일어나는 폭발

② 분무폭발 : 가연성 액체가 미세한 액적으로 공기 중에 분출될 때 착화에너지에 의해 발생되는 폭발

③ 분진폭발

    ㉠ 가연성 고체(금속, 플라스틱, 석탄 등)의 미세한 분말(분진)이 공기중에 분산되어 있을 때 점화원에 의해 발생되는 폭발

    ㉡ 분진폭발은 가스폭발에 비하여 연소속도는 느리나 폭발에너지는 큼

    ㉢ 분진폭발을 일으키는 물질 : 금속분말(알루미늄, 마그네슘 등), 플라스틱 분말, 섬유류(목분, 종이분 등), 무기약품(유황, 석탄 등), 농산물(밀가루, 전분 등), 먼지 등

    ㉣ 분진폭발을 일으키지 않는 물질 : 모래, 시멘트가루, 석회석 가루(생석회), 대리석 가루, 탄산칼슘, 가성소다 등

    ㉤ 분진폭발이 발생하는 조건
- 밀폐된 공간
- 미분 상태의 가연물
- 가연물이 폭발범위 이내의 농도로 존재
- 공기 중의 가연물 부유
- 화염전파를 개시할 수 있는 충분한 에너지의 점화원이 존재

SECTION 2 | **폭굉**

1. 폭굉 개요

(1) 정의

폭발의 전파속도가 음속(약 340m/s)을 초과하는 과격한 폭발이다.

(2) 전파속도

폭굉	1,000~3,500m/s
연소파(폭발)	0.1~10m/s

2. 폭굉유도거리(DID)

(1) 폭굉유도거리

① 폭굉 가스가 존재할 때 최초의 완만한 연소가 격렬한 폭굉으로 발전할 때까지의 거리를 말한다.

② DID가 짧을수록 위험하다.

(2) 폭굉유도거리(DID)가 짧아지는 조건

① 연소속도가 큰 혼합가스일 경우

② 점화원의 에너지가 높을 경우

③ 압력이 높을 경우

④ 관경이 작을 경우

⑤ 관 속에 장애물이 있는 경우

01 다음 중 폭발과 폭굉의 연소속도를 순서대로 나열한 것으로 옳은 것은?

① 0.1~10m/s, 500~2,000m/s
② 0.5~50m/s, 500~2,000m/s
③ 0.1~10m/s, 1,000~3,500m/s
④ 0.5~50m/s, 1,000~3,500m/s

해설
폭발은 0.1~10m/s, 폭굉은 1,000~3,500m/s의 연소속도를 가진다.

02 가연성 고체의 미세한 분말이 일정 농도 이상 공기 중에 분산되어 있을 때 점화원에 의하여 연소 폭발되는 현상은?

① 분진폭발
② 산화폭발
③ 분해폭발
④ 중합폭발

해설
② 산화폭발 : 가연물이 공기(산소)와 혼합하여 발생하는 폭발
③ 분해폭발 : 자기반응성 물질의 자체 분해 반응열에 의해 발생하는 폭발
④ 중합폭발 : 중합과정에 발생하는 중합열에 의해 발생하는 폭발

03 폭발의 종류에 따른 물질이 잘못 짝지어진 것은?

① 분해폭발 – 아세틸렌, 산화에틸렌
② 분진폭발 – 금속분, 밀가루
③ 중합폭발 – 시안화수소, 염화비닐
④ 산화폭발 – 히드라진, 과산화수소

해설
히드라진, 과산화수소는 분해폭발을 한다.

04 분진폭발의 위험성이 가장 낮은 것은?

① 밀가루
② 알루미늄 분말
③ 시멘트 가루
④ 석탄

해설
• 분진폭발을 일으키는 물질 : 밀가루, 석탄가루, 먼지, 전분, 플라스틱 분말, 금속분 등
• 분진폭발을 일으키지 않는 물질 : 석회석 가루(생석회), 시멘트 가루, 대리석 가루, 탄산칼슘 등

05 공정 및 장치에서 분진폭발을 예방하기 위한 조치로서 가장 거리가 먼 것은?

① 플랜트는 공정별로 구분하고 폭발의 파급을 피할 수 있도록 분진취급공정을 습식으로 한다.
② 분진이 물과 반응하는 경우는 물 대신 휘발성이 적은 유류를 사용하는 것이 좋다.
③ 배관의 연결부위나 기계가동에 의해 분진이 누출될 염려가 있는 곳은 흡인이나 밀폐를 철저히 한다.
④ 가연성 분진을 취급하는 장치류는 밀폐하지 말고 분진이 외부로 누출되도록 한다.

해설
가연성 분진을 취급하는 장치류는 분진이 외부로 누출되지 않도록 한다.

06 다음 중 폭굉유도거리가 짧아지는 경우는 어느 것인가?

① 정상연소속도가 작은 가스일수록 짧아진다.
② 압력이 높을수록 짧아진다.
③ 관지름이 넓을수록 짧아진다.
④ 점화원의 에너지가 약할수록 짧아진다.

해설
① 정상연소속도가 큰 가스일수록 짧아진다.
③ 관지름이 좁을수록, 관 속에 방해물이 있을수록 짧아진다.
④ 점화원의 에너지가 강할수록 짧아진다.

정답 01 ③ 02 ① 03 ④ 04 ③ 05 ④ 06 ②

CHAPTER 03 화재

SECTION 1 | 화재의 분류

1. 화재

사람의 의도에 반하여 발생하는 연소현상이다.

2. 가연물에 따른 화재의 분류

구분	화재 종류	표시색	가연물
A급 화재	일반 화재	백색	종이, 나무, 폴리에틸렌, 석탄 등
B급 화재	유류 화재	황색	기름, 톨루엔 등
C급 화재	전기 화재	청색	전기기기 등
D급 화재	금속 화재	무색	금속분말 등
K급 화재(F급 화재)	주방 화재	–	식용유 등

암기필수 – 화재별 가연물 및 표시색 연상방법

- A급 화재
  - A4용지처럼 일반적인 것이 타는 일반 화재
  - A4용지 색상＝백색
- B급 화재
  - Bus처럼 큰 차는 기름이 많이 필요
  - 기름의 색상＝황색
- C급 화재
  - Computer는 전기기기
  - Computer 고장나면 블루스크린 뜸
- D급 회제
  - Diamond는 귀금속
  - Diamond 색상＝무색

01 가연성 액체, 반고체, 유지 등의 화재의 종류로 알맞은 것은?

① A급　　　　　　② B급
③ C급　　　　　　④ D급

해설

① A급 화재 : 일반 화재(종이, 목재 등)
② B급 화재 : 유류 · 가스 화재(기름, 가스 등)
③ C급 화재 : 전기 화재(전기기기, 기계 등)
④ D급 화재 : 금속 화재(금속분말 등)

02 다음 중 화재의 종류와 급수를 잘못 나타낸 것은?

① 섬유 화재 – K급 화재　② 일반 화재 – A급 화재
③ 유류 화재 – B급 화재　④ 전기 화재 – C급 화재

해설

섬유화재는 A급 화재이다.
• A급 화재 – 일반 화재
• B급 화재 – 유류 · 가스 화재
• C급 화재 – 전기 화재
• D급 화재 – 금속 화재
• K급 화재 – 주방 화재

03 전기 화재의 급수와 표시색상을 옳게 나타낸 것은?

① C급 화재 – 백색　　② D급 화재 – 백색
③ C급 화재 – 청색　　④ D급 화재 – 청색

해설

전기화재는 C급 화재로, 표시색상은 청색이다.

04 다음 중 D급 화재에 해당하는 것은?

① 플라스틱 화재　　② 나트륨 화재
③ 휘발유 화재　　　④ 전기 화재

해설

나트륨 화재는 금속 화재이므로, D급 화재이다.

• A급 화재 – 일반 화재
• B급 화재 – 유류 · 가스 화재
• C급 화재 – 전기 화재
• D급 화재 – 금속 화재
• K급 화재 – 주방 화재

05 금속 화재에 대한 설명으로 틀린 것은?

① 마그네슘과 같은 가연성 금속 화재를 말한다.
② 주수소화 시 물과 반응하여 가연성 가스를 발생하는 경우가 있다.
③ 화재 시 금속화재용 분말소화기 사용이 가능하다.
④ D급 화재라고 표시하는 색상은 청색이다.

해설

금속 화재를 D급 화재라고도 하며, 표시하는 색상은 무색이다.

06 유류 화재의 급수와 색상은?

① A급 화재, 백색　　② B급 화재, 백색
③ A급 화재, 황색　　④ B급 화재, 황색

해설

유류 화재는 B급이며, 소화기 표시 색은 황색이다.

07 화재의 종류 중 금속 화재에 해당하는 것은?

① A급 화재　　　　② B급 화재
③ C급 화재　　　　④ D급 화재

해설

• A급 화재 – 일반 화재
• B급 화재 – 유류 · 가스 화재
• C급 화재 – 전기 화재
• D급 화재 – 금속 화재
• K급 화재 – 주방 화재

정답　01 ②　02 ①　03 ③　04 ②　05 ④　06 ④　07 ④

08 화재별 급수에 따른 화재의 종류 및 표시색상을 모두 올바르게 나타낸 것은?

① A급 화재 : 유류 화재 – 황색

② B급 화재 : 유류 화재 – 황색

③ A급 화재 : 유류 화재 – 백색

④ B급 화재 : 유류 화재 – 백색

해설

- A급 화재 – 일반 화재 – 백색
- B급 화재 – 유류 · 가스 화재 – 황색
- C급 화재 – 전기 화재 – 청색
- D급 화재 – 금속 화재 – 무색
- K급 화재 – 주방 화재

09 가연물에 따른 화재의 종류 및 표시색상의 연결이 옳은 것은?

① 폴리에틸렌 – 유류 화재 – 백색

② 석탄 – 일반 화재 – 청색

③ 시너 – 유류 화재 – 청색

④ 나무 – 일반 화재 – 백색

해설

폴리에틸렌, 석탄, 나무는 A급 화재 – 일반 화재로 백색으로 표시한다.
- A급 화재 – 일반 화재 – 백색
- B급 화재 – 유류 · 가스 화재 – 황색
- C급 화재 – 전기 화재 – 청색
- D급 화재 – 금속 화재 – 무색
- K급 화재 – 주방 화재

10 공장 창고에 보관되었던 톨루엔이 유출되어 미상의 점화원에 의해 착화되어 화재가 발생하였다면 이 화재의 분류로 옳은 것은?

① A급 화재

② B급 화재

③ C급 화재

④ D급 화재

해설

톨루엔(인화성 액체)의 화재이므로 유류 화재인 B급 화재이다.

11 어떤 소화기에서 "A·B·C"라고 표시되어 있다. 다음 중 사용할 수 없는 화재는?

① 금속 화재

② 유류 화재

③ 전기 화재

④ 일반 화재

해설

- A급 화재 – 일반 화재
- B급 화재 – 유류 · 가스 화재
- C급 화재 – 전기 화재
- D급 화재 – 금속 화재
- K급 화재 – 주방 화재

실내화재

1. 실내화재 경과

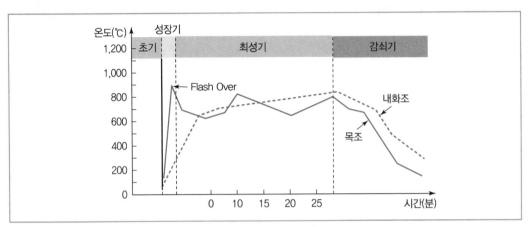

| 실내화재의 진행상황 |

진행단계	연기 색상	특징(외관, 연소상황)
초기	흰색	• 창 등의 개구부에서 하얀 연기가 나옴 • 실내 가구 등 일부가 독립적으로 연소함 • 연료지배형 화재
성장기	검정색	• 개구부에서 세력이 강한 검은 연기가 분출함 • 가구에서 천장면까지 화재 확대됨 • 실내 전체에 화염이 확산되는 최성기의 전초단계임 • 플래시오버 발생(최성기 직전) 가능함 • 연료지배형 화재에서 환기지배형 화재로의 전이됨
최성기	검정색	• 연기양이 적음 • 화염의 분출이 강하며 유리 파손됨 • 실내 전체에 화염이 충만하며 연소가 최고조에 달함 • 강렬한 복사열로 인해 인접 건물로 연소가 확산함 • 구조물이 낙하할 수 있음
감쇠기	흰색	• 검은 연기는 흰색으로 변함 • 지붕, 벽체 등이 타서 떨어지고, 대들보 · 기둥도 무너져 떨어짐 • 화세가 쇠퇴됨 • 연소확산 위험은 없으나 벽체 낙하 등의 위험 존재함 • 백드래프트 발생 가능함

2. 실내화재의 현상

(1) 플래시오버(Flash over)

① 화재 초기단계에서 가연성가스가 천장 부근에 모이고, 그것이 일시에 인화해서 폭발적으로 방 전체가 불꽃이 도는 현상이다.

② 최성기로 진행되기 전에 열 방출량이 급격하게 증가하는 단계에 발생한다.

③ 환기가 부족하지 않은 구획실에서 화재가 발생하였을 때, 미연소가연물이 화염으로부터 멀리 떨어져 있더라도 천장으로부터 축적된 고온의 열기층이 하강함에 따라 그 복사열에 의해 가연물이 열분해 되고 이때 발생한 가연성 가스 농도가 지속적으로 증가하여 연소범위 내에 도달하면 착화되어 화염에 덮이게 되는 현상이다.

④ 최초 화재 발생부터 플래시오버까지 일반적으로 약 5~10분가량 소요된다(구획실의 크기, 층고, 가연물량, 가연물 높이, 개구부의 크기, 내장재 및 가구 등의 난연 정도 등에 따라 발생 소요시간은 다름).

⑤ 연료지배형 화재에서 환기지배형 화재로의 전이된다.

(2) 백드래프트(Back draft)

① 연소에 필요한 산소가 부족하여 훈소상태에 있는 실내에 갑자기 산소가 다량 공급될 때 연소가스순간적으로 발화하는 현상이다.

② 화염이 폭풍을 동반하여 산소가 유입된 곳으로 분출된다.

③ 일반적으로 감쇠기에 발생한다.

④ 음속에 가까운 연소속도를 보이며 충격파의 생성으로 구조물 파괴 가능하다.

SECTION 3 | # 유류저장탱크 화재

1. 보일오버(Boil Over)

① 유류탱크 하부에 고인 물이 열을 받아 끓어오르며 상부의 유류를 밀어 올려 불이 붙은 유류가 밖으로 튀겨지는 현상이다.

② 유류탱크 내부에 물이 존재해야 발생한다.

③ 보일오버의 방지대책

　㉠ 탱크 하부의 수층을 방지한다.

　㉡ 탱크 내부의 과열을 방지한다.

　㉢ 탱크 내용물을 기계적으로 교반하여 에멀젼 상태로 만든다.

2. 슬롭오버(Slop Over)

화재가 발생한 유류탱크 표면에 물(소화약제)를 뿌렸을 때, 물이 빠르게 증발하면서 화염과 유류를 밖으로 튀겨내는 현상이다.

3. 프로스오버(Froth Over)

점도가 높은 기름 아래에서 물이 끓을 때 화재를 수반하지 않고 탱크 밖으로 수증기를 포함한 볼 형태의 기름방울(거품)을 분출하는 현상이다.

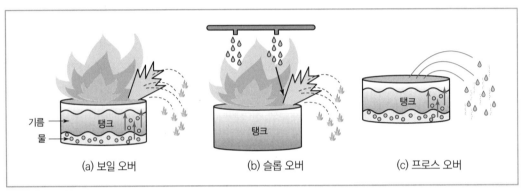

| 유류저장탱크 화재 종류 |

SECTION 4 　가스저장탱크 화재

1. UVCE(Unconfined Vapor Cloud Explosion, 증기운폭발)

> 가스누출 → 증기운 형성 → 점화원 접촉 → 화재 · 폭발

① 가스누출 : 다량의 가연성 가스(기화하기 쉬운 가연성 액체)가 지표면에 누출되며 급격히 증발한다.
② 증기운 형성 : 누출된 가스(인화성 액체)의 증기가 공기와 혼합되며 증기운을 형성한다.
③ 점화원 접촉 : 외부의 점화원에 의해 연소가 시작된다.
④ 화재 · 폭발 : 폭연에서 폭굉 과정을 거쳐 화구(Fire Ball)로 발전하여 폭발한다.

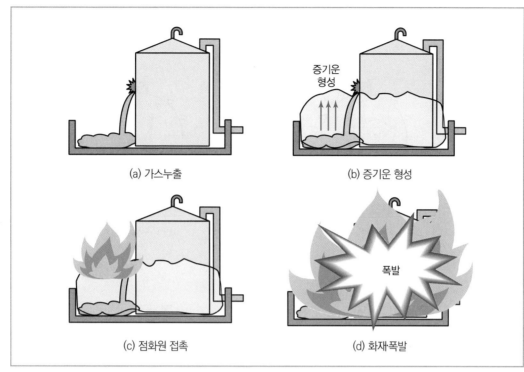

(a) 가스누출

(b) 증기운 형성

증기운
형성

(c) 점화원 접촉

(d) 화재폭발

폭발

| 가스저장탱크 폭발 과정 |

2. BLEVE(Boiling Liquid Expanding Vapour Explosion, 비등액체팽창증기폭발)

화재발생 → 탱크 가열 → 탱크 내부압력 증가 → 탱크 파열 → 증기 화재 · 폭발

① 화재발생 : 액체가 들어있는 탱크 주위에서 화재가 발생하고, 화재열에 의해 탱크벽이 가열된다.

② 탱크 가열 : 탱크 액위 아래의 탱크벽은 액에 의해 냉각되지만, 액체온도는 계속 상승하여 탱크 내부의 압력이 증가한다.

③ 탱크 내부압력 증가 : 탱크 내부압력이 탱크 설계압력을 초과하면 용기의 일부분이 파열되고, 이로 인해 급속히 압력강하가 일어나면서 과열된 액체가 폭발적으로 증발한다.

④ 탱크 파열 : 폭발적 증발로 인해 액체의 체적이 약 200배 이상으로 팽창하고, 이 팽창력으로 액체가 외부로 폭발적으로 분출된다.

⑤ 증기 화재 · 폭발 : 액체 분출과 동시에 탱크 파편이 비산하고 점화원의 존재로 분출된 증기운이 착화된다. 이로써 폭발적 연소와 함께 화구(Fire ball)을 형성하고 폭발한다.

(a) 화재발생, 탱크가열

(b) 내부압력 증가

(c) 탱크 파열

(d) 증기 화재폭발

| 증기운 폭발 과정 |

적중 핵심예상문제

01 플래시오버에 대한 설명으로 틀린 것은?

① 국소화재에서 실내의 가연물들이 연소하는 대화재로의 전이
② 환기지배형 화재에서 연료지배형 화재로의 전이
③ 실내의 천장 쪽에 축적된 미연소 가연성 증기나 가스를 통한 화염의 급격한 전파
④ 내화건축물의 실내화재 온도 상황으로 보아 성장기에서 최성기로의 진입

해설
연료지배형 화재에서 환기지배형 화재로의 전이이다.

02 플래시오버에 대한 설명으로 옳은 것은?

① 대부분 화재 초기에 발생한다.
② 대부분 감쇠기에 발생한다.
③ 산소의 공급이 주요 요인이 되어 발생한다.
④ 내장재의 종류와 개구부의 크기에 영향을 받는다.

해설
① ② 대부분 화재 성장기~최성기 구간에서 발생한다.
③ 산소의 공급이 주요 요인이 되어 발생하는 것은 백드래프트이다.

03 백드래프트가 발생하는 원인으로 가장 가까운 것은?

① 인화점 이상으로 실내온도 상승
② 급격한 산소 공급
③ 연소범위 이내의 가연성증기 발생
④ 점화원의 존재

해설
연소에 필요한 산소가 부족하여 훈소상태에 있는 실내에 산소가 갑자기 다량 공급될 때 연소가스가 순간적으로 발화하는 백드래프트가 발생한다.

04 보일오버(Boil Over) 현상과 가장 거리가 먼 것은 무엇인가?

① 기름이 열의 공급을 받지 아니하고 온도가 상승하는 현상이다.
② 기름의 표면부에서 조용히 연소하다 탱크 내의 기름이 갑자기 분출하는 현상이다.
③ 탱크 바닥에 물 또는 물과 기름의 에멀젼 층이 있는 경우 발생하는 현상이다.
④ 열유층이 탱크 아래로 이동하여 발생하는 현상이다.

해설
보일오버
유류탱크 화재 시 열파가 탱크 저부에 고여있는 물에 닿아 급격히 증발하게 되며, 이때 발생한 대량의 수증기로 상부의 유류를 밀어 올려 불이 붙은 유류가 외부로 방출되는 현상을 말한다.

05 유류 화재 시 발생하는 이상현상인 보일오버(Boil Over)의 방지대책으로 가장 거리가 먼 것은?

① 탱크 하부에 배수관을 설치하여 탱크 저면의 수층을 방지한다.
② 적당한 시기에 모래나 팽창질석, 비등석을 넣어 물의 과열을 방지한다.
③ 냉각수를 대량 첨가하여 유류와 물의 과열을 방지한다.
④ 탱크 내용물의 기계적 교반을 통하여 에멀션 상태로 하여 수층형성을 방지한다.

해설
보일오버
유류탱크 화재 시 열파가 탱크 저부에 고여있는 물에 닿아 급격히 증발하게 되며, 이때 발생한 대량의 수증기로 상부의 유류를 밀어 올려 불이 붙은 유류가 외부로 방출되는 현상을 말한다.
보일오버의 방지대책
• 탱크 하부의 수층을 방지한다.
• 탱크 내부의 과열을 방지한다.
• 탱크 내용물을 기계적으로 교반하여 에멀전 상태로 만든다.

정답 01 ② 02 ④ 03 ② 04 ① 05 ③

06 다음 중 유류저장 탱크 화재에서 일어나는 현상으로 거리가 먼 것은?

① 보일오버   ② 플래시오버
③ 슬롭오버   ④ BLEVE

해설

플래시오버는 건축물 실내의 화재와 관련있는 화재 현상이다.

07 탱크 화재현상 중 BLEVE에 대한 설명으로 옳은 것은?

① 기름탱크에서의 수증기 폭발현상이다.
② 비등상태의 액화가스가 기화하여 팽창하고 폭발하는 현상이다.
③ 화재 시 기름 속의 수분이 급격히 증발하여 기름거품이 되고 팽창해서 기름탱크에서 밖으로 내뿜어져 나오는 현상이다.
④ 고점도의 기름 속에 수증기를 포함한 볼 형태의 물방울이 형성되어 탱크 밖으로 넘치는 현상이다.

해설

블레비(BLEVE)
• 비등액체팽창증기폭발
• 저장탱크 내의 가연성 액체가 끓으면서 기화한 증기가 팽창한 압력에 의해 폭발하는 현상

CHAPTER
04

소화이론

SECTION 1 | 소화의 원리

1. 소화 개요

(1) 개념

연소의 반대 개념으로, 연소의 4요소인 가연물, 산소공급원, 점화원, 연쇄반응 중 하나 이상 또는 전부를 제거할 시 소화되는 원리이다.

(2) 연소의 4요소

① 가연물

② 산소공급원

③ 점화원(열)

④ 연쇄반응

(3) 소화의 종류

① 제거소화(희석소화)

② 질식소화

③ 냉각소화

④ 억제소화(부촉매소화)

SECTION 2 | 소화의 종류

1. 제거소화

(1) 개요

가연물을 제거하거나 가연물의 농도를 낮추어 소화하는 방법이다.

(2) 소화방법 예시

① 가스화재 시 가스공급을 차단하기 위해 밸브를 닫아 소화시킨다.

② 유전화재 시 폭약을 사용하여 폭풍에 의해 가연성 증기를 날려 소화시킨다.

③ 촛불을 입으로 바람을 불어서 소화시킨다.

④ 산불화재 시 벌목을 하였다.

⑤ 전원차단 및 전기 공급을 중지한다.

⑥ 화재 시 창고 등에서 물건을 빼내어 신속하게 옮긴다.

2. 질식소화

(1) 개요

산소 공급을 차단하거나 산소농도를 감소시켜 연소를 중지시키는 방법이다

(2) 소화방법 예시

① 건조사와 같은 불연성 고체로 가연물을 덮어 소화한다.

② 가연물이 들어 있는 용기를 밀폐하여 소화한다.

③ 불활성 물질을 첨가하여 연소범위를 좁혀 소화한다.

④ 비중이 공기의 1.5배 정도로 무거운 소화약제로 가연물의 구석구석까지 침투·피복하여 소화한다.

3. 냉각소화

(1) 개요

연소물을 착화 온도 이하가 되도록 냉각하여 연소할 수 없게 하는 소화방법이다.

(2) 소화방법 예시

① 다량의 물을 이용하여 소화한다.

② CO_2 등 기체에 의한 방법 등으로 냉각하여 소화한다.

4. 억제소화

(1) 개요

연소반응을 주도하는 라디칼을 제거하여 연소반응을 중단시키는 화학적 소화방법이다.

(2) 소화방법 예시

할론, 분말 소화약제, 강화액 소화약제를 사용하여 소화한다.

5. 희석소화

(1) 개요

수용성인 가연성 액체에 의한 화재 시 물을 섞어 농도를 낮추어 소화시키는 방법이다.

(2) 소화방법 예시

알코올도수가 높은 양주는 불이 붙지만 도수가 낮은 술은 불이 붙지 않는다.

6. 유화소화

유류 화재 시 물을 분무상으로 방사하여 화재면에 유화층(에멀젼)을 만들어 소화하는 방법이다.

7. 피복소화

공기보다 무거운 소화약제로 가연물을 피복하여 소화하는 방법이다.

적중 핵심예상문제

01 다음 중 연소에 필요한 산소의 공급원을 차단하는 것은?

① 억제소화   ② 냉각소화
③ 질식소화   ④ 제거소화

해설
연소에 필요한 산소의 공급원을 차단하여 소화하는 것을 질식소화라고 한다.

02 연소의 연쇄반응을 차단 및 억제하여 소화하는 방법은?

① 냉각소화   ② 부촉매소화
③ 질식소화   ④ 제거소화

해설
연소의 연쇄반응을 차단 · 억제하여 소화하는 방법을 부촉매소화 또는 억제소화라고 한다.

03 다음 중 화학적 소화에 해당하는 것은?

① 냉각소화   ② 질식소화
③ 제거소화   ④ 억제소화

해설
억제소화(부촉매소화)는 연소반응을 억제하는 것으로 화학적소화에 해당된다.

04 공기 중의 산소농도를 한계산소량 이하로 낮추어 연소를 중지시키는 소화방법은?

① 제거소화   ② 질식소화
③ 냉각소화   ④ 억제소화

해설
질식소화에 대한 설명이다.

05 제거소화의 예가 아닌 것은?

① 가스화재 시 가스공급을 차단하기 위해 밸브를 닫아 소화시킨다.
② 유전화재 시 폭약을 사용하여 폭풍에 의해 가연성 증기를 날려 소화시킨다.
③ 연소하는 가연물을 밀폐시켜 공기공급을 차단하여 소화한다.
④ 촛불을 입으로 바람을 불어서 소화시킨다.

해설
③은 질식소화의 예시이다.

06 소화작용에 대한 설명으로 옳지 않은 것은?

① 냉각소화 : 물을 뿌려서 온도를 저하시키는 방법
② 질식소화 : 불연성 포말로 연소물을 덮어 씌우는 방법
③ 제거소화 : 가연물을 제거하여 소화시키는 방법
④ 희석소화 : 산 · 알칼리를 중화시켜 연쇄반응을 억제시키는 방법

해설
희석소화는 가연물의 농도를 낮추어 소화시키는 방법이다.

07 건조사와 같은 불연성 고체로 가연물을 덮는 것은 어떤 소화에 해당하는가?

① 제거소화   ② 질식소화
③ 냉각소화   ④ 억제소화

해설
가연물을 덮어 산소와 차단시키는 것은 질식소화이다.

정답 01 ③   02 ②   03 ④   04 ②   05 ③   06 ④   07 ②

위험물기능사 필기 한권완성

CHAPTER 05 소화약제

SECTION 1 소화약제

1. 소화약제의 조건

① 소화성능이 뛰어나며, 연소의 4요소(가연물, 산소공급원, 점화원, 연쇄반응) 중 1가지 이상을 제거할 수 있어야 한다.

② 독성이 없어 인체에 무해하며, 환경에 대한 오염이 적어야 한다.

③ 저장에 안정적이며, 가격이 저렴하여 경제적이어야 한다.

2. 소화약제의 종류

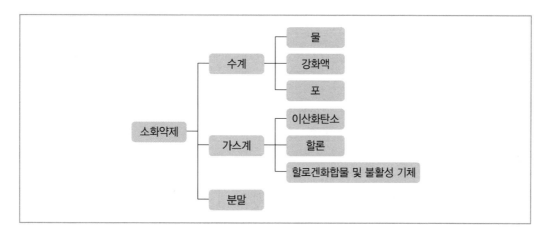

소화약제별 특성

1. 물

(1) 특성

① 물은 기화잠열(증발잠열)이 커서 기화하면서 주변 온도를 냉각시키는 효과가 크다.

② 쉽게 구할 수 있다.

③ 펌프, 호스 등을 이용하여 이송이 용이하다.

④ 물이 화재와 만나 수증기(물 용적의 약 1,700배의 불연성 기체)가 되면서 질식소화 효과를 나타 낸다.

(2) 소화효과

① 주 소화효과 : 냉각 소화효과

② 부 소화효과 : 질식효과, 희석효과, 유화효과

(3) 방사방법

주수방법	모양	적응화재	주 소화효과	관련 소화 설비
봉상주수	긴 봉	A급	냉각효과, 타격효과	옥내 · 외 소화전
적상주수	물방울	A급	냉각효과, 질식효과	스프링클러설비
무상주수	안개	A · B · C급	질식효과, 냉각효과, 유화효과	미분무 · 물분무설비

(4) 소화효과 증대 첨가제

① 부동액, 침투제, 증점제, 유화제, 강화제 등

② 부동액 예시 : 에틸렌글리콜, 프로필렌글리콜, 글리세린 등

(5) 강화액 소화약제

① 약 $-30 \sim -20℃$에서도 동결되지 않기 때문에 한랭지역 화재 시 사용한다.

② 물에 탄산칼륨(K_2CO_3)을 녹여 어는점을 낮춘 소화약제이다.

③ 물 소화약제와 소화원리는 동일하고 부촉매효과, 동결방지효과를 증대시킨 것이다.

④ pH 12 이상인 강알칼리이다.

⑤ 심부화재보다 표면화재에 효과적이다.

(6) 산 · 알칼리 소화약제

① 탄산수소나트륨 용액에 황산을 가하여 생성된 물과 이산화탄소로 소화한다.

$$2NaHCO_3 + H_2SO_4 \rightarrow Na_2SO_4 + 2CO_2 + 2H_2O$$

② 생성된 이산화탄소 압력을 이용하여 소화약제를 방사한다.

2. 포(Foam)

(1) 특성

① 인체에 무해하고 방사 후 독성 가스 발생 우려가 적다.

② 다량의 포(거품)으로 화원의 표면을 덮어 공기공급을 차단하는 질식효과가 있다.

③ 포의 수분이 증발하면서 냉각소화 효과도 나타낸다.

④ 소화 후 포 잔유물 처리가 곤란한다.

⑤ 포소화약제의 부동제(부동액)으로 에틸렌글리콜을 사용한다.

⑥ 포는 주로 물로 구성되어 있어서 변전실, 금수성 물질, 인화성 액화가스 등에는 사용이 제한된다.

⑦ 일반화재, 유류화재에 적응성을 가진다.

(2) 소화효과

질식효과, 냉각효과

(3) 포 소화약제의 종류

① 화학포

구분	종류
외약제(A약제)	NaHCO₃(탄산수소나트륨)
내약제(B약제)	Al₂(SO₄)₃(황산알루미늄)
기포안정제	가수분해단백질, 계면활성제, 사포닌, 젤라틴, 카제인 등

㉠ 반응식 : $6NaHCO_3 + Al_2(SO_4)_3 \cdot 18H_2O \rightarrow 3Na_2SO_4 + 2Al(OH)_3 + 6CO_2 + 18H_2O$

㉡ 화학반응에 의해 발생한 이산화탄소 가스의 압력에 의해 포가 방출된다.

② 기계포

㉠ 특성

- 물과 포소화약제를 기계적으로 교반시키면서 공기를 혼입하여 포를 발생시킨다.
- 기계포는 팽창비가 커서 가연성(인화성) 액체의 화재인 옥외 등 대규모 유류탱크 화재에 적합하며 재 착화 위험성이 작다.

ⓛ 종류
- 팽창비에 따라 저팽창포, 고팽창포로 나뉜다.

$$팽창비 = \frac{포의\ 체적(발포\ 후)}{포의\ 체적(발포\ 전)}$$

- 저팽창포(팽창비 20 이하) : 단백포, 불화단백포, 수성막포, 내알코올포
- 고팽창포(팽창비 80 이상, 1,000 미만) : 합성계면활성제포

ⓒ 단백포 : 부패의 우려로 인해 정기적인 교체 필요하다.

ⓔ 수성막포
- 분말소화약제와 함께 사용하여도 소포현상이 발생하지 않아서 트윈 에이전트 시스템으로 병용하여 사용한다.
- 계면활성제는 불소계 계면활성제를 사용한다.

> **참고** – 소포(消泡), 트윈 에이전트 시스템
>
> - 소포(消泡) : 포가 터져버리는 것(포가 터지면 소화기능이 상실됨)
> - 트윈 에이전트 시스템
>   - 빠른 소화능력의 속소성을 가진 분말 소화약제와 거품 피막의 지속성을 가진 포 소화약제를 조합하여 소화효과를 높인 것
>   - 분말 소화약제(CDC ; Compatible Dry Chemical) + 포 소화약제(수성막포)

ⓜ 내알코올포 소화약제 : 알코올, 아세톤 등과 같은 수용성 액체(소포성을 가진 물질) 화재에 적합한 소화약제이다(보통의 포소화약제는 수용성 알코올과 만나면 포가 파괴되므로, 알코올형 화재에는 내알코올 포소화약제를 사용하여야 한다.).

3. 이산화탄소

(1) 특성

① 이산화탄소는 불활성 가스로 질식성을 갖고 있어 가연물의 연소에 필요한 산소 공급을 차단하여 질식소화한다.

② 액화 이산화탄소의 경우 기화되면서 주위로부터 많은 열을 흡수하는 냉각소화효과가 있다.

③ 비중이 1.5로 공기보다 약 1.5배 무거워 심부화재에 적응성이 좋다.

④ 전기전도성이 없고, 유류 · 전기화재에 적합하다.

⑤ 상온, 상압에서 무색무취이고, 소화약제에 의한 오손이 거의 없다.

⑥ 냉각, 압축에 의해 쉽게 액화될 수 있다.

⑦ 밀폐된 공간에서 사용할 때 소화효과가 가장 좋다.

(2) 소화효과

질식효과, 냉각효과, 피복효과

(3) 이산화탄소의 최소소화농도

$$\text{vol\% CO}_2 = \frac{21 - \text{vol\%O}_2}{21} \times 100\%$$

(4) 이산화탄소 소화약제 저장용기의 충전비

① 고압식 : 1.5 이상 1.9 이하

② 저압식 : 1.1 이상 1.4 이하

(5) 이산화탄소 소화설비의 분사헤드 설치기준

① 전역방출방식

㉠ 방사된 소화약제가 방호구역의 전역에 균일하고 신속하게 방사할 수 있도록 설치

㉡ 소화약제의 양을 60초 이내에 균일하게 방사

㉢ 고압식(소화약제를 상온으로 용기에 저장) : 2.1MPa 이상

㉣ 저압식(소화약제를 −18℃ 이하 온도로 용기에 저장) : 1.05MPa 이상

② 국소방출방식

㉠ 방호대상물의 모든 표면이 분사헤드의 유효사정 내에 있도록 설치

㉡ 소화약제의 방사에 의해서 위험물이 비산되지 않는 장소에 설치

㉢ 소화약제의 양을 30초 이내에 균일하게 방사

(6) 이산화탄소 소화기의 특징

① 약제방출 시 소음이 크다.

② 장시간 저장해도 물성의 변화가 거의 없다.

③ 방출용 동력이 별도로 필요치 않다.

④ 이산화탄소 소화기 사용 시 액화탄산가스가 줄톰슨 효과에 의해 드라이아이스(고체 이산화탄소)가 되어 방출된다.

참고 −줄톰슨 효과

압축한 기체를 단열된 좁은 구멍으로 분출시키면 온도가 변하는 현상

⑤ 금속화재 시 이산화탄소 소화기를 사용하면 화학반응을 통해 가연물이 생성되어 화재가 확대되므로 사용하지 않는다.

$$2Mg + CO_2 \rightarrow 2MgO + C$$
$$Mg + CO_2 \rightarrow MgO + CO$$

4. 할론

(1) 특성

① 탄화수소에 포함된 수소원자의 일부 또는 전부를 할로겐 원소로 치환한 화합물 중 소화약제로서 사용이 가능한 것을 총칭한다.

② 할로겐원자의 억제 작용으로 연쇄반응을 하고 있는 가연물의 화재를 억제하여 소화한다(억제효과, 부촉매효과).

③ 질식작용과 냉각작용도 할 수 있는 우수한 화학적 소화약제이다.

④ 비점이 낮아서 기화가 용이하다.

⑤ 공기보다 무겁고 불연성이다.

⑥ 전기 부도체이므로 유류화재, 전기화재에 적응성이 있다.

⑦ 독성이 강하고, 오존층 파괴를 일으킨다.

⑧ CCl_4(Halon 104)는 열분해하여 $COCl_2$(포스겐) 가스를 발생시켜 법으로 사용이 금지되었다.

(2) 소화효과

억제(부촉매)효과, 질식효과, 냉각효과

(3) 명명법

탄소를 맨 앞에 두고 할로겐원소를 주기율표 순서(F → Cl → Br → I)의 원자수만큼 해당하는 숫자를 부여한다. 맨 끝의 숫자가 0일 경우에는 생략한다.

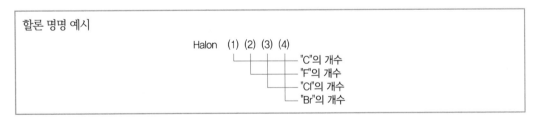

Halon No.	C F Cl Br	분자식	약호
1301	1 3 0 1	CF_3Br	BTM 또는 MTB
1211	1 2 1 1	CF_2ClBr	BCF
1011	1 0 1 1	CH_2ClBr	CB
2402	2 4 0 2	$C_2F_4Br_2$	FB
104	1 0 4 0	CCl_4	CTC

(4) 오존층파괴지수(ODP ; Ozone Depletion Potential)

① 오존을 파괴하는 화합물질의 오존파괴능력을 수치화하여 나타낸 것이다.

② ODP : Halon 1301(10)>Halon 2402(6)>Halon 1211(3)>Halon 104(1.2)

(5) 할로겐화합물 및 불활성가스

① 특성

㉠ 할론을 제외한 할로겐화합물 및 불활성기체로서, 오존층 보호하기 위한 친환경 소화약제이다.

㉡ 오존파괴지수(ODP), 지구온난화지수(GWP), 독성이 낮다.

㉢ 소화효과가 할론 소화약제와 유사하다.

㉣ 헬륨, 네온, 아르곤, 질소 중 하나 이상의 원소를 기본 성분으로 한다.

② 불활성가스의 명명법

> IG - (1)(2)(3)
>
> 여기서, (1) : N_2 농도
>
> (2) : Ar 농도
>
> (3) : CO_2 농도

불활성가스 소화약제	N_2 Ar CO_2	구성성분
IG-01	0 1 0	Ar
IG-100	1 0 0	N_2
IG-55	5 5 0	N_2 50%, Ar 50%
IG-541	5 4 1	N_2 52%, Ar 40%, CO_2 8%

5. 분말

(1) 특성

① 약제에 따라 제1종~제4종 분말소화약제로 나눈다.

② 무독성이다.

③ 물과 같은 유동성이 없기 때문에 주로 유류 화재에 사용되며 전기적인 전도성이 없어 전기 화재에서도 사용된다.

④ 빠른 소화성능을 이용하여 분출되는 가스나 일반 화재를 포함한 화염 화재에서도 사용된다.

(2) 소화효과

질식효과, 억제(부촉매)효과, 냉각효과

(3) 분말 소화약제 종류

종류	주성분	적응화재	착색
제1종 분말	$NaHCO_3$ (탄산수소나트륨)	B · C · K급	백색
제2종 분말	$KHCO_3$ (탄산수소칼륨)	B · C급	담회색
제3종 분말	$NH_4H_2PO_4$ (제1인산암모늄)	A · B · C급	담홍색
제4종 분말	$KHCO_3 + (NH_2)_2CO$ (탄산수소칼륨 + 요소)	B · C급	회색

(4) 열분해 반응식

종류	열분해 반응식
제1종 분말 ($NaHCO_3$)	$2NaHCO_3 \rightarrow Na_2CO_3 + CO_2 + H_2O$ ※ 탄산나트륨(Na_2CO_3) : 식용유와 반응하여 비누화반응을 일으켜 질식소화효과와 억제효과를 나타내므로 K급 화재에도 적용이 가능하다.
제2종 분말 ($KHCO_3$)	$2KHCO_3 \rightarrow K_2CO_3 + CO_2 + H_2O$
제3종 분말 ($NH_4H_2PO_4$)	$NH_4H_2PO_4 \rightarrow HPO_3 + NH_3 + H_2O$ ※ 메타인산(HPO_3) : 일반 가연물질(종이 등) 표면에 부착성 좋은 막을 형성하여 공기 중의 산소를 차단하는 방진작용을 하여 A급 화재에도 적용이 가능하다.
제4종 분말 ($KHCO_3 + (NH_2)_2CO$)	$2KHCO_3 + (NH_2)_2CO \rightarrow K_2CO_3 + 2NH_3 + 2CO_2$

적중 핵심예상문제

01 다음 중 물이 소화약제로 쓰이는 이유로 가장 거리가 먼 것은?

① 기화잠열이 크다.
② 쉽게 구할 수 있다.
③ 취급이 간편하다.
④ 제거소화가 잘 된다.

해설
물은 냉각소화 효과가 크다.

02 물이 소화약제로 이용되는 이유는 무엇인가?

① 물이 기화하며 가연물을 냉각하기 때문이다.
② 물이 공기를 차단하기 때문이다.
③ 물은 환원성이 있기 때문이다.
④ 물이 가연물을 제거하기 때문이다.

해설
물이 기화하며 주변 온도를 냉각시키는 효과가 크기 때문에 소화제로서 널리 사용된다.

03 물이 일반적으로 소화약제로 사용될 수 있는 특징에 대한 설명으로 틀린 것은?

① 증발잠열이 크기 때문에 냉각효과가 좋다.
② 물을 사용한 봉상수 소화기는 A급, B급, C급 화재의 진압에 적응성이 뛰어나다.
③ 비교적 쉽게 구해서 이용이 가능하다.
④ 펌프, 호스 등을 이용하여 이송이 비교적 용이하다.

해설
봉상수 소화기는 A급 화재에 적응성이 있다.

04 물이 일반적으로 소화약제로 사용될 수 있는 특징에 대한 설명으로 틀린 것은?

① 비교적 쉽게 구할 수 있다.
② 펌프, 호스 등을 이용하여 이송이 비교적 용이하다.
③ 물은 비극성 공유결합으로 이루어져 있어 증발잠열이 크다.
④ 화재 발생 시 물을 뿌리면 수증기가 발생하여 질식 소화 효과가 있다.

해설
물은 수소결합을 하고, 강한 극성을 띤다.

05 물은 냉각소화 효과가 가장 큰 소화약제이다. 물의 소화효과를 높이기 위하여 무상주수를 함으로서 부가적으로 작용하는 소화효과로 이루어진 것은?

① 질식소화작용, 제거소화작용
② 질식소화작용, 유화소화작용
③ 타격소화작용, 유화소화작용
④ 타격소화작용, 피복소화작용

해설
무상주수를 하여 질식소화작용, 유화소화작용의 효과를 나타낼 수 있다.

06 금속분의 화재 시 주수해서는 안 되는 이유로 가장 옳은 것은?

① 산소가 발생하기 때문에
② 수소가 발생하기 때문에
③ 질소가 발생하기 때문에
④ 유독가스가 발생하기 때문에

해설
금속분은 주수소화 시 물과 반응하여 수소를 발생하며, 수소 발생에 의해 화재면이 확대되고 폭발의 위험이 있어 주수소화하면 위험하다.

정답 01 ④ 02 ① 03 ② 04 ③ 05 ② 06 ②

07 소화약제로서 물의 단점인 동결현상을 방지하기 위하여 물에 첨가하는 물질로 보기 어려운 것은?

① 프로필렌글리콜 　　　② 글리세린
③ 탄산나트륨 　　　　　④ 에틸렌글리콜

해설

부동액(에틸렌글리콜, 프로필렌글리콜, 글리세린 등)을 넣어 물의 동결현상을 방지한다.

08 물의 소화능력을 향상시키고 동절기 또는 한랭지에서도 사용할 수 있도록 탄산칼륨 등의 알칼리 금속염을 첨가한 소화약제는 어느 것인가?

① 강화액 소화약제
② 할로겐화합물 소화약제
③ 이산화탄소 소화약제
④ 포 소화약제

해설

강화액 소화약제는 물에 탄산칼륨(K_2CO_3)을 보강시켜 동절기 또는 한랭지에서도 사용할 수 있는 소화약제이다.

09 다음 중 강화액 소화약제의 주된 소화원리에 해당하는 것은?

① 냉각소화 　　　　　　② 절연소화
③ 제거소화 　　　　　　④ 발포소화

해설

강화액 소화약제의 주 소화효과는 냉각소화이다.

10 강화액 소화약제의 주성분에 해당하는 것은?

① CaO_2 　　　　　　　② K_2O_2
③ K_2CO_3 　　　　　　④ $KBrO_3$

해설

강화액 소화약제는 물에 탄산칼륨(K_2CO_3)을 보강시켜 만든다.

11 다음 중 탄산칼륨을 물에 용해시킨 강화액 소화약제의 pH에 가장 가까운 것은?

① 1 　　　　　　　　　② 4
③ 7 　　　　　　　　　④ 12

해설

강화액 소화약제는 강알칼리성으로, pH가 12 이상이다.

12 강화액 소화기에 대한 설명이 아닌 것은?

① 알칼리 금속염류가 포함된 고농도의 수용액이다.
② A급 화재에 적응성이 있다.
③ 어는점이 낮아서 동절기에도 사용이 가능하다.
④ 물의 표면장력을 강화시킨 것으로 심부화재에 효과적이다.

해설

강화액 소화기는 표면화재에 효과적이다.

13 영하 20℃ 이하의 겨울철이나 한랭지에서 사용하기에 적합한 소화기는?

① 봉상주수 소화기 　　　② 물주수 소화기
③ 분무주수 소화기 　　　④ 강화액 소화기

해설

강화액 소화기는 어는점이 낮아서 영하 20℃ 이하의 겨울철이나 한랭지에서 사용하기에 적합하다.

14 물의 동결방지효과를 증대하기 위해 탄산칼륨을 녹인 소화약제로 옳은 것은?

① 산 · 알칼리 소화약제
② 강화액 소화약제
③ 할로겐화합물 소화약제
④ 포 소화약제

해설

강화액 소화약제는 물에 탄산칼륨을 녹여 어는점을 낮춘 소화약제로 강알칼리이며 심부화재보다 표면화재에 효과적이다.

정답　07 ③　08 ①　09 ①　10 ③　11 ④　12 ④　13 ④　14 ②

15 산·알칼리 소화기의 소화약제 구성성분 조합으로 옳은 것은?

① 탄산수소칼륨, 질산
② 탄산수소나트륨, 질산
③ 탄산수소칼륨, 황산
④ 탄산수소나트륨, 황산

해설

산·알칼리 소화약제는 탄산수소나트륨 용액에 황산을 가하여 생성된 물과 이산화탄소로 소화한다.
$2NaHCO_3 + H_2SO_4 \rightarrow Na_2SO_4 + 2CO_2 + 2H_2O$

16 포소화약제의 성분물질로 옳지 않은 것은?

① 카제인
② Na_2CO_3
③ $NaHCO_3$
④ $Al_2(SO_4)_3$

해설

화학포 소화약제 = 황산알루미늄($Al_2(SO_4)_3$) + 탄산수소나트륨($NaHCO_3$) + 기포안정제(가수분해단백질, 계면활성제, 사포닌, 젤라틴, 카제인 등)

17 단백포 소화약제의 제조공정에서 부동제로 사용하는 것은?

① 에틸렌글리콜
② 물
③ 가수분해단백질
④ 황산제일철

해설

포소화약제의 부동제(부동액)으로 에틸렌글리콜을 사용한다.

18 고팽창포로 사용할 수 있는 포소화약제는?

① 수성막포 소화약제
② 합성계면활성제포 소화약제
③ 단백포 소화약제
④ 불화단백포 소화약제

해설

• 저팽창포 : 단백포, 불화단백포, 수성막포, 내알코올포
• 고팽창포 : 합성계면활성제포

19 분말 소화약제와 함께 트윈 에이전트 시스템으로 사용할 수 있는 소화약제는?

① 마른 모래
② 이산화탄소 소화약제
③ 포 소화약제
④ 할로겐화화합물 소화약제

해설

포 소화약제(거품 피막의 지속성)와 분말 소화약제(빠른 소화능력의 속소성)의 장점을 합쳐 트윈 에이전트 시스템으로 병용하여 사용한다. 이 트윈 에이전트 시스템은 분말로는 CDC(Compatible Dry Chemical)를, 포 소화약제로는 수성막포를 조합한다.

20 분말 소화약제와 함께 트윈 에이전트 시스템(Twin Agent System)으로 사용할 수 있는 포 소화약제는?

① 단백포
② 합성계면활성제포
③ 불화단백포
④ 수성막포

해설

포 소화약제(거품 피막의 지속성)와 분말 소화약제(빠른 소화능력의 속소성)의 장점을 합쳐 트윈 에이전트 시스템으로 병용하여 사용한다. 이 트윈 에이전트 시스템은 분말로는 CDC(Compatible Dry Chemical)를, 포 소화약제로는 수성막포를 조합한다.

21 유류 화재 시 분말 소화약제를 사용할 경우 소화 후 재발화현상이 발생할 수 있다. 다음 중 이러한 현상을 예방하기 위하여 분말 소화약제와 병용하여 사용하면 효과적인 소화약제는 무엇인가?

① 단백포
② 수성막포
③ 알코올형포
④ 합성계면활성제포

해설

포 소화약제(거품 피막의 지속성)와 분말 소화약제(빠른 소화능력의 속소성)의 장점을 합쳐 트윈 에이전트 시스템으로 병용하여 사용한다. 이 트윈 에이전트 시스템은 분말로는 CDC(Compatible Dry Chemical)를, 포 소화약제로는 수성막포를 조합한다.

정답 15 ④ 16 ② 17 ① 18 ② 19 ③ 20 ④ 21 ②

22 알코올 화재 시 보통의 포소화약제는 알코올형 포소화약제에 비하여 소화효과가 낮다. 그 이유로서 가장 타당한 것은?

① 소화약제와 섞이지 않아서 연소면을 확대하기 때문에
② 알코올은 포와 반응하여 가연성 가스를 발생하기 때문에
③ 알코올이 연료로 사용되어 불꽃의 온도가 올라가기 때문에
④ 수용성 알코올로 인해 포가 파괴되기 때문에

해설
수용성 알코올로 인해 보통의 포소화약제는 포가 파괴된다. 이 때문에 알코형 화재시에는 내알코올 포 소화약제를 사용하여야 한다.

23 다음 중 화재 시 내알코올포 소화약제를 사용하는 것이 가장 적합한 위험물은?

① 아세톤   ② 휘발유
③ 경유   ④ 등유

해설
내알코올포 소화약제는 알코올과 같은 수용성 액체 화재에 적합한 소화약제이다.

24 물과 친화력이 있는 수용성 용매의 화재에 보통의 포 소화약제를 사용하면 포가 파괴되기 때문에 소화효과를 잃게 된다. 이와 같은 단점을 보완한 소화약제로 가연성인 수용성 용매의 화재에 유효한 효과를 가지고 있는 것은?

① 알코올형포 소화약제
② 단백포 소화약제
③ 합성계면활성제포 소화약제
④ 수성막포 소화약제

해설
알코올형포 소화약제(내알코올포 소화약제)는 수용성 위험물 화재에 효과가 있다.

25 질식소화효과를 주로 이용하는 소화기는?

① 포 소화기   ② 강화액소화기
③ 물소화기   ④ 할로겐화합물 소화기

해설
포소화약제의 주된 소화효과는 질식소화이다.

26 이산화탄소의 특성에 대한 설명으로 옳지 않은 것은?

① 전기전도성이 우수하다.
② 냉각, 압축에 의하여 액화된다.
③ 과량 존재 시 질식할 수 있다.
④ 상온, 상압에서 무색무취의 불연성 기체이다.

해설
이산화탄소는 선기선노성이 없나.

27 이산화탄소가 소화약제로 사용되는 이유에 대한 설명으로 가장 옳은 것은?

① 산소와의 반응이 느리기 때문이다.
② 산소와 반응하지 않기 때문이다.
③ 착화되어도 불이 곧 꺼지기 때문이다.
④ 산화반응이 되어도 열 발생이 없기 때문이다.

해설
산소와 반응하지 않아 산소의 농도를 낮추는 질식소화 효과를 보인다.

28 다음 위험물의 화재 시 이산화탄소 소화약제를 사용할 수 없는 것은?

① 마그네슘   ② 글리세린
③ 등유   ④ 인화성 고체

해설
$Mg + CO_2 \rightarrow MgO + CO$
마그네슘은 이산화탄소와 반응하여 일산화탄소(가연물)을 발생시켜 화재가 확대되므로 이산화탄소 소화약제를 사용할 수 없다.

정답 22 ④ 23 ① 24 ① 25 ① 26 ① 27 ② 28 ①

29 이산화탄소 소화약제의 주된 소화효과 2가지에 가장 가까운 것은?

① 부촉매효과, 제거효과
② 질식효과, 냉각효과
③ 억제효과, 부촉매효과
④ 제거효과, 억제효과

해설

이산화탄소의 주 소화효과는 질식효과와 냉각효과이다.

30 화재 시 이산화탄소를 방출하여 산소의 농도를 12.5%로 낮추어 소화하려고 한다. 혼합 기체 중 이산화탄소의 농도는 약 몇 vol%로 해야 하는가?

① 30.7 ② 32.8
③ 40.5 ④ 68.0

해설

이산화탄소의 소화 농도

$$\text{vol\% } CO_2 = \frac{21 - \text{vol\%}O_2}{21} \times 100\%$$

$$= \frac{21 - 12.5}{21} \times 100\% = 40.5\%$$

31 화재 시 이산화탄소를 사용하여 공기 중 산소의 농도를 21vol%에서 13vol%로 낮추려면 공기 중 이산화탄소의 농도는 몇 vol%가 되어야 하는가?

① 34.3 ② 38.1
③ 42.5 ④ 45.7

해설

이산화탄소의 소화 농도

$$\text{vol\% } CO_2 = \frac{21 - \text{vol\%}O_2}{21} \times 100\%$$

$$= \frac{21 - 13}{21} \times 100\% = 38.1\%$$

32 이산화탄소 소화약제 저장용기의 충전비 기준으로 옳은 것은?

① 저압식 저장용기 충전비 : 1.0 이상 1.3 이하
② 고압식 저장용기 충전비 : 1.3 이상 1.7 이하
③ 저압식 저장용기 충전비 : 1.1 이상 1.4 이하
④ 고압식 저장용기 충전비 : 1.7 이상 2.1 이하

해설

저장용기의 충전비는 고압식은 1.5~1.9, 저압식은 1.1~1.4이다.

33 국소방출방식의 이산화탄소 소화설비의 분사헤드 설치기준에 따른 소화약제의 방출기준으로 옳은 것은?

① 10초 이내에 균일하게 방사할 수 있을 것
② 20초 이내에 균일하게 방사할 수 있을 것
③ 30초 이내에 균일하게 방사할 수 있을 것
④ 40초 이내에 균일하게 방사할 수 있을 것

해설

국소방출방식의 이산화탄소 소화설비의 분사헤드 설치기준
• 방호대상물의 모든 표면이 분사헤드의 유효사정 내에 있도록 설치
• 소화약제의 방사에 의해서 위험물이 비산되지 않는 장소에 설치
• 소화약제의 양을 30초 이내에 균일하게 방사

34 이산화탄소 소화기의 특징에 대한 설명으로 틀린 것은?

① 소화약제에 의한 오손이 거의 없다.
② 약제방출 시 소음이 없다.
③ 전기화재에 유효하다.
④ 장시간 저장해도 물성의 변화가 거의 없다.

해설

이산화탄소 소화기는 약제 방출 시 소음이 크다.

35 이산화탄소 소화기의 장점으로 옳은 것은?

① 전기설비 화재에 유용하다.
② 마그네슘과 같은 금속분 화재 시 유용하다.
③ 자기반응성 물질의 화재 시 유용하다.
④ 알칼리금속 과산화물의 화재 시 유용하다.

해설

이산화탄소 소화기는 전기설비 화재에 유용하다.

36 이산화탄소 소화기에 대한 설명으로 옳은 것은?

① C급 화재에는 적응성이 없다.
② 다량의 물질이 연소하는 A급 화재에 가장 효과적이다.
③ 밀폐되지 않은 공간에서 사용할 때 가장 소화효과가 좋다.
④ 방출용 동력이 별도로 필요치 않다.

해설

① C급 화재에 적응성이 좋다.
② A급 화재보다 C급 화재에 효과적이다.
③ 밀폐된 공간에서 사용할 때 가장 소화효과가 좋다.

37 이산화탄소 소화기 사용 시 줄톰슨 효과에 의해서 생성되는 물질은?

① 일산화탄소
② 드라이아이스
③ 포스겐
④ 수성가스

해설

• 줄톰슨 효과 : 압축한 기체를 단열된 좁은 구멍으로 분출시키면 온도가 변하는 현상
• 액화탄산가스가 줄톰슨 효과에 의해 드라이아이스(고체 이산화탄소)가 되어 방출된다.

38 Mg 화재에 이산화탄소 소화기를 사용하였을 때, 화재 현장에서 발생되는 현상은 무엇인가?

① 이산화탄소가 부착면을 만들어 질식소화된다.
② 이산화탄소가 방출되어 냉각소화된다.
③ 이산화탄소가 Mg와 반응하여 화재가 확대된다.
④ 이산화탄소의 부촉매효과에 의해 화재가 소화된다.

해설

$2Mg + CO_2 \rightarrow 2MgO + C$
$Mg + CO_2 \rightarrow MgO + CO$
이산화탄소와의 반응으로 가연물(C, CO)이 생성되며, 화재가 확대된다.

39 Halon 1301 소화약제에 대한 설명으로 틀린 것은?

① 저장 용기에 액체상으로 충전한다.
② 화학식은 CF_3Br이다.
③ 비점이 낮아서 기화가 용이하다.
④ 공기보다 가볍다.

해설

Halon 1301은 공기보다 5.14배 무겁다.
Halon 1301 = CF_3Br
CF_3Br의 분자량 = $12 + 19 \times 3 + 80 = 149$
증기비중 = 증기분자량/공기분자량 = 149/29 = 5.14

40 할로겐화합물 소화약제의 주된 소화효과는?

① 부촉매효과
② 희석효과
③ 파괴효과
④ 냉각효과

해설

할로겐화합물 소화약제의 주된 소화효과는 부촉매효과(억제효과)이다.

41 주된 소화효과가 산소 공급원의 차단에 의한 소화가 아닌 것은?

① 포소화기
② 건조사
③ CO_2 소화기
④ Halon 1211 소화기

해설

Halon 1211 소화기의 주 소화효과는 부촉매효과(억제효과)이다. 나머지 보기는 질식효과가 주 소화효과이다.

42 연쇄반응을 억제하여 소화하는 소화약제는?

① 할론 1301
② 물
③ 이산화탄소
④ 포

해설

연쇄반응을 억제하는 억제소화를 하는 소화약제는 할로겐화합물 소화약제이다.

43 다음 중 화재 시 사용하면 독성의 $COCl_2$ 가스를 발생시킬 위험이 가장 높은 소화약제는?

① 액화이산화탄소
② 제1종 분말
③ 사염화탄소
④ 공기포

해설

CCl_4(Halon 104)는 열분해하여 $COCl_2$(포스겐) 가스를 발생시켜 법으로 사용이 금지되었다.

44 Halon 1211에 해당하는 물질의 분자식은?

① CBr_2FCl
② CF_2ClBr
③ CCl_2FBr
④ FC_2BrCl

해설

Halon (1)(2)(3)(4)
(1) : C의 개수
(2) : F의 개수
(3) : Cl의 개수
(4) : Br의 개수

45 다음은 어떤 화합물의 구조식인가?

$$H - \overset{\overset{\displaystyle Cl}{|}}{\underset{\underset{\displaystyle H}{|}}{C}} - Br$$

① 하론 1301
② 하론 1201
③ 하론 1011
④ 하론 2402

해설

Halon (1)(2)(3)(4)(5)
(1) : C의 개수
(2) : F의 개수
(3) : Cl의 개수
(4) : Br의 개수
(5) : I의 개수(0일 경우 생략)

46 할로겐화합물의 소화약제 중 할론 2402의 화학식은?

① $C_2Br_4F_2$
② $C_2Cl_4F_2$
③ $C_2Cl_4Br_2$
④ $C_2F_4Br_2$

해설

Halon (1)(2)(3)(4)(5)
(1) : C의 개수
(2) : F의 개수
(3) : Cl의 개수
(4) : Br의 개수
(5) : I의 개수(0일 경우 생략)

47 다음 중 화학식과 Halon 번호를 올바르게 연결한 것은?

① CBr_2F_2 - 1202
② $C_2Br_2F_2$ - 2422
③ $CBrClF_2$ - 1102
④ $C_2Br_2F_4$ - 1242

해설

Halon (1)(2)(3)(4)(5)
(1) : C의 개수
(2) : F의 개수
(3) : Cl의 개수
(4) : Br의 개수
(5) : I의 개수(0일 경우 생략)

48 하론 1301의 증기 비중은? (단, 불소의 원자량은 19, 브롬의 원자량은 80, 염소의 원자량은 35.5이고 공기의 분자량은 29이다.)

① 2.14
② 4.15
③ 5.14
④ 6.15

해설

하론 1301 = CF_3Br
CF_3Br의 분자량 = $12 + 19 \times 3 + 80 = 149$
증기비중 = 증기분자량/공기분자량 = $149/29 = 5.14$

49 BCF 소화기의 약제를 화학식으로 옳게 나타낸 것은?

① CCl_4
② CH_2ClBr
③ CF_3Br
④ CF_2ClBr

해설

Halon의 종류 및 활용

종류	분자식	활용
Halon 1011	CH_2ClBr	CB 소화약제
Halon 1211	CF_2ClBr	BCF 소화약제
Halon 1301	CF_3Br	BTM 소화약제 또는 MTB 소화약제
Halon 2402	$C_2F_4Br_2$	FB 소화약제
Halon 104	CCl_4	CTC 소화약제

50 할론 소화약제의 분자식과 약칭이 바르게 짝지어진 것은?

① CF_2ClBr - BC
② CH_2ClBr - FB
③ $C_2F_4Br_2$ - CTC
④ CF_3Br - MTB

해설

Halon의 종류 및 활용

종류	분자식	활용
Halon 1011	CH_2ClBr	CB 소화약제
Halon 1211	CF_2ClBr	BCF 소화약제
Halon 1301	CF_3Br	BTM 소화약제 또는 MTB 소화약제
Halon 2402	$C_2F_4Br_2$	FB 소화약제
Halon 104	CCl_4	CTC 소화약제

51 다음 중 오존층파괴지수가 가장 큰 것은?

① Halon 104
② Halon 1211
③ Halon 1301
④ Halon 2402

해설

오존층파괴지수(ODP)가 가장 큰 할로겐화합물 소화약제는 1301이다.

52 IG-55 소화약제의 구성성분과 농도를 나타낸 것으로 옳은 것은?

① Ar
② N_2
③ N_2 50%, Ar 50%
④ N_2 52%, Ar 40%, CO_2 8%

해설

IG - (1)(2)(3)
• (1) : N_2 농도
• (2) : Ar 농도
• (3) : CO_2 농도

53 IG-541 소화약제의 구성성분이 아닌 것은?

① He
② N_2
③ Ar
④ CO_2

해설

IG - 541 : N_2 52% + Ar 40% + CO_2 8%

54 분말소화기의 소화약제로 사용되지 않은 것은?

① 탄산수소나트륨
② 탄산수소칼륨
③ 과산화나트륨
④ 인산암모늄

해설

분말 소화약제별 주성분

종류	주성분
제1종 분말	$NaHCO_3$
제2종 분말	$KHCO_3$
제3종 분말	$NH_4H_2PO_4$
제4종 분말	$KHCO_3 + (NH_2)_2CO$

정답 48 ③ 49 ④ 50 ④ 51 ③ 52 ③ 53 ① 54 ③

55 제3종 분말 소화약제의 주요 성분에 해당하는 것은?

① 인산암모늄
② 탄산수소나트륨
③ 탄산수소칼륨
④ 요소

해설

분말 소화약제별 주성분

종류	주성분
제1종 분말	$NaHCO_3$
제2종 분말	$KHCO_3$
제3종 분말	$NH_4H_2PO_4$
제4종 분말	$KHCO_3 + (NH_2)_2CO$

56 제1종 분말 소화약제의 주성분으로 사용되는 것은?

① $KHCO_3$
② H_2PO_4
③ $NaHCO_3$
④ $NH_4H_2PO_4$

해설

분말 소화약제별 주성분

종류	주성분
제1종 분말	$NaHCO_3$
제2종 분말	$KHCO_3$
제3종 분말	$NH_4H_2PO_4$
제4종 분말	$KHCO_3 + (NH_2)_2CO$

57 제1종, 제2종, 제3종 분말 소화약제의 주성분에 해당하지 않는 것은?

① 탄산수소나트륨
② 황산마그네슘
③ 탄산수소칼륨
④ 인산암모늄

해설

분말 소화약제별 주성분

종류	주성분
제1종 분말	$NaHCO_3$
제2종 분말	$KHCO_3$
제3종 분말	$NH_4H_2PO_4$
제4종 분말	$KHCO_3 + (NH_2)_2CO$

58 A급, B급, C급 화재에 모두 적용할 수 있는 분말 소화약제는?

① 제1종 분말 소화약제
② 제2종 분말 소화약제
③ 제3종 분말 소화약제
④ 제4종 분말 소화약제

해설

제3종 분말 소화약제는 열분해하여 메타인산을 생성시켜 A, B, C급 화재에 적용된다.
$NH_4H_4PO_4 \rightarrow HPO_3 + NH_3 + H_2O$

59 제1종 분말 소화약제의 적용화재급수는?

① A급
② B · C급
③ A · B급
④ A · B · C급

해설

분말 소화약제별 적용화재급수
• 제1종 분말 소화약제 : B, C, K급
• 제2종 분말 소화약제 : B, C급
• 제3종 분말 소화약제 : A, B, C급
• 제4종 분말 소화약제 : B, C급

60 제3종 분말 소화약제의 소화효과로 가장 거리가 먼 것은?

① 질식효과
② 냉각효과
③ 제거효과
④ 부촉매효과

해설

분말 소화약제의 소화효과로는 질식효과, 억제(부촉매효과), 냉각효과가 있다.

61 분말 소화약제의 식별색을 옳게 나타낸 것은?

① $KHCO_3$: 백색
② $NH_4H_2PO_4$: 담홍색
③ $NaHCO_3$: 보라색
④ $KHCO_3 + (NH_2)_2CO$: 초록색

정답 55 ① 56 ③ 57 ② 58 ③ 59 ② 60 ③ 61 ②

해설

분말 소화약제의 착색

종류	주성분	착색
제1종 분말	$NaHCO_3$	백색
제2종 분말	$KHCO_3$	담회색
제3종 분말	$NH_4H_2PO_4$	담홍색
제4종 분말	$KHCO_3 + (NH_2)_2CO$	회색

62 제2종 분말 소화약제의 화학식과 색상이 옳게 연결된 것은?

① $NaHCO_3$, 담회색 ② $NaHCO_3$, 적색

③ $KHCO_3$, 담회색 ④ $KHCO_3$, 백색

해설

분말 소화약제의 착색

종류	주성분	착색
제1종 분말	$NaHCO_3$	백색
제2종 분말	$KHCO_3$	담회색
제3종 분말	$NH_4H_2PO_4$	담홍색
제4종 분말	$KHCO_3 + (NH_2)_2CO$	회색

63 분말 소화약제 중 제1종과 제2종 분말이 각각 열분해 될 때 공통적으로 생성되는 물질은 어느 것인가?

① N_2, CO_2 ② N_2, O_2

③ H_2O, CO_2 ④ H_2O, N_2

해설

열분해 반응식

제1종 분말	$2NaHCO_3 \rightarrow Na_2CO_3 + CO_2 + H_2O$
제2종 분말	$2KHCO_3 \rightarrow K_2CO_3 + CO_2 + H_2O$

64 제3종 분말 소화약제의 열분해 시 생성되는 메타인산의 화학식은?

① H_3PO_4 ② HPO_3

③ $H_4P_2O_7$ ④ $CO(NH_2)_2$

해설

제3종 분말 소화약제는 열분해하여 메타인산을 생성시켜 A, B, C급 화재에 적용된다.

$NH_4H_2PO_4 \rightarrow HPO_3 + NH_3 + H_2O$

65 제3종 분말 소화약제의 열분해 반응식을 옳게 나타낸 것은?

① $NH_4H_2PO_4 \rightarrow HPO_3 + NH_3 + H_2O$

② $2KNO_3 \rightarrow 2KNO_2 + O_2$

③ $KClO_4 \rightarrow KCl + 2O_2$

④ $2CaHCO_3 \rightarrow 2CaO + H_2CO_3$

해설

제3종 분말 소화약제의 열분해 반응식

$NH_4H_2PO_4 \rightarrow HPO_3 + NH_3 + H_2O$

66 다음은 제1종 분말 소화약제의 열분해 반응식이다. (   )안에 들어가는 물질은?

$$2NaHCO_3 \rightarrow Na_2CO_3 + H_2O + (\quad)$$

① $2Na$ ② O_2

③ HCO_3 ④ CO_2

해설

반응식의 좌항과 우항의 원소 개수를 비교하여 구한다.

67 $NH_4H_4PO_4$이 열분해하여 생성되는 물질 중 암모니아와 수증기의 부피 비율은?

① $1 : 1$ ② $1 : 2$

③ $2 : 1$ ④ $3 : 2$

해설

$NH_4H_4PO_4 \rightarrow HPO_3 + NH_3 + H_2O$

68 다음 중 식용유 화재 시 제1종 분말 소화약제를 사용할 수 있는 이유로 가장 적절한 것은?

① 제1종 분말 소화약제는 C급 화재에 적응성이 있기 때문이다.

② 냉각소화 효과가 있기 때문이다.

③ 수용액상에서 산성을 띠기 때문이다.

④ 식용유와 반응하여 비누화반응을 일으켜 질식소화 효과를 나타내기 때문이다.

해설

제1종 분말 소화약제가 분해되어 생성되는 탄산나트륨은 수용액상에서 염기성을 띠며 식용유와 반응하여 비누화반응을 일으켜 질식소화효과와 억제효과를 나타낸다.

69 식용유 화재 시 제1종 분말 소화약제를 이용하여 화재의 제어가 가능하다. 이때의 소화원리에 가장 가까운 것은?

① 촉매효과에 의한 질식소화

② 비누화 반응에 의한 질식소화

③ 요오드화에 의한 냉각소화

④ 가수분해 반응에 의한 냉각소화

해설

제1종 분말 소화약제(탄산나트륨)은 수용액상에서 염기성을 띠며 식용유와 반응하여 비누화 반응을 일으켜 질식소화 효과를 나타낸다.

70 다음 중 소화약제에 따른 주된 소화효과로 틀린 것은?

① 수성막포 소화약제 : 질식효과

② 제2종 분말 소화약제 : 탈수 · 탄화효과

③ 이산화탄소 소화약제 : 질식효과

④ 할로겐화합물 소화약제 : 화학억제효과

해설

제2종 분말 소화약제 : 질식효과

71 다음 중 부촉매효과를 기대할 수 있는 소화약제는?

① 포소화약제

② 분말 소화약제

③ 강화액소화약제

④ 팽창질석 또는 팽창진주암

해설

분말 소화약제와 할로겐화합물 소화약제가 부촉매효과를 기대할 수 있는 소화약제이다.

CHAPTER 06 소화기

SECTION 1 | 소화기 사용방법 및 능력단위

1. 소화기 사용방법

① 적응화재에 따라 사용한다.

② 성능에 따라 화점 가까이에 접근하여 방출거리 내에서 사용한다.

③ 바람을 등지고 풍상에서 풍하의 방향으로 방사한다.

④ 양옆으로 비로 쓸 듯이 골고루 방사한다.

2. 능력단위

① 소화기의 소화능력을 표현하는 단위이다.

② A급, B급 화재에 대한 소화 적응성은 수치로 표현한다.

　예 A3, B5 : A급 화재에 대해 능력단위 3단위, B급 화재에 대해 능력단위 5단위

③ C급, K급 화재는 수치 없이 적응성 여부만 표시한다.

　예 C : C급 화재에 적응성 있음

④ 건축물 그 밖의 공작물 또는 위험물이 요구하는 소요단위에 대응하는 능력단위의 소화기를 설치한다.

　예 소요단위 14인 장소에 능력단위 3단위의 소화기를 설치할 경우에는 5개 이상의 소화기를 설치해야 한다.

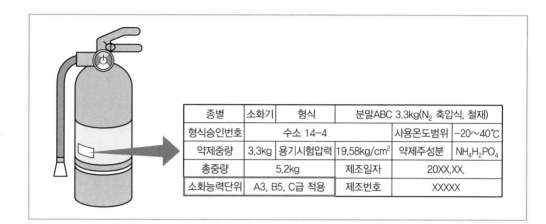

종별	소화기	형식	분말ABC 3.3kg(N_2 축압식, 철재)	
형식승인번호	수소 14-4		사용온도범위	-20~40℃
약제중량	3.3kg	용기시험압력 19.58kg/cm²	약제주성분	$NH_4H_2PO_4$
총중량	5.2kg		제조일자	20XX.XX.
소화능력단위	A3, B5, C급 적용		제조번호	XXXXX

적중 핵심예상문제

01 소화기의 사용방법으로 잘못된 것은?

① 적응화재에 따라 사용할 것
② 성능에 따라 방출거리 내에서 사용할 것
③ 바람을 마주보며 소화할 것
④ 양옆으로 비로 쓸 듯이 방사할 것

해설
소화기를 사용할 때에는 바람을 등지고 소화한다.

02 소화기에 "A2"가 표시되어 있었다면 숫자 '2'가 의미하는 것은 무엇인가?

① 소화기의 제조번호
② 소화기의 소요단위
③ 소화기의 능력단위
④ 소화기의 사용순위

해설
A급 화재 : 능력단위 2단위

03 소화기에 "A3, B5, C급 적용"이라고 표시되어 있다. 표시로부터 알 수 있는 사항이 아닌 것은?

① 일반 화재인 경우 이 소화기의 능력단위는 5단위 이다.
② 유류 화재에 적용할 수 있는 소화기이다.
③ 전기 화재에 적용할 수 있는 소화기이다.
④ ABC소화기이다.

해설
일반 화재인 경우 이 소화기의 능력단위는 3단위이다.

04 어떤 소화기에 "A·B·C"라고 표시되어 있다. 다음 중 사용할 수 없는 화재는?

① 금속 화재   ② 유류 화재
③ 전기 화재   ④ 일반 화재

해설
• A급 화재 : 일반 화재
• B급 화재 : 유류 · 가스 화재
• C급 화재 : 전기 화재
• D급 화재 : 금속 화재

05 소화기 본체용기의 표시사항으로 옳지 않은 것은?

① 형식승인번호   ② 사용온도범위
③ 소화기 상용압력   ④ 총중량

해설
소화기 본체용기 표시사항
• 종별
• 형식
• 형식승인번호
• 사용온도범위
• 약제중량
• 용기시험압력
• 약제주성분
• 총중량
• 제조일자
• 소화능력단위
• 제조번호

정답 | 01 ③   02 ③   03 ①   04 ①   05 ③

CHAPTER 07 소화설비

| SECTION 1 | 소화설비의 종류 |

소화설비

소화설비		주 소화효과
옥내 · 옥외 소화전설비		냉각소화
스프링클러설비		냉각소화, 질식소화
물분무등소화설비	물분무소화설비	냉각소화, 질식소화
	포소화설비	질식소화
	불활성가스소화설비	질식소화
	할로겐화합물소화설비	억제소화
	분말소화설비	질식소화
대형 · 소형 수동식소화기	봉상수소화기	냉각소화
	무상수소화기	냉각소화, 질식소화
	봉상강화액소화기	냉각소화
	무상강화액소화기	냉각소화, 질식소화
	포소화기	질식소화
	이산화탄소소화기	질식소화
	할로겐화합물소화기	억제소화
	분말소화기	질식소화
기타	물통, 수조	냉각소화
	건조사	질식소화
	팽창질석, 팽창진주암	질식소화

01 위험물안전관리법령에서 정한 "물분무등소화설비"의 종류에 속하지 않는 것은?

① 스프링클러설비   ② 포 소화설비
③ 분말 소화설비   ④ 불활성가스 소화설비

해설

물분무등소화설비의 종류
• 물분무 소화설비
• 포 소화설비
• 불활성가스 소화설비
• 할로겐화합물 소화설비
• 분말 소화설비

02 위험물관리법령상 소화설비 적응성에서 소화설비의 종류가 아닌 것은?

① 물분무 소화설비   ② 방화설비
③ 옥내소화전설비   ④ 물통

해설

방화설비는 소화설비에 해당되지 않는다.

03 다음 중 소화설비의 주된 소화효과를 올바르게 설명한 것은?

① 옥내 · 옥외 소화전설비 : 질식소화
② 스프링클러설비, 물분무 소화설비 : 억제소화
③ 포 · 분말 소화설비 : 억제소화
④ 할로겐화합물 소화설비 : 억제소화

해설

① 옥내 · 옥외 소화전설비 : 냉각소화
② 스프링클러설비, 물분무 소화설비 : 냉각소화, 질식소화
③ 포 · 분말 소화설비 : 질식소화

04 각 소화설비의 주된 소화효과를 옳게 나타낸 것은?

① 할로겐화합물 소화설비 – 질식소화
② 스프링클러설비, 물분무 소화설비 – 억제소화
③ 옥내소화전, 옥외소화전 – 냉각소화
④ 포, 분말, 불활성가스 소화설비 – 냉각소화

해설

① 할로겐화합물 소화설비 – 억제소화
② 스프링클러설비, 물분무 소화설비 – 냉각소화, 질식소화
④ 포, 분말, 불활성가스 소화설비 – 질식소화

정답   01 ①   02 ②   03 ④   04 ③

1. 옥내 · 옥외 소화전설비

(1) 옥내소화전설비

(사진출처 : 소방안전관리 업무매뉴얼, 소방안전원)

① 장소

    ㉠ 화재발생 시 연기가 충만할 우려가 없는 장소 등 쉽게 접근이 가능하고 화재 등에 의한 피해를 받을 우려가 적은 장소에 한하여 설치한다.

    ㉡ 옥내소화전의 개폐밸브 및 호스접속구는 바닥면으로부터 1.5m 이하의 높이에 설치한다.

    ㉢ 옥내소화전은 제조소 등의 건축물의 층마다 당해 층의 각 부분에서 하나의 호스접속구까지의 수평거리가 25m 이하가 되도록 설치한다.

    ㉣ 옥내소화전은 각층의 출입구 부근에 1개 이상 설치한다.

② 수원 : 수원의 수량은 옥내소화전이 가장 많이 설치된 층의 옥내소화전 설치개수(설치개수가 5개 이상인 경우는 5개)에 7.8m³를 곱한 양 이상이 되도록 설치한다.

③ 성능 : 옥내소화전설비는 각층을 기준으로 하여 당해 층의 모든 옥내소화전(설치개수가 5개 이상인 경우는 5개의 옥내소화전)을 동시에 사용할 경우에 각 노즐 끝부분의 방수압력이 350kPa 이상이고 방수량이 1분당 260L 이상의 성능이 되도록 한다.

④ 비상전원 : 옥내소화전설비에는 비상전원을 설치한다(용량 : 유효하게 45분 이상 작동 가능한 용량).

⑤ 배관

　　㉠ 전용으로 설치한다.

　　㉡ 펌프를 이용한 가압송수장치의 흡수관은 펌프마다 전용으로 설치한다.

　　㉢ 배관용탄소강관(KS D 3507), 압력배관용탄소강관(KS D 3562) 또는 이와 동동 이상의 강도,
　　　내식성 및 내열성을 갖는 관을 사용한다.

　　㉣ 주배관 중 입상관은 관의 직경이 50mm 이상인 것으로 한다.

⑥ 가압송수장치

　　㉠ 펌프를 이용한 가압송수장치

　　㉡ 토출량 : 옥내소화전의 설치개수가 가장 많은 층에 대해 당해 설치개수(설치개수가 5개 이상인
　　　경우에는 5개로 한다)에 260L/min를 곱한 양 이상이 되도록 한다.

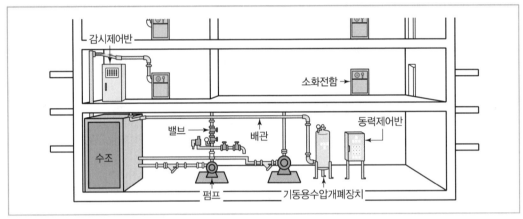

| 옥내소환전의 구조 |

(2) 옥외소화전설비

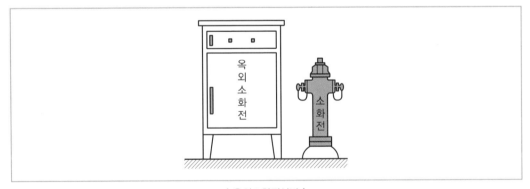

| 옥외소화전설비 |

① 장소 : 방호대상물의 각 부분(건축물은 1층 및 2층의 부분에만 한한다)에서 하나의 호스접속구까지의 수평거리가 40m 이하가 되도록 설치한다. 이 경우 그 설치개수가 1개일 때는 2개로 하여야 한다.

② 수원 : 수원의 수량은 옥외소화전의 설치개수(설치개수가 4개 이상인 경우는 4개의 옥외소화전)에 $13.5m^3$를 곱한 양 이상이 되도록 설치한다.

③ 성능 : 옥외소화전설비는 모든 옥외소화전(설치개수가 4개 이상인 경우는 4개의 옥외소화전)을 동시에 사용할 경우에 각 노즐 끝부분의 방수압력이 350kPa 이상이고, 방수량이 1분당 450L 이상의 성능이 되도록 할 것

④ 비상전원 : 옥외소화전설비에는 비상전원을 설치한다(용량 : 유효하게 45분 이상 작동 가능한 용량).

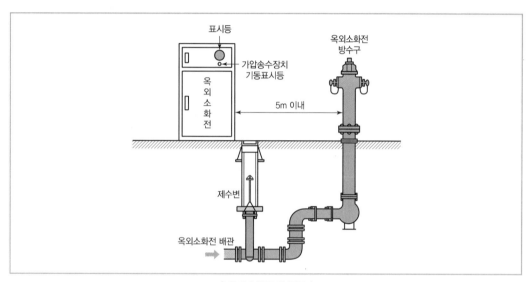

| 옥외소화전의 구조 |

2. 스프링클러설비

| 스프링클러설비 |

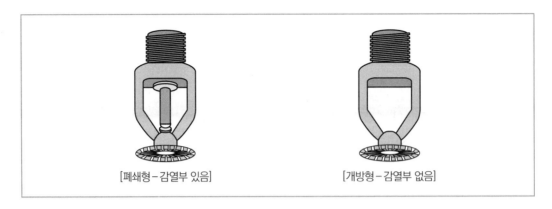

[폐쇄형–감열부 있음] [개방형–감열부 없음]

(1) 설비별 설치 위치

① 공통(개방형 · 폐쇄형 스프링클러헤드)
  ㉠ 스프링클러헤드는 방호대상물의 천장 또는 건축물의 최상부 부근(천장이 설치되지 아니한 경우)에 설치한다.
  ㉡ 방호대상물의 각 부분에서 하나의 스프링클러헤드까지의 수평거리가 1.7m(살수밀도의 기준을 충족하는 경우에는 2.6m) 이하가 되도록 설치한다.
  ㉢ 방호대상물의 모든 표면이 헤드의 유효사정 내에 있도록 설치한다.

② 개방형 스프링클러헤드
  ㉠ 스프링클러헤드의 반사판으로부터 하방으로 0.45m, 수평방향으로 0.3m의 공간을 보유한다.
  ㉡ 스프링클러헤드는 헤드의 축심이 당해 헤드의 부착면에 대하여 직각이 되도록 설치한다.

③ 폐쇄형 스프링클러헤드
  ㉠ 가연성 물질을 수납하는 부분에 설치하는 경우 : 헤드의 반사판으로부터 하방으로 0.9m, 수평방향으로 0.4m의 공간을 보유한다.
  ㉡ 개구부에 설치하는 경우 : 개구부의 상단으로부터 높이 0.15m 이내의 벽면에 설치한다.
  ㉢ 급배기용 덕트 등의 긴변의 길이가 1.2m를 초과하는 것이 있는 경우에는 당해 덕트 등의 아래면에도 스프링클러헤드를 설치한다.
  ㉣ 스프링클러헤드는 그 부착장소의 평상시의 최고주위온도에 따라 다음 표에 정한 표시온도를 갖는 것을 설치한다.

부착장소의 최고주위온도(℃)	표시온도(℃)
28 미만	58 미만
28 이상 39 미만	58 이상 79 미만
39 이상 64 미만	79 이상 121 미만
64 이상 106 미만	121 이상 162 미만
106 이상	162 이상

(2) 방사구역

개방형 스프링클러헤드를 이용한 스프링클러설비의 방사구역(하나의 일제개방밸브에 의하여 동시에 방사되는 구역을 말한다. 이하 같다)은 150m² 이상(방호대상물의 바닥면적이 150m² 미만인 경우에는 당해 바닥면적)으로 한다.

(3) 수원의 수량

① 폐쇄형 스프링클러헤드 사용 : 30개(헤드의 설치개수가 30 미만인 방호대상물인 경우에는 당해 설치개수)에 2.4m³를 곱한 양 이상이 되도록 설치한다.

② 개방형 스프링클러헤드 사용 : 스프링클러헤드가 가장 많이 설치된 방사구역의 스프링클러헤드 설치개수에 2.4m³를 곱한 양 이상이 되도록 설치한다.

(4) 성능

설치된 수의 스프링클러헤드를 동시에 사용할 경우에 각 끝부분의 방사압력이 100kPa(살수밀도의 기준을 충족하는 경우에는 50kPa) 이상이고, 방수량이 1분당 80L(살수밀도의 기준을 충족하는 경우에는 56L) 이상의 성능이 되도록 한다.

(5) 비상전원

스프링클러설비에는 비상전원을 설치한다.

3. 물분무소화설비

| 물분무소화설비 |

(1) 분무헤드

① 분무헤드로부터 방사되는 물분무에 의하여 방호대상물의 모든 표면을 유효하게 소화할 수 있도록 설치한다.

② 방호대상물의 표면적(바닥면적) $1m^2$당 표준방사량(당해 소화설비의 헤드의 설계압력에 의한 방사량)으로 방사할 수 있도록 설치한다.

③ 고압의 전기설비가 있는 장소에는 당해 전기설비와 분무헤드 및 배관과 사이에 전기절연을 위하여 필요한 공간을 보유한다.

(2) 방사구역

① $150m^2$ 이상(방호대상물의 표면적이 $150m^2$ 미만인 경우에는 당해 표면적)으로 한다.

② 물분무소화설비에 2 이상의 방사구역을 두는 경우에는 화재를 유효하게 소화할 수 있도록 인접하는 방사구역이 상호 중복되도록 한다.

(3) 수원의 수량

분무헤드가 가장 많이 설치된 방사구역의 모든 분무헤드를 동시에 사용할 경우에 당해 방사구역의 표면적 $1m^2$당 1분당 20L의 비율로 계산한 양으로 30분간 방사할 수 있는 양 이상이 되도록 설치한다.

(4) 성능

분무헤드를 동시에 사용할 경우에 각 끝부분의 방사압력이 350kPa 이상으로 표준방사량을 방사할 수 있는 성능이 되도록 한다.

(5) 비상전원

물분무소화설비에는 비상전원을 설치한다.

(6) 밸브

① 각층 또는 방사구역마다 제어밸브, 스트레이너 및 일제개방밸브 또는 수동식개방밸브를 설치한다.

② 스트레이너 및 일제개방밸브 또는 수동식개방밸브는 제어밸브의 하류측 부근에 스트레이너, 일제개방밸브 또는 수동식개방밸브의 순으로 설치한다.

(7) 물올림장치

수원의 수위가 수평회전식 펌프보다 낮은 위치에 있는 가압송수장치의 물올림장치는 전용의 물올림탱크를 설치한다.

4. 포소화설비

(1) 고정식 포소화설비

① 포 방출구

종류	활용방법
I형	고정지붕구조의 탱크에 상부포주입법을 이용
II형	고정지붕구조 또는 부상덮개부착고정지붕구조의 탱크에 상부포주입법을 이용
특형	부상지붕구조의 탱크에 상부포주입법을 이용
III형	고정지붕구조의 탱크에 저부포주입법을 이용
IV형	고정지붕구조의 탱크에 저부포주입법을 이용

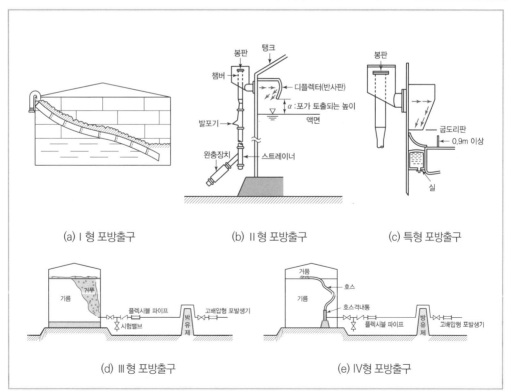

| 포방출구의 종류 |

② 포헤드방식의 포헤드

ⓐ 방호대상물의 표면적 9m²당 1개 이상의 헤드를 설치한다.

ⓑ 방호대상물의 표면적 1m²당의 방사량이 6.5L/min 이상의 비율로 계산한 양의 포수용액을 표준방사량으로 방사할 수 있도록 설치한다.

(2) 압력수조를 이용하는 가압송수장치

① 가압송수장치의 압력수조의 압력은 다음 식에 의하여 구한 P 이상으로 한다.

$$P = p_1 + p_2 + p_3 + p_4$$

P : 필요한 압력(MPa)

p_1 : 고정식포방출구의 설계압력 또는 이동식포소화설비 노즐방사압력(MPa)

p_2 : 배관의 마찰손실수두압(MPa)

p_3 : 낙차의 환산수두압(MPa)

p_4 : 이동식포소화설비의 소방용 호스의 마찰손실수두압(MPa)

② 압력수조의 수량은 당해 압력수조 체적의 2/3 이하일 것

③ 압력수조에는 압력계, 수위계, 배수관, 보급수관, 통기관 및 맨홀을 설치할 것

5. 할로젠화합물 및 불활성가스 소화설비

(1) 할로젠화합물 소화설비

① 전역방출방식 분사헤드

ⓐ 방사된 소화약제가 방호구역의 전역에 균일하고 신속하게 확산할 수 있도록 설치한다.

ⓑ 하론 2402을 방사하는 분사헤드는 무상으로 방사하는 것으로 설치한다.

ⓒ 분사헤드의 방사압력

할로젠화합물 소화약제 종류	방사압력
하론 2402	0.1MPa 이상
하론 1211	0.2MPa 이상
하론 1301	0.9MPa 이상

ⓓ 방사 시간 : 소화약제의 양을 30초 이내에 균일하게 방사한다.

(2) 불활성가스 소화설비

① 저장용기 설치방법

ⓐ 방호구역 외의 장소에 설치한다.

ⓑ 온도가 40℃ 이하이고 온도 변화가 적은 장소에 설치한다.

ⓒ 직사일광 및 빗물이 침투할 우려가 적은 장소에 설치한다.

ⓔ 저장용기에는 안전장치(용기밸브에 설치되어 있는 것을 포함)를 설치한다.

ⓜ 저장용기의 외면에 소화약제의 종류와 양, 제조년도 및 제조자를 표시한다.

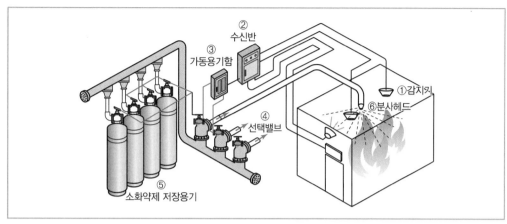

| 할로젠화합물 및 불활성기체 소화설비 구조 |

6. 분말소화설비

(1) 전역 또는 국소 방출방식의 가압용(축압용) 가스

질소가스 또는 이산화탄소를 사용한다.

(2) 저장용기등의 충전비

소화약제의 종별	충전비의 범위
제1종 분말	0.85 이상 1.45 이하
제2종 분말, 제3종 분말	1.05 이상 1.75 이하
제4종 분말	1.50 이상 2.50 이하

| 분말소화설비 |

7. 대형 · 소형 수동식소화기

(1) 대형 수동식소화기

① 정의 : 화재 시 사람이 운반할 수 있도록 운반대와 바퀴가 설치되어 있고 능력단위가 A급 화재 10 단위 이상, B급 화재 20단위 이상인 소화기

② 설치장소 : 방호대상물의 각 부분으로부터 하나의 대형 수동식소화기까지의 보행거리가 30m 이하가 되도록 설치(단, 옥내소화전설비, 옥외소화전설비, 스프링클러설비 또는 물분무등소화설비와 함께 설치하는 경우에는 그러하지 아니하다.)

(2) 소형 수동식소화기

① 정의 : 능력단위가 1 단위 이상이고 대형소화기의 능력단위 미만인 소화기

② 설치장소

ㄱ 지하탱크저장소, 간이탱크저장소, 이동탱크저장소, 주유취급소, 판매취급소 : 유효하게 소화할 수 있는 위치

ㄴ 그 밖의 제조소등 : 방호대상물의 각 부분으로부터 하나의 소형 수동식소화기까지의 보행거리가 20m 이하가 되도록 설치(단, 옥내소화전설비, 옥외소화전설비, 스프링클러설비, 물분무등소화설비 또는 대형 수동식소화기와 함께 설치하는 경우에는 그러하지 아니하다.)

ㄷ 제조소등에 전기설비(전기배선, 조명기구 등은 제외)가 설치된 경우 : 당해 장소의 면적 $100m^2$ 마다 소형 수동식소화기를 1개 이상 설치

[대형 수동식소화기]　　　　　　[소형 수동식소화기]

8. 기타 소화설비

(1) 기타 소화설비

① 물통, 수조

② 건조사

    ㉠ 모래 저장 시 주변에 삽, 양동이 등의 부속기구를 상비하여야 한다.

    ㉡ 모래는 취급의 편리성을 위해 모래주머니에 담아둔다.

    ㉢ 모래는 건조된 상태이어야 한다.

    ㉣ 모래는 가연물을 함유하지 않아야 한다.

③ 팽창질석 또는 팽창진주암

(2) 간이소화용구

① 소화약제의 것을 이용

    ㉠ 에어로졸식 소화용구

    ㉡ 투척용 소화용구

    ㉢ 소공간용 소화용구

② 소화약제 외의 것을 이용

    ㉠ 마른 모래

    ㉡ 팽창질석 또는 팽창진주암

01 위험물안전관리법령에서 규정하고 있는 옥내소화전 설비의 설치기준에 관한 내용 중 옳은 것은?

① 제조소 등 건축물의 층마다 당해 층의 각 부분에서 하나의 호스접속구까지의 수평거리가 25m 이하가 되도록 설치한다.

② 옥내소화전설비는 각층을 기준으로 하여 당해 층의 모든 옥내소화전(설치개수가 5개 이상인 경우는 5개의 옥내소화전)을 동시에 사용할 경우에 각 노즐선단의 방수량이 1분당 130L 이상의 성능이 되도록 설치한다.

③ 옥내소화전설비는 각층을 기준으로 하여 당해 층의 모든 옥내소화전(설치개수가 5개 이상인 경우는 5개의 옥내소화전)을 동시에 사용할 경우에 각 노즐선단의 방수압력이 250kPa 이상이 되도록 설치한다.

④ 수원의 수량은 옥내소화전이 가장 많이 설치된 층의 옥내소화전 설치개수(설치개수가 5개 이상인 경우는 5개)에 2.6m³를 곱한 양 이상이 되도록 설치한다.

해설

② ③ 옥내소화전설비는 각층을 기준으로 하여 당해 층의 모든 옥내소화전(설치개수가 5개 이상인 경우는 5개의 옥내소화전)을 동시에 사용할 경우에 각 노즐 끝부분의 방수압력이 350kPa 이상이고 방수량이 1분당 260L 이상의 성능이 되도록 할 것

④ 수원의 수량은 옥내소화전이 가장 많이 설치된 층의 옥내소화전 설치개수(설치개수가 5개 이상인 경우는 5개)에 7.8m³를 곱한 양 이상이 되도록 설치할 것

02 위험물안전관리법령상 옥내소화전설비의 설치기준에서 옥내소화전은 제조소등 건축물의 층마다 그 층의 각 부분에서 하나의 호스 접속구까지의 수평거리가 몇 m 이하가 되도록 설치하여야 하는가?

① 5
② 10
③ 15
④ 25

해설

옥내소화전은 건축물의 층마다 당해 층의 각 부분에서 하나의 호스접속구까지의 수평거리가 25m 이하가 되도록 설치한다.

03 위험물안전관리법령상 옥내소화전설비의 기준에 따르면 펌프를 이용한 가압송수 장치에서 펌프의 토출량은 옥내소화전의 설치개수가 가장 많은 층에 대해 해당 설치개수(설치개수가 5개 이상인 경우에는 5개로 한다)에 얼마를 곱한 양 이상이 되도록 하여야 하는가?

① 130L/min
② 260L/min
③ 460L/min
④ 560L/min

해설

펌프의 토출량은 옥내소화전의 설치개수가 가장 많은 층에 대해 당해 설치개수(설치개수가 5개 이상인 경우에는 5개로 한다)에 260L/min를 곱한 양 이상이 되도록 할 것

04 위험물안전관리법에 따라 옥내소화전설비를 설치할 때 배관의 설치기준에 대한 설명으로 옳지 않은 것은?

① 배관용 탄소 강관(KS D 3507)을 사용할 수 있다.
② 주배관의 입상관 구경은 최소 60mm 이상으로 한다.
③ 펌프를 이용한 가압송수장치의 흡수관은 펌프마다 전용으로 설치한다.
④ 원칙적으로 급수배관은 생활용수배관과 같이 사용할 수 없으며 전용배관으로만 사용한다.

해설

주배관 중 입상관은 관의 직경이 50mm 이상인 것으로 해야 한다.

정답 01 ① 02 ④ 03 ② 04 ②

05 옥내소화전설비의 비상전원은 몇 분 이상 작동할 수 있어야 하는가?

① 15분　　　　　　② 20분
③ 30분　　　　　　④ 45분

해설

옥내소화전설비의 비상전원의 용량은 옥내소화전설비를 유효하게 45분 이상 작동시키는 것이 가능할 것

06 다음 중 옥내소화전설비를 설치했을 때 그 대상으로 옳지 않은 것은?

① 제2류 위험물 중 인화성 고체
② 제3류 위험물 중 금수성 물질
③ 제5류 위험물
④ 제6류 위험물

해설

제3류 위험물 중 금수성 물질은 물과 격렬하게 반응하므로 물을 사용하는 옥내소화전설비는 설치할 수 없다.

07 위험물안전관리법령상의 소화설비 설치기준에 의하면 옥외소화전설비의 수원의 수량은 옥외소화전 설치개수(설치개수가 4 이상인 경우에는 4)에 몇 m^3을 곱한 양 이상이 되도록 하여야 하는가?

① 7.8　　　　　　② 13.5
③ 20.5　　　　　　④ 25.5

해설

• 옥외소화전설비의 수원의 수량 : 옥외소화전의 설치개수(설치개수가 4개 이상인 경우는 4개의 옥외소화전)에 $13.5m^3$를 곱한 양 이상이 되도록 설치할 것
• 옥내소화전설비의 수원의 수량 : 옥내소화전이 가장 많이 설치된 층의 옥내소화전 설치개수(설치개수가 5개 이상인 경우는 5개)에 $7.8m^3$를 곱한 양 이상이 되도록 설치할 것

08 위험물제조소등에 옥외소화전을 6개 설치할 경우 수원의 수량은 몇 m^3 이상이어야 하는가?

① 48　　　　　　② 54
③ 60　　　　　　④ 81

해설

옥외소화전설비의 수원의 수량 : 옥외소화전의 설치개수(설치개수가 4개 이상인 경우는 4개의 옥외소화전)에 $13.5m^3$를 곱한 양 이상이 되도록 설치할 것
⇒ $13.5m^3 \times 4 = 54m^3$

09 건축물의 1층 및 2층 부분만을 방사능력범위로 하고 지하층 및 3층 이상의 층에 대하여 다른 소화설비를 설치해야 하는 소화설비는?

① 스프링클러설비　　　　② 포소화설비
③ 옥외소화전설비　　　　④ 물분무소화설비

해설

옥외소화전은 방호대상물(당해 소화설비에 의하여 소화하여야 할 제조소등의 건축물, 그 밖의 공작물 및 위험물을 말한다. 이하 같다)의 각 부분(건축물의 경우에는 당해 건축물의 1층 및 2층의 부분에 한한다)에서 하나의 호스접속구까지의 수평거리가 40m 이하가 되도록 설치할 것. 이 경우 그 설치개수가 1개일 때는 2개로 하여야 한다.

10 위험물제조소에 옥외소화전이 5개가 설치되어 있다. 이 경우 확보하여야 하는 수원의 법정 최소량은 몇 m^3인가?

① 28　　　　　　② 35
③ 54　　　　　　④ 67.5

해설

수원의 수량 = $13.5m^3 \times 4 = 54m^3$
• 옥외소화전설비의 수원의 수량 : 옥외소화전의 설치개수(설치개수가 4개 이상인 경우는 4개의 옥외소화전)에 $13.5m^3$를 곱한 양 이상이 되도록 설치한 것
• 옥내소화전설비의 수원의 수량 : 옥내소화전이 가장 많이 설치된 층의 옥내소화전 설치개수(설치개수가 5개 이상인 경우는 5개)에 $7.8m^3$를 곱한 양 이상이 되도록 설치할 것

11 위험물안전관리법령에 따른 옥외소화전설비의 설치기준에 대해 다음 (   ) 안에 알맞은 수치를 차례대로 나타낸 것은?

> 옥외소화전설비는 모든 옥외소화전(설치개수가 4개 이상인 경우는 4개)을 동시에 사용할 경우에 각 노즐 선단의 방수압력이 (   )kPa 이상이고, 방수량이 1분당 (   )L 이상의 성능이 되도록 할 것

① 350, 260　　　　② 300, 260
③ 350, 450　　　　④ 300, 450

해설

옥외소화전설비는 모든 옥외소화전(설치개수가 4개 이상인 경우는 4개의 옥외소화전)을 동시에 사용할 경우에 각 노즐끝부분의 방수압력이 350kPa 이상이고, 방수량이 1분당 450L 이상의 성능이 되도록 할 것

12 위험물안전관리법령에 따른 스프링클러헤드의 설치방법에 대한 설명으로 옳지 않은 것은?

① 개방형헤드는 반사판으로부터 하방으로 0.45m, 수평방향으로 0.3m 공간을 보유할 것
② 폐쇄형헤드는 가연성 물질 수납부분에 설치 시 반사판으로부터 하방으로 0.9m, 수평방향으로 0.4m의 공간을 확보할 것
③ 폐쇄형헤드 중 개구부에 설치하는 것은 당해 개구부의 상단으로부터 높이 0.15m 이내의 벽면에 설치할 것
④ 폐쇄형헤드 설치 시 급배기용 덕트의 긴변의 길이가 1.2m를 초과하는 것이 있는 경우에는 당해 덕트의 윗부분에도 헤드를 설치할 것

해설

폐쇄형헤드 설치 시 급배기용 덕트의 긴변의 길이가 1.2m를 초과하는 것이 있는 경우에는 당해 덕트 등의 아래면에도 스프링클러헤드를 설치해야 한다.

13 위험물안전관리법령에 따라 스프링클러헤드는 부착장소의 평상시 최고주위온도가 39℃ 미만인 경우 표시온도(℃)를 얼마의 것을 설치하여야 하는가?

① 79 미만
② 79 이상 121 미만
③ 121 이상 162 미만
④ 162 이상

해설

스프링클러헤드의 설치기준

부착장소의 최고주위온도(℃)	표시온도(℃)
28 미만	58 미만
28 이상 39 미만	58 이상 79 미만
39 이상 64 미만	79 이상 121 미만
64 이상 106 미만	121 이상 162 미만
106 이상	162 이상

14 위험물안전관리법령상 스프링클러헤드는 부착장소의 평상시 최고주위온도가 28℃ 미만인 경우 몇 ℃의 표시온도를 갖는 것을 설치하여야 하는가?

① 58℃ 미만
② 58℃ 이상 79℃ 미만
③ 79℃ 이상 121℃ 미만
④ 121℃ 이상 162℃ 미만

해설

스프링클러헤드의 설치기준

부착장소의 최고주위온도(℃)	표시온도(℃)
28 미만	58 미만
28 이상 39 미만	58 이상 79 미만
39 이상 64 미만	79 이상 121 미만
64 이상 106 미만	121 이상 162 미만
106 이상	162 이상

15 다음 ( ) 안에 들어갈 수치를 순서대로 올바르게 나열한 것은? (단, 제4류 위험물에 적응성을 갖기 위한 살수밀도기준을 적용하는 경우를 제외한다)

> 위험물제조소 등에 설치하는 폐쇄형 헤드의 스프링클러설비는 30개의 헤드를 동시에 사용할 경우 각 끝부분의 방사압력이 ( )kPa 이상이고, 방수량이 1분당 ( )L 이상이어야 한다.

① 100, 80
② 120, 80
③ 100, 100
④ 120, 100

해설
스프링클러설비는 스프링클러헤드를 헤드를 동시에 사용할 경우에 각 끝부분의 방사압력이 100kPa(살수밀도의 기준을 충족하는 경우에는 50kPa) 이상이고, 방수량이 1분당 80L(살수밀도의 기준을 충족하는 경우에는 56L) 이상의 성능이 되도록 할 것

16 물분무소화설비의 방사구역은 몇 m² 이상이어야 하는가? (단, 방호대상물의 표면적이 300m²이다.)

① 100
② 150
③ 300
④ 450

해설
물분무소화설비의 방사구역은 150m² 이상(방호대상물의 표면적이 150m² 미만인 경우에는 당해 표면적)으로 할 것

17 물분무소화설비의 설치기준으로 적합하지 않은 것은?

① 고압의 전기설비가 있는 장소에는 그 전기설비와 분무헤드 및 배관과 사이에 전기 절연을 위하여 필요한 공간을 보유한다.
② 스트레이너 및 일제개방밸브는 제어밸브의 하류측 부근에 스트레이너, 일제개방밸브의 순으로 설치한다.
③ 물분무소화설비에 2 이상의 방사구역을 두는 경우에는 화재를 유효하게 소화할 수 있도록 인접하는 방사구역이 상호 중복되도록 한다.
④ 수원의 수위가 수평회전식 펌프보다 낮은 위치에 있는 가압송수장치의 물올림장치는 타 설비와 겸용하여 설치한다.

해설
수원의 수위가 수평회전식펌프보다 낮은 위치에 있는 가압송수장치의 물올림장치는 전용의 물올림탱크로 설치한다.

18 위험물제조소 등에 설치해야 하는 각 소화설비의 설치기준에 있어서 다음 중 노즐 또는 헤드선단의 방사압력 기준이 나머지와 다른 설비는 무엇인가?

① 옥내소화전설비
② 옥외소화전설비
③ 스프링클러설비
④ 물분무 소화설비

해설
헤드선단의 방사압력 기준
① 옥내소화전설비 : 350kPa 이상
② 옥외소화전설비 : 350kPa 이상
③ 스프링클러설비 : 100kPa(제4호 비고 제1호의 표에 정한 살수밀도의 기준을 충족하는 경우에는 50kPa) 이상
④ 물분무 소화설비 : 350kPa 이상

19 위험물저장탱크 중 부상지붕구조로 탱크의 직경이 53m 이상 60m 미만인 경우 고정식 포소화설비의 포방출구형태로 옳은 것은?

① Ⅰ형 방출구
② Ⅱ형 방출구
③ Ⅲ형 방출구
④ 특형 방출구

해설
포방출구의 종류

종류	포주입법
Ⅰ형	고정지붕구조의 탱크에 상부포주입법을 이용
Ⅱ형	고정지붕구조 또는 부상덮개부착고정지붕구조의 탱크에 상부포주입법을 이용
특형	부상지붕구조의 탱크에 상부포주입법을 이용
Ⅲ형	고정지붕구조의 탱크에 저부포주입법을 이용
Ⅳ형	고정지붕구조의 탱크에 저부포주입법을 이용

정답 **15** ① **16** ② **17** ④ **18** ③ **19** ④

20 고정식 포소화설비의 기준에서 포헤드방식의 포헤드는 방호대상물의 표면적 몇 m²당 1개 이상의 헤드를 설치하여야 하는가?

① 3 　　　　　　　② 9
③ 15 　　　　　　　④ 30

포헤드방식의 포헤드는 방호대상물의 표면적 9m²당 1개 이상의 헤드를, 방호대상물의 표면적 1m²당의 방사량이 6.5L/min 이상의 비율로 계산한 양의 포수용액을 표준방사량으로 방사할 수 있도록 설치 할 것

21 포소화설비의 가압송수장치에서 압력수조의 압력 산출 시 필요 없는 것은 무엇인가?

① 낙차의 환산수두압
② 배관의 마찰손실수두압
③ 노즐선의 마찰손실수두압
④ 소방용 호스의 마찰손실수두압

$P = p_1 + p_2 + p_3 + p_4$
P : 필요한 압력(MPa)
　p_1 : 고정식포방출구의 설계압력 또는 이동식포소화설비 노즐방사압력(MPa)
　p_2 : 배관의 마찰손실수두압(MPa)
　p_3 : 낙차의 환산수두압(MPa)
　p_4 : 이동식포소화설비의 소방용 호스의 마찰손실수두압(MPa)

22 전역방출방식의 할로젠화합물 소화설비의 분사헤드에서 하론 1211을 방사하는 경우의 방사압력은 얼마 이상으로 하는가?

① 0.1Mpa 　　　　② 0.2Mpa
③ 0.3Mpa 　　　　④ 0.9Mpa

전역방출방식 할로젠화합물 소화설비 분사헤드의 방사압력
• 하론 2402를 방사하는 것 : 0.1MPa 이상
• 하론 1211(브로모클로로다이플루오로메탄)을 방사하는 것 : 0.2 MPa 이상
• 하론 1301(브로모트라이플루오로메탄)을 방사하는 것 : 0.9MPa 이상

23 하론1301의 할로젠화합물 소화설비의 방사 시간으로 옳은 것은?

① 10초 　　　　　　② 20초
③ 30초 　　　　　　④ 60초

소화약제의 양을 30초 이내에 균일하게 방사한다.

24 위험물안전관리에 관한 세부기준에 따르면 불활성가스 소화설비 저장용기는 온도가 몇 ℃ 이하인 장소에 설치하여야 하는가?

① 35 　　　　　　　② 40
③ 45 　　　　　　　④ 50

불활성가스 소화설비 저장용기 설치기준
• 방호구역 외의 장소에 설치할 것
• 온도가 40℃ 이하이고 온도 변화가 적은 장소에 설치할 것
• 직사일광 및 빗물이 침투할 우려가 적은 장소에 설치할 것
• 저장용기에는 안전장치를 설치할 것
• 저장용기의 외면에 소화약제의 종류와 양, 제조년도 및 제조자를 표시할 것

25 불활성가스 소화설비의 기준에서 저장용기 설치기준에 관한 내용으로 틀린 것은?

① 방호구역 외의 장소에 설치할 것
② 온도가 50℃ 이하이고 온도변화가 적은 장소에 설치할 것
③ 직사일광 및 빗물이 침투할 우려가 적은 장소에 설치할 것
④ 저장용기에는 안전장치를 설치할 것

불활성가스 소화설비 저장용기 설치기준
• 방호구역 외의 장소에 설치할 것
• 온도가 40℃ 이하이고 온도 변화가 적은 장소에 설치할 것
• 직사일광 및 빗물이 침투할 우려가 적은 장소에 설치할 것
• 저장용기에는 안전장치를 설치할 것
• 저장용기의 외면에 소화약제의 종류와 양, 제조년도 및 제조자를 표시할 것

정답　20 ②　21 ③　22 ②　23 ③　24 ②　25 ②

26 다음 중 분말소화약제를 방출시키기 위해 주로 사용되는 가압용 가스는?

① 산소
② 질소
③ 헬륨
④ 아르곤

해설

분말소화설비의 가압용가스 또는 축압용가스는 질소가스 또는 이산화탄소로 한다.

27 위험물제조소 분말소화설비의 기준에서 분말소화약제의 가압용 가스로 사용할 수 있는 것은?

① 헬륨 또는 산소
② 네온 또는 염소
③ 아르곤 또는 산소
④ 질소 또는 이산화탄소

해설

분말소화설비의 가압용가스 또는 축압용가스는 질소가스 또는 이산화탄소로 한다.

28 대형 수동식소화기는 방호대상물의 각 부분으로부터 하나의 대형 수동식소화기까지의 보행거리가 몇 m 이하가 되도록 설치해야 하는가?

① 10m
② 20m
③ 30m
④ 40m

해설

방호대상물의 각 부분으로부터 하나의 대형 수동식소화기까지의 보행거리가 30m 이하가 되도록 설치한다.

29 위험물안전관리법령에서 정한 소화설비의 설치기준에 따라 다음 (　　)에 알맞은 숫자를 차례대로 나타낸 것은?

제조소 등에 전기설비(전기배선, 조명기구 등은 제외)가 설치된 경우에는 당해 장소의 면적 (　　)m²마다 소형 수동식소화기를 (　　)개 이상 설치할 것

① 50, 1
② 50, 2
③ 100, 1
④ 100, 2

해설

제조소 등에 전기설비(전기배선, 조명기구 등은 제외)가 설치된 경우에는 당해 장소의 면적 100m²마다 소형 수동식소화기를 1개 이상 설치할 것

30 다음 중 간이소화용구에 해당하는 것은?

① 스프링클러
② 옥내소화전
③ 마른 모래
④ 포 소화설비

해설

간이소화용구의 종류
• 소화약제의 것을 이용하는 소화용구 : 에어로졸식 소화용구, 투척용 소화용구, 소공간용 소화용구
• 소화약제 외의 것을 이용하는 소화용구 : 마른 모래, 팽창질석 또는 팽창진주암

31 위험물에 대한 소화방법 중 금수성 물질의 질식소화 방법이 있다. 이때 사용되는 모래에 대한 설명으로 옳지 않은 것은?

① 모래 저장 시 주변에 삽, 양동이 등의 부속기구를 상비하여야 한다.
② 모래는 취급의 편리성을 위해 모래주머니에 담아 둔다.
③ 모래는 약간 젖은 모래가 좋다.
④ 모래는 가연물을 함유하지 않아야 한다.

해설

소화약제로 사용되는 모래는 건조된 상태여야 한다.

CHAPTER

08

위험물기능사 필기 한권완성

경보 및 피난설비

SECTION 1 경보설비

1. 자동화재탐지설비

(1) 정의

화재 초기 단계에서 발생하는 열이나 연기를 자동적으로 검출하여, 건물 내의 관계자에게 발화 장소를 알리고 동시에 경보를 내보내는 설비이다.

(2) 자동화재탐지설비 일반점검 항목

점검항목	점검내용	점검방법
감지기	변형 · 손상 유무	육안
	감지장해 유무	육안
	기능의 적부	작동확인
중계기	변형 · 손상 유무	육안
	표시의 적부	육안
	기능의 적부	작동확인
수신기 (통합조작반)	변형 · 손상 유무	육안
	표시의 적부	육안
	경계구역일람도의 적부	육안
	기능의 적부	작동확인
주음향장치 지구음향장치	변형 · 손상 유무	육안
	기능의 적부	작동확인
발신기	변형 · 손상 유무	육안
	기능의 적부	작동확인
비상전원	변형 · 손상 유무	육안
	전환의 적부	작동확인
배선	변형 · 손상 유무	육안
	접속단자의 풀림 · 탈락 유무	육안

(3) 자동화재탐지설비 작동 순서

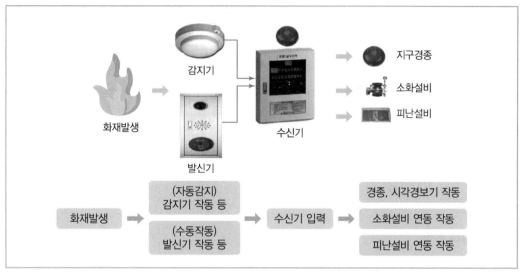

| 자동화재탐지설비 작동순서 |

2. 자동화재속보설비

(1) 정의

화재감지기가 연기나 열 등을 감지하면 자동으로 경보를 울림과 동시에 119에 신고해주는 설비이다.

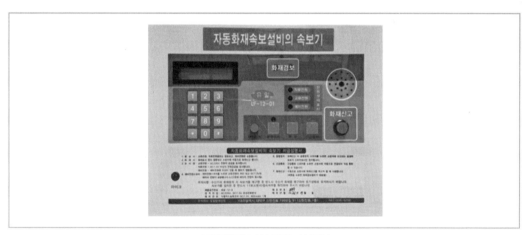

| 자동화재속보설비의 속보기 |

3. 비상경보설비

① 화재 발생시 음향 · 음성에 의해 건물 안의 사람들에게 정확한 통보유도를 하기 위한 설비이다.

② 비상 경보 기구, 비상벨, 비상 방송 설비, 자동 사이렌 등이 비상경보설비에 해당한다.

4. 비상방송설비, 확성장치

① 비상시 피난유도를 목적으로 방송설비에 의해 건물 내의 전 구역에 화재발생을 알리는 설비를 말한다.
② 각층에 설치된 푸시버튼 스위치, 비상진화 등의 기동장치조작 또는 자동화재탐시설비와의 연동에 의해 비상벨, 스피커에 의해 화재의 발생을 알린다.

SECTION 2 | 피난설비

1. 피난설비 종류

① 피난기구 : 피난사다리, 구조대, 완강기, 간이완강기 등
② 인명구조기구 : 방열복, 방화복(안전모, 보호장갑, 안전화 포함), 공기호흡기, 인공소생기
③ 유도등 : 피난유도선, 피난구유도등, 통로유도등, 객석유도등, 유도표지
④ 비상조명등

01 「자동화재탐지설비 일반점검표」의 점검내용이 "변형·손상의 유무, 표시의 적부, 경계구역 일람도의 적부, 기능의 적부"인 점검항목은?

① 감지기   ② 중계기

③ 수신기   ④ 발신기

해설

자동화재탐지설비 일반점검 항목

점검항목	점검내용	점검방법
감지기	변형·손상 유무	육안
	감지장해 유무	육안
	기능의 적부	작동확인
중계기	변형·손상 유무	육안
	표시의 적부	육안
	기능의 적부	작동확인
수신기 (통합조작반)	변형·손상 유무	육안
	표시의 적부	육안
	경계구역일람도의 적부	육안
	기능의 적부	작동확인
주음향장치 지구음향장치	변형·손상 유무	육안
	기능의 적부	작동확인
발신기	변형·손상 유무	육안
	기능의 적부	작동확인
비상전원	변형·손상 유무	육안
	전환의 적부	작동확인
배선	변형·손상 유무	육안
	접속단자의 풀림·탈락 유무	육안

02 다음 중 피난설비와 거리가 먼 것은?

① 공기호흡기   ② 유도등

③ 완강기   ④ 자동화재탐지설비

해설

자동화재탐지설비는 경보설비에 해당한다.

위험물기능사 필기 한권완성
Craftsman Hazardous material

PART

03

위험물

CHAPTER
01

위험물 관련 개념

SECTION 1 위험물의 정의

1. 위험물 정의

인화성 또는 발화성 등의 성질을 가지는 것으로서 대통령령이 정하는 물품을 말한다.

2. 위험물 종류별 성질 및 정의

유별	성질	정의
제1류 위험물	산화성 고체	고체로서 산화력의 잠재적인 위험성 또는 충격에 대한 민감성을 판단하기 위하여 소방청장이 정하여 고시하는 시험에서 고시로 정하는 성질과 상태를 나타내는 것을 말한다.
제2류 위험물	가연성 고체	고체로서 화염에 의한 발화의 위험성 또는 인화의 위험성을 판단하기 위하여 고시로 정하는 시험에서 고시로 정하는 성질과 상태를 나타내는 것을 말한다.
제3류 위험물	자연발화성 물질 및 금수성 물질	고체 또는 액체로서 공기 중에서 발화의 위험성이 있거나 물과 접촉하여 발화하거나 가연성 가스를 발생하는 위험성이 있는 것을 말한다.
제4류 위험물	인화성 액체	액체(제3석유류, 제4석유류 및 동식물유류의 경우 1기압과 섭씨 20도에서 액체인 것만 해당한다)로서 인화의 위험성이 있는 것을 말한다.
제5류 위험물	자기반응성 물질	고체 또는 액체로서 폭발의 위험성 또는 가열분해의 격렬함을 판단하기 위하여 고시로 정하는 시험에서 고시로 정하는 성질과 상태를 나타내는 것을 말한다.
제6류 위험물	산화성 액체	액체로서 산화력의 잠재적인 위험성을 판단하기 위하여 고시로 정하는 시험에서 고시로 정하는 성질과 상태를 나타내는 것을 말한다.

SECTION 2 | 지정수량

1. 지정수량 정의

위험물의 종류별로 위험성을 고려하여 대통령령이 정하는 수량으로서 규정에 의한 제조소 등의 설치허가 등에 있어서 최저의 기준이 되는 수량을 말한다.

2. 둘 이상의 위험물의 지정수량 배수의 합

$$\text{지정수량 배수의 합} = \frac{A\text{위험물의 저장 · 취급수량}}{A\text{위험물의 지정수량}} + \frac{B\text{위험물의 저장 · 취급수량}}{B\text{위험물의 지정수량}} + \frac{C\text{위험물의 저장 · 취급수량}}{C\text{위험물의 지정수량}}$$

SECTION 3 | 복수성상물품(성상을 2가지 이상 포함하는 물품) 품명 표시방법

1. 복수성상물품 품명 표시방법

① 산화성 고체의 성상 및 가연성 고체의 성상을 가지는 경우 : 가연성 고체의 품명
② 산화성 고체의 성상 및 자기반응성 물질의 성상을 가지는 경우 : 자기반응성 물질의 품명
③ 가연성 고체의 성상과 자연발화성 물질의 성상 및 금수성 물질의 성상을 가지는 경우 : 자연발화성 물질 및 금수성 물질의 품명
④ 자연발화성 물질의 성상, 금수성 물질의 성상 및 인화성 액체의 성상을 가지는 경우 : 자연발화성 물질의 품명
⑤ 인화성 액체의 성상 및 자기반응성 물질의 성상을 가지는 경우 : 자기반응성 물질의 품명

위험물 위험성 시험방법

위험물 종류	시험종류	시험항목
제1류 위험물 (산화성 고체)	산화성 시험	연소시험
		대량연소시험
	충격 민감성 시험	낙구타격감도시험
		철관시험
제2류 위험물 (가연성 고체)	착화 위험성 시험	작은 불꽃 착화시험
	인화 위험성 시험	인화점측정 시험
제3류 위험물 (자연발화성 물질 및 금수성 물질)	자연발화성 시험	자연발화성 시험
	금수성 시험	물 반응 위험성 시험
제4류 위험물 (인화성 액체)	인화성 시험	인화점 측정시험(태그밀폐식, 신속평형법, 클리브랜드개방컵)
제5류 위험물 (자기반응성 물질)	폭발성 시험	열분석시험
	가열분해성 시험	압력용기시험
제6류 위험물 (산화성 액체)	산화성 시험	연소시간 측정시험

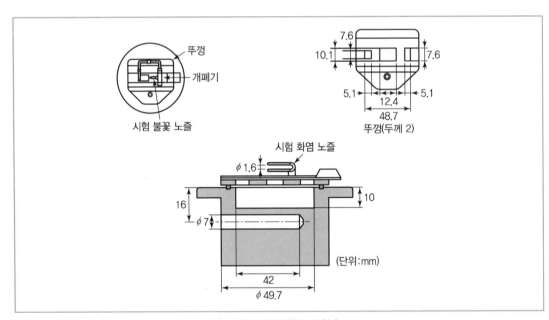

| 제2류 – 인화 위험성 시험 |

01 다음은 위험물안전관리법령의 어떤 용어에 대한 정의인가?

> 인화성 또는 발화성 등의 성질을 가지는 것으로서 대통령령이 정하는 물품을 말한다.

① 위험물
② 가연물
③ 특수인화물
④ 제4류 위험물

해설

"위험물"이라 함은 인화성 또는 발화성 등의 성질을 가지는 것으로서 대통령령이 정하는 물품을 말한다.

02 제5류 위험물의 성질로 알맞은 것은?

① 산화성 고체
② 자연발화성 물질 및 금수성 물질
③ 가연성 고체
④ 자기반응성 물질

해설

위험물 종류별 성질

유별	성질
제1류	산화성 고체
제2류	가연성 고체
제3류	자연발화성 물질 및 금수성 물질
제4류	인화성 액체
제5류	자기반응성 물질
제6류	산화성 액체

03 제조소에서 다음과 같이 위험물을 취급하고 있는 경우 각 지정수량 배수의 총합은 얼마이가?

위험물	저장·취급 수량	지정수량
브롬산나트륨	300kg	300kg
과산화나트륨	150kg	50kg
중크롬산나트륨	500kg	1,000kg

① 3.5
② 4.0
③ 4.5
④ 5.0

해설

- 지정수량의 배수 = 위험물 저장수량/위험물 지정수량
- 지정수량 배수의 합 = $300/300 + 150/50 + 500/1,000 = 4.5$

04 염소산염류 20kg, 아염소산염류 20kg과 함께 과염소산을 저장하려고 한다. 이때 지정수량의 배수를 1배로 하려면 과염소산 몇 kg을 저장하여야 하는가? (단, 염소산염류와 아염소산염류의 지정수량은 50kg, 과염소산의 지정수량은 300kg이다.)

① 50kg
② 60kg
③ 70kg
④ 80kg

해설

$$지정수량의 배수 = \frac{위험물 저장수량}{위험물 지정수량}$$

$$1 = \frac{20}{50} + \frac{20}{50} + \frac{x}{300}$$

$$x = 60kg$$

05 복수의 성상을 가지는 위험물에 대한 품명지정의 기준상 유별의 연결이 틀린 것은?

① 산화성 고체의 성상 및 가연성 고체의 성상을 가지는 경우 : 가연성 고체
② 산화성 고체의 성상 및 자기반응성 물질의 성상을 가지는 경우 : 자기반응성 물질
③ 가연성 고체의 성상 및 자연발화성의 성상 및 금수성물질의 성상을 가지는 경우 : 자연발화성 물질 및 금수성 물질
④ 인화성 액체의 성상 및 자기반응성 물질의 성상을 가지는 경우 : 인화성 액체

정답 01 ① 02 ④ 03 ③ 04 ② 05 ④

인화성 액체의 성상 및 자기반응성 물질의 성상을 가지는 경우 : 자기반응성 물질

06 혼합물인 위험물이 복수의 성상을 가지는 경우에 적용하는 품명에 관한 설명으로 틀린 것은?

① 산화성 고체의 성상 및 가연성 고체의 성상을 가지는 경우 : 산화성 고체의 품명
② 산화성 고체의 성상 및 자기반응성 물질의 성상을 가지는 경우 : 자기반응성 물질의 품명
③ 가연성 고체의 성상과 자연발화성 물질의 성상 및 금수성 물질의 성상을 가지는 경우 : 자연발화성 물질 및 금수성 물질의 품명
④ 인화성 액체의 성상 및 자기반응성 물질의 성상을 가지는 경우 : 자기반응성 물질의 품명

산화성 고체의 성상 및 가연성 고체의 성상을 가지는 경우 : 가연성 고체의 품명

07 위험물안전관리에 관한 세부기준에서 정한 위험물의 유별에 따른 위험성 시험방법을 옳게 연결한 것은?

① 제1류 – 가열분해성 시험
② 제2류 – 작은불꽃착화시험
③ 제5류 – 충격민감성시험
④ 제6류 – 낙구타격감도시험

① 제1류 – 산화성 시험(연소시험, 대량연소시험), 충격 민감성 시험(낙구타격감도시험, 철관시험)
③ 제5류 – 폭발성 시험(열분석시험), 가열분해성 시험(압력용기 시험)
④ 제6류 – 산화성 시험(연소시간 측정시험)

08 그림의 시험장치는 제 몇 류 위험물의 위험성 판정을 위한 것인가? (단, 고체물질의 위험성 판정이다.)

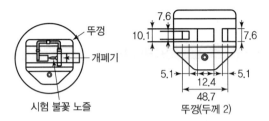

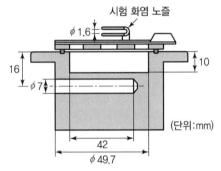

① 제1류 　　　　② 제2류
③ 제3류 　　　　④ 제4류

위험물 판정시험(인화성, 발화성) 중 시험 화염 노즐을 통해 인화성 판정시험이라는 것을 알 수 있다. 인화성 판정은 제2류, 제4류 위험물에서 행해지는데, 문제에서 위험물이 고체라고 주어졌기 때문에 제2류 위험물의 위험성 판정을 위한 시험이라는 것을 알 수 있다.

CHAPTER 02 위험물의 종류 및 성질

SECTION 1 제1류 위험물(산화성 고체)

1. 품명, 지정수량, 위험등급(「위험물안전관리법 시행령」 [별표 1])

품명		지정수량	위험등급
1. 아염소산염류		50kg	I
2. 염소산염류			
3. 과염소산염류			
4. 무기과산화물			
5. 브롬산염류		300kg	II
6. 질산염류			
7. 요오드산염류			
8. 과망간산염류		1,000kg	III
9. 중크롬산염류			
10. 그 밖에 행정안전부령으로 정하는 것	1. 과요오드산염류	50kg, 300kg, 1,000kg	I, II, III
	2. 과요오드산		
	3. 크롬, 납 또는 요오드의 산화물		
	4. 아질산염류		
	5. 차아염소산염류		
	6. 염소화이소시아눌산		
	7. 퍼옥소이황산염류		
	8. 퍼옥소붕산염류		
11. 제1호 내지 제10호의 1에 해당하는 어느 하나 이상을 함유한 것			

2. 제1류 위험물의 성질

(1) 성질

① 대부분 무색 결정 또는 백색분말의 고체상태이다.

② 불연성이며 산소를 많이 함유하고 있는 강산화제이다.

③ 반응성이 풍부하여 열·타격·충격·마찰 및 다른 약품과의 접촉으로 분해하여 많은 산소를 방출하여 다른 가연물의 연소를 돕는 조연성 물질(지연성 물질)이며 불연성물질이다.

④ 물에 대한 비중은 1보다 크며, 대부분이 물에 녹는다.

⑤ 질산염류와 같이 조해성(공기 중의 수분을 흡수하여 녹는 성질)이 있는 것도 있다.

(2) 위험성

① 가열하거나 제6류 위험물과 혼합하면 산화성이 증대된다.

② 무기과산화물은 물과 반응하여 산소를 방출하고 심하게 발열한다.

③ 유기물과 혼합하면 폭발의 위험이 있다.

(3) 저장·취급방법

① 가열·마찰·충격 등의 요인을 피해야 한다.

② 제2류 위험물(가연성, 환원성 물질)과의 접촉을 피해야 한다.

③ 용기의 파손에 의하여 위험물의 누설에 주의한다.

④ 환기가 좋은 찬 곳에 저장한다.

⑤ 열원과 산화되기 쉬운 물질, 산 또는 화재위험이 있는 곳으로부터 멀리 위치한다.

⑥ 강산류와의 접촉을 피한다.

⑦ 조해성(공기 중에 있는 수분을 흡수하여 스스로 녹는 현상)이 있는 물질은 습기나 수분과의 접촉에 주의하며 용기는 밀폐하여 저장한다.

⑧ 무기과산화물은 물과 반응하여 열과 산소를 발생시키기 때문에 물과의 접촉을 피해야 한다.

(4) 소화방법

① 제1류 위험물 : 물에 의한 냉각소화

② 무기과산화물 : 마른 모래, 팽창질석, 팽창진주암, 탄산수소염류 분말약제

3. 제1류 위험물의 종류별 특성

(1) 아염소산염류(지정수량 : 50kg)

종류	특징	
아염소산나트륨 ($NaClO_2$)	• 무색의 결정성 분말 • 조해성(공기 중의 수분을 흡수하는 성질) • 산을 가하면 이산화염소(ClO_2) 생성 • 열분해 시 산소 방출	
	반응식	• 알루미늄 : $3NaClO_2 + 4Al \rightarrow 2Al_2O_3 + 3NaCl$ • 염산 : $3NaClO_2 + 2HCl \rightarrow 3NaCl + 2ClO_2 + H_2O_2$
아염소산칼륨 ($KClO_2$)	아염소산나트륨과 비슷한 성질	

(2) 염소산염류(지정수량 : 50kg)

종류	특징	
염소산칼륨 ($KClO_3$)	• 백색의 분말 또는 무색 결정 • 온수, 글리세린에 잘 녹음 • 냉수, 알코올에 잘 녹지 않음 • 가연물과 접촉 시 폭발 위험 • 산을 가하면 이산화염소(ClO_2) 생성 • 이산화망간(MnO_2)과 접촉 시 분해되어 산소 방출	
	반응식	• 400℃ 열분해 : $2KClO_3 \rightarrow KClO_4 + KCl + O_2$ • 550℃ 열분해 : $KClO_4 \rightarrow KCl + 2O_2$ • 완전분해 반응식 : $2KClO_3 \rightarrow 2KCl + 3O_2$ • 염산 : $2KClO_3 + 2HCl \rightarrow 2KCl + 2ClO_2 + H_2O_2$
염소산나트륨 ($NaClO_3$)	• 무색, 무취 결정 • 조해성, 흡습성 • 물, 알코올, 에테르, 글리세린에 잘 녹음 • 철제용기를 부식시킴 • 산(염산, 황산, 질산 등)을 가하면 이산화염소(ClO_2) 생성 • 열분해(약 300℃)하여 산소를 발생함	
염소산암모늄 (NH_4ClO_3)	• 무색 결정 • 조해성	
	반응식	열분해 : $2NH_4ClO_3 \rightarrow N_2 + Cl_2 + O_2 + 4H_2O$

(3) 과염소산염류(지정수량 : 50kg)

종류	특징	
과염소산칼륨 ($KClO_4$)	• 무색 결정 또는 백색 분말 • 분해온도 : 약 400℃ • 물, 알코올, 에테르에 잘 녹지 않음 • 가연물(목탄, 유기물, 인, 황, 마그네슘분 등)과 혼합 시 마찰, 충격 등에 의해 폭발함 • 화약, 섬광제 등으로 사용됨	
	반응식	열분해 : $KClO_4 \rightarrow KCl + 2O_2$
과염소산나트륨 ($NaClO_4$)	• 무색 또는 백색 결정 • 비중 : 2.02 • 녹는점(융점) : 482℃ • 조해성 • 물, 에탄올, 아세톤에 잘 녹음 • 에테르에 녹지 않음	
	반응식	열분해 : $NaClO_4 \rightarrow NaCl + 2O_2$
과염소산암모늄 (NH_4ClO_4)	• 무색, 무취 결정 • 물, 에탄올, 아세톤에 잘 녹음 • 에테르에 녹지 않음 • 약 130℃ 정도로 비교적 낮은 온도에서 분해됨	
	반응식	• 130℃ 열분해 : $NH_4ClO_4 \rightarrow NH_4Cl + 2O_2$ • 300℃ 열분해 : $2NH_4ClO_4 \rightarrow N_2 + Cl_2 + 2O_2 + 4H_2O$

(4) 무기과산화물(지정수량 : 50kg)

종류	특징	
과산화나트륨 (Na_2O_2)	• 백색 분말(순수) 또는 황백색 분말(보통) • 비중 : 2.8 • 조해성 • 물에 잘 녹음 • 알코올에 잘 녹지 않음 • 공기 중에서 서서히 CO_2를 흡수하고 산소를 방출함	
	반응식	• 염산 : $Na_2O_2 + 2HCl \rightarrow 2NaCl + H_2O_2$ • 물 : $2Na_2O_2 + 2H_2O \rightarrow 4NaOH + O_2 + 발열$ • 열분해 : $2Na_2O_2 \rightarrow 2Na_2O + O_2 + 발열$
과산화칼륨 (K_2O_2)	• 오렌지색 또는 무색 분말 • 에탄올에 녹음 • 피부부식성	
	반응식	• 염산 : $K_2O_2 + 2HCl \rightarrow 2KCl + H_2O_2$ • 물 : $2K_2O_2 + 2H_2O \rightarrow 4KOH + O_2 + 발열$ • 이산화탄소 : $2K_2O_2 + 2CO_2 \rightarrow 2K_2CO_3 + O_2$ • 열분해 : $2K_2O_2 \rightarrow 2K_2O + O_2$

과산화마그네슘 (MgO_2)	• 백색 분말 • 물에 녹지 않음 • 산화제, 표백제, 살균제 등으로 사용됨 • 물과 반응하여 산소를 발생함 • 산과 반응하여 과산화수소를 발생함	
	반응식	• 염산 : $MgO_2 + 2HCl \rightarrow MgCl_2 + H_2O_2$ • 열분해 : $2MgO_2 \rightarrow 2MgO + O_2$
과산화칼슘 (CaO_2)	• 백색 또는 담황색 분말 • 물, 에테르, 에탄올에 잘 녹지 않음 • 분해하여 산소를 발생함 • 물과 반응하여 산소를 발생함	
과산화바륨 (BaO_2)	• 물에 약간 녹음 • 에탄올, 에테르에 녹지 않음 • 테르밋용접의 점화제로 사용함 • 분해하여 산소를 발생함 • 물과 반응하여 산소를 발생함 • 산(황산, 염산 등)과 반응하여 과산화수소를 발생함	

(5) 브롬산염류(지정수량 : 300kg)

종류	특징	
브롬산칼륨 ($KBrO_3$)	반응식	열분해 : $2KBrO_3 \rightarrow 2KBr + 3O_2$
브롬산나트륨 ($NaBrO_3$)	무색 결정	

(6) 질산염류(지정수량 : 300kg)

종류	특징	
질산칼륨 (KNO_3)	• 무색 또는 백색의 결정 분말 • 물, 글리세린에 녹음 • 알코올에 잘 녹지 않음 • 가연물과의 접촉은 매우 위험함 • 흑색화약의 원료(흑색화약＝질산칼륨＋황＋숯가루) • 유리청정제 등에 사용함	
	반응식	열분해 : $2KNO_3 \rightarrow 2KNO_2 + O_2$
질산나트륨 ($NaNO_3$) (칠레초석)	• 무색 결정 또는 백색 분말 • 조해성 • 물, 글리세린에 잘 녹음 • 알코올에 잘 녹지 않음	
	반응식	열분해 : $2NaNO_3 \rightarrow 2NaNO_2 + O_2$

종류	특징	
질산암모늄 (NH₄NO₃)	• 무색, 무취 결정 • 조해성 • 물, 알코올, 알칼리에 잘 녹음 • 불안정한 물질 • 물에 녹을 때 흡열반응(주위의 열을 흡수)을 함	
	반응식	• 가열분해 : $NH_4NO_3 \rightarrow N_2O + 2H_2O$ • 가열폭발 : $2NH_4NO_3 \rightarrow 2N_2 + O_2 + 4H_2O$
질산은 (AgNO₃)	• 무색 판상 결정 • 물, 글리세린, 알코올에 녹음 • 사진감광제, 보온병(은거울) 제조에 사용함	

(7) 요오드산염류(지정수량 : 300kg)

종류	특징
요오드산칼륨 (KIO₃)	• 결정성 분말 • 염소산칼륨보다는 위험성이 작음
요오드산아연 (Zn(IO₃)₂)	결정성 분말

(8) 과망간산염류(지정수량 : 1,000kg)

종류	특징	
과망간산칼륨 (KMnO₄)	• 흑자색 결정 • 비중 : 2.7 • 물에 녹아 진한 보라색 • 강한 살균력(살균제로 사용) • 알코올, 에테르, 글리세린 등 유기물과 접촉을 금지 • 목탄, 황과 접촉 시 충격에 의해 폭발 위험 • 진한 황산과 폭발적으로 반응	
	반응식	• 묽은 황산 : $4KMnO_4 + 6H_2SO_4 \rightarrow 2K_2SO_4 + 4MnSO_4 + 6H_2O + 5O_2$ • 진한 황산 : $2KMnO_4 + H_2SO_4 \rightarrow K_2SO_4 + 2HMnO_4$ $\quad\quad\quad\quad 2HMnO_4 \rightarrow Mn_2O_7 + H_2O$ $\quad\quad\quad\quad 2Mn_2O_7 \rightarrow 4MnO_2 + 3O_2$ • 열분해 : $2KMnO_4 \rightarrow K_2MnO_4 + MnO_2 + O_2$
과망간산나트륨 (NaMnO₄)	• 적자색 결정 • 조해성	

(9) 중크롬산염류(지정수량 : 1,000kg)

종류	특징	
중크롬산칼륨 ($K_2Cr_2O_7$)	• 등적색 결정, 쓴맛 • 물에 녹음 • 알코올에 녹지 않음 • 산화제, 의약품으로 사용	
	반응식	열분해 : $4K_2Cr_2O_7 \rightarrow 2Cr_2O_3 + 4K_2CrO_4 + 3O_2$
중크롬산나트륨 ($Na_2Cr_2O_7$)	오렌지색 결정	
중크롬산암모늄 ($(NH_4)_2Cr_2O_7$)	오렌지색 분말	

(10) 그 밖에 행정안전부령으로 정하는 것

종류	특징
무수크롬산, 삼산화크롬 (CrO_3)	• 물과 반응하여 강산이 되며 심하게 발열 • 알코올, 벤젠, 에테르 등과 접촉 시 혼촉발화

01 제1류 위험물에 해당하지 않는 것은?

① 납의 산화물
② 질산구아니딘
③ 퍼옥소이황산염류
④ 염소화이소시아눌산

해설

질산구아니딘은 제5류 위험물이다.

02 위험물안전관리법령상 염소화이소시아눌산은 제몇 류 위험물인가?

① 제1류　　　　② 제2류
③ 제5류　　　　④ 제6류

해설

제1류 위험물의 행정안전부령으로 정하는 것에 해당된다.

제1류 위험물(행정안전부령으로 정하는 것)
1. 과요오드산염류
2. 과요오드산
3. 크롬, 납 또는 요오드의 산화물
4. 아질산염류
5. 차아염소산염류
6. 염소화이소시아눌산
7. 퍼옥소이황산염류
8. 퍼옥소붕산염류

03 위험물의 품명이 질산염류에 속하지 않는 것은?

① 질산메틸　　　　② 질산칼륨
③ 질산나트륨　　　　④ 질산암모늄

해설

질산메틸은 제5류 위험물의 질산에스테르류이다.

04 다음 물질 중 산화성 고체에 해당하지 않는 것은?

① HNO_3　　　　② $NaNO_3$
③ $KMnO_4$　　　　④ $KClO_3$

해설

HNO_3(질산)는 제6류 위험물이다.

05 제조소에서 다음과 같은 양의 위험물을 취급하고 있는 경우 각 지정수량 배수의 총합은 얼마인가?

• 브롬산나트륨 300kg
• 과산화나트륨 150kg
• 중크롬산나트륨 500kg

① 3.5　　　　② 4.0
③ 4.5　　　　④ 5.0

해설

• 브롬산나트륨 지정수량 : 300kg
• 과산화나트륨 지정수량 : 50kg
• 중크롬산나트륨 지정수량 : 1,000kg
• 지정수량의 배수 = 위험물 저장수량/위험물 지정수량
• 지정수량 배수의 합 = 300/300 + 150/50 + 500/1,000
　　　　　　　　　　= 4.5

06 염소산염류 20kg, 아염소산염류 20kg과 함께 과염소산을 저장하려고 한다. 이때 지정수량의 배수를 1배로 하려면 과염소산 몇 kg을 저장하여야 하는가?

① 50　　　　② 60
③ 70　　　　④ 80

해설

• 염소산염류 지정수량 : 50kg
• 아염소산염류 지정수량 : 50kg
• 과염소산 지정수량 : 300kg
• 지정수량의 배수 = 위험물 저장수량/위험물 지정수량
　1 = 20/50 + 20/50 + x/300
　x = 60kg

07 KMnO₄의 지정수량은 몇 kg인가?

① 50kg　　　　　② 100kg

③ 300kg　　　　④ 1,000kg

해설

과망간산칼륨은 제1류 위험물(과망간산염류)로 지정수량이 1,000 kg이다.

08 다음 중 지정수량이 300kg인 위험물에 해당하는 것은?

① $NaBrO_3$　　　② CaO_2

③ $KClO_4$　　　　④ $NaClO_2$

해설

$NaBrO_3$은 브롬산나트륨으로 지정수량이 300kg인 위험물이다.
② CaO_2 : 과산화칼슘, 50kg
③ $KClO_4$: 과염소산칼륨, 50kg
④ $NaClO_2$: 아염소산나트륨, 50kg

09 다음 중 위험물의 지정수량이 나머지 셋과 다른 하나는?

① $NaClO_4$　　　② MgO_2

③ KNO_3　　　　④ NH_4ClO_3

해설

KNO_3은 질산칼륨으로 지정수량이 300kg인 위험물이다.
① $NaClO_4$: 과염소산나트륨, 50kg
② MgO_2 : 과산화마그네슘, 50kg
④ NH_4ClO_3 : 염소산암모늄, 50kg

10 다음 위험물 품명 중 지정수량이 나머지 셋과 다른 것은?

① 염소산염류　　　② 질산염류

③ 무기과산화물　　④ 과염소산염류

해설

질산염류는 300kg, 나머지는 50kg이다.

11 아염소산칼륨 20kg, 염소산나트륨 10kg과 함께 과염소산칼륨을 저장하려고 한다. 이때 지정수량의 배수를 1배로 하려면 과염소산칼륨을 몇 kg 저장하여야 하는가?

① 300　　　　　② 50

③ 30　　　　　　④ 20

해설

- 아염소산칼륨 지정수량 : 50kg
- 염소산나트륨 지정수량 : 50kg
- 과염소산칼륨 지정수량 : 50kg
- 지정수량의 배수 = 위험물 저장수량/위험물 지정수량
  $1 = 20/50 + 10/50 + x/50$
  $x = 20kg$

12 염소산염류 250kg, 요오드산염류 600kg, 질산염류 900kg을 저장하고 있는 경우 지정수량의 몇 배가 보관되어 있는가?

① 5　　　　　　② 7

③ 10　　　　　④ 12

해설

- 염소산염류 지정수량 : 50kg
- 요오드산염류 지정수량 : 300kg
- 질산염류 지정수량 : 300kg
- 지정수량의 배수 = 위험물 저장수량/위험물 지정수량
- 지정수량 배수의 합 = $250/50 + 600/300 + 900/300 = 10$

13 제1류 위험물 중 무기과산화물 300kg과 브롬산염류 600kg을 함께 보관하는 경우 지정수량의 몇 배인가?

① 3　　　　　　② 8

③ 10　　　　　④ 18

해설

- 무기과산화물 지정수량 : 50kg
- 브롬산염류 지정수량 : 300kg
- 지정수량의 배수 = 위험물 저장수량/위험물 지정수량
- 지정수량의 배수의 합 = $300/50 + 600/300 = 8$

정답　07 ④　08 ①　09 ③　10 ②　11 ④　12 ③　13 ②

14 제1류 위험물의 저장방법에 대해 틀린 것은?

① 조해성 물질은 방습에 주의한다.
② 무기과산화물은 물속에 보관한다.
③ 분해를 촉진하는 물품과 접촉을 피해 저장한다.
④ 복사열이 없고 환기가 잘 되는 서늘한 곳에 저장한다.

해설

제1류 위험물 중 무기과산화물은 물과 반응하여 열과 산소를 발생시키기 때문에 물과의 접촉을 피해야 한다.

15 제1류 위험물의 취급 방법으로 틀린 것은?

① 환기가 잘 되는 곳에 저장한다.
② 적당한 습기는 화재를 예방한다.
③ 가열, 충격, 마찰 등을 피한다.
④ 가연물과는 격리하여 저장한다.

해설

제1류 위험물 중 조해성 물질은 수분을 흡수하여 녹기 때문에 부적절하고, 무기과산화물은 물과 반응하여 산소를 방출하고 발열하므로 습기를 피하여야 한다.

16 산화성 고체의 저장·취급 방법으로 옳지 않은 것은?

① 가연물과 접촉 및 혼합을 피한다.
② 분해를 촉진하는 물품의 접근을 피한다.
③ 조해성 물질의 경우 물속에 보관하고, 과열, 충격, 마찰 등을 피하여야 한다.
④ 알칼리금속의 과산화물은 물과의 접촉을 피하여야 한다.

해설

산화성 고체 중 조해성 물질은 수분을 흡수하는 성질이 있기 때문에 물속에 보관해서는 안 된다.

17 제1류 위험물 일반적 성질에 해당하지 않는 것은?

① 고체상태이다.
② 분해하여 산소를 발생한다.
③ 가연성 물질이다.
④ 산화세이나.

해설

제1류 위험물은 불연성 물질이다.

18 아염소산나트륨의 저장 및 취급 시 주의사항으로 가장 거리가 먼 것은?

① 물속에 넣어 냉암소에 저장한다.
② 강산류와의 접촉을 피한다.
③ 취급 시 충격, 마찰을 피한다.
④ 가연성 물질과 접촉을 피한다.

해설

아염소산나트륨은 공기 중의 수분을 흡수하는 성질이 있어 밀폐용기에 보관해야 한다.

19 다음 중 산을 가하면 이산화염소를 발생시키는 물질로 분자량이 약 90.5인 것은?

① 아염소산나트륨 ② 브롬산나트륨
③ 요오드산칼륨 ④ 중크롬산나트륨

해설

• 이산화염소를 발생시키는 물질은 염소(Cl)을 포함하고 있다. 보기 중 염소를 포함하는 물질은 아염소산나트륨뿐이다.
• 아염소산나트륨의 분자량 : $NaClO_2 = 23 + 35.5 + 16 \times 2$
$= 90.5$

20 염소산염류에 대한 설명으로 옳은 것은?

① 염소산칼륨은 환원제이다.
② 염소산나트륨은 조해성이 있다.
③ 염소산암모늄은 위험물이 아니다.
④ 염소산칼륨은 냉수와 알코올에 잘 녹는다.

[해설]
① 염소산칼륨은 산화제이다.
③ 염소산암모늄은 제1류 위험물이다.
④ 염소산칼륨은 냉수와 알코올에 잘 녹지 않고, 온수나 글리세린에 잘 녹는다.

21 염소산나트륨과 반응하여 ClO_2 가스를 발생시키는 것은?

① 글리세린
② 질소
③ 염산
④ 산소

[해설]
염소산나트륨은 산(염산, 황산, 질산 등)과 반응하여 이산화염소(ClO_2)를 발생한다.

22 염소산나트륨의 성상에 대한 설명으로 옳지 않은 것은?

① 자신은 불연성 물질이지만 강한 산화제이다.
② 유리를 녹이므로 철제용기에 저장한다.
③ 열분해하여 산소를 발생한다.
④ 산과 반응하면 유독성의 이산화염소를 발생한다.

[해설]
염소산나트륨은 철제용기를 부식시킨다.

23 염소산나트륨의 저장 및 취급 시 주의할 사항으로 틀린 것은?

① 철제용기의 저장은 피해야 한다.
② 열분해 시 이산화탄소가 발생하므로 질식에 유의한다.
③ 조해성이 있으므로 방습에 유의한다.
④ 용기에 밀전하여 보관한다.

[해설]
염소산나트륨은 열분해 시 산소가 발생한다.
$2NaClO_3 \rightarrow 2NaCl + 3O_2$

24 염소산나트륨에 대한 설명으로 틀린 것은?

① 조해성이 크므로 보관용기는 밀봉하는 것이 좋다.
② 무색, 무취의 고체이다.
③ 산과 반응하여 유독성인 이산화나트륨 가스가 발생한다.
④ 물, 알코올, 글리세린에 녹는다.

[해설]
염소산나트륨은 산과 반응하면 유독성의 이산화염소를 발생한다.

25 과염소산나트륨의 성질이 아닌 것은?

① 수용성이다.
② 조해성이 있다.
③ 분해온도는 약 300℃이다.
④ 물보다 가볍다.

[해설]
과염소산나트륨은 제1류 위험물이다. 제1류 위험물은 물보다 무겁다.

26 다음 중 과염소산나트륨의 성질이 아닌 것?

① 황색의 분말로 물과 반응하여 산소를 발생한다.
② 가열하면 분해되어 산소를 방출한다.
③ 융점은 약 482℃이고 물에 잘 녹는다.
④ 비중은 2 이상으로 물보다 무겁다.

[해설]
과염소산나트륨은 무색 또는 백색 결정이다. 물과 반응하여 산소를 발생시키는 것은 알칼리금속의 과산화물이다.

27 과염소산나트륨 설명으로 옳지 않은 것은?

① 가열하면 분해하여 산소를 방출한다.
② 환원제이며 수용액은 강한 환원성이 있다.
③ 수용성이며 조해성이 있다.
④ 제1류 위험물이다.

[해설]
과염소산나트륨은 산화제이며 수용액은 강한 산화성이 있다.

[정답] 21 ③ 22 ② 23 ② 24 ③ 25 ④ 26 ① 27 ②

28 무색, 무취의 백색결정이며 분자량이 약 122, 녹는 점이 약 482℃인 강산화성 물질로 화약제조, 로켓추진제 등의 용도로 사용되는 물질은?

① 과염소산나트륨 　　② 과산화바륨

③ 염소산바륨 　　　　④ 아염소산나트륨

해설

위험물의 분자량

① 과염소산나트륨 : NaClO₄ = 23 + 35.5 + 16 × 4 = 122.5
② 과산화바륨 : BaO₂ = 137 + 16 × 2 = 169
③ 염소산바륨 : Ba(ClO₃)₂ = 137 + (35.5 + 16 × 3) × 2 = 304
④ 아염소산나트륨 : NaClO₂ = 23 + 35.5 + 16 × 2 = 90.5

29 과염소산칼륨의 일반적인 성질에 대한 설명 중 틀린 것은?

① 강한 산화제이다.
② 불연성 물질이다.
③ 과일향이 나는 보라색 결정이다.
④ 가열하여 완전 분해시키면 산소를 발생한다.

해설

과염소산칼륨은 무색·무취의 결정이다.

30 과염소산칼륨의 성질에 대한 설명 중 틀린 것은?

① 무색, 무취의 결정으로 물에 잘 녹는다.
② 화학식은 KClO₄이다.
③ 에탄올, 에테르에는 녹지 않는다.
④ 화약, 폭약, 섬광제 등에 쓰인다.

해설

과염소산칼륨은 물에 잘 녹지 않는다.

31 과염소산칼륨과 가연성 고체 위험물이 혼합되는 것은 위험하다. 그 주된 이유는 무엇인가?

① 전기가 발생하고 자연 가열되기 때문이다.
② 중합반응을 하여 열이 발생되기 때문이다.
③ 혼합하면 과염소산칼륨이 연소하기 쉬운 액체로 변하기 때문이다.

④ 가열, 충격 및 마찰에 의하여 발화·폭발 위험이 높아지기 때문이다.

해설

과염소산칼륨은 산소공급원의 역할, 가연성 고체는 가연물의 역할을 하고, 이에 점회원이 주어지면 회재가 발생할 수 있다.

32 다음 물질 중 과염소산칼륨과 혼합하였을 때 발화폭발의 위험이 가장 높은 것은?

① 석면 　　　　　② 금

③ 유리 　　　　　④ 목탄

해설

과염소산칼륨은 목탄, 유기물, 인, 황, 마그네슘분 등의 가연물과 혼합하면 가열·마찰·충격에 의해 폭발할 수 있다.

33 과염소산칼륨과 아염소산나트륨의 공통성질이 아닌 것은?

① 지정수량이 50kg이다.
② 열분해 시 산소를 방출한다.
③ 강산화성 물질이며 가연성이다.
④ 상온에서 고체의 형태이다.

해설

과염소산칼륨과 아염소산나트륨 모두 강산화성 물질이며 불연성이다.

34 과염소산암모늄의 위험성에 대한 설명으로 올바르지 않은 것은?

① 급격히 가열하면 폭발의 위험이 있다.
② 건조 시에는 안정하나 수분 흡수 시에는 폭발한다.
③ 가연성 물질과 혼합하면 위험하다.
④ 강한 충격이나 마찰에 의해 폭발의 위험이 있다.

해설

과염소산암모늄은 건조 시에도 분해 폭발할 수 있다.

35 과염소산암모늄에 대한 설명으로 옳은 것은?

① 물에 용해되지 않는다.
② 청록색의 침상 결정이다.
③ 130℃에서 분해하기 시작하여 CO_2 가스를 방출한다.
④ 아세톤, 알코올에 용해된다.

해설

① 물에 잘 용해된다.
② 무색 결정이다.
③ 130℃에서 분해하기 시작하여 O_2 가스를 방출한다.

36 제1류 위험물 중 알칼리금속의 과산화물과 물이 접촉하였을 때 발생하는 기체는?

① 수소가스　　　　② 산소가스
③ 탄산가스　　　　④ 수성가스

해설

알칼리금속의 과산화물이 물과 접촉하면 산소가 발생한다.
$2K_2O_2 + 2H_2O → 4KOH + O_2$

37 무기과산화물의 일반적인 성질에 대한 설명으로 틀린 것은?

① 과산화수소의 수소가 금속으로 치환된 화합물이다.
② 산화력이 강해 스스로 쉽게 산화한다.
③ 가열하면 분해되어 산소를 발생한다.
④ 물과의 반응성이 크다.

해설

무기과산화물은 산화력이 강해 다른 물질을 산화시키고 자신은 환원된다.

38 물과 접촉하면 위험성이 증가하므로 주수소화를 할 수 없는 물질은?

① $KClO_3$　　　　② $NaNO_3$
③ Na_2O_2　　　　④ $(C_6H_5CO)_2O_2$

해설

무기과산화물은 물과 반응하여 열과 산소를 발생시키기 때문에 물과의 접촉을 피해야 한다.

39 과산화나트륨의 화재 시 물을 사용한 소화가 위험한 이유는?

① 수소와 열을 발생하므로
② 산소와 열을 발생하므로
③ 수소를 발생하고 이 가스가 폭발적으로 연소하므로
④ 산소를 발생하고 이 가스가 폭발적으로 연소하므로

해설

과산화나트륨은 물과 반응하여 수산화나트롬과 산소와 열을 발생한다.
$2Na_2O_2 + 2H_2O → 4NaOH + O_2 + 발열$

40 다음 중 물과 접촉하면 열과 산소가 발생하는 것은?

① $NaClO_2$　　　　② $NaClO_3$
③ $KMnO_4$　　　　④ Na_2O_2

해설

Na_2O_2는 알칼리금속의 과산화물로서 물과 접촉 시 열과 산소가 발생한다.

41 다음 중 과산화나트륨에 대한 설명으로 틀린 것은?

① 순수한 것은 백색이다.
② 상온에서 물과 반응하여 수소가스를 발생한다.
③ 화재발생 시 주수소화는 위험할 수 있다.
④ CO_2 제거제를 제조할 때 사용된다.

해설

과산화나트륨은 상온에서 물과 반응하여 산소가스를 발생한다.

42 다음 중 주수소화 시 위험성이 증가하는 것은?

① 과산화나트륨　　　② 트리니트로톨루엔
③ 과염소산칼륨　　　④ 중크롬산칼륨

해설

$2Na_2O_2 + 2H_2O → 4NaOH + O_2$
과산화나트륨은 물과 반응하여 조연성 가스(산소)를 생성하므로 위험성이 증가한다.

43 과산화나트륨에 대한 설명으로 옳지 않은 것은?

① 비중이 약 2.8이다.
② 상온에서 물과 격렬하게 반응한다.
③ 알코올에 잘 녹아서 산소와 수소를 발생시킨다.
④ 조해성 물질이다.

> 해설
> 과산화나트륨은 알코올에 잘 녹지 않는다.

44 물과 접촉하면 열과 산소가 발생하는 것은?

① $NaClO_2$
② $NaClO_3$
③ $KMnO_4$
④ Na_2O_2

> 해설
> 과산화나트륨(Na_2O_2)은 물과 반응하여 발열한다.
> $Na_2O_2 + 2H_2O \rightarrow 4NaOH + O_2 + 발열$

45 다음 중 주수소화를 하면 위험성이 증가하는 것은?

① 과산화칼륨
② 과망간산칼륨
③ 과염소산칼륨
④ 브롬산칼륨

> 해설
> 알칼리금속의 과산화물은 물과 반응하여 산소를 발생시키기 때문에 화재를 키울 수 있어 위험하다.

46 과산화칼륨이 물 또는 이산화탄소와 반응할 경우 공통적으로 발생하는 물질은?

① 산소
② 과산화수소
③ 수산화칼륨
④ 수소

> 해설
> 과산화칼륨이 물 또는 이산화탄소와 반응할 경우 산소가 공통적으로 발생한다.
> • $2K_2O_2 + 2H_2O \rightarrow 4KOH + O_2$
> • $2K_2O_2 + 2CO_2 \rightarrow 2K_2CO_3 + O_2$

47 물과 접촉 시 발열하면서 폭발 위험성이 증가하는 것은?

① 과산화칼륨
② 과망간산나트륨
③ 요오드산칼륨
④ 과염소산칼륨

> 해설
> 과산화칼륨(무기과산화물)은 물과 반응하여 열과 산소를 발생시키기 때문에 물과의 접촉을 피해야 한다.

48 분자량이 약 110인 무기과산화물로 물과 접촉하여 발열하는 것은?

① 과산화마그네슘
② 과산화벤조일
③ 과산화칼슘
④ 과산화칼륨

> 해설
> 과산화칼륨은 알칼리금속의 과산화물로서 물과 접촉 시 열과 산소가 발생한다.
> 과산화칼륨의 분자량 : $K_2O_2 = 39 \times 2 + 16 \times 2 = 110$

49 과산화마그네슘에 대한 설명으로 옳은 것은?

① 산화제, 표백제, 살균제 등으로 사용된다.
② 물에 녹지 않기 때문에 습기와 접촉해도 무방하다.
③ 물과 반응하여 금속마그네슘을 생성한다.
④ 염산과 반응하면 산소와 수소를 발생한다.

> 해설
> ②, ③ 물과 반응하여 수산화마그네슘과 산소를 생성한다.
> $2MgO_2 + 2H_2O \rightarrow 2Mg(OH)_2 + O_2$
> ④ 염산과 반응하면 염화마그네슘과 과산화수소를 발생한다.
> $MgO_2 + 2HCl \rightarrow MgCl_2 + H_2O_2$

50 과산화칼륨과 과산화마그네슘이 염산과 각각 반응했을 때 공통으로 나오는 물질의 지정수량은?

① 50L
② 100kg
③ 300kg
④ 1,000L

> 해설
> • $K_2O_2 + 2HCl \rightarrow 2KCl + H_2O_2$
> • $MgO_2 + 2HCl \rightarrow MgCl_2 + H_2O_2$
> • 과산화수소의 지정수량 = 300kg

정답 **43** ③ **44** ④ **45** ① **46** ① **47** ① **48** ④ **49** ① **50** ③

51 과산화바륨의 취급에 대한 설명 중 틀린 것은?

① 직사광선을 피하고, 냉암소에 둔다.
② 유기물, 산 등의 접촉을 피한다.
③ 피부와 직접적인 접촉을 피한다.
④ 화재 시 주수소화가 가장 효과적이다.

해설
과산화바륨은 무기과산화물이므로, 물과 반응하여 산소를 발생하여 주수소화는 효과적이지 않다.
$$2BaO_2 + 2H_2O \rightarrow 2Ba(OH)_2 + O_2$$

52 과산화바륨에 대한 설명 중 틀린 것은?

① 약 840℃의 고온에서 산소를 발생한다.
② 알칼리금속의 과산화물에 해당된다.
③ 비중은 1보다 크다.
④ 유기물과의 접촉을 피한다.

해설
과산화바륨은 알칼리토금속의 과산화물에 해당된다.

53 과산화바륨과 물이 반응하였을 때 발생하는 것은?

① 수소   ② 산소
③ 탄산가스   ④ 수성가스

해설
$$2BaO_2 + 2H_2O \rightarrow 2Ba(OH)_2 + O_2$$

54 과산화바륨의 성질에 대한 설명 중 틀린 것은?

① 고온에서 열분해하여 산소를 발생한다.
② 황산과 반응하여 과산화수소를 만든다.
③ 비중은 약 4.96이다.
④ 온수와 접촉하면 수소가스를 발생한다.

해설
과산화바륨은 물과 반응하여 산소가스를 발생한다.

55 분자량이 약 169인 백색의 정방정계 분말로서 알칼리토금속의 과산화물 중 매우 안정한 물질이며 테르밋 용접의 점화제 용도로 사용되는 제1류 위험물은?

① 과산화칼슘   ② 과산화바륨
③ 과산화마그네슘   ④ 과산화칼륨

해설
위험물의 분자량
① 과산화칼슘 : $CaO_2 = 40 + 16 \times 2 = 72$
② 과산화바륨 : $BaO_2 = 137 + 16 \times 2 = 169$
③ 과산화마그네슘 : $MgO_2 = 24 + 16 \times 2 = 56$
④ 과산화칼륨 : $K_2O_2 = 39 \times 2 + 16 \times 2 = 110$

56 과산화리튬의 화재현장에서 주수소화가 불가능한 이유는?

① 수소가 발생하기 때문에
② 산소가 발생하기 때문에
③ 이산화탄소가 발생하기 때문에
④ 일산화탄소가 발생하기 때문에

해설
과산화리튬은 물과 반응하여 산소를 발생시키기 때문에 화재를 키울 수 있어 위험하다.

57 질산칼륨의 성질에 해당하는 것은?

① 무색 또는 흰색 결정이다.
② 물과 반응하면 폭발의 위험이 있다.
③ 물에 녹지 않으나 알코올에 잘 녹는다.
④ 황산, 목분과 혼합하면 흑색화약이 된다.

해설
② 물로 냉각 소화한다.
③ 물에 녹고, 알코올에 잘 녹지 않는다.
④ 숯, 황을 혼합하면 흑색화약이 된다.

58 제1류 위험물 중 흑색화약의 원료로 사용되는 것은?

① KNO_3 ② $NaNO_3$

③ BaO_2 ④ NH_4NO_3

해설

흑색화약의 원료는 숯, 황(S), 질산칼륨(KNO_3)이다.

59 질산칼륨을 약 400℃에서 가열하여 열분해시킬 때 주로 생성되는 물질은?

① 질산과 산소   ② 질산과 칼륨

③ 아질산칼륨과 산소   ④ 아질산칼륨과 질소

해설

질산칼륨의 열분해 반응식은 다음과 같다.
$$2KNO_3 → 2KNO_2 + O_2$$

60 질산나트륨의 성상으로 옳은 것은?

① 황색 결정이다.

② 물에 잘 녹는다.

③ 흑색화약의 원료이다.

④ 상온에서 자연분해한다.

해설

① 무색 결정 또는 백색 분말이다.
③ 흑색화약의 원료는 질산칼륨, 숯, 황이다.
④ 가열하면 분해한다.

61 다음 질산나트륨의 성상에 대한 설명 중 틀린 것은?

① 조해성이 있다.

② 강력한 환원제이며 물보다 가볍다.

③ 열분해하여 산소를 방출한다.

④ 가연물과 혼합 시 충격에 의해 발화할 수 있다.

해설

질산나트륨은 강력한 산화제이며 물보다 무겁다.

62 질산암모늄의 일반적인 성질에 대한 설명으로 옳은 것은?

① 조해성이 없다.

② 무색무취의 액체이다.

③ 물에 녹을 때에는 발열한다.

④ 급격한 가열에 의한 폭발의 위험이 있다.

해설

① 조해성이 있다.
② 무색무취의 고체이다.
③ 물에 녹을 때에는 흡열한다.

63 질산암모늄의 일반적 성질에 대한 설명 중 옳은 것은?

① 불안정한 물질이고 물에 녹을 때는 흡열반응을 나타낸다.

② 물에 대한 용해도 값이 매우 작아 물에 거의 불용이다.

③ 가열 시 분해하여 수소를 발생한다.

④ 과일향의 냄새가 나는 적갈색 비결정체이다.

해설

② 물과 알코올에 잘 녹으며, 물에 녹을 때 흡열반응을 한다.
③ 가열 시 분해하여 수증기 또는 산소를 발생한다.
$$NH_4NO_3 → N_2O + 2H_2O$$
$$2NH_4NO_3 → 2N_2 + O_2 + 4H_2O$$
④ 무색 · 무취 결정이다.

64 질산암모늄에 대한 설명으로 틀린 것은 무엇인가?

① 열분해하여 산화이질소가 발생한다.

② 폭약제조 시 산소공급제로 사용된다.

③ 물에 녹을 때 많은 열을 발생한다.

④ 무취의 결정이다.

해설

질산암모늄은 물에 녹을 때 열을 흡수한다.

65 다음 중 물에 녹을 때 주위의 온도를 낮추는 물질은?

① 질산암모늄
② 과염소산암모늄
③ 과산화칼륨
④ 중크롬산칼륨

해설

질산암모늄은 물에 녹을 때 열을 흡수한다.

66 흑색화약의 원료로 사용되는 위험물의 유별을 올바르게 나타낸 것은?

① 제1류, 제2류
② 제1류, 제4류
③ 제2류, 제4류
④ 제4류, 제5류

해설

흑색화약의 원료는 질산칼륨(제1류), 숯, 황(제2류)이다.

67 요오드산아연의 성질에 대한 설명으로 가장 거리가 먼 것은?

① 결정성 분말이다.
② 유기물과 혼합 시 연소위험이 있다.
③ 환원력이 강하다.
④ 제1류 위험물이다.

해설

요오드산아연은 산화력이 강하다.

68 과망간산칼륨의 일반적인 성질에 관한 설명 중 틀린 것은?

① 강한 살균력과 산화력이 있다.
② 금속성 광택이 있는 무색의 결정이다.
③ 가열 분해시키면 산소를 방출한다.
④ 비중은 약 2.7이다.

해설

과망간산칼륨은 흑자색(적자색) 결정이다.

69 과망간산칼륨의 위험성에 대한 설명 중 틀린 것은?

① 진한 황산과 접촉하면 폭발적으로 반응한다.
② 알코올, 에테르, 글리세린 등 유기물과 접촉을 금한다.
③ 가열하면 약 60℃에서 분해하여 수소를 방출한다.
④ 목탄, 황과 접촉 시 충격에 의해 폭발할 위험성이 있다.

해설

과망간산칼륨은 분해하여 산소를 발생한다.

70 과망간산칼륨과 혼용 시 가장 위험성이 낮은 물질은?

① 황산
② 글리세린
③ 목탄
④ 물

해설

과망간산칼륨은 물에 잘 녹으며, 물과 혼용하여도 안정하다.

71 $KMnO_4$와 혼합할 때 위험한 물질이 아닌 것은?

① H_2O
② CH_3OH
③ H_2SO_4
④ $C_2H_5OC_2H_5$

해설

메탄올, 황산, 디에틸에테르는 과망간산칼륨과의 접촉을 금한다.

72 중크롬산칼륨에 대한 설명으로 틀린 것은?

① 열분해하여 산소를 발생한다.
② 물과 알코올에 잘 녹는다.
③ 등적색의 결정으로 쓴맛이 있다.
④ 산화제로 사용된다.

해설

중크롬산칼륨은 알코올에는 녹지 않는다.

정답 65 ① 66 ① 67 ③ 68 ② 69 ③ 70 ④ 71 ① 72 ②

제2류 위험물(가연성 고체)

1. 품명, 지정수량, 위험등급(「위험물안전관리법 시행령」 [별표 1])

품명	지정수량	위험등급
1. 황화린		
2. 적린	100kg	II
3. 유황		
4. 철분		
5. 금속분	500kg	III
6. 마그네슘		
7. 그 밖에 행정안전부령으로 정하는 것	100kg,	
8. 제1호 내지 제7호의 1에 해당하는 어느 하나 이상을 함유한 것	500kg	II, III
9. 인화성 고체	1,000kg	III

2. 품명 정의

① 유황 : 순도가 60중량퍼센트 이상인 것을 말한다. 이 경우 순도측정에 있어서 불순물은 활석 등 불연성물질과 수분에 한한다.

② 철분 : 철의 분말로서 53마이크로미터의 표준체를 통과하는 것이 50중량퍼센트 미만인 것은 제외한다.

③ 금속분 : 알칼리금속 · 알칼리토류금속 · 철 및 마그네슘 외의 금속의 분말을 말하고, 구리분 · 니켈분 및 150마이크로미터의 체를 통과하는 것이 50중량퍼센트 미만인 것은 제외한다.

④ 마그네슘 : 다음 각목의 1에 해당하는 것은 제외한다.

  ㉠ 2밀리미터의 체를 통과하지 아니하는 덩어리 상태의 것

  ㉡ 지름 2밀리미터 이상의 막대 모양의 것

⑤ 인화성고체 : 고형알코올 그 밖에 1기압에서 인화점이 섭씨 40도 미만인 고체를 말한다.

3. 제2류 위험물의 성질

(1) 성질

① 비교적 낮은 온도에서 착화되기 쉬운 가연물이다.

② 비중은 1보다 크고 물에 녹지 않는 강력한 환원성 물질(환원제)이다.

③ 연소속도가 대단히 빠른 고체이다.

④ 연소 시 유독가스를 발생하는 것도 있고, 연소열이 크고 연소온도가 높다.

⑤ 철분, 마그네슘, 금속분류는 물과 산의 접촉으로 발열한다.

(2) 위험성

① 착화온도가 낮아 저온에서도 발화가 용이하다.

② 연소속도가 빠르고 연소 시 다량의 빛과 열을 발생한다(연소열이 크다.).

③ 금속분은 산, 할로겐원소, 황화수소와 접촉하면 발열·발화한다.

④ 가열·충격·마찰에 의해 발화·폭발의 위험이 있다.

(3) 저장·취급방법

① 점화원으로부터 멀리하고 불티, 불꽃, 고온체와의 접촉을 피해야 한다.

② 용기파손에 의한 위험물의 누설에 주의한다.

③ 산화제(제1류, 제6류)와의 접촉을 피해야 한다.

④ 철분, 마그네슘, 금속분은 산 또는 물과의 접촉을 피해야 한다.

⑤ 통풍이 잘되는 냉암소에 보관·저장한다.

(4) 소화방법

① 제2류 위험물(철분, 금속분, 마그네슘 제외) : 물에 의한 냉각소화

② 철분, 금속분, 마그네슘 : 마른 모래, 팽창질석, 팽창진주암, 탄산수소염류 분말약제

4. 제2류 위험물의 종류별 특성

(1) 황화린(지정수량 : 100kg)

종류	특징	
삼황화린 (P_4S_3)	• 황색 결정 • 발화점(착화점) : 약 100℃ • 조해성 없음 • 질산, 이황화탄소, 알칼리에 녹음 • 물, 염산, 황산에 녹지 않음 • 연소하여 이산화황(SO_2)과 오산화인(P_2O_5, 흰 연기) 발생	
	반응식	연소 : $P_4S_3 + 8O_2 \rightarrow 2P_2O_5 + 3SO_2$

오황화린 (P_2S_5)	• 담황색 결정 • 발화점(착화점) : 142℃ • 조해성 있음 • 알코올, 이황화탄소에 녹음 • 물에 의해 분해하여 황화수소(H_2S : 가연성, 유독성) 발생 • 연소하여 이산화황(SO_2) 발생	
	반응식	• 물 : $P_2S_5 + 8H_2O \rightarrow 5H_2S + 2H_3PO_4$ • 연소 : $2P_2S_5 + 15O_2 \rightarrow 2P_2O_5 + 10SO_2$
칠황화린 (P_4S_7)	• 담황색 결정 • 조해성 있음 • 이황화탄소에 녹음 • 냉수에서 서서히 분해되고, 온수에서 급격히 분해	
	반응식	물 : $P_4S_7 + 13H_2O \rightarrow 7H_2S + H_3PO_4 + 3H_3PO_3$

(2) 적린(지정수량 : 100kg)

종류	특징	
적린 (P)	• 황린(P_4, 제3류 위험물)과 동소체(동일한 원소로 이루어져 있으나 성질이 다른 물질로 최종 연소생성물이 같음) • 황린보다 안정적(상온에서 자연발화하지 않음) • 발화점(착화점) : 260℃ • 암적색 분말 • 무취 • 물, 알코올, 에테르, 이황화탄소, 암모니아에 녹지 않음 • 산화제와 혼합 시 발화	
	반응식	연소 : $4P + 5O_2 \rightarrow 2P_2O_5$

(3) 유황(지정수량 : 100kg)

종류	특징	
유황(황) (S)	• 종류 : 단사황, 사방황, 고무상황 • 황색 결정 또는 분말(단사황, 사방황), 흑갈색(고무상황) • 발화점(착화점) : 232℃ • 물, 산에 녹지 않음 • 알코올에 약간 녹음 • 이황화탄소(CS_2)에 잘 녹음(고무상황은 안 녹음) • 분말일 때 분진폭발 위험 • 전기부도체(전기절연체로 사용) • 공기 중에 연소하며 청색 불꽃을 보임	
	반응식	연소 : $S + O_2 \rightarrow SO_2$

(4) 철분(지정수량 : 500kg)

종류	특징	
철분 (Fe)	• 은백색 분말 • 산화되면 산화철(황갈색) • 녹는점(융점) : 약 1,500℃ • 비중 : 약 7.86	
	반응식	• 물 : $2Fe + 6H_2O \rightarrow 2Fe(OH)_3 + 3H_2$ • 염산 : $Fe + 2HCl \rightarrow FeCl_2 + H_2$

(5) 금속분(지정수량 : 500kg)

종류	특징	
알루미늄분 (Al)	• 은백색 무른 금속 • 연성, 전성이 좋음 • 분진폭발 위험 • 할로겐원소 접촉 시 자연발화 위험 • 양쪽성물질로 산, 알칼리와 반응하여 수소 발생	
	반응식	• 산 : $2Al + 6HCl \rightarrow 2AlCl_3 + 3H_2$ • 알칼리 : $2Al + 2KOH + 2H_2O \rightarrow 2KAlO_2 + 3H_2$ • 온수 : $2Al + 6H_2O \rightarrow 2Al(OH)_3 + 3H_2$ • 연소 : $4Al + 3O_2 \rightarrow 2Al_2O_3$
아연분 (Zn)	• 은백색 분말 • 물, 산과 반응하며 수소 발생	
	반응식	• 물 : $Zn + 2H_2O \rightarrow Zn(OH)_2 + H_2$ • 산 : $Zn + 2HCl \rightarrow ZnCl_2 + H_2$

(6) 마그네슘(지정수량 : 500kg)

종류	특징	
마그네슘 (Mg)	• 은백색 경금속 • 분말일 경우 분진폭발 위험 • 상온상태 물에서 안정 • 온수와 반응하며 수소 발생 • 습기, 열 축적 시 자연발화 위험 • 이산화탄소와 반응(이산화탄소 소화약제는 부적합) • 연소 시 폭발	
	반응식	• 온수 : $Mg + 2H_2O \rightarrow Mg(OH)_2 + H_2$ • 이산화탄소 : $Mg + CO_2 \rightarrow MgO + CO$ • 염산 : $Mg + 2HCl \rightarrow MgCl_2 + H_2$ • 연소 : $2Mg + O_2 \rightarrow 2MgO$

(7) 인화성 고체(지정수량 : 1,000kg)

종류	특징
인화성 고체	고형알코올 등

01 위험물인진관리법령상 품명이 금속분에 해당하는 것은? (단, 150μm의 체를 통과하는 것이 50wt% 이상인 경우이다.)

① 니켈분   ② 마그네슘분
③ 알루미늄분   ④ 구리분

해설

금속분이란 알칼리금속·알칼리토류금속·철 및 마그네슘 외의 금속의 분말을 말하고, 구리분·니켈분 및 150마이크로미터의 체를 통과하는 것이 50중량퍼센트 미만인 것은 제외한다.

02 제2류 위험물에 속하지 않는 것은?

① 구리분   ② 알루미늄분
③ 크롬분   ④ 몰리브덴분

해설

제2류 위험물의 금속분은 알칼리금속·알칼리토류금속·철 및 마그네슘 외의 금속의 분말을 말하고, 구리분·니켈분 및 150마이크로미터의 체를 통과하는 것이 50중량퍼센트 미만인 것은 제외한다.

03 다음 중 제2류 위험물이 아닌 것은 무엇인가?

① 황화린   ② 황
③ 마그네슘   ④ 칼륨

해설

칼륨은 제3류 위험물이다.

04 제2류 위험물의 종류에 해당되지 않는 것은?

① 마그네슘   ② 고형알코올
③ 칼슘   ④ 안티몬분

해설

칼슘은 제3류 위험물이다.

05 다음 중 위험불안선관리법령에 따라 정한 지정수량이 나머지 셋과 다른 것은?

① 황화린   ② 적린
③ 황   ④ 철분

해설

철분의 지정수량은 500kg이고, 나머지는 100kg이다.

06 위험물안전관리법령상 제2류 위험물에 속하지 않는 것은?

① P_4S_3 ② Al
③ Mg   ④ Li

해설

리튬은 제3류 위험물이다.

07 분말형태로서 150μm의 체를 통과하는 것이 50중량 % 이상인 것만 위험물로 취급되는 것은?

① Fe   ② Sn
③ Ni   ④ Cu

해설

금속분이란 알칼리금속·알칼리토류금속·철 및 마그네슘 외의 금속의 분말을 말하고, 구리분·니켈분 및 150마이크로미터의 체를 통과하는 것이 50중량퍼센트 미만인 것은 제외한다.

08 위험물안전관리법령상 품명이 금속분에 해당하는 것은? (단, 150μm의 체를 통과하는 것이 50wt% 이상인 경우이다.)

① 니켈분   ② 마그네슘분
③ 알루미늄분   ④ 구리분

정답   01 ③   02 ①   03 ④   04 ③   05 ④   06 ④   07 ②   08 ③

알칼리금속 · 알칼리토류금속 · 철 및 마그네슘 외의 금속의 분말을 말하고, 구리분 · 니켈분 및 150마이크로미터의 체를 통과하는 것이 50중량퍼센트 미만인 것은 제외한다.

09 제2류 위험물이 아닌 것은?

① 황화린
② 적린
③ 황린
④ 철분

해설
황린은 제3류 위험물이다.

10 다음 중 지정수량이 나머지 물질들과 다른 하나는?

① 황화린
② 적린
③ 철분
④ 유황

해설
① 황화린 : 100kg
② 적린 : 100kg
③ 철분 : 500kg
④ 유황 : 100kg

11 제2류 위험물 중 지정수량이 500kg인 물질에 의한 화재는?

① A급 화재
② B급 화재
③ C급 화재
④ D급 화재

해설
철분, 금속분, 마그네슘의 화재는 D급 화재(금속 화재)이다.

12 제2류 위험물 중 지정수량이 잘못 연결된 것은?

① 황 – 100kg
② 철분 – 500kg
③ 금속분 – 500kg
④ 인화성 고체 – 500kg

해설
인화성 고체의 지정수량은 1,000kg이다.

13 다음 중 위험물안전관리법령에서 정한 지정수량이 500kg인 것은?

① 황화린
② 금속분
③ 인화성 고체
④ 황

해설
위험물의 지정수량
① 황화린 : 100kg
② 금속분 : 500kg
③ 인화성 고체 : 1,000kg
④ 황 : 100kg

14 위험물안전관리법령에서 정한 위험물의 지정수량으로 틀린 것은?

① 유황 : 100kg
② 황화린 : 100kg
③ 마그네슘 : 100kg
④ 금속분 : 500kg

해설
마그네슘 : 500kg

15 고형알코올 2,000kg과 철분 1,000kg의 각각 지정수량 배수의 총합은 얼마인가?

① 3
② 4
③ 5
④ 6

해설
• 고형알코올 지정수량 : 1,000kg
• 철분 지정수량 : 500kg
• 지정수량의 배수 = 위험물 저장수량/위험물 지정수량
• 지정수량 배수의 합 = 2,000/1,000 + 1,000/500 = 4

16 제2류 위험물에 없는 위험등급으로 옳은 것은?

① I
② II
③ III
④ 해당사항 없음

해설
제2류 위험물은 II, III 위험등급만 존재한다.

17 제2류 위험물과 산화제를 혼합하면 위험한 이유로 가장 적합한 것은?

① 제2류 위험물이 가연성 액체이기 때문에
② 제2류 위험물이 환원제로 작용하기 때문에
③ 제2류 위험물은 자연발화의 위험이 있기 때문에
④ 제2류 위험물은 물, 습기를 잘 머금고 있기 때문에

해설
제2류 위험물은 환원제로, 산화제와 반응하여 연소할 수 있다.

18 제2류 위험물의 일반적 성질에 대한 설명으로 가장 거리가 먼 것은?

① 가연성 고체 물질이다.
② 연소 시 연소열이 크고 연소속도가 빠르다.
③ 산소를 포함하여 조연성 기스의 공급 없이 연소가 가능하다.
④ 비중이 1보다 크고 물에 녹지 않는다.

해설
산소를 포함하여 조연성 가스의 공급 없이 연소가 가능한 것은 제5류 위험물이다.

19 가연성 고체 위험물의 일반적 성질로 틀린 것은?

① 비교적 저온에서 착화한다.
② 산화제와의 접촉 · 가열은 위험하다.
③ 연소속도가 빠르다.
④ 산소를 포함하고 있다.

해설
자체적으로 산소를 포함하고 있는 것은 제1류, 제5류, 제6류 위험물이다.

20 위험물의 저장방법에 대한 설명으로 옳은 것은?

① 황화린은 알코올 또는 과산화물 속에 저장하여 보관한다.
② 마그네슘은 건조하면 분진폭발의 위험성이 있으므로 물에 습윤하여 저장한다.

③ 적린은 화재예방을 위해 할로겐 원소와 혼합하여 저장한다.
④ 수소화리튬은 저장용기에 아르곤과 같은 불활성 기체를 봉입한다.

해설
황화린, 마그네슘, 적린은 저장용기를 밀폐하고 통풍이 잘 되는 냉암소에서 보관한다.

21 제2류 위험물에 대한 설명으로 옳지 않은 것은?

① 대부분 물보다 가벼우므로 주수소화는 어려움이 있다.
② 점화원으로부터 멀리하고 가열을 피한다.
③ 금속분은 물과의 접촉을 피한다.
④ 용기 파손으로 인한 위험물의 누설에 주의한다.

해설
• 제2류 위험물은 물보다 무겁다.
• 철분, 금속분, 마그네슘 외의 제2류 위험물은 주수소화한다.

22 다음 중 주수소화 시 위험성이 커지는 물질은?

① 적린   ② 유황
③ 철분   ④ 인화성 고체

해설
철분은 물과 반응하여 수소(가연성 가스)를 발생하므로 위험성이 증대된다.

23 착화점이 232℃에 가장 가까운 물질은?

① 삼황화린   ② 오황화린
③ 적린   ④ 황

해설
위험물의 착화점
① 삼황화린 : 100℃
② 오황화린 : 142℃
③ 적린 : 260℃
④ 황 : 232℃

24 다음 위험물 중 발화점이 가장 낮은 것은?

① 황 　　　　　　② 삼황화린
③ 황린 　　　　　　④ 아세톤

위험물의 발화점(착화점)
① 황 : 232℃
② 삼황화린 : 100℃
③ 황린 : 34℃
④ 아세톤 : 538℃

25 삼황화린과 오황화린의 공통점이 아닌 것은?

① 물과 접촉하여 인화수소가 발생한다.
② 가연성 고체이다.
③ 분자식이 P와 S로 이루어져 있다.
④ 연소 시 오산화인과 이산화황이 생성된다.

[해설]
삼황화린은 물과 반응하지 않고, 오황화린은 물과 접촉하여 황화수소가 발생한다.
$P_2S_5 + 8H_2O \rightarrow 5H_2S + 2H_3PO_4$

26 다음 중 황화린에 해당하지 않는 것은?

① 삼황화린 　　　　② 사황화린
③ 오황화린 　　　　④ 칠황화린

[해설]
황화린은 삼황화린(P_4S_4), 오황화린(P_2S_5), 칠황화린(P_4S_7)이 있다.

27 오황화린과 칠황화린이 물과 반응했을 때 공통으로 나오는 물질은?

① 이산화황 　　　　② 황화수소
③ 인화수소 　　　　④ 산산화황

[해설]
오황화린과 칠황화린이 물과 반응하여 공통으로 발생하는 것은 황화수소(H_2S)와 인산(H_3PO_4)이다.
$P_2S_5 + 8H_2O \rightarrow 5H_2S + 2H_3PO_4$
$P_4S_7 + 13H_2O \rightarrow 7H_2S + H_3PO_4 + 3H_3PO_3$

28 다음은 P_2S_5와 물의 반응식이다. ( )에 알맞은 숫자를 차례대로 나열한 것은?

| $P_2S_5 + ($)$H_2O \rightarrow ($)$H_2S + ($)H_3PO_4 |

① 2, 5, 8 　　　　　② 2, 8, 5
③ 8, 2, 5 　　　　　④ 8, 5, 2

[해설]
반응식의 좌항과 우항의 원소 개수를 비교하여 구한다.
$P_2S_5 + 8H_2O \rightarrow 5H_2S + 2H_3PO_4$

29 삼황화린의 연소 생성물을 옳게 나열한 것은?

① P_2O_5, SO_2 　　　② P_2O_5, H_2S
③ H_3PO_4, SO_2 　　④ H_3PO_4, H_2S

[해설]
$P_4S_3 + 8O_2 \rightarrow 2P_2O_5 + 3SO_2$

30 오황화린이 물과 반응하였을 때 생성되는 가스는 무엇인가?

① 포스핀 　　　　　② 포스겐
③ 황산가스 　　　　④ 황화수소

[해설]
$P_2S_5 + 8H_2O \rightarrow 5H_2S + 2H_3PO_4$
① 포스핀 : PH_3
② 포스겐 : $COCl_2$
③ 황산 : H_2SO_4
④ 황화수소 : H_2S

31 황화린에 대한 설명 중 옳지 않은 것은?

① 삼황화린은 황색 결정으로 공기 중 약 100℃에서 발화할 수 있다.
② 오황화린은 담황색 결정으로 조해성이 있다.
③ 오황화린은 물과 접촉하여 유독성가스를 발생할 위험이 있다.
④ 삼황화린은 연소하여 황화수소가스를 발생할 위험이 있다.

정답　24 ③　25 ①　26 ②　27 ②　28 ④　29 ①　30 ④　31 ④

해설
삼황화린은 연소하여 이산화황 가스를 발생한다.

$P_4S_3 + 8O_2 \rightarrow 2P_2O_5 + 3SO_2$

32 오황화린이 물과 반응하였을 때 생성된 가스를 연소시키면 발생하는 독성이 있는 가스는?

① 이산화질소   ② 포스핀
③ 염화수소   ④ 이산화황

해설
• $P_2S_5 + 8H_2O \rightarrow 5H_2S + 2H_3PO_4$
  물과 반응하여 생성된 가스는 H_2S이다.
• $2H_2S + 3O_2 \rightarrow 2SO_2 + 2H_2O$
  연소시켜 발생한 가스는 SO_2이다.

33 적린에 관한 설명 중 틀린 것은?

① 물에 잘 녹는다.
② 화재 시 물로 냉각소화한다.
③ 황린에 비해 안정하다.
④ 황린과 동소체이다.

해설
적린은 물에 녹지 않는다.

34 적린과 동소체 관계에 있는 위험물은?

① 오황화린   ② 인화알루미늄
③ 인화칼슘   ④ 황린

해설
황린과 적린은 동소체(동일한 원소로 이루어져 있으나 성질이 다른 물질로 최종 연소생성물이 같다.)이다.

35 적린의 위험성에 관한 설명 중 옳은 것은?

① 공기 중에 방치하면 폭발한다.
② 산소와 반응하여 포스핀가스를 발생한다.
③ 연소 시 적색의 오산화인이 발생한다.
④ 강산화제와 혼합하면 충격 · 마찰에 의해 발화할 수 있다.

해설
적린은 강산화제와 혼합하면 충격 · 마찰에 의해 발화할 수 있다.

36 적린에 대한 실명으로 틀린 것은?

① 상온에서도 자연발화한다.
② 화재 발생 시 주수소화한다.
③ 연소 시 흰 연기가 생긴다.
④ 인화성, 발화성 물질과 함께 저장하지 않아야 한다.

해설
적린은 황린에 비해 안정적이고, 상온에서 자연발화하지 않는다.

37 적린이 연소하였을 때 발생하는 물질은?

① 인화수소   ② 포스겐
③ 오산화인   ④ 이산화황

해설
적린은 연소하여 오산화인을 발생한다. $4P + 5O_2 \rightarrow 2P_2O_5$

38 적린의 특성으로 옳지 않은 것은?

① 붉은색을 띤다.
② 지정수량이 100kg이다.
③ 황린보다 발화점이 높다.
④ 황린보다 위험성이 크다.

해설
황린(제3류 위험물)이 적린보다 위험성이 크다.

39 황의 성질에 대한 설명 중 틀린 것은?

① 물에 녹지 않으나 이황화탄소에 녹는다.
② 공기 중에서 연소하여 아황산가스를 발생한다.
③ 전도성 물질이므로 정전기 발생에 유의하여야 한다.
④ 분진폭발의 위험성에 주의하여야 한다.

해설
황은 전도성 물질이 아니다.

40 다음 중 황 분말과 혼합했을 때 가열 또는 충격에 의해서 폭발할 위험이 가장 높은 것은?

① 질산암모늄　　　② 물
③ 이산화탄소　　　④ 마른 모래

해설

질산암모늄이 산소공급원 역할을 하여 황 분말(가연물)과 혼합 시 폭발할 위험이 높다.

41 황의 성상에 관한 설명으로 틀린 것은?

① 연소할 때 발생하는 가스는 냄새를 갖고 있으나 인체에 무해하다.
② 미분이 공기 중에 떠 있을 때 분진폭발의 우려가 있다.
③ 용융된 황을 물에서 급랭하면 고무상황을 얻을 수 있다.
④ 연소할 때 아황산가스를 발생한다.

해설

황이 연소할 때 발생하는 가스는 이산화황이며, 자극성 냄새를 가지고 인체에 유해하다.
$S + O_2 \rightarrow SO_2$

42 황의 특성 및 위험성에 대한 설명 중 틀린 것은?

① 산화성 물질이므로 환원성 물질과 접촉을 피해야 한다.
② 전기의 부도체이므로 전기절연체로 쓰인다.
③ 공기 중 연소 시 유해가스를 발생한다.
④ 분말상태인 경우 분진폭발의 위험성이 있다.

해설

황은 가연성 물질이므로 산화성 물질과 접촉을 피해야 한다.

43 황가루가 공기 중에 떠 있을 때의 주된 위험성에 해당하는 것은?

① 수증기 발생　　　② 전기감전
③ 분진폭발　　　④ 인화성 가스 발생

해설

황은 제2류 위험물(가연성 고체)이다. 가연성 고체의 가루(가연성 분진)가 공기 중에 떠 있으면 분진폭발을 일으킬 수 있는 위험성을 가진다.

44 적린과 유황의 공통되는 일반적 성질이 아닌 것은?

① 비중이 1보다 크다.　② 연소하기 쉽다.
③ 산화되기 쉽다.　　　④ 물에 잘 녹는다.

해설

적린과 유황은 비수용성 물질이다.

45 제2류 위험물에 대한 설명 중 틀린 것은?

① 유황은 물에 녹지 않는다.
② 오황화린은 CS_2에 녹는다.
③ 삼황화린은 가연성 물질이다.
④ 칠황화린은 더운물에 분해되어 이산화황을 발생한다.

해설

칠황화린은 냉수에서는 서서히 분해되고, 온수에서는 급격히 분해하여 황화수소(H_2S)와 인산(H_3PO_4)을 발생시킨다.

46 다음 알루미늄분의 위험성에 대한 설명 중 틀린 것은?

① 할로겐원소와 접촉 시 자연발화의 위험이 있다.
② 산과 반응하여 가연성 가스인 수소를 발생한다.
③ 발화하면 다량의 열이 발생한다.
④ 뜨거운 물과 격렬히 반응하여 산화알루미늄을 발생한다.

해설

알루미늄분은 뜨거운 물과 격렬히 반응하여 수산화알루미늄과 수소가스를 발생한다.
$2Al + 6H_2O \rightarrow 2Al(OH)_3 + 3H_2$

47 알루미늄분의 성질에 대한 설명으로 옳은 것은?

① 금속 중에서 연소열량이 가장 작다.
② 끓는 물과 반응해서 수소를 발생한다.
③ 안전한 저장을 위해 할로겐 원소와 혼합한다.
④ 수산화나트륨 수용액과 반응해서 산소를 발생한다.

해설
알루미늄분은 뜨거운 물과 격렬히 반응하여 수산화알루미늄과 수소가스를 발생한다.
$$2Al + 6H_2O \rightarrow 2Al(OH)_3 + 3H_2$$

48 알루미늄분말 화재 시 주수하면 안 되는 가장 큰 이유는?

① 수소가 발생하여 연소가 확대되기 때문에
② 유독가스가 발생하여 연소가 확대되기 때문에
③ 산소의 발생으로 연소가 확대되기 때문에
④ 분말의 독성이 강하기 때문에

해설
알루미늄은 물과 반응하여 수산화알루미늄과 수소가스를 발생한다.

49 위험물의 저장 및 취급방법에 대한 설명으로 틀린 것은?

① 적린은 화기와 멀리하고 가열, 충격이 가해지지 않도록 한다.
② 이황화탄소는 발화점이 낮으므로 물속에 저장한다.
③ 마그네슘은 산화제와 혼합되지 않도록 취급한다.
④ 알루미늄분은 분진폭발의 위험이 있으므로 분무 주수하여 저장한다.

해설
알루미늄분은 분진폭발의 위험이 있으므로 밀폐 용기에 넣어 건조한 곳에 보관한다.

50 알루미늄분이 염산과 반응하였을 경우 주로 생성되는 가연성 가스는?

① 산소   ② 질소
③ 염소   ④ 수소

해설
$$2Al + 6HCl \rightarrow 2AlCl_3 + 3H_2$$

51 알루미늄 분말의 저장 방법 중 옳은 것은?

① 에틸알코올 수용액에 넣어 보관한다.
② 밀폐용기에 넣어 건조한 곳에 보관한다.
③ 폴리에틸렌병에 넣어 수분이 많은 곳에 보관한다.
④ 염산 수용액에 넣어 보관한다.

해설
알루미늄 분말은 밀폐용기에 넣어 건조한 곳에 보관한다.

52 다음 중 분진폭발의 위험이 없는 물질은?

① 알루미늄 분말   ② 철 분말
③ 황 분말   ④ 석회 분말

해설
금속분말(알루미늄, 철), 황 등은 분진폭발을 일으킨다.
분진폭발을 일으키지 않는 물질은 시멘트가루, 석회석 가루(생석회), 대리석 가루, 탄산칼슘, 가성소다 등이 있다.

53 위험물의 소화방법으로 적합하지 않은 것은?

① 적린은 다량의 물로 소화한다.
② 황화린의 소규모 화재 시에는 모래로 질식소화한다.
③ 알루미늄분은 다량의 물로 소화한다.
④ 황의 소규모 화재에는 모래로 질식소화한다.

해설
알루미늄분은 물과 반응하여 수소(가연성 가스)를 발생하기 때문에 화재 시 주수해서는 안 된다.

54 금속분의 연소 시 주수소화하면 위험한 원인으로 옳은 것은?

① 물과 작용하여 산소가스를 발생하기 때문에
② 물과 작용하여 수소가스를 발생하기 때문에
③ 물과 작용하여 질소가스를 발생하기 때문에
④ 물과 작용하여 유독가스를 발생하기 때문에

해설

금속분은 주수소화 시 물과 반응하여 수소를 발생하며, 수소 발생에 의해 화재면이 확대되고 폭발의 위험이 있어 주수소화하면 위험하다.

55 금속은 덩어리상태보다 분말상태일 때 연소 위험성이 증가하기 때문에 금속분을 제2류 위험물로 분류하고 있다. 연소위험성이 증가하는 이유로 잘못된 것은?

① 비표면적이 증가하여 반응면적이 증대되기 때문에
② 비열이 증가하여 열축적이 용이하기 때문에
③ 복사열의 흡수율이 증가하여 열의 축적이 용이하기 때문에
④ 대전성이 증가하여 정전기가 발생되기 쉽기 때문에

해설

비열은 물질 1g의 온도 1℃ 올리는 데 필요한 열량으로 비열이 증가하면 온도를 올리는 데 많은 에너지가 필요하기 때문에 열축적이 더 어려워지고 연소위험성은 낮아진다.

56 제2류 위험물인 마그네슘의 위험성에 관한 설명 중 틀린 것은?

① 더운 물과 작용시키면 산소가스를 발생한다.
② 이산화탄소 중에서도 연소한다.
③ 습기와 반응하여 열이 축적되면 자연발화의 위험이 있다.
④ 공기 중에 부유하면 분진폭발의 위험이 있다.

해설

마그네슘은 제2류 위험물로 물과 반응하여 수소가스를 발생한다.

57 마그네슘이 염산과 반응할 때 발생하는 기체는?

① 수소
② 산소
③ 이산화탄소
④ 염소

해설

마그네슘이 염산과 반응하여 수소기체를 발생한다.
$Mg + 2HCl \rightarrow MgCl_2 + H_2$

58 화재 시 물을 이용한 냉각소화를 할 경우 오히려 위험성이 증가하는 물질은?

① 질산에틸
② 마그네슘
③ 적린
④ 황

해설

마그네슘은 물과 반응하여 수소(가연성 가스)를 발생하기 때문에 화재 시 주수해서는 안 된다.

59 위험물에 대한 설명으로 틀린 것은?

① 적린은 연소하면 유독성 물질이 발생한다.
② 마그네슘은 연소하면 가연성의 수소가스가 발생한다.
③ 황은 분진폭발의 위험이 있다.
④ 황화린에는 P_4S_3, P_2S_5, P_4S_7 등이 있다.

해설

마그네슘은 연소하면 산화마그네슘이 발생한다.
$2Mg + O_2 \rightarrow 2MgO$

60 제2류 위험물인 마그네슘에 대한 설명으로 옳지 않은 것은?

① 2mm의 체를 통과한 것만 위험물에 해당된다.
② 화재 시 이산화탄소 소화약제로 소화가 가능하다.
③ 가연성 고체로 산소와 반응하여 산화반응을 한다.
④ 주수소화를 하면 가연성의 수소가스가 발생한다.

해설

마그네슘 화재 시 적응성이 있는 소화약제로는 분말, 건조사, 팽창질석 또는 팽창진주암이 있다.

제3류 위험물(자연발화성 물질 및 금수성 물질)

1. 품명, 지정수량, 위험등급(「위험물안전관리법 시행령」 [별표 1])

품명		지정수량	위험등급
1. 칼륨		10kg	I
2. 나트륨			
3. 알킬알루미늄			
4. 알킬리튬			
5. 황린		20kg	
6. 알칼리금속 및 알칼리토금속(칼륨 및 나트륨을 제외)		50kg	II
7. 유기금속화합물(알킬알루미늄 및 알킬리튬을 제외)			
8. 금속의 수소화물		300kg	III
9. 금속의 인화물			
10. 칼슘 또는 알루미늄의 탄화물			
11. 그 밖의 행정안전부령으로 정하는 것	염소화규소화합물	10kg, 20kg, 50kg 또는 300kg	I, II, III
12. 제1호 내지 제11호의 1에 해당하는 어느 하나 이상을 함유한 것			

2. 제3류 위험물의 성질

(1) 성질

① 대부분 무기화합물이며 고체이고 일부는 액체이다.

② 황린을 제외하고 금수성 물질이다.

③ 지정수량 10kg의 위험물(칼륨, 나트륨, 알킬알루미늄, 알킬리튬)은 물보다 가볍고 나머지는 물보다 무겁다.

④ 알킬알루미늄, 알킬리튬, 유기금속화합물은 유기화합물이다.

(2) 위험성

① 황린을 제외한 금수성 물질은 물과 반응하여 가연성 가스[H_2(수소), C_2H_2(아세틸렌), PH_3(포스핀)]를 발생한다.

② 자연발화성 물질은 물 또는 공기와 접촉하면 폭발적으로 연소하여 가연성 가스를 발생한다.

③ 일부는 물과 접촉에 의해 발화한다.

④ 가열 또는 강산화성 물질, 강산류와 접촉에 의해 위험성이 증가한다.

(3) 저장 · 취급방법

① 저장용기는 공기, 수분과의 접촉을 피해야 한다.

② 칼륨, 나트륨, 알칼리금속 : 산소가 포함되지 않은 석유류(등유, 경유, 유동파라핀)에 표면이 노출되지 않도록 저장한다.

③ 가연성 가스가 발생하는 자연발화성 물질은 불티, 불꽃, 고온체와 접근을 피한다.

④ 화재 시 소화가 어려우므로 희석제를 혼합하거나 소량으로 분리하여 저장한다.

⑤ 자연발화를 방지한다(통풍, 저장실 온도 낮도록, 습도 낮도록, 정촉매 접촉 금지).

(4) 소화방법

① 물에 의한 주수소화는 절대로 금지한다(단, 황린은 주수소화 가능).

② 소화약제 : 마른 모래, 팽창질석, 팽창진주암, 탄산수소염류 분말약제

3. 제3류 위험물의 종류별 특성

(1) 칼륨(지정수량 : 10kg)

종류	특징	
칼륨 (K)	• 은백색 광택의 무른 경금속 • 불꽃색 : 보라색 • 산소, 수분과의 접촉방지를 위해 보호액(등유, 경유, 유동파라핀 등)에 노출되지 않도록 저장 • 이산화탄소와 반응하므로, 이산화탄소 소화약제 사용 불가	
	반응식	• 물 : $2K + 2H_2O \rightarrow 2KOH + H_2$ • 에탄올 : $2K + 2C_2H_5OH \rightarrow 2C_2H_5OK + H_2$ • 이산화탄소 : $4K + 3CO_2 \rightarrow 2K_2CO_3 + C$ • 연소 : $4K + O_2 \rightarrow 2K_2O$

(2) 나트륨(지정수량 : 10kg)

종류	특징	
나트륨 (Na)	• 은백색 광택의 무른 경금속 • 불꽃색 : 노란색 • 산소, 수분과의 접촉방지를 위해 보호액(등유, 경유, 유동파라핀 등)에 노출되지 않도록 저장 • 화재 시 이산화탄소 소화약제 사용 금지(반응하여 C(탄소)를 생성하여 화재를 더 키움)	
	반응식	• 물 : $2Na + 2H_2O \rightarrow 2NaOH + H_2$ • 에탄올 : $2Na + 2C_2H_5OH \rightarrow 2C_2H_5ONa + H_2$ • 연소 : $4Na + O_2 \rightarrow 2Na_2O$(산화나트륨, 회백색)

(3) 알킬알루미늄(지정수량 : 10kg)

종류	특징	
알킬알루미늄 (R₃Al) ※ R : 알킬기	• 알킬기(C_nH_{2n+1})와 알루미늄(Al)의 화합물 • 탄소수가 1~4개인 알킬알루미늄은 공기, 물과 접촉 시 자연발화 위험 • 불연성가스(질소 능)를 봉입하고, 벤젠이나 헥산 등의 안정제를 첨가하여 저장	
	반응식	• 트리메틸알루미늄 + 물 : $(CH_3)_3Al + 3H_2O \rightarrow Al(OH)_3 + 3CH_4$ • 트리에틸알루미늄 + 물 : $(C_2H_5)_3Al + 3H_2O \rightarrow Al(OH)_3 + 3C_2H_6$ • 트리프로필알루미늄 + 물 : $(C_3H_7)_3Al + 3H_2O \rightarrow Al(OH)_3 + 3C_3H_8$ • 트리부틸알루미늄 + 물 : $(C_4H_9)_3Al + 3H_2O \rightarrow Al(OH)_3 + 3C_4H_{10}$

(4) 알킬리튬(지정수량 : 10kg)

종류	특징	
알킬리튬 (LiR)	• 가연성 액체 • 알킬기와 리튬의 화합물 • 이산화탄소와 격렬히 반응(이산화탄소 소화약제 사용 안함)	
	반응식	메틸리튬 + 물 : $CH_3Li + H_2O \rightarrow LiOH + CH_4$

(5) 황린(지정수량 : 20kg)

종류	특징	
황린(P₄) (백린)	• 담황색의 고체(순수한 것은 백색 고체) • 마늘과 비슷한 냄새 • 발화점(착화점) : 34℃ • 이황화탄소, 삼염화린, 염화황에 잘 녹음 • 상온에서 증기 발생(증기 : 공기보다 무겁고, 맹독성) • 공기 중에서 자연발화 • 물에 녹지 않아 물속(pH 9)에 저장 • 적린과 동소체(적린보다 불안정) • 공기를 차단한 채 가열(260℃) 시 적린(P)으로 변함 • 알칼리용액과 반응 시 포스핀(PH_3, 가연성·맹독성)가스 발생	
	반응식	• 알칼리용액 : $P_4 + 3KOH + 3H_2O \rightarrow 3KH_2PO_2 + PH_3$ • 연소 : $P_4 + 5O_2 \rightarrow 2P_2O_5$

(6) 알칼리금속 및 알칼리토금속(지정수량 : 50kg)

종류	특징	
리튬 (Li)	• 알칼리금속(1족 : Li, Rb, Cs) • 은백색 연한 금속 • 불꽃색 : 빨간색 • 2차 전지의 주 원료	
	반응식	물 : $2Li + 2H_2O \rightarrow 2LiOH + H_2$
칼슘 (Ca)	• 알칼리토금속(2족 : Ca, Be) • 은백색 연한 금속	
	반응식	물 : $Ca + 2H_2O \rightarrow Ca(OH)_2 + H_2$

(7) 유기금속화합물(지정수량 : 50kg)

종류	특징
유기금속화합물	• 알킬알루미늄, 알킬리튬을 제외한 유기금속화합물

(8) 금속의 수소화물(지정수량 : 300kg)

종류	특징	
금속의 수소화물	• 용기에 불활성기체(아르곤 등)를 봉입하여 저장 • 물과 반응하여 수소가스 발생	
	반응식	• 수소화칼륨+물 : $KH + H_2O \rightarrow KOH + H_2$ • 수소화나트륨+물 : $NaH + H_2O \rightarrow NaOH + H_2$ • 수소화리튬+물 : $LiH + H_2O \rightarrow LiOH + H_2$ • 수소화칼슘+물 : $CaH_2 + 2H_2O \rightarrow Ca(OH)_2 + 2H_2$

(9) 금속의 인화물(지정수량 : 300kg)

종류	특징	
인화칼슘 (Ca_3P_2)	• 적갈색 괴상고체(덩어리) • 유독성 • 알코올, 에테르에 녹지 않음 • 물, 산과 반응하여 포스핀가스(유독성) 발생	
	반응식	• 물 : $Ca_3P_2 + 6H_2O \rightarrow 3Ca(OH)_2 + 2PH_3$ • 염산 : $Ca_3P_2 + 6HCl \rightarrow 3CaCl_2 + 2PH_3$
인화알루미늄 (AlP)	• 물과 반응하여 포스핀가스 발생	
	반응식	물 : $AlP + 3H_2O \rightarrow Al(OH)_3 + PH_3$
인화아연 (Zn_3P_2)	• 암회색 물질 • 살충제 원료 • 물과 반응하여 포스핀가스 발생	
	반응식	물 : $Zn_3P_2 + 6H_2O \rightarrow 3Zn(OH)_2 + 2PH_3$

(10) 칼슘 탄화물 또는 알루미늄 탄화물(지정수량 : 300kg)

종류	특징	
탄화칼슘 (CaC_2, 카바이드)	• 백색 고체(시판품 : 흑회색 불규칙한 형태의 고체) • 상온에 장기간 보관시 불연성가스(질소 등)를 채워 보관 • 물과 반응하여 아세틸렌(C_2H_2) 발생 **참고** - 아세틸렌(C_2H_2) • 금속(Cu, Ag 등)과 반응하여 폭발성 물질(M_2C_2, 금속아세틸라이드) 생성하여 위험 • 연소범위 : 2.5~81% • 고온에서 질소와 반응하여 석회질소(칼슘시안아미드) 발생	
	반응식	물 : $CaC_2 + 2H_2O \rightarrow Ca(OH)_2 + C_2H_2$

탄화알루미늄 (Al_4C_3)	• 황색 결정 또는 분말 • 물과 반응하여 메탄(CH_4) 발생	
	반응식	물 : $Al_4C_3 + 12H_2O \rightarrow 4Al(OH)_3 + 3CH_4$
탄화망간 (Mn_3C)	• 물과 반응하여 메탄(CH_4)과 수소(H_2) 발생	
	반응식	물 : $Mn_3C + 6H_2O \rightarrow 3Mn(OH)_2 + CH_4 + H_2$

적중 핵심예상문제

01 위험물안전관리법령에서 제3류 위험물에 해당하지 않는 것은?

① 알칼리금속   ② 칼륨
③ 황화린   ④ 황린

해설
황화린은 제2류 위험물이다.

02 제3류 위험물에 해당하는 것은?

① 유황   ② 적린
③ 황린   ④ 삼황화린

해설
유황, 적린, 삼황화린은 제2류 위험물이다.

03 다음 중 제3류 위험물에 해당하는 것은?

① NaH   ② Al
③ Mg   ④ P_4S_3

해설
Al, Mg, P_4S_3는 제2류 위험물이다.

04 위험물안전관리법령상 염소화규소화합물은 제몇 류 위험물에 해당하는가?

① 제1류   ② 제2류
③ 제3류   ④ 제5류

해설
염소화규소화합물은 제3류 위험물이 그 밖에 행정안전부령으로 정하는 것에 해당된다.

05 위험물안전관리법령에 의한 위험물에 속하지 않는 것은?

① CaC_2 ② S
③ P_2O_5 ④ K

해설
오산화인은 위험물에 속하지 않는다.
① CaC_2 : 탄화칼슘(제3류 위험물)
② S : 황(제2류 위험물)
④ K : 칼륨(제3류 위험물)

06 다음 중 위험물안전관리법령상 제3류 위험물에 해당하는 것은?

① 과요오드산   ② 퍼옥소붕산염류
③ 염소화규소화합물   ④ 아질산염류

해설
①, ②, ④ : 제1류 위험물(행정안전부령으로 정하는 것)

07 위험물의 품명과 지정수량이 잘못 짝지어진 것은?

① 황화린 - 100kg
② 마그네슘 - 500kg
③ 알킬알루미늄 - 10kg
④ 황린 - 10kg

해설
황린의 지정수량은 20kg이다.

08 다음 중 지정수량이 가장 큰 것은?

① 과염소산칼륨　　② 인화칼슘

③ 황린　　　　　　④ 황

해설

위험물의 지정수량

① 과염소산칼륨 : 50kg

② 인화칼슘 : 300kg

③ 황린 : 20kg

④ 황 : 100kg

09 다음 중 위험물안전관리법령에 따른 지정수량이 나머지 셋과 다른 하나는?

① 황린　　　　　　② 칼륨

③ 나트륨　　　　　④ 알킬리튬

해설

황린의 지정수량은 20kg, 나머지는 10kg이다.

10 다음 중 지정수량이 나머지 셋과 다른 물질은?

① 황화린　　　　　② 적린

③ 칼슘　　　　　　④ 유황

해설

• 황화린, 적린, 유황 : 100kg

• 칼슘 : 50kg

11 Ca_3P_2 600kg을 저장하려 한다. 지정수량의 배수는 얼마인가?

① 2　　　　　　　② 3

③ 4　　　　　　　④ 5

해설

인화칼슘(Ca_3P_2) 지정수량은 300kg이다.

지정수량의 배수 = 위험물 저장수량/위험물 지정수량

= 600/300 = 2

12 지정수량이 나머지 셋과 다른 하나는?

① 칼슘　　　　　　② 리튬

③ 인화아연　　　　④ 바륨

해설

위험물의 지정수량

① 칼슘 : 50kg

② 리튬 : 50kg

③ 인화아연 : 300kg

④ 바륨 : 50kg

13 위험물안전관리법령상 지정수량이 다른 하나는?

① 인화칼슘　　　　② 루비듐

③ 칼슘　　　　　　④ 차아염소산칼륨

해설

인화칼슘의 지정수량은 300kg, 나머지는 50kg이다.

14 지정수량이 50kg이 아닌 위험물은?

① 염소산나트륨　　② 리튬

③ 과산화나트륨　　④ 나트륨

해설

나트륨의 지정수량은 10kg이다.

15 위험물의 지정수량이 나머지 셋과 다른 하나는?

① 메틸리튬　　　　② 수소화칼슘

③ 인화알루미늄　　④ 탄화칼슘

해설

메틸리튬의 지정수량은 10kg, 나머지는 300kg이다.

16 위험물의 지정수량이 잘못된 것은?

① $(C_2H_5)_3Al$: 10kg　　② Ca : 50kg

③ LiH : 300kg　　　　④ Al_4C_3 : 500kg

해설

알루미늄의 탄화물로 지정수량은 300kg이다.

정답　**08** ②　**09** ①　**10** ③　**11** ①　**12** ③　**13** ①　**14** ④　**15** ①　**16** ④

17 다음과 같이 제3류 위험물을 저장하고 있는 경우 지정수량의 몇 배인가?

- 칼륨 : 20kg
- 황린 : 40kg
- 칼슘탄화물 : 300kg

① 4
② 5
③ 6
④ 7

해설
- 칼륨 지정수량 : 10kg
- 황린 지정수량 : 20kg
- 칼슘탄화물 지정수량 : 300kg
- 지정수량의 배수 = 위험물 저장수량/위험물 지정수량
- 지정수량 배수의 합 = 20/10 + 40/20 + 300/300 = 5

18 다음의 위험물을 위험등급 I, 위험등급 II, 위험등급 III의 순서로 옳게 나열한 것은?

황린, 인화칼슘, 리튬

① 황린, 인화칼슘, 리튬
② 황린, 리튬, 인화칼슘
③ 인화칼슘, 황린, 리튬
④ 인화칼슘, 리튬, 황린

해설
- 위험등급 I : 황린
- 위험등급 II : 리튬
- 위험등급 III : 인화칼슘

19 다음의 위험물을 위험등급 I, 위험등급 II, 위험등급 III의 순서로 옳게 나열한 것은?

칼륨, 인화칼슘, 리튬

① 칼륨, 인화칼슘, 리튬
② 칼륨, 리튬, 인화칼슘
③ 인화칼슘, 칼륨, 리튬
④ 인화칼슘, 리튬, 칼륨

해설
- 칼륨 : 위험등급 I
- 인화칼슘 : 위험등급 III
- 리튬 : 위험등급 II

20 위험물의 자연발화를 방지하는 방법으로 가장 거리가 먼 것은?

① 통풍을 잘 시킬 것
② 저장실의 온도를 낮출 것
③ 습도가 높은 곳에 저장할 것
④ 정촉매 작용을 하는 물질과의 접촉을 피할 것

해설
자연발화를 발지하기 위해서는 미생물이 활동하기 어렵도록 습도를 낮추어야 한다.

21 위험물안전관리법령에 따른 제3류 위험물에 대한 화재예방 또는 소화대책으로 틀린 것은?

① 이산화탄소, 할로겐화합물, 분말 소화약제를 사용하여 소화한다.
② 칼륨은 석유, 등유의 보호액 속에 저장한다.
③ 알킬알루미늄은 헥산, 톨루엔 등 탄화수소용제를 희석제로 사용한다.
④ 알킬알루미늄, 알킬리튬을 저장하는 탱크에는 불활성 가스의 봉입장치를 설치한다.

해설
제3류 위험물 중 금수성 물질에 대해 이산화탄소, 할로겐화합물 소화약제는 효과가 없고 탄산수소염류 분말, 건조사, 팽창질석, 팽창진주암이 효과가 있다.

22 제3류 위험물에 대한 성질로 옳지 않은 것은?

① 주수소화는 금지한다.
② 모두 무기화합물이다.
③ 상온에서 고체 또는 액체이다.
④ 대부분 물과 반응하여 가연성 가스를 발생한다.

해설
대부분 무기물, 무기화합물이지만 유기화합물도 존재한다.

정답 17 ② 18 ② 19 ② 20 ③ 21 ① 22 ②

23 비중은 0.86이고 은백색의 무른 경금속으로 보라색 불꽃을 내면서 연소하는 제3류의 위험물은?

① 칼슘   ② 나트륨
③ 칼륨   ④ 리튬

해설
칼륨에 대한 설명이다.

24 금속칼륨의 보호액으로서 적당하지 않은 것은?

① 등유   ② 유동파라핀
③ 경유   ④ 에틸알코올

해설
금속나트륨, 금속칼륨 등은 공기와 접촉하면 산화하여 표면에 Na_2O, $NaOH$, Na_2CO_3와 같은 물질로 피복되므로 보호액(등유, 경유, 유동파라핀 등)에 저장한다.

25 칼륨의 저장 시 사용하는 보호물질로 가장 적합한 것은?

① 에탄올   ② 사염화탄소
③ 등유   ④ 이산화탄소

해설
칼륨의 보호액으로 등유, 경유, 유동파라핀 등을 사용한다.

26 제3류 위험물인 칼륨의 성질이 아닌 것은?

① 물과 반응하여 수산화물과 수소를 만든다.
② 원자가 전자가 2개로 쉽게 2가의 양이온이 되어 반응한다.
③ 원자량은 약 39이다.
④ 은백색 광택을 가지는 연하고 가벼운 고체로 칼로 쉽게 잘라진다.

해설
원자가 전자가 1개로 쉽게 1가의 양이온이 되어 반응한다.

27 칼륨이 에탄올과 반응할 때 나타나는 현상은?

① 산소가스를 생성한다.
② 칼륨에틸레이트를 생성한다.
③ 칼륨과 물이 반응할 때와 동일한 생성물이 나온다.
④ 에닐알코올이 산화되어 아세트알데히드를 생성한다.

해설
칼륨이 에탄올과 반응하면 칼륨에틸레이트와 수소가 발생한다.
$2K + 2C_2H_5OH \rightarrow 2C_2H_5OK + H_2$

28 금속나트륨의 올바른 취급으로 가장 거리가 먼 것은?

① 보호액 속에서 노출되지 않도록 저장한다.
② 수분 또는 습기와 접촉되지 않도록 주의한다.
③ 용기에서 꺼낼 때는 손을 깨끗이 닦고 만져야 한다.
④ 다량 연소하면 소화가 어려우므로 가급적 소량으로 나누어 저장한다.

해설
금속나트륨은 피부와 접촉 시 화상의 위험이 있다.

29 금속나트륨에 대한 설명으로 옳지 않은 것은?

① 물과 격렬히 반응하여 발열하고 수소가스를 발생한다.
② 에틸알코올과 반응하여 나트륨에틸라이트와 수소가스를 발생한다.
③ 할로겐화합물 소화약제는 사용할 수 없다.
④ 은백색의 광택이 있는 중금속이다.

해설
금속나트륨은 은백색의 광택이 있는 경금속이다.

30 위험물의 화재 시 주수소화가 가능한 것은?

① 철분   ② 마그네슘
③ 나트륨   ④ 황

해설
제2류 위험물 중 철분, 금속분, 마그네슘, 제3류 위험물 중 금수성 물질은 주수소화 하지 않는다.

정답   23 ③   24 ④   25 ③   26 ②   27 ②   28 ③   29 ④   30 ④

31 금속나트륨 취급을 잘못하여 표면이 회백색으로 변했다. 이 물질의 분자식으로 옳은 것은?

① NaCl
② NaOH
③ Na_2O
④ $NaNO_3$

해설
금속나트륨은 공기 중 산소와 반응하여 산화나트륨(회백색)이 된다.
$4Na + O_2 \rightarrow 2Na_2O$

32 제3류 위험물 중 은백색 광택이 있고 노란색 불꽃을 내며 연소하며 비중이 약 0.97, 융점이 약 97.7℃인 물질의 지정수량은 몇 kg인가?

① 10
② 20
③ 50
④ 300

해설
나트륨(Na)에 대한 설명으로 나트륨의 지정수량은 10kg이다.

33 금속나트륨, 금속칼륨 등을 보호액 속에 저장하는 이유를 가장 올바르게 설명한 것은?

① 온도를 낮추기 위하여
② 승화하는 것을 막기 위하여
③ 공기와의 접촉을 막기 위하여
④ 운반 시 충격을 적게 하기 위하여

해설
금속나트륨, 금속칼륨 등은 공기와 접촉하면 산화하여 표면에 Na_2O, $NaOH$, Na_2CO_3와 같은 물질로 피복되므로 보호액에 저장한다.

34 금속나트륨과 금속칼륨의 공통적인 성질에 대한 설명으로 옳은 것은?

① 불연성 고체이다.
② 물과 반응해서 산소를 발생한다.
③ 은백색의 매우 단단한 금속이다.
④ 물보다 가벼운 금속이다.

해설
① K, Na 모두 가연성이다.
② K, Na 모두 물과 반응해서 수소를 발생한다.
③ K, Na 모두 은백색의 무른 금속이다.

35 나트륨에 관한 설명으로 옳은 것은?

① 물보다 무겁다.
② 융점이 100℃보다 높다.
③ 물과 격렬히 반응하여 산소를 발생시키고 발열한다.
④ 등유는 반응이 일어나지 않아 저장에 사용된다.

해설
① 물보다 가볍다.
② 융점이 97.8℃이다.
③ 물과 격렬히 반응하여 수소를 발생시키고 발열한다.

36 Mg, Na의 화재에 이산화탄소 소화기를 사용하였다. 화재현장에서 발생되는 현상은?

① 이산화탄소가 부착면을 만들어 질식소화된다.
② 이산화탄소가 방출되어 냉각소화된다.
③ 이산화탄소가 Mg, Na과 반응하여 화재가 확대된다.
④ 부촉매효과에 의해 소화된다.

해설
Mg, Na가 이산화탄소와 반응하여 C(탄소)를 생성하여 화재를 더 키워 위험해진다.

37 알킬알루미늄을 저장하는 용기에 봉입하는 가스로 다음 중 가장 적합한 것은?

① 포스겐
② 인화수소
③ 질소가스
④ 아황산가스

해설
알킬알루미늄을 저장하는 용기에는 불활성 기체(질소 등)를 봉입한다.

38 $(C_2H_5)_3Al$이 물과 반응할 때 생성되는 물질은?

① CH_4

② C_2H_6

③ C_3H_8

④ C_4H_{10}

해설

트리에틸알루미늄이 물과 반응하면 수산화알루미늄과 에탄이 생성된다.

$(C_2H_5)_3Al + 3H_2O \rightarrow Al(OH)_3 + 3C_2H_6$

39 알킬알루미늄의 저장 및 취급방법으로 옳은 것은?

① 용기는 완전밀봉하고 CH_4, C_3H_8 등을 봉입한다.

② C_6H_6 등의 희석제를 넣어준다.

③ 용기의 마개에 다수의 미세한 구멍을 뚫는다.

④ 통기구가 달린 용기를 사용하여 압력상승을 방지한다.

해설

알킬알루미늄에 불연성 가스를 채우고, 벤젠이나 헥산 같은 희석제를 첨가하여 저장한다.

40 위험물의 저장방법에 관한 설명 중 틀린 것은?

① 알킬알루미늄은 물속에 보관한다.

② 황린은 물속에 보관한다.

③ 금속나트륨은 등유 속에 보관한다.

④ 금속칼륨은 경유 속에 보관한다.

해설

알킬알루미늄에 불연성 가스를 채우고, 벤젠이나 헥산 같은 희석제를 첨가하여 저장한다.

41 메틸리튬과 물의 반응 생성물로 옳은 것은?

① 메테인, 수소화리튬

② 메테인, 수산화리튬

③ 에테인, 수소화리튬

④ 에테인, 수산화리튬

해설

$LiCH_3 + H_2O \rightarrow LiOH + CH_4$

42 제3류 위험물에 속하는 담황색의 고체로서 물속에 보관해야 하는 것은?

① 황린

② 적린

③ 황

④ 니트로글리세린

해설

황린

• 백색 또는 담황색의 고체

• 물과 반응하지 않아 물속에 저장

43 적린과 동소체 관계에 있는 위험물은?

① 오황화인

② 인화알루미늄

③ 인화칼슘

④ 황린

해설

황린과 적린은 동소체(동일한 원소로 이루어져 있으나 성질이 다른 물질로 최종 연소생성물이 같다.)이다.

44 황린에 관한 설명 중 틀린 것은?

① 물에 잘 녹는다.

② 화재 시 물로 냉각소화 할 수 있다.

③ 적린에 비해 불안정하다.

④ 적린과 동소체이다.

해설

황린은 물에 녹지 않는다.

45 황린에 대한 설명으로 옳지 않은 것은?

① 연소하면 악취가 있는 검은색 연기를 낸다.

② 공기 중에서 자연발화 할 수 있다.

③ 수중에 저장하여야 한다.

④ 자체 증기도 유독하다.

해설

황린은 연소하면 백색연기(오산화인)를 낸다.

$P_4 + 5O_2 \rightarrow 2P_2O_5$

46 다음 위험물의 화재 시 물에 의한 소화방법이 가장 부적합한 것은?

① 황린   ② 적린
③ 마그네슘분   ④ 황

해설

마그네슘분은 물과 반응하여 수소를 발생하기 때문에 물에 의한 소화방법은 부적절하다.

$Mg + 2H_2O \rightarrow Mg(OH)_2 + H_2$

47 위험물의 저장 및 취급방법에 대한 설명 중 틀린 것은?

① 황린은 자연발화성이 있으므로 물속에 저장한다.
② 적린은 화기와 멀리하고 가열, 충격이 가해지지 않도록 한다.
③ 알루미늄분은 건조한 공기 중에서 분진폭발의 위험이 있으므로 분무주수하여 저장한다.
④ 마그네슘은 산화제와 혼합되지 않도록 취급한다.

해설

알루미늄 분말은 물과 반응하여 수소를 발생시키므로 물과의 접촉을 피해야 한다.

48 다음 중 황린을 가장 잘 녹이는 액체는 무엇인가?

① 알코올   ② 삼염화린
③ 물   ④ 벤젠

해설

황린은 이황화탄소, 삼염화린, 염화황에 잘 녹고, 벤젠, 알코올에 일부 녹는다.

49 연소생성물로 이산화황이 생성되지 않는 것은?

① 황린   ② 삼황화린
③ 오황화린   ④ 황

해설

① 황린 : $P_4 + 5O_2 \rightarrow 2P_2O_5$
② 삼황화린 : $P_4S_3 + 8O_2 \rightarrow 2P_2O_5 + 3SO_2$
③ 오황화린 : $P_2S_5 + 15O_2 \rightarrow 2P_2O_5 + 10SO_2$
④ 황 : $S + O_2 \rightarrow SO_2$

50 다음에서 설명하는 위험물은?

- 지정수량 : 20kg
- 융점 : 44℃
- 증기비중 : 4.3
- 비중 : 1.82
- 비점 : 280℃

① 적린   ② 마그네슘
③ 유황   ④ 황린

해설

① 적린 : 지정수량 100kg
② 마그네슘 : 지정수량 500kg
③ 유황 : 지정수량 100kg

51 저장용기에 물을 넣어 보관하고, $Ca(OH)_2$을 넣어 pH 9의 약알칼리성으로 유지시키면서 저장하는 물질은?

① 적린   ② 황린
③ 질산   ④ 황화린

해설

황린은 약알칼리성의 물에 넣어 보관한다.

52 적린과 황린의 공통적인 성질로 옳은 것은?

① 연소할 때에는 오산화인의 흰 연기를 낸다.
② 냄새가 없는 적색가루이다.
③ 물, 이황화탄소에 녹는다.
④ 맹독성이다.

해설

- 적린의 연소 : $4P + 5O_2 \rightarrow 2P_2O_5$
- 황린의 연소 : $P_4 + 5O_2 \rightarrow 2P_2O_5$
② 적린은 냄새가 없으나, 황린은 마늘과 비슷한 냄새를 가진다.
③ 황린은 물에 반응하지 않아 물속에 저장한다.
④ 적린은 황린에 비해 독성이 없다.

정답   46 ③   47 ③   48 ②   49 ①   50 ④   51 ②   52 ①

53 담황색의 고체로 물속에 보관하며 치사량이 0.02~0.05g인 제3류 위험물은 무엇인가?

① 칼륨
② 적린
③ 탄화칼슘
④ 황린

해설

황린
- 백색 또는 담황색의 고체이다.
- 물과 반응하지 않아 물속에 보관한다.

54 다음 중 황린의 위험성에 대한 설명으로 틀린 것은?

① 공기 중에서 자연발화의 위험성이 있다.
② 연소 시 발생되는 증기는 유독하다.
③ 화학적 활성이 커서 CO_2, H_2O와 격렬히 반응한다.
④ 강알칼리용액과 반응하여 독성 가스를 발생한다.

해설

황린은 물과 반응하지 않고, 물속에 넣어 저장한다.

55 황린과 적린의 성질에 대한 설명으로 가장 거리가 먼 것은?

① 황린과 적린은 이황화탄소에 녹는다.
② 황린과 적린은 물에 불용이다.
③ 적린은 황린에 비하여 화학적으로 활성이 작다.
④ 황린과 적린을 각각 연소시키면 P_2O_5가 생성된다.

해설

황린은 이황화탄소에 녹고, 적린은 이황화탄소에 녹지 않는다.

56 다음 중 물과의 반응성이 가장 낮은 것은?

① 인화알루미늄
② 트리에틸알루미늄
③ 오황화린
④ 황린

해설

황린은 물과 반응하지 않고, 물속에 넣어 저장한다.

57 수소화칼륨이 물과 반응하였을 때 생성물은 무엇인가?

① 칼륨과 수소
② 수산화칼륨과 수소
③ 칼륨과 산소
④ 수산화칼륨과 산소

해설

수소화칼륨과 물이 반응하면 수산화칼륨과 수소가 발생한다.
$KH + H_2O \rightarrow KOH + H_2$

58 다음 중 위험물의 저장방법에 대한 설명으로 옳은 것은?

① 황화린은 알코올, 과산화물에 저장하여 보관한다.
② 마그네슘은 건조하면 분진폭발의 위험이 있으므로 물에 습윤하여 저장한다.
③ 적린은 화재예방을 위해 할로겐원소와 혼합하여 저장한다.
④ 수소화리튬은 저장용기에 아르곤과 같은 불활성 기체를 봉입한다.

해설

① 황화린은 가연성물질이므로 산화성물질(과산화물)에 저장하면 안 된다.
② 마그네슘은 물과 반응하여 수소를 발생하므로 물에 저장해서는 안 된다.
③ 적린은 할로겐원소와 혼합하면 안 된다.

59 인화칼슘이 물과 반응하였을 때 발생하는 가스에 대한 설명으로 옳은 것은?

① 폭발성인 수소를 발생한다.
② 유독한 인화수소를 발생한다.
③ 조연성인 산소를 발생한다.
④ 가연성인 아세틸렌을 발생한다.

해설

$Ca_3P_2 + 6H_2O \rightarrow 3Ca(OH)_2 + 2PH_3$(인화수소, 포스핀)

60 인화칼슘이 물 또는 염산과 반응하였을 때 공통적으로 생성되는 물질은?

① $CaCl_2$
② $Ca(OH)_2$
③ PH_3
④ H_2

해설
포스핀(PH_3)이 생성된다.
- $Ca_3P_2 + 6H_2O \rightarrow 3Ca(OH)_2 + 2PH_3$
- $Ca_3P_2 + 6HCl \rightarrow 3CaCl_2 + 2PH_3$

61 살충제 원료로 사용되기도 하는 암회색 물질로 물과 반응하여 포스핀 가스를 발생할 위험이 있는 것은?

① 인화아연
② 수소화나트륨
③ 칼륨
④ 나트륨

해설
인화아연은 물과 반응하여 포스핀 가스를 발생한다.
$Zn_3P_2 + 6H_2O \rightarrow 3Zn(OH)_2 + 2PH_3$

62 위험물과 그 보호액 또는 안정제의 연결이 틀린 것은?

① 황린 – 물
② 인화석회 – 물
③ 금속칼륨 – 등유
④ 알킬알루미늄 – 헥산

해설
인화석회(인화칼슘)는 물과 반응하여 포스핀을 발생하므로 물을 보호액으로 사용하는 것은 위험하다.

63 다음 중 제3류 위험물에 대한 설명으로 옳지 않은 것은?

① 황린은 공기 중에 노출되면 자연발화하므로 물속에 저장하여야 한다.
② 나트륨은 물보다 무거우며, 석유 등이 보호액 속에 저장하여야 한다.
③ 트리에틸알루미늄은 상온에서 액체이다.
④ 인화칼슘은 물과 반응하여 유독성의 포스핀을 발생한다.

해설
나트륨은 물보다 가볍고, 석유 등의 보호액 속에 저장하여야 한다.

64 탄화칼슘에 대한 설명으로 틀린 것은?

① 시판품은 흑회색이며, 불규칙한 형태의 고체이다.
② 물과 작용하여 산화칼슘과 아세틸렌을 만든다.
③ 고온에서 질소와 반응하여 칼슘시안아미드(석회질소)가 생성된다.
④ 비중은 약 2.2이다.

해설
물과 작용하여 수산화칼슘(소석회)과 아세틸렌을 만든다.
$CaC_2 + 2H_2O \rightarrow Ca(OH)_2 + C_2H_2$

65 서로 반응할 때 수소가 발생하지 않는 것은?

① 리튬 + 염산
② 탄화칼슘 + 물
③ 수소화칼슘 + 물
④ 루비듐 + 물

해설
① $2Li + 2HCl \rightarrow 2LiCl + H_2$
② $CaC_2 + 2H_2O \rightarrow Ca(OH)_2 + C_2H_2$
③ $CaH_2 + 2H_2O \rightarrow Ca(OH)_2 + 2H_2$
④ $2Rb + 2H_2O \rightarrow 2RbOH + H_2$

66 다음 중 탄화칼슘에 대한 설명으로 옳은 것은?

① 분자식은 CaC이다.
② 물과의 반응생성물에는 수산화칼슘이 있다.
③ 순수한 것은 흑회색의 불규칙한 덩어리이다.
④ 고온에서도 질소와는 반응하지 않는다.

해설
물과의 반응생성물에는 수산화칼슘이 포함된다.
$CaC_2 + 2H_2O \rightarrow Ca(OH)_2 + C_2H_2$
① 분자식은 CaC_2이다.
③ 순수한 것은 백색 결정이고, 시판품은 흑회색의 불규칙한 덩어리이다.
④ 고온에서 질소와 반응하여 석회질소를 생성한다.

정답 | **60** ③ **61** ① **62** ② **63** ② **64** ② **65** ② **66** ②

67 CaC₂의 저장장소로 적합한 곳은?

① 가스가 발생하므로 밀전하지 않고 공기 중에 보관한다.
② HCl 수용액 속에 저장한다.
③ CCl₄ 분위기의 수분이 낮은 상소에 보관한다.
④ 건조하고 환기가 잘되는 장소에 보관한다.

해설

CaC_2(탄화칼슘)은 건조하고 환기가 잘되는 장소에 보관한다.

68 다음 중 상온에서 CaC₂를 장기간 보관할 때 사용하는 물질로 가장 적합한 것은?

① 물 ② 알코올수용액
③ 질소가스 ④ 아세틸렌가스

해설

불연성 가스(질소 등)를 탄화칼슘의 용기 상부에 채워 보관한다.

69 탄화칼슘을 습한 공기 중에 보관하면 위험한 이유로 가장 옳은 것은?

① 아세틸렌과 공기가 혼합된 폭발성 가스가 생성될 수 있으므로
② 에틸렌과 공기 중 질소가 혼합된 폭발성 가스가 생성될 수 있으므로
③ 분진폭발의 위험성이 증가하기 때문에
④ 포스핀과 같은 독성 가스가 발생하기 때문에

해설

탄화칼슘은 물과 작용하여 아세틸렌을 생성하는데, 아세틸렌은 공기와 혼합되어 폭발을 일으킬 수 있으므로 위험하다.

70 탄화알루미늄이 물과 반응하여 폭발의 위험이 있는 것은 어떤 가스가 발생하기 때문인가?

① 수소 ② 메탄
③ 아세틸렌 ④ 암모니아

해설

탄화알루미늄이 물과 반응하면 메탄가스가 발생한다.
$Al_4C_3 + 12H_2O \rightarrow 4Al(OH)_3 + 3CH_4$

71 탄화알루미늄이 물과 반응하여 생기는 현상이 아닌 것은 무엇인가?

① 산소가 발생한다.
② 수산화알루미늄이 생성된다.
③ 열이 발생한다.
④ 메탄 가스가 발생한다.

해설

탄화알루미늄이 물과 반응하면 수산화알루미늄과 메탄가스가 발생하며 열을 낸다. $Al_4C_3 + 12H_2O \rightarrow 4Al(OH)_3 + 3CH_4$

72 탄화알루미늄 1몰을 물과 반응시킬 때 발생하는 가연성 가스의 종류와 양은 무엇인가?

① 에탄, 4몰 ② 에탄, 3몰
③ 메탄, 4몰 ④ 메탄, 3몰

해설

탄화알루미늄 1몰을 물과 반응시키면 3몰의 메탄이 발생한다.
$Al_4C_3 + 12H_2O \rightarrow 4Al(OH)_3 + 3CH_4$

73 물과 작용하여 메탄과 수소를 발생시키는 것은?

① Al_4C_3 ② Mn_3C
③ Na_2C_2 ④ MgC_2

해설

Mn_3C는 물과 작용하여 메탄(CH_4)와 수소(H_2)를 발생한다.
• $Mn_3C + 6H_2O \rightarrow 3Mn(OH)_2 + CH_4 + H_2$
① $Al_4C_3 + 12H_2O \rightarrow 4Al(OH)_3 + 3CH_4$
③ $Na_2C_2 + 2H_2O \rightarrow 2NaOH + C_2H_2$
④ $MgC_2 + 2H_2O \rightarrow Mg(OH)_2 + C_2H_2$

74 위험물과 그 위험물이 물과 반응하여 발생하는 가스를 잘못 연결한 것은?

① 탄화알루미늄 - 메탄 ② 탄화칼슘 - 아세틸렌
③ 인화칼슘 - 에탄 ④ 수소화칼슘 - 수소

해설

인화칼슘은 물과 반응하여 포스핀을 발생한다.
$Ca_3P_2 + 6H_2O \rightarrow 3Ca(OH)_2 + 2PH_3$

정답 67 ④ 68 ③ 69 ① 70 ② 71 ① 72 ④ 73 ② 74 ③

75 물과 반응하여 가연성 가스를 발생하지 않는 것은?

① 나트륨
② 과산화나트륨
③ 탄화알루미늄
④ 트리에틸알루미늄

해설

과산화나트륨은 $2Na_2O_2 + 2H_2O \rightarrow 4NaOH + O_2$이므로 가연성 가스를 발생하지 않는다.

① 나트륨 : $2Na + 2H_2O \rightarrow 2NaOH + H_2$
③ 탄화알루미늄 : $Al_4C_3 + 12H_2O \rightarrow 4Al(OH)_3 + 3CH_4$
④ 트리에틸알루미늄 : $(C_2H_5)_3Al + 3H_2O \rightarrow Al(OH)_3 + 3C_2H_6$

76 물과 반응했을 때 생성물질이 틀린 것은?

① 마그네슘 - 수소
② 인화칼슘 - 포스겐
③ 과산화칼륨 - 산소
④ 탄화칼슘 - 아세틸렌

해설

인화칼슘은 물과 반응했을 때 포스핀(PH_3)을 생성한다.
$Ca_3P_2 + 6H_2O \rightarrow 3Ca(OH)_2 + 2PH_3$
① $Mg + 2H_2O \rightarrow Mg(OH)_2 + H_2$
③ $2K_2O_2 + 2H_2O \rightarrow 4KOH + O_2$
④ $CaC_2 + 2H_2O \rightarrow Ca(OH)_2 + C_2H_2$

77 다음 위험물의 화재 발생 시 주수에 의한 소화가 오히려 더 위험한 것은?

① 염소산칼륨
② 과염소산나트륨
③ 질산암모늄
④ 탄화칼슘

해설

탄화칼슘은 물과 반응하여 아세틸렌가스가 생성되어 폭발 위험성이 더욱 증대된다.
$CaC_2 + 2H_2O \rightarrow Ca(OH)_2 + C_2H_2$

78 물과 반응하여 가연성 가스를 발생하지 않는 것은?

① 칼륨
② 과산화칼륨
③ 탄화알루미늄
④ 트리에틸알루미늄

해설

과산화칼륨은 $2K_2O_2 + 2H_2O \rightarrow 4KOH + O_2$이고, 산소($O_2$)는 조연성 가스이다.

① 칼륨 : $2K + 2H_2O \rightarrow 2KOH + H_2$
③ 탄화알루미늄 : $Al_4C_3 + 12H_2O \rightarrow 4Al(OH)_3 + 3CH_4$
④ 트리에틸알루미늄 : $(C_2H_5)_3Al + 3H_2O \rightarrow Al(OH)_3 + 3C_2H_6$

79 인화칼슘, 탄화알루미늄, 나트륨이 물과 반응하였을 때 발생하는 가스에 해당하지 않는 것은?

① 포스핀 가스
② 수소
③ 이황화탄소
④ 메탄

해설

• $Ca_3P_2 + 6H_2O \rightarrow 3Ca(OH)_2 + 2PH_3$(포스핀)
• $Al_4C_3 + 12H_2O \rightarrow 4Al(OH)_3 + 3CH_4$(메탄)
• $2Na + 2H_2O \rightarrow 2NaOH + H_2$(수소)

80 2가지 물질을 섞었을 때 수소가 발생하는 것은?

① 칼륨과 에틸알코올
② 과산화마그네슘과 염화수소
③ 과산화칼륨과 탄산가스
④ 오황화린과 물

해설

칼륨과 에틸알코올은 $2K + 2C_2H_5OH \rightarrow 2C_2H_5OK + H_2$이므로 수소가 발생한다.
② $MgO_2 + 2HCl \rightarrow MgCl_2 + H_2O_2$
③ $2K_2O_2 + 2CO_2 \rightarrow 2K_2CO_3 + O_2$
④ $P_2S_5 + 8H_2O \rightarrow 5H_2S + 2H_3PO_4$

제4류 위험물(인화성 액체)

1. 품명, 지정수량, 위험등급(「위험물안전관리법 시행령」 [별표 1])

품명		지정수량	위험등급
1. 특수인화물		50L	I
2. 제1석유류	비수용성액체	200L	
	수용성액체	400L	II
3. 알코올류		400L	
4. 제2석유류	비수용성액체	1,000L	
	수용성액체	2,000L	
5. 제3석유류	비수용성액체	2,000L	III
	수용성액체	4,000L	
6. 제4석유류		6,000L	
7. 동식물유류		10,000L	

2. 품명 정의

① 특수인화물 : 이황화탄소, 디에틸에테르 그 밖에 1기압에서 발화점이 섭씨 100도 이하인 것 또는 인화점이 섭씨 영하 20도 이하이고 비점이 섭씨 40도 이하인 것을 말한다.

② 제1석유류 : 아세톤, 휘발유 그 밖에 1기압에서 인화점이 섭씨 21도 미만인 것을 말한다.

③ 알코올류 : 1분자를 구성하는 탄소원자의 수가 1개부터 3개까지인 포화1가 알코올(변성알코올을 포함한다)을 말한다. 다만, 다음 각목의 1에 해당하는 것은 제외한다.

　㉠ 1분자를 구성하는 탄소원자의 수가 1개 내지 3개의 포화1가 알코올의 함유량이 60중량퍼센트 미만인 수용액

　㉡ 가연성액체량이 60중량퍼센트 미만이고 인화점 및 연소점(태그개방식인화점측정기에 의한 연소점을 말한다. 이하 같다)이 에틸알코올 60중량퍼센트 수용액의 인화점 및 연소점을 초과하는 것

④ 제2석유류 : 등유, 경유 그 밖에 1기압에서 인화점이 섭씨 21도 이상 70도 미만인 것을 말한다. 다만, 도료류 그 밖의 물품에 있어서 가연성 액체량이 40중량퍼센트 이하이면서 인화점이 섭씨 40도 이상인 동시에 연소점이 섭씨 60도 이상인 것은 제외한다.

⑤ 제3석유류 : 중유, 클레오소트유 그 밖에 1기압에서 인화점이 섭씨 70도 이상 섭씨 200도 미만인 것을 말한다. 다만, 도료류 그 밖의 물품은 가연성 액체량이 40중량퍼센트 이하인 것은 제외한다.

⑥ 제4석유류 : 기어유, 실린더유 그 밖에 1기압에서 인화점이 섭씨 200도 이상 섭씨 250도 미만의 것을 말한다. 다만 도료류 그 밖의 물품은 가연성 액체량이 40중량퍼센트 이하인 것은 제외한다.

⑦ 동식물유류 : 동물의 지육 등 또는 식물의 종자나 과육으로부터 추출한 것으로서 1기압에서 인화점이 섭씨 250도 미만인 것을 말한다. 다만, 법 제20조 제1항의 규정에 의하여 행정안전부령으로 정하는 용기기준과 수납·저장기준에 따라 수납되어 저장·보관되고 용기의 외부에 물품의 통칭명, 수량 및 화기엄금(화기엄금과 동일한 의미를 갖는 표시를 포함한다)의 표시가 있는 경우를 제외한다.

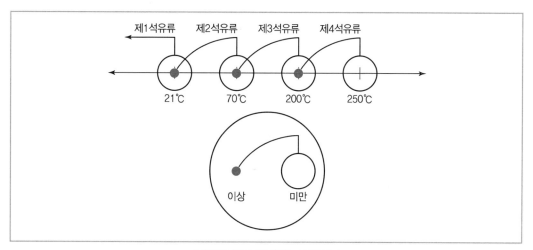

| 인화점 기준 분류(제1~4석유류) |

3. 제4류 위험물의 성질

(1) 성질

① 인화하기 쉽다.

② 대부분 물보다 가볍고 물에 녹지 않는다.

③ 발생된 증기는 공기보다 무겁다.

④ 연소범위의 하한이 낮아서, 공기 중 소량 누설되어도 연소가 가능하다.

(2) 위험성

① 인화위험이 높으므로 화기의 접근을 피해야 한다.

② 증기는 공기와 약간만 혼합되어도 연소한다.

③ 발화점과 연소범위의 하한이 낮다.

④ 전기부도체이므로 정전기가 축적되기 쉬워 정전기 발생에 주의가 필요하다.

(3) 저장 · 취급방법

① 화기 및 점화원으로부터 멀리 저장한다.

② 정전기의 발생에 주의하여 저장 · 취급한다.

③ 증기 및 액체의 누설에 주의하여 밀폐용기에 저장한다.

④ 증기의 축적을 방지하기 위해 통풍이 잘되는 곳에 보관한다.

⑤ 증기는 높은 곳으로 배출한다.

⑥ 인화점 이상 가열하여 취급하지 않는다.

(4) 소화방법

① 봉상 주수소화는 절대 금지한다.

② 포, 불활성 가스(이산화탄소), 할론, 분말 소화약제로 질식소화한다.

③ 물에 의한 분무소화(질식소화)도 효과적이다.

④ 수용성 위험물은 알코올형 포소화약제를 사용한다.

4. 제4류 위험물의 종류별 특성

(1) 특수인화물(지정수량 : 50L)

종류	특징				
디에틸에테르 ($C_2H_5OC_2H_5$) (에테르, 산화에틸)	구조식	$$\begin{array}{ccccccccc} & H & H & & H & H & \\ & | & | & & | & | & \\ H- & C- & C- & O- & C- & C- & H \\ & | & | & & | & | & \\ & H & H & & H & H & \end{array}$$			
	인화점	비점	착화점	증기비중	연소범위
	$-45℃$	$34℃$	$180℃$	2.55	$1.7 \sim 48\%$
	• 무색투명 액체 • 휘발성이 큼 • 알코올에 녹음 • 물에 잘 녹지 않음 • 마취성 증기 • 전기 부도체 • 갈색병에 저장 • 에탄올을 진한황산을 이용하여 축합하여 디에틸에테르 제조 • 장시간 공기와 접촉 시 과산화물(폭발성) 생성				
	반응식	에탄올 축합 : $CH_3 - CH_2 - (OH \quad H) - O - CH_2CH_3$ $\qquad\qquad\qquad\quad CH_3 - CH_2 - O - CH_2CH_3 + H_2O$			

	인화점	비점	착화점	비중	연소범위
	-30℃	46℃	100℃	1.26	1 ~ 50%

이황화탄소 (CS_2)

- 무색투명 액체(불순물이 있을 시 황색)
- 알코올, 에테르, 벤젠에 잘 녹음
- 물에 녹지 않음
- 유독성 증기
- 물속에 저장하여 증기발생 억제(물에 녹지 않고, 비중이 1보다 큼)

 참고 – 물속에 저장하는 위험물
이황화탄소(액체, 4류), 황린(고체, 3류)

- 연소 시 청색 불꽃, 이산화황 발생
- 비스코스(레이온)의 원료

반응식	고온의 물(150℃ 이상) : $CS_2 + 2H_2O \rightarrow CO_2 + 2H_2S$
	연소 : $CS_2 + 3O_2 \rightarrow CO_2 + 2SO_2$

아세트알데히드 (CH_3CHO)

구조식

$$\begin{array}{ccc} H & & O \\ | & & \parallel \\ H-C-&C& \\ | & & \backslash \\ H & & H \end{array}$$

인화점	비점	착화점	비중	연소범위
-38℃	21℃	185℃	0.78	4~60%

- 무색투명 액체
- 자극성
- 물에 잘 녹음(물로 희석소화 가능)
- 비점이 낮아 상온 취급 주의
- 산화되기 쉽고, 산화되어 아세트산(에탄올 → 아세트알데히드 → 아세트산)
- 펠링반응, 은거울반응(은이온이 은으로 환원, 알데히드는 산화)
- 은, 수은, 동(구리), 마그네슘과 접촉 시 아세틸라이드(폭발성)를 생성하므로 취급 주의

산화프로필렌 (CH₃CHCH₂O)

구조식

$$\underset{O}{\triangle}^{CH_3} \quad , \quad CH_2 - CHCH_3 \text{ (with } O \text{ bridge)}$$

인화점	비점	착화점	비중	연소범위
-37℃	34℃	430℃	0.82	2.8~37%

- 무색 액체
- 에테르와 같은 냄새
- 휘발성
- 물, 알코올, 벤젠 등에 잘 녹음
- 은, 수은, 동(구리), 마그네슘과 접촉 시 아세틸라이드(폭발성)를 생성하므로 취급 주의

그 외 : 이소펜탄 : 인화점 -51℃

(2) 제1석유류(지정수량 : 비수용성 200L, 수용성 400L)

① 비수용성

종류	특징			
가솔린 (C_5H_{12}~C_9H_{20}) (휘발유)	**인화전**	**착화점**	**비중**	**연소범위**
	-43~$-20℃$	300℃ 이상	0.65~0.80	1.4~7.6%

가솔린(C_5H_{12}~C_9H_{20})(휘발유) 특징:
- 탄화수소의 혼합물
- 보통휘발유(노란색), 고급휘발유(녹색), 공업용(무색)으로 색깔로 식별
- 인화성 매우 강함(유증기 발생 주의, 화기 주의)
- 전기 부도체(정전기에 의해 폭발 주의)
- 가솔린의 제조 방법 : 직류법, 분해증류법, 접촉개질법
- 증기 누출 시 낮은 곳에 체류(증기 비중이 큼)
- 옥탄가 : 가솔린이 연소할 때 이상폭발을 일으키지 않는 정도를 나타낸 수치

$$옥탄가 = \frac{이소옥탄}{이소옥탄 + 노말헵탄} \times 100$$

벤젠 (C_6H_6)

구조식

인화점	융점	비점	착화점	연소범위
$-11℃$	5.5℃	79℃	498℃	1.4 ~ 8%

- 무색투명 액체
- 유독성(발암성), 휘발성
- 알코올, 에테르에 녹음
- 물에 녹지 않음
- 대부분의 유기용매와 유지, 고무 등을 녹임
- 비전도성 물질(정전기 주의)
- 마취성 · 독성 증기
- BTX 독성 비교 : B>T>X
- 전기 부도체(정전기 발생 주의)

톨루엔 ($C_6H_5CH_3$) (메틸벤젠)

구조식

인화점	비중	비점	연소범위
4℃	0.86	110℃	1.1~7.1%

- 무색투명 액체
- 독특한 향기
- 벤젠에 메틸기가 붙어 있는 형태(벤젠과 특성 비슷)
- 마취성 증기
- TNT(트리니트로톨루엔, 폭약)의 주원료

종류	특징	
메틸에틸케톤 (CH₃COC₂H₅, MEK)	구조식	
	• 무색 액체 • 휘발성 • 인화점 : −7℃ • 알코올, 에테르 등에 녹음 • 피부 접촉 시 탈지작용(지방을 제거하는 작용)	
초산메틸 (CH₃COOCH₃) (아세트산메틸) (메틸아세테이트)	구조식	
	• 무색투명 액체 • 인화점 : −10℃ • 독성, 마취성 • 물, 알코올, 에테르 등에 녹음 • 초산과 메탄올의 축합물(가수분해 시 초산과 메탄올 생성)	
	반응식	가수분해 : CH₃COOCH₃ + H₂O → CH₃COOH + CH₃OH
초산에틸 (CH₃COOC₂H₅) (아세트산에틸) (메틸아세테이트)	구조식	
	• 무색 액체 • 인화점 : −3℃ • 휘발성 • 과일 냄새 • 물, 알코올, 에테르 등에 녹음 • 초산과 에탄올의 축합물	
의산에틸 (HCOOC₂H₅) (포름산에틸) (개미산에틸)	구조식	
	• 알코올, 에테르에 녹음 • 가수분해하면 의산과 에탄올로 분해 • 비수용성(의산메틸은 수용성 : 탄소가 더 있으면 비수용성)	
	반응식	가수분해 : HCOOC₂H₅ + H₂O → HCOOH + C₂H₅OH
그 외	• 노르말헥산(CH₃(CH₂)₄CH₃) : 인화점 −20℃ • 시클로헥산(C₆H₁₂) : 인화점 −18℃	

② 수용성

종류	특징				
아세톤 (CH₃COCH₃) (디메틸케톤)	구조식				

아세톤 구조식:

$$H-\overset{\overset{\displaystyle H}{|}}{\underset{\underset{\displaystyle H}{|}}{C}}-\overset{\overset{\displaystyle O}{\|}}{C}-\overset{\overset{\displaystyle OH}{|}}{\underset{\underset{\displaystyle H}{|}}{C}}-H$$

인화점	착화점	비중	증기비중	연소범위
−18℃	538℃	0.79	2	2.5 ~ 12.8%

아세톤 (CH₃COCH₃) (디메틸케톤)
- 무색 액체
- 휘발성
- 자극성 냄새
- 물, 유기용제에 잘 녹음
- 유기용제로 사용
- 피부 접촉 시 탈지작용(지방을 제거하는 작용)
- 갈색병에 저장(일광을 받아 분해하면 과산화물 생성)
- 요오드포름 반응

피리딘 (C₅H₅N)

구조식:

- 무색 액체
- 인화점 : 20℃
- 약알칼리성
- 물보다 가벼움
- 상온, 수용액 상태에서도 인화 위험(화기 주의)
- 유독성

시안화수소 (HCN) (사이안화수소, 청산)

구조식: $H-C\equiv N$

인화점	증기비중
−17℃	0.93

- 맹독성 기체
- 제4류 위험물 중 유일하게 증기가 공기보다 가벼움

의산메틸 (HCOOCH₃)

구조식:

$$\overset{\overset{\displaystyle O}{\|}}{\underset{\underset{\displaystyle H}{/}\,\,\underset{\displaystyle O}{\diagdown}}{C}}\diagup CH_3$$

- 무색 액체
- 럼주향
- 마취성 · 독성 증기
- 가수분해하면 의산과 메탄올로 분해
- 수용성(의산에틸은 비수용성)

반응식	가수분해 : HCOOCH₃ + H₂O → HCOOH + CH₃OH

그 외	아세토니트릴(CH₃CN) : 인화점 20℃

(3) 알코올류(지정수량 : 400L)

종류	특징		
메틸알코올 (CH_3OH) (메탄올, 목정)	구조식	$$H-\underset{\underset{H}{\vert}}{\overset{\overset{H}{\vert}}{C}}-O-H$$	
	인화점 / **착화점** / **연소범위** 11℃ / 440℃ / 7.3~36% • 무색투명 액체 • 휘발성 • 알코올류 중 연소범위가 가장 넓음 • 유독성(실명, 사망) • 물, 에테르 등에 잘 녹음 • 나트륨과 반응하여 수소 발생 • 산화하여 포름알데히드가 되고, 포름알데히드가 산화하면 포름산(의산)이 됨		
	반응식	• 산화 : $CH_3OH \rightarrow HCHO \rightarrow HCOOH$ • 환원 : $HCOOH \rightarrow HCHO \rightarrow CH_3OH$ • 연소 : $2CH_3OH + 3O_2 \rightarrow 2CO_2 + 4H_2O$	
에틸알코올 (C_2H_5OH) (에탄올, 주정)	구조식	$$H-\underset{\underset{H}{\vert}}{\overset{\overset{H}{\vert}}{C}}-\underset{\underset{H}{\vert}}{\overset{\overset{H}{\vert}}{C}}-O-H$$	
	인화점 / **착화점** / **연소범위** 13℃ / 400℃ / 3.1~27.7% • 무색투명 액체 • 휘발성 • 물, 에테르 등에 잘 녹음 • 메탄올에 비해 독성 작음 • 요오드포름 반응 • 산화하여 아세트알데히드가 되고, 아세트알데히드가 산화하면 아세트산이 됨		
	반응식	• 산화 : $C_2H_5OH \rightarrow CH_3CHO \rightarrow CH_3COOH$ • 환원 : $CH_3COOH \rightarrow CH_3CHO \rightarrow C_2H_5OH$ • 칼륨 : $2C_2H_5OH + 2K \rightarrow 2C_2H_5OK + H_2$ • 연소 : $C_2H_5OH + 3O_2 \rightarrow 2CO_2 + 3H_2O$	

종류	특징	
프로필알코올 (C_3H_7OH) (프로판올)	구조식	
	• 인화점 : 약 $11.7℃$ • 독성은 메탄올과 에탄올 사이 수준 • 에테르, 아세톤에 녹음 • 산화하여 아세톤이 됨	
	반응식	산화 : $C_3H_7OH \rightarrow CH_3COCH_3$

참고 – 알코올의 분류

n차 알코올	• 히드록시기($-OH$)가 붙은 탄소에 결합한 알킬기의 수에 따라 1차 알코올, 2차 알코올, 3차 알코올로 구분한다. 	
	1차 알코올의 산화	
	2차 알코올의 산화	
n가 알코올	• 히드록시기($-OH$)의 수에 따라 1가 알코올, 2가 알코올, 3가 알코올로 구분한다. 	

(4) 제2석유류(지정수량 : 비수용성 1,000L, 수용성 2,000L)

① 비수용성

종류	특징
등유 (케로신)	• 무색 액체 • 인화점 : 39℃ 이상 • 유지를 녹임
경유 ($C_{15} \sim C_{20}$) (디젤유)	• 담황색 액체(시판용) • 탄화수소 혼합물 • 인화점 : 50~70℃ • 품질은 세탄가로 표현(세탄가가 높으면 불이 붙는 온도가 낮고 착화 안정)
크실렌 ($C_6H_4(CH_3)_2$) (자일렌)	구조식 • 독성은 BTX 중에서 가장 낮음 • 메틸기(CH_3)결합 위치에 따라 o-크실렌, m-크실렌, p-크실렌 3가지로 구분
클로로벤젠 (C_6H_5Cl)	구조식 인화점 : 27℃
스티렌 ($C_6H_5CH = CH_2$) (스타이렌)	구조식 • 무색 액체 • 인화점 : 32℃ • 독특한 냄새 • 폴리스티렌수지, 합성수지의 원료
테레핀유 ($C_{10}H_{16}$) (송정유)	• 인화점 : 35℃ • 소나무 송진에 함유되어있어 송정유라고도 부름 • 자연발화의 위험
n-부탄올 ($CH_3(CH_2)_3OH$)	• 알코올이지만 탄소수가 4개이므로 제2석유류에 속함 • 인화점 : 35℃
그 외	벤즈알데히드(C_6H_5CHO), 장뇌유($C_{10}H_{10}$), 트리부틸아민[$(CH_3CH_2CH_2CH_2)_3N$]

② 수용성

종류	특징	
의산 (HCOOH) (개미산, 포름산)	구조식	구조식 그림
	• 무색투명 액체 • 인화점 : 55℃ • 초산보다 강한 산성 • 피부에 닿을 시 발포(수종) • 내산성 용기에 저장	
초산 (CH_3COOH) (아세트산)	구조식	구조식 그림
	• 무색투명 액체 • 인화점 : 40℃ • 자극성 냄새 • 고체상태는 빙초산(융점 : 16.2℃) • 초산의 3~5% 수용액을 식초라 함 • 피부와 접촉 시 화상 위험 • 내산성 용기에 저장	
히드라진 (N_2H_4) (하이드라진)	구조식	구조식 그림
	• 인화점 : 38℃ • 맹독성 · 가연성 액체 • 각종 유도체, 시약, 농약, 로켓연료 등 다양하게 사용	
	반응식	가열분해(180℃) : $2N_2H_4 \rightarrow 2NH_3 + N_2 + H_2$
그 외	아크릴산($CH_2CHCOOH$) : 인화점 46℃	

(5) 제3석유류(지정수량 : 비수용성 2,000L, 수용성 4,000L)

① 비수용성

종류	특징
중유	• 등유, 경유에 비해 증발시키기 어려워 분무상으로 연소시킴 • 중유의 한 종류로 벙커C유가 있음
클레오소트유(타르유)	• 유독성 증기 • 자극성 냄새 • 물보다 무거움 • 내산성 용기에 저장

종류	특징	
아닐린 ($C_6H_5NH_2$)	구조식	
	• 무색 또는 갈색 액체 • 특유의 냄새 • 비중 : 1.02 • 인화점 : 70℃ • 유독성 • 물에 약간 녹음	
니트로벤젠 ($C_6H_5NO_2$)	구조식	
	• 유독성 • 아닐린의 제조 원료	
m-크레졸 ($C_6H_4CH_3OH$)	구조식	
	크레졸은 3가지의 이성질체(o-크레졸, m-크레졸, p-크레졸)가 있으나, m-크레졸만 위험물임(o-크레졸, p-크레졸은 비위험물)	
그 외	염화벤조일(C_6H_5COCl), 벤질알코올($C_6H_5CH_2OH$)	

② 수용성

종류	특징			
에틸렌글리콜 (CH_2OHCH_2OH)	구조식			
	인화점	비점	착화점	비중
	111℃	198℃	398℃	1.1
	• 2가 알코올(-OH기가 2개인 알코올) • 무색, 무취, 단맛, 점성(끈끈함) • 유독성 • 벤젠, 이황화탄소에 녹지 않음 • 부동액, 냉매의 원료			

종류	특징			
글리세린 ($C_3H_5(OH)_3$)	구조식	$H-\overset{\displaystyle H}{\underset{\displaystyle OH}{C}}-\overset{\displaystyle H}{\underset{\displaystyle OH}{C}}-\overset{\displaystyle H}{\underset{\displaystyle OH}{C}}-H$		

인화점	비점	착화점	비중
160℃	182℃	370℃	1.26

- 3가 알코올(–OH기가 3개인 알코올)
- 무색 또는 엷은 노란색 액체
- 무취, 단맛, 점성(끈끈함)
- 무독성
- 벤젠, 이황화탄소에 녹지 않음
- 니트로글리세린, 가소제, 감미료, 화장품, 과자, 약물 등의 원료

(6) 제4석유류(지정수량 : 6,000L)

종류	특징
윤활유	엔진오일, 기계유, 실린더유, 터빈유, 기어유, 콤프레셔 오일 등
가소제	프탈산디옥틸(DOP) 등

(7) 동식물유류(지정수량 : 10,000L)

종류	요오드값	불포화도	예시
건성유	130 이상	큼	아마인유, 들기름, 동유(오동유), 정어리유, 해바라기유, 상어유, 대구유 등
반건성유	100~130	보통	참기름, 쌀겨기름, 옥수수기름, 콩기름, 청어유, 면실유, 채종유 등
불건성유	100 이하	작음	팜유, 쇠기름, 돼지기름, 고래기름, 피마자유, 야자유, 올리브유, 땅콩기름(낙화생유) 등

① 요오드값이 클수록 자연발화의 위험이 높아 섬유 등에 스며들지 않도록 한다.

② 요오드값이 클수록 공기 중에 산화되어 피막을 만드는 경향이 크다.

③ 건성유는 공기 중에 쉽게 굳어지고, 불건성유는 쉽게 굳지 않는다.

④ 동식물유류 대부분이 물보다 무겁고, 인화점이 100℃ 이상이다.

적중 핵심예상문제

01 다음은 위험물안전관리법령상 특수인화물의 정의이다. ( ) 안에 알맞은 수치를 차례대로 올바르게 나열한 것은?

"특수인화물"이라 함은 이황화탄소, 디에틸에테르 그밖에 1기압에서 발화점이 ( )℃ 이하인 것 또는 인화점이 영하 ( )℃ 이하이고 비점이 40℃ 이하인 것을 말한다.

① 100, 20　　　　② 25, 0
③ 100, 0　　　　　④ 25, 20

해설

"특수인화물"이라 함은 이황화탄소, 디에틸에테르 그 밖에 1기압에서 발화점이 섭씨 100도 이하인 것 또는 인화점이 섭씨 영하 20도 이하이고 비점이 섭씨 40도 이하인 것을 말한다.

02 다음 중 제4류 위험물에 대한 설명으로 가장 옳은 것은?

① 물과 접촉하면 발열하는 것
② 자기연소성 물질
③ 많은 산소를 함유하는 강산화제
④ 상온에서 액상인 가연성 액체

해설

제4류 위험물은 인화성 액체로, 상온에서 액상인 가연성 액체이다.

03 알코올에 관한 설명으로 옳지 않은 것은?

① 1가 알코올은 OH기의 수가 1개인 알코올이다.
② 2차 알코올은 1차 알코올이 산화된 것이다.
③ 2차 알코올이 수소를 잃으면 케톤이 된다.
④ 알데히드가 환원되면 1차 알코올이 된다.

해설

n차 알코올
OH기가 붙은 탄소에 결합한 알킬기의 수가 1개면 1차 알코올, 2개면 2차 알코올, 3개면 3차 알코올이라고 한다.

04 1차 알코올에 대한 설명으로 가장 적절한 것은?

① OH기의 수가 하나이다.
② OH기가 결합된 탄소 원자에 붙은 알킬기의 수가 하나이다.
③ 가장 간단한 알코올이다.
④ 탄소의 수가 하나인 알코올이다.

해설

n차 알코올
OH기가 붙은 탄소에 결합한 알킬기의 수가 1개면 1차 알코올, 2개면 2차 알코올, 3개면 3차 알코올이라고 한다.

05 다음 중 제2석유류에 해당하는 것은? (단, 1기압 상태이다.)

① 착화점이 21℃ 미만인 것
② 착화점이 30℃ 이상 50℃ 미만인 것
③ 착화점이 21℃ 이상 70℃ 미만인 것
④ 착화점이 21℃ 이상 90℃ 미만인 것

해설

"제2석유류"라 함은 등유, 경유 그 밖에 1기압에서 인화점이 섭씨 21도 이상 70도 미만인 것을 말한다. 다만, 도료류 그 밖의 물품에 있어서 가연성 액체량이 40중량퍼센트 이하이면서 인화점이 섭씨 40도 이상인 동시에 연소점이 섭씨 60도 이상인 것은 제외한다.

정답 01 ①　02 ④　03 ②　04 ②　05 ③

PART 01 | PART 02 | **PART 03** | PART 04 | PART 05

06 위험물안전관리법령에서 정한 특수인화물의 발화점 기준으로 옳은 것은?

① 1기압에서 100℃ 이하
② 0기압에서 100℃ 이하
③ 1기압에서 25℃ 이하
④ 0기압에서 25℃ 이하

해설
"특수인화물"이라 함은 이황화탄소, 디에틸에테르 그 밖에 1기압에서 발화점이 섭씨 100도 이하인 것 또는 인화점이 섭씨 영하 20도 이하이고 비점이 섭씨 40도 이하인 것을 말한다.

07 위험물의 품명 분류가 잘못된 것은?

① 휘발유 : 제1석유류
② 경유 : 제2석유류
③ 포름산 : 제3석유류
④ 기어유 : 제4석유류

해설
포름산은 제2석유류이다.

08 제4류 위험물에 속하지 않는 것은?

① 아세톤   ② 실린더유
③ 트리니트로톨루엔   ④ 니트로벤젠

해설
트리니트로톨루엔은 제5류 위험물이다.

09 위험물안전관리법령상 위험물의 품명이 다른 하나는?

① CH₃COOH   ② C₆H₅Cl
③ C₆H₅CH₃   ④ C₆H₅Br

해설
① CH₃COOH : 아세트산(초산) - 제2석유류
② C₆H₅Cl : 클로로벤젠 - 제2석유류
③ C₆H₅CH₃ : 톨루엔 - 제1석유류
④ C₆H₅Br : 브로모벤젠 - 제2석유류

10 위험물안전관리법령상 제2석유류의 판단기준은?

① 1기압에서 인화점이 섭씨 20도 미만인 것
② 1기압에서 인화점이 섭씨 21도 이상 70도 미만인 것
③ 기압에 무관하게 섭씨 20도에서 액상인 것
④ 기압에 무관하게 섭씨 0도에서 액상인 것

해설
제2석유류는 등유, 경유 그 밖에 1기압에서 인화점이 섭씨 21도 이상 70도 미만인 것을 말한다. 다만, 도료류 그 밖의 물품에 있어서 가연성 액체량이 40중량퍼센트 이하이면서 인화점이 섭씨 40도 이상인 동시에 연소점이 섭씨 60도 이상인 것은 제외한다.

11 제4류 위험물에서 제1·2·3석유류를 구분하는 기준은?

① 착화점   ② 연소섬
③ 인화점   ④ 끓는점

해설
제4류 위험물은 인화점을 기준으로 제1·2·3석유류를 구분한다.

12 다음은 동식물유류에 대한 내용이다. (   )에 알맞은 수치는?

> 동물의 지육 등 또는 식물의 종자나 과육으로부터 추출한 것으로서 1기압에서 인화점이 (   )℃ 미만인 것을 말한다.

① 21   ② 200
③ 250   ④ 300

해설
"동식물유류"라 함은 동물의 지육 등 또는 식물의 종자나 과육으로부터 추출한 것으로서 1기압에서 인화점이 섭씨 250도 미만인 것을 말한다.

13 위험물 분류에서 제1석유류에 대한 설명으로 옳은 것은?

① 아세톤, 휘발유 그 밖에 1기압에서 인화점이 섭씨 21도 미만인 것
② 등유, 경유 그 밖에 1기압에서 인화점이 섭씨 21도 이상 70도 미만인 것
③ 중유, 클레오소트유 그 밖에 1기압에서 인화점이 섭씨 70도 이상 섭씨 200도 미만인 것
④ 기어유, 실린더유 그 밖에 1기압에서 인화점이 섭씨 200도 이상 섭씨 250도 미만의 것

> 해설
> 아세톤, 휘발유 그 밖에 1기압에서 인화점이 섭씨 21도 미만인 것을 말한다.

14 다음 제4류 위험물 중 제1석유류에 속하는 것은?

① 에틸렌글리콜
② 글리세린
③ 아세톤
④ n-부탄올

> 해설
> ① 에틸렌글리콜 : 제3석유류
> ② 글리세린 : 제3석유류
> ④ n-부탄올 : 제2석유류

15 제2석유류 중 도료류, 그 밖의 물품은 가연성 액체량이 얼마 이하인 것은 제외하는가?

① 20중량퍼센트
② 30중량퍼센트
③ 40중량퍼센트
④ 50중량퍼센트

> 해설
> "제2석유류"라 함은 등유, 경유 그 밖에 1기압에서 인화점이 섭씨 21도 이상 70도 미만인 것을 말한다. 다만, 도료류 그 밖의 물품에 있어서 가연성 액체량이 40중량퍼센트 이하이면서 인화점이 섭씨 40도 이상인 동시에 연소점이 섭씨 60도 이상인 것은 제외한다.

16 제4류 위험물에 속하지 않는 것은?

① 메틸에틸케톤퍼옥사이드
② 산화프로필렌
③ 아세트알데히드
④ 이황화탄소

> 해설
> 메틸에틸케톤퍼옥사이드는 제5류 위험물(유기과산화물)이다.

17 품명과 위험물의 연결이 옳지 않은 것은?

① 제1석유류 – 아세톤
② 제2석유류 – 등유
③ 제3석유류 – 경유
④ 제4석유류 – 기어유

> 해설
> 경유는 제2석유류이다.

18 다음 중 수용성 물질로 옳은 것은?

① 스티렌
② 니트로벤젠
③ 피리딘
④ 클로로벤젠

> 해설
> ① 스티렌 – 제2석유류(비수용성)
> ② 니트로벤젠 – 제3석유류(비수용성)
> ③ 피리딘 – 제1석유류(수용성)
> ④ 클로로벤젠 – 제2석유류(비수용성)

19 다음의 물질 중 제4류 위험물의 제1석유류에 해당하지 않는 것은?

① 등유
② 벤젠
③ 메틸에틸케톤
④ 톨루엔

> 해설
> 등유는 제2석유류이다.

20 위험물안전관리법령상 알코올류가 아닌 것은?

① 부틸알코올   ② 변성알코올

③ 메틸알코올   ④ 에틸알코올

해설

"알코올류"라 함은 1분자를 구성하는 탄소원자의 수가 1개부터 3개까지인 포화1가 알코올(변성알코올을 포함한다)을 말한다.

21 위험물안전관리법령상 알코올류에 해당하는 것은?

① 에틸알코올(CH_3CH_2OH)

② 알릴알코올(CH_2CHCH_2OH)

③ 에틸렌글리콜($C_2H_4(OH)_2$)

④ 부틸알코올(C_4H_9OH)

해설

"알코올류"라 한은 1분자를 구성하는 탄소원자이 수가 1개부터 3개까지인 포화1가 알코올(변성알코올을 포함한다)을 말한다.

22 위험물안전관리법상 제3석유류의 액체상태의 판단기준은?

① 1기압과 섭씨 20도에서 액상인 것

② 1기압과 섭씨 25도에서 액상인 것

③ 기압과 무관하게 섭씨 20도에서 액상인 것

④ 기압과 무관하게 섭씨 25도에서 액상인 것

해설

"인화성액체"라 함은 액체(제3석유류, 제4석유류 및 동식물유류의 경우 1기압과 섭씨 20도에서 액체인 것만 해당한다)로서 인화의 위험성이 있는 것을 말한다.

23 위험물안전관리법령에서 정한 품명이 서로 다른 물질을 나열한 것은?

① 이황화탄소, 디에틸에테르

② 에틸알코올, 고형알코올

③ 등유, 경유

④ 중유, 크레오소트유

해설

- 제4류 위험물(특수인화물) : 이황화탄소, 디에틸에테르
- 제4류 위험물(알코올류) : 에틸알코올
- 제2류 위험물(인화성 고체) : 고형알코올
- 제4류 위험물(제2석유류) : 등유, 경유
- 제4류 위험물(제3석유류) : 중유, 크레오소트유

24 제4류 위험물만으로 나열된 것은?

① 특수인화물, 황산, 질산

② 알코올, 황린, 니트로화합물

③ 동식물유류, 질산, 무기과산화물

④ 제1석유류, 알코올류, 특수인화물

해설

- 황산 : 위험물이 아니다.
- 질산 : 제6류 위험물
- 황린 : 제3류 위험물
- 니트로화합물 : 제5류 위험물
- 무기과산화물 : 제1류 위험물

25 제4석유류의 위험등급으로 옳은 것은?

① 위험등급 I   ② 위험등급 II

③ 위험등급 III   ④ 위험등급 IV

해설

제4류 위험물의 위험등급

- 위험등급 I : 특수인화물
- 위험등급 II : 제1석유류, 알코올류
- 위험등급 III : 제2석유류, 제3석유류, 제4석유류, 동식물유류

26 다음 중 제2석유류만으로 짝지어진 것은?

① 시클로헥산 - 피리딘   ② 염화아세틸 - 휘발유

③ 시클로헥산 - 중유   ④ 아크릴산 - 포름산

해설

- 제1석유류 : 시클로헥산, 피리딘, 염화아세틸, 휘발유
- 제2석유류 : 아크릴산, 포름산
- 제3석유류 : 중유

정답 **20** ①   **21** ①   **22** ①   **23** ②   **24** ④   **25** ③   **26** ④

27 제2석유류에 해당하는 물질로만 짝지어진 것은?

① 등유, 경유
② 등유, 중유
③ 글리세린, 기계유
④ 글리세린, 장뇌유

해설

- 제2석유류 : 등유, 경유, 장뇌유
- 제3석유류 : 글리세린
- 제4석유류 : 기계유

28 위험물안전관리법령에서 정한 메틸알코올의 지정수량은 kg단위로 환산하면 얼마인가? (단, 메틸알코올의 비중은 0.8이다.)

① 200kg
② 320kg
③ 400kg
④ 450kg

해설

- 메탄올(알코올류) 지정수량 : 400L
- $400L \times 0.8kg/L = 320kg$

29 제4류 위험물 중 지정수량이 6,000L인 것은?

① 동식물유류
② 제3석유류(수용성)
③ 제3석유류(비수용성)
④ 제4석유류

해설

① 동식물유류 : 10,000L
② 제3석유류 수용성 액체 : 4,000L
③ 제3석유류 비수용성 액체 : 2,000L

30 $CH_3COC_2H_5$의 명칭 및 지정수량을 옳게 나타낸 것은?

① 메틸에틸케톤 – 50L
② 메틸에틸케톤 – 200L
③ 메틸에틸에테르 – 50L
④ 메틸에틸에테르 – 200L

해설

메틸에틸케톤은 제4류 위험물 중 제1석유류(비수용성)으로 지정수량은 200L이다.

31 경유 2,000L, 글리세린 2,000L를 같은 장소에 저장하려 한다. 지정수량의 배수의 합은 얼마인가?

① 2.5
② 3.0
③ 3.5
④ 4.0

해설

- 경유의 지정수량 : 1,000L
- 글리세린의 지정수량 : 4,000L
- 지정수량의 배수 = 위험물 저장수량/위험물 지정수량
- 지정수량 배수의 합 = $2,000/1,000 + 2,000/4,000 = 2.5$

32 질산나트륨 90kg, 유황 70kg, 클로로벤젠 2,000L에 대하여 각각의 지정수량의 배수의 총합은?

① 2
② 3
③ 4
④ 5

해설

- 질산나트륨 지정수량 : 300kg
- 유황 지정수량 : 100kg
- 클로로벤젠 지정수량 : 1,000L
- 지정수량의 배수 = 위험물 저장수량/위험물 지정수량
- 지정수량 배수의 합 = $90/300 + 70/100 + 2,000/1,000 = 3$

33 등유의 지정수량에 해당하는 것은?

① 100L
② 200L
③ 1,000L
④ 2,000L

해설

등유의 지정수량은 1,000L이다.

34 벤젠 100L와 아세톤을 함께 저장하려고 한다. 이때 지정수량의 1배로 저장하려면 아세톤을 몇 L를 저장하여야 하는가?

① 50
② 100
③ 150
④ 200

해설

- 벤젠 지정수량 : 200L
- 아세톤 지정수량 : 400L
- 지정수량의 배수 = 위험물 저장수량/위험물 지정수량

정답 27 ① 28 ② 29 ④ 30 ② 31 ① 32 ② 33 ③ 34 ④

$1 = 100/200 + X/400$

$X = 200L$

35 다음 중 위험물안전관리법령에서 정한 지정수량이 나머지 셋과 다른 물질은?

① 아세트산   ② 히드라진

③ 클로로벤젠   ④ 니트로벤젠

해설

클로로벤젠은 1,000L, 나머지 보기는 2,000L이다.

36 다음 위험물 중 지정수량이 나머지와 다른 것은?

① 벤즈알데히드   ② 클로로벤젠

③ 니트로벤젠   ④ 트리부틸아민

해설

- 벤즈알데히드, 클로로벤젠, 트리부틸아민(제2석유류, 비수용성) : 1,000L
- 니트로벤젠(제3석유류, 비수용성) : 2,000L

37 위험물 저장소에서 다음과 같이 제4류 위험물을 저장하고 있는 경우 지정수량의 몇 배가 보관되어 있는가?

- 디에틸에테르 : 50L
- 이황화탄소 : 150L
- 아세톤 : 800L

① 4   ② 5

③ 6   ④ 8

해설

- 디에틸에테르 지정수량 : 50L
- 이황화탄소 지정수량 : 50L
- 아세톤 : 400L
- 지정수량의 배수 = 위험물 저장수량/위험물 지정수량
$$= 50/50 + 150/50 + 800/400 = 6$$

38 다음 중 지정수량이 가장 작은 것은?

① 아세톤   ② 디에틸에테르

③ 클레오소트유   ④ 클로로벤젠

해설

① 아세톤 : 400L

② 디에틸에테르 : 50L

③ 클레오소트유 : 2,000L

④ 클로로벤젠 : 1,000L

39 제4류 위험물인 클로로벤젠의 지정수량으로 옳은 것은?

① 200L   ② 400L

③ 1,000L   ④ 2,000L

해설

클로로벤젠의 지정수량은 1,000L이다.

40 특수인화물 200L와 제4석유류 12,000L를 저장할 때 지정수량 배수의 합은 얼마인가?

① 3   ② 4

③ 5   ④ 6

해설

- 특수인화물의 지정수량 : 50L
- 제4석유류의 지정수량 : 6,000L
- 지정수량의 배수 = 위험물 저장수량/위험물 지정수량
- 지정수량 배수의 합 = 200/50 + 12,000/6,000 = 4 + 2 = 6

41 같은 위험등급의 위험물로만 이루어지지 않은 것은?

① Fe, Sb, Mg   ② Zn, Al, S

③ 황화린, 적린, 칼슘   ④ 메탄올, 에탄올 ,벤젠

해설

① Fe(제2류, III), Sb(제2류, III), Mg(제2류, III)

② Zn(제2류, III), Al(제2류, III), S(제2류, II)

③ 황화린(제2류, II), 적린(제2류, II), 칼슘(제3류, II)

④ 메탄올(제4류, II), 에탄올(제4류, II) ,벤젠(제4류, II)

정답   35 ③   36 ③   37 ③   38 ②   39 ③   40 ④   41 ②

42 위험물안전관리법령상 위험등급이 나머지 셋과 다른 하나는?

① 알코올류
② 제2석유류
③ 제3석유류
④ 동식물유류

해설

제4류 위험물의 위험등급
- 위험등급 I : 특수인화물
- 위험등급 II : 제1석유류, 알코올류
- 위험등급 III : 제2석유류, 제3석유류, 제4석유류, 동식물유류

43 위험물 운반에 관한 기준 중 위험등급 I 에 해당하는 위험물은?

① 황화린
② 피리딘
③ 과산화바륨
④ 질산나트륨

해설

과산화바륨은 위험등급 I , 나머지는 위험등급 II 이다.

44 제4류 위험물 중 제2석유류의 위험등급 기준은?

① 위험등급 I 의 위험물
② 위험등급 II 의 위험물
③ 위험등급 III 의 위험물
④ 위험등급 IV 의 위험물

해설

제4류 위험물의 위험등급
- 위험등급 I : 특수인화물
- 위험등급 II : 제1석유류, 알코올류
- 위험등급 III : 제2석유류, 제3석유류, 제4석유류, 동식물유류

45 위험물의 운반에 관한 기준에 따르면 아세톤의 위험등급은 얼마인가?

① 위험등급 I
② 위험등급 II
③ 위험등급 III
④ 위험등급 IV

해설

아세톤은 제4류 위험물(제1석유류)이다.

제4류 위험물의 위험등급
- 위험등급 I : 특수인화물
- 위험등급 II : 제1석유류, 알코올류
- 위험등급 III : 제2석유류, 제3석유류, 제4석유류, 동식물유류

46 위험물안전관리법령상 위험등급 I 의 위험물에 해당하는 것은?

① 무기과산화물
② 황화린, 적린, 유황
③ 제1석유류
④ 알코올류

해설

②, ③, ④는 위험등급 II 의 위험물에 해당한다.

47 위험물안전관리법령상 위험물의 운반에 관한 기준에 따르면 알코올류의 위험등급은 얼마인가?

① 위험등급 I
② 위험등급 II
③ 위험등급 III
④ 위험등급 IV

해설

제4류 위험물의 위험등급
- 위험등급 I : 특수인화물
- 위험등급 II : 제1석유류, 알코올류
- 위험등급 III : 제2석유류, 제3석유류, 제4석유류, 동식물유류

48 다음 중 위험물 운반용기의 외부에 "제4류"와 "위험등급 II"의 표시만 보이고 품명이 잘 보이지 않을 때 예상할 수 있는 수납위험물의 품명은?

① 제1석유류
② 제2석유류
③ 제3석유류
④ 제4석유류

해설

제4류 위험물의 위험등급
- 위험등급 I : 특수인화물
- 위험등급 II : 제1석유류, 알코올류
- 위험등급 III : 제2석유류, 제3석유류, 제4석유류, 동식물유류

정답 42 ① 43 ③ 44 ③ 45 ② 46 ① 47 ② 48 ①

49 위험물안전관리법령상 위험등급 I 의 위험물로 옳은 것은?

① 무기과산화물
② 황화린, 적린, 황
③ 제1석유류
④ 알코올류

해설

무기과산화물은 위험등급 I 이고, 나머지는 위험등급 II 이다.

50 위험물안전관리법령에서 정하는 위험등급 II 에 해당하지 않는 것은?

① 제1류 위험물 중 질산염류
② 제2류 위험물 중 적린
③ 제3류 위험물 중 유기금속화합물
④ 제4류 위험물 중 제2석유류

해설

제4류 위험물 중 제2석유류는 위험등급 III 이다.

51 위험물안전관리법령상 위험등급 I 의 위험물에 해당하는 것은?

① 무기과산화물
② 황화린
③ 제1석유류
④ 유황

해설

무기과산화물은 위험등급 I 이고, 나머지는 위험등급 II 이다.

52 위험물의 성질에 관한 설명 중 옳은 것은?

① 벤젠과 톨루엔 중 인화온도가 낮은 것은 톨루엔이다.
② 디에틸에테르는 휘발성이 높으며 마취성이 있다.
③ 에틸알코올은 물이 조금이라도 섞이면 불연성 액체가 된다.
④ 휘발유는 전기양도체이므로 정전기 발생이 위험하다.

해설

① 벤젠의 인화점은 −11℃, 톨루엔의 인화점은 4℃이다.
③ 에틸알코올은 알코올의 함유량이 60중량퍼센트 이상이어야 한다.
④ 휘발유는 전기부도체이므로 정전기 발생이 위험하다.

53 석유류가 연소할 때 발생하는 가스로 강한 자극적인 냄새가 나며 취급하는 장치를 부식시키는 것은?

① H_2
② CH_4
③ NH_3
④ SO_2

해설

석유류에 황 성분이 포함되어 있어 연소하면 이산화황이 생성된다. 이산화황은 강한 자극적인 냄새가 나고, 취급하는 장치를 부식시킨다.

54 제4류 위험물의 성질에 대한 설명으로 틀린 것은?

① 발생증기가 가연성이며, 공기보다 무겁다.
② 정전기에 의하여도 인화할 수 있다.
③ 상온에서 액체이다.
④ 전기도체이다.

해설

제4류 위험물은 전기부도체로 정전기 발생이 위험하다.

55 제4류 위험물의 공통적인 성질이 아닌 것은?

① 대부분 물보다 가볍고 물에 녹기 어렵다.
② 공기와 혼합된 증기는 연소의 우려가 있다.
③ 인화되기 쉽다.
④ 증기는 공기보다 가볍다.

해설

대부분 증기는 공기보다 무겁다.

56 위험물에 대한 설명으로 옳은 것은?

① 이황화탄소는 연소 시 유독성의 황화수소 가스를 발생한다.
② 디에틸에테르는 물에 잘 녹지 않지만, 유지 등을 잘 녹이는 용제이다.
③ 등유는 가솔린보다 인화점이 높으나, 인화점이 0℃ 미만이므로 인화의 위험성은 매우 높다.
④ 경유는 등유와 비슷한 성질을 가지지만 증기비중이 공기보다 가볍다는 차이점이 있다.

정답 49 ① 50 ④ 51 ① 52 ② 53 ④ 54 ④ 55 ④ 56 ②

① 이황화탄소는 연소 시 유독성의 아황산가스를 발생한다(CS_2 + $3O_2 \rightarrow CO_2 + 2SO_2$).

③ 등유는 제2석유류로 인화점은 21℃ 이상 70℃ 미만으로, 제1석유류인 가솔린보다 인화점이 높다.

④ 경유와 등유는 증기비중이 공기보다 무겁다.

57 제4류 위험물의 공통적인 소화방법은?

① 제거소화
② 냉각소화
③ 억제소화
④ 질식소화

해설

제4류 위험물에 가장 적합한 소화방법은 질식소화이다. 이산화탄소, 포, 분말 등을 이용하여 질식소화한다.

58 제4류 위험물의 물에 대한 성질과 화재위험과 직접 관계가 있는 것은?

① 수용성과 인화성
② 비중과 착화온도
③ 비중과 인화성
④ 비중과 화재 확대성

해설

제4류 위험물의 비중이 1보다 작은 것이 많아서 화재 시 주수하면 위험물이 부유하며 화재면을 확대시켜 더욱 위험해질 수 있다.

59 위험물의 저장 및 취급방법에 대한 설명으로 틀린 것은?

① 적린은 화기와 멀리하고 가열, 충격이 가해지지 않도록 한다.
② 이황화탄소는 발화점이 낮으므로 물속에 저장한다.
③ 마그네슘은 산화제와 혼합되지 않도록 취급한다.
④ 알루미늄분은 분진폭발의 위험이 있으므로 분무 주수하여 저장한다.

해설

알루미늄분은 분진폭발의 위험이 있으므로 밀폐 용기에 넣어 건조한 곳에 보관한다.

60 다음 제4류 위험물 중 누출 시 공기 위로 뜨는 물질은?

① CS_2
② CH_3CHO
③ HCN
④ CH_3COCH_3

해설

증기비중을 구하여 1보다 작으면 공기 위로 뜬다.
증기비중 = 위험물의 분자량/공기분자량(29)

위험물의 분자량

① $CS_2 = 12 + 32 \times 2 = 76$
② $CH_3CHO = 12 \times 2 + 1 \times 4 + 16 = 44$
③ $HCN = 1 + 12 + 14 = 27$
④ $CH_3COCH_3 = 12 \times 3 + 1 \times 6 + 16 = 58$

61 다음 위험물 중 착화온도가 가장 낮은 것은 어느 것인가?

① 이황화탄소
② 디에틸에테르
③ 아세톤
④ 아세트알데히드

해설

위험물의 착화점(발화점)

① 이황화탄소 : 100℃
② 디에틸에테르 : 180℃
③ 아세톤 : 538℃
④ 아세트알데히드 : 185℃

62 다음 중 착화온도가 가장 낮은 것은?

① 등유
② 가솔린
③ 아세톤
④ 톨루엔

해설

일반적으로 탄소수가 많을수록 인화점이 높고, 착화점이 낮다. 보기 중 등유가 탄소수가 가장 많다.

63 다음 중 발화점이 가장 낮은 것은?

① 이황화탄소
② 산화프로필렌
③ 휘발유
④ 메탄올

정답 57 ④ 58 ④ 59 ④ 60 ③ 61 ① 62 ① 63 ①

64 다음 중 인화점이 가장 낮은 것은?

① 이소펜탄

② 아세톤

③ 디에틸에테르

④ 이황화탄소

해설

위험물의 인화점

① 이소펜탄 : -51℃

② 아세톤 : -18℃

③ 디에틸에테르 : -45℃

④ 이황화탄소 : -30℃

65 1기압 20℃에서 액상이며 인화점이 200℃ 이상인 물질은?

① 벤젠

② 톨루엔

③ 글리세린

④ 실린더유

해설

인화점이 200℃ 이상인 것은 제4석유류이다. 실린더유는 제4석유류이다.

66 다음 물질 중 인화점이 가장 높은 것은?

① 아세톤

② 디에틸에테르

③ 에탄올

④ 벤젠

해설

위험물의 인화점

① 아세톤 : -18℃

② 디에틸에테르 : -45℃

③ 에탄올 : 13℃

④ 벤젠 : -11℃

67 인화점이 100℃ 보다 낮은 물질은?

① 아닐린

② 에틸렌글리콜

③ 글리세린

④ 실린더유

해설

위험물의 인화점

① 아닐린 : 70℃

② 에틸렌글리콜 : 111℃

③ 글리세린 : 160℃

④ 실린더유 : 제4석유류로 인화점은 200℃ 이상임

68 다음 위험물 중 인화점이 가장 낮은 것은?

① 아세톤

② 이황화탄소

③ 클로로벤젠

④ 디에틸에테르

해설

위험물의 인화점

① 아세톤 : -18℃

② 이황화탄소 : -30℃

③ 클로로벤젠 : 27℃

④ 디에틸에테르 : -45℃

69 다음 중 인화점이 낮은 것부터 높은 순서로 나열된 것은?

① 톨루엔 - 아세톤 - 벤젠

② 아세톤 - 톨루엔 - 벤젠

③ 톨루엔 - 벤젠 - 아세톤

④ 아세톤 - 벤젠 - 톨루엔

해설

위험물의 인화점

• 아세톤 : -18℃

• 벤젠 : -11℃

• 톨루엔 : 4℃

70 다음 중 인화점이 가장 높은 것은?

① 니트로벤젠

② 클로로벤젠

③ 톨루엔

④ 에틸벤젠

해설

니트로벤젠이 제3석유류로 보기 중 인화점이 가장 높다.
② 클로로벤젠 : 제2석유류
③ 톨루엔 : 제1석유류
④ 에틸벤젠 : 제1석유류

71 다음 물질 중 인화점이 가장 높은 것은?

① 아세톤
② 디에틸에테르
③ 메틸알코올
④ 벤젠

해설

위험물의 인화점
① 아세톤 : $-18℃$
② 디에틸에테르 : $-45℃$
③ 메틸알코올 : $11℃$
④ 벤젠 : $-11℃$

72 위험물의 인화점에 대한 설명으로 옳은 것은?

① 톨루엔이 벤젠보다 낮다.
② 피리딘이 톨루엔보다 낮다.
③ 벤젠이 아세톤보다 낮다.
④ 아세톤이 피리딘보다 낮다.

해설

위험물의 인화점
• 톨루엔 : $4℃$
• 벤젠 : $-11℃$
• 피리딘 : $20℃$
• 아세톤 : $-18℃$

73 가솔린의 연소범위에 가장 가까운 것은?

① 1.4~7.6%
② 2.0~23.0%
③ 1.8~36.5%
④ 1.0~50.0%

해설

가솔린의 연소범위는 1.4~7.6%이다.

74 다음 중 폭발범위가 가장 넓은 물질은?

① 가솔린
② 톨루엔
③ 에틸알코올
④ 에테르

해설

위험물의 폭발범위(연소범위)
① 가솔린 : 1.4~7.6%
② 톨루엔 : 1.1~7.1%
③ 에틸알코올 : 3.1~27.7%
④ 에테르 : 1.7~48%

75 다음 중 분자량이 약 74, 비중이 약 0.71인 물질로서 에탄올 두 분자에서 물이 빠지면서 축합반응이 일어나 생성되는 물질은?

① $C_2H_5OC_2H_5$
② CS_2
③ C_2H_5OH
④ C_6H_6Cl

해설

① $C_2H_5OC_2H_5$: $12 \times 4 + 10 + 16 = 74$
② CS_2 : $12 + 32 \times 2 = 76$
③ C_2H_5OH : $12 \times 2 + 6 + 16 = 46$
④ C_6H_6Cl : $12 \times 6 + 6 + 35.5 = 113.5$

$$CH_3 - CH_2 - OH \quad H - O - CH_2CH_3$$
$$\downarrow$$
$$CH_3 - CH_2 - O - CH_2CH_3 + H_2O$$

[에탄올의 축합반응으로 디에틸에테르 생성]

76 디에틸에테르의 보관·취급에 관한 설명으로 틀린 것은?

① 용기는 밀봉하여 보관한다.
② 환기가 잘 되는 곳에 보관한다.
③ 정전기가 발생하지 않도록 취급한다.
④ 저장용기에 빈 공간이 없게 가득 채워 보관한다.

해설

디에틸에테르는 팽창계수가 크기 때문에 가득 채워 보관하지 않는다.

77 디에틸에테르에 대한 설명 중 틀린 것은?

① 강산화제와 혼합 시 안전하게 사용할 수 있다.
② 대량으로 저장 시 불활성 가스를 봉입한다.
③ 정전기 발생 방지를 위해 주의를 기울여야 한다.
④ 통풍, 환기가 잘되는 곳에 저장한다.

해설

디에틸에테르는 강산화제와 혼합 시 위험해진다.

78 디에틸에테르에 관한 설명 중 틀린 것은?

① 비전도성이므로 정전기를 발생하지 않는다.
② 무색투명한 유동성의 액체이다.
③ 휘발성이 매우 높고, 마취성을 가진다.
④ 공기와 장시간 접촉하면 폭발성의 과산화물이 생성된다.

해설

디에틸에테르는 비전도성이므로 정전기를 발생한다.

79 디에틸에테르의 안전관리에 관한 설명 중 틀린 것은?

① 증기는 마취성이 있으므로 증기 흡입에 주의하여야 한다.
② 폭발성의 과산화물 생성을 요오드화칼륨수용액으로 확인한다.
③ 물에 잘 녹으므로 대규모 화재 시 집중 주수하여 소화한다.
④ 정전기 불꽃에 의한 발화에 주의하여야 한다.

해설

디에틸에테르는 비극성이며, 화재 시 집중 주수하면 안 된다.

80 디에틸에테르에 대한 설명으로 틀린 것은?

① 일반식은 R-CO-R'이다.
② 폭발범위는 약 1.7~48%이다.
③ 증기비중 값이 비중 값보다 크다.
④ 휘발성이 높고 마취성을 가진다.

해설

- 디에틸에테르 일반식 : R-O-R'
  (R, R' : 알킬기)
- 디에틸에테르 구조식 : CH_3-CH_2-O-CH_2CH_3

81 디에틸에테르의 과산화물 검출시약으로 쓰이는 물질은?

① 요오드화칼륨　　　② 요오드화나트륨
③ 물　　　　　　　④ 황산제일철

해설

KI(요오드화칼륨) 10% 수용액을 검출시약으로 사용한다.

82 디에틸에테르의 성질에 대한 설명으로 옳은 것은?

① 발화온도는 400℃이다.
② 증기는 공기보다 가볍고, 액상은 물보다 무겁다.
③ 알코올에 용해되지 않지만 물에는 잘 녹는다.
④ 연소범위는 1.7~48% 정도이다.

해설

① 발화온도는 180℃이다.
② 증기는 공기보다 무겁고, 액상은 물보다 가볍다.
③ 알코올에 녹고, 물에 잘 녹지 않는다.

83 공기 중에서 산소와 반응하여 과산화물을 생성하는 물질은?

① 디에틸에테르　　　② 이황화탄소
③ 에틸알코올　　　　④ 과산화나트륨

해설

디에틸에테르는 공기 중 산소와 반응하여 과산화물을 생성할 수 있어 갈색병에 밀전 및 밀봉하여 저장해야 한다.

정답　77 ①　78 ①　79 ③　80 ①　81 ①　82 ④　83 ①

84 디에틸에테르에 대한 설명으로 옳은 것은?

① 연소하면 아황산가스를 발생하고, 마취제로 사용한다.
② 증기는 공기보다 무거우므로 물속에 보관한다.
③ 에탄올을 진한 황산을 이용해 축합반응시켜 제조할 수 있다.
④ 제4류 위험물 중 연소범위가 좁은 편에 속한다.

해설

에탄올의 축합반응으로 디에틸에테르 생성

$$CH_3 - CH_2 - OH \quad H - O - CH_2CH_3$$
$$\downarrow$$
$$CH_3 - CH_2 - O - CH_2CH_3 + H_2O$$

85 다음 중 이황화탄소에 대한 설명으로 틀린 것은 어느 것인가?

① 순수한 것은 황색을 띠고 냄새가 없다.
② 증기는 유독하며 신경계통에 장애를 준다.
③ 물에 녹지 않는다.
④ 연소 시 유독성의 가스를 발생한다.

해설

이황화탄소는 순수한 것은 무색을 띠고 자극성의 냄새가 난다.

86 이황화탄소의 성질에 대한 설명 중 틀린 것은?

① 연소할 때 주로 황화수소를 발생한다.
② 증기비중은 약 2.6이다.
③ 보호액으로 물을 사용한다.
④ 인화점이 약 −30℃이다.

해설

이황화탄소는 연소할 때 이산화황을 발생한다.
$$CS_2 + 3O_2 \rightarrow CO_2 + 2SO_2$$

87 이황화탄소 1몰이 완전연소할 때 생성되는 기체의 총 몰수는?

① 1몰 ② 2몰
③ 3몰 ④ 4몰

해설

$$CS_2 + 3O_2 \rightarrow CO_2 + 2SO_2$$
CO_2 1몰과 SO_2 2몰이 생성되어 총 3몰의 기체가 생성된다.

88 무색투명한 휘발성 액체로서 물에 녹지 않고 물보다 무거워서 물속에 보관하는 위험물은?

① 경유 ② 황린
③ 황 ④ 이황화탄소

해설

물속에 보관하는 위험물 중 액체는 이황화탄소, 고체는 황린이다.

89 이황화탄소를 물속에 저장하는 이유로 가장 옳은 것은?

① 공기와 접촉하면 즉시 폭발하기 때문에
② 가연성 증기의 발생을 억제하기 위하여
③ 온도의 상승을 방지하기 위하여
④ 불순물을 물에 용해시키기 위하여

해설

이황화탄소는 가연성 증기의 발생을 억제하기 위해 물속에 넣어 저장한다. 이황화탄소는 물에 녹지 않고, 물보다 무겁다.

90 위험성 예방을 위해 물속에 저장하는 것은?

① 칠황화린 ② 이황화탄소
③ 오황화린 ④ 톨루엔

해설

이황화탄소는 가연성 증기발생을 억제하기 위해 물속에 넣어 저장한다.

91 다음 액체 중 비중이 1보다 큰 것은?

① 이황화탄소   ② 톨루엔

③ 벤젠   ④ 메틸에틸케톤

① 이황화탄소 : 1.26
② 톨루엔 : 0.867
③ 벤젠 : 0.877
④ 메틸에틸케톤 : 0.8

92 위험물을 저장할 때 필요한 보호물질을 옳게 연결한 것은?

① 황린 – 석유
② 금속칼륨 – 에틸알코올
③ 이황화탄소 – 물
④ 금속나트륨 – 산소

① 황린 – 물
② 금속칼륨 – 등유, 경유, 유동파라핀
④ 금속나트륨 – 등유, 경유, 유동파라핀

93 이황화탄소에 관한 설명으로 틀린 것은?

① 비교적 무거운 무색의 고체이다.
② 인화점이 0℃ 이하이다.
③ 약 100℃에서 발화할 수 있다.
④ 이황화탄소 증기는 유독하다.

물보다 무거운 액체상태의 물질이다.

94 비스코스(레이온) 원료로, 비중이 약 1.3, 인화점이 약 -30℃이고, 연소 시 유독한 아황산가스를 발생시키는 위험물은?

① 황린   ② 이황화탄소
③ 테레핀유   ④ 장뇌유

이황화탄소에 대한 설명이다.

95 다음 중 무색투명한 휘발싱 액체로서 물에 녹지 않고 물보다 무거워서 물속에 보관하는 위험물은?

① 경유   ② 황린
③ 유황   ④ 이황화탄소

• 물속에 보관하는 위험물 : 황린, 이황화탄소
• 휘발성 액체 : 경유, 이황화탄소

96 다음 중 물에 잘 녹는 물질은?

① 아세트알데히드   ② 아닐린
③ 벤젠   ④ 이황화탄소

아닐린, 벤젠, 이황화탄소는 비수용성 물질이다.

97 아세트알데히드의 저장·취급 시 주의사항으로 틀린 것은?

① 강산화제와의 접촉을 피한다.
② 취급설비에는 구리합금의 사용을 피한다.
③ 수용성이기 때문에 화재 시 물로 희석소화가 가능하다.
④ 옥외저장탱크에 저장 시 조연성 가스를 주입한다.

옥외저장탱크에 저장 시 불활성가스를 주입한다.

98 다음 중 인화점이 0℃ 보다 작은 것은 모두 몇 개인가?

$C_2H_5OC_2H_5$, CS_2, CH_3CHO

① 0개   ② 1개
③ 2개   ④ 3개

정답 91 ① 92 ③ 93 ① 94 ② 95 ④ 96 ① 97 ④ 98 ④

해설

- 디에틸에테르($C_2H_5OC_2H_5$) : -45℃
- 이황화탄소(CS_2) : -30℃
- 아세트알데히드(CH_3CHO) : -38℃

99 다음 산화프로필렌의 성상에 대한 설명 중 틀린 것은?

① 청색의 휘발성이 강한 액체이다.
② 인화점이 낮은 인화성 액체이다.
③ 물에 잘 녹는다.
④ 에테르와 같은 냄새를 가진다.

해설

산화프로필렌은 무색의 휘발성이 강한 액체이다.

100 연소범위는 2.8~37%로 구리, 은, 마그네슘과 접촉 시 아세틸라이드를 생성하는 물질은 무엇인가?

① 아세트알데히드
② 알킬알루미늄
③ 산화프로필렌
④ 콜로디온

해설

구리, 은, 수은, 마그네슘과 접촉 시 아세틸라이드를 생성하는 물질은 아세트알데히드와 산화프로필렌이며, 문제의 연소범위로 산화프로필렌임을 알 수 있다.

101 위험물을 보관하는 방법에 대한 설명 중 틀린 것은?

① 염소산나트륨 : 철제용기의 사용을 피한다.
② 산화프로필렌 : 저장 시 구리용기에 질소 등 불활성 기체를 충전한다.
③ 트리에틸알루미늄 : 용기는 밀봉하고 질소 등 불활성 기체를 충전한다.
④ 황린 : 냉암소에 저장한다.

해설

산화프로필렌은 구리, 은, 수은, 마그네슘 재질의 용기와 반응하여 폭발성 물질을 생성한다.

102 다음 중 물에 녹고 물보다 가벼운 물질로 인화점이 가장 낮은 것은?

① 아세톤
② 이황화탄소
③ 벤젠
④ 산화프로필렌

해설

① 아세톤 : 제1석유류, 인화점 -18℃, 수용성
② 이황화탄소 : 특수인화물, 인화점 -30℃, 비수용성
③ 벤젠 : 제1석유류, 인화점 -11℃, 비수용성
④ 산화프로필렌 : 특수인화물, 인화점 -37℃, 수용성

103 다음 중 인화점이 가장 높은 것은?

① 디에틸에테르
② 산화프로필렌
③ 이황화탄소
④ 아세트알데히드

해설

① 디에틸에테르 : -45℃
② 산화프로필렌 : -37℃
③ 이황화탄소 : -30℃
④ 아세트알데히드 : -38℃

104 가솔린의 위험도로 옳은 것은?

① 2.8
② 4.4
③ 5.2
④ 6.1

해설

위험도(H) = (U - L)/L = (7.6 - 1.4)/1.4 = 4.43

105 휘발유에 대한 설명으로 옳지 않은 것은?

① 지정수량은 200L이다.
② 전기의 불량도체로서 정전기의 축적이 용이하다.
③ 원유의 성질, 상태, 처리방법에 따라 탄화수소의 혼합비율이 다르다.
④ 발화점은 -43~-20℃ 정도이다.

해설

인화점이 -43~-20℃ 정도이며, 발화점은 300℃ 이상이다.

106 휘발유에 대한 설명으로 옳은 것은?

① 가연성 증기를 발생하기 쉬우므로 주의한다.
② 발생된 증기는 공기보다 가벼워서 주변으로 확산하기 쉽다.
③ 전기를 잘 통하는 도체이므로 정전기를 발생시키지 않도록 조치한다.
④ 인화점이 상온보다 높으므로 여름철에 각별한 주의가 필요하다.

해설
② 발생된 증기는 무거워 낮은 곳으로 가라앉는다.
③ 전기 부도체이므로 정전기를 발생시키지 않도록 조치한다.
④ 인화점이 상온보다 낮으므로 여름철에 각별한 주의가 필요하다.

107 휘발유의 일반적인 성질에 관한 설명으로 틀린 것은?

① 인화점이 0℃보다 낮다.
② 위험물안전관리법령상 제1석유류에 해당한다.
③ 전기에 대해 비전도성 물질이다.
④ 순수한 것은 청색이나 안전을 위해 검은색으로 착색해서 사용해야 한다.

해설
휘발유의 식별을 용이하게 하기 위해 보통휘발유는 노란색, 고급휘발유는 녹색, 공업용은 무색으로 한다.

108 휘발유의 성질 및 취급 시의 주의사항에 관한 설명 중 틀린 것은?

① 증기가 모여 있지 않도록 통풍을 잘 시킨다.
② 인화점이 상온이므로 상온 이상에서는 취급 시 각별한 주의가 필요하다.
③ 정전기 발생에 주의해야 한다.
④ 강산화제 등과 혼촉 시 발화할 위험이 있다.

해설
휘발유의 인화점은 −43~−20℃ 정도이므로 인화점 이상에서는 취급 시 각별한 주의가 필요하다.

109 휘발유에 대한 설명으로 틀린 것은?

① 위험등급은 Ⅰ등급이다.
② 증기는 공기보다 무거워 낮은 곳에 체류하기 쉽다.
③ 내장용기가 없는 외장플라스틱용기에 적재할 수 있는 최내용적은 20L이다.
④ 이동탱크저장소로 운송하는 경우 위험물 운송자는 위험물안전카드를 휴대하여야 한다.

해설
휘발유의 위험등급은 Ⅱ등급이다.

110 벤젠의 저장 및 취급 시 주의사항에 대한 설명으로 틀린 것은?

① 정전기 발생에 주의한다.
② 피부에 닿지 않도록 주의한다.
③ 증기는 공기보다 가벼워 높은 곳에 체류하므로 환기에 주의한다.
④ 통풍이 잘되는 서늘하고 어두운 곳에 저장한다.

해설
벤젠 증기는 공기보다 무거워 낮은 곳에 체류한다.

111 벤젠에 관한 설명 중 틀린 것은?

① 인화점은 약 −11℃ 정도이다.
② 이황화탄소보다 착화온도가 높다.
③ 벤젠 증기는 마취성은 있으나 독성은 없다.
④ 취급할 때 정전기 발생을 조심해야 한다.

해설
벤젠 증기는 마취성, 독성이 있다.

112 다음 중 물에 대한 용해도가 가장 낮은 것은?

① 아크릴산   ② 아세트알데히드
③ 벤젠   ④ 글리세린

해설
벤젠은 비수용성 물질이다.

113 벤젠 증기의 비중에 가장 가까운 값은?

① 0.7
② 0.9
③ 2.7
④ 3.9

해설

- 증기비중 = 위험물의 분자량/공기분자량
- 벤젠(C_6H_6)의 분자량 = $12 \times 6 + 6 = 78$
- 공기 분자량 = 29
- 증기비중 = 78/29 = 2.69

114 벤젠에 대한 설명으로 옳은 것은?

① 휘발성이 강한 액체이다.
② 물에 매우 잘 녹는다.
③ 증기의 비중은 1.5이다.
④ 순수한 것의 융점은 30℃이다.

해설

② 물에 녹지 않는다.
③ 증기의 비중은 78/29 = 2.69이다.
④ 순수한 것의 융점은 5.5℃이다.

115 디에틸에테르와 벤젠의 공통 성질에 대한 설명으로 옳은 것은?

① 증기비중은 1보다 크다.
② 인화점은 −10℃보다 높다.
③ 착화온도는 200℃보다 낮다.
④ 연소범위의 상한이 60%보다 크다.

해설

디에틸에테르와 벤젠의 성질

구분	디에틸에테르	벤젠
증기비중	2.55	2.8
인화점	−45℃	−11℃
착화온도	180℃	498℃
연소범위	1.7~48%	1.4~8%

116 벤젠에 대한 설명으로 옳지 않은 것은?

① 톨루엔, 크실렌과 함께 BTX로 불린다.
② 물에 녹지 않는다.
③ 연소 시 검은 연기를 발생시킨다.
④ 제2석유류이다.

해설

벤젠은 제1석유류이다.

117 벤젠(C_6H_6)의 성질로 틀린 것은?

① 휘발성이 강한 액체이다.
② 인화점은 가솔린보다 낮다.
③ 물에 녹지 않는다.
④ 화학적으로 공명구조를 이루고 있다.

해설

벤젠의 인화점은 가솔린보다 높다.

- 벤젠의 인화점 : −11℃
- 가솔린의 인화점 : −43℃~−20℃

118 톨루엔에 대한 설명으로 틀린 것은?

① 벤젠의 수소원자 하나가 메틸기로 치환된 것이다.
② 증기는 벤젠보다 가볍고 휘발성은 더 높다.
③ 독특한 향기를 가진 무색의 액체이다.
④ 물에 녹지 않는다.

해설

증기는 벤젠보다 무겁고 휘발성은 더 낮다.

- 벤젠(C_6H_6)의 증기비중 = 78/29 = 2.69
- 톨루엔($C_6H_5CH_3$)의 증기비중 = 92/29 = 3.17

119 아세트산에틸의 일반성질 중 틀린 것은?

① 과일 냄새를 가진 휘발성 액체이다.
② 증기는 공기보다 무거워 낮은 곳에 체류한다.
③ 강산화제와의 혼촉은 위험하다.
④ 인화점은 −20℃ 이하이다.

해설

아세트산에틸의 인화점은 −3℃이다.

120 아세톤의 성질에 관한 설명으로 옳은 것은?

① 비중은 1.02이다.
② 물에 불용이고, 에테르에 잘 녹는다.
③ 증기 자체는 무해하나 피부에 탈지작용이 있다.
④ 인화점이 0℃보다 낮다.

해설
① 비중은 0.79이다.
② 물, 에테르에 잘 녹는다.
③ 증기는 유해하고, 피부에 탈지작용이 있다.
④ 인화점이 −18℃이다.

121 아세톤의 성질에 대한 설명으로 옳은 것은?

① 자연발화성 때문에 유기용제로서 사용할 수 없다.
② 무색, 무취이고 겨울철에 쉽게 응고한다.
③ 증기비중은 약 0.79이고 요오드포름 반응을 한다.
④ 물에 잘 녹으며 끓는점이 60℃보다 낮다.

해설
① 유기용제로 사용한다.
② 자극성 냄새를 갖는다.
③ 증기비중은 약 2이다.
증기비중 = 58(CH₃COCH₃의 분자량)/29(공기의 분자량) = 2

122 아세트알데히드와 아세톤의 공통성질에 대한 설명 중 틀린 것은?

① 증기는 공기보다 무겁다.
② 무색 액체로서 인화점이 낮다.
③ 물에 잘 녹는다.
④ 특수인화물로 반응성이 크다.

해설
아세톤은 제1석유류이다.

123 다음 위험물 중 물에 가장 잘 녹는 것은?

① 적린   ② 황
③ 벤젠   ④ 아세톤

해설
아세톤만 수용성이고, 나머지 보기는 비수용성 불실이다.

124 다음 중 화재 시 내알코올포 소화약제를 사용하는 것이 적합한 위험물은?

① 아세톤   ② 휘발유
③ 경유   ④ 등유

해설
내알코올포 소화약제는 알코올과 같은 수용성 액체 화재에 적합한 소화약제이다.

125 아세톤의 특징과 화재 예방방법에 대한 설명으로 틀린 것은?

① 물에 잘 녹는다.
② 증기가 공기보다 가벼우므로 확산에 주의해야 한다.
③ 화재 발생 시 물분무에 의한 소화가 가능하다.
④ 휘발성이 있는 가연성 액체이다.

해설
증기는 공기보다 무겁다.

126 피리딘의 일반적인 성질에 대한 설명 중 틀린 것은?

① 순수한 것은 무색 액체이다.
② 약알칼리성을 나타낸다.
③ 물보다 가볍고, 증기는 공기보다 무겁다.
④ 흡수성이 없고, 비수용성이다.

해설
피리딘은 수용성물질이다.

정답 120 ④ 121 ④ 122 ④ 123 ④ 124 ① 125 ② 126 ④

127 피리딘에 대한 설명 중 옳지 않은 것은?

① 지정수량은 200L이다.
② 인화점은 25℃ 이하이다.
③ 제1석유류에 속한다.
④ 비중이 1 이하이다.

해설

피리딘은 제1석유류(수용성)로, 지정수량은 400L이다.

128 메탄올에 관한 설명으로 옳지 않은 것은?

① 인화점은 약 11℃이다.
② 술의 원료로 사용된다.
③ 휘발성이 강하다.
④ 최종 산화물은 의산(포름산)이다.

해설

술의 원료는 에탄올이다.

129 다음 중 메탄올의 연소범위에 가장 가까운 것은?

① 약 1.4~5.6%
② 약 7.3~36%
③ 약 20.3~66%
④ 약 42~77%

해설

메탄올의 연소범위는 약 7.3~36%이다.

130 메틸알코올의 위험성 설명으로 틀린 것은?

① 겨울에는 인화의 위험이 여름보다 적다.
② 증기밀도는 가솔린보다 크다.
③ 독성이 있다.
④ 연소범위는 에틸알코올보다 넓다.

해설

증기밀도는 가솔린이 메틸알코올보다 크다(증기밀도는 분자량에 비례한다).

131 메틸알코올의 위험성으로 옳지 않은 것은?

① 나트륨과 반응하여 수소기체를 발생한다.
② 휘발성이 강하다.
③ 연소범위가 알코올류 중 가장 좁다.
④ 인화점이 상온(25℃)보다 낮다.

해설

메틸알코올의 연소범위는 알코올류 중 가장 넓다.

132 연소할 때 연기가 거의 나지 않아 밝은 곳에서 연소상태를 잘 느끼지 못하는 물질로 독성이 매우 강해 먹으면 실명 또는 사망에 이를 수 있는 것은?

① 메틸알코올
② 에틸알코올
③ 등유
④ 경유

해설

메틸알코올에 대한 설명이다.

133 메탄올과 에탄올의 공통점에 대한 설명으로 틀린 것은?

① 증기비중이 같다.
② 무색 투명한 액체이다.
③ 비중이 1보다 작다.
④ 물에 잘 녹는다.

해설

증기비중은 위험물의 분자량에 비례한다.
• 메틸알코올(CH_3OH) : 32(메틸알코올의 분자량)/29(공기의 분자량) = 1.1
• 에틸알코올(C_2H_5OH) : 46(에틸알코올의 분자량)/29(공기의 분자량) = 1.6

134 메탄올과 비교한 에탄올의 성질에 대한 설명 중 틀린 것은?

① 인화점이 낮다.
② 발화점이 낮다.
③ 증기비중이 크다.
④ 비점이 높다.

위험물의 인화점
- 메탄올 : 11℃
- 에탄올 : 13℃

135 다음 중 에틸알코올에 관한 설명으로 옳은 것은?

① 인화점은 0℃ 이하이다.
② 비점은 물보다 낮다.
③ 증기밀도는 메틸알코올보다 작다.
④ 수용성이므로 이산화탄소 소화기는 효과가 없다.

해설
에틸알코올의 비점은 80℃로 물보다 낮다.
① 인화점은 13℃이다.
③ 증기밀도는 메틸알코올보다 크다.
④ 이산화탄소 소화기는 효과가 있다.

136 알코올에 대한 설명으로 옳지 않은 것은?

① 1차 알코올이 산화되면 2차 알코올이 된다.
② 알코올류는 지정수량이 400L이다.
③ 에틸알코올을 검출할 때 요오드포름 반응을 이용한다.
④ 제4류 위험물에 속한다.

해설
1차 알코올이 산화되면 알데히드가 된다.

137 등유의 성질에 대한 설명 중 틀린 것은?

① 증기는 공기보다 가볍다.
② 인화점이 상온보다 높다.
③ 전기에 대해 불량도체이다.
④ 물보다 가볍다.

해설
등유의 증기는 공기보다 무겁다.

138 다음 중 증기비중이 가장 큰 것은?

① 벤젠
② 등유
③ 메틸알코올
④ 디에틸에테르

해설
증기비중 = 위험물의 분자량/공기 분자량(29)
보기 중 분자량이 가장 큰 등유가 증기비중이 가장 크다고 볼 수 있다.
① 벤젠(C_6H_6) = $(12 \times 6 + 6)/29 = 2.68$
② 등유 = 4~5
③ 디에틸에테르($C_2H_5OC_2H_5$) = $(12 \times 4 + 10 + 16)/29 = 2.55$
④ 메틸알코올(CH_3OH) = $(12 + 4 + 16)/29 = 1.10$

139 등유에 관한 설명으로 틀린 것은?

① 물보다 가볍다.
② 녹는점은 상온보다 높다.
③ 발화점은 상온보다 높다.
④ 증기는 공기보다 무겁다.

해설
등유의 녹는점은 상온보다 낮아서 액체상태로 존재한다.

140 경유의 성질을 잘못 설명한 것은?

① 물에 녹기 어렵다.
② 인화점이 등유보다 낮다.
③ 비중이 1 이하이다.
④ 시판되는 것은 담황색의 액체이다.

해설
경유의 인화점(50℃ 이상)이 등유(39℃ 이상)보다 높다.

141 식초의 원료이며 융점이 낮아 빙초산으로 불리우는 위험물은?

① 초산메틸
② 아크릴산
③ 아세트산
④ 의산

해설
초산(아세트산)의 융점은 약 16℃로 그 이하에서는 고체 상태로 존재하여 빙초산이라고도 한다.

정답 135 ② 136 ① 137 ① 138 ② 139 ② 140 ② 141 ③

142 인화점이 상온 이상인 위험물은?

① 중유
② 아세트알데히드
③ 아세톤
④ 이황화탄소

해설

중유는 제3석유류로 인화점이 70℃ 이상이다.
② 아세트알데히드 : 특수인화물
③ 아세톤 : 제1석유류
④ 이황화탄소 : 특수인화물

143 크레오소트유에 대한 설명으로 틀린 것은 어느 것인가?

① 제3석유류에 속한다.
② 무취이고 증기는 독성이 없다.
③ 상온에서 액체이다.
④ 물보다 무겁고 물에 녹지 않는다.

해설

크레오소트유(타르유)는 자극성 냄새가 나고, 증기는 독성이 있다.

144 아닐린에 대한 설명으로 옳은 것은?

① 특유의 냄새를 가진 기름상 액체이다.
② 인화점이 0℃ 이하여서 상온에서 인화의 위험이 높다.
③ 황산과 같은 강산화제와 접촉하면 중화되어 안정하게 된다.
④ 증기는 공기와 혼합하여 인화, 폭발의 위험이 없는 안정한 상태가 된다.

해설

② 인화점이 70℃이다.
③ 황산과 같은 강산화제와 접촉하면 위험하다.
④ 증기는 공기와 혼합하여 인화, 폭발의 위험이 커진다.

145 에틸렌글리콜의 성질로 옳지 않은 것은?

① 갈색의 액체로 방향성이 있고 쓴맛이 난다.
② 물, 알코올 등에 잘 녹는다.
③ 분자량은 약 62이고 비중은 약 1.1이다.
④ 부동액의 원료로 사용된다.

해설

에틸렌글리콜은 무색이고, 단맛이 난다.

146 에틸렌글리콜에 대한 설명으로 옳지 않은 것은?

① 수용성 물질이다.
② 알코올의 한 종류이다.
③ 부동액의 원료이다.
④ 독성이 없어 화장품 제조에 이용된다.

해설

에틸렌글리콜은 독성이 있다. 화장품, 식품 제조 등에 사용되는 물질은 글리세린이다.

147 물보다 비중이 작은 것으로만 이루어진 것은?

① 에테르, 이황화탄소
② 벤젠, 글리세린
③ 가솔린, 메탄올
④ 글리세린, 아닐린

해설

위험물의 비중
• 물보다 비중이 작은 것 : 에테르, 벤젠, 가솔린, 메탄올
• 물보다 비중이 큰 것 : 이황화탄소, 글리세린, 아닐린

148 글리세린은 몇 가 알코올인가?

① 1가 알코올
② 2가 알코올
③ 3가 알코올
④ 4가 알코올

해설

글리세린은 − OH기가 3개이므로 3가 알코올이다.

```
      H   H   H
      |   |   |
  H - C - C - C - H
      |   |   |
      OH  OH  OH
```

149 동식물유류에 대한 설명 중 틀린 것은?

① 연소하면 열에 의해 액온이 상승하여 화재가 커질 위험이 있다.
② 요오드값이 낮을수록 자연발화의 위험이 높다.
③ 동유는 건성유이므로 자연발화의 위험이 있다.
④ 요오드값이 100~130인 것을 반건성유라고 한다.

해설

요오드값이 클수록 자연발화의 위험이 크다.

150 저장 시 섬유류에 스며들어 자연발화의 위험이 있는 물질은?

① 해바라기유
② 땅콩기름
③ 야자유
④ 올리브유

해설

요오드값이 클수록 자연발화의 위험이 크다.

동식물유류	요오드값	예시
건성유	130 이상	아마인유, 들기름, 동유(오동유), 정어리유, 해바라기유, 상어유, 대구유 등
반건성유	100~130	참기름, 쌀겨기름, 옥수수기름, 콩기름, 청어유, 면실유, 채종유 등
불건성유	100 이하	팜유, 쇠기름, 돼지기름, 고래기름, 피마자유, 야자유, 올리브유, 땅콩기름(낙화생유) 등

151 다음 중 요오드값이 가장 낮은 것은?

① 해바라기유
② 오동유
③ 아마인유
④ 낙화생유

해설

동식물유류	요오드값	예시
건성유	130 이상	아마인유, 들기름, 동유(오동유), 정어리유, 해바라기유, 상어유, 대구유 등
반건성유	100~130	참기름, 쌀겨기름, 옥수수기름, 콩기름, 청어유, 면실유, 채종유 등
불건성유	100 이하	팜유, 쇠기름, 돼지기름, 고래기름, 피마자유, 야자유, 올리브유, 땅콩기름(낙화생유) 등

152 건성유에 해당되지 않는 것은?

① 들기름
② 동유
③ 아마인유
④ 피마자유

해설

피마자유는 불건성유이다.

동식물유류	요오드값	예시
건성유	130 이상	아마인유, 들기름, 동유(오동유), 정어리유, 해바라기유, 상어유, 대구유 등
반건성유	100~130	참기름, 쌀겨기름, 옥수수기름, 콩기름, 청어유, 면실유, 채종유 등
불건성유	100 이하	팜유, 쇠기름, 돼지기름, 고래기름, 피마자유, 야자유, 올리브유, 땅콩기름(낙화생유) 등

153 자연발화의 위험성이 가장 큰 물질은?

① 아마인유
② 야자유
③ 올리브유
④ 피마자유

해설

동식물유 중 건성유는 자연발화의 위험성이 높다.

동식물유류	요오드값	예시
건성유	130 이상	아마인유, 들기름, 동유(오동유), 정어리유, 해바라기유, 상어유, 대구유 등
반건성유	100~130	참기름, 쌀겨기름, 옥수수기름, 콩기름, 청어유, 면실유, 채종유 등
불건성유	100 이하	팜유, 쇠기름, 돼지기름, 고래기름, 피마자유, 야자유, 올리브유, 땅콩기름(낙화생유) 등

제5류 위험물(자기반응성 물질)

1. 품명, 지정수량, 위험등급(「위험물안전관리법 시행령」 [별표 1])

품명		지정수량	위험등급
1. 유기과산화물		10kg	I
2. 질산에스테르류			
3. 니트로화합물		200kg	II
4. 니트로소화합물			
5. 아조화합물			
6. 디아조화합물			
7. 히드라진 유도체			
8. 히드록실아민		100kg	
9. 히드록실아민염류			
10. 그 밖에 행정안전부령으로 정하는 것	1. 금속의 아지화합물	10kg, 100kg, 200kg	I, II
	2. 질산구아니딘		
11. 제1호 내지 제10호의 1에 해당하는 어느 하나 이상을 함유한 것			

> **참고** - "제1호 내지 제10호의 1에 해당하는 어느 하나 이상을 함유한 것"의 정의
>
> 유기과산화물을 함유하는 것 중에서 불활성고체를 함유하는 것으로서 가.~마. 중 하나에 해당하는 것은 제외
>   가. 과산화벤조일의 함유량이 35.5중량퍼센트 미만인 것으로서 전분가루, 황산칼슘2수화물 또는 인산1수소칼슘2수화물과의 혼합물
>   나. 비스(4클로로벤조일)퍼옥사이드의 함유량이 30중량퍼센트 미만인 것으로서 불활성고체와의 혼합물
>   다. 과산화지크밀의 함유량이 40중량퍼센트 미만인 것으로서 불활성고체와의 혼합물
>   라. 1·4비스(2-터셔리부틸퍼옥시이소프로필)벤젠의 함유량이 40중량퍼센트 미만인 것으로서 불활성고체와의 혼합물
>   마. 시크로헥사놀퍼옥사이드의 함유량이 30중량퍼센트 미만인 것으로서 불활성고체와의 혼합물

2. 제5류 위험물의 성질

(1) 성질

① 외부로부터 산소의 공급 없이도 가열, 충격 등에 의해 연소폭발을 일으킬 수 있는 자기연소를 일으킨다.

② 연소속도가 대단히 빠르고 폭발적이다.

③ 대부분이 유기화합물(하이드라진 유도체 제외)이므로 가열, 충격, 마찰 등으로 폭발의 위험이 있다.

④ 대부분이 질소를 함유한 유기질소화합물(유기과산화물 제외)이다.

⑤ 모두 가연성의 액체 또는 고체물질이고 연소할 때는 다량의 가스를 발생시킨다.

⑥ 시간의 경과에 따라 자연발화의 위험성이 있다.

⑦ 물에 녹지 않고, 물과의 반응 위험성이 크지 않다.

⑧ 비중이 1보다 크다.

(2) 위험성

① 외부의 산소공급 없이도 자기연소 하므로 연소속도가 빠르고 폭발적이다.

② 아조화합물, 다이아조화합물, 하이드라진유도체는 고농도인 경우 충격에 민감하여 연소 시 순간적인 폭발로 이어질 수 있다.

③ 니트로화합물은 화기, 가열, 충격, 마찰에 민감하여 폭발위험이 있다.

④ 강산화제, 강산류와 혼합한 것은 발화를 촉진시키고 위험성도 증가한다.

(3) 저장 · 취급방법

① 점화원으로부터 멀리 저장한다.

② 가열, 충격, 마찰, 타격 등을 피해야 한다.

③ 강산화제, 강산류, 기타 물질이 혼입되지 않도록 해야 한다.

④ 용기의 파손 및 위험물의 누출을 방지한다.

⑤ 화재 발생 시 소화가 곤란하므로 소분하여 저장한다.

⑥ 포장 외부에 화기엄금, 충격주의 등 주의사항을 표시한다.

(4) 소화방법

① 화재 초기 또는 소형화재 이외는 소화가 어렵다.

② 화재 초기에는 다량의 물로 주수소화한다.

③ 소화가 어려울 경우에는 가연물이 모두 연소할 때까지 화재의 확산을 막아야 한다.

④ 물질 자체가 산소를 함유하고 있으므로 질식소화는 효과적이지 않다.

3. 제5류 위험물의 종류별 특성

(1) 유기과산화물(지정수량 : 10kg)

종류	특징	
과산화벤조일 ((C₆H₅CO)₂O₂) (벤조일퍼옥사이드) (BPO)	구조식	(구조식)
	• 무색, 무미 결정 • 약한 아몬드 냄새 • 벤젠에 녹고, 알코올에 약간 녹음 • 물에 녹지 않음 • 융점 : 약 103℃(융점 이상이 되면 흰 연기를 내며 분해) • 불활성 희석제[프탈산디메틸($C_{10}H_{10}O_4$), 프탈산디부틸($C_{16}H_{22}O_4$)]를 첨가하여 폭발성을 낮춤 • 건조 상태에서 위험성이 증가하므로 수분이 10% 이하가 되지 않게 보관 필요	
과산화메틸에틸케톤 ($C_8H_{16}O_4$) (MEKPO)	구조식	(구조식)
	• 무색 액체 • 톡 쏘는 냄새 • 상온에서는 안정적, 40℃에서 분해 시작, 110℃ 이상에서 급격히 분해	
과산화초산 (CH₃COOOH)	구조식	(구조식)
	자극성의 역한냄새	
아세틸퍼옥사이드 ((CH₃CO)₂O₂)	구조식	(구조식)
	인화점 : 45℃	

(2) 질산에스테르류(지정수량 : 10kg)

종류	특징	
니트로셀룰로오스 $(C_{24}H_{36}N_8O_{38})$ (질화면, 질산섬유소) (NC)	• 백색 또는 담황색의 면상 물질 • 착화점 : 180℃ • 아세톤에 녹음 • 물에 녹지 않음 • 건조상태 시 발화 위험 • 물 또는 30% 알코올로 습윤시켜 저장 • 셀룰로오스에 혼산(진한 질산 : 진한 황산=3 : 1)을 반응시켜 제조 • 질화도에 따라 강면약/약면약 구분 　－질화도 : 니트로셀룰로오스의 질소(질산기) 함유 비율(클수록 위험)	
		강면약 | 질화도가 약 12.76% 이상 약면약 | 질화도가 10.18~12.76% 사이
	• 질소 11%의 니트로셀룰로오스를 장뇌, 알코올에 녹인 것이 셀룰로이드 • 젤라틴다이너마이트(노벨)＝니트로셀룰로오스＋니트로글리세린	
니트로글리세린 $(C_3H_5(ONO_2)_3)$ (NG)	구조식	
	• 무색투명 액체(공업용 : 담황색) • 유독성 • 물에 잘 녹지 않음 • 알코올, 벤젠, 에테르 등 유기용매에 잘 녹음 • 고체 상태에서는 둔감하나, 액체 상태(융점 약 14℃)에서는 충격, 마찰에 폭발 위험 • 8℃에서 동결(겨울철 동결 위험) • 다이너마이트＝니트로글리세린＋규조토 • 장기간 보관 시 공기 속 수분과 작용하여 가수분해 • 제조 : 글리세린에 혼산(진한 질산＋진한 황산)을 반응시켜 제조	
	반응식	• 제조 : $C_3H_5(OH)_3 + 3HNO_3 \rightarrow C_3H_5(ONO_2)_3 + 3H_2O$ • 분해 : $4C_3H_5(ONO_2)_3 \rightarrow 12CO_2 + 10H_2O + 6N_2 + O_2$
니트로글리콜 $(C_2H_4N_2O_6)$	구조식	
	• 무색, 무취 액체 • 어는점 : -22℃ • 잘 얼지 않는 다이너마이트 제조 시 니트로글리세린 일부를 대체하여 첨가	

종류	특징
질산메틸 (CH_3ONO_2)	• 무색 액체 • 물에 녹지 않음 • 알코올, 에테르에 녹음
질산에틸 ($C_2H_5ONO_2$)	• 무색 액체 • 물에 녹지 않음 • 알코올, 에테르에 녹음
셀룰로이드	• 니트로셀룰로오스와 장뇌를 혼합한 일종의 플라스틱

(3) 니트로화합물(지정수량 : 200kg)

종류	특징	
트리니트로톨루엔 ($C_6H_2CH_3(NO_2)_3$) (TNT)	구조식	
	• 담황색 결정 • 비중 : 1.66 • 융점 : 81℃ • 발화점 : 475℃ • 물에 녹지 않음 • 아세톤, 알코올, 벤젠, 에테르에 잘 녹음 • 상온, 건조상태에서 자연분해 하지 않음 • 마찰에는 둔감, 가열 · 타격 · 충격에는 폭발 • 직사광선 노출 시 다갈색으로 변함 • 톨루엔에 질산과 황산의 혼산을 반응시켜 제조 • 폭약의 원료	
	반응식	• 제조 : • 분해 : $2C_6H_2CH_3(NO_2)_3 \rightarrow 12CO + 2C + 3N_2 + 5H_2$

종류		특징
트리니트로페놀 [C₆H₂OH(NO₂)₃] (피크린산) (피크르산) (TNP)	구조식	
	반응식	
테트릴(C₇H₅N₅O₈)	구조식	
		• 담황색 주상결정(순수한 것은 백색) • 아세톤, 벤젠 등 유기용제에 녹음 • 물에 안 녹음
디니트로벤젠 (C₆H₄(NO₂)₂)	구조식	
		• 고체
디니트로톨루엔 (C₆H₃CH₃(NO₂)₂)	구조식	
		• 담황색 결정
디니트로페놀 (C₆H₃OH(NO₂)₂)	구조식	
		• 고체

트리니트로페놀 특징 목록:
• 순수한 것은 백색결정, 공업용은 황색결정
• 융점 121℃
• 발화점 : 300℃
• 쓴맛
• 유독성
• 온수, 알코올, 에테르, 벤젠에 잘 녹음
• 냉수에 조금 녹음
• 상온, 건조상태에서 자연분해 하지 않음
• 단독으로 있을 경우 안정, 가연물과의 혼합은 폭발
• 납과 화합하여 예민한 금속염 만듦
• 폭약, 살충제, 로켓연료의 산화제 등에 이용

반응식: 제조 : [페놀] + 3HNO₃ →(C-H₂SO₄) [피크린산] + 3H₃O [질산] [황산] [물]

(4) 니트로소화합물(지정수량 : 200kg)

니트로소기(-NO)를 가진 화합물이다.

종류	구조식
디니트로소 펜타메틸렌테트라민 (DPT)	
디니트로소레조르시놀	
파라디니트로소벤젠	

(5) 아조화합물(지정수량 : 200kg)

아조기(-N = N-)가 탄소와 결합되어 있는 화합물이다.

종류	구조식
아조벤젠	
히드록시아조벤젠	

(6) 디아조화합물(지정수량 : 200kg)

디아조기(-N≡N)가 탄소와 결합되어 있는 화합물이다.

종류	구조식
디아조메탄	
디아조디니트로페놀 (DDNP)	

(7) 히드라진유도체(지정수량 : 200kg)

① 히드라진(N_2H_4)으로부터 유도된 화합물이다.

② 산소를 포함하지 않는다.

③ 염산히드라진, 황산히드라진, 메틸히드라진, 페닐히드라진 등이 있다.

(8) 히드록실아민, 히드록실아민염류(지정수량 : 100kg)

종류	특징
히드록실아민 (NH_2OH)	• 무색투명 액체
히드록실아민염류	• 종류 : 염산히드록실아민, 황산히드록실아민

(9) 그 밖에 행정안전부령으로 정하는 것

종류	특징
금속의 아지화합물	• 아지드화나트륨(NaN_3) • 아지드화납(질화납)($Pb(N_3)_2$) • 아지드화은(AgN_3) • 산소를 포함하지 않음
질산구아니딘 ($CH_6N_4O_3$)	$$\left[\begin{array}{c} NH_2 \\ \| \\ H_2N \diagup C \diagdown NH_2 \end{array} \right]^{+} \left[\begin{array}{c} O \\ \| \\ O \diagup N \diagdown O \end{array} \right]^{-}$$

적중 핵심예상문제

01 위험물의 유별에 따른 성질과 해당 품명의 예가 잘못 연결된 것은?

① 제1류 : 산화성 고체 - 무기과산화물
② 제2류 : 가연성 고체 - 금속분
③ 제3류 : 자연발화성 물질 및 금수성 물질 - 황화린
④ 제5류 : 자기반응성물질 - 히드록실아민염류

해설
황화린은 제2류 위험물이다.

02 위험물안전관리법령상 품명이 질산에스테르류에 속하지 않는 것은?

① 질산에틸
② 니트로글리세린
③ 니트로톨루엔
④ 니트로셀룰로오스

해설
니트로톨루엔은 제4류 위험물이다.

03 제5류 위험물 중 유기과산화물을 함유한 것으로서 위험물에서 제외되는 것의 기준이 아닌 것은?

① 과산화벤조일의 함유량이 35.5중량퍼센트 미만인 것으로서 전분가루, 황산칼슘2수화물 또는 인산1 수소칼슘2수화물과의 혼합물
② 비스(4클로로벤조일)퍼옥사이드의 함유량이 30중 량퍼센트 미만인 것으로서 불활성고체와의 혼합물
③ 1 · 4비스(2-터셔리부틸퍼옥시이소프로필)벤젠의 함유량이 40중량퍼센트 미만인 것으로서 불활성 고체와의 혼합물
④ 시크로헥시놀퍼옥사이드의 함유량이 40중량퍼센트 미만인 것으로서 불활성고체와의 혼합물

해설
시크로헥사놀퍼옥사이드의 함유량이 30중량퍼센트 미만인 것으로서 불활성고체와의 혼합물

04 위험물안전관리법령상 품명이 나머지 셋과 다른 하나는?

① 트리니트로톨루엔
② 니트로글리세린
③ 니트로글리콜
④ 셀룰로이드

해설
• 트리니트로톨루엔 : 니트로화합물
• 니트로글리세린, 니트로글리콜, 셀룰로이드 : 질산에스테르류

05 제5류 위험물이 아닌 것은?

① 염화벤조일
② 아지드화나트륨
③ 질산구아니딘
④ 아세틸퍼옥사이드

해설
염화벤조일은 제4류 위험물(제3석유류)이다.

06 제5류 위험물이 아닌 것은?

① 클로로벤젠
② 과산화벤조일
③ 염산히드라진
④ 아조벤젠

해설
클로로벤젠은 제4류 위험물(제2석유류)이다.

07 셀룰로이드의 품명으로 옳은 것은?

① 니트로화합물
② 아조화합물
③ 유기과산화물
④ 질산에스테르류

해설
셀룰로이드의 품명은 질산에스테르류이다.

PART 01 | PART 02 | PART 03 | PART 04 | PART 05

08 질산에스테르류에 속하지 않는 것은?

① 니트로셀룰로오스 ② 질산메틸

③ 니트로글리세린 ④ 디니트로페놀

해설

디니트로페놀은 니트로화합물이다.

09 다음 물질 중 위험물 유별에 따른 구분이 나머지 셋과 다른 것은?

① 벤젠 ② 니트로벤젠

③ 아조벤젠 ④ 클로로벤젠

해설

아조벤젠은 제5류 위험물, 나머지는 제4류 위험물이다.

10 다음 중 잘산에스테르류에 속하는 것은?

① 피크린산 ② 니트로벤젠

③ 니트로글리세린 ④ 트리니트로톨루엔

해설

① 피크린산 : 니트로화합물
② 니트로벤젠 : 제4류 위험물(제3석유류)
③ 니트로글리세린 : 질산에스테르류
④ 트리니트로톨루엔 : 니트로화합물

11 위험물의 유별 구분이 나머지 셋과 다른 하나는 어느 것인가?

① 니트로글리콜 ② 벤젠

③ 아조벤젠 ④ 디니트로벤젠

해설

벤젠은 제4류 위험물, 나머지는 제5류 위험물이다.

12 품명이 나머지와 다른 물질은 무엇인가?

① 트리니트로페놀 ② 니트로글리세린

③ 질산메틸 ④ 셀룰로이드

해설

트리니트로페놀은 니트로화합물, 나머지는 질산에스테르류이다.

13 과산화벤소일과 품명이 같은 것은?

① 셀룰로이드 ② 아세틸퍼옥사이드

③ 질산메틸 ④ 니트로글리세린

해설

과산화벤조일의 품명은 유기과산화물이다.
① 셀룰로이드 : 질산에스테르류
② 아세틸퍼옥사이드 : 유기과산화물
③ 질산메틸 : 질산에스테르류
④ 니트로글리세린 : 질산에스테르류

14 위험물안전관리법령상 해당하는 품명이 나머지 셋과 다른 것은?

① 트리니트로페놀 ② 트리니트로톨루엔

③ 나이트로셀룰로스 ④ 테트릴

해설

① 트라이니트로페놀 : 니트로화합물
② 트라이니트로톨루엔 : 니트로화합물
③ 니트로셀룰로오스 : 질산에스테르류
④ 테트릴 : 니트로화합물

15 다음 위험물 중 제5류 위험물이 아닌 것은?

① 질산염류 ② 질산에스테르류

③ 유기과산화물 ④ 히드라진유도체

해설

질산염류는 제1류 위험물이다.

16 다음 위험물에 대한 유별 구분이 잘못된 것은?

① 염소산염류 - 제1류 위험물

② 적린 - 제2류 위험물

③ 질산에스테르류 - 제3류 위험물

④ 유기과산화물 - 제5류 위험물

정답 08 ④ 09 ③ 10 ③ 11 ② 12 ① 13 ② 14 ③ 15 ① 16 ③

해설
질산에스테르류 – 제5류 위험물

해설
질산구아니딘은 제5류 위험물이다.

17 다음 중 니트로화합물에 속하지 않은 것은?

① 니트로벤젠 ② 테트릴
③ 트리니트로톨루엔 ④ 피크린산

해설
니트로벤젠은 제4류 위험물이다.

21 위험물의 유별에 따른 성질과 해당 품명의 예가 잘못 연결된 것은?

① 제1류 : 산화성 고체 – 무기과산화물
② 제2류 : 가연성 고체 – 금속분
③ 제3류 : 자연발화성 물질 및 금수성 물질 – 황화린
④ 제5류 : 자기반응성 물질 – 히드록실아민염류

해설
황화린은 제2류 위험물이다.

18 위험물안전관리법령상 품명이 유기과산화물인 것으로만 나열된 것은?

① 과산화벤조일, 과산화메틸에틸케톤
② 과산화벤조일, 과산화마그네슘
③ 과산화마그네슘, 과산화메틸에틸케톤
④ 과산화초산, 과산화수소

해설
과산화마그네슘은 무기과산화물로 제1류 위험물, 과산화수소는 제6류 위험물이다.

22 위험물에 대한 유별 구분이 잘못된 것은?

① 브롬산염류 – 제1류 위험물
② 유황 – 제2류 위험물
③ 금속의 인화물 – 제3류 위험물
④ 무기과산화물 – 제5류 위험물

해설
무기과산화물 – 제1류 위험물

19 자기반응성 물질인 제5류 위험물에 해당하는 것은?

① $CH_3(C_6H_4)NO_2$ ② CH_3COCH_3
③ $C_6H_2(NO_2)_3OH$ ④ $C_6H_5NO_2$

해설
① $CH_3(C_6H_4)NO_2$: 니트로톨루엔, 제4류 위험물
② CH_3COCH_3 : 아세톤, 제4류 위험물
③ $C_6H_2(NO_2)_3OH$: 트리니트로페놀, 제5류 위험물
④ $C_6H_5NO_2$: 니트로벤젠, 제4류 위험물

23 제5류 위험물 중 니트로화합물의 지정수량은 얼마인가?

① 10kg ② 100kg
③ 150kg ④ 200kg

해설
니트로화합물의 지정수량은 200kg이다.

20 다음 중 제1류 위험물에 해당되지 않는 것은?

① 염소산칼륨 ② 과염소산암모늄
③ 과산화바륨 ④ 질산구아니딘

24 제5류 위험물 중 나이트로화합물의 지정수량을 옳게 나타낸 것은?

① 10kg ② 100kg
③ 150kg ④ 200kg

해설
니트로화합물의 지정수량은 200kg이다.

정답 17 ① 18 ① 19 ③ 20 ④ 21 ③ 22 ④ 23 ④ 24 ④

25 다음 중 지정수량이 가장 큰 것은?

① 과염소산칼륨　　② 트리니트로톨루엔

③ 황린　　　　　　④ 유황

해설

위험물의 지정수량

① 과염소산칼륨 : 50kg

② 트리니트로톨루엔 : 200kg

③ 황린 : 20kg

④ 유황 : 100kg

26 위험물안전관리법령에서 정한 위험물의 지정수량으로 틀린 것은?

① 염소산염류 - 50kg

② 황화린 - 500kg

③ 칼륨 - 10kg

④ 니트로화합물 - 200kg

해설

황화린 - 100kg

27 과산화벤조일의 지정수량은 얼마인가?

① 10kg　　　　　② 50L

③ 100kg　　　　④ 100L

해설

과산화벤조일의 지정수량은 10kg이다.

28 니트로셀룰로오스 5kg과 트리니트로페놀을 함께 저장하려고 한다. 이때 지정수량 1배로 저장하려면 트리니트로페놀 몇 kg을 저장하여야 하는가?

① 5　　　　　　② 10

③ 50　　　　　④ 100

해설

• 니트로셀룰로오스 지정수량 : 10kg

• 트리니트로페놀 지정수량 : 200kg

• 지정수량의 배수 = 위험물 저장수량/위험물 지정수량

• 지정수량 배수의 합 = 1 = 5/10 + x/200

x = 100kg

29 유기과산화물의 화재예방상 주의사항으로 틀린 것은?

① 열원으로부터 멀리한다.

② 직사광선을 피해야 한다.

③ 용기의 파손에 의해 누출되면 위험하므로 정기적으로 점검하여야 한다.

④ 산화제와 격리하고 환원제와 접촉시켜야 한다.

해설

유기과산화물은 산화제, 환원제 모두와 격리시켜야 한다.

30 자기반응성물질은 어떠한 연소를 하는가?

① 증발연소　　　　② 분해연소

③ 표면연소　　　　④ 자기연소

해설

자기반응성물질은 자체에 산소를 포함하고 있어 외부의 산소공급 없이 자기연소한다.

31 유기과산화물을 저장할 때 일반적인 주의사항에 대한 설명으로 잘못된 것은?

① 인화성 액체류와 접촉을 피한다.

② 다른 산화제와 격리하여 저장한다.

③ 필요한 경우 물질의 특성에 맞는 희석제를 첨가한다.

④ 습기 방지를 위해 건조한 상태로 저장한다.

해설

유기과산화물은 건조 상태에서 위험성이 증가할 수 있다.

32 유기과산화물의 화재예방상 주의사항으로 틀린 것은?

① 직사광선을 피하고 냉암소에 저장한다.

② 불꽃, 불티 등의 화기, 열원으로부터 멀리한다.

③ 산화제와 접촉하지 않도록 주의한다.

④ 대형 화재 시 분말소화기를 이용한 질식소화가 유효하다.

정답　25 ②　26 ②　27 ①　28 ④　29 ④　30 ④　31 ④　32 ④

유기과산화물은 자체적으로 산소를 가지고 있기 때문에 질식소화는 효과가 없고 물을 이용하여 냉각소화하는 것이 유효하다.

33 유기과산화물의 저장 또는 운반 시 주의사항으로서 옳은 것은?

① 일광이 드는 건조한 곳에 저장한다.
② 가능한 한 대용량으로 저장한다.
③ 알코올류 등 제4류 위험물과 혼재하여 운반할 수 있다.
④ 산화제이므로 다른 강산화제와 같이 저장해도 좋다.

해설
유기과산화물은 제5류 위험물로, 제4류 위험물과 혼재가 가능하다.

유별을 달리하는 위험물의 혼재기준([별표 19] 관련)

위험물의 구분	제1류	제2류	제3류	제4류	제5류	제6류
제1류		×	×	×	×	○
제2류	×		×	○	○	×
제3류	×	×		○	×	×
제4류	×	○	○		○	×
제5류	×	○	×	○		×
제6류	○	×	×	×	×	

34 다음 중 제5류 위험물에 대한 설명으로 옳지 않은 것은?

① 대표적인 성질은 자기반응성이다.
② 피크린산은 니트로화합물이다.
③ 모두 산소를 포함하고 있다.
④ 니트로화합물은 니트로기가 많을수록 폭발력이 커진다.

해설
히드라진유도체[염산히드라진(N_2H_4HCl)], 금속의 아지화합물[아지드화나트륨(NaN_3), 아지드화납($Pb(N_3)_2$), 아지드화은(AgN_3)]은 산소를 포함하지 않는다.

35 제5류 위험물의 성질에 대한 설명 중 틀린 것은 어느 것인가?

① 자기연소를 일으키며, 연소속도가 빠르다.
② 무기물이므로 폭발의 위험이 있다.
③ 운반용기 외부에 "화기엄금" 및 "충격주의" 주의사항 표시를 하여야 한다.
④ 강산화제나 강산류 접촉 시 위험성이 증가한다.

해설
제5류 위험물은 대부분 유기물이다.

36 제5류 위험물의 일반적 성질에 관한 설명으로 옳지 않은 것은?

① 화재발생 시 소화가 곤란하므로 적은 양으로 나누어 저장한다.
② 운반용기 외부에 충격주의, 화기엄금의 주의사항을 표시한다.
③ 자기연소를 일으키며 연소속도가 대단히 빠르다.
④ 가연성 물질이므로 질식소화하는 것이 가장 좋다.

해설
제5류 위험물은 자기반응성 물질로 질식소화는 효과가 없으며, 주수소화가 효과적이다.

37 제5류 위험물의 화재 시 적당한 소화제는 어느 것인가?

① 물
② 질소
③ 탄산가스
④ 사염화탄소

해설
제5류 위험물은 자기반응성 물질로 질식소화는 적합하지 않다. 다량의 물로 냉각소화하는 것이 적합하다.

38 벤조일퍼옥사이드에 대한 설명으로 틀린 것은?

① 무색·무취의 투명한 액체이다.
② 가급적 소분하여 저장한다.
③ 제5류 위험물에 해당한다.
④ 품명은 유기과산화물이다.

해설
벤조일퍼옥사이드(과산화벤조일)은 고체이다.

39 벤조일퍼옥사이드의 위험성에 대한 설명으로 잘못된 것은?

① 상온에서 분해되며 수분이 흡수되면 폭발성을 가지므로 건조된 상태로 보관, 운반한다.
② 강산에 의해 분해 폭발의 위험이 있다.
③ 충격, 마찰에 의해 분해되어 폭발할 위험이 있다.
④ 가연성 물질과 접촉하면 발화의 위험이 높다.

해설
벤조일퍼옥사이드는 수분, 프탈산디메틸, 프탈산디부틸의 첨가에 의해 폭발성을 낮출 수 있다.

40 과산화벤조일의 취급 시 주의사항에 대한 설명 중 틀린 것은?

① 수분을 포함하고 있으면 폭발하기 쉽다.
② 가열, 충격, 마찰을 피해야 한다.
③ 저장용기는 차고 어두운 곳에 보관한다.
④ 희석제를 첨가하여 폭발성을 낮출 수 있다.

해설
과산화벤조일은 수분을 포함하면 폭발성이 감소하여 안정해진다.

41 과산화벤조일에 대한 설명 중 틀린 것은?

① 진한 황산과 혼촉 시 위험성이 증가한다.
② 폭발성을 방지하기 위하여 희석제를 첨가할 수 있다.
③ 가열하면 약 100℃에서 흰 연기를 내면서 분해한다.
④ 물에 녹으며 무색, 무취의 액체이다.

해설
과산화벤조일은 물에 녹지 않고, 디에틸에테르는 잘 녹는다.

42 과산화벤조일의 일반적인 성질이 아닌 것은?

① 가열하면 흰 연기가 난다.
② 비중은 약 1.33이다.
③ 수분을 흡수하면 잘 폭발한다.
④ 상온에서는 안정한 물질이다.

해설
과산화벤조일은 수분을 흡수하거나 불활성 희석제를 첨가하면 폭발성이 낮아진다.

43 다음 중 니트로셀룰로오스에 대한 설명으로 틀린 것은?

① 다이너마이트의 원료로 사용된다.
② 물과 혼합하면 위험성이 감소된다.
③ 셀룰로오스에 진한 질산과 진한 황산을 작용시켜 만든다.
④ 품명이 니트로화합물이다.

해설
니트로셀룰로오스의 품명은 질산에스테르류이다.

44 니트로셀룰로오스 화재 시 가장 적합한 소화방법은?

① 할로겐화합물 소화기를 사용한다.
② 분말소화기를 사용한다.
③ 이산화탄소 소화기를 사용한다.
④ 다량의 물을 사용한다.

해설
유기과산화물은 자체적으로 산소를 가지고 있기 때문에 질식소화는 효과가 없고 물을 이용하여 냉각소화하는 것이 유효하다.

45 다음 중 니트로셀룰로오스에 관한 설명으로 옳은 것은?

① 용제에는 전혀 녹지 않는다.
② 질화도가 클수록 위험성이 증가한다.
③ 물과 작용하여 수소를 발생한다.
④ 화재발생 시 질식소화가 가장 적합하다.

해설

①, ③ 용제에 잘 녹고, 물에 녹지 않는다.
④ 화재발생 시 냉각소화가 가장 적합하다.

46 다음 중 습윤한 상태로 안정제를 가하여 찬 곳에 저장하는 물질은?

① 질산에틸   ② 니트로셀룰로오스
③ 니트로글리세린   ④ 피크르산

해설

니트로셀룰로오스는 물 또는 알코올에 습면하고, 안정제를 가하여 냉암소에 저장해야 한다.

47 질화면(니트로셀룰로오스)의 성질 중 옳은 것은?

① 외관상 솜과 같은 진한 갈색의 물질이다.
② 질화도가 클수록 아세톤에 녹기 힘들다.
③ 질화도가 클수록 폭발성이 크다.
④ 수분을 많이 포함할수록 폭발성이 크다.

해설

① 백색 또는 담황색의 면상 물질이다.
② 질화면은 아세톤에 녹는다.
④ 물 또는 알코올에 습면하여 저장·운반한다.

48 질산기의 수에 따라 강면약, 약면약으로 구분하는 것은?

① 니트로글리콜   ② 니트로셀룰로오스
③ 니트로글리세린   ④ 질산메틸

해설

니트로셀룰로오스(질화면)는 질화도(질산기의 수)에 따라 강면약, 약면약으로 구분한다.

49 니트로셀룰로오스의 자연발화는 일반적으로 무엇에 기인한 것인가?

① 산화열   ② 분해열
③ 중합열   ④ 흡착열

해설

니트로셀룰로오스, 아세틸렌 등이 분해열에 의해 자연발화가 일어난다.

50 니트로셀룰로오스에 관한 설명 중 틀린 것은?

① 물에 잘 녹으며, 자연발화의 위험이 있다.
② 지정수량은 10kg이다.
③ 탄력성이 있는 고체의 형태이다.
④ 장시간 방치된 것은 햇빛, 고온 등에 의해 분해가 촉진된다.

해설

니트로셀룰로오스는 물에 잘 녹지 않으며, 자연발화의 위험이 있다.

51 니트로셀룰로오스에 대한 설명으로 옳은 것은?

① 질소 함유 유기물이다.
② 질소 함유 무기물이다.
③ 유기의 염화물이다.
④ 무기의 염화물이다.

해설

니트로셀룰로오스는 질소와 탄소를 함유하고 있는 물질이다.

52 다음 중 니트로셀룰로오스에 대하여 올바르게 설명한 것은?

① 물과 혼합하면 위험성이 감소된다.
② 공기 중에서 산화되지만 자연발화의 위험은 없다.
③ 건조할수록 발화의 위험성이 낮다.
④ 알코올과 반응하여 발화한다.

해설

②, ③ 자기반응성 물질로, 건조하면 자연발화의 위험이 있다.
④ 물 또는 알코올에 습면하여 저장한다.

53 니트로글리세린에 관한 설명으로 틀린 것은?

① 상온에서 액체 상태이다.
② 물에는 잘 녹지만 유기용매에는 녹지 않는다.
③ 충격 및 마찰에 민감하므로 주의해야 한다.
④ 다이너마이트의 원료로 쓰인다.

해설
니트로글리세린은 비수용성이고, 메틸알코올, 아세톤 같은 유기용매에 잘 녹는다.

54 다음 중 니트로글리세린을 다공질의 규조토에 흡수시켜 제조한 물질은?

① 흑색화약
② 니트로셀룰로오스
③ 다이너마이트
④ 면화약

해설
니트로글리세린 + 다공성규조토 = 다이너마이트

55 가수분해반응을 일으키는 단점을 가지고 있고, 다이너마이트를 발명하는 데 주원료로 사용한 위험물은?

① 셀룰로이드
② 니트로글리세린
③ 트리니트로톨루엔
④ 트리니트로페놀

해설
니트로글리세린 + 다공성규조토 = 다이너마이트

56 순수한 것은 무색투명한 기름상의 액체이고 공업용은 담황색인 위험물로 충격, 마찰에는 매우 예민하여 겨울철에는 동결할 우려가 있는 것은?

① 펜트리트
② 트리니트로벤젠
③ 니트로글리세린
④ 질산메틸

해설
니트로글리세린에 대한 설명이다.

57 낮은 온도에서도 잘 얼지 않는 다이너마이트를 제조하기 위해 니트로글리세린의 일부를 대체하여 첨가하는 물질은?

① 니트로셀룰로오스
② 니트로글리콜
③ 트리니트로톨루엔
④ 디니트로벤젠

해설
니트로글리콜의 어는점은 −22℃로 낮기 때문에 잘 얼지 않는 다이너마이트를 제조하기 위해 니트로글리세린 일부를 대체하여 첨가한다.

58 CH_3ONO_2의 소화방법에 대한 설명으로 옳은 것은?

① 물을 주수하여 냉각소화한다.
② 이산화탄소소화기로 질식소화를 한다.
③ 할로겐화합물소화기로 질식소화를 한다.
④ 건조사로 냉각소화한다.

해설
질산메틸(CH_3ONO_2)은 제5류 위험물로 화재 초기 또는 소형 화재 시 물을 주수하여 냉각소화한다.

59 질산메틸의 성질에 대한 설명으로 틀린 것은?

① 비점은 약 65℃이다.
② 증기는 공기보다 가볍다.
③ 무색 투명한 액체이다.
④ 자기반응성 물질이다.

해설
질산메틸(CH_3NO_3)의 증기비중 : 77/29 = 2.66

60 질산에틸과 아세톤의 공통적인 성질 및 취급방법으로 옳은 것은?

① 휘발성이 낮기 때문에 마개 없는 병에 보관하여도 무방하다.
② 점성이 커서 다른 용기에 옮길 때 가열하여 더운 상태에서 옮긴다.

정답 53 ② 54 ③ 55 ② 56 ③ 57 ② 58 ① 59 ② 60 ③

③ 통풍이 잘되는 곳에 보관하고 불꽃 등의 화기를 피하여야 한다.

④ 인화점이 높으나 증기압이 낮으므로 햇빛에 노출된 곳에 저장이 가능하다.

해설

질산에틸과 아세톤은 통풍이 잘되는 곳에 보관하고 불꽃 등의 화기를 피하여야 한다.

61 트리니트로톨루엔에 대한 설명으로 가장 거리가 먼 것은?

① 물에 녹지 않으나 알코올에는 녹는다.
② 직사광선에 노출되면 다갈색으로 변한다.
③ 공기 중에 노출되면 쉽게 가수분해한다.
④ 이성질체가 존재한다.

해설

트리니트로톨루엔은 가수분해하지 않는다.

62 트리니트로톨루엔의 설명으로 옳지 않은 것은?

① 일광을 쪼이면 갈색으로 변한다.
② 녹는점은 약 81℃이다.
③ 아세톤에 잘 녹는다.
④ 비중은 약 1.8인 액체이다.

해설

비중은 약 1.66인 고체이다.

63 트리니트로톨루엔의 작용기에 해당하는 것은?

① -NO
② -NO$_2$
③ -NO$_3$
④ -NO$_4$

해설

트리니트로톨루엔[C$_6$H$_2$CH$_3$(NO$_2$)$_3$]

64 트리니트로톨루엔(TNT)의 분자량은 얼마인가?

① 217
② 227
③ 265
④ 289

해설

트리니트로톨루엔[C$_6$H$_2$CH$_3$(NO$_2$)$_3$]

분자량 $= 12 \times 7 + 5 + 14 \times 3 + 16 \times 6 = 227$

65 다음 중 일반적으로 트리니트로톨루엔을 녹일 수 없는 것은?

① 물
② 벤젠
③ 아세톤
④ 알코올

해설

트리니트로톨루엔은 비수용성 물질이다.

66 트리니트로톨루엔의 특징으로 틀린 것은?

① 물에 잘 녹는다.
② 담황색의 결정이다.
③ 폭약으로 사용된다.
④ 착화점은 300℃ 이상이다.

해설

트리니트로톨루엔은 비수용성이다.

67 TNT가 분해 시 생성물에 해당하지 않는 것은 무엇인가?

① CO
② N$_2$
③ NH$_3$
④ H$_2$

해설

$2C_6H_2CH_3(NO_2)_3 \rightarrow 12CO + 2C + 3N_2 + 5H_2$

68 트리니트로페놀의 화학식은?

① $C_6H_3OH(NO_2)_2$ ② $C_6H_2CH_3(NO_2)_3$

③ $C_6H_2OH(NO_2)_3$ ④ CH_3ONO_2

해설

트리니트로페놀[$C_6H_2OH(NO_2)_3$]

① $C_6H_3OH(NO_2)_2$: 디니트로페놀
② $C_6H_2CH_3(NO_2)_3$: 트리니트로톨루엔
③ $C_6H_2OH(NO_2)_3$: 트리니트로페놀
④ CH_3ONO_2 : 질산메틸

69 트리니트로페놀의 성상에 대한 설명 중 틀린 것은?

① 융점은 약 61℃이고 비점은 약 120℃이다.
② 쓴맛이 있으며 독성이 있다.
③ 단독으로는 마찰, 충격에 비교적 안정하다.
④ 알코올, 에테르, 벤젠에 녹는다.

해설

트리니트로페놀의 융점은 121℃이다.

70 피크르산 제조에 사용되는 물질과 가장 관계가 있는 것은?

① C_6H_6 ② $C_6H_5CH_3$

③ $C_3H_5(OH)_3$ ④ C_6H_5OH

해설

• 피크르산(트리니트로페놀, TNP)

• 피크르산 제조

[페놀] [질산] [황산] [피크르산] [물]

71 피크린산의 위험성과 소화방법으로 틀린 것은?

① 건조할수록 위험성이 증가한다.
② 알코올 등과 혼합한 것은 폭발의 위험이 있다.
③ 금속과 반응한 금속염은 대단히 위험하다.
④ 화재 시에는 질식소화가 효과가 있다.

해설

피크린산은 5류 위험물로 다량의 물로 냉각소화하는 것이 적절하다.

72 트리니트로페놀에 대한 일반적인 설명으로 틀린 것은?

① 가연성 물질이다.
② 공업용은 보통 황색의 결정이다.
③ 알코올에 녹지 않는다.
④ 납과 화합하여 예민한 금속염을 만든다.

해설

트리니트로페놀은 알코올, 벤젠, 에테르, 온수에 잘 녹고, 찬물에 잘 녹지 않는다.

73 상온에서 액체인 물질로만 조합된 것은?

① 질산에틸, 니트로글리세린
② 피크린산, 질산메틸
③ 트리니트로톨루엔, 디니트로벤젠
④ 니트로글리콜, 테트릴

해설

• 상온에서 액체 : 질산에틸, 니트로글리세린, 질산메틸, 니트로글리콜
• 상온에서 고체 : 피크린산, 트리니트로톨루엔, 디니트로벤젠, 테트릴

74 다음 위험물 중 상온에서 액체인 것은?

① 질산에틸 ② 트리니트로톨루엔
③ 셀룰로이드 ④ 피크린산

해설

• 상온에서 액체 : 질산에틸
• 상온에서 고체 : 트리니트로톨루엔, 피크린산, 셀룰로이드

75 $C_6H_2(NO_2)_3OH$와 $C_2H_5NO_3$의 공통성질에 해당하는 것은?

① 니트로화합물이다.
② 인화성과 폭발성이 있는 액체이다.
③ 무색의 방향성 액체이다.
④ 에탄올에 녹는다.

해설

$C_6H_2(NO_2)_3OH$(트리니트로페놀), $C_2H_5NO_3$(질산에틸)
① $C_2H_5NO_3$은 질산에스테르류이다.
②, ③ $C_6H_2(NO_2)_3OH$는 황색 고체(공업용), $C_2H_5NO_3$은 무색 투명한 액체이다.

76 다음 중 화재별 소화방법으로 옳지 않은 것은 어느 것인가?

① 황린 - 분무주수에 의한 냉각소화
② 인화칼슘 - 분무주수에 의한 냉각소화
③ 톨루엔 - 포에 의한 질식소화
④ 질산메틸 - 주수에 의한 냉각소화

해설

인화칼슘은 물과 반응하여 포스핀을 발생하기 때문에 주수소화는 불가능하다.

77 위험물의 성질에 대한 설명으로 틀린 것은?

① 인화칼슘은 물과 반응 시 유독가스를 발생한다.
② 금속나트륨은 물과 반응하여 산소를 발생시키고 발열한다.
③ 아세트알데히드는 연소하여 이산화탄소와 물을 발생한다.
④ 질산에틸은 물에 녹지 않고 인화되기 쉽다.

해설

금속나트륨은 물과 반응하여 수소를 발생시키고 발열한다.
① $Ca_3P_2 + 6H_2O \rightarrow 3Ca(OH)_2 + 2PH_3$(포스핀)
② $2Na + 2H_2O \rightarrow 2NaOH + H_2$(수소)
③ $2CH_3CHO + 5O_2 \rightarrow 4CO_2 + 4H_2O$

78 물과 접촉하면 위험성이 증가하므로 주수소화를 할 수 없는 물질은?

① $C_6H_2CH_3(NO_2)_3$ ② $NaNO_3$
③ $(C_2H_5)_3Al$ ④ $(C_6H_5CO)_2O_2$

해설

트리에틸알루미늄은 물과 반응하여 가연성기체를 생성하여 위험성이 증가한다.
$(C_2H_5)_3Al + 3H_2O \rightarrow Al(OH)_3 + 3C_2H_6$
① $C_6H_2CH_3(NO_2)_3$: 트리니트로톨루엔
② $NaNO_3$: 질산나트륨
③ $(C_2H_5)_3Al$: 트리에틸알루미늄
④ $(C_6H_5CO)_2O_2$: 과산화벤조일

79 다음 중 위험성이 더욱 증가하는 경우는?

① 황린을 진한 농도의 수산화칼슘 수용액에 넣었다.
② 나트륨을 등유 속에 넣었다.
③ 트리에틸알루미늄 보관용기 내에 아르곤가스를 봉입시켰다.
④ 니트로셀룰로오스를 알코올 수용액에 넣었다.

해설

황린은 약알칼리성(pH 9 정도)의 수용액에 넣어 저장한다. 강알칼리성 수용액은 황린(약한 산성)과 반응하여 포스핀을 발생하여 위험성을 증가시킨다.

| SECTION 6 | 제6류 위험물(산화성 액체) |

1. 품명, 지정수량, 위험등급(「위험물안전관리법 시행령」 [별표 1])

품명		지정수량	위험등급
1. 과염소산			
2. 과산화수소			
3. 질산		300kg	I
4. 그 밖에 행정안전부령으로 정하는 것			
5. 제1호 내지 제4호의 1에 해당하는 어느 하나 이상을 함유한 것	할로겐간화합물		

2. 품명 정의

① 과산화수소 : 농도가 36중량퍼센트 이상인 것

② 질산 : 비중이 1.49 이상인 것

3. 제6류 위험물의 성질

(1) 성질

① 부식성 및 유독성이 강한 강산화제이다.

② 과산화수소를 제외하고 강산성 물질이다.

③ 산소를 많이 포함하여 다른 가연물의 연소를 돕는다.

④ 비중이 1보다 크며, 물에 잘 녹는다.

⑤ 물과 접촉 시 발열한다.

⑥ 가연물 및 분해를 촉진하는 약품과 접촉하면 분해 폭발한다.

(2) 위험성

① 자신은 불연성 물질이지만, 산화성이 커 다른 물질의 연소를 돕는다.

② 강환원제, 일반 가연물, 유기물과 혼합한 것은 접촉발화하거나 가열 등에 의해 위험한 상태가 된다.

③ 과산화수소를 제외하고 물과 접촉하면 심하게 발열한다.

(3) 저장 · 취급방법

① 내산성 저장용기를 사용한다.

② 용기는 밀봉하고, 파손과 위험물의 누설에 주의한다.

③ 물·가연물·유기물·고체의 산화제(제1류 위험물)와 접촉을 피해야 한다.

④ 유출사고에는 마른 모래 및 중화제를 사용한다.

(4) 소화방법

① 마른 모래, 포 소화기를 사용한다.

② 소량 누출 또는 과산화수소 화재 시에는 다량의 물로 주수소화한다.

4. 제6류 위험물의 종류별 특성

(1) 과염소산(지정수량 : 300kg)

종류	특징
과염소산 ($HClO_4$)	• 무색·무취의 액체 • 융점 : $-112℃$ • 염소산 중 가장 강한 산 • 물과 접촉 시 심하게 발열 • 독성이 강함 • 폭발위험이 없음 • 흡습성 우수(탈수제로 이용) • 공기 중 방치 시 분해 • 물과 작용하여 6종의 고체수화물을 만듦
	반응식 | 분해 : $HClO_4 \rightarrow HCl + 2O_2$

(2) 과산화수소(지정수량 : 300kg)

종류	특징
과산화수소 (H_2O_2)	• 무색 액체 • 물보다 점성이 약간 큼 • 물, 알코올, 에테르에 녹음 • 벤젠, 석유에 녹지 않음 • 농도가 60중량퍼센트(wt%) 이상일 경우 충격·마찰에 의해 단독으로 분해폭발 • 분해방지 안정제 : 인산(H_3PO_4), 요산($C_5H_4N_4O_3$) 등을 사용 • 일광에 의해 분해하므로 갈색병에 보관 • 이산화망간(정촉매, MnO_2)이 분해 촉진 • 보관용기는 구멍 뚫린 마개 사용(용기 내압상승 방지) • 표백, 살균 작용[분해되며 발생기산소(O) 발생] • 농도 3% 수용액 : 소독약 • 히드라진과 반응하여 분해폭발
	반응식 | • 분해 : $2H_2O_2 \rightarrow 2H_2O + O_2$(촉매 : 이산화망간) • 히드라진 : $2H_2O_2 + N_2H_4 \rightarrow 4H_2O + N_2$

(3) 질산(지정수량 : 300kg)

종류	특징	
질산 (HNO₃)	• 무색 액체 • 휘발성, 부식성, 강한 산화성, 흡습성 • 금(Au), 백금(Pt) 등을 제외한 대부분의 금속을 부식 • 물과 접촉 시 심하게 발열 • 황, 목탄분, 탄소 등의 물질과 혼합 시 폭발 • 직사광선에 의해 분해하므로 빛을 차단하여 보관 • 진한 질산은 Al, Co, Fe, Ni와 반응하여 부동태(금속 표면에 산화피막을 입혀 더 이상 산화되지 않는 상태)를 형성 • 단백질(피부)과 반응하면 황색으로 변함(크산토프로테인＝잔토프로테인반응, 단백질 검출반응, 단백질 발색반응) • 발연질산 : 진한 질산에 이산화질소를 녹인 물질 • 왕수＝염산(3)＋질산(1) • 질산을 분해하면 이산화질소(NO_2 : 적갈색, 유독성) 증기 생성	
	반응식	분해 : $4HNO_3 \rightarrow 4NO_2 + 2H_2O + O_2$

적중 핵심예상문제

01 위험물의 유별과 성질을 잘못 연결한 것은?

① 제2류 - 가연성 고체
② 제3류 - 자연발화성 및 금수성 물질
③ 제5류 - 자기반응성 물질
④ 제6류 - 산화성 고체

해설
제6류 - 산화성 액체

02 위험물안전관리법령에서 위험물로 규정하는 질산은 그 비중이 얼마 이상인 것을 말하는가?

① 1.29　　　　　　② 1.39
③ 1.49　　　　　　④ 1.59

해설
질산은 비중이 1.49 이상인 것이 위험물이다.

03 위험물안전관리법령상 위험물에 해당하는 과산화수소의 농도 기준은 무엇인가?

① 36wt% 이상　　　② 36vol% 이상
③ 1.49wt% 이상　　④ 1.49vol% 이상

해설
과산화수소는 그 농도가 36중량퍼센트 이상인 것에 한하여 위험물로 취급한다.

04 위험물안전관리법령상 제6류 위험물이 아닌 것은?

① H_3PO_4　　　　　② IF_5
③ BrF_5　　　　　④ BrF_3

해설
제6류 위험물(산화성 액체)
• 과염소산($HClO_4$)

• 과산화수소(H_2O_2)
• 질산(HNO_3)
• 그 밖에 행정안전부령으로 정하는 것 : 할로겐간화합물

05 다음 중 제6류 위험물에 해당하는 것은?

① IF_5　　　　　　② $HClO_3$
③ NO_3　　　　　④ H_2O

해설
② $HClO_3$: 염소산(위험물 아님)
③ NO_3 : 질산염(위험물 아님)
④ H_2O : 물(위험물 아님)

제6류 위험물(산화성 액체)
• 과염소산($HClO_4$)
• 과산화수소(H_2O_2)
• 질산(HNO_3)
• 그 밖에 행정안전부령으로 정하는 것 : 할로겐간화합물(IF_5 등)

06 위험물안전관리법령상 산화성 액체에 해당하지 않는 것은?

① 과염소산　　　　② 과산화수소
③ 과염소산나트륨　④ 질산

해설
과염소산나트륨은 제1류 위험물이다.

07 다음 중 제6류 위험물에 해당하지 않는 것은?

① 농도가 50wt%인 과산화수소
② 비중이 1.5인 질산
③ 과요오드산
④ 삼불화브롬

해설
과요오드산은 제1류 위험물이다.

정답　01 ④　02 ③　03 ①　04 ①　05 ①　06 ③　07 ③

08 다음 물질 중에서 위험물안전관리법령상 위험물의 범위에 포함되는 것은?

① 농도가 40중량%인 과산화수소
② 비중이 1.40인 질산
③ 직경 2.5mm의 막대모양인 마그네슘
④ 순도가 55중량%인 황

[해설]
위험물의 기준
• 과산화수소 : 농도가 36중량% 이상인 것에 한한다.
• 질산 : 비중이 1.49 이상인 것에 한한다.
• 마그네슘 : 2mm의 체를 통과하지 아니하는 덩어리 상태의 것과 지름 2mm 이상의 막대 모양의 것인 것은 제외한다.
• 황 : 순도가 60중량% 이상인 것에 한한다.

09 제6류 위험물로서 분자량이 약 63인 것은?

① 과염소산   ② 질산
③ 과산화수소   ④ 삼불화브롬

[해설]
위험물의 분자량
① 과염소산 : $HClO_4 = 1 + 35.5 + 16 \times 4 = 100.5$
② 질산 : $HNO_3 = 1 + 14 + 16 \times 3 = 63$
③ 과산화수소 : $H_2O_2 = 2 + 16 \times 2 = 34$
④ 삼불화브롬 : $BrF_3 = 80 + 19 \times 3 = 137$

10 다음 중 위험물안전관리법령상 제6류 위험물에 해당하는 것은?

① 황산   ② 염산
③ 질산염류   ④ 할로겐간화합물

[해설]
제6류 위험물(산화성 액체)
• 과염소산($HClO_4$)
• 과산화수소(H_2O_2)
• 질산(HNO_3)
• 그 밖에 행정안전부령으로 정하는 것 : 할로겐간화합물

11 위험물안전관리법령상 유별이 같은 것으로만 나열된 것은?

① 금속의 인화물, 칼슘의 탄화물, 할로겐간화합물
② 아조벤젠, 염산히드라진, 질산구아니딘
③ 황린, 적린, 무기과산화물
④ 유기과산화물, 질산에스테르류, 알킬리튬

[해설]
① 금속의 인화물(제3류), 칼슘의 탄화물(제3류), 할로겐간화합물(제6류)
② 아조벤젠(제5류), 염산히드라진(제5류), 질산구아니딘(제5류)
③ 황린(제3류), 적린(제2류), 무기과산화물(제1류)
④ 유기과산화물(제5류), 질산에스테르류(제5류), 알킬리튬(제3류)

12 다음 중 산화성 위험물이 아닌 것은?

① 질산구아니딘   ② 과망간산염류
③ 과염소산   ④ 중크롬산염류

[해설]
① 질산구아니딘 – 제5류 위험물
② 과망간산염류 – 제1류 위험물
③ 과염소산 – 제6류 위험물
④ 중크롬산염류 – 제1류 위험물

13 위험물안전관리법령상 제6류 위험물에 해당하는 것은?

① H_3PO_4 ② IF_5
③ H_2SO_4 ④ HCl

[해설]
오불화요오드(IF_5)는 할로겐간화합물로 제6류 위험물이다. 나머지는 비위험물이다.
제6류 위험물(산화성 액체)
• 과염소산($HClO_4$)
• 과산화수소(H_2O_2)
• 질산(HNO_3)
• 그 밖에 행정안전부령으로 정하는 것 : 할로겐간화합물

14 무색 또는 옅은 청색의 액체로 농도가 36wt% 이상인 것을 위험물로 간주하는 것은?

① 과산화수소　　　　　② 과염소산
③ 질산　　　　　　　　④ 초산

해설

과산화수소에 대한 설명이다.

15 다음 중 위험등급 Ⅰ의 위험물이 아닌 것은?

① 무기과산화물　　　　② 적린
③ 나트륨　　　　　　　④ 과산화수소

해설

적린은 위험등급Ⅱ이다.

16 다음 위험물 중 위험등급이 나머지와 다른 것은?

① 알칼리토금속　　　　② 아염소산염류
③ 질산에스테르류　　　④ 제6류 위험물

해설

- 알칼리토금속 - Ⅱ
- 아염소산염류 - Ⅰ
- 질산에스테르류 - Ⅰ
- 제6류 위험물 - Ⅰ

17 옥내저장소에서 질산 600L를 저장하고 있다. 저장하고 있는 질산은 지정수량의 몇 배인가? (단, 질산의 밀도는 1.5g/mL이다.)

① 1　　　　　　　　　② 2
③ 3　　　　　　　　　④ 4

해설

- 질산의 지정수량 : 300kg
- 질산 $600L = 600L \times \dfrac{1.5\,kg}{1\,L} = 900\,kg$
- 질산 900kg은 지정수량인 300kg의 3배이다.

18 다음 위험물 중 지정수량이 가장 큰 것은?

① 질산에틸　　　　　　② 질산
③ 트리니트로톨루엔　　④ 피크르산

해설

① 질산에틸 : 10kg
② 질산 : 300kg
③ 트리니트로톨루엔 : 200kg
④ 피크르산 : 200kg

19 하나의 위험물저장소에 다음과 같이 2가지 위험물을 저장하고 있다. 지정수량 이상에 해당하는 것은?

① 브롬산칼륨 80kg, 염소산칼륨 40kg
② 질산 100kg, 과산화수소 150kg
③ 질산칼륨 120kg, 중크롬산나트륨 500kg
④ 휘발유 20L, 윤활유 2,000L

해설

① $80/300 + 40/50 = 1.07$
② $100/300 + 150/300 = 0.83$
③ $120/300 + 500/1,000 = 0.9$
④ $20/200 + 2,000/6,000 = 0.43$

위험물의 지정수량

- 브로민산칼륨 : 300kg
- 염소산칼륨 : 50kg
- 질산 : 300kg
- 과산화수소 : 300kg
- 질산칼륨 : 300kg
- 중크롬산나트륨 : 1,000kg
- 휘발유 : 200L
- 윤활유 : 6,000L

20 지정수량이 200kg인 물질은?

① 질산　　　　　　　　② 피크르산
③ 질산메틸　　　　　　④ 과산화벤조일

해설

위험물의 지정수량

① 질산 : 300kg
② 피크르산 : 200kg
③ 질산메틸 : 10kg
④ 과산화벤조일 : 10lg

21 질산과 과산화수소의 공통적인 성질로 옳은 것은?

① 연소가 매우 잘 된다.
② 점성이 큰 액체로 환원제이다.
③ 물보다 가볍다.
④ 물에 녹는다.

해설

① 불연성물질이다.
② 점성이 작고, 산화제이다.
③ 물보다 무겁다.

22 다음의 위험물 중 비중이 물보다 큰 것은 모두 몇 개인가?

과염소산, 과산화수소, 질산

① 0　　　　　② 1
③ 2　　　　　④ 3

해설

제6류 위험물은 비중이 1보다 크다.

23 제6류 위험물에 대한 설명으로 틀린 것은?

① 위험등급 I 에 속한다.
② 자신이 산화되는 산화성 물질이다.
③ 지정수량이 300kg이다.
④ 오불화브롬은 제6류 위험물이다.

해설

제6류 위험물은 다른 물질을 산화시키는 산화성 물질이다.

24 제6류 위험물에 대한 설명으로 옳은 것은?

① 과염소산은 독성은 없지만 폭발의 위험이 있으므로 밀폐하여 보관한다.
② 과산화수소는 농도가 3% 이상일 때 단독으로 폭발하므로 취급에 주의한다.

③ 질산은 자연발화의 위험이 높으므로 저온으로 보관한다.
④ 할로겐간화합물의 지정수량은 300kg이다.

해설

① 과염소산은 독성은 강하지만 폭발의 위험은 있다.
② 과산화수소는 농도가 60% 이상일 때 단독으로 폭발하므로 취급에 주의한다.
③ 질산은 불연성 물질이다.

25 제6류 위험물의 위험성에 대한 설명으로 틀린 것은?

① 질산을 가열할 때 발생하는 적갈색 증기는 무해하지만 가연성이며 폭발성이 강하다.
② 고농도의 과산화수소는 충격, 마찰에 의해서 단독으로도 분해 폭발할 수 있다.
③ 과염소산은 유기물과 접촉 시 발화 또는 폭발할 위험이 있다.
④ 과산화수소는 햇빛에 의해서 분해되며 촉매(MnO_2) 하에서 분해가 촉진된다.

해설

질산을 가열할 때 발생하는 적갈색 증기(NO_2)는 유해하다.
$4HNO_3 \rightarrow 4NO_2 + 2H_2O + O_2$

26 제6류 위험물의 화재예방 및 진압대책으로 옳은 것은?

① 과산화수소 화재 시 주수소화를 금한다.
② 질산은 소량의 화재 시 다량의 물로 희석한다.
③ 과염소산은 폭발방지를 위해 철제용기에 저장한다.
④ 제6류 화재 시에는 건조사만 사용하여 진압할 수 있다.

해설

③ 과염소산은 철제를 부식시킨다.
①④ 제6류 화재 시에는 물 또는 건조사를 이용하여 소화한다.

27 다음 중 산화성 액체 위험물의 화재 예방상 가장 주의해야 할 점은?

① 0℃ 이하로 냉각시킨다.
② 공기와의 접촉을 피한다.
③ 가연물과의 접촉을 피한다.
④ 금속용기에 저장한다.

해설

산화성 액체가 가연물과 접촉하면 화재의 우려가 있으므로 주의해야 한다.

28 제6류 위험물의 화재예방 및 진압대책으로 적합하지 않은 것은?

① 가연물과의 접촉을 피한다.
② 과산화수소를 장기보존할 때는 유리용기를 사용하여 밀전한다.
③ 옥내소화전설비를 사용하여 소화할 수 있다.
④ 물분무소화설비를 사용하여 소화할 수 있다.

해설

과산화수소가 분해되어 발생하는 산소의 압력으로 인한 폭발을 방지하기 위해 용기에 구멍이 뚫린 마개로 막아야 한다.

29 질산과 과염소산의 공통성질에 해당하지 않는 것은?

① 산소를 함유하고 있다.
② 불연성 물질이다.
③ 강산이다.
④ 비점이 상온보다 낮다.

해설

질산과 과염소산은 모두 비점이 상온보다 낮으면 기체상태이다.

30 위험물안전관리법령상 산화성 액체에 대한 설명으로 옳은 것은?

① 과산화수소는 농도와 밀도가 비례한다.
② 과산화수소는 농도가 높을수록 끓는점이 낮아진다.
③ 질산은 상온에서 불연성이지만 고온으로 가열하면 스스로 발화한다.
④ 질산을 황산과 일정 비율로 혼합하여 왕수를 제조할 수 있다.

해설

① 과산화수소는 물보다 밀도가 높아서 농도가 높아질수록 밀도도 커진다.
② 과산화수소는 농도가 높을수록 끓는점이 높아진다.
③ 질산은 고온으로 가열해도 스스로 발화하지 않는다.
④ 질산을 염산과 일정 비율로 혼합하여 왕수를 제조할 수 있다.

31 위험물안전관리법령에 따른 제1류 위험물과 제6류 위험물의 공통적 성질로 옳은 것은?

① 환원성 물질이며 다른 물질을 산화시킨다.
② 환원성 물질이며 다른 물질을 환원시킨다.
③ 산화성 물질이며 다른 물질을 산화시킨다.
④ 산화성 물질이며 다른 물질을 환원시킨다.

해설

• 제1류 위험물 : 산화성 고체
• 제6류 위험물 : 산화성 액체

32 과염소산의 저장 및 취급 방법으로 틀린 것은?

① 종이, 나무부스러기 등과의 접촉을 피한다.
② 직사광선을 피하고 통풍이 잘되는 장소에 보관한다.
③ 금속분과의 접촉을 피한다.
④ 분해방지제로 NH_3 또는 $BaCl_2$를 사용한다.

해설

NH_3는 가연성 가스이기 때문에 분해방지제로 사용할 수 없다

33 과염소산에 대한 설명으로 틀린 것은?

① 휘발성이 강한 가연성물질이다.
② 철, 아연, 구리와 격렬하게 반응한다.
③ 증기비중은 약 3.5이다.
④ 산화제로 이용된다.

해설
과염소산은 불연성 물질이다.

34 다음에서 설명하는 위험물에 해당하는 것은?

- 지정수량 : 300kg
- 증기비중 : 약 3.5
- 산화성 액체 위험물
- 가열하면 분해하여 유독성 가스 발생

① 브롬산칼륨　　　　② 클로로벤젠
③ 질산　　　　　　　④ 과염소산

해설
산화성액체 위험물인 질산과 과염소산의 증기비중
- 질산(HNO_3) : $(1+14+16\times3)/29 = 2.17$
- 과염소산($HClO_4$) : $(1+35.5+16\times4)/29 = 3.47$

35 과염소산($HClO_4$)과 염화바륨($BaCl_2$)을 혼합하여 가열할 때 발행하는 유해기체의 명칭은?

① 질산(HNO_3)　　　② 황산($H2SO_4$)
③ 염화수소(HCl)　　④ 포스핀(PH_3)

해설
$2HClO_4 + BaCl_2 \rightarrow Ba(ClO_4)_2 + 2HCl$

36 과산화수소에 대한 설명으로 틀린 것은?

① 불연성 물질이다.
② 농도가 약 3wt%이면 단독으로 분해 폭발한다.
③ 산화성 물질이다.
④ 점성이 있는 액체로 물에 용해된다.

해설
과산화수소는 농도가 약 60wt%이면 단독으로 분해 폭발한다.

37 과산화수소의 위험성으로 옳지 않은 것은?

① 산화제로서 불연성 물질이지만 산소를 함유하고 있다.
② 이산화망간 촉매하에서 분해가 촉진된다.
③ 분해를 막기 위해 히드라진을 안정제로 사용할 수 있다.
④ 고농도의 것은 피부에 닿으면 화상의 위험이 있다.

해설
과산화수소는 히드라진과 반응하여 분해폭발한다.

38 과산화수소의 분해방지제로서 적합한 것은?

① 아세톤　　　　　　② 인산
③ 황　　　　　　　　④ 암모니아

해설
과산화수소는 인산, 요산을 분해방지안정제로 사용한다.

39 무색 또는 옅은 청색의 액체로 농도가 36wt% 이상인 것을 위험물로 간주하는 것은?

① 과산화수소　　　　② 과염소산
③ 질산　　　　　　　④ 초산

해설
과산화수소는 그 농도가 36중량퍼센트 이상인 것에 한한다.

40 과산화수소에 대한 설명으로 틀린 것은?

① 불연성 물질이다.
② 물보다 무겁다.
③ 산화성 액체이다.
④ 지정수량은 300L이다.

해설
과산화수소의 지정수량은 300kg이다.

정답　33 ①　34 ④　35 ③　36 ②　37 ③　38 ②　39 ①　40 ④

41 다음 중 과산화수소와 혼합했을 때 위험성이 가장 낮은 물질은?

① 이산화망간　　　② 탄소분말
③ 산화제이수은　　④ 물

해설
과산화수소는 물과 혼합해도 위험하지 않아 희석하여 사용한다.

42 다음에서 설명하는 물질은 무엇인가?

- 살균제 및 소독제로 사용
- 분해할 때 발생하는 발생기산소 [O]는 난분해성 유기물질을 산화시킴

① $HClO_4$　　　② CH_3OH
③ H_2O_2　　　④ H_2SO_4

해설
과산화수소에 대한 설명이다.

43 공기 중에서 갈색 연기를 내는 물질은?

① 중크롬산암모늄　　② 톨루엔
③ 벤젠　　　　　　　④ 질산

해설
질산은 분해하여 이산화질소(갈색 연기)를 발생한다.

44 질산이 공기 중에서 분해되어 발생하는 유독한 갈색 증기의 분자량은?

① 16　　　② 40
③ 46　　　④ 71

해설
$4HNO_3 \rightarrow 4NO_2 + 2H_2O + O_2$
유독한 갈색 증기 = NO_2 = $14 + 16 \times 2 = 46$

45 질산을 가열하면 발생하는 유독성 가스는?

① NO　　　② NO_2
③ NO_3　　④ HNO_3

해설
질산의 분해식
$4HNO_3 \rightarrow 4NO_2 + 2H_2O + O_2$

46 단백질에 크산토프로테인 반응을 일으키는 산은?

① HCl　　　② H_2SO_4
③ HNO_3　　④ $HClO$

해설
질산은 크산토프로테인 반응(단백질 발색반응)을 한다.
① HCl : 염산
② H_2SO_4 : 황산
③ HNO_3 : 질산
④ $HClO$: 차아염소산

47 질산의 위험성에 대한 설명으로 틀린 것은?

① 햇빛에 의해 분해된다.
② 금속을 부식시킨다.
③ 물을 가하면 발열한다.
④ 충격에 의해 쉽게 연소와 폭발을 한다.

해설
질산은 불연성 물질로 쉽게 연소·폭발하지 않는다.

48 다음 중 산화성 액체인 질산의 분자식으로 옳은 것은?

① HNO_2　　　② HNO_3
③ NO_2　　　④ NO_3

해설
질산의 분자식은 HNO_3이다.

정답　41 ④　42 ③　43 ④　44 ③　45 ②　46 ③　47 ④　48 ②

위험물기능사 필기 한권완성
Craftsman Hazardous material

PART

04

위험물안전관리기준

CHAPTER 01 정의 및 적용

SECTION 1 | 제조소등

1. 제조소등의 구분

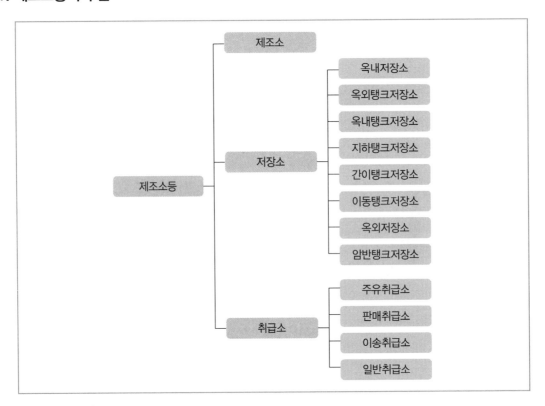

2. 정의

(1) 제조소등

① 제조소 : 위험물을 제조할 목적으로 지정수량 이상의 위험물을 취급하기 위하여 허가를 받은 장소

② 저장소 : 지정수량 이상의 위험물을 저장하기 위한 대통령령이 정하는 장소로서 허가를 받은 장소
(8개로 구분)

③ 취급소 : 지정수량 이상의 위험물을 제조 외의 목적으로 취급하기 위한 대통령령이 정하는 장소로서 허가를 받은 장소(4개로 구분)

④ 제조소등 : 제조소 + 저장소 + 취급소

(2) 저장소

① 옥내저장소 : 옥내(지붕과 기둥 또는 벽 등에 의하여 둘러싸인 곳)에 저장하는 장소(단, 옥내탱크저장소는 제외)

② 옥외저장소 : 옥외에 다음 각목의 1에 해당하는 위험물을 저장하는 장소(단, 옥외탱크저장소를 제외)

　　㉠ 제2류 위험물 중 유황 또는 인화성 고체(인화점이 0℃ 이상)

　　㉡ 제4류 위험물 중 제1석유류(인화점이 0℃ 이상)·알코올류·제2석유류·제3석유류·제4석유류 및 동식물유류

　　㉢ 제6류 위험물

　　㉣ 제2류 위험물 및 제4류 위험물 중 특별시·광역시·도의 조례에서 정하는 위험물(「관세법」에 의한 보세구역 안에 저장하는 경우에 한함)

　　㉤ 「국제해사기구에 관한 협약」에 의하여 설치된 국제해사기구가 채택한 「국제해상위험물규칙」(IMDG Code)에 적합한 용기에 수납된 위험물

③ 옥내탱크저장소 : 옥내에 있는 탱크(지하탱크, 간이탱크, 이동탱크, 암반탱크 제외)에 위험물을 저장하는 장소

④ 옥외탱크저장소 : 옥외에 있는 탱크(지하탱크, 간이탱크, 이동탱크, 암반탱크 제외)에 위험물을 저장하는 장소

⑤ 지하탱크저장소 : 지하에 매설한 탱크에 위험물을 저장하는 장소

⑥ 암반탱크저장소 : 암반 내의 공간을 이용한 탱크에 액체의 위험물을 저장하는 장소

⑦ 간이탱크저장소 : 간이탱크에 위험물을 저장하는 장소

⑧ 이동탱크저장소 : 차량(피견인자동차에 있어서는 앞차축을 갖지 아니하는 것으로서 당해 피견인자동차의 일부가 견인자동차에 적재되고 당해 피견인자동차와 그 적재물의 중량의 상당 부분이 견인 자동차에 의하여 지탱되는 구조의 것에 한한다)에 고정된 탱크에 위험물을 저장하는 장소

(3) 취급소

① 주유취급소 : 고정된 주유설비(항공기에 주유하는 차량에 설치된 주유설비 포함)에 의하여 자동차·항공기 또는 선박 등의 연료탱크에 직접 주유하기 위하여 위험물을 취급하는 장소(위험물을 용기에 옮겨 담거나 차량에 고정된 5천 L 이하의 탱크에 주입하기 위하여 고정된 급유설비를 병설한 장소 포함)

② 판매취급소 : 점포에서 위험물을 용기에 담아 판매하기 위하여 지정수량의 40배 이하의 위험물을 취급하는 장소

③ 이송취급소 : 배관 및 이에 부속된 설비에 의하여 위험물을 이송하는 장소(다만, 다음 각목의 1에 해당하는 경우의 장소는 제외)

　　㉠ 「송유관 안전관리법」에 의한 송유관에 의하여 위험물을 이송하는 경우

　　㉡ 제조소 등에 관계된 시설(배관을 제외한다) 및 그 부지가 같은 사업소 안에 있고 당해 사업소 안에서만 위험물을 이송하는 경우

　　㉢ 사업소와 사업소의 사이에 도로(폭 2미터 이상의 일반교통에 이용되는 도로로서 자동차의 통행이 가능한 것을 말한다)만 있고 사업소와 사업소 사이의 이송배관이 그 도로를 횡단하는 경우

　　㉣ 사업소와 사업소 사이의 이송배관이 제3자(당해 사업소와 관련이 있거나 유사한 사업을 하는 자에 한한다)의 토지만을 통과하는 경우로서 당해 배관의 길이가 100미터 이하인 경우

　　㉤ 해상구조물에 설치된 배관(이송되는 위험물이 제4류 위험물 중 제1석유류인 경우에는 배관의 안지름이 30센티미터 미만인 것에 한한다)으로서 해당 해상구조물에 설치된 배관이 길이가 30미터 이하인 경우

　　㉥ 사업소와 사업소 사이의 이송배관이 ㉢목 내지 ㉤목의 규정에 의한 경우 중 2 이상에 해당하는 경우

　　㉦ 「농어촌 전기공급사업 촉진법」에 따라 설치된 자가발전시설에 사용되는 위험물을 이송하는 경우

④ 일반취급소 : 그 외의 장소

CHAPTER 02 위험물 규제의 행위기준

SECTION 1 | 위험물의 저장기준

1. 저장 · 취급 공통기준

① 제조소 등에서 허가 및 신고와 관련되는 품명 · 수량 · 지정수량의 배수 외의 위험물을 저장 또는 취급하지 않는다.

② 당해 위험물의 성질에 따라 차광 또는 환기를 실시한다.

③ 온도계, 습도계, 압력계, 그 밖의 계기를 감시하여 당해 위험물의 성질에 맞는 적정한 온도, 습도 또는 압력을 유지한다.

④ 위험물의 변질, 이물의 혼입 등에 의하여 위험성이 증대되지 않도록 필요한 조치를 한다.

⑤ 위험물이 남아 있을 우려가 있는 설비, 기계 · 기구, 용기 등을 수리할 시 안전한 장소에서 위험물을 완전하게 제거한 후에 실시한다.

⑥ 위험물을 용기에 수납하여 저장 · 취급할 시 그 용기는 당해 위험물의 성질에 적응하고 파손 · 부식 · 균열 등이 없는 것으로 한다.

⑦ 가연성의 액체 · 증기 · 가스가 새거나 체류할 우려가 있는 장소 또는 가연성의 미분이 현저하게 부유할 우려가 있는 장소에서는 전선과 전기기구를 완전히 접속하고 불꽃을 발하는 기계 · 기구 · 공구 · 신발 등을 사용하지 않는다.

⑧ 위험물을 보호액 중에 보존할 시 위험물이 보호액으로부터 노출되지 않도록 한다.

2. 위험물의 유별 저장 · 취급 공통기준

위험물의 유별	저장취급 공통기준
제1류 (산화성 고체)	• 가연물과의 접촉 · 혼합이나 분해를 촉진하는 물품과의 접근 또는 과열 · 충격 · 마찰 등을 피한다. • 알칼리금속의 과산화물 : 물과의 접촉을 피한다.
제2류 (가연성 고체)	• 산화제와의 접촉 · 혼합이나 불티 · 불꽃 · 고온체와의 접근 또는 과열을 피한다. • 철분 · 금속분 · 마그네슘 : 물이나 산과의 접촉을 피한다. • 인화성 고체 : 함부로 증기를 발생시키지 않는다.
제3류 (자연발화성 및 금수성 물질)	• 자연발화성 물질 : 불티 · 불꽃 또는 고온체와의 접근 · 과열 또는 공기와의 접촉을 피한다. • 금수성 물질 : 물과의 접촉을 피한다.
제4류 (인화성 액체)	• 불티 · 불꽃 · 고온체와의 접근 또는 과열을 피하고, 함부로 증기를 발생시키지 않는다.
제5류 (자기반응성 물질)	• 불티 · 불꽃 · 고온체와의 접근이나 과열 · 충격 또는 마찰을 피한다.
제6류 (산화성 액체)	• 가연물과의 접촉 · 혼합이나 분해를 촉진하는 물품과의 접근 또는 과열을 피한다.

3. 저장의 기준

① 저장소에는 위험물 외의 물품을 저장하지 않는다.

예외기준	• 옥내저장소 또는 옥외저장소에서 규정에 의한 위험물과 위험물이 아닌 물품을 함께 저장하는 경우. 이 경우 위험물과 위험물이 아닌 물품은 각각 모아서 저장하고 상호 간에는 1m 이상의 간격을 두어야 한다. • 옥외탱크저장소 · 옥내탱크저장소 · 지하탱크저장소 · 이동탱크저장소에서 당해 저장소 등의 구조 및 설비에 나쁜 영향을 주지 아니하면서 규정에서 정하는 위험물이 아닌 물품을 저장하는 경우

② 유별을 달리하는 위험물은 동일한 저장소에 저장하지 않는다.

예외기준	유별이 다른 위험물을 함께 저장할 수 있는 경우 : 옥내저장소 또는 옥외저장소에 있어서 다음의 각목의 규정에 의한 위험물을 저장하는 경우로서 위험물을 유별로 정리하여 저장하는 한편, 서로 1m 이상의 간격을 두는 경우 ㉠ 제1류 위험물(알칼리금속의 과산화물 또는 이를 함유한 것을 제외한다)과 제5류 위험물을 저장하는 경우 ㉡ 제1류 위험물과 제6류 위험물을 저장하는 경우 ㉢ 제1류 위험물과 제3류 위험물 중 자연발화성 물질(황린 또는 이를 함유한 것에 한한다)을 저장하는 경우 ㉣ 제2류 위험물 중 인화성 고체와 제4류 위험물을 저장하는 경우 ㉤ 제3류 위험물 중 알킬알루미늄 등과 제4류 위험물(알킬알루미늄 또는 알킬리튬을 함유한 것에 한한다)을 저장하는 경우 ㉥ 제4류 위험물 중 유기과산화물 또는 이를 함유하는 것과 제5류 위험물 중 유기과산화물 또는 이를 함유한 것을 저장하는 경우

참고 – 암기법[유별이 다른 위험물을 1m 이상의 간격을 두고 함께 저장하는 경우]

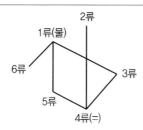

① 1류와 함께 저장하는 것은 "물"로 소화가 가능한지로 고려
 예 1류 – 6류
    1류(알칼리금속의 과산화물 제외) – 5류
    1류 – 3류(황린)
② 4류와 함께 저장하는 것은 "같은 용어"가 포함되어야 함
 예 4류("인화성" 액체) – 2류("인화성" 고체)
    4류("알킬" 알루미늄, "알킬" 리튬) – 3류("알킬" 알루미늄 등)
    4류("유기과산화물") – 5류("유기과산화물")

③ 제3류 위험물 중 황린 그 밖에 물속에 저장하는 물품과 금수성물질은 동일한 저장소에서 저장하지 않는다.

④ 옥내저장소에 있어서 위험물은 규정에 따라 용기에 수납하여 저장한다. 다만, 덩어리 상태의 유황은 그러하지 않는다.

⑤ 옥내저장소에서 동일 품명의 위험물이더라도 자연발화할 우려가 있는 위험물 또는 재해가 현저하게 증대할 우려가 있는 위험물을 다량 저장하는 경우에는 지정수량의 10배 이하마다 구분하여 상호 간 0.3m 이상의 간격을 두어 저장한다.

⑥ 옥내저장소 · 옥외저장소에서 위험물을 저장하는 경우에는 다음 각목의 규정에 의한 높이를 초과하여 용기를 겹쳐 쌓지 않는다.

구분	높이
기계에 의하여 하역하는 구조로 된 용기만을 겹쳐 쌓는 경우	6m
제4류 위험물 중 제3석유류, 제4석유류 및 동식물유류를 수납하는 용기만을 겹쳐 쌓는 경우	4m
그 밖의 경우	3m

⑦ 옥내저장소에서는 용기에 수납하여 저장하는 위험물의 온도가 55℃를 넘지 아니하도록 필요한 조치를 강구한다.

⑧ 옥외저장탱크 · 옥내저장탱크 · 지하저장탱크의 주된 밸브(액체의 위험물을 이송하기 위한 배관에 설치된 밸브 중 탱크의 바로 옆에 있는 것) 및 주입구의 밸브 또는 뚜껑은 위험물을 넣거나 빼낼 때 외에는 폐쇄한다.

⑨ 옥외저장탱크의 주위에 방유제가 있는 경우에는 그 배수구를 평상시 폐쇄하여 두고, 당해 방유제의 내부에 유류 또는 물이 괴었을 때에는 지체 없이 이를 배출한다.

⑩ 이동저장탱크에는 당해 탱크에 저장 또는 취급하는 위험물의 위험성을 알리는 표지(유별, 품명, 최대수량, 적재중량)를 부착하고 잘 보일 수 있도록 관리한다.

⑪ 옥외저장소에서 위험물을 수납한 용기를 선반에 저장하는 경우에는 6m를 초과하여 저장하지 않아야 한다.

⑫ 알킬알루미늄등, 아세트알데히드등 및 디에틸에테르등의 저장기준은 위의 규정에 의하는 외에 다음 각목과 같다.

위험물	저장기준		
알킬알루미늄등	옥외저장탱크 · 옥내저장탱크	알킬알루미늄 등의 취출이나 온도 저하에 의한 공기 혼입을 방지하기 위해 불활성 기체 봉입	
	옥외저장탱크 · 옥내저장탱크 · 이동저장탱크	새롭게 알킬알루미늄 등을 주입하는 때에 미리 당해 탱크 안의 공기를 불활성기체와 치환	
	이동저장탱크	알킬알루미늄등을 저장하는 경우 20kPa 이하의 압력으로 불활성의 기체를 봉입	
아세트알데히드등	옥외저장탱크 · 옥내저장탱크 · 지하저장탱크	아세트알데히드등의 취출이나 온도 저하에 의한 공기 혼입을 방지하기 위해 불활성 기체 봉입	
	옥외저장탱크 · 옥내저장탱크 · 지하저장탱크 · 이동저장탱크	새롭게 아세트알데히드등을 주입하는 때에 미리 당해 탱크 안의 공기를 불활성기체와 치환	
	이동저장탱크	아세트알데히드등을 저장하는 경우 불활성의 기체를 봉입	
디에틸에테르등 또는 아세트알데히드등	옥외 · 옥내 · 지하 저장탱크 중 압력탱크	40℃ 이하	
	옥외 · 옥내 · 지하 저장탱크 중 압력탱크 외의 탱크	산화프로필렌, 디에틸에테르등	30℃ 이하
		아세트알데히드	15℃ 이하
	이동저장탱크	보냉장치 있음	당해 위험물의 비점 이하
		보냉장치 없음	40℃ 이하

적중 핵심예상문제

01 위험물안전관리법령에서 정하는 용어의 정의로 옳지 않은 것은?

① "위험물"이란 인화성 또는 발화성을 가지는 것으로서 대통령령이 정하는 물품을 말한다.
② "제조소"란 위험물을 제조할 목적으로 지정수량 이상의 위험물을 취급하기 위하여 규정에 따른 허가를 받은 장소를 말한다.
③ "저장소"란 지정수량 이상의 위험물을 저장하기 위한 대통령령이 정하는 장소로서 규정에 따른 허가를 받은 장소를 말한다.
④ "취급소"란 지정수량 이상의 위험물을 제조 외의 목적으로 취급하기 위한 관할 지자체장이 정하는 장소로 허가를 받은 장소를 말한다.

> 해설
> "취급소"란 지정수량 이상의 위험물을 제조 외의 목적으로 취급하기 위한 대통령령이 정하는 장소로 허가를 받은 장소를 말한다.

02 위험물안전관리법령에서 사용하는 용어의 정의 중 틀린 것은?

① "지정수량"은 위험물의 종류별로 위험성을 고려하여 대통령령이 정하는 수량이다.
② "제조소"라 함은 위험물을 제조할 목적으로 지정수량 이상의 위험물을 취급하기 위하여 규정에 따라 허가를 받은 장소이다.
③ "저장소"라 함은 지정수량 이상의 위험물을 저장하기 위한 대통령령이 정하는 장소로서 규정에 따라 허가를 받은 장소를 말한다.
④ "제조소 등"이라 함은 제조소, 저장소 및 이동탱크를 말한다.

> 해설
> "제조소 등"이라 함은 제조소 · 저장소 및 취급소를 말한다.

03 위험물제조소 등의 종류가 아닌 것은?

① 간이탱크저장소
② 일반취급소
③ 이송취급소
④ 이동판매취급소

> 해설
> **제조소 등의 종류**
>
> | 대분류 | 중분류 | 세분류 |
> |---|---|---|
> | 제조소 등 | 제조소 | |
> | | 저장소 | • 옥내저장소
• 옥외저장소
• 옥내탱크저장소
• 옥외탱크저장소
• 지하탱크저장소
• 암반탱크저장소
• 간이탱크저장소
• 이동탱크저장소 |
> | | 취급소 | • 주유취급소
• 판매취급소
• 이송취급소
• 일반취급소 |

04 다음 중 산화성 액체 위험물의 화재 예방상 가장 주의해야 할 점은?

① 0℃ 이하로 냉각시킨다.
② 공기와의 접촉을 피한다.
③ 가연물과의 접촉을 피한다.
④ 금속용기에 저장한다.

> 해설
> 산화성 액체가 가연물과 접촉하면 화재의 우려가 있으므로 주의해야 한다.

05 자기반응성 물질의 화재예방법으로 가장 거리가 먼 것은?

① 마찰을 피한다.
② 불꽃의 접근을 피한다.
③ 고온체로 건조시켜 보관한다.
④ 운반용기 외부에 "화기엄금" 및 "충격주의"를 표시한다.

해설
자기반응성 물질은 고온체와의 접근을 피해야 한다.

06 위험물의 저장 및 취급방법에 대한 설명 중 틀린 것은?

① 황린은 자연발화성이 있으므로 물속에 저장한다.
② 적린은 화기와 멀리하고 가열, 충격이 가해지지 않도록 한다.
③ 알루미늄분은 건조한 공기 중에서 분진폭발의 위험이 있으므로 분무주수하여 저장한다.
④ 마그네슘은 산화제와 혼합되지 않도록 취급한다.

해설
알루미늄분은 물과 반응하여 수소를 발생시키므로 물과의 접촉을 피해야 한다.

07 아염소산나트륨의 저장 및 취급 시 주의사항으로 가장 거리가 먼 것은?

① 물속에 넣어 냉암소에 저장한다.
② 강산류와의 접촉을 피한다.
③ 취급 시 충격, 마찰을 피한다.
④ 가연성 물질과 접촉을 피한다.

해설
아염소산나트륨은 공기 중의 수분을 흡수하는 성질이 있어 밀폐용기에 보관해야 한다.

08 산화성 고체의 저장·취급 방법으로 옳지 않은 것은?

① 가연물과 접촉 및 혼합을 피한다.
② 분해를 촉진하는 물품의 접근을 피한다.
③ 조해성 물질의 경우 물속에 보관하고, 과열, 충격, 마찰 등을 피하여야 한다.
④ 알칼리금속의 과산화물은 물과의 접촉을 피하여야 한다.

해설
조해성 물질은 수분을 흡수하는 성질이 있기 때문에 물속에 보관해서는 안 된다.

09 위험물을 유별로 정리하여 상호 1m 이상의 간격을 유지하는 경우에도 동일한 옥내저장소에 저장할 수 없는 것은?

① 제1류 위험물(알칼리금속의 과산화물 또는 이를 함유한 것을 제외함)과 제5류 위험물
② 제1류 위험물과 제6류 위험물
③ 제1류 위험물과 제3류 위험물 중 황린
④ 인화성 고체를 제외한 제2류 위험물과 제4류 위험물

해설
1m 이상의 간격을 두어 동일한 저장소에 유별이 다른 위험물을 저장할 수 있는 경우

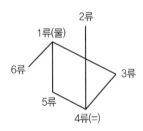

- 제1류 위험물(알칼리금속의 과산화물 또는 이를 함유한 것 제외)과 제5류 위험물을 저장하는 경우
- 제1류 위험물과 제6류 위험물을 저장하는 경우
- 제1류 위험물과 제3류 위험물 중 자연발화성 물질(황린 또는 이를 함유한 것에 한함)을 저장하는 경우
- 제2류 위험물 중 인화성 고체와 제4류 위험물을 저장하는 경우
- 제3류 위험물 중 알킬알루미늄등과 제4류 위험물(알킬알루미늄 또는 알킬리튬을 함유한 것에 한함)을 저장하는 경우
- 제4류 위험물 중 유기과산화물 또는 이를 함유하는 것과 제5류 위험물 중 유기과산화물 또는 이를 함유한 것을 저장하는 경우

10 위험물안전관리법령상 위험물을 유별로 정리하면서 서로 1m 이상의 간격을 유지하는 경우 동일한 옥내저장소에 저장할 수 있는 것은?

① 과산화나트륨과 벤조일퍼옥사이드
② 과염소산나트륨과 질산
③ 황린과 트리에틸알루미늄
④ 유황과 아세톤

[해설]

1m 이상의 간격을 두어 동일한 저장소에 유별이 다른 위험물을 저장할 수 있는 경우

• 제1류 위험물(알칼리금속의 과산화물 또는 이를 함유한 것 제외)과 제5류 위험물을 저장하는 경우
• 제1류 위험물과 제6류 위험물을 저장하는 경우
• 제1류 위험물과 제3류 위험물 중 자연발화성 물질(황린 또는 이를 함유한 것에 한함)을 저장하는 경우
• 제2류 위험물 중 인화성 고체와 제4류 위험물을 저장하는 경우
• 제3류 위험물 중 알킬알루미늄등과 제4류 위험물(알킬알루미늄 또는 알킬리튬을 함유한 것에 한함)을 저장하는 경우
• 제4류 위험물 중 유기과산화물 또는 이를 함유하는 것과 제5류 위험물 중 유기과산화물 또는 이를 함유한 것을 저장하는 경우
  ① 과산화나트륨(제1류 알칼리금속의 과산화물)과 벤조일퍼옥사이드(제5류 유기과산화물)
  ② 과염소산나트륨(제1류)과 질산(제6류)
  ③ 황린(제3류)과 트리에틸알루미늄(제3류)
  ④ 유황(제2류)과 아세톤(제4류)

11 제조소 등에 있어서 위험물의 저장하는 기준으로 잘못된 것은?

① 황린은 제3류 위험물이므로 물기가 없는 건조한 장소에 저장하여야 한다.
② 덩어리 상태의 유황은 위험물 용기에 수납하지 않고 옥내저장소에 저장할 수 있다.
③ 옥내저장소에서는 용기에 수납하여 저장하는 위험물의 온도가 55℃를 넘지 아니하도록 필요한 조치를 강구하여야 한다.
④ 이동저장탱크에는 저장 또는 취급하는 위험물의 유별 · 품명 · 최대수량 및 적재중량을 표시하고 잘 보일 수 있도록 관리하여야 한다.

[해설]

황린은 자연발화성 물질이므로 물속에 넣어 저장한다.

12 위험물안전관리법령상 다음 ( ) 안에 알맞은 수치는?

> 옥내저장소에서 위험물을 저장하는 경우 기계에 의하여 하역하는 구조로 된 용기만을 겹쳐 쌓는 경우에 있어서는 ( )m 높이를 초과하여 용기를 겹쳐 쌓지 아니하여야 한다.

① 2   ② 4
③ 6   ④ 8

[해설]

옥내저장소에서 위험물을 겹쳐 쌓아 저장하는 경우 높이 기준

기계에 의하여 하역하는 구조로 된 용기만을 겹쳐 쌓는 경우	6m
제4류 위험물 중 제3석유류, 제4석유류 및 동식물유류를 수납하는 용기만을 겹쳐 쌓는 경우	4m
그 밖의 경우	3m

13 위험물 옥외저장탱크 중 압력탱크에 저장하는 디에틸에테르 등의 저장온도는 몇 ℃ 이하이어야 하는가?

① 60   ② 40
③ 30   ④ 15

[해설]

옥외저장탱크 · 옥내저장탱크 또는 지하저장탱크 중 압력탱크에 저장하는 아세트알데히드등 또는 디에틸에테르등의 온도는 40℃ 이하로 유지해야 한다.

14 다음 ( ) 안에 들어갈 알맞은 단어는?

> 보냉장치가 있는 이동저장탱크에 저장하는 아세트알데하이드등 또는 디에틸에테르등의 온도는 당해 위험물의 ( ) 이하로 유지하여야 한다.

① 비점   ② 인화점
③ 융해점   ④ 발화점

[해설]

• 보냉장치가 있는 이동저장탱크에 저장하는 아세트알데히드등 또는 디에틸에테르등의 온도는 당해 위험물의 비점 이하로 유지할 것
• 보냉장치가 없는 이동저장탱크에 저장하는 아세트알데히드등 또는 디에틸에테르등의 온도는 40℃ 이하로 유지할 것

[정답] **10** ② **11** ① **12** ③ **13** ② **14** ①

위험물의 취급기준

1. 취급의 기준

(1) 위험물의 취급 중 제조에 관한 기준

① 증류공정 : 위험물을 취급하는 설비의 내부압력의 변동 등에 의해 액체 · 증기가 새지 않도록 한다.

② 추출공정 : 추출관의 내부압력이 비정상으로 상승하지 않도록 한다.

③ 건조공정 : 위험물의 온도가 부분적으로 상승하지 않는 방법으로 가열 · 건조한다.

④ 분쇄공정 : 위험물의 분말이 현저하게 부유하거나 기계 · 기구 등에 부착된 상태로 기계 · 기구를 취급하지 않는다.

(2) 위험물의 취급 중 소비에 관한 기준

① 분사도장작업 : 방화상 유효한 격벽 등으로 구획된 안전한 장소에서 실시한다.

② 담금질 · 열처리작업 : 위험물이 위험한 온도에 이르지 않도록 실시한다.

③ 버너 사용 작업 : 버너의 역화를 방지하고 위험물이 넘치지 않도록 실시한다.

(3) 알킬알루미늄등 및 아세트알데히드등의 취급기준

위험물		저장기준
알킬알루미늄등	제조소 · 일반취급소	불활성 기체 봉입
	이동탱크저장소	알킬알루미늄등을 꺼낼 때, 동시에 200kPa 이하의 압력으로 불활성 기체 봉입
아세트알데히드등	제조소 · 일반취급소	연소성 혼합기체의 생성에 의한 폭발의 위험이 생겼을 경우에 불활성기체 · 수증기 봉입(용량이 지정수량 5분의 1 미만의 탱크는 제외)
	이동탱크저장소	아세트알데히드등을 꺼낼 때, 동시에 100kPa 이하의 압력으로 불활성 기체 봉입

SECTION 3 위험물의 운반기준

1. 위험물의 용기

(1) 운반용기의 재질

강판, 알루미늄판, 양철판, 유리, 금속판, 종이, 플라스틱, 섬유판, 고무류, 합성섬유, 삼, 짚, 나무

(2) 고체위험물 운반 용기(「위험물안전관리법 시행규칙」 [별표 19])

| 운반 용기 | | | | 수납 위험물의 종류 | | | | | | | | | |
| 내장 용기 | | 외장 용기 | | 제1류 | | | 제2류 | | 제3류 | | | 제5류 | |
용기의 종류	최대용적 또는 중량	용기의 종류	최대용적 또는 중량	I	II	III	II	III	I	II	III	I	II
유리용기 또는 플라스틱용기	10ℓ	나무상자 또는 플라스틱상자(필요에 따라 불활성의 완충재를 채울 것)	125kg	○	○	○	○	○	○	○	○	○	○
			225kg		○	○		○		○	○		○
		파이버판상자(필요에 따라 불활성의 완충재를 채울 것)	40kg	○	○	○	○	○	○	○	○	○	○
			55kg		○	○		○		○	○		○
금속제 용기	30ℓ	나무상자 또는 플라스틱상자	125kg	○	○	○	○	○	○	○	○	○	○
			225kg		○	○		○		○	○		○
		파이버판상자	40kg	○	○	○	○	○	○	○	○	○	○
			55kg		○	○		○		○	○		○
플라스틱 필름포대 또는 종이포대	5kg	나무상자 또는 플라스틱상자	50kg	○	○	○	○	○					
	50kg		50kg	○	○	○							○
	125kg		125kg	○	○	○							
	225kg		225kg		○			○					
	5kg	파이버판상자	40kg	○	○	○			○	○		○	
	40kg		40kg	○	○	○							○
	55kg		55kg		○			○					
		금속제용기(드럼 제외)	60ℓ	○	○	○	○	○	○	○	○	○	○
		플라스틱용기(드럼 제외)	10ℓ		○	○	○	○		○	○		○
			30ℓ		○			○					○
		금속제드럼	250ℓ	○	○	○	○	○	○	○	○	○	○
		플라스틱드럼 또는 파이버드럼(방수성이 있는 것)	60ℓ	○	○	○	○	○	○	○	○	○	○
			250ℓ		○	○		○		○	○		○
		합성수지포대(방수성이 있는 것), 플라스틱필름포대, 섬유포대(방수성이 있는 것) 또는 종이포대(여러겹으로서 방수성이 있는 것)	50kg		○	○	○	○		○	○		○

[비고]
1. "○"표시는 수납위험물의 종류별 각 란에 정한 위험물에 대하여 해당 각 란에 정한 운반 용기가 적응성이 있음을 표시한다.
2. 내장 용기는 외장 용기에 수납하여야 하는 용기로서 위험물을 직접 수납하기 위한 것을 말한다.
3. 내장 용기의 용기의 종류란이 빈칸인 것은 외장 용기에 위험물을 직접 수납하거나 유리용기, 플라스틱용기, 금속제용기, 폴리에틸렌포대 또는 종이포대를 내장 용기로 할 수 있음을 표시한다.

(3) 액체위험물 운반 용기

운반 용기				수납위험물의 종류								
내장 용기		외장 용기		제3류			제4류			제5류		제6류
용기의 종류	최대용적 또는 중량	용기이 종류	최대용적 또는 중량	I	II	III	I	II	III	I	II	I
유리용기	5ℓ	나무 또는 플라스틱상자(불활성의 완충재를 채울 것)	75kg	○	○	○	○	○	○	○	○	○
	10ℓ		125kg		○	○		○	○		○	
			225kg						○			
	5ℓ	파이버판상자(불활성의 완충재를 채울 것)	40kg	○	○	○	○	○	○	○	○	○
	10ℓ		55kg						○			
플라스틱 용기	10ℓ	나무 또는 플라스틱상자(필요에 따라 불활성의 완충재를 채울 것)	75kg	○	○	○	○	○	○	○	○	○
			125kg		○	○		○	○		○	
			225kg						○			
		파이버판상자(필요에 따라 불활성의 완충재를 채울 것)	40kg	○	○	○	○	○	○	○	○	○
			55kg						○			
금속제 용기	30ℓ	나무 또는 플라스틱상자	125kg	○	○	○	○	○	○	○	○	○
			225kg						○			
		파이버판상자	40kg	○	○	○	○	○	○	○	○	○
			55kg		○	○		○	○		○	
		금속제용기(금속제드럼제외)	60ℓ		○	○		○	○		○	
		플라스틱용기(플라스틱드럼제외)	10ℓ		○	○		○	○		○	
			20ℓ					○	○			
			30ℓ						○		○	
		금속제드럼(뚜껑고정식)	250ℓ	○	○	○	○	○	○	○	○	○
		금속제드럼(뚜껑탈착식)	250ℓ					○	○			
		플라스틱또는파이버드럼(플라스틱내용기부착의것)	250ℓ		○	○			○		○	

[비고]
1. "○"표시는 수납위험물의 종류별 각 란에 정한 위험물에 대하여 해당 각 란에 정한 운반 용기가 적응성이 있음을 표시한다.
2. 내장 용기는 외장 용기에 수납하여야 하는 용기로서 위험물을 직접 수납하기 위한 것을 말한다.
3. 내장 용기의 용기의 종류란이 빈칸인 것은 외장 용기에 위험물을 직접 수납하거나 유리용기, 플라스틱용기 또는 금속제용기를 내장 용기로 할 수 있음을 표시한다.

2. 적재방법

(1) 운반 용기 수납률

고체위험물	운반 용기 내용적의 95% 이하의 수납률
액체위험물	운반 용기 내용적의 98% 이하의 수납률 (55℃에서 누설되지 아니하도록 충분한 공간용적 유지)
자연발화성 물질 중 알킬알루미늄등	운반 용기의 내용적 90% 이하의 수납률 (50℃에서 5% 이상의 공간용적 유지)

(2) 위험물의 피복 기준

피복 기준	대상
차광성 피복	• 제1류 위험물 • 제3류 위험물 중 자연발화성 물질 • 제4류 위험물 중 특수인화물 • 제5류 위험물 • 제6류 위험물
방수성 피복	• 제1류 위험물 중 알칼리금속의 과산화물 • 제2류 위험물 중 철분 · 금속분 · 마그네슘 • 제3류 위험물 중 금수성물질
보냉컨테이너 수납	• 제5류 위험물 중 55℃ 이하의 온도에서 분해될 우려가 있는 것

(3) 유별을 달리하는 위험물의 혼재기준

위험물의 구분	제1류	제2류	제3류	제4류	제5류	제6류
제1류		×	×	×	×	○
제2류	×		×	○	○	×
제3류	×	×		○	×	×
제4류	×	○	○		○	×
제5류	×	○	×	○		×
제6류	○	×	×	×	×	

[비고]
1. "×"표시는 혼재할 수 없음을 표시한다.
2. "○"표시는 혼재할 수 있음을 표시한다.
3. 이 표는 지정수량의 1/10 이하의 위험물에 대하여는 적용하지 아니한다.

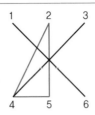

- 전화기 키패드처럼 1~6까지 쓴다.
- "X"를 그린다.
- "직각삼각형"을 그린다.
- 연결된 유별끼리는 혼재할 수 있다.

(4) 위험물과 혼재가 가능한 고압가스

① 내용적이 120L 미만의 용기에 충전한 불활성가스
② 내용적이 120L 미만의 용기에 충전한 액화석유가스 · 압축천연가스(제4류 위험물과 혼재하는 경우에 한함)

(5) 위험물 운반용기 겹쳐 쌓은 높이 기준 : 3m 이하

(6) 위험물 운반용기 외부 표시

① 위험물의 품명 · 위험등급 · 화학명 및 수용성("수용성" 표시는 제4류 위험물로서 수용성만)
② 위험물의 수량
③ 위험물에 따른 주의사항

유별		외부 표시 주의사항
제1류	알칼리금속의 과산화물	• 화기 · 충격주의 • 물기엄금 • 가연물 접촉주의
	그 밖의 것	• 화기 · 충격주의 • 가연물 접촉주의
제2류	철분 · 금속분 · 마그네슘	• 화기주의 • 물기엄금
	인화성 고체	• 화기엄금
	그 밖의 것	• 화기주의
제3류	자연발화성 물질	• 화기엄금 • 공기접촉엄금
	금수성 물질	• 물기엄금
제4류		• 화기엄금
제5류		• 화기엄금 • 충격주의
제6류		• 가연물 접촉주의

3. 운반방법

① 위험물 또는 위험물을 수납한 운반용기가 현저하게 마찰 또는 동요를 일으키지 않도록 운반한다.

② 지정수량 이상의 위험물을 차량으로 운반하는 경우에는 해당 차량에 운반하는 위험물의 위험성을 알리는 표지를 설치한다.

③ 지정수량 이상의 위험물을 차량으로 운반하는 경우에는 당해 위험물에 적응성이 있는 소형 수동식소화기를 당해 위험물의 소요단위에 상응하는 능력단위 이상 갖추어야 한다.

4. 위험물운반자의 자격요건

① 「국가기술자격법」에 따른 위험물 분야의 자격을 취득할 것

② 소방청장이 실시하는 안전교육을 수료할 것

01 위험물안전관리법령에서 정한 위험물의 운반에 관한 내용 중 ( ) 안에 들어갈 용어가 아닌 것은?

> 위험물의 운반은 ( ), ( ) 및 ( )에 관한 법에서 정한 중요기준과 세부기준에 따라 행하여야 한다.

① 용기

② 적재방법

③ 운반방법

④ 검사방법

해설

위험물의 운반은 용기, 적재방법 및 운반방법에 관한 법에서 정한 중요기준과 세부기준에 따라 행하여야 한다.

02 아염소산염류의 운반 용기 중 적응성이 있는 내장 용기의 종류와 최대용적이나 중량을 옳게 나타낸 것은? (단, 외장용기의 종류는 나무상자 또는 플라스틱 상자이고, 외장 용기의 최대 중량은 125kg으로 한다.)

① 금속제 용기 : 20L

② 종이 포대 : 55kg

③ 플라스틱 필름 포대 : 60kg

④ 유리용기 : 10L

해설

아염소산염류 : 제1류 위험물, 위험등급 Ⅰ

운반 용기				위험물		
내장 용기		외장 용기		제1류		
용기의 종류	최대용적 또는 중량	용기의 종류	최대용적 또는 중량	Ⅰ	Ⅱ	Ⅲ
유리용기 또는 플라스틱 용기	10ℓ	나무상자 또는 플라스틱상자(필요에 따라 불활성의 완충재를 채울 것)	125kg	○	○	○
			225kg		○	○
		파이버판상자(필요에 따라 불활성의 완충재를 채울 것)	40kg	○	○	○
			55kg		○	○
금속제 용기	30ℓ	나무상자 또는 플라스틱상자	125kg	○	○	○
			225kg		○	○
		파이버판상자	40kg	○	○	○
			55kg		○	○

플라스틱 필름포대 또는 종이포대	5kg	나무상자 또는 플라스틱상자	50kg	○	○	○
	50kg		50kg	○	○	○
	125kg		125kg		○	○
	225kg		225kg			○
	5kg	파이버판상자	40kg	○	○	○
	40kg		40kg	○	○	○
	55kg		55kg			○

03 위험물의 운반에 관한 기준에서 적재방법 기준으로 틀린 것은?

① 고체 위험물은 운반 용기 내용적의 95% 이하의 수납률로 수납할 것

② 액체 위험물은 운반 용기 내용적의 98% 이하의 수납률로 수납할 것

③ 알킬알루미늄은 운반 용기 내용적의 95% 이하의 수납률로 수납하되, 50℃의 온도에서 5% 이상의 공간용적을 유지할 것

④ 제3류 위험물 중 자연발화성 물질에 있어서는 불활성 기체를 봉입하여 밀봉하는 등 공기와 접하지 아니하도록 할 것

해설

운반 용기 수납률

고체위험물	운반 용기 내용적의 95% 이하의 수납률
액체위험물	운반 용기 내용적의 98% 이하의 수납률 (55℃에서 누설되지 아니하도록 충분한 공간용적 유지)
자연발화성 물질 중 알킬알루미늄 등	운반 용기의 내용적의 90% 이하의 수납률 (50℃에서 5% 이상의 공간용적 유지)

04 위험물안전관리법령에 따른 위험물의 적재방법에 대한 설명으로 옳지 않은 것은?

① 원칙적으로는 운반 용기를 밀봉하여 수납할 것
② 고체 위험물은 운반 용기 내용적의 95% 이하의 수납률로 수납할 것
③ 액체 위험물은 운반 용기 내용적의 99% 이하의 수납률로 수납할 것
④ 하나의 외장용기에는 다른 종류의 위험물을 수납하지 않을 것

해설

운반 용기 수납률

고체위험물	운반 용기 내용적의 95% 이하의 수납률
액체위험물	운반 용기 내용적의 98% 이하의 수납률 (55℃에서 누설되지 아니하도록 충분한 공간용적 유지)
자연발화성 물질 중 알킬알루미늄 등	운반 용기의 내용적의 90% 이하의 수납률 (50℃에서 5% 이상의 공간용적 유지)

05 위험물안전관리법령상의 위험물 운반에 관한 기준에서 액체위험물은 운반 용기 내용적의 몇 % 이하의 수납률로 수납하여야 하는가?

① 80　　　　② 85
③ 90　　　　④ 98

해설

운반 용기 수납률

고체위험물	운반 용기 내용적의 95% 이하의 수납률
액체위험물	운반 용기 내용적의 98% 이하의 수납률 (55℃에서 누설되지 아니하도록 충분한 공간용적 유지)
자연발화성 물질 중 알킬알루미늄 등	운반 용기의 내용적의 90% 이하의 수납률 (50℃에서 5% 이상의 공간용적 유지)

06 자연발화성 물질 중 알킬알루미늄등은 운반 용기의 내용적의 몇 (　　)% 이하의 수납률로 수납하여야 하는가?

① 98　　　　② 95
③ 90　　　　④ 85

해설

운반 용기 수납률

고체위험물	운반 용기 내용적의 95% 이하의 수납률
액체위험물	운반 용기 내용적의 98% 이하의 수납률 (55℃에서 누설되지 아니하도록 충분한 공간용적 유지)
자연발화성 물질 중 알킬알루미늄 등	운반 용기의 내용적의 90% 이하의 수납률 (50℃에서 5% 이상의 공간용적 유지)

07 위험물 운반에 관한 사항 중 위험물안전관리법령에서 정한 내용과 틀린 것은?

① 운반 용기에 수납하는 위험물이 디에틸에테르라면 운반 용기 중 최대용적이 1L 이하라 하더라도 규정에 따른 품명, 주의사항 등 표시사항을 부착하여야 한다.
② 운반 용기에 담아 적재하는 물품이 황린이라면 파라핀, 경유 등 보호액으로 채워 밀봉한다.
③ 운반 용기에 담아 적재하는 물품이 알킬알루미늄이라면 운반 용기 내용적의 90% 이하의 수납률을 유지하여야 한다.
④ 기계에 의하여 하역하는 구조로 된 경질플라스틱제 운반 용기는 제조된 때로부터 5년 이내의 것이어야 한다.

해설

황린은 물속에 넣어 저장한다.

08 차량 등에 적재하는 위험물의 성질에 따라 강구하는 조치로 틀린 것은?

① 제5류, 제6류에는 방수성 피복으로 덮는다.
② 제2류 중 철분, 마그네슘은 방수성 피복으로 덮는다.
③ 제1류의 알칼리금속 과산화물은 차광성과 방수성이 모두 있는 피복으로 덮는다.
④ 제5류 위험물 중 55℃ 이하의 온도에서 분해 우려가 있는 것은 보냉컨테이너에 수납하는 등의 방법으로 적당한 온도관리를 유지한다.

해설

위험물의 피복 기준

피복 기준	대상
차광성 피복	• 제1류 위험물 • 제3류 위험물 중 자연발화성 물질 • 제4류 위험물 중 특수인화물 • 제5류 위험물 • 제6류 위험물
방수성 피복	• 제1류 위험물 중 알칼리금속의 과산화물 • 제2류 위험물 중 철분 · 금속분 · 마그네슘 • 제3류 위험물 중 금수성물질
보냉컨테이너 수납	• 제5류 위험물 중 55℃ 이하의 온도에서 분해될 우려가 있는 것

09 위험물을 운반 용기에 수납하여 적재할 때 차광성 피복으로 가려야 하는 위험물이 아닌 것은?

① 제1류
② 제2류
③ 제5류
④ 제6류

해설

위험물의 피복 기준

피복 기준	대상
차광성 피복	• 제1류 위험물 • 제3류 위험물 중 자연발화성 물질 • 제4류 위험물 중 특수인화물 • 제5류 위험물 • 제6류 위험물
방수성 피복	• 제1류 위험물 중 알칼리금속의 과산화물 • 제2류 위험물 중 철분 · 금속분 · 마그네슘 • 제3류 위험물 중 금수성물질
보냉컨테이너 수납	• 제5류 위험물 중 55℃ 이하의 온도에서 분해될 우려가 있는 것

10 위험물안전관리법령상 위험물 운반 시 방수성 덮개를 하지 않아도 되는 위험물은?

① 나트륨
② 적린
③ 철분
④ 과산화칼륨

해설

위험물의 피복 기준

피복 기준	대상
차광성 피복	• 제1류 위험물 • 제3류 위험물 중 자연발화성 물질 • 제4류 위험물 중 특수인화물 • 제5류 위험물 • 제6류 위험물
방수성 피복	• 제1류 위험물 중 알칼리금속의 과산화물 • 제2류 위험물 중 철분 · 금속분 · 마그네슘 • 제3류 위험물 중 금수성물질
보냉컨테이너 수납	• 제5류 위험물 중 55℃ 이하의 온도에서 분해될 우려가 있는 것

11 위험물 운반 시 혼재가 가능한 것은?

① 제1류 - 제6류
② 제2류 - 제3류
③ 제3류 - 제5류
④ 제5류 - 제1류

해설

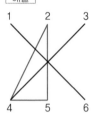

12 지정수량의 5배의 위험물을 운반할 때 혼재가 가능한 것은?

① 제1류 위험물과 제2류 위험물
② 제1류 위험물과 제4류 위험물
③ 제4류 위험물과 제5류 위험물
④ 제5류 위험물과 제3류 위험물

해설

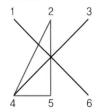

13 위험물안전관리법령상 혼재할 수 없는 위험물은? (단, 위험물은 지정수량의 1/10을 초과하는 경우이다.)

① 적린과 황린 　　　② 질산염류와 질산
③ 칼륨과 특수인화물 　④ 유기과산화물과 유황

해설

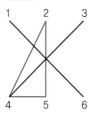

① 적린(제2류)과 황린(제3류)
② 질산염류(제1류)와 질산(제6류)
③ 칼륨(제3류)과 특수인화물(제4류)
④ 유기과산화물(제5류)과 유황(제2류)

14 위험물안전관리법령상 위험물을 운반하기 위해 적재할 때 가장 많은 유별과 혼재가 가능한 위험물 유별은? (단, 지정수량의 1/10을 초과하는 위험물이다.)

① 제1류 　　　② 제2류
③ 제3류 　　　④ 제4류

해설

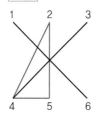

15 각각 지정수량의 10배인 위험물을 운반할 경우 제5류 위험물과 혼재 가능한 위험물에 해당하는 것은?

① 제1류 위험물 　　② 제2류 위험물
③ 제3류 위험물 　　④ 제6류 위험물

해설

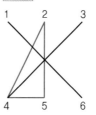

16 위험물의 운반에 관한 기준에 따르면 다음의 물질 중 제4석유류와 혼재할 수 없는 위험물은?

① 황화린 　　　② 칼륨
③ 유기과산화물 　④ 과염소산

해설

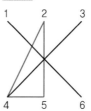

제4석유류는 제4류 위험물이다.
① 황화린 : 제2류 위험물
② 칼륨 : 제3류 위험물
③ 유기과산화물 : 제5류 위험물
④ 과염소산 : 제6류 위험물

17 지정수량의 10배 이상의 벤조일퍼옥사이드 운송 시 혼재 가능한 위험물의 유별로 옳은 것은?

① 제1류 　　　② 제2류
③ 제3류 　　　④ 제6류

해설

벤조일퍼옥사이드(과산화벤조일)는 제5류 위험물이다.

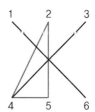

18 제6류 위험물을 수납한 용기에 표시하는 주의사항은?

① 가연물 접촉주의   ② 화기엄금
③ 화기 · 충격 주의   ④ 물기엄금

해설

제6류 : 가연물 접촉주의

19 제2류 위험물을 수납하는 운반 용기의 외부에 표시하여야 하는 주의사항으로 옳은 것은?

① 제2류 위험물 중 철분, 금속분, 마그네슘 또는 이들 중 어느 하나 이상을 함유한 것에 있어서는 "화기주의" 및 "물기주의". 인화성 고체에 있어서는 "화기엄금", 그 밖의 것에 있어서는 "화기주의"
② 제2류 위험물 중 철분, 금속분, 마그네슘 또는 이들 중 어느 하나 이상을 함유한 것에 있어서는 "화기주의" 및 "물기엄금". 인화성 고체에 있어서는 "화기주의", 그 밖의 것에 있어서는 "화기엄금"
③ 제2류 위험물 중 철분, 금속분, 마그네슘 또는 이들 중 어느 하나 이상을 함유한 것에 있어서는 "화기주의" 및 "물기엄금". 인화성 고체에 있어서는 "화기엄금", 그 밖의 것에 있어서는 "화기주의"
④ 제2류 위험물 중 철분, 금속분, 마그네슘 또는 이들 중 어느 하나 이상을 함유한 것에 있어서는 "화기엄금" 및 "물기엄금". 인화성 고체에 있어서는 "화기엄금", 그 밖의 것에 있어서는 "화기주의"

해설

위험물 운반 용기 외부 표시 주의사항

유별		외부 표시 주의사항
제2류	철분 · 금속분 · 마그네슘	• 화기주의 • 물기엄금
	인화성 고체	• 화기엄금
	그 밖의 것	• 화기주의

20 위험물안전관리법령의 규정에 따라 다음과 같이 예방조치를 하여야 하는 위험물은?

• 운반용기의 외부에 "화기엄금" 및 "충격주의"를 표시한다.
• 적재하는 경우 차광성 있는 피복으로 가린다.
• 55℃ 이하에서 분해될 우려가 있는 경우 보냉컨테이너에 수납하여 적정한 온도관리를 한다.

① 제1류   ② 제2류
③ 제3류   ④ 제5류

해설

• 화기엄금 및 충격주의 : 제5류
• 차광성 피복 : 제1류, 제3류(자연발화성 물질), 제4류(특수인화물), 제5류, 제6류
• 55℃ 이하 보냉컨테이너 수납 : 제5류(55℃ 이하의 온도에서 분해될 우려가 있는 것)

21 위험물안전관리법령상 제4류 위험물운반용기의 외부에 표시하여야 하는 주의사항을 모두 옳게 나타낸 것은?

① 화기엄금 및 충격주의
② 가연물 접촉주의
③ 화기엄금
④ 화기주의 및 충격주의

해설

제4류 : 화기엄금

22 위험물안전관리법령상 제5류 위험물의 공통된 취급방법으로 옳지 않은 것은?

① 용기의 파손 및 균열에 주의한다.
② 저장 시 과열, 충격, 마찰을 피한다.
③ 운반 용기 외부에 주의사항으로 "화기주의" 및 "물기엄금"을 표기한다.
④ 불티, 불꽃, 고온체와의 접근을 피한다.

해설

운반 용기 외부에 주의사항으로 "화기엄금" 및 "충격주의"을 표기한다.

23 과산화수소의 운반 용기 외부에 표시하여야 하는 주의사항은?

① 화기주의
② 충격주의
③ 물기엄금
④ 가연물 접촉주의

해설

과산화수소는 제6류 위험물이다.
제6류(과산화수소) : 가연물 접촉주의

24 NaClO₂을 수납하는 운반 용기의 외부에 표시하여야 할 주의사항으로 옳은 것은?

① "화기엄금" 및 "충격주의"
② "화기주의" 및 "물기엄금"
③ "화기 · 충격주의" 및 "가연물 접촉주의"
④ "화기엄금" 및 "공기접촉엄금"

해설

$NaClO_2$(아염소산나트륨)은 제1류 위험물(그 밖의 것)이다.

위험물 운반 용기 외부 표시 주의사항

유별		외부 표시 주의사항
제1류	알칼리금속의 과산화물	• 화기 · 충격주의 • 물기엄금 • 가연물 접촉주의
	그 밖의 것	• 화기 · 충격주의 • 가연물 접촉주의

25 위험물안전관리법령상 제1류 위험물 중 알칼리금속의 과산화물의 운반 용기 외부에 표시하여야 하는 주의사항을 모두 나타낸 것은?

① "화기엄금", "충격주의" 및 "가연물 접촉주의"
② "화기 · 충격주의", "물기엄금" 및 "가연물 접촉주의"
③ "화기주의" 및 "물기엄금"
④ "화기엄금" 및 "물기엄금"

해설

제1류 위험물의 외부 표시 주의사항

유별		외부 표시 주의사항
제1류	알칼리금속의 과산화물	• 화기 · 충격주의 • 물기엄금 • 가연물 접촉주의
	그 밖의 것	• 화기 · 충격주의 • 가연물 접촉주의

| SECTION 4 | 위험물의 운송기준 |

1. 운송책임자의 감독 · 지원을 받아 운송하는 위험물

① 알킬알루미늄

② 알킬리튬

③ 알킬알루미늄 또는 알킬리튬을 함유하는 위험물

2. 운송책임자의 감독 · 지원 방법

운송책임자의 위치	감독·지원 방법
이동탱크저장소	운전자와 동승하며 운송 중인 위험물 안전확보에 대한 감독 · 지원을 하는 방법(단, 운전자가 운송책임자의 자격이 있는 경우에는 운송책임자의 자격이 없는 자가 동승할 수 있다.)
감독 · 지원을 위해 마련한 별도의 사무실	• 운송경로를 미리 파악하고 관할소방관서 · 비상대응 관련 업체에 대한 연락체계를 갖추는 것 • 이동탱크저장소의 운전자에 대해 수시로 안전확보 상황을 확인하는 것 • 비상시의 응급처치에 관하여 조언을 하는 것 • 그 밖에 위험물의 운송 중 안전확보에 관하여 필요한 정보를 제공하고 감독 · 지원하는 것

3. 위험물운송자가 이동탱크저장소로 위험물 운송 시 준수하여야 하는 기준

① 운송의 개시 전에 이동저장탱크의 배출밸브 등의 밸브와 폐쇄장치, 맨홀 및 주입구의 뚜껑, 소화기 등의 점검을 충분히 실시한다.

② 장거리(고속국도 : 340km 이상, 그 밖의 도로 : 200km 이상) 운송을 하는 때에는 2명 이상의 운전자로 한다.

예외사항	• 운송책임자를 동승시킨 경우 • 운송하는 위험물이 제2류 위험물, 제3류 위험물(칼슘 또는 알루미늄의 탄화물) 또는 제4류 위험물(특수인화물 제외)인 경우 • 운송 도중에 2시간 이내마다 20분 이상씩 휴식하는 경우

③ 이동탱크저장소를 휴식 · 고장 등으로 일시 정차시킬 때에는 안전한 장소를 택하고 당해 이동탱크저장소의 안전을 위한 감시를 할 수 있는 위치에 있는 등 운송하는 위험물의 안전확보에 주의한다.

④ 이동저장탱크로부터 위험물이 현저하게 새는 등 재해발생의 우려가 있는 경우에는 재난을 방지하기 위한 응급조치를 강구하는 동시에 소방관서 그 밖의 관계기관에 통보한다.

⑤ 위험물안전카드를 휴대한다(제4류 위험물에 있어서는 특수인화물 및 제1석유류에 한한다).

⑥ 위험물안전카드에 기재된 내용에 따른다.

4. 위험물운송자의 자격

① 위험물을 운송하는 자

    ㉠ 「국가기술자격법」에 따른 위험물 분야의 자격을 취득

    ㉡ 운송에 관한 안전교육(소방청장 실시)을 수료

② 위험물 운송책임자

    ㉠ 위험물의 취급에 관한 국가기술자격을 취득하고 관련 경력 1년 이상

    ㉡ 위험물의 운송에 관한 안전교육(소방청장 실시)을 수료하고 관련 경력 2년 이상

01 이동탱크저장소에 의한 위험물의 운송에 있어서 운송책임자의 감독·지원을 받아야 하는 위험물은?

① 금속분
② 알킬알루미늄
③ 아세트알데히드
④ 히드록실아민

해설

운송책임자의 감독 · 지원을 받아 운송하여야 하는 위험물
• 알킬알루미늄
• 알킬리튬
• 알킬알루미늄 또는 알킬리튬을 함유하는 위험물

02 위험물운송책임자의 감독 또는 지원의 방법으로 운송의 감독 또는 지원을 위하여 마련한 별도의 사무실에 운송책임자가 대기하면서 이행하는 사항에 해당하지 않는 것은?

① 운송 후에 운송경로를 파악하여 관할 경찰관서에 신고하는 것
② 이동탱크저장소의 운전자에 대하여 수시로 안전확보 상황을 확인하는 것
③ 비상시의 응급처치에 관하여 조언을 하는 것
④ 위험물의 운송 중 안전확보에 관하여 필요한 정보를 제공하고 감독 또는 지원하는 것

해설

운송의 감독 또는 지원을 위하여 마련한 별도의 사무실에 운송책임자가 대기하면서 이행하는 사항
1. 운송경로를 미리 파악하고 관할소방관서 또는 관련업체(비상대응에 관한 협력을 얻을 수 있는 업체를 말한다)에 대한 연락체계를 갖추는 것
2. 이동탱크저장소의 운전자에 대하여 수시로 안전확보 상황을 확인하는 것
3. 비상시의 응급처치에 관하여 조언을 하는 것
4. 그 밖에 위험물의 운송 중 안전확보에 관하여 필요한 정보를 제공하고 감독 또는 지원하는 것

03 위험물안전관리법령상 이동탱크저장소에 의한 위험물의 운송 시 장거리에 걸친 운송을 하는 때에는 2명 이상의 운전자로 하는 것이 원칙이다. 다음 중 예외적으로 1명의 운전자가 운송하여도 되는 경우의 기준으로 옳은 것은?

① 운송 도중에 2시간 이내마다 10분 이상씩 휴식하는 경우
② 운송 도중에 2시간 이내마다 20분 이상씩 휴식하는 경우
③ 운송 도중에 4시간 이내마다 10분 이상씩 휴식하는 경우
④ 운송 도중에 4시간 이내마다 20분 이상씩 휴식하는 경우

해설

장거리(고속국도 : 340km 이상, 그 밖의 도로 : 200km 이상) 운송을 하는 때에는 2명 이상의 운전자로 한다.

예외사항	• 운송책임자를 동승시킨 경우 • 운송하는 위험물이 제2류 위험물, 제3류 위험물(칼슘 또는 알루미늄의 탄화물) 또는 제4류 위험물(특수인화물 제외)인 경우 • 운송 도중에 2시간 이내마다 20분 이상씩 휴식하는 경우

04 위험물안전관련법령에 따른 위험물의 운송에 관한 설명 중 틀린 것은?

① 알킬리튬과 알킬알루미늄 또는 이 중 어느 하나 이상을 함유한 것은 운송책임자의 감독, 지원을 받아야 한다.
② 이동탱크저장소에 의하여 위험물을 운송할 때 운송책임자에는 법정의 교육을 이수하고 관련 업무에 2년 이상 경력이 있는 자도 포함된다.
③ 서울에서 부산까지 금속의 인화물 300kg을 1명의 운전자가 휴식 없이 운송해도 규정위반이 아니다.

④ 운송책임자의 감독 또는 지원 방법에는 동승하는 방법과 별도의 사무실에서 대기하면서 규정된 사항을 이행하는 방법이 있다.

> **해설**
> • 서울에서 부산까지 금속의 인화물 300kg을 1명의 운전자가 휴식 없이 운송하면 규정위반이다.
> • 장거리(고속국도 : 340km 이상, 그 밖의 도로 : 200km 이상) 운송을 하는 때에는 2명 이상의 운전자로 한다.
>
> | 예외사항 | • 운송책임자를 동승시킨 경우
• 운송하는 위험물이 제2류 위험물, 제3류 위험물(칼슘 또는 알루미늄의 탄화물) 또는 제4류 위험물(특수인화물 제외)인 경우
• 운송 도중에 2시간 이내마다 20분 이상씩 휴식하는 경우 |
> | --- | --- |

05 이동탱크저장소에 의한 위험물의 운송 시 준수하여야 하는 기준에서 다음 중 어떤 위험물을 운송할 때 위험물운송자는 위험물 안전카드를 휴대하여야 하는가?

① 특수인화물 및 제1석유류
② 알코올류 및 제2석유류
③ 제3석유류 및 동식물류
④ 제4석유류

> **해설**
> 위험물의 운송 시 위험물 안전카드 휴대해야 하는 위험물 : 위험물(제4류 위험물에 있어서는 특수인화물 및 제1석유류에 한함)

06 위험물안전관리법령에 의한 위험물 운송에 관한 규정으로 틀린 것은?

① 안전관리자·탱크시험자·위험물운송자 등 위험물의 안전관리와 관련된 업무를 수행하는 자는 시·도지사가 실시하는 안전교육을 받아야 한다.
② 위험물운송자는 이동탱크저장소에 의하여 위험물을 운송하는 때에는 행정안전부령으로 정하는 기준을 준수하는 등 당해 위험물의 안전확보를 위하여 세심한 주의를 기울여야 한다.
③ 운송책임자의 범위, 감독 또는 지원의 방법 등에 관한 구체적인 기준은 행정안전부령으로 정한다.

④ 이동탱크저장소에 의하여 위험물을 운송하는 자는 당해 위험물을 취급할 수 있는 국가기술자격자 또는 안전교육을 받은 자이어야 한다.

> **해설**
> 안전관리자·탱크시험자·위험물운송자 등 위험물의 안전관리와 관련된 업무를 수행하는 자는 소방청장이 실시하는 안전교육을 받아야 한다.

CHAPTER 03 위험물 규제의 시설기준

SECTION 1 제조소

1. 안전거리

(1) 안전거리 기준

① 제조소는 다음 각목의 규정에 의한 건축물의 외벽부터 당해 제조소의 외벽까지의 수평거리(안전거리)를 두어야 한다.

② 안전거리 규제 대상 : 제조소(6류 제조소 제외), 옥내저장소, 옥외저장소, 옥외탱크저장소, 일반취급소

건축물	안전거리
사용전압이 7,000V 초과 35,000V 이하의 특고압가공전선	3m 이상
사용전압이 35,000V를 초과하는 특고압가공전선	5m 이상
건축물 그 밖의 공작물로서 주거용으로 사용되는 것	10m 이상
고압가스, 액화석유가스, 도시가스를 저장 · 취급하는 시설	20m 이상
학교 · 병원 · 극장 그 밖에 다수인을 수용하는 시설	30m 이상
유형문화재와 기념물 중 지정문화재	50m 이상

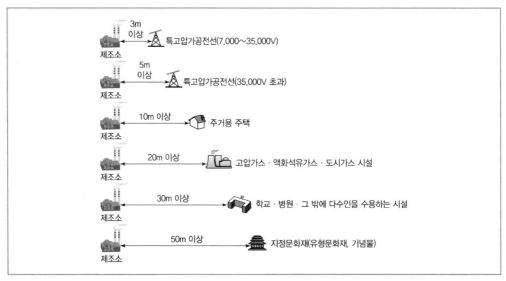

| 안전거리 기준 |

(2) 지정수량 이상의 히드록실아민등(히드록실아민, 히드록실아민염류)을 취급하는 제조소의 안전거리

$$D = 51.1 \sqrt[3]{N}$$

여기서, D : 안전거리(m)

　　　　N : 해당 제조소에서 취급하는 히드록실아민등의 지정수량 배수

(3) 안전거리 단축기준

① 단축조건 : 다음 표에서 정한 수치 이상인 경우 안전거리를 단축할 수 없다.

(단위 : 지정수량 배수)

용도지역 구분	주거지역	상업지역	공업지역
제조소 · 일반취급소	30	35	50
옥내저장소	120	150	200
옥외저장소	10	15	20
옥외탱크저장소	600	700	1,000

② 단축한계 : 불연재료로 된 방화상 유효한 담 또는 벽을 설치하여 단축 가능한 안전거리

구분	지정수량의 배수	단축된 안전거리(m)		
		주거용	학교·유치원 등	문화재
제조소 · 일반취급소	10배 미만	6.5	20	35
	10배 이상	7.0	22	38
옥내저장소	5배 미만	4.0	12	23
	5배 이상 10배 미만	4.5	12	23
	10배 이상 20배 미만	5.0	14	26
	20배 이상 50배 미만	6.0	18	32
	50배 이상 200배 미만	7.0	22	38
옥외저장소	10배 미만	6.0	18	32
	10배 이상 20배 미만	8.5	25	44
옥외탱크저장소	500배 미만	6.0	18	32
	500배 이상 1,000배 미만	7.0	22	38

③ 방화상 유효한 담의 높이 : 연소한계곡선을 구하여 "H"와 값을 비교하여, h(방화벽의 높이)를 구한다.

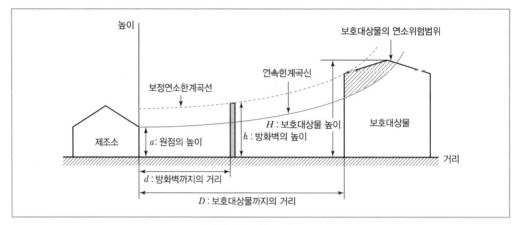

| 방화상 유효한 담의 높이 |

연소한계곡선	$pD^2 + a(p : 상수)$
$H \leq pD^2 + a$인 경우	$h = 2m$
$H > pD^2 + a$인 경우	$h = H - p(D^2 - d^2)$

※ p는 상수이다.

2. 보유공지

위험물을 취급하는 건축물 그 밖의 시설 주위에는 그 취급하는 위험물의 최대수량에 따른 너비의 공지를 보유한다.

취급 위험물의 최대수량	공지 너비
지정수량의 10배 이하	3m 이상
지정수량의 10배 초과	5m 이상

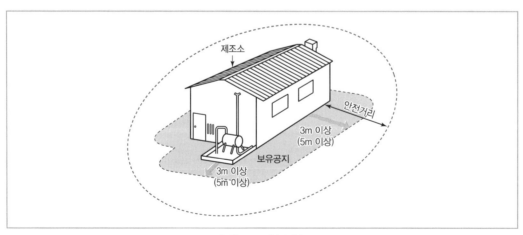

| 제조소 보유공지 |

3. 표지 및 게시판

① 표지

설치위치	보기 쉬운 곳
크기	표지는 한 변의 길이가 0.3m 이상, 다른 한 변의 길이가 0.6m 이상인 직사각형
색상	• 바탕 : 백색 • 문자 : 흑색

② 게시판

㉠ 게시판

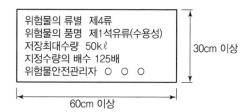

설치위치	보기 쉬운 곳
크기	표지는 한 변의 길이가 0.3m 이상, 다른 한 변의 길이가 0.6m 이상인 직사각형
색상	• 바탕 : 백색 • 문자 : 흑색
기재내용	• 저장·취급하는 위험물의 유별·품명 • 저장·취급 최대수량 • 지정수량의 배수 • 안전관리자의 성명 또는 직명

㉡ 주의사항 게시판

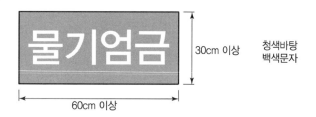

청색바탕
백색문자

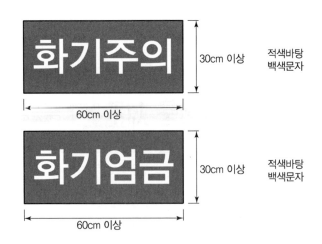

위험물 종류	주의사항 게시판	색상 기준
• 제1류 위험물 중 알칼리금속의 과산화물과 이를 함유한 것 • 제3류 위험물 중 금수성물질	물기엄금	• 청색바탕 • 백색문자
• 제2류 위험물(인화성 고체 제외)	화기주의	• 적색바탕 • 백색문자
• 제2류 위험물 중 인화성 고체 • 제3류 위험물 중 자연발화성 물질 • 제4류 위험물 • 제5류 위험물	화기엄금	

4. 건축물의 구조

① 지하층이 없도록 한다.

② 벽 · 기둥 · 바닥 · 보 · 서까래 · 계단은 불연재료로 한다.

③ 연소 우려가 있는 외벽은 출입구 외의 개구부가 없는 내화구조의 벽으로 한다.

④ 지붕은 폭발력이 위로 방출될 정도의 가벼운 불연재료로 덮어야 한다.

⑤ 출입구와 비상구에는 갑종방화문 또는 을종방화문을 설치하되, 연소의 우려가 있는 외벽에 설치하는 출입구에는 수시로 열 수 있는 자동폐쇄식의 갑종방화문을 설치한다.

> **참고** – 연소의 우려가 있는 외벽
>
> 다음에 정한 선을 기산점으로 하여 3m(제조소등이 2층 이상인 경우에는 5m) 이내에 있는 제조소등의 외벽을 말한다.
> • 제조소등이 설치된 부지경계선
> • 제조소등에 인접한 도로중심선
> • 제조소등의 외벽과 동일부지 내의 다른 건축물의 외벽 간의 중심선

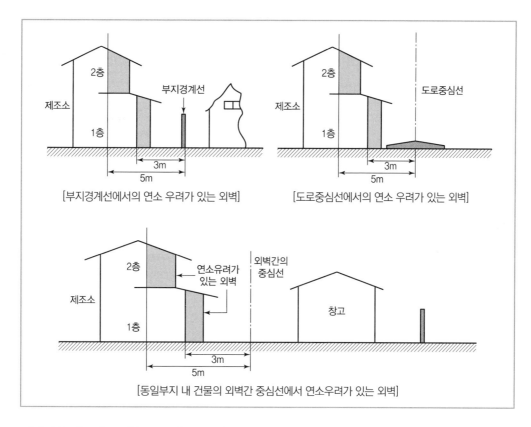

[부지경계선에서의 연소 우려가 있는 외벽]

[도로중심선에서의 연소 우려가 있는 외벽]

[동일부지 내 건물의 외벽간 중심선에서 연소우려가 있는 외벽]

⑥ 위험물을 취급하는 건축물의 창 및 출입구에 유리를 이용하는 경우에는 망입유리(두꺼운 판유리에 철망을 넣은 것)로 한다.

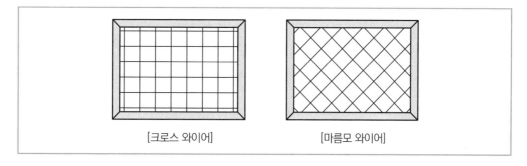

[크로스 와이어]   [마름모 와이어]

⑦ 액체의 위험물을 취급하는 건축물의 바닥은 위험물이 스며들지 못하는 재료를 사용하고, 적당한 경사를 두어 그 최저부에 집유설비를 하여야 한다.

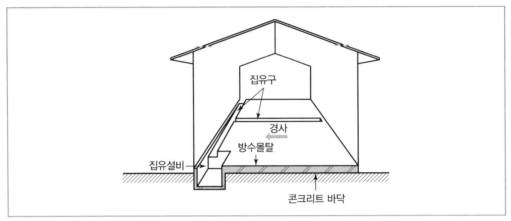

| 액체의 위험물을 취급하는 건축물 바닥 |

5. 채광 · 조명 · 환기설비

(1) 채광설비

① 불연재료로 한다.

② 연소의 우려가 없는 장소에 설치하되 채광면적을 최소로 한다.

(2) 조명설비

① 가연성 가스 등이 체류할 우려가 있는 장소의 조명은 방폭등으로 한다.

② 전선은 내화 · 내열전선으로 한다.

③ 점멸스위치는 출입구 바깥부분에 설치한다.

(3) 환기설비

① 환기는 자연배기방식으로 한다.

② 환기구는 지붕 위 또는 지상 2m 이상의 높이에 회전식 고정벤틸레이터 또는 루프팬 방식(roof fan : 지붕에 설치하는 배기장치)으로 설치한다.

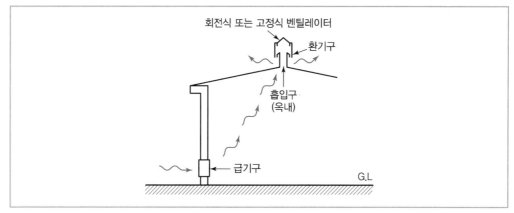

| 지붕 위 환기설비 |

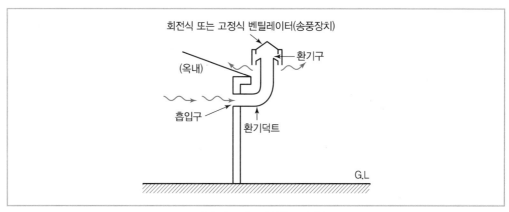

| 벽체 상부 덕트방식 환기설비 |

③ 급기구

　㉠ 급기구가 설치된 실의 바닥면적 150m²마다 1개 이상 설치한다.

　㉡ 급기구의 크기는 800cm² 이상으로 한다.

　㉢ 바닥면적이 150m² 미만인 경우의 급기구 크기

바닥면적	급기구의 면적
60m² 미만	150cm² 이상
60m² 이상 90m² 미만	300cm² 이상
90m² 이상 120m² 미만	450cm² 이상
120m² 이상 150m² 미만	600cm² 이상

　㉣ 급기구는 낮은 곳에 설치하고, 가는 눈의 구리망 등으로 인화방지망을 설치한다.

6. 배출설비

① 국소방식으로 한다.

예외사항	• 전역방식으로 하는 경우 • 위험물취급설비가 배관이음 등으로만 된 경우 • 건축물의 구조 · 작업장소의 분포 등의 조건에 의하여 전역방식이 유효한 경우

② 배풍기(오염된 공기를 뽑아내는 통풍기 · 배출 덕트(공기 배출통로) · 후드) 등을 이용하여 강제적으로 배출하는 것으로 한다.

③ 배출능력

    ㉠ 국소방식 : 1시간당 배출장소 용적의 20배 이상인 것

    ㉡ 전역방식 : 바닥면적 $1m^2$당 $18m^3$ 이상

④ 배출설비의 급기구 및 배출구

    ㉠ 급기구

        • 높은 곳에 설치

        • 가는 눈의 구리망 등으로 인화방지망을 설치

    ㉡ 배출구

        • 지상 2m 이상으로서 연소의 우려가 없는 장소에 설치

        • 배출 덕트가 관통하는 벽 부분의 바로 가까이에 화재 시 자동으로 폐쇄되는 방화댐퍼(화재 시 연기 등을 차단하는 장치)를 설치

⑤ 배풍기는 강제배기방식으로 하고, 옥내 덕트의 내압이 대기압 이상이 되지 아니하는 위치에 설치한다.

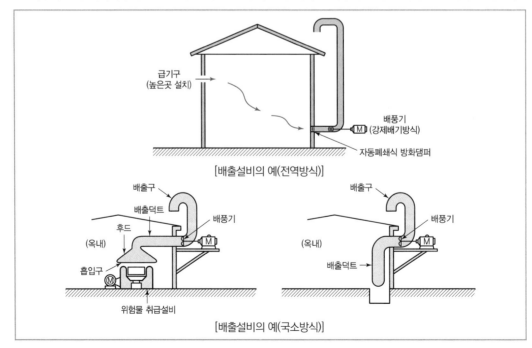

[배출설비의 예(전역방식)]

[배출설비의 예(국소방식)]

7. 옥외설비의 바닥

① 바닥의 둘레에 높이 0.15m 이상의 턱을 설치하여 위험물이 외부로 흘러나가지 않도록 한다.

② 바닥은 콘크리트 등 위험물이 스며들지 아니하는 재료로 하고, 턱이 있는 쪽이 낮게 경사지게 한다.

③ 바닥의 최저부에 집유설비를 한다.

④ 위험물(온도 20℃의 물 100g에 용해되는 양이 1g 미만인 것에 한한다)을 취급하는 설비에는 당해 위험물이 직접 배수구에 흘러 들어가지 않도록 집유설비에 유분리장치를 설치한다.

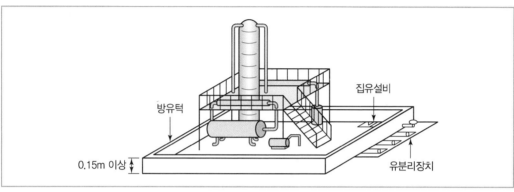

| 옥외설비 바닥 |

8. 기타설비

(1) 정전기 제거설비

① 접지에 의한 방법

② 공기 중의 상대습도를 70% 이상으로 하는 방법

③ 공기를 이온화하는 방법

④ 유속 제한(느리게)

(2) 피뢰설비

설치대상 : 지정수량의 10배 이상의 위험물을 취급하는 제조소(제6류 위험물을 취급하는 위험물제조소 제외)

(3) 압력계 및 안전장치

① 압력계

② 안전장치

　　㉠ 자동적으로 압력의 상승을 정지시키는 장치

　　㉡ 감압측에 안전밸브를 부착한 감압밸브

ⓒ 안전밸브를 겸하는 경보장치

ⓔ 파괴판(위험물의 성질에 따라 안전밸브의 작동이 곤란한 가압설비에 한하여 설치)

9. 위험물 취급탱크의 방유제(방유턱)

옥외 위험물탱크	대상	용량이 지정수량의 5분의 1 미만인 것 제외, 이황화탄소 취급탱크 제외	
	방유제 용량	탱크 1기	당해 탱크용량의 50% 이상
		탱크 2기 이상	당해 탱크 중 용량이 최대인 것의 50%에 나머지 탱크용량 합계의 10%를 가산한 양 이상
옥내 위험물탱크	대상	용량이 지정수량의 5분의 1 미만인 것 제외	
	방유턱 용량	탱크 1기	탱크에 수납하는 위험물의 양 이상
		탱크 2기 이상	위험물의 양이 최대인 탱크의 양 이상

※ 방유제의 용량은 당해 방유제의 내용적에서 용량이 최대인 탱크 외의 탱크의 방유제 높이 이하 부분의 용적, 당해 방유제 내에 있는 모든 탱크의 지반면 이상 부분의 기초의 체적, 간막이 둑의 체적 및 당해 방유제 내에 있는 배관 등의 체적을 뺀 것으로 한다.

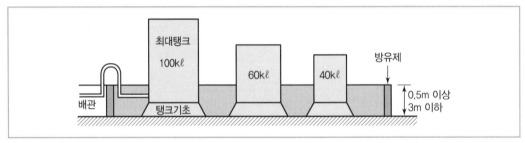

| 옥외 위험물탱크 방유제 용량 산정 |

- 방유제의 용량으로 산정되는 부분은 (▨)으로 나타냈다.
- 옥외 위험물 탱크의 방유제의 최소 용량

$$100\text{kL} \times \frac{1}{2} + (60\text{kL} + 40\text{kL}) \times \frac{1}{10} = 60\text{kL}$$

10. 배관

(1) 재질

강관, 유리섬유강화플라스틱, 고밀도폴리에틸렌, 폴리우레탄

(2) 내압시험

배관에 걸리는 최대상용압력의 1.5배 이상의 압력으로 내압시험(불연성의 액체 또는 기체를 이용하여 실시하는 시험을 포함한다)을 실시하여 누설 그 밖의 이상이 없는 것으로 한다.

(3) 설치위치

① 지상 : 지진 · 풍압 · 지반침하 및 온도변화에 안전한 구조의 지지물에 설치하되, 지면에 닿지 아니하도록 하고 배관의 외면에 부식방지를 위한 도장을 한다.

② 지하 매설

　㉠ 금속성 배관의 외면에 부식방지조치를 한다(도장복장 · 코팅 · 전기방식 등).

　㉡ 배관의 접합 부분에는 위험물의 누설 여부를 점검할 수 있는 점검구를 설치한다.

　㉢ 지면에 미치는 중량이 당해 배관에 미치지 아니하도록 보호한다.

11. 위험물의 성질에 따른 제조소의 특례

(1) 알킬알루미늄등(알킬알루미늄, 알킬리튬)을 취급하는 제조소의 특례

① 누설범위를 국한시킬 수 있는 설비와 누설된 알킬알루미늄 등을 안전한 장소에 설치된 저장실에 유입시킬 수 있는 설비를 갖출 것

② 불활성기체를 봉입하는 장치를 갖출 것

(2) 아세트알데히드등(아세트알데히드, 산화프로필렌)을 취급하는 제조소의 특례

① 취급설비를 은 · 수은 · 동 · 마그네슘 또는 이들을 성분으로 하는 합금으로 만들지 아니할 것

② 취급설비에 불활성기체 또는 수증기를 봉입하는 장치를 갖출 것

③ 취급하는 탱크(용량이 지정수량의 5분의 1 미만의 것을 제외)에는 냉각장치 또는 보냉장치 및 불활성기체를 봉입하는 장치를 갖출 것

01 위험물제조소의 안전거리기준으로 틀린 것은?

① 초 · 중등교육법 및 고등교육법에 의한 학교 : 20m 이상

② 의료법에 의한 병원급 의료기관 : 30m이상

③ 문화재보호법 규정에 의한 지정문화재 : 50m이상

④ 사용전압이 35,000V를 초과하는 특고압가공전선 : 5m이상

해설
초 · 중등교육법 및 고등교육법에 의한 학교 : 30m 이상

02 제3류 위험물을 취급하는 제조소는 300명 이상을 수용할 수 있는 극장으로부터 몇 m 이상의 안전거리를 유지하여야 하는가?

① 5m ② 10m

③ 30m ④ 70m

해설
극장 : 30m 이상

03 위험물 옥외탱크저장소는 병원으로부터 몇 m 이상의 안전거리를 유지하여야 하는가?

① 10m ② 20m

③ 30m ④ 50m

해설
병원 : 30m 이상

04 다음 중 위험물안전관리법령상 위험물제조소와의 안전거리가 가장 먼 것은?

① 「고등교육법」에서 정하는 학교

② 「의료법」에 따른 병원급 의료기관

③ 「고압가스 안전관리법」에 의하여 허가를 받은 고압가스 제조시설

④ 「문화재보호법」에 의한 유형문화재와 기념물 중 지정문화재

해설
• 학교, 의료기관 : 30m 이상
• 고압가스 제조시설 : 20m 이상
• 지정문화재 : 50m 이상

05 위험물제조소등에서 위험물안전관리법상 안전거리 규제대상이 아닌 것은?

① 제6류 위험물을 취급하는 제조소를 제외한 모든 제조소

② 주유취급소

③ 옥외저장소

④ 옥외탱크저장소

해설
안전거리 규제 대상
제조소(제6류 제조소 제외), 옥내저장소, 옥외저장소, 옥외탱크저장소, 일반취급소

06 지정수량 이상의 히드록실아민을 취급하는 제조소에 두어야 하는 최소한의 안전거리(D)를 구하는 산식으로 옳은 것은? (단, N은 해당 제조소에서 취급하는 히드록실아민의 지정수량의 배수를 의미한다.)

① $D = 40\sqrt[3]{N}$ ② $D = 51.1\sqrt[3]{N}$

③ $D = 55\sqrt[3]{N}$ ④ $D = 61.1\sqrt[3]{N}$

해설
지정수량 이상의 히드록실아민 등을 취급하는 제조소의 위치는 건축물의 벽 또는 이에 상당하는 공작물의 외측으로부터 해당 제조소의 외벽 또는 이에 상당하는 공작물의 외측까지의 사이에 다음 식에 의하여 요구되는 거리 이상의 안전거리를 두어야 한다.

정답　01 ①　02 ③　03 ③　04 ④　05 ②　06 ②

$D = 51.1 \sqrt[3]{N}$

D : 안전거리(m)

N : 해당 제조소에서 취급하는 히드록실아민 등의 지정수량의 배수

07 위험물제조소에서 지정수량 이상의 위험물을 취급하는 건축물(시설)에는 원칙상 최소 몇 미터 이상의 보유공지를 확보하여야 하는가? (단, 최대수량은 지정수량의 10배이다.)

① 1m 이상

② 3m 이상

③ 5m 이상

④ 7m 이상

해설

제조소의 보유공지

취급하는 위험물의 최대수량	공지의 너비
지정수량의 10배 이하	3m 이상
지정수량의 10배 초과	5m 이상

08 제5류 위험물을 취급하는 위험물제조소에 설치하는 주의사항 게시판에서 표시하는 내용과 바탕색, 문자색으로 옳은 것은?

① 화기주의, 백색바탕에 적색문자

② 화기주의, 적색바탕에 백색문자

③ 화기엄금, 백색바탕에 적색문자

④ 화기엄금, 적색바탕에 백색문자

해설

주의사항 게시판

위험물 종류	주의사항 게시판	색상 기준
• 제1류 위험물 중 알칼리금속의 과산화물과 이를 함유한 것 • 제3류 위험물 중 금수성 물질	물기엄금	• 청색바탕 • 백색문자
• 제2류 위험물(인화성 고체 제외)	화기주의	
• 제2류 위험물 중 인화성 고체 • 제3류 위험물 중 자연발화성 물질 • 제4류 위험물 • 제5류 위험물	화기엄금	• 적색바탕 • 백색문자

09 제4류 위험물을 저장 및 취급하는 위험물제조소에 설치한 "화기엄금" 게시판의 색상으로 올바른 것은?

① 적색바탕에 흑색문자

② 흑색바탕에 적색문자

③ 백색바탕에 적색문자

④ 적색바탕에 백색문자

해설

주의사항 게시판

위험물 종류	주의사항 게시판	색상 기준
• 제1류 위험물 중 알칼리금속의 과산화물과 이를 함유한 것 • 제3류 위험물 중 금수성 물질	물기엄금	• 청색바탕 • 백색문자
• 제2류 위험물(인화성 고체 제외)	화기주의	
• 제2류 위험물 중 인화성 고체 • 제3류 위험물 중 자연발화성 물질 • 제4류 위험물 • 제5류 위험물	화기엄금	• 적색바탕 • 백색문자

10 위험물제조소의 게시판에 "물기엄금"이라고 쓰여있다. 어떤 위험물을 취급하는 제조소인가?

① 제2류

② 제3류

③ 제4류

④ 제6류

해설

주의사항 게시판

위험물 종류	주의사항 게시판	색상 기준
• 제1류 위험물 중 알칼리금속의 과산화물과 이를 함유한 것 • 제3류 위험물 중 금수성 물질	물기엄금	• 청색바탕 • 백색문자
• 제2류 위험물(인화성 고체 제외)	화기주의	
• 제2류 위험물 중 인화성 고체 • 제3류 위험물 중 자연발화성 물질 • 제4류 위험물 • 제5류 위험물	화기엄금	• 적색바탕 • 백색문자

정답 07 ② 08 ④ 09 ④ 10 ②

11 위험물제조소의 게시판에 "화기주의"라고 쓰여 있다. 몇 류 위험물제조소인가?

① 제1류　　　　　② 제2류
③ 제3류　　　　　④ 제4류

해설

주의사항 게시판

위험물 종류	주의사항 게시판	색상 기준
• 제1류 위험물 중 알칼리금속의 과산화물과 이를 함유한 것 • 제3류 위험물 중 금수성 물질	물기엄금	• 청색바탕 • 백색문자
• 제2류 위험물(인화성 고체 제외)	화기주의	
• 제2류 위험물 중 인화성 고체 • 제3류 위험물 중 자연발화성 물질 • 제4류 위험물 • 제5류 위험물	화기엄금	• 적색바탕 • 백색문자

12 제조소의 게시판 사항 중 위험물의 종류에 따른 주의사항이 올바르게 연결된 것은?

① 제2류 위험물(인화성 고체 제외) – 화기엄금
② 제3류 위험물 중 금수성 물질 – 물기엄금
③ 제4류 위험물 – 화기주의
④ 제5류 위험물 – 물기엄금

해설

주의사항 게시판

위험물 종류	주의사항 게시판	색상 기준
• 제1류 위험물 중 알칼리금속의 과산화물과 이를 함유한 것 • 제3류 위험물 중 금수성 물질	물기엄금	• 청색바탕 • 백색문자
• 제2류 위험물(인화성 고체 제외)	화기주의	
• 제2류 위험물 중 인화성 고체 • 제3류 위험물 중 자연발화성 물질 • 제4류 위험물 • 제5류 위험물	화기엄금	• 적색바탕 • 백색문자

13 금수성 물질의 저장시설에 설치하는 주의사항 게시판의 바탕색과 문자색을 올바르게 나타낸 것은?

① 적색바탕에 백색문자
② 백색바탕에 적색문자
③ 청색바탕에 백색문자
④ 백색바탕에 청색문자

해설

주의사항 게시판

위험물 종류	주의사항 게시판	색상 기준
• 제1류 위험물 중 알칼리금속의 과산화물과 이를 함유한 것 • 제3류 위험물 중 금수성 물질	물기엄금	• 청색바탕 • 백색문자
• 제2류 위험물(인화성 고체 제외)	화기주의	
• 제2류 위험물 중 인화성 고체 • 제3류 위험물 중 자연발화성 물질 • 제4류 위험물 • 제5류 위험물	화기엄금	• 적색바탕 • 백색문자

14 위험물제조소의 기준에 있어서 위험물을 취급하는 건축물의 구조로 적당하지 않은 것은?

① 지하층이 없도록 하여야 한다.
② 연소의 우려가 있는 외벽은 내화구조의 벽으로 하여야 한다.
③ 연소의 우려가 있는 외벽에 출입구를 설치하는 경우 을종방화문을 설치하여야 한다.
④ 지붕은 폭발력이 위로 방출될 정도의 가벼운 불연재료로 덮어야 한다.

해설

연소의 우려가 있는 외벽에 출입구를 설치하는 경우 수시로 열 수 있는 자동폐쇄식의 갑종방화문을 설치하여야 한다.

15 위험물제조소의 환기설비의 기준에서 급기구가 설치된 실의 바닥면적 150m²마다 1개 이상 설치하는 급기구의 크기는 몇 cm² 이상인가? (단, 바닥면적이 150m² 미만인 경우는 제외한다.)

① 200cm² ② 400cm²
③ 600cm² ④ 800cm²

해설

급기구는 당해 급기구가 설치된 실의 바닥면적 150m²마다 1개 이상으로 하되, 급기구의 크기는 800cm² 이상으로 한다.

16 위험물제조소에서 국소방식의 배출설비 배출능력은 1시간당 배출장소 용적의 몇 배 이상인 것으로 하여야 하는가?

① 5배 ② 10배
③ 15배 ④ 20배

해설

배출능력은 1시간당 배출장소 용적의 20배 이상인 것으로 하여야 한다. 다만, 전역방식의 경우에는 바닥면적 1m²당 18m³ 이상으로 할 수 있다.

17 제조소의 위치·구조 및 설비의 기준에 따르면 가연성 증기가 체류할 우려가 있는 건축물은 배출장소의 용적이 500m³일 때, 시간당 배출능력(국소방식)을 얼마 이상으로 하여야 하는가?

① 5,000m³ ② 10,000m³
③ 20,000m³ ④ 40,000m³

해설

배출능력은 1시간당 배출장소 용적의 20배 이상인 것으로 하여야 한다. → 500m³ × 20 = 10,000m³

18 지정수량의 10배 이상의 위험물을 취급하는 제조소에는 몇 류 위험물을 취급하는 경우에 피뢰침을 설치하지 않아도 되는가?

① 제2류 위험물 ② 제4류 위험물
③ 제5류 위험물 ④ 제6류 위험물

해설

지정수량의 10배 이상의 위험물을 취급하는 제조소(제6류 위험물을 취급하는 위험물제조소를 제외한다)에는 피뢰침을 설치하여야 한다. 다만, 제조소의 주위의 상황에 따라 안전상 지장이 없는 경우에는 피뢰침을 설치하지 아니할 수 있다.

19 위험물제조소에 설치하는 안전장치 중 위험물의 성질에 따라 안전밸브의 작동이 곤란한 가압설비에 한하여 설치하는 것은?

① 파괴판
② 안전밸브를 병용하는 경보장치
③ 감압측에 안전밸브를 부착한 감압밸브
④ 연성계

해설

파괴판(파열판)은 위험물의 성질에 따라 안전밸브의 작동이 곤란한 가압설비에 한하여 설치한다.

20 비전도성 액체가 관이나 탱크 내에서 움직일 때 정전기가 발생하기 쉬운 조건으로 가장 거리가 먼 것은?

① 흐름의 낙차가 클 때
② 느린 유속으로 흐를 때
③ 심한 와류가 생길 때
④ 필터를 통과할 때

해설

빠른 유속으로 흐를 때 정전기가 발생하기 쉽다.

21 위험물을 취급함에 있어서 정전기가 발생할 우려가 있는 설비에 정전기를 유효하게 제거할 수 있는 방법에 해당하지 않는 것은?

① 위험물의 유속을 높이는 방법
② 공기를 이온화하는 방법
③ 공기 중의 상대습도를 70% 이상으로 하는 방법
④ 접지에 의한 방법

해설

정전기 제거 방법
• 접지에 의한 방법
• 공기 중의 상대습도를 70% 이상으로 하는 방법
• 공기를 이온화하는 방법

22 점화원으로 작용할 수 있는 정전기를 방지하기 위한 예방대책이 아닌 것은?

① 정전기 발생이 우려되는 장소에 접지시설을 한다.
② 실내의 공기를 이온화하여 정전기 발생을 억제한다.
③ 정전기는 습도가 낮을 때 많이 발생하므로 상대습도를 70% 이상으로 한다.
④ 전기의 저항이 큰 물질은 대전이 용이하므로 비전도체 물질을 사용한다.

해설

정전기 제거 방법
• 접지에 의한 방법
• 공기 중의 상대습도를 70% 이상으로 하는 방법
• 공기를 이온화하는 방법

23 정전기를 제거하려 할 때 공기 중 상대습도를 몇 % 이상으로 해야 하는가?

① 50%
② 60%
③ 70%
④ 80%

해설

정전기 제거 방법
• 접지에 의한 방법
• 공기 중의 상대습도를 70% 이상으로 하는 방법
• 공기를 이온화하는 방법

24 위험물안전관리법령에서 정한 정전기를 유효하게 제거할 수 있는 방법에 해당하지 않는 것은?

① 위험물 이송 시 배관 내 유속을 빠르게 하는 방법
② 공기를 이온화하는 방법
③ 접지에 의한 방법
④ 공기 중의 상대습도를 70% 이상으로 하는 방법

해설

배관 내 유속을 빠르게 하면 정전기가 더욱 발생하므로 좋지 않다.

25 옥외 제조소에 3개의 휘발유 취급탱크를 설치하고 그 주위에 방유제를 설치하고자 한다. 방유제 안에 설치하는 각 취급탱크의 용량이 5만 L, 3만 L, 2만 L일 때 필요한 방유제의 용량은 몇 L 이상인가?

① 66,000L
② 60,000L
③ 33,000L
④ 30,000L

해설

제조소의 옥외에 있는 위험물취급탱크의 방유제 용량

탱크 1기	당해 탱크용량의 50% 이상
탱크 2기 이상	당해 탱크 중 용량이 최대인 것의 50%에 나머지 탱크용량 합계의 10%를 가산한 양 이상

$$5만 L \times \frac{1}{2} + (3만 L + 2만 L) \times \frac{1}{10} = 30,000L$$

26 위험물제조소 내의 위험물을 취급하는 배관에 대한 설명으로 옳지 않은 것은?

① 배관을 지하에 매설하는 경우 접합부분에는 점검구를 설치하여야 한다.
② 배관을 지하에 매설하는 경우 금속성 배관의 외면에는 부식방지조치를 하여야 한다.
③ 최대상용압력의 1.5배 이상의 압력으로 수압시험을 실시하여 이상이 없어야 한다.
④ 지상에 설치하는 경우에는 안전한 구조의 지지물로 지면에 밀착하여 설치하여야 한다.

해설

배관을 지상에 설치하는 경우에는 지진·풍압·지반침하 및 온도변화에 안전한 구조의 지지물에 설치하되, 지면에 닿지 아니하도록 하고 배관의 외면에 부식방지를 위한 도장을 하여야 한다.

정답   21 ①   22 ④   23 ③   24 ①   25 ④   26 ④

27 알킬알루미늄 등 또는 아세트알데하이드 등을 취급하는 제조소의 특례기준으로서 옳은 것은?

① 알킬알루미늄 등을 취급하는 설비에는 불활성기체 또는 수증기를 봉입하는 장치를 설치한다.
② 알킬알루미늄 등을 취급하는 설비에는 은·수은·동·마그네슘을 성분으로 하는 것으로 만들지 않는다.
③ 아세트알데하이드 등을 취급하는 탱크에는 냉각장치 또는 보냉장치 및 불활성기체 봉입장치를 설치한다.
④ 아세트알데하이드 등을 취급하는 설비의 주위에는 누설 범위를 국한하기 위한 설비와 누설되었을 때 안전한 장소에 설치된 저장실에 유입시킬 수 있는 설비를 갖춘다.

해설
① 알킬알루미늄 등을 취급하는 설비에는 불활성 기체를 봉입하는 장치를 설치한다.
② 아세트알데히드 등을 취급하는 설비에는 은·수은·동·마그네슘을 성분으로 하는 합금으로 만들지 않는다.
④ 알킬알루미늄 등을 취급하는 설비의 주위에는 누설 범위를 국한하기 위한 설비와 누설되었을 때 안전한 장소에 설치된 저장실에 유입시킬 수 있는 설비를 갖춘다.

28 위험물안전관리법령에서 정한 아세트알데하이드 등을 취급하는 제조소의 특례에 관한 내용이다. (   ) 안에 해당하는 물질이 아닌 것은?

아세트알데하이드 등을 취급하는 설비는 (   )·(   )·(   )·(   ) 또는 이들을 성분으로 하는 합금으로 만들지 아니할 것

① 동   ② 은
③ 금   ④ 마그네슘

해설
아세트알데히드 등을 취급하는 설비에는 은·수은·동·마그네슘을 성분으로 하는 합금으로 만들지 않는다.

옥내저장소

1. 안전거리

제조소와 동일한 안전거리를 두어야 한다.

예외사항	다음 각목의 1에 해당하는 옥내저장소는 안전거리를 두지 아니할 수 있다. 가. 제4석유류 또는 동식물유류를 지정수량 20배 미만 저장 · 취급하는 옥내저장소 나. 제6류 위험물을 저장 · 취급하는 옥내저장소 다. 지정수량의 20배(하나의 저장창고의 바닥면적이 150m² 이하인 경우는 50배) 이하의 위험물을 저장 · 　취급하는 옥내저장소로서 다음의 기준에 적합한 것 　1) 벽 · 기둥 · 바닥 · 보 · 지붕이 내화구조인 것 　2) 출입구에 수시로 열 수 있는 자동폐쇄방식의 갑종방화문이 설치되어 있을 것 　3) 창을 설치하지 아니할 것

2. 보유공지

① 옥내저장소의 주위에는 그 저장 · 취급하는 위험물의 최대수량에 따른 너비의 공지를 보유한다.

② 다만, 지정수량의 20배를 초과하는 옥내저장소와 동일한 부지 내에 있는 다른 옥내저장소와의 사이에는 규정된 공지 너비의 $\frac{1}{3}$(최소 3m)의 공지를 보유할 수 있다.

저장 또는 취급하는 위험물의 최대수량	공지의 너비	
	벽·기둥 및 바닥이 내화구조로 된 건축물	그 밖의 건축물
지정수량의 5배 이하	–	0.5m 이상
지정수량의 5배 초과 10배 이하	1m 이상	1.5m 이상
지정수량의 10배 초과 20배 이하	2m 이상	3m 이상
지정수량의 20배 초과 50배 이하	3m 이상	5m 이상
지정수량의 50배 초과 200배 이하	5m 이상	10m 이상
지정수량의 200배 초과	10m 이상	15m 이상

3. 표지 및 게시판

보기 쉬운 곳에 "위험물 옥내저장소"라는 표시를 한 표지와 방화에 관하여 필요한 사항을 게시한 게시판을 설치하여야 한다.

(1) 표지

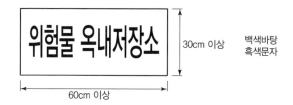

(2) 방화에 관하여 필요한 게시판

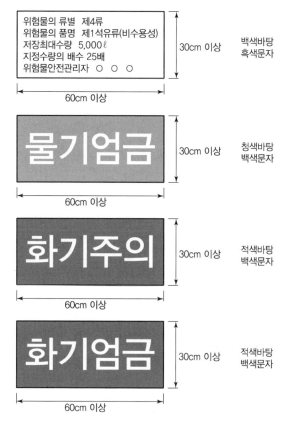

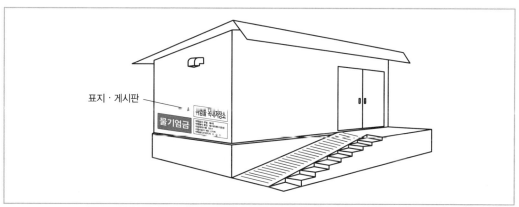

| 옥내저장소의 표지·게시판 |

4. 구조 및 설비

① 위험물의 저장을 전용으로 하는 독립된 건축물로 한다.

② 지면에서 처마까지의 높이가 6m 미만인 단층건물로 하고, 그 바닥을 지반면보다 높게 한다.

예외사항	처마높이를 20m 이하로 할 수 있는 경우 : 제2류 또는 제4류의 위험물만을 저장하는 창고로서 다음 각 목의 기준에 적합한 창고 • 벽 · 기둥 · 보 및 바닥을 내화구조로 할 것 • 출입구에 갑종방화문을 설치할 것 • 피뢰침을 설치할 것(단, 안전상 지장이 없는 경우에는 설치 예외)

| 처마높이를 20m 이하로 할 수 있는 저장창고 |

③ 피뢰침 : 지정수량의 10배 이상의 저장창고(제6류 위험물 제외)에는 피뢰침을 설치한다(단, 안전상 지장이 없는 경우에는 설치 예외).

④ 외벽

외벽 기준		• 벽 · 기둥 · 바닥 : 내화구조 • 보 · 서까래 : 불연재료
예외사항	예외 대상	지정수량의 10배 이하의 위험물 또는 제2류 위험물(인화성고체 제외)과 제4류의 위험물(인화점이 70℃ 미만인 것 제외)만의 저장창고
	기준	연소의 우려가 없는 벽 · 기둥 · 바닥 : 불연재료

⑤ 지붕

저장창고	• 폭발력이 위로 방출될 정도의 가벼운 불연재료 • 천장 없음
제2류 위험물(분말상태 · 인화성 고체 제외) 과 제6류 위험물만의 저장창고	내화구조의 지붕
제5류 위험물만의 저장창고	저장창고 내의 온도를 저온으로 유지하기 위하여 난연재료 또는 불연재료로 된 천장 설치 가능

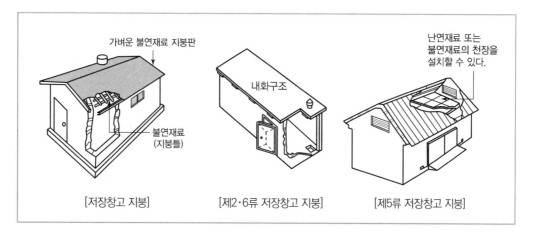

[저장창고 지붕]   [제2·6류 저장창고 지붕]   [제5류 저장창고 지붕]

⑥ 출입구 및 망입유리

㉠ 출입구 : 갑종방화문 또는 을종방화문 설치

예외사항	대상	연소의 우려가 있는 외벽에 있는 출입구
	기준	수시로 열 수 있는 자동폐쇄식의 갑종방화문을 설치

㉡ 저장창고의 창 또는 출입구에 유리를 이용하는 경우 : 망입유리 사용

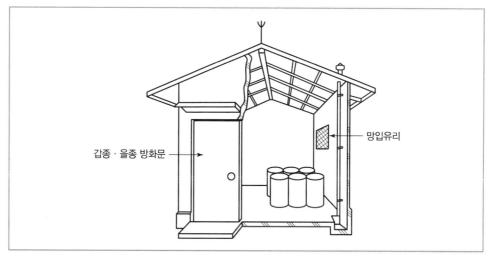

| 저장창고 망입유리 |

⑦ 바닥
  ㉠ 특정 위험물 저장창고의 바닥
    • 대상 위험물
      - 제1류 위험물 중 알칼리금속의 과산화물
      - 제2류 위험물 중 철분·금속분·마그네슘
      - 제3류 위험물 중 금수성 물질
      - 제4류 위험물
    • 구조 : 물이 스며 나오거나 스며들지 아니한 구조

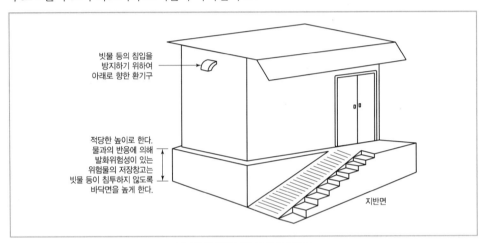

| 특정 위험물 저장창고의 바닥 |

  ㉡ 저장창고 바닥
    • 대상 : 액상의 위험물의 저장창고
    • 구조
      - 위험물이 스며들지 아니하는 구조
      - 적당하게 경사지게 하여 그 최저부에 집유설비 설치

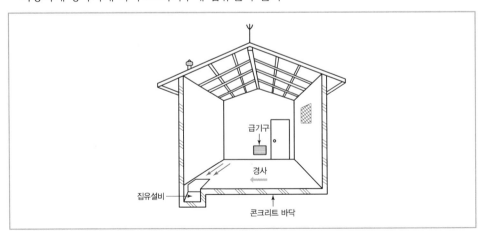

| 저장창고 바닥 |

⑧ 선반(수납장)

　　㉠ 수납장은 불연재료로 만들어 견고한 기초 위에 고정할 것

　　㉡ 수납장은 당해 수납장 및 그 부속설비의 자중, 저장하는 위험물의 중량 등의 하중에 의하여 생기는 응력(변형력)에 대하여 안전한 것으로 할 것

　　㉢ 수납장에는 위험물을 수납한 용기가 쉽게 떨어지지 아니하게 하는 조치를 할 것

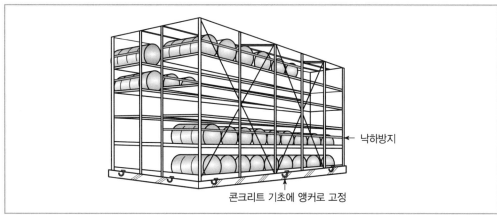

| 저장창고 수납장 |

5. 저장창고의 바닥면적(2 이상의 구획된 실은 각 실의 바닥면적의 합계) 기준

위험물을 저장하는 창고의 종류	바닥면적
① 제1류 위험물 중 지정수량 50kg인 위험물(아염소산염류, 염소산염류, 과염소산염류, 무기과산화물) ② 제3류 위험물 중 지정수량 10kg(칼륨, 나트륨, 알킬알루미늄, 알킬리튬)인 위험물과 황린 ③ 제4류 위험물 중 특수인화물, 제1석유류, 알코올류 ④ 제5류 위험물 중 지정수량 10kg(유기과산화물, 질산에스테르류)인 위험물 ⑤ 제6류 위험물	$1,000m^2$ 이하
①~⑤ 외의 위험물을 저장하는 창고	$2,000m^2$ 이하
위험물을 내화구조의 격벽으로 완전히 구획된 실에 각각 저장하는 창고(①~⑤의 위험물을 저장하는 실의 면적은 $500m^2$ 초과 금지)	$1,500m^2$ 이하

6. 채광 · 조명 · 환기 · 배출설비

① 제조소 규정에 준하여 채광 · 조명 · 환기 설비를 갖춘다

② 인화점이 70℃ 미만인 위험물의 저장창고 : 내부에 체류한 가연성의 증기를 지붕 위로 배출하는 설비를 갖춘다.

7. 제5류 위험물의 저장창고

(1) 대상

제5류 위험물 중 셀룰로이드 그 밖에 온도의 상승에 의하여 분해 · 발화할 우려가 있는 것의 저장창고

(2) 기준

위험물이 발화하는 온도에 도달하지 않는 온도를 유지하는 구조로 하거나 다음 각목의 기준에 적합한 비상전원을 갖춘 통풍장치 또는 냉방장치 등의 설비를 2 이상 설치한다.
① 상용전력원이 고장인 경우에 자동으로 비상전원으로 전환되어 가동되도록 할 것
② 비상전원의 용량은 통풍장치 또는 냉방장치 등의 설비를 유효하게 작동할 수 있는 정도일 것

8. 다층건물의 옥내저장소

(1) 대상

제2류(인화성 고체) 또는 제4류(인화점이 70℃ 미만 제외)의 위험물만을 저장 · 취급하는 다층 저장창고

(2) 기준

① 각층의 바닥 : 지면보다 높게
② 층고 : 6m 미만으로 한다.
③ 하나의 저장창고의 바닥면적 합계 : 1,000m² 이하
④ 벽 · 기둥 · 바닥 · 보 : 내화구조
⑤ 계단 : 불연재료
⑥ 연소의 우려가 있는 외벽 : 출입구외의 개구부를 갖지 아니하는 벽
⑦ 2층 이상의 층의 바닥 : 개구부 ×

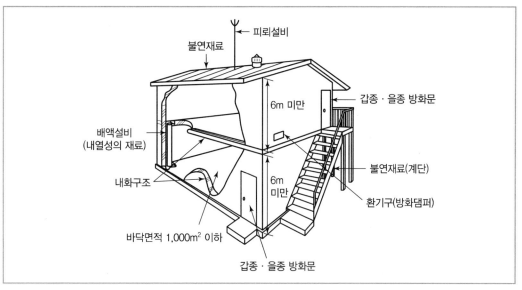

| 다층건물의 옥외저장소 구조 |

9. 지정과산화물 옥내저장소의 특례(강화기준)

(1) 지정과산화물

제5류 위험물 중 유기과산화물 또는 이를 함유하는 것으로서 지정수량이 10kg인 것

(2) 저장창고 기준

① 격벽 : 150m² 이내마다 격벽으로 완전하게 구획한다.

　　㉠ 두께 및 재질

　　　　• 두께 30cm 이상의 철근콘크리트조 또는 철골철근콘크리트조

　　　　• 두께 40cm 이상의 보강콘크리트블록조

　　㉡ 구조

　　　　• 저장창고의 양측의 외벽으로부터 1m 이상 돌출

　　　　• 상부의 지붕으로부터 50cm 이상 돌출

② 외벽

　　㉠ 구조

　　　　• 두께 20cm 이상의 철근콘크리트조나 철골철근콘크리트조

　　　　• 두께 30cm 이상의 보강콘크리트블록조

③ 서까래

　　　　• 서까래(중도리) 간격 30cm 이하

(3) 출입구

갑종방화문을 사용하여야 한다.

(4) 창

① 위치 : 바닥면으로부터 2m 이상의 높이

② 면적

　㉠ 창 하나의 면적 : 0.4m² 이내

　㉡ 하나의 벽면에 두는 창의 면적의 합계 : 당해 벽면 면적의 $\frac{1}{80}$ 이내

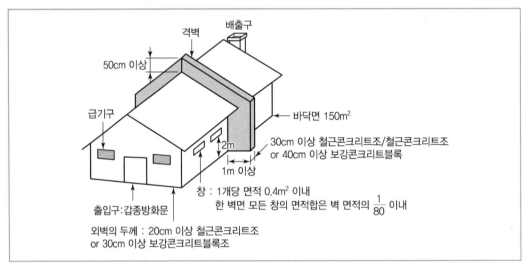

| 지정과산화물 옥내저장소 구조 |

01 위험물안전관리법령상 옥내저장소의 안전거리를 두지 않을 수 있는 경우는?

① 지정수량 20배 이상의 동식물유류
② 지정수량 20배 미만의 특수인화물
③ 지정수량 20배 미만의 제4석유류
④ 지정수량 20배 이상의 제5류 위험물

해설

옥내저장소의 안전거리를 두지 않을 수 있는 경우
• 제4석유류 또는 동식물유류를 지정수량 20배 미만 저장 · 취급하는 옥내저장소
• 제6류 위험물을 저장 · 취급하는 옥내저장소
• 지정수량의 20배(하나의 저장창고의 바닥면적이 150m² 이하인 경우는 50배) 이하의 위험물을 저장 · 취급하는 옥내저장소로서 다음의 기준에 적합한 것
  - 벽 · 기둥 · 바닥 · 보 · 지붕이 내화구조인 것
  - 출입구에 수시로 열 수 있는 자동폐쇄방식의 갑종방화문이 설치되어 있을 것
  - 창을 설치하지 아니할 것

02 저장하는 위험물의 최대수량이 지정수량의 15배일 경우, 건축물의 벽, 기둥 및 바닥이 내화구조로 된 옥내저장소 보유공지는 몇 m 이상이어야 하는가?

① 0.5m
② 1m
③ 2m
④ 3m

해설

옥내저장소의 보유공지

저장 또는 취급하는 위험물의 최대수량	공지의 너비	
	벽·기둥 및 바닥이 내화구조로 된 건축물	그 밖의 건축물
지정수량의 5배 이하	–	0.5m 이상
지정수량의 5배 초과 10배 이하	1m 이상	1.5m 이상
지정수량의 10배 초과 20배 이하	2m 이상	3m 이상
지정수량의 20배 초과 50배 이하	3m 이상	5m 이상
지정수량의 50배 초과 200배 이하	5m 이상	10m 이상
지정수량의 200배 초과	10m 이상	15m 이상

03 옥내저장소에 제3류 위험물인 황린을 저장하면서 위험물 안전관리법령에 의한 최소한의 보유공지로 3m를 옥내저장소 주위에 확보하였다. 이 옥내저장소에 저장하고 있는 황린의 수량은? (단, 옥내저장소의 구조는 벽·기둥 및 바닥이 내화구조로 되어 있고 그 외의 다른 사항은 고려하지 않는다.)

① 100kg 초과 500kg 이하
② 400kg 초과 1,000kg 이하
③ 500kg 초과 5,000kg 이하
④ 1,000kg 초과 40,000kg 이하

해설

옥내저장소의 보유공지

저장 또는 취급하는 위험물의 최대수량	공지의 너비	
	벽·기둥 및 바닥이 내화구조로 된 건축물	그 밖의 건축물
지정수량의 5배 이하	–	0.5m 이상
지정수량의 5배 초과 10배 이하	1m 이상	1.5m 이상
지정수량의 10배 초과 20배 이하	2m 이상	3m 이상
지정수량의 20배 초과 50배 이하	3m 이상	5m 이상
지정수량의 50배 초과 200배 이하	5m 이상	10m 이상
지정수량의 200배 초과	10m 이상	15m 이상

→ 보유공지 3m에 해당하는, 지정수량의 20배 초과 50배 이하의 위험물을 저장 · 취급할 수 있다.
  지정수량 20배 초과 : 20kg × 20 = 400kg 초과
  지정수량 50배 이하 : 20kg × 50 = 1,000kg 이하

PART 01 PART 02 PART 03 PART 04 PART 05

04 지정수량 20배 이상의 제1류 위험물을 저장하는 옥내저장소에서 내화구조로 하지 않아도 되는 것은? (단, 원칙적인 경우에 한한다.)

① 바닥　　　　　　② 보
③ 기둥　　　　　　④ 벽

해설
• 벽 · 기둥 · 바닥 : 내화구조
• 보 · 서까래 : 불연재료

05 위험물안전관리법령상 옥내저장소 저장창고의 바닥은 물이 스며 나오거나 스며들지 아니하는 구조로 하여야 한다. 다음 중 반드시 이 구조로 하지 않아도 되는 위험물은?

① 제1류 위험물 중 알칼리금속의 과산화물
② 제4류 위험물
③ 제5류 위험물
④ 제2류 위험물 중 철분

해설
저장창고 바닥을 물이 스며 나오거나 스며들지 아니하는 구조로 해야 하는 위험물
• 제1류 위험물 중 알칼리금속의 과산화물 또는 이를 함유하는 것
• 제2류 위험물 중 철분 · 금속분 · 마그네슘 또는 이 중 어느 하나 이상을 함유하는 것
• 제3류 위험물 중 금수성물질
• 제4류 위험물

06 위험물안전관리법령상 옥내저장소 저장창고의 바닥은 물이 스며 나오거나 스며들지 아니하는 구조로 하여야 한다. 다음 중 반드시 이 구조로 하지 않아도 되는 위험물은?

① 알칼리금속의 과산화물
② 철분
③ 제4류 위험물
④ 유기과산화물

해설
저장창고 바닥을 물이 스며 나오거나 스며들지 아니하는 구조로 해야 하는 위험물
• 제1류 위험물 중 알칼리금속의 과산화물 또는 이를 함유하는 것
• 제2류 위험물 중 철분 · 금속분 · 마그네슘 또는 이 중 어느 하나 이상을 함유하는 것
• 제3류 위험물 중 금수성물질
• 제4류 위험물

07 위험물안전관리법령상 제4류 위험물의 품명에 따른 위험등급과 옥내저장소 하나의 저장창고 바닥면적 기준을 옳게 나열한 것은? (단, 전용의 독립된 단층 건물에 설치하며, 구획된 실이 없는 하나의 저장창고인 경우에 한한다.)

① 제1석유류 : 위험등급 I, 최대 바닥면적 $1,000m^2$
② 제2석유류 : 위험등급 I, 최대 바닥면적 $2,000m^2$
③ 제3석유류 : 위험등급 II, 최대 바닥면적 $1,000m^2$
④ 알코올류 : 위험등급 II, 최대 바닥면적 $1,000m^2$

해설
① 제1석유류 : 위험등급 II, 최대 바닥면적 $1,000m^2$
② 제2석유류 : 위험등급 III, 최대 바닥면적 $2,000m^2$
③ 제3석유류 : 위험등급 III, 최대 바닥면적 $2,000m^2$

08 위험물안전관리법령상 배출설비를 설치하여야 하는 옥내 저장소의 기준에 해당하는 것은?

① 가연성 증기가 액화할 우려가 있는 장소
② 모든 장소의 옥내저장소
③ 가연성 미분이 체류할 우려가 있는 장소
④ 인화점이 70℃ 미만인 위험물의 옥내저장소

해설
인화점이 70℃ 미만인 위험물의 저장창고는 내부에 체류한 가연성의 증기를 지붕 위로 배출하는 설비를 갖춘다.

09 위험물의 성질에 따라 강화된 기준을 적용하는 지정과산화물을 저장하는 옥내저장소에서 지정과산화물에 대한 설명으로 옳은 것은?

① 지정과산화물이란 제5류 위험물 중 유기과산화물 또는 이를 함유한 것으로서 지정수량이 10kg인 것을 말한다.
② 지정과산화물에는 제4류 위험물에 해당하는 것도 포함된다.
③ 지정과산화물이란 유기과산화물과 알킬알루미늄을 말한다.
④ 지정과산화물이란 유기과산화물 중 소방청장이 고시로 지정한 물질을 말한다.

해설
지정과산화물이란 제5류 위험물 중 유기과산화물 또는 이를 함유한 것으로서 지정수량이 10kg인 것을 말한다.

10 옥내저장소에서 지정과산화물의 저장창고의 창 하나의 면적은 얼마 이내인가?

① $0.2m^2$ 이내   ② $0.4m^2$ 이내
③ $0.6m^2$ 이내   ④ $0.8m^2$ 이내

해설
지정과산화물의 저장창고의 창 하나의 면적 : $0.4m^2$ 이내

11 옥내저장소의 저장창고에 150m² 이내마다 일정 규격의 격벽을 설치하여 저장하여야 하는 위험물은?

① 제5류 위험물 중 지정과산화물
② 알킬알루미늄등
③ 아세트알데히드등
④ 히드록실아민등

해설
지정과산화물을 저장하는 옥내저장소의 경우 바닥면적 150m² 이내마다 격벽으로 구획을 하여야 한다.

12 지정과산화물을 저장 또는 취급하는 위험물 옥내저장소 저장창고의 기준에 대한 설명으로 틀린 것은?

① 서까래의 간격은 30cm 이하로 할 것
② 저장창고 출입구에는 갑종방화문을 설치할 것
③ 저장창고 외벽을 철근콘크리트조로 할 경우 두께를 10cm 이상으로 할 것
④ 저장창고의 창은 바닥면으로부터 2m 이상의 높이에 둘 것

해설
저장창고의 외벽은 두께 20cm 이상의 철근콘크리트조나 철골철근콘크리트조 또는 두께 30cm 이상의 보강콘크리트블록조로 할 것

13 옥내저장소에 관한 위험물안전관리법령의 내용으로 옳지 않은 것은?

① 지정과산화물을 저장하는 옥내저장소의 경우 바닥면적 150m² 이내마다 격벽으로 구획을 하여야 한다.
② 옥내저장소에는 원칙상 안전거리를 두어야 하나, 제6류 위험물을 저장하는 경우에는 안전거리를 두지 않을 수 있다.
③ 아세톤을 처마높이 6m 미만인 단층건물에 저장하는 경우 저장창고의 바닥면적은 1,000m² 이하로 하여야 한다.
④ 복합용도의 건축물에 설치하는 옥내저장소는 해당용도로 사용하는 부분의 바닥면적을 100m² 이하로 하여야 한다.

해설
복합용도 건축물에 설치하는 옥내저장소는 해당용도로 사용하는 부분의 바닥면적을 75m² 이하로 하여야 한다.

옥외저장소

1. 옥외저장소에 저장할 수 있는 위험물

① 제2류 위험물 중 유황 또는 인화성 고체(인화점이 0℃ 이상)

② 제4류 위험물 중 제1석유류(인화점이 0℃ 이상) · 알코올류 · 제2석유류 · 제3석유류 · 제4석유류 및 동식물유류

③ 제6류 위험물

④ 제2류 위험물 및 제4류 위험물 중 특별시 · 광역시 · 도의 조례에서 정하는 위험물(「관세법」에 의한 보세구역안에 저장하는 경우에 한함)

⑤ 「국제해사기구에 관한 협약」에 의하여 설치된 국제해사기구가 채택한 「국제해상위험물규칙」(IMDG Code)에 적합한 용기에 수납된 위험물

2. 안전거리

제조소에 준하는 안전거리

3. 설치 기준

① 위치 : 습기가 없고 배수가 잘 되는 장소

② 경계표시(울타리) : 위험물을 저장 또는 취급하는 장소의 주위에 설치하여 명확하게 구분

4. 보유공지

저장 또는 취급하는 위험물의 최대수량	공지의 너비
지정수량의 10배 이하	3m 이상
지정수량의 10배 초과 20배 이하	5m 이상
지정수량의 20배 초과 50배 이하	9m 이상
지정수량의 50배 초과 200배 이하	12m 이상
지정수량의 200배 초과	15m 이상

※ 단, 제4류 위험물 중 제4석유류, 제6류 위험물의 옥외저장소 보유공지는 위의 표 값의 $\frac{1}{3}$ 이상의 너비로 할 수 있음

5. 표지 및 게시판

보기 쉬운 곳에 "위험물 옥외저장소"라는 표시를 한 표지와 방화에 관하여 필요한 사항을 게시한 게시판을 설치하여야 한다.

6. 선반

① 선반은 불연재료로 만들고 견고한 지반면에 고정할 것
② 선반은 당해 선반 및 그 부속설비의 자중·저장하는 위험물의 중량·풍하중·지진의 영향 등에 의하여 생기는 응력에 대하여 안전할 것
③ 선반에는 위험물을 수납한 용기가 쉽게 낙하하지 아니하는 조치를 강구할 것
④ 선반의 높이는 6m를 초과하지 아니할 것

7. 덩어리 상태의 유황만을 지반면에 설치한 경계표시 안쪽에 저장·취급하는 옥외저장소

① 경계표시 면적

하나의 경계표시의 내부 면적	100m² 이하	
2 이상의 경계표시를 설치하는 경우	각각의 경계표시 내부 면적을 합산한 면적	1,000m² 이하
	인접하는 경계표시와 경계표시와의 간격	보유공지 규정 너비의 $\frac{1}{2}$ 이상 (단, 저장·취급 위험물의 최대수량이 지정수량의 200배 이상인 경우에는 10m 이상)

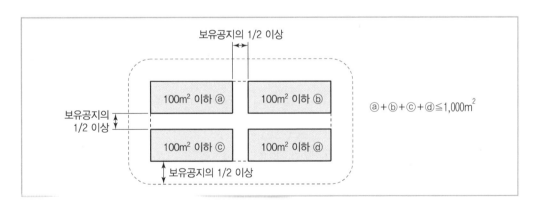

② 경계표시 구조 : 불연재료로 만드는 동시에 유황이 새지 아니하는 구조
③ 경계표시의 높이 : 1.5m 이하
④ 천막 고정장치(유황 비산 방지) : 경계표시의 길이 2m마다 한 개 이상 설치
⑤ 배수구와 분리장치 : 유황을 저장 또는 취급하는 장소의 주위에 설치

적중 핵심예상문제

01 위험물안전관리법령상 옥외저장소에 저장할 수 있는 위험물의 품명은?

① 특수인화물
② 무기과산화물
③ 알코올류
④ 칼륨

해설

옥외저장소에 저장할 수 있는 위험물
• 제2류 위험물 중 유황 또는 인화성 고체(인화점이 섭씨 0도 이상인 것에 한한다)
• 제4류 위험물 중 제1석유류(인화점이 섭씨 0도 이상인 것에 한한다) · 알코올류 · 제2석유류 · 제3석유류 · 제4석유류 및 동식물유류
  • 제6류 위험물
  • 제2류 위험물 및 제4류 위험물 중 특별시 · 광역시 또는 도의 조례에서 정하는 위험물(「관세법」 제154조의 규정에 의한 보세구역안에 저장하는 경우에 한한다)
  • 「국제해사기구에 관한 협약」에 의하여 설치된 국제해사기구가 채택한 「국제해상위험물규칙」(IMDG Code)에 적합한 용기에 수납된 위험물

02 다음 위험물 중에서 옥외저장소에서 저장·취급할 수 있는 것은? (단, 특별시·광역시 또는 도의 조례에서 정하는 위험물과 IMDG Code에 적합한 용기에 수납된 위험물의 경우는 제외한다.)

① 특수인화물
② 아세톤
③ 유황
④ 칼륨

해설

옥외저장소에 저장을 허가받을 수 있는 위험물
• 제2류 위험물 중 유황 또는 인화성 고체(인화점이 섭씨 0도 이상인 것에 한한다)
• 제4류 위험물 중 제1석유류(인화점이 섭씨 0도 이상인 것에 한한다) · 알코올류 · 제2석유류 · 제3석유류 · 제4석유류 및 동식물유류
• 제6류 위험물
• 제2류 위험물 및 제4류 위험물 중 특별시 · 광역시 또는 도의 조례에서 정하는 위험물(「관세법」 제154조의 규정에 의한 보세구역안에 저장하는 경우에 한한다)
• 「국제해사기구에 관한 협약」에 의하여 설치된 국제해사기구가 채택한 「국제해상위험물규칙」(IMDG Code)에 적합한 용기에 수납된 위험물

① 특수인화물 : 제4류 위험물
② 아세톤 : 제4류 위험물(제1석유류, 인화점 - 18℃)
③ 유황 : 제2류 위험물
④ 칼륨 : 제3류 위험물

03 위험물안전관리법령에 의해 옥외저장소에 저장을 허가받을 수 없는 위험물은?

① 제2류 위험물 중 유황(금속제드럼에 수납)
② 제4류 위험물 중 가솔린(금속제드럼에 수납)
③ 제6류 위험물
④ 국제해상위험물 규칙(IMDG Code)에 적합한 용기에 수납된 위험물

해설

② 가솔린의 인화점은 - 43℃ ~ - 20℃이므로 옥외저장소에 저장할 수 없다.

옥외저장소에 저장을 허가받을 수 있는 위험물
• 제2류 위험물 중 유황 또는 인화성 고체(인화점이 섭씨 0도 이상인 것에 한한다)
• 제4류 위험물 중 제1석유류(인화점이 섭씨 0도 이상인 것에 한한다) · 알코올류 · 제2석유류 · 제3석유류 · 제4석유류 및 동식물유류
• 제6류 위험물
• 제2류 위험물 및 제4류 위험물 중 특별시 · 광역시 또는 도의 조례에서 정하는 위험물(「관세법」 제154조의 규정에 의한 보세구역안에 저장하는 경우에 한한다)
• 「국제해사기구에 관한 협약」에 의하여 설치된 국제해사기구가 채택한 「국제해상위험물규칙」(IMDG Code)에 적합한 용기에 수납된 위험물

04 옥외저장소에서 저장 또는 취급할 수 있는 위험물이 아닌 것은? (단, 국제해상위험물규칙에 적합한 용기에 수납된 위험물의 경우는 제외한다.)

① 제2류 위험물 중 황
② 제1류 위험물 중 과염소산염류
③ 제6류 위험물
④ 제2류 위험물 중 인화점이 10℃인 인화성 고체

옥외저장소에 저장을 허가받을 수 있는 위험물

- 제2류 위험물 중 유황 또는 인화성 고체(인화점이 섭씨 0도 이상인 것에 한한다)
- 제4류 위험물 중 제1석유류(인화점이 섭씨 0도 이상인 것에 한한다) · 알코올류 · 제2석유류 · 제3석유류 · 제4석유류 및 동식물유류
- 제6류 위험물
- 제2류 위험물 및 제4류 위험물 중 특별시 · 광역시 또는 도의 조례에서 정하는 위험물(「관세법」 제154조의 규정에 의한 보세구역안에 저장하는 경우에 한한다)
- 「국제해사기구에 관한 협약」에 의하여 설치된 국제해사기구가 채택한 「국제해상위험물규칙」(IMDG Code)에 적합한 용기에 수납된 위험물

05 위험물 옥외저장소에서 지정수량 200배를 초과하는 위험물을 저장할 경우 보유공지의 너비는 몇 m 이상으로 하여야 하는가? (단, 제4석유류와 제6류는 제외한다.)

① 0.5m ② 2.5m
③ 10m ④ 15m

해설

옥외저장소의 보유공지

저장 또는 취급하는 위험물의 최대수량	공지의 너비
지정수량의 10배 이하	3m 이상
지정수량의 10배 초과 20배 이하	5m 이상
지정수량의 20배 초과 50배 이하	9m 이상
지정수량의 50배 초과 200배 이하	12m 이상
지정수량의 200배 초과	15m 이상

※ 단, 제4류 위험물 중 제4석유류, 제6류 위험물의 옥외저장소 보유공지는 위의 표 값의 $\frac{1}{3}$ 이상의 너비로 할 수 있다.

06 옥외저장소에 덩어리 상태의 유황만을 지반면에 설치한 경계표시의 안쪽에서 저장할 경우 하나의 경계표시의 내부면적은 몇 m² 이하이이어야 하는가?

① 75m² ② 100m²
③ 150m² ④ 300m²

해설

옥외저장소 중 덩어리 상태의 유황만을 지반면에 설치한 경계표시의 안쪽에서 저장 또는 취급하는 것

- 하나의 경계표시의 내부의 면적은 100m² 이하일 것
- 2 이상의 경계표시를 설치하는 경우에 있어서는 각각의 경계표시 내부의 면적을 합산한 면적은 1,000m² 이하로 하고, 인접하는 경계표시와 경계표시와의 간격을 제1호 라목의 규정에 의한 공지의 너비의 2분의 1 이상으로 할 것. 다만, 저장 또는 취급하는 위험물의 최대수량이 지정수량의 200배 이상인 경우에는 10m 이상으로 하여야 한다. 경계표시는 불연재료로 만드는 동시에 유황이 새지 아니하는 구조로 할 것
- 경계표시의 높이는 1.5m 이하로 할 것
- 경계표시에는 유황이 넘치거나 비산하는 것을 방지하기 위한 천막 등을 고정하는 장치를 설치하되, 천막 등을 고정하는 장치는 경계표시의 길이 2m마다 한 개 이상 설치할 것
- 유황을 저장 또는 취급하는 장소의 주위에는 배수구와 분리장치를 설치할 것

07 위험물안전관리법령상 옥외저장소 중 덩어리 상태의 유황만을 지반면에 설치한 경계표시의 안쪽에서 저장 또는 취급할 때 경계표시의 높이는 몇 m 이하로 하여야 하는가?

① 1m ② 1.5m
③ 2m ④ 2.5m

해설

경계표시의 높이는 1.5m 이하로 하여야 한다.

SECTION 4 | 옥외탱크저장소

1. 탱크의 용량

(1) 탱크의 용량

> 탱크의 용량 = 탱크의 내용적 - 탱크의 공간용적

(2) 탱크의 내용적

　① 타원형 탱크

　　㉠ 양쪽이 볼록한 것

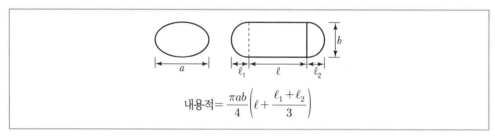

$$내용적 = \frac{\pi ab}{4}\left(\ell + \frac{\ell_1 + \ell_2}{3}\right)$$

　　㉡ 한쪽은 볼록하고 다른 한쪽은 오목한 것

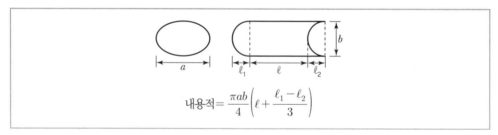

$$내용적 = \frac{\pi ab}{4}\left(\ell + \frac{\ell_1 - \ell_2}{3}\right)$$

　② 원통형 탱크

　　㉠ 횡으로 설치한 것

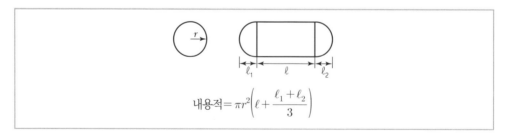

$$내용적 = \pi r^2\left(\ell + \frac{\ell_1 + \ell_2}{3}\right)$$

© 종으로 설치한 것

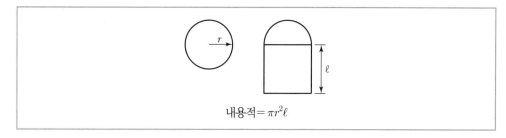

③ 종원통형탱크

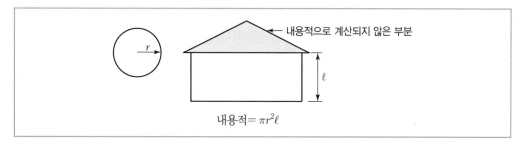

(3) 탱크의 공간용적

① 탱크의 공간용적 : 탱크 내용적의 5~10%

② 암반탱크의 공간용적 : 다음 중에서 더 큰 용적을 공간용적으로 한다.

　㉠ 탱크 내로 용출하여 흘러들어온 7일간의 지하수양에 상당하는 용적

　㉡ 탱크 내용적의 1% 용적

③ 소화설비(소화약제 방출구를 탱크 안의 윗부분에 설치하는 것)를 설치한 탱크의 공간용적

　• 소화약제 방출구 아래의 0.3미터 이상 1미터 미만 사이의 면으로부터 윗부분의 용적

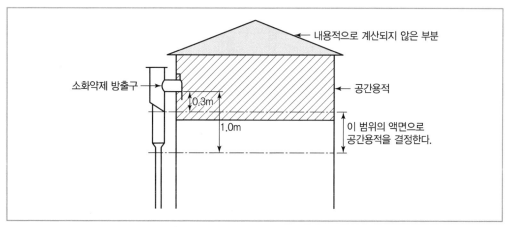

| 소화설비를 설치한 탱크의 공간용적 |

2. 안전거리

제조소 규정 준용

3. 보유공지

(1) 보유공지를 두는 목적

① 위험물 시설의 화염이 인근의 시설이나 건축물 등으로 확대되는 것을 방지하기 위한 완충공간의 기능

② 위험물 시설 주변에 장애물이 없도록 공간을 확보하여 소화활동과 피난이 수월

(2) 저장 또는 취급하는 위험물의 최대수량이 따른 공지의 너비

옥외저장탱크 주위에는 위험물의 최대수량에 따라 옥외저장탱크의 측면으로부터 다음 표에 의한 너비의 공지를 보유한다.

저장 또는 취급하는 위험물의 최대수량	공지의 너비
지정수량의 500배 이하	3m 이상
지정수량의 500배 초과 1,000배 이하	5m 이상
지정수량의 1,000배 초과 2,000배 이하	9m 이상
지정수량의 2,000배 초과 3,000배 이하	12m 이상
지정수량의 3,000배 초과 4,000배 이하	15m 이상
지정수량의 4,000배 초과	당해 탱크의 수평단면의 최대지름(가로형인 경우에는 긴 변)과 높이 중 큰 것과 같은 거리 이상. 다만, 30m 초과의 경우에는 30m 이상으로 할 수 있고, 15m 미만의 경우에는 15m 이상으로 한다.

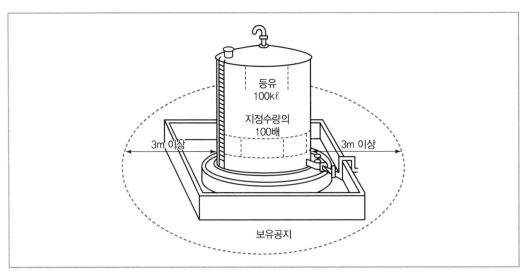

| 옥외저장탱크 설비 |

(3) 보유공지를 단축하는 경우

경우	보유공지
제6류 위험물 외의 위험물 옥외저장탱크(지정수량 4,000배 초과 탱크 제외)를 동일한 방유제 안에 2개 이상 인접하여 설치하는 경우	보유공지의 $\frac{1}{3}$ 이상 (최소 3m)
제6류 위험물 옥외저장탱크	보유공지의 $\frac{1}{3}$ 이상 (최소 1.5m)
제6류 위험물 옥외저장탱크를 동일구내에 2개 이상 인접하여 설치하는 경우	보유공지의 $\frac{1}{9}$ 이상 (최소 1.5m)

(4) 공지단축 옥외저장탱크

① 옥외저장탱크에 물분무설비로 방호조치를 하는 경우 보유공지를 $\frac{1}{2}$ 이상의 너비(최소 3m)로 할 수 있다.

② 탱크의 표면에 방사하는 물의 양(수원의 양) $= \dfrac{37\text{L}}{\text{m·min}} \times 20\text{min} \times$ 원주길이(m)

4. 표지 및 게시판

보기 쉬운 곳에 "위험물 옥외탱크저장소"라는 표시를 한 표지와 방화에 관하여 필요한 사항을 게시한 게시판을 설치하여야 한다.

5. 옥외탱크저장소의 용량에 따른 구분

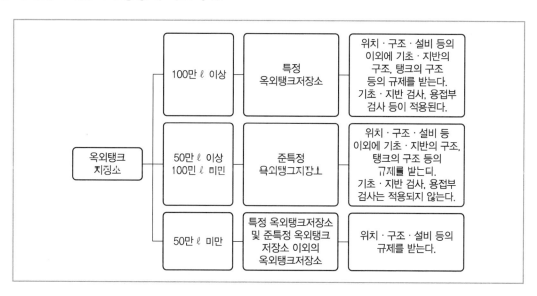

6. 옥외저장탱크의 구조

일반 옥외탱크저장소 (특정·준특정옥외저장탱크 외)	3.2mm 이상의 강철판 또는 소방청장이 정하여 고시하는 규격
특정·준특정옥외저장탱크	• 소방청장이 정하여 고시하는 규격에 적합한 강철판 또는 이와 동등 이상의 기계적 성질 및 용접성이 있는 재료로 틈이 없도록 제작 • 압력탱크(최대상용압력이 대기압을 초과하는 탱크) 외의 탱크는 충수시험에서 새거나 변형되지 않아야 한다. • 압력탱크는 최대상용압력의 1.5배의 압력으로 10분간 실시하는 수압시험에서 새거나 변형되지 않아야 한다.
압력탱크 외	충수시험
압력탱크(최대상용압력이 대기압을 초과하는 탱크)	수압시험(최대상용압력의 1.5배의 압력으로 10분간 실시)

7. 통기관 등

(1) 압력탱크 외의 탱크

① 밸브 없는 통기관 또는 대기밸브 부착 통기관

② 밸브 없는 통기관

  ㉠ 지름 : 30mm 이상

  ㉡ 끝부분 : 수평면보다 45도 이상 구부려 빗물 등의 침투를 막는 구조

  ㉢ 인화점이 38℃ 미만인 위험물 탱크에 설치하는 통기관 : 화염방지장치를 설치

  ㉣ 그 외의 탱크에 설치하는 통기관 : 40메쉬(mesh) 이상의 구리망 또는 동등 이상 성능의 인화방지장치 설치(단, 인화점이 70℃ 이상인 위험물을 인화점 미만의 온도로 저장·취급할 시 통기관에 인화방지장치를 설치하지 않을 수 있음)

  ㉤ 가연성의 증기를 회수하기 위한 밸브를 통기관에 설치할 시 저장탱크에 위험물을 주입하는 경우를 제외하고는 밸브는 항상 개방되어 있는 구조로 하는 한편, 폐쇄하려는 경우는 10kPa 이하의 압력에서 개방되는 구조로 할 것. 이 경우 개방된 부분의 유효단면적은 777.15mm^2 이상이어야 한다.

③ 대기밸브 부착 통기관

  ㉠ 5kPa 이하의 압력 차이로 작동할 수 있을 것

  ㉡ 밸브 없는 통기관의 인화방지장치 기준에 적합할 것

(2) 압력탱크

압력탱크는 제조소의 규정에 의한 안전장치를 설치해야 한다.

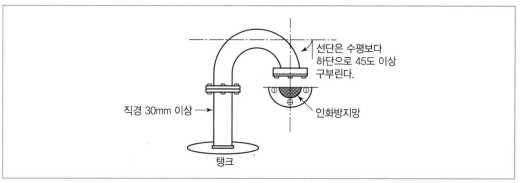

| 밸브 없는 통기관 |

8. 액체위험물 옥외저장탱크의 주입구

① 인화점 21℃ 미만인 위험물 옥외저장탱크의 주입구 게시판을 설치한다.

② 크기 : 한 변이 0.3m 이상, 다른 한 변이 0.6m 이상인 직사각형

③ 표시 : "옥외저장탱크 주입구", 취급하는 위험물의 유별 · 품명 · 주의사항

④ 색상 : 백색바탕에 흑색문자(주의사항은 적색문자)

9. 옥외저장탱크의 펌프설비(펌프 및 부속하는 전동기)

① 펌프설비 주위에 너비 3m 이상의 공지를 보유

예외사항	• 방화상 유효한 격벽을 설치하는 경우 • 제6류 위험물 또는 지정수량의 10배 이하 위험물의 탱크

② 펌프설비로부터 옥외저장탱크까지의 사이에 보유공지 너비의 3분의 1 이상의 거리를 유지

③ 펌프실

　㉠ 벽 · 기둥 · 바닥 · 보 : 불연재료

　㉡ 지붕 : 가벼운 불연재료

　㉢ 창 · 출입구 : 갑종 · 을종방화문(유리를 이용하는 경우에는 망입유리)

　㉣ 바닥 : 주위에 높이 0.2m 이상의 턱, 적당히 경사지게 하여 그 최저부에 집유설비

④ 펌프실 외의 장소에 설치하는 펌프설비

　㉠ 펌프설비 직하의 지반면의 주위에 높이 0.15m 이상의 턱, 적당히 경사지게 하여 그 최저부에 집유설비

　㉡ 제4류 위험물(온도 20℃의 물 100g에 용해되는 양이 1g 미만인 것)을 취급하는 펌프설비는 집유설비에 유분리장치를 설치

10. 피뢰침

① 설치대상 : 지정수량의 10배 이상(제6류 위험물 제외)

② 예외

ㄱ 탱크에 저항이 5Ω 이하인 접지시설 설치

ㄴ 인근 피뢰설비의 보호범위 내에 들어가는 등

11. 이황화탄소의 옥외저장탱크

① 벽 · 바닥의 두께 : 0.2m 이상

② 누수가 되지 아니하는 철근콘크리트의 수조에 넣어 보관(보유공지 · 통기관 · 자동계량장치 생략 가능)

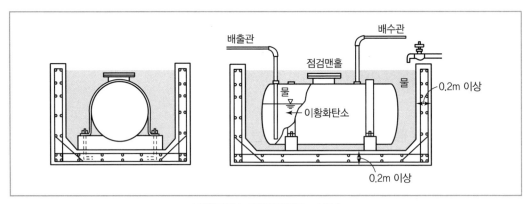

| 이황화탄소 옥외저장탱크 · 수조 |

12. 방유제

(1) 방유제의 용량

구분	방유제 내 하나의 탱크만 존재	방유제 내 둘 이상의 탱크가 존재
인화성 액체 위험물 (이황화탄소 제외)	탱크 용량의 110% 이상	용량이 최대인 탱크 용량의 110% 이상
인화성이 없는 액체 위험물	탱크 용량의 100% 이상	용량이 최대인 탱크 용량의 100% 이상

(2) 방유제의 구조

① 높이 : 0.5m 이상 3m 이하

② 두께 : 0.2m 이상

③ 지하 매설 깊이 : 1m 이상

④ 면적 : 8만 m^2 이하

⑤ 재료 : 철근콘크리트

(3) 방유제 내 설치하는 옥외저장탱크의 수

탱크 종류	하나의 방유제 내에 설치하는 탱크 수
일반적	10기 이하
방유제 내 모든 탱크의 용량이 20만ℓ 이하이고, 저장·취급하는 위험물 인화점이 70℃ 이상 200℃ 미만인 경우	20기 이하
인화점이 200℃ 이상인 위험물을 저장·취급	제한 없음

(4) 구내도로

자동차가 통행할 수 있도록 방유제 외면의 $\frac{1}{2}$ 이상은 3m 이상의 노면폭을 확보

(5) 탱크와 방유제의 거리(인화점이 200℃ 이상인 위험물은 제외)

탱크 지름	방유제까지의 거리
15m 미만	탱크 높이의 3분의 1 이상
15m 이상	탱크 높이의 2분의 1 이상

(6) 간막이 둑(1,000만 ℓ 이상인 옥외저장탱크)

① 높이 : 0.3m 이상(단, 방유제 높이보다 0.2m 낮게 설치)

② 재료 : 흙 또는 철근콘크리트

③ 용량 : 간막이 둑 안에 설치된 탱크 용량의 10% 이상

(7) 계단 또는 경사로

① 설치대상 : 높이가 1m를 넘는 방유제·간막이 둑

② 설치위치 : 방유제·간막이 둑 안팎에 방유제 내에 출입할 수 있는 계단·경사로를 약 50m마다 설치

13. 위험물 성질에 따른 옥외탱크저장소의 특례

알킬알루미늄등	• 불활성의 기체를 봉입하는 장치를 설치할 것
아세트알데히드등	• 탱크 설비는 은·수은·동·마그네슘 또는 이들은 성분으로 하는 합금으로 만들지 아니할 것 • 냉각장치 또는 보냉장치, 그리고 연소성 혼합기체의 생성에 의한 폭발을 방지하기 위한 불활성의 기체를 봉입하는 장치를 설치할 것
히드록실아민등	• 온도의 상승에 의한 위험한 반응을 방지하기 위한 조치를 강구할 것 • 철이온 등의 혼입에 의한 위험한 반응을 방지하기 위한 조치를 강구할 것

01 다음은 위험물탱크의 공간용적에 관한 내용이다. ( ) 안에 숫자를 차례대로 나열한 것으로 옳은 것은? (단, 소화설비를 설치하는 경우와 암반탱크는 제외한다.)

> 탱크 공간용적은 내용적의 $\frac{(\ )}{100} \sim \frac{(\ )}{100}$로 할 수 있다.

① 5, 10　　　　② 5, 15
③ 10, 15　　　④ 10, 20

해설
탱크의 공간용적은 탱크의 내용적의 100분의 5 이상 100분의 10 이하의 용적으로 한다.

02 위험물저장탱크의 공간용적은 탱크 내용적의 얼마 이상, 얼마 이하로 하는가?

① 2/100 이상, 3/100 이하
② 2/100 이상, 5/100 이하
③ 5/100 이상, 10/100 이하
④ 10/100 이상, 20/100 이하

해설
탱크의 공간용적은 탱크의 내용적의 100분의 5 이상 100분의 10 이하의 용적으로 한다.

03 위험물탱크의 용량은 탱크의 내용적에서 공간용적을 뺀 용적으로 한다. 이 경우 소화약제 방출구를 탱크 안의 윗부분에 설치하는 탱크의 공간용적은 당해 소화설비의 소화약제 방출구 아래의 어느 범위의 면으로부터 윗부분의 용적으로 하는가?

① 0.1m 이상 0.5m 미만 사이의 면
② 0.3m 이상 1m 미만 사이의 면
③ 0.5m 이상 1m 미만 사이의 면
④ 0.5m 이상 1.5m 미만 사이의 면

해설
탱크의 공간용적은 탱크의 내용적의 100분의 5 이상 100분의 10 이하의 용적으로 한다. 다만, 소화설비(소화약제 방출구를 탱크 안의 윗부분에 설치하는 것에 한함)를 설치하는 탱크의 공간용적은 당해 소화설비의 소화약제 방출구 아래의 0.3미터 이상 1미터 미만 사이의 면으로부터 윗부분의 용적으로 한다.

04 그림과 같은 위험물 저장탱크의 내용적은 약 몇 m³인가?

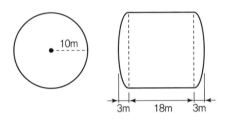

① 4,681　　　　② 5,482
③ 6,283　　　　④ 7,080

해설
탱크의 내용적 $= \pi(10\text{m})^2 \times \left(18\text{m} + \dfrac{3\text{m}+3\text{m}}{3}\right)$
$= 6,283.19\text{m}^3$

05 종으로 세워진 탱크에서 공간용적이 10%라면 탱크의 용량은? (단, r = 2m, ℓ = 10m이다.)

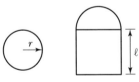

① 113.09m³　　　② 124.34m³
③ 129.06m³　　　④ 138.16m³

해설
• 탱크의 내용적 $= \pi r^2 \ell = \pi(2\text{m})^2(10\text{m}) = 125.66\text{m}^3$
• 탱크의 용량 = 내용적×0.9 = 125.66m³×0.9 = 113.09m³

06 반지름 5m, 직선 10m, 곡선 5m인 양쪽으로 볼록한 탱크의 공간용적이 5%라면 탱크용량은 몇 m³인가?

① 196.3　　　　② 261.6
③ 785.0　　　　④ 994.8

해설

- 탱크의 용량 = 탱크의 내용적 − 탱크의 공간용적
- 탱크의 내용적 = $\pi r^2 \left(l + \dfrac{l_1 + l_2}{3} \right)$
- 탱크의 용량 = $\pi r^2 \left(l + \dfrac{l_1 + l_2}{3} \right) \times 0.95$

$$= \pi (5\text{m})^2 \left(10\text{m} + \frac{5\text{m} + 5\text{m}}{3} \right) \times 0.95$$

$$= 994.84\text{m}^3$$

07 다음 (　　) 안에 알맞은 수치를 차례대로 옳게 나열한 것은?

> 위험물 암반탱크의 공간용적은 당해 탱크 내에 용출하는 (　　)일간의 지하수 양에 상당하는 용적과 당해 탱크 내용적의 100분의 (　　)의 용적 중에서 보다 큰 용적을 공간용적으로 한다.

① 1, 7　　　　② 3, 5
③ 5, 3　　　　④ 7, 1

해설

- 탱크의 공간용적은 탱크의 내용적의 100분의 5 이상 100분의 10 이하의 용적으로 한다. 다만, 소화설비(소화약제 방출구를 탱크 안의 윗부분에 설치하는 것에 한함)를 설치하는 탱크의 공간용적은 당해 소화설비의 소화약제 방출구 아래의 0.3미터 이상 1미터 미만 사이의 면으로부터 윗부분의 용적으로 한다.
- 암반탱크에 있어서는 당해 탱크내에 용출하는 7일간의 지하수의 양에 상당하는 용적과 당해 탱크의 내용적의 100분의 1의 용적 중에서 보다 큰 용적을 공간용적으로 한다.

08 위험물 저장탱크의 내용적이 300L일 때 탱크에 저장하는 위험물의 용량의 범위로 적합한 것은? (단, 원칙적인 경우에 한한다.)

① 240~270L　　　　② 270~285L
③ 290~295L　　　　④ 295~298L

해설

탱크의 공간용적은 탱크의 내용적의 100분의 5 이상 100분의 10 이하의 용적으로 한다.
300×0.9~300×0.95 = 270~285L

09 그림과 같은 타원형 위험물 탱크의 내용적을 구하는 식은 무엇인가? (단, 단위는 m이다.)

 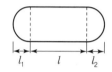

① $\dfrac{\pi ab}{4}\left(l + \dfrac{l_1 + l_2}{3} \right)$　　② $\dfrac{\pi ab}{4}\left(l + \dfrac{l_1 - l_2}{3} \right)$

③ $\dfrac{\pi r^2}{4}\left(l + \dfrac{l_1 + l_2}{3} \right)$　　④ $\dfrac{\pi r^2}{4}\left(l + \dfrac{l_1 - l_2}{3} \right)$

해설

$$\frac{\pi ab}{4}\left(l + \frac{l_1 + l_2}{3} \right)$$

10 그림과 같이 횡으로 설치한 원통형 위험물탱크에 대하여 탱크의 용량을 구하면 약 몇 m³인가? (단, 공간용적은 탱크 내용적의 100분의 5로 한다.)

① 52.4　　　　② 261.6
③ 994.8　　　　④ 1,047.2

해설

탱크의 용적 구하는 식에 대입하여 계산한다.

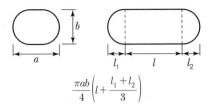

$$\frac{\pi ab}{4}\left(l+\frac{l_1+l_2}{3}\right)$$

탱크의 내용적 $= \dfrac{\pi \cdot (10\mathrm{m}) \cdot (10\mathrm{m})}{4} \times \left(10\mathrm{m}+\dfrac{5\mathrm{m}+5\mathrm{m}}{3}\right)$

$\qquad\qquad\quad = 1047.2\mathrm{m}^3$

탱크의 용량 = 탱크의 내용적 - 공간용적

$\qquad\qquad\quad$ = 탱크의 내용적 $\times 0.95 = 1047.2\mathrm{m}^3 \times 0.95$

$\qquad\qquad\quad = 994.8\mathrm{m}^3$

11 내용적이 20,000L 옥내저장탱크에 대하여 저장 또는 취급의 허가를 받을 수 있는 최대용량은? (단, 원칙적인 경우에 한한다.)

① 18,000L

② 19,000L

③ 19,400L

④ 20,000L

해설

• 탱크의 공간용적은 탱크의 내용적의 100분의 5 이상 100분의 10 이하의 용직으로 한다.

• 탱크의 용량(허가량)을 최대로 하려면 공간용적을 내용적의 100분의 5가 되도록 한다.

→ 탱크의 용량(허가량) = 20,000L × 0.95 = 19,000L

12 횡으로 설치한 원통형 위험물 저장탱크의 내용적이 500L일 때 공간용적은 최소 몇 L이어야 하는가? (단, 원칙적인 경우에 한한다.)

① 15

② 25

③ 35

④ 50

해설

탱크의 공간용적은 탱크의 내용적의 100분의 5 이상 100분의 10 이하의 용적으로 한다. 다만, 소화설비(소화약제 방출구를 탱크 안의 윗부분에 설치하는 것에 한함)를 설치하는 탱크의 공간용적은 당해 소화설비의 소화약제 방출구 아래의 0.3미터 이상 1미터 미만 사이의 면으로부터 윗부분의 용적으로 한다.

→ 공간용적 = 내용적 × 0.05(최솟값) = 500L × 0.05 = 25L

13 위험물 저장탱크의 공간용적은 탱크 내용적의 얼마 이상, 얼마 이하로 하는가?

① $\dfrac{2}{100}$ 이상, $\dfrac{3}{100}$ 이하

② $\dfrac{2}{100}$ 이상, $\dfrac{5}{100}$ 이하

③ $\dfrac{5}{100}$ 이상, $\dfrac{10}{100}$ 이하

④ $\dfrac{10}{100}$ 이상, $\dfrac{20}{100}$ 이하

해설

탱크의 공간용적은 탱크의 내용적의 100분의 5 이상 100분의 10 이하의 용적으로 한다. 다만, 소화설비(소화약제 방출구를 탱크 안의 윗부분에 설치하는 것에 한함)를 설치하는 탱크의 공간용적은 당해 소화설비의 소화약제 방출구 아래의 0.3미터 이상 1미터 미만 사이의 면으로부터 윗부분의 용적으로 한다.

14 위험물 옥외탱크저장소와 병원과는 안전거리를 얼마 이상 두어야 하는가?

① 10m

② 20m

③ 30m

④ 50m

해설

병원 : 30m 이상

15 저장 또는 취급하는 위험물의 최대수량이 지정수량의 500배 초과, 1,000배 이하일 때 옥외저장탱크의 측면으로부터 몇 m 이상의 보유공지를 유지하여야 하는가? (단, 제6류 위험물은 제외한다.)

① 1

② 2

③ 3

④ 5

해설

옥외저장탱크의 보유공지

저장 또는 취급하는 위험물의 최대수량	공지의 너비
지정수량의 500배 이하	3m 이상
지정수량의 500배 초과 1,000배 이하	5m 이상

지정수량의 1,000배 초과 2,000배 이하	9m 이상
지정수량의 2,000배 초과 3,000배 이하	12m 이상
지정수량의 3,000배 초과 4,000배 이하	15m 이상
지정수량의 4,000배 초과	당해 탱크의 수평단면의 최대지름 (가로형인 경우에는 긴 변)과 높이 중 큰 것과 같은 거리 이상. 다만, 30m 초과의 경우에는 30m 이상으로 할 수 있고, 15m 미만의 경우에는 15m 이상으로 한다.

16 위험물안전관리법령상 제4류 위험물을 지정수량의 3천 배 초과 4천 배 이하로 저장하는 옥외탱크저장소의 보유공지는 얼마인가?

① 6m 이상   ② 9m 이상
③ 12m 이상   ④ 15m 이상

해설

옥외저장탱크의 보유공지

저장 또는 취급하는 위험물의 최대수량	공지의 너비
지정수량의 500배 이하	3m 이상
지정수량의 500배 초과 1,000배 이하	5m 이상
지정수량의 1,000배 초과 2,000배 이하	9m 이상
지정수량의 2,000배 초과 3,000배 이하	12m 이상
지정수량의 3,000배 초과 4,000배 이하	15m 이상
지정수량의 4,000배 초과	당해 탱크의 수평단면의 최대지름 (가로형인 경우에는 긴 변)과 높이 중 큰 것과 같은 거리 이상. 다만, 30m 초과의 경우에는 30m 이상으로 할 수 있고, 15m 미만의 경우에는 15m 이상으로 한다.

17 옥외탱크저장소의 보유공지를 두는 목적으로 옳지 않은 것은?

① 위험물 시설의 화염이 인근의 시설이나 건축물 등으로 확대되는 것을 방지하기 위한 완충공간으로 기능한다.
② 위험물 시설 주변에 장애물이 없도록 공간을 확보하여 소화활동이 쉽도록 한다.
③ 위험물 시설의 주변에 있는 시설과 50m 이상을 이격하여 폭발 발생 시 피해를 방지한다.
④ 위험물 시설 주변에 장애물이 없도록 공간을 확보하여 피난자의 피난이 쉽도록 한다.

해설

옥외저장탱크 보유공지 너비기준은 저장·취급하는 위험물 최대수량에 따라 다르다(50m로 고정된 것이 아니다).

18 높이 15m, 지름 20m인 옥외저장탱크에 보유공지의 단축을 위해서 물분무설비로 방호조치를 하는 경우 수원의 양은 약 몇 L 이상으로 하여야 하는가?

① 46,496L   ② 58,090L
③ 70,259L   ④ 95,880L

해설

공지 단축을 위한 탱크의 표면에 방사하는 물의 양

$= \dfrac{37L}{m \cdot min} \times 20min \times 원주길이(m)$

$= \dfrac{37L}{m \cdot min} \times 20min \times 20\pi m = 46,496L$

19 위험물 옥외저장탱크의 통기관에 관한 사항으로 옳지 않은 것은?

① 밸브 없는 통기관의 지름은 30mm 이상으로 한다.
② 대기 밸브 부착 통기관은 항상 열려 있어야 한다.
③ 밸브 없는 통기관의 끝부분은 수평면보다 45° 이상 구부려 빗물 등의 침투를 막는 구조로 한다.
④ 대기 밸브 부착 통기관은 5kPa 이하의 압력차이로 작동할 수 있어야 한다.

해설

밸브 없는 통기관에 가연성의 증기를 회수하기 위한 밸브를 설치할 시 위험물을 주입하는 경우를 제외하고는 밸브는 항상 개방되어 있는 구조로 한다.

20 위험물안전관리법령상 옥외저장탱크 중 압력탱크 외의 탱크에 통기관을 설치하여야 할 때 밸브 없는 통기관인 경우 통기관의 지름은 몇 mm 이상으로 하여야 하는가?

① 10   ② 15
③ 20   ④ 30

해설

제4류 위험물의 옥외저장탱크 중 압력탱크 외의 탱크의 밸브없는 통기관 설치기준
• 지름은 30mm 이상일 것
• 끝부분은 수평면보다 45도 이상 구부려 빗물 등의 침투를 막는 구조로 할 것

21 제4류 위험물의 옥외저장탱크에 대기밸브부착 통기관을 설치할 때 몇 kPa 이하의 압력 차이로 작동하여야 하는가?

① 5   ② 10
③ 15   ④ 20

해설

5kPa 이하의 압력 차이로 작동할 수 있어야 한다.

22 인화점이 21℃ 미만인 액체위험물의 옥외저장탱크 주입구에 설치하는 "옥외저장탱크 주입구"라고 표시한 게시판의 바탕 및 문자색을 옳게 나타낸 것은?

① 백색바탕 – 적색문자
② 적색바탕 – 백색문자
③ 백색바탕 – 흑색문자
④ 흑색바탕 – 백색문자

해설

인화점이 21℃ 미만인 위험물의 옥외저장탱크의 주입구의 게시판
• 크기 : 한 변이 0.3m 이상, 다른 한 변이 0.6m 이상인 직사각형
• 표시 : "옥외저장탱크 주입구", 취급하는 위험물의 유별 · 품명 · 주의사항
• 색상 : 백색바탕에 흑색문자(주의사항은 적색문자)

23 지정수량 20배의 알코올류를 저장하는 옥외저장탱크의 경우 펌프실 외의 장소에 설치하는 펌프설비의 기준으로 옳지 않은 것은?

① 펌프설비 주위에는 3m 이상의 공지를 보유한다.
② 펌프설비 그 직하의 지반면 주위에 높이 0.15m 이상의 턱을 만든다.
③ 펌프설비 그 직하의 지반면의 최저부에는 집유설비를 만든다.
④ 집유설비에는 위험물이 배수구에 유입되지 않도록 유분리장치를 만든다.

해설

• 알코올류는 유분리장치 설치대상이 아니다(알코올류 : 물 100g에 용해되는 양이 1g 이상).
• 유분리장치 설치대상 : 제4류 위험물(온도 20℃의 물 100g에 용해되는 양이 1g 미만인 것)을 취급하는 펌프설비

24 인화성 액체 위험물을 저장 또는 취급하는 옥외탱크저장소의 방유제 내에 용량 10만 L와 5만 L인 옥외저장탱크 2기를 설치하는 경우에 확보하여야 하는 방유제의 용량은?

① 50,000L 이상   ② 80,000L 이상
③ 110,000L 이상   ④ 150,000L 이상

해설

모두 인화성 액체 위험물이므로, 방유제의 용량은 용량이 최대인 탱크 용량의 110% 이상으로 한다.
→ 10만 L × 1.1 = 11만 L

25 인화성 액체 위험물을 저장하는 옥외탱크저장소에 설치하는 방유제의 높이 기준은?

① 0.5m 이상 1m 이하
② 0.5m 이상 3m 이하
③ 0.3m 이상 1m 이하
④ 0.5m 이상 5m 이하

해설

방유제의 구조

높이	0.5m 이상 3m 이하
두께	0.2m 이상
지하매설깊이	1m 이상
면적	8만 m^2 이하
재료	철근콘크리트

26 경유를 저장하는 옥외저장탱크의 반지름이 2m 이고, 높이가 12m일 때 탱크 옆판으로부터 방유제까지의 거리는 몇 m 이상이어야 하는가?

① 4   ② 5
③ 6   ④ 7

해설

옥외저장탱크의 옆판으로부터 방유제까지의 거리(인화점이 200℃ 이상 위험물 제외)

탱크 지름	방유제까지의 거리
15m 미만	탱크 높이의 3분의 1 이상
15m 이상	탱크 높이의 2분의 1 이상

→ 지름이 4m이므로 탱크 높이의 3분의 1 이상의 거리를 둔다.
  $12m \times 1/3 = 4m$ 이상

27 등유를 저장하는 옥외저장탱크의 반지름이 5m 이고, 높이가 18m일 때 탱크 옆판으로부터 방유제까지의 거리는 몇 m 이상이어야 하는가?

① 4   ② 5
③ 6   ④ 7

해설

옥외저장탱크의 옆판으로부터 방유제까지의 거리(인화점이 200℃ 이상 위험물 제외)

탱크 지름	방유제까지의 거리
15m 미만	탱크 높이의 3분의 1 이상
15m 이상	탱크 높이의 2분의 1 이상

→ 지름이 10m이므로 탱크 높이의 3분의 1 이상의 거리를 둔다.
  $18m \times 1/3 = 6m$ 이상

28 위험물안전관리법령에 명시된 알세트알데히드의 옥외저장탱크에 필요한 설비가 아닌 것은?

① 보냉장치
② 냉각장치
③ 동합금배관
④ 불활성 기체를 봉입하는 장치

해설

아세트알데히드등의 옥외탱크저장소 설치기준
• 탱크 설비는 동·마그네슘·은·수은 또는 이들을 성분으로 하는 합금으로 만들지 아니할 것
• 냉각장치 또는 보냉장치, 그리고 연소성 혼합기체의 생성에 의한 폭발을 방지하기 위한 불활성의 기체를 봉입하는 장치를 설치할 것

29 옥외저장탱크에 연소성 혼합기체의 생성에 의한 폭발을 방지하기 위하여 불활성의 기체를 봉입하는 장치를 설치하여야 하는 위험물질은?

① $CH_3COC_2H_5$ ② C_5H_5N
③ CH_3CHO ④ C_6H_5Cl

해설

아세트알데히드등의 옥외탱크저장소 설치기준
• 탱크 설비는 동·마그네슘·은·수은 또는 이들을 성분으로 하는 합금으로 만들지 아니할 것
• 냉각장치 또는 보냉장치, 그리고 연소성 혼합기체의 생성에 의한 폭발을 방지하기 위한 불활성의 기체를 봉입하는 장치를 설치할 것

정답 26 ①   27 ③   28 ③   29 ③

옥내탱크저장소

1. 단층건물 설치기준

(1) 상호 간격 : 0.5m 이상

① 옥내저장탱크와 탱크전용실의 벽과의 사이

② 옥내저장탱크의 상호간

※ 단, 탱크의 점검 및 보수에 지장이 없는 경우에는 그러하지 아니하다.

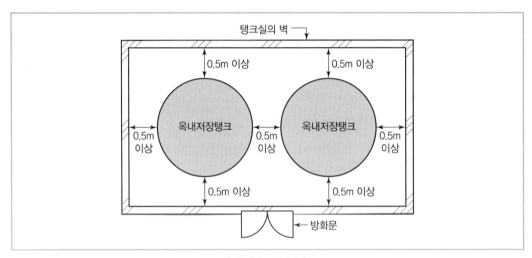

| 옥내탱크저장소 |

(2) 표지

보기 쉬운 곳에 "위험물 옥내탱크저장소"라는 표시를 한 표지와 방화에 관하여 필요한 사항을 게시한 게시판을 설치한다.

(3) 옥내저장탱크 용량

① 지정수량의 40배 이하(동일한 탱크전용실에 옥내저장탱크를 2 이상 설치하는 경우에는 각 탱크의 용량의 합계)

② 제4석유류 · 동식물유류 외의 제4류 위험물 : 2만 ℓ 초과 시 2만 ℓ 이하

(4) 밸브 없는 통기관 또는 대기밸브 부착 통기관

① 압력탱크(최대상용압력이 부압 또는 정압 5kPa을 초과) : 제조소 규정의 안전장치 설치

② 제4류 위험물을 저장하는 압력탱크 외의 탱크(제4류 위험물만) 기준 : 밸브 없는 통기관 또는 대기
밸브 부착 통기관 설치

㉠ 밸브없는 통기관

- 통기관 끝부분은 건축물의 창·출입구 등의 개구부로부터 1m 이상 떨어진 옥외의 장소에
지면으로부터 4m 이상의 높이로 설치
- 통기관은 가스 등이 체류할 우려가 있는 굴곡이 없도록 설치

㉡ 대기밸브 부착 통기관

(5) 액체위험물의 옥내저장탱크

① 위험물의 양을 자동적으로 표시하는 장치 설치

② 탱크전용실의 바닥 : 위험물이 침투하지 아니하는 구조, 적당한 경사, 집유설비 설치

(6) 펌프설비

① 탱크전용실 외의 장소에 설치 : 펌프실의 지붕은 내화구조 또는 불연재료

② 탱크전용실에 설치 : 펌프설비를 견고한 기초 위에 고정시킨 다음 그 주위에 불연재료로 된 턱을
탱크전용실의 문턱높이 이상으로 설치

(7) 탱크전용실

① 구조

㉠ 벽·기둥·바닥 : 내화구조

㉡ 보 : 불연재료

㉢ 연소의 우려가 있는 외벽 : 출입구 외에는 개구부가 없도록 할 것

㉣ 인화점이 70℃ 이상인 제4류 위험물만의 옥내저장탱크의 탱크전용실 : 연소의 우려가 없는 외
벽·기둥·바닥을 불연재료로 할 수 있음

② 지붕 : 불연재료(천장은 설치하지 않음)

③ 창·출입구 : 갑종방화문 또는 을종방화문

㉠ 연소의 우려가 있는 외벽에 두는 출입구 : 수시로 열 수 있는 자동폐쇄식의 갑종방화문

㉡ 창 또는 줄입구에 유리를 이용하는 경우 : 망입유리

④ 출입구 턱의 높이

㉠ 옥내저장탱크(옥내저장탱크가 2 이상인 경우에는 최대용량의 탱크)의 용량을 수용할 수 있는
높이 이상

ⓛ 옥내저장탱크로부터 누설된 위험물이 탱크전용실 외의 부분으로 유출하지 아니하는 구조

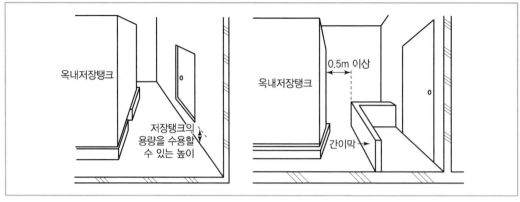

| 탱크전용실 |

2. 탱크전용실을 단층건물 외의 건축물에 설치하는 것

(1) 저장할 수 있는 위험물

① 제2류 위험물 중 황화린 · 적린 · 덩어리 유황

② 제3류 위험물 중 황린

③ 제4류 위험물 중 인화점이 38℃ 이상인 위험물

④ 제6류 위험물 중 질산

(2) 탱크전용실

① 구조 : 벽 · 기둥 · 바닥 · 보 : 내화구조

② 지붕 : 상층이 있는 경우는 상층의 바닥을 내화구조로, 상층이 없는 경우는 지붕을 불연재료로 하며 천장을 설치하지 아니할 것

③ 창 · 출입구

㉠ 탱크전용실에는 창을 설치하지 아니할 것

ⓛ 탱크전용실의 출입구에는 수시로 열 수 있는 자동폐쇄식의 갑종방화문을 설치할 것

④ 옥내저장탱크의 용량(동일한 탱크전용실에 옥내저장탱크를 2 이상 설치하는 경우는 각 탱크의 용량의 합계)

1층 이하의 층	• 지정수량의 40배 이하 • 제4석유류 · 동식물유류 외의 제4류 위험물 : 2만ℓ 초과 시 2만ℓ 이하
2층 이상의 층	• 지정수량의 10배 이하 • 제4석유류 · 동식물유류 외의 제4류 위험물 : 5천ℓ 초과 시 5천ℓ 이하

⑤ 탱크전용실을 1층 또는 지하층에 설치해야 하는 위험물 : 제2류 위험물 중 황화린 · 적린 · 덩어리

유황, 제3류 위험물 중 황린, 제6류 위험물 중 질산

(3) 펌프설비

① 탱크전용실 외의 장소에 설치

  ㉠ 펌프실의 벽·기둥·바닥·보를 내화구조로 할 것

  ㉡ 펌프실은 상층이 있는 경우는 상층의 바닥을 내화구조로, 상층이 없는 경우는 지붕을 불연재료로 하며 천장을 설치하지 아니할 것

  ㉢ 펌프실의 환기·배출설비에는 방화상 유효한 댐퍼 등을 설치할 것

  ㉣ 펌프실의 출입구에는 갑종방화문을 설치할 것(단, 제6류 위험물의 탱크전용실은 을종방화문을 설치할 수 있음)

  ㉤ 펌프실에는 창을 설치하지 아니할 것(단, 제6류 위험물의 탱크전용실은 갑종·을종방화문이 있는 창을 설치할 수 있음)

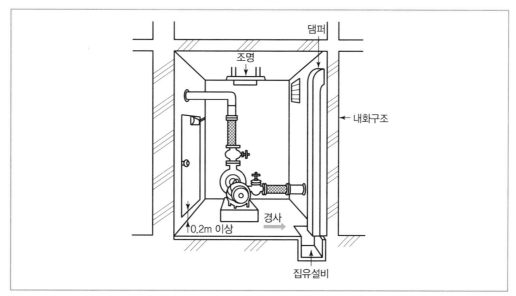

| 펌프설비 |

② 탱크전용실에 펌프설비를 설치

  ㉠ 견고한 기초 위에 고정

  ㉡ 주위에 불연재료로 된 턱을 0.2m 이상의 높이로 설치

01 옥내저장탱크의 상호간에는 특별한 경우를 제외하고 최소 몇 m 이상의 간격을 유지하여야 하는가?

① 0.1m
② 0.2m
③ 0.3m
④ 0.5m

해설

옥내저장탱크와 탱크전용실의 벽과의 사이 및 옥내저장탱크의 상호간에는 0.5m 이상의 간격을 유지할 것. 다만, 탱크의 점검 및 보수에 지장이 없는 경우에는 그러하지 아니하다.

02 위험물안전관리법령상 제4석유류를 저장하는 옥내저장탱크의 용량은 지정수량의 몇 배 이하이어야 하는가?

① 20
② 40
③ 100
④ 150

해설

• 제4석유류, 동식물유류 : 지정수량의 40배 이하의 용량
• 그 외 제4류 위험물 : 당해 수량이 20,000L를 초과할 때마다 20,000L

03 옥내탱크저장소 중 탱크전용실을 단층 건물 외의 건축물에 설치하는 경우 탱크전용실을 건축물의 1층 또는 지하층에만 설치하여야 하는 위험물이 아닌 것은?

① 제2류 위험물 중 덩어리 황
② 제3류 위험물 중 황린
③ 제4류 위험물 중 인화점이 38℃ 이상인 위험물
④ 제6류 위험물 중 질산

해설

옥내저장탱크는 탱크전용실에 설치할 것. 이 경우 제2류 위험물 중 황화린 · 적린 및 덩어리 유황, 제3류 위험물 중 황린, 제6류 위험물 중 질산의 탱크전용실은 건축물의 1층 또는 지하층에 설치하여야 한다.

정답 | **01** ④ **02** ② **03** ③

지하탱크저장소

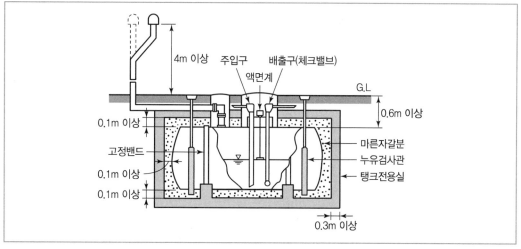

| 지하탱크저장소 |

1. 지면하에 설치된 탱크전용실에 설치

예외 사항	제4류 위험물의 지하저장탱크가 다음 중에 적합한 때에는 예외 ① 탱크를 지하철 · 지하가 또는 지하터널로부터 수평거리 10m 이내의 장소 또는 지하건축물 내의 장소에 설치하지 아니할 것 ② 탱크를 그 수평투영의 세로 및 가로보다 각각 0.6m 이상 크고 두께가 0.3m 이상인 철근콘크리트조의 뚜껑으로 덮을 것 ③ 뚜껑에 걸리는 중량이 직접 당해 탱크에 걸리지 아니하는 구조일 것 ④ 당해 탱크를 견고한 기초 위에 고정할 것 ⑤ 당해 탱크를 지하의 가장 가까운 벽 · 피트 · 가스관 등의 시설물 및 대지경계선으로부터 0.6m 이상 떨어진 곳에 매설할 것

2. 탱크전용실

(1) 설치 위치

지하의 가장 가까운 벽 · 피트 · 가스관 등의 시설물 및 대지경계선으로부터 0.1m 이상 떨어진 곳에 설치해야 한다.

(2) 탱크 사이 공간

① 지하저장탱크와 탱크전용실의 안쪽과의 사이는 0.1m 이상의 간격을 유지시킨다.

② 탱크 주위에 마른 모래 또는 습기 등에 의하여 응고되지 아니하는 입자지름 5mm 이하의 마른 자갈분을 채운다.

(3) 벽 · 바닥 · 뚜껑

① 두께 : 0.3m 이상

② 내부 : 지름 9~13mm까지의 철근을 가로 및 세로로 5~20cm의 간격으로 배치

3. 탱크 구조

(1) 거리

① 탱크 윗면과 지면 사이 : 0.6m 이상

② 탱크 상호 간 : 1m 이상(단, 탱크 용량 합계가 지정수량의 100배 이하인 경우는 0.5m 이상)

(2) 재료

두께 : 3.2mm 이상의 강판

(3) 수압시험(10분)

압력탱크 외의 탱크	70kPa
압력탱크(최대상용압력이 46.7kPa 이상인 탱크)	최대상용압력의 1.5배의 압력

4. 통기관

① 압력탱크 외의 제4류 위험물 탱크 : 밸브 없는 통기관 또는 대기밸브 부착 통기관

   ※ 밸브 없는 통기관은 지하저장 탱크의 윗부분에 연결할 것

② 압력탱크 : 제조소의 안전장치 기준 준용

5. 배관

당해 탱크의 윗부분에 설치해야 한다.

6. 계량장치

① 액체위험물의 지하저장탱크에는 위험물의 양을 자동적으로 표시하는 장치 및 계량구를 설치

② 계량구 직하에 있는 탱크의 밑판에 그 손상을 방지하기 위한 조치

7. 과충전 방지 장치

① 탱크용량을 초과하는 위험물이 주입될 때 자동으로 그 주입구를 폐쇄하거나 위험물의 공급을 자
   동으로 차단하는 방법

② 탱크용량의 90%가 찰 때 경보음을 울리는 방법

8. 누유검사 관

① 탱크 주위에 액체위험물의 누설을 검사하기 위한 관을 4개소 이상 설치

② 이중관으로 설치

③ 재료 : 금속관 또는 경질합성수지관

④ 관은 탱크전용실의 바닥 또는 탱크의 기초까지 닿게 할 것

⑤ 관의 밑부분으로부터 탱크의 중심 높이까지의 부분에는 소공이 뚫려 있을 것

⑥ 상부는 물이 침투하지 아니하는 구조로 하고, 뚜껑은 검사 시에 쉽게 열 수 있도록 할 것

9. 강제이중벽탱크

(1) 외벽 용접

완전용입용접 또는 양면겹침이음용접

(2) 감지층

탱크 본체와 외벽 사이에 3mm 이상의 감지층

(3) 스페이서(감지층 간격 유지)

① 탱크의 고정밴드 위치 및 기초대 위치에 설치

② 재질 : 탱크 본체와 동일한 재료

③ 스페이서와 탱크의 본체와의 용접은 전주필렛용접 또는 부분용접으로 하되, 부분용접으로 하는 경우에는 한 변의 용접비드는 25mm 이상으로 할 것

④ 스페이서 크기는 두께 3mm, 폭 50mm, 길이 380mm 이상일 것

(4) 탱크 외면 표시사항

① 제조업체명, 제조연월 및 제조번호

② 탱크의 용량·규격 및 최대시험압력

③ 형식번호, 탱크안전성능시험 실시자 등 기타 필요한 사항

(5) 탱크 외면 부착

지침서 : 탱크운반 시 주의사항·적재방법·보관방법·설치방법 및 주의사항 등

01 위험물안전관리법령상 지하탱크저장소의 위치, 구조 및 설비의 기준에 따라 다음 ( ) 안에 들어갈 수치로 옳은 것은?

> 탱크전용실은 지하의 가장 가까운 벽·피트·가스관 등의 시설물 및 대지경계선으로부터 (㉠)m 이상 떨어진 곳에 설치하고, 지하저장탱크와 탱크전용실의 안쪽과의 사이는 (㉡)m 이상의 간격을 유지하도록 하며, 당해 탱크의 주위에 마른 모래 또는 습기 등에 의하여 응고되지 아니하는 입자지름 (㉢)mm 이하의 마른 자갈분을 채워야 한다.

	㉠	㉡	㉢
①	0.1	0.1	5
②	0.1	0.3	5
③	0.1	0.1	10
④	0.1	0.3	10

해설

탱크전용실은 지하의 가장 가까운 벽·피트·가스관 등의 시설물 및 대지경계선으로부터 0.1m 이상 떨어진 곳에 설치하고, 지하저장탱크와 탱크전용실의 안쪽과의 사이는 0.1m 이상의 간격을 유지하도록 하며, 당해 탱크의 주위에 마른 모래 또는 습기 등에 의하여 응고되지 아니하는 입자지름 5mm 이하의 마른 자갈분을 채워야 한다.

02 위험물안전관리법령상 지하탱크저장소 탱크전용실의 안쪽과 지하저장탱크와의 사이는 몇 m 이상의 간격을 유지하여야 하는가?

① 0.1
② 0.2
③ 0.3
④ 0.5

해설

지하저장탱크와 탱크전용실 안쪽과의 사이는 0.1m 이상의 간격을 유지한다.

03 지하탱크지장소에 대한 설명으로 옳지 않은 것은?

① 탱크전용실 벽의 두께는 0.3m 이상이어야 한다.
② 지하저장탱크의 윗부분은 지면으로부터 0.6m 이상 아래에 있어야 한다.
③ 지하저장탱크와 탱크전용실 안쪽과의 간격은 0.1m 이상의 간격을 유지한다.
④ 지하저장탱크에는 두께 0.1m 이상의 철근콘크리트조로 된 뚜껑을 설치한다.

해설

①, ④ 벽·바닥 및 뚜껑의 두께는 0.3m 이상일 것
② 지하저장탱크의 윗부분은 지면으로부터 0.6m 이상 아래에 있어야 한다.
③ 탱크전용실은 지하의 가장 가까운 벽·피트·가스관 등의 시설물 및 대지경계선으로부터 0.1m 이상 떨어진 곳에 설치하고, 지하저장탱크와 탱크전용실의 안쪽과의 사이는 0.1m 이상의 간격을 유지하도록 하며, 당해 탱크의 주위에 마른 모래 또는 습기 등에 의하여 응고되지 아니하는 입자지름 5mm 이하의 마른 자갈분을 채워야 한다.

04 지하탱크저장소의 탱크전용실 설치기준에 대한 설명으로 옳지 않은 것은?

① 철근콘크리트 구조의 벽은 두께 0.3m 이상이어야 한다.
② 지하저장탱크와 탱크전용실 안쪽과의 사이는 50cm 이상의 간격을 유지한다.
③ 철근콘크리트 구조의 바닥은 두께 0.3m 이상이어야 한다.
④ 벽, 바닥 등에 적정한 방수조치를 강구한다.

해설

지하저장탱크와 탱크전용실 안쪽과의 사이는 0.1m 이상의 간격을 유지한다.

정답 01 ① 02 ① 03 ④ 04 ②

05 지하탱크저장소에서 인접한 2개의 지하저장탱크 용량의 합계가 지정수량이 100배일 경우 탱크 상호 간의 최소거리는?

① 0.1m ② 0.3m
③ 0.5m ④ 1m

해설

지하저장탱크를 2 이상 인접해 설치하는 경우에는 그 상호간에 1m(당해 2 이상의 지하저장탱크의 용량의 합계가 지정수량의 100배 이하일 때에는 0.5m) 이상의 간격을 유지하여야 한다.

06 위험물의 지하저장탱크 중 압력탱크 외의 탱크에 대해 수압시험을 실시할 때 몇 kPa의 압력으로 하여야 하는가? (단, 소방청장이 정하여 고시하는 기밀시험과 비파괴시험을 동시에 실시하는 방법으로 대신하는 경우는 제외한다.)

① 40 ② 50
③ 60 ④ 70

해설

지하저장탱크는 압력탱크(최대상용압력이 46.7kPa 이상인 탱크를 말한다) 외의 탱크에 있어서는 70kPa의 압력으로, 압력탱크에 있어서는 최대상용압력의 1.5배의 압력으로 각각 10분간 수압시험을 실시하여 새거나 변형되지 아니하여야 한다.

07 위험물안전관리법령상 지하탱크저장소에 설치하는 강제이중벽탱크에 관한 설명으로 틀린 것은?

① 탱크 본체와 외벽 사이에는 3mm 이상의 감지층을 둔다.
② 스페이서는 탱크 본체와 재질을 다르게 하여야 한다.
③ 탱크전용실 없이 지하에 직접 매설할 수도 있다.
④ 탱크의 외면에는 최대시험압력을 지워지지 않도록 표시하여야 한다.

해설

강제이중벽탱크 설치 시 주의사항

외벽 용접	완전용입용접 또는 양면겹침이음용접
감지층	탱크 본체와 외벽 사이에 3mm 이상의 감지층
스페이서 (감지층 간격 유지)	• 탱크의 고정밴드 위치 및 기초대 위치에 설치 • 재질 : 탱크본체와 동일한 재료 • 스페이서와 탱크의 본체와의 용접은 전주필렛용접 또는 부분용접으로 하되, 부분용접으로 하는 경우에는 한 변의 용접비드는 25mm 이상으로 할 것 • 스페이서 크기는 두께 3mm, 폭 50mm, 길이 380mm 이상일 것
탱크 외면 표시사항	• 제조업체명, 제조년월 및 제조번호 • 탱크의 용량·규격 및 최대시험압력 • 형식번호, 탱크안전성능시험 실시자 등 기타 필요한 사항
탱크 외면 부착	지침서 : 탱크운반 시 주의사항·적재방법·보관방법·설치방법 및 주의사항 등

암반탱크저장소

1. 설치기준

① 암반투수계수가 1초당 10만분의 1m 이하인 천연암반 내에 설치할 것

② 암반탱크는 저장할 위험물의 증기압을 억제할 수 있는 지하수면하에 설치할 것

③ 암반탱크의 내벽은 암반균열에 의한 낙반(落磐 : 갱내 천장이나 벽의 암석이 떨어지는 것)을 방지할 수 있도록 볼트 · 콘크리크 등으로 보강할 것

2. 공간용적

암반탱크의 공간용적 : 탱크 내 용출하는 7일간의 지하수의 양에 상당하는 용적과 당해 탱크의 내용적의 $\frac{1}{100}$ 중에서 보다 큰 용적

SECTION 8   간이탱크저장소

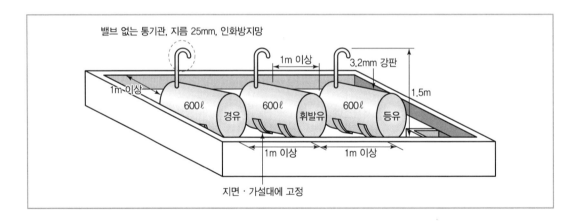

1. 간이탱크저장소 설치기준

① 옥외에 설치한다.

예외	다음 각목의 기준에 적합한 전용실 안에 설치하는 경우, 전용실 안에 설치 가능하다. 가. 옥내탱크저장소 탱크전용실의 구조의 기준에 적합 나. 창 · 출입구 : 옥내탱크저장소의 창 및 출입구의 기준에 적합 다. 바닥 : 옥내탱크저장소 탱크전용실의 바닥구조 기준에 적합 라. 채광 · 조명 · 환기 · 배출설비 : 옥내저장소의 채광 · 조명 · 환기 · 배출설비 기준에 적합

참고 – 옥내탱크저장소의 탱크전용실 기준

① 지붕 : 불연재료(천장은 설치하지 않음)
② 벽 · 기둥 · 바닥 : 내화구조
③ 보 : 불연재료
④ 창 · 출입구 : 갑종방화문 또는 을종방화문
⑤ 연소의 우려가 있는 외벽에 두는 출입구 : 수시로 열 수 있는 자동폐쇄식의 갑종방화문
⑥ 창 또는 출입구에 유리를 이용하는 경우 : 망입유리

② 하나의 간이탱크저장소에 설치하는 간이저장탱크의 수 : 3기 이하

예외	동일한 위험물의 간이저장탱크는 2기 미만

2. 간이저장탱크 설치기준

① 지면 · 가설대에 고정
② 공지(간격 두기)

옥외	탱크의 주위에 너비 1m 이상의 공지
전용실 내	탱크와 전용실 벽과의 사이에 0.5m 이상의 간격

③ 용량 : 600L 이하
④ 탱크 재료 : 3.2mm 이상의 강판
⑤ 수압시험 : 70kPa의 압력으로 10분간의 수압시험
⑥ 통기관
   ㉠ 밸브 없는 통기관
   • 옥외에 설치
   • 지름 : 25mm 이상
   • 끝부분 : 지상 1.5m 이상, 수평면에 대하여 아래로 45° 이상 구부려 빗물 등이 침투하지 못하는 구조
   • 가는 눈의 구리망 등으로 인화방지장치 설치(예외 : 인화점 70℃ 이상 위험물을 인화점 미만의 온도로 저장 · 취급할 시)
   ㉡ 대기밸브 부착 통기관

01 위험물을 저장하는 간이탱크저장소의 구조 및 설비의 기준으로 옳은 것은?

① 탱크의 두께 2.5mm 이상, 용량 600L 이하
② 탱크의 두께 2.5mm 이상, 용량 800L 이하
③ 탱크의 두께 3.2mm 이상, 용량 600L 이하
④ 탱크의 두께 3.2mm 이상, 용량 800L 이하

해설

- 간이저장탱크는 두께 3.2mm 이상의 강판으로 흠이 없도록 제작하여야 하며, 70kPa의 압력으로 10분간의 수압시험을 실시하여 새거나 변형되지 아니하여야 한다.
- 간이저장탱크의 용량은 600L 이하이어야 한다.

02 위험물안전관리법령상 간이탱크저장소에 대한 설명 중 틀린 것은?

① 간이저장탱크의 용량은 600L 이하이어야 한다.
② 하나의 간이탱크저장소에 설치하는 간이저장탱크는 5기 이하이어야 한다.
③ 간이저장탱크는 두께 3.2mm 이상의 강판으로 흠이 없도록 제작하여야 한다.
④ 간이저장탱크는 70kPa의 압력으로 10분간의 수압시험을 실시하여 새거나 변형되지 않아야 한다.

해설

하나의 간이탱크저장소에 설치하는 간이저장탱크는 그 수를 3 이하로 하고, 동일한 품질의 위험물의 간이저장탱크를 2 이상 설치하지 아니하여야 한다.

이동탱크저장소

1. 종류

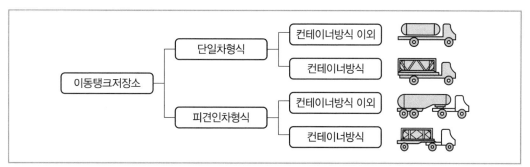

| 이동탱크저장소 종류 |

2. 상치장소

① 옥외 : 화기를 취급하는 장소 또는 인근의 건축물로부터 5m 이상 거리 확보(인근의 건축물이 1층 인 경우에는 3m 이상 거리 확보)

② 옥내 : 벽 · 바닥 · 보 · 서까래 · 지붕이 내화구조 또는 불연재료로 된 건축물의 1층

3. 탱크구조

① 재료 : 두께 3.2mm 이상의 강철판

② 수압시험(10분)

압력탱크 외의 탱크	70kPa의 압력
압력탱크(최대상용압력이 46.7kPa 이상)	최대상용압력의 1.5배의 압력

③ 칸막이

㉠ 내부 4,000ℓ 이하마다 3.2mm 이상의 강철판 칸막이 설치

㉡ 칸막이로 구획된 각 부분에 설치 : 맨홀, 안전장치, 방파판

• 안전장치

상용압력	작동 압력
20kPa 이하	20kPa 이상 24kPa 이하의 압력에서 작동
20kPa 초과	상용압력의 1.1배 이하의 압력에서 작동

• 방파판

   – 방파판 설치 예외 : 칸막이 구획 부분이 2,000ℓ 미만

   – 두께 1.6mm 이상의 강철판 방파판

   – 하나의 구획부분에 2개 이상의 방파판 설치

   – 이동탱크저장소의 진행방향과 평행으로 설치

   – 각 방파판은 그 높이 및 칸막이로부터의 거리를 다르게 설치

④ 측면틀(피견인자동차 설치 예외)

   ㉠ 외부로부터 하중에 견딜 수 있는 구조

   ㉡ 탱크상부의 네 모퉁이에 탱크의 전단 또는 후단으로부터 각각 1m 이내의 위치에 설치

   ㉢ 측면틀 최외측과 탱크 최외측을 연결하는 직선(최외측선)의 수평면에 대한 내각 : 75° 이상

   ㉣ 탱크 중량의 중심점과 측면틀의 최외측을 연결하는 직선과 그 중심점을 지나는 직선 중 최외측
      선과 직각을 이루는 직선과의 내각 : 35° 이상

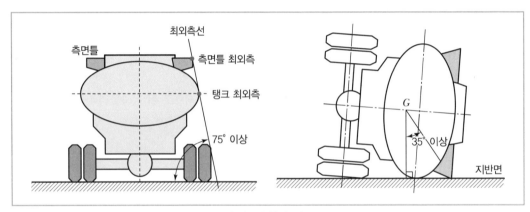

| 탱크의 측면틀 |

⑤ 방호틀(피견인자동차 설치 예외)

   ㉠ 재료 : 두께 2.3mm 이상의 강철판

   ㉡ 형상 : 산모양의 형상

   ㉢ 높이 : 정상부분은 부속장치보다 50mm 이상 높게

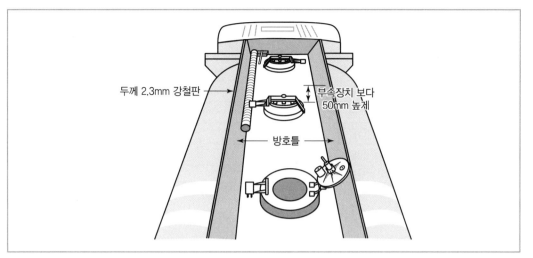

| 방호틀 |

4. 주입호스(이동저장탱크 → 다른 탱크로 공급)

① 주입설비 길이 : 50m 이내

② 배출량 : 200L/min

③ 주입호스 끝부분에 축적되는 정전기를 유효하게 제거할 수 있는 장치를 설치해야 한다.

5. 표지

(1) 위험물 표지

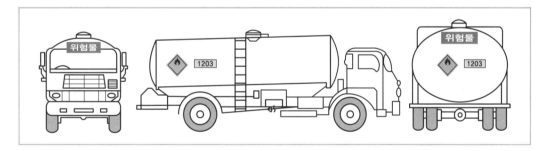

① 부착위치 : 전면 상단, 후면 상단

② 규격 . 60cm 이상 × 30cm 이상

③ 색상 : 흑색바탕, 황색문자

(2) 위험물에 따른 외부 도장 색상

유별	외부 도장 색상
제1류 위험물	회색
제2류 위험물	적색
제3류 위험물	청색
제4류 위험물	적색(권장)
제5류 위험물	황색
제6류 위험물	청색

6. 접지도선

설치 대상 : 제4류 위험물 중 특수인화물, 제1석유류, 제2석유류의 이동탱크저장소

7. 컨테이너식 이동탱크저장소의 특례(3. 탱크구조 규정을 적용하지 않는 저장탱크)

① 이동저장탱크 및 부속장치(맨홀, 주입구, 안전장치 등)는 강재로 된 상자틀에 수납
② 이동저장탱크, 맨홀, 주입구의 뚜껑 : 두께 6mm(탱크의 지름 또는 장축이 1.8m 이하인 것은 5mm) 이상의 강판
③ 칸막이 : 두께 3.2mm 이상의 강판
④ 부속장치 : 상자틀의 최외측과 50mm 이상의 간격 유지

8. 위험물의 성질에 따른 이동탱크저장소의 특례

(1) 알킬알루미늄등

① 재료 : 두께 10mm 이상의 강판
② 수압시험 : 1MPa 이상의 압력으로 10분간 실시하는 수압시험
③ 용량 : 1,900L 미만
④ 불활성의 기체를 봉입할 수 있는 구조
⑤ 외면 도장 : 적색(문자는 백색)

(2) 아세트알데히드등

① 불활성의 기체를 봉입할 수 있는 구조
② 이동저장탱크 및 그 설비는 은 · 수은 · 동 · 마그네슘 또는 이들을 성분으로 하는 합금으로 만들지 아니할 것

9. 이동탱크저장소의 취급기준(컨테이너식 이동탱크저장소 제외)

① 이동저장탱크로부터 위험물을 저장 또는 취급하는 탱크에 인화점이 40℃ 미만인 위험물을 주입할 때에는 이동탱크저장소의 원동기를 정지시킬 것

② 휘발유를 저장하던 이동저장탱크에 등유나 경유를 주입할 때 또는 등유나 경유를 저장하던 이동저장탱크에 휘발유를 주입할 때에는 다음의 기준에 따라 정전기 등에 의한 재해를 방지하기 위한 조치를 할 것

　㉠ 이동저장탱크의 상부로부터 위험물을 주입할 때에는 위험물의 액표면이 주입관의 끝부분을 넘는 높이가 될 때까지 그 주입관 내의 유속을 초당 1m 이하로 할 것

　㉡ 이동저장탱크의 밑부분으로부터 위험물을 주입할 때에는 위험물의 액표면이 주입관의 정상부분을 넘는 높이가 될 때까지 그 주입배관 내의 유속을 초당 1m 이하로 할 것

　㉢ 그 밖의 방법에 의한 위험물의 주입은 이동저장탱크에 가연성증기가 잔류하지 아니하도록 조치하고 안전한 상태로 있음을 확인한 후에 할 것

01 옥외의 이동탱크저장소의 상치장소는 인근의 건축물이 1층인 경우에 얼마 이상의 거리를 확보하여야 하는가?

① 1m
② 3m
③ 5m
④ 7m

해설
옥외에 있는 상치장소는 화기를 취급하는 장소 또는 인근의 건축물로부터 5m 이상(인근의 건축물이 1층인 경우에는 3m 이상)의 거리를 확보하여야 한다.

02 위험물안전관리법령에 따른 이동저장탱크의 구조 기준에 대한 설명으로 틀린 것은?

① 압력탱크는 최대상용압력의 1.5배의 압력으로 10분간 수압시험을 하여 새지 않을 것
② 사용압력이 20kPa을 초과하는 탱크의 안전장치는 상용압력의 1.5배 이하의 압력에서 작동할 것
③ 방파판은 두께 1.6mm 이상의 강철판 또는 이와 동등 이상의 강도, 내식성 및 내열성이 있는 금속성의 것으로 할 것
④ 탱크는 두께 3.2mm 이상의 강철판으로 할 것

해설
안전장치는 상용압력이 20kPa 이하인 탱크에 있어서는 20kPa 이상 24kPa 이하의 압력에서, 상용압력이 20kPa를 초과하는 탱크에 있어서는 상용압력의 1.1배 이하의 압력에서 작동하는 것으로 할 것

03 다음은 위험물안전관리법령에 따른 이동탱크저장소에 대한 기준이다. (   ) 안에 알맞은 수치를 차례대로 나열한 것은?

> 이동저장탱크는 그 내부에 (   )L 이하마다 (   )mm 이상의 강철판 또는 이와 동등 이상의 강도·내열성 및 내식성이 있는 금속성의 것으로 칸막이를 설치하여야 한다.

① 2,500, 3.2
② 2,500, 4.8
③ 4,000, 3.2
④ 4,000, 4.8

해설
이동저장탱크는 그 내부에 4,000L 이하마다 3.2mm 이상의 강철판 또는 이와 동등 이상의 강도·내열성 및 내식성이 있는 금속성의 것으로 칸막이를 설치하여야 한다. 다만, 고체인 위험물을 저장하거나 고체인 위험물을 가열하여 액체 상태로 저장하는 경우에는 그러하지 아니하다.

04 다음의 위험물 중에서 이동탱크저장소에 의하여 위험물을 운송할 때 운송책임자의 감독·지원을 받아야 하는 위험물은?

① 특수인화물
② 알킬리튬
③ 질산구아니딘
④ 히드라진유도체

해설
알킬리튬과 알킬알루미늄 또는 이 중 어느 하나 이상을 함유한 것은 운송책임자의 감독, 지원을 받아야 한다.

05 위험물 이동저장탱크의 외부도장 색상으로 적합하지 않은 것은?

① 제2류 – 적색
② 제3류 – 청색
③ 제5류 – 황색
④ 제6류 – 회색

해설
위험물 이동저장탱크의 외부 도장 색상

유별	외부 도장 색상
제1류	회색
제2류	적색
제3류	청색
제4류	적색(권장)
제5류	황색
제6류	청색

정답 **01** ② **02** ② **03** ③ **04** ② **05** ④

06 위험물안전관리법령에서 정한 제5류 위험물 이동저장탱크의 외부 도장 색상은?

① 황색   ② 회색
③ 적색   ④ 청색

해설

위험물 이동저장탱크의 외부 도장 색상

유별	외부 도장 색상
제1류	회색
제2류	적색
제3류	청색
제4류	적색(권장)
제5류	황색
제6류	청색

07 알킬알루미늄을 저장하는 이동저장탱크의 두께는 몇 mm 이상의 강판으로 제작하여야 하는가?

① 1.6mm   ② 3.2mm
③ 5mm   ④ 10mm

해설

알킬알루미늄을 저장하는 이동저장탱크는 두께 10mm 이상의 강판 또는 이와 동등 이상의 기계적 성질이 있는 재료로 기밀하게 제작되고 1MPa 이상의 압력으로 10분간 실시하는 수압시험에서 새거나 변형하지 아니하는 것일 것

08 휘발유를 저장하던 이동탱크에 등유나 경유를 탱크 상부로부터 주입할 때 액 표면이 일정 높이가 될 때까지 위험물의 주입관 내 유속을 몇 m/s 이하로 하여야 하는가?

① 1   ② 2
③ 3   ④ 5

해설

휘발유를 저장하던 이동저장탱크 상부로부터 등유나 경유를 주입할 때 또는 등유나 경유를 저장하던 이동저장탱크 상부로부터 휘발유를 주입할 때에는 액표면이 주입관의 끝부분을 넘는 높이가 될 때까지 그 주입관 내의 유속을 초당 1m 이하로 해야 한다.

| 주유취급소

1. 주유공지 및 급유공지

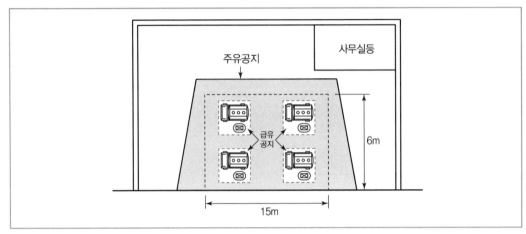

| 급유공지 |

① 주유공지 : 너비 15m 이상, 길이 6m 이상의 콘크리트 등으로 포장
② 급유공지 : 고정급유설비 주위에 설정하는 공지
③ 공지바닥 : 주위 지면보다 높게, 그 표면을 적당하게 경사지게 하여 새어 나온 기름 그 밖의 액체 가 공지의 외부로 유출되지 아니하도록 배수구, 집유설비, 유분리장치 설치

2. 표지 및 게시판

① 위험물 주유취급소 표지(백색바탕, 흑색문자)
② 방화에 관하여 필요한 사항을 게시한 게시판
③ "주유중엔진정지"(황색바탕, 흑색문자)

3. 주유취급소에 설치할 수 있는 탱크

① 자동차 등에 주유하기 위한 고정주유설비에 직접 접속하는 전용탱크로 50,000ℓ 이하
② 고정급유설비에 직접 접속하는 전용탱크로서 50,000ℓ 이하
③ 보일러 등에 직접 접속하는 전용탱크로서 10,000ℓ 이하
④ 주유취급소 안에 설치된 자동차 점검·정비 등에서 사용하는 폐유·윤활유 등의 탱크로서 총 용량이 2,000ℓ 이하
⑤ 고정주유설비·고정급유설비에 직접 접속하는 3기 이하의 간이탱크(간이저장탱크의 용량은 600ℓ 이하)

4. 고정주유설비 · 고정급유설비

(1) 펌프기기 최대배출량

제1석유류	분당 50ℓ 이하
경유	분당 180ℓ 이하
등유	분당 80ℓ 이하
고정급유설비(이동저장탱크에 주입)	분당 300ℓ 이하

(2) 주유관

길이 5m 이내, 끝부분에 정전기 제거장치 설치

(3) 설치 위치

고정주유설비의 중심선을 기점으로	• 도로경계선까지 4m 이상 • 건축물의 벽까지 2m 이상 • 부지경계선, 담까지 2m 이상 • 개구부가 없는 벽까지 1m 이상
고정급유설비의 중심선을 기점으로	• 도로경계선까지 4m 이상 • 건축물의 벽까지 2m 이상 • 부지경계선, 담까지 1m 이상 • 개구부가 없는 벽까지 1m 이상
고정주유설비와 고정급유설비의 사이	4m 이상

5. 건축물 등의 제한 등

(1) 주유취급소에 설치할 수 있는 공작물

① 주유 또는 등유 · 경유를 옮겨 담기 위한 작업장

② 주유취급소의 업무를 행하기 위한 사무소

③ 자동차 등의 점검 및 간이정비를 위한 작업장

④ 자동차 등의 세정을 위한 작업장

⑤ 주유취급소에 출입하는 사람을 대상으로 한 점포 · 휴게음식점 또는 전시장

⑥ 주유취급소의 관계자가 거주하는 주거시설

⑦ 전기자동차용 충전설비

※ 주유취급소의 직원 외의 자가 출입하는 ② · ③ · ⑤ 부분의 면적의 합은 1,000m^{2}를 초과할 수 없다.

6. 건축물 구조

(1) 주유취급소

① 건축물의 벽 · 기둥 · 바닥 · 보 · 지붕 : 내화구조 또는 불연재료

② 창 · 출입구 : 방화문 또는 불연재료로 된 문

③ 유리 : 망입유리 또는 강화유리(강화유리 두께 : 창 8mm 이상, 출입구 12mm 이상)

(2) 자동차 등의 점검 · 정비를 행하는 설비

① 고정주유설비로부터 4m 이상 이격

② 도로경계선으로부터 2m 이상 이격

(3) 주유원 간이대기실

① 불연재료

② 바퀴가 부착되지 아니한 고정식

③ 바닥면적 : 2.5m² 이하

(4) 주유취급소 주위 담 · 벽

① 자동차 등이 출입하는 쪽 외의 부분에 높이 2m 이상의 내화구조 또는 불연재료의 담 · 벽 설치

② 담 · 벽 일부분에 방화상 유효한 구조의 유리를 부착할 수 있는 경우(모두 적합해야 한다.)

 ㉠ 유리 부착 위치는 주입구 · 고정주유설비 · 고정급유설비로부터 4m 이상 거리를 둘 것

 ㉡ 주유취급소 내의 지반면으로부터 70cm를 초과하는 부분에 한하여 유리 부착

 ㉢ 하나의 유리판의 가로의 길이는 2m 이내

 ㉣ 유리판의 테두리를 금속제의 구조물에 견고하게 고정하고, 담 · 벽에 견고하게 부착

 ㉤ 유리의 구조는 방화성능이 인정된 접합유리

 ㉥ 유리를 부착하는 범위는 전체의 담 또는 벽의 길이의 $\dfrac{2}{10}$를 초과하지 아니할 것

(5) 펌프실

① 바닥 : 위험물이 침투하지 아니하는 구조로 하고, 적당한 경사를 두고 집유설비 설치

② 채광, 조명, 환기 설비 설치

③ 가연성 증기가 체류할 우려가 있는 펌프실 등에는 그 증기를 옥외에 배출하는 설비 설치

④ 고정주유설비 · 고정급유설비 중 펌프기기를 호스기기와 분리하여 설치하는 경우에는 펌프실의 출입구를 주유공지 또는 급유공지에 접하도록 하고, 자동폐쇄식의 갑종방화문을 설치

⑤ 보기 쉬운 곳에 "위험물 펌프실", "위험물 취급실" 등의 표시를 한 표지와 방화에 관하여 필요한 사항을 게시한 게시판을 설치

⑥ 출입구에는 바닥으로부터 0.1m 이상의 턱을 설치

7. 주유취급소의 특례

(1) 고속국도 주유취급소

고정주유설비 · 고정급유설비에 직접 접속하는 전용탱크의 용량을 60,000ℓ까지 할 수 있다.

(2) 셀프용 고정주유설비의 특례

① 1회의 연속주유량 : 휘발유는 100ℓ 이하, 경유는 200ℓ 이하
② 1회의 주유시간 : 4분 이하

8. 주유취급소의 취급기준

① 자동차 등에 주유할 때에는 고정주유설비를 사용하여 직접 주유한다.
② 자동차 등에 인화점 40℃ 미만의 위험물을 주유할 때에는 자동차 등의 원동기를 정지시킨다. 다만, 연료탱크에 위험물을 주유하는 동안 방출되는 가연성 증기를 회수하는 설비가 부착된 고정주유설비에 의하여 주유하는 경우에는 그러하지 않는다.
③ 이동저장탱크에 급유할 때에는 고정급유설비를 사용하여 직접 급유한다.
④ 고정주유설비 · 고정급유설비에 접속하는 탱크에 위험물을 주입할 때에는 당해 탱크에 접속된 고정주유설비 · 고정급유설비의 사용을 중지하고, 자동차 등을 당해 탱크의 주입구에 접근시키지 않는다.
⑤ 고정주유설비 · 고정급유설비에는 해당 설비에 접속한 전용탱크 또는 간이탱크의 배관 외의 것을 통하여서는 위험물을 공급하지 않는다.

01 주유취급소에 설치하는 "주유 중 엔진정지"라는 표시를 한 게시판의 바탕과 문자의 색상을 차례대로 옳게 나타낸 것은?

① 황색, 흑색
② 흑색, 황색
③ 백색, 흑색
④ 흑색, 백색

해설

황색바탕에 흑색문자로 "주유 중 엔진정지"라는 표시를 한 게시판을 설치하여야 한다.

02 주유취급소에 다음과 같이 전용탱크를 설치하였다. 최대로 저장·취급할 수 있는 용량은 얼마인가? (단, 고속도로 외의 도로변에 설치하는 자동차용 주유취급소인 경우이다.)

- 간이탱크 : 2기
- 폐유탱크 등 : 1기
- 고정주유설비에 직접 접속하는 전용탱크 : 1기
- 고정급유설비를 접속하는 전용탱크 : 1기

① 103,200L
② 104,500L
③ 123,200L
④ 124,200L

해설

간이탱크저장소 및 주유취급소 탱크 용량 기준
1. 간이저장탱크의 용량은 600L 이하
2. 주유취급소 안에 설치된 자동차 점검·정비 등에서 사용하는 폐유·윤활유 등의 탱크로서 총 용량이 2,000L 이하
3. 자동차 등에 주유하기 위한 고정주유설비에 직접 접속하는 전용탱크로서 50,000L 이하
4. 고정급유설비에 직접 접속하는 전용탱크로서 50,000L 이하
   → 간이탱크 2기(600L×2)＋폐유탱크 1기(2,000L)＋전용탱크 2기(50,000L×2)＝103,200L

03 주유취급소의 고정주유설비에서 펌프기기의 주유관 선단에서 최대토출량으로 틀린 것은?

① 휘발유는 분당 50L 이하
② 경유는 분당 180L 이하
③ 등유는 분당 80L 이하
④ 제1석유류(휘발유 제외)는 분당 100L 이하

해설

주유취급소의 고정주유설비의 펌프기기 주유관 끝부분에서의 최대배출량
1. 휘발유(제1석유류) : 분당 50L 이하
2. 경유 : 분당 180L 이하
3. 등유 : 분당 80L 이하

04 고정주유설비는 주유설비의 중심선을 기점으로 하여 도로경계선까지 몇 m 이상의 거리를 유지하여야 하는가?

① 1
② 3
③ 4
④ 5

해설

고정주유설비 또는 고정급유설비의 설치기준

고정주유설비의 중심선을 기점으로	• 도로경계선까지 4m 이상 • 건축물의 벽까지 2m 이상 • 부지경계선, 담까지 2m 이상 • 개구부가 없는 벽까지 1m 이상
고정급유설비의 중심선을 기점으로	• 도로경계선까지 4m 이상 • 건축물의 벽까지 2m 이상 • 부지경계선, 담까지 1m 이상 • 개구부가 없는 벽까지 1m 이상
고정주유설비와 고정급유설비의 사이	4m 이상

05 주유취급소의 벽(담)에 유리를 부착할 수 있는 기준에 대한 설명으로 옳은 것은?

① 유리 부착 위치는 주입구, 고정주유설비로부터 2m 이상 이격되어야 한다.
② 지반면으로부터 50cm를 초과하는 부분에 한하여 설치하여야 한다.
③ 하나의 유리판 가로의 길이는 2m 이내로 한다.
④ 유리의 구조는 기준에 맞는 강화유리로 하여야 한다.

해설

담 또는 벽의 일부분에 방화상 유효한 구조의 유리를 부착할 수 있는 조건(모두 만족)
1. 유리를 부착하는 위치는 주입구, 고정주유설비 및 고정급유설비로부터 4m 이상 거리를 둘 것
2. 주유취급소 내의 지반면으로부터 70cm를 초과하는 부분에 한하여 유리를 부착할 것
3. 하나의 유리판의 가로의 길이는 2m 이내일 것
4. 유리판의 테두리를 금속제의 구조물에 견고하게 고정하고 해당 구조물을 담 또는 벽에 견고하게 부착할 것
5. 유리의 구조는 접합유리(두 장의 유리를 두께 0.76mm 이상의 폴리비닐부티랄 필름으로 접합한 구조를 말한다)로 하되, 「유리구획 부분의 내화시험방법(KS F 2845)」에 따라 시험하여 비차열 30분 이상의 방화성능이 인정될 것
6. 유리를 부착하는 범위는 전체의 담 또는 벽의 길이의 10분의 2를 초과하지 아니할 것

06 주유취급소에서 자동차 등에 위험물을 주유할 때 자동차 등의 원동기를 정지시켜야 하는 위험물의 인화점 기준은 몇 ℃ 미만인가? (단, 연료탱크에 위험물을 주유하는 동안 방출되는 가연성 증기 회수설비가 부착되지 않은 고정주유설비의 경우이다.)

① 20   ② 30
③ 40   ④ 50

해설

자동차 등에 인화점 40℃ 미만의 위험물을 주유할 때에는 자동차 등의 원동기를 정지시켜야 한다.

07 위험물안전관리법령상 주유취급소에서의 위험물 취급기준으로 옳지 않은 것은?

① 자동차에 주유할 때에는 고정주유설비를 이용하여 직접 주유할 것
② 자동차에 경유를 주유할 때에는 자동차의 원동기를 반드시 정지시킬 것
③ 고정주유설비에는 당해 주유설비에 접속한 전용탱크 또는 간이탱크의 배관 외의 것을 통하여서는 위험물을 공급하지 아니할 것
④ 고정주유설비에 접속하는 탱크에 위험물을 주입할 때에는 당해 탱크에 접속된 고정주유설비의 사용을 중지할 것

해설

자동차 등에 인화점 40℃ 미만의 위험물을 주유할 때에는 자동차 등의 원동기를 정지시켜야 하나, 경유는 인화점이 50℃ 이상이므로 원동기를 정지시키지 않아도 된다.

정답   05 ③   06 ③   07 ②

판매취급소

1. 판매취급소의 정의 및 구분

① 판매취급소 : 점포에서 위험물을 용기에 담아 판매하기 위하여 지정수량의 40배 이하의 위험물을 취급하는 장소

예 도료점, 연료점, 화공약품점, 농약판매점 등

㉠ 제1종 판매취급소 : 저장 또는 취급하는 위험물의 수량이 지정수량의 20배 이하

㉡ 제2종 판매취급소 : 저장 또는 취급하는 위험물의 수량이 지정수량의 40배 이하

※ 옥내저장소와의 차이 : 판매취급소는 위험물의 배합작업에 관한 고려가 있고, 비위험물 또는 유별이 다른 위험물을 함께 보관하는 것에 제한이 없다.

※ 지정수량 40배 초과 : 일반취급소로 규제

2. 제1종 판매취급소

(1) 설치

① 건축물의 1층에 설치

② 게시판 : "위험물 판매취급소(제1종)" 표지 및 방화에 관하여 필요한 사항을 게시한 게시판 설치

③ 안전거리, 보유공지의 규제가 없다.

(2) 구조

① 제1종 판매취급소의 용도로 사용되는 건축물의 부분 : 내화구조 또는 불연재료

② 판매취급소로 사용되는 부분과 다른 부분과의 격벽 : 내화구조

③ 보, 천장 : 불연재료

④ 상층이 있는 경우의 상층 바닥 : 내화구조

⑤ 상층이 없는 경우의 지붕 : 내화구조 또는 불연재료

⑥ 창 및 출입구 : 갑종방화문 또는 을종방화문

⑦ 창 또는 출입구에 유리를 이용하는 경우 : 망입유리

(3) 위험물 배합실

① 바닥면적 : $6m^2$ 이상 $15m^2$ 이하

② 내화구조 또는 불연재료로 된 벽으로 구획

③ 바닥 : 위험물이 침투하지 아니하는 구조로 하여 적당한 경사를 두고 집유설비 설치

④ 출입구 : 수시로 열 수 있는 자동폐쇄식의 갑종방화문 설치

⑤ 출입구 문턱의 높이 : 0.1m 이상

⑥ 내부에 체류한 가연성의 증기 또는 가연성의 미분을 지붕 위로 방출하는 설비 설치

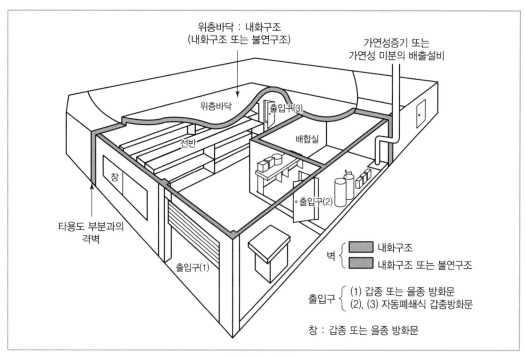

| 위험물 배합실 |

3. 제2종 판매취급소

① 벽 · 기둥 · 바닥 · 보 : 내화구조

② 천장 : 불연재료

③ 판매취급소로 사용되는 부분과 다른 부분과의 격벽 : 내화구조

④ 상층이 있는 경우의 상층 바닥 : 내화구조 및 상층으로의 연소 방지 조치

⑤ 상층이 없는 경우의 지붕 : 내화구조

⑥ 창 : 연소의 우려가 없는 부분에 한하여 설치 가능(갑종방화문 또는 을종방화문)

⑦ 출입구 : 갑종방화문 또는 을종방화문 설치(단, 연소의 우려가 있는 벽 · 창의 부분에 설치하는 출입구에는 수시로 열 수 있는 자동폐쇄식의 갑종방화문을 설치)

4. 판매취급소의 취급기준

① 배합이나 옮겨 담는 작업을 할 수 있는 위험물

    ㉠ 도료류

    ㉡ 제1류 위험물 중 염소산염류 및 염소산염류만을 함유한 것

    ㉢ 유황

    ㉣ 인화점이 38℃ 이상인 제4류 위험물

② 위험물은 운반 용기에 수납한 채로 판매할 것

③ 판매취급소에서 위험물을 판매할 때에는 위험물이 넘치거나 비산하는 계량기를 사용하지 아니할 것

01 다음은 위험물안전관리법령에 따른 판매취급소에 대한 정의이다. (   )에 알맞은 말은?

> 판매취급소라 함은 점포에서 위험물을 용기에 담아 판매하기 위하여 지정수량의 (㉮)배 이하의 위험물을 (㉯)하는 장소

① ㉮ : 20   ㉯ : 취급
② ㉮ : 40   ㉯ : 취급
③ ㉮ : 20   ㉯ : 저장
④ ㉮ : 40   ㉯ : 저장

해설
판매취급소라 함은 점포에서 위험물을 용기에 담아 판매하기 위하여 지정수량의 40배 이하의 위험물을 취급하는 장소이다.

02 위험물 판매취급소에 관한 설명 중 틀린 것은?

① 위험물을 배합하는 실의 바닥면적은 $6m^2$ 이상 $15m^2$ 이하이어야 한다.
② 제1종 판매취급소 건축물의 1층에 설치하여야 한다.
③ 페인트점, 화공약품점이 이에 해당한다.
④ 취급하는 위험물의 종류에 따라 제1종과 제2종으로 구분된다.

해설
취급하는 위험물의 지정수량에 따라 제1종과 제2종으로 구분된다.
1. 제1종 판매취급소 : 저장 또는 취급하는 위험물의 수량이 지정수량의 20배 이하인 판매취급소
2. 제2종 판매취급소 : 저장 또는 취급하는 위험물의 수량이 지정수량의 40배 이하인 판매취급소

03 제1종 판매취급소에 설치하는 위험물배합실의 기준으로 틀린 것은?

① 바닥면적은 $6m^2$ 이상 $15m^2$ 이하로 할 것
② 내화구조 또는 불연재료로 된 벽으로 구획할 것
③ 출입구에는 수시로 열 수 있는 자동폐쇄식의 갑종방화문을 설치할 것
④ 출입구 문턱의 높이는 바닥면으로부터 0.2m 이상으로 할 것

해설
출입구 문턱의 높이는 바닥면으로부터 0.1m 이상으로 할 것

04 위험물안전관리법령상 제1종 판매취급소에 관한 설명으로 옳지 않은 것은?

① 건축물의 1층에 설치하여야 한다.
② 위험물을 저장하는 탱크시설을 갖추어야 한다.
③ 건축물의 다른 부분과는 내화구조의 격벽으로 구획하여야 한다.
④ 제조소와 달리 안전거리 또는 보유공지에 관한 규제를 받지 않는다.

해설
탱크시설은 갖추지 않아도 된다(판매취급소는 용기에 담긴 위험물을 판매하는 장소이다).

이송취급소

| 이송취급소 |

1. 설치 예외 장소

① 철도 및 도로의 터널 안

② 고속국도 및 자동차전용도로의 차도, 갓길, 중앙분리대

③ 호수 · 저수지 등으로서 수리의 수원이 되는 곳

④ 급경사 지역으로서 붕괴의 위험이 있는 지역

2. 배관설치

(1) 지하 매설 배관 안전거리

① 건축물 : 1.5m 이상

② 지하가 및 터널 : 10m 이상

③ 수도시설(위험물의 유입 우려가 있는 것) : 300m 이상

④ 다른 공작물 : 0.3m 이상

⑤ 지표면 : 산 · 들 0.9m 이상, 그 밖 1.2m 이상

(2) 도로 밑 매설 배관 안전거리

① 도로의 경계 : 1m 이상

② 다른 공작물 : 0.3m 이상

(3) 지상 설치 배관 안전거리

① 철도 또는 도로의 경계선 : 25m 이상

② 학교, 병원, 공연장, 영화관, 복지시설 등 : 45m 이상

③ 지정문화재 : 65m 이상

④ 가스시설 : 35m 이상

⑤ 도시공원 : 45m 이상

⑥ 판매시설 · 숙박시설 · 위락시설 중 연면적 1,000m² 이상인 것 : 45m 이상

⑦ 1일 평균 20,000명 이상 이용하는 기차역, 버스터미널 : 45m 이상

⑧ 수도시설(위험물의 유입 우려가 있는 것) : 300m 이상

⑨ 주택 : 25m 이상

(4) 하천 등 횡단설치 안전거리(배관의 외면과 계획하상과의 거리)

① 하천을 횡단하는 경우 : 4m 이상

② 수로를 횡단하는 경우

㉠ 하수도(상부 개방 구조) 또는 운하 : 2.5m 이상

㉡ 그 외 좁은 수로 : 1.2m 이상

3. 기타설비

(1) 비파괴시험

① 배관 등의 용접부는 비파괴시험을 실시하여 합격할 것

② 이송기지 내의 지상에 설치된 배관등은 전체 용접부의 20% 이상을 발췌하여 시험

(2) 지진감지장치

경로에 안전상 필요한 장소와 25km의 거리마다 지진감지장치 및 강진계를 설치

(3) 경보설비

① 비상벨장치 및 확성장치를 설치

② 가연성 증기를 발생하는 위험물을 취급하는 펌프실 등에는 가연성 증기 경보설비 설치

(4) 밸브(교체밸브, 제어밸브 등)

① 원칙석으로 이송기지 또는 전용부지 내에 설치

② 밸브의 개폐상태가 설치장소에서 쉽게 확인할 수 있도록 할 것

③ 밸브를 지하에 설치하는 경우에는 점검상자 안에 설치할 것

④ 관리자가 아니면 수동으로 개폐할 수 없도록 할 것

01 이송취급소의 배관이 하천을 횡단하는 경우 하천 밑에 매설하는 배관의 외면과 계획하상(계획하상이 최심하상보다 높은 경우에는 최심하상)과의 거리는 몇 m 이상인가?

① 1.2m
② 2.5m
③ 3.0m
④ 4.0m

해설

1. 하천을 횡단하는 경우 : 4.0m
2. 수로를 횡단하는 경우
   ① 「하수도법」에 따른 하수도(상부가 개방되는 구조로 된 것에 한함) 또는 운하 : 2.5m
   ② 그 외의 좁은 수로(용수로 그 밖에 유사한 것을 제외) : 1.2m

02 이송취급소의 교체밸브, 제어밸브 등의 설치기준으로 틀린 것은?

① 밸브는 원칙적으로 이송기지 또는 전용부지 내에 설치할 것
② 밸브는 그 개폐상태를 설치장소에서 쉽게 확인할 수 있도록 할 것
③ 밸브를 지하에 설치하는 경우에는 점검상자 안에 설치할 것
④ 밸브는 해당 밸브의 관리에 관계하는 자가 아니면 수동으로만 개폐할 수 있도록 할 것

해설

밸브는 당해 밸브의 관리에 관계하는 자가 아니면 수동으로 개폐할 수 없도록 할 것

SECTION 13 | 일반취급소

1. 위치, 구조, 설비기준

제조소와 동일하다.

2. 일반취급소의 특례 해당 작업

특례에 의한 일반취급소	특례 해당 작업
분무도장작업 등의 일반취급소	도장, 인쇄 또는 도포를 위하여 제2류 위험물 또는 제4류 위험물(특수인화물 제외)을 취급하는 일반취급소로서 지정수량의 30배 미만의 것
세정작업의 일반취급소	세정을 위하여 위험물(인화점이 40℃ 이상인 제4류 위험물에 한한다)을 취급하는 일반취급소로서 지정수량의 30배 미만의 것
열처리작업 등의 일반취급소	열처리작업 또는 방전가공을 위하여 위험물(인화점이 70℃ 이상인 제4류 위험물에 한한다)을 취급하는 일반취급소로서 지정수량의 30배 미만의 것
보일러 등으로 위험물을 소비하는 일반취급소	보일러, 버너 그 밖의 이와 유사한 장치로 위험물(인화점이 38℃ 이상인 제4류 위험물에 한한다)을 소비하는 일반취급소로서 지정수량의 30배 미만의 것
충전하는 일반취급소	이동저장탱크에 액체위험물(알킬알루미늄등, 아세트알데히드등 및 히드록실아민등을 제외)을 주입하는 일반취급소
옮겨 담는 일반취급소	고정급유설비에 의하여 위험물(인화점이 38℃ 이상인 제4류 위험물에 한한다)을 용기에 옮겨 담거나 4,000ℓ 이하의 이동저장탱크(용량이 2,000ℓ를 넘는 탱크에 있어서는 그 내부를 2,000ℓ 이하마다 구획한 것에 한한다)에 주입하는 일반취급소로서 지정수량의 40배 미만인 것
유압장치 등을 설치하는 일반취급소	위험물을 이용한 유압장치 또는 윤활유 순환장치를 설치하는 일반취급소(고인화점 위험물만을 100℃ 미만의 온도로 취급하는 것에 한한다)로서 지정수량의 50배 미만의 것
절삭장치 등을 설치하는 일반취급소	절삭유의 위험물을 이용한 절삭장치, 연삭장치 그 밖의 이와 유사한 장치를 설치하는 일반취급소(고인화점 위험물만을 100℃ 미만의 온도로 취급하는 것에 한한다)로서 지정수량의 30배 미만의 것
열매체유 순환장치를 설치하는 일반취급소	위험물 외의 물건을 가열하기 위하여 위험물(고인화점 위험물에 한한다)을 이용한 열매체유(열 전달에 이용하는 합성유) 순환장치를 설치하는 일반취급소로서 지정수량의 30배 미만의 것
화학실험의 일반취급소	화학실험을 위하여 위험물을 취급하는 일반취급소로서 지정수량의 30배 미만의 것

CHAPTER 04 제조소등의 소화설비

SECTION 1 소화설비

1. 소화난이도 등급

(1) 소화난이도 등급 I

① 제조소등(소화난이도 등급 I)

제조소 등의 구분	제조소등의 규모, 저장 또는 취급하는 위험물의 품명 및 최대수량 등
제조소 일반취급소	연면적 1,000m² 이상인 것
	지정수량의 100배 이상인 것(고인화점위험물만을 100℃ 미만의 온도에서 취급하는 것 및 화약류의 위험물을 취급하는 것은 제외)
	지반면으로부터 6m 이상의 높이에 위험물 취급설비가 있는 것(고인화점위험물만을 100℃ 미만의 온도에서 취급하는 것은 제외)
	일반취급소로 사용되는 부분 외의 부분을 갖는 건축물에 설치된 것(내화구조로 개구부 없이 구획된 것, 고인화점위험물만을 100℃ 미만의 온도에서 취급하는 것, 화학실험의 일반취급소는 제외)
주유취급소	주유취급소의 직원 외의 자가 출입하는 면적의 합이 500m²를 초과하는 것
옥내 저장소	지정수량의 150배 이상인 것(고인화점위험물만을 저장하는 것 및 화약류의 위험물을 저장하는 것은 제외)
	연면적 150m²를 초과하는 것(150m² 이내마다 불연재료로 개구부 없이 구획된 것 및 인화성고체 외의 제2류 위험물 또는 인화점 70℃ 이상의 제4류 위험물만을 저장하는 것은 제외)
	처마높이가 6m 이상인 단층건물의 것
	옥내저장소로 사용되는 부분 외의 부분이 있는 건축물에 설치된 것(내화구조로 개구부 없이 구획된 것 및 인화성고체 외의 제2류 위험물 또는 인화점 70℃ 이상의 제4류 위험물만을 저장하는 것은 제외)
옥외 탱크 저장소	액표면적이 40m² 이상인 것(제6류 위험물을 저장하는 것 및 고인화점위험물만을 100℃ 미만의 온도에서 저장하는 것은 제외)
	지반면으로부터 탱크 옆판의 상단까지 높이가 6m 이상인 것(제6류 위험물을 저장하는 것 및 고인화점위험물만을 100℃ 미만의 온도에서 저장하는 것은 제외)
	지중탱크 또는 해상탱크로서 지정수량의 100배 이상인 것(제6류 위험물을 저장하는 것 및 고인화점위험물만을 100℃ 미만의 온도에서 저장하는 것은 제외)
	고체위험물을 저장하는 것으로서 지정수량의 100배 이상인 것

옥내 탱크 저장소	액표면적이 40m² 이상인 것(제6류 위험물을 저장하는 것 및 고인화점위험물만을 100℃ 미만의 온도에서 저장하는 것은 제외)
	바닥면으로부터 탱크 옆판의 상단까지 높이가 6m 이상인 것(제6류 위험물을 저장하는 것 및 고인화점위험물만을 100℃ 미만의 온도에서 저장하는 것은 제외)
	탱크전용실이 단층건물 외의 건축물에 있는 것으로서 인화점 38℃ 이상 70℃ 미만의 위험물을 지정수량의 5배 이상 저장하는 것(내화구조로 개구부 없이 구획된 것은 제외)
옥외 저장소	덩어리 상태의 유황을 저장하는 것으로서 경계표시 내부의 면적(2 이상의 경계표시가 있는 경우에는 각 경계표시의 내부의 면적을 합한 면적)이 100m² 이상인 것
	인화성고체, 제1석유류, 알코올류의 위험물을 저장하는 것으로서 지정수량의 100배 이상인 것
암반 탱크 저장소	액표면적이 40m² 이상인 것(제6류 위험물을 저장하는 것 및 고인화점위험물만을 100℃ 미만의 온도에서 저장하는 것은 제외)
	고체위험물만을 저장하는 것으로서 지정수량의 100배 이상인 것
이송 취급소	모든 대상

② 소화설비(소화난이도등급Ⅰ)

제조소등의 구분			소화설비
제조소 및 일반취급소			• 옥내소화전설비 • 옥외소화전설비 • 스프링클러설비 • 물분무등소화설비
주유취급소			• 스프링클러설비(건축물에 한정) • 소형 수동식소화기등
옥내 저장소	처마높이가 6m 이상인 단층건물 또는 다른 용도의 부분이 있는 건축물에 설치한 옥내저장소		• 스프링클러설비 • 이동식 외의 물분무등소화설비
	그 밖의 것		• 옥외소화전설비 • 스프링클러설비 • 이동식 외의 물분무등소화설비 • 이동식 포소화설비(포소화전을 옥외에 설치)
옥외 탱크 저장소	지중탱크 또는 해상탱크 외의 것	유황만을 저장 취급하는 것	물분무소화설비
		인화점 70℃ 이상의 제4류 위험물만을 저장취급하는 것	• 물분무소화설비 • 고정식 포소화설비
		그 밖의 것	고정식 포소화설비(포소화설비가 적응성이 없는 경우에는 분말소화설비)
	지중탱크		• 고정식 포소화설비 • 이동식 외의 불활성가스 · 할로겐화합물 소화설비
	해상탱크		• 고정식 포소화설비 • 물분무소화설비 • 이동식 외의 불활성가스 · 할로겐화합물 소화설비

옥내 탱크 저장소	유황만을 저장취급하는 것	• 물분무소화설비
	인화점 70℃ 이상의 제4류 위험물만을 저장취급하는 것	• 물분무소화설비 • 고정식 포소화설비 • 이동식 외의 불활성가스 · 할로겐화합물 소화설비 • 이동식 위이 분말소화설비
	그 밖의 것	• 고정식 포소화설비 • 이동식 외의 불활성가스 · 할로겐화합물 소화설비 • 이동식 외의 분말소화설비
옥외저장소 및 이송취급소		• 옥내소화전설비 • 옥외소화전설비 • 스프링클러설비 • 물분무등소화설비
암반 탱크 저장소	유황만을 저장취급하는 것	• 물분무소화설비
	인화점 70℃ 이상의 제4류 위험물만을 저장취급하는 것	• 물분무소화설비 • 고정식 포소화설비
	그 밖의 것	• 고정식 포소화설비(포소화설비가 적응성이 없는 경우에 는 분말소화설비)

③ 수동식소화기

제조소등	소화설비
고인화점위험물만을 100℃ 미만의 온도에서 취급하는 제 조소 · 일반취급소	대형 수동식소화기 1개 이상과 당해 위험물의 소요단위에 해당하는 능력단위의 소형 수동식소화기를 설치(단, 옥내 · 외 소화전설비, 스프링클러설비 또는 물분무등소화설비 를 설치한 경우에는 방사능력범위 내에 대형 수동식소화 기를 설치하지 않을 수 있음)
가연성증기 또는 가연성미분이 체류할 우려가 있는 건축 물 또는 실내	대형 수동식소화기 1개 이상과 당해 건축물 및 위험물의 소요단위에 해당하는 능력단위의 소형 수동식소화기 등을 추가로 설치
제4류 위험물을 저장 또는 취급하는 옥외탱크저장소 또 는 옥내탱크저장소	소형 수동식소화기 등을 2개 이상 설치
작업공정상 소화설비의 방사능력범위 내에 위험물의 전 부가 포함되지 아니하는 제조소 · 옥내탱크저장소 · 이송 취급소 · 일반취급소	대형 수동식소화기 1개 이상과 당해 위험물의 소요단위에 해당하는 능력단위의 소형 수동식소화기 등을 추가로 설치
제조소등에 전기설비(전기배선, 조명기구 등은 제외)가 설치된 경우	면적 100m² 마다 소형 수동식소화기 1개 이상 설치

(2) 소화난이도등급 II

① 제조소등(소화난이도등급 II)

제조소등의 구분	제조소등의 규모, 저장 또는 취급하는 위험물의 품명 및 최대수량 등
제조소 일반취급소	연면적 600m² 이상인 것
	지정수량의 10배 이상인 것(고인화점위험물만을 100℃ 미만의 온도에서 취급하는 것 및 화약류의 위험물을 취급하는 것은 제외)
	소화난이도등급 I 에 해당하지 않는 일반취급소(고인화점위험물만을 100℃ 미만의 온도에서 취급하는 것은 제외)
옥내저장소	단층건물 이외의 것
	다층건물 또는 소규모 옥내저장소
	지정수량의 10배 이상인 것(고인화점위험물만을 저장하는 것 및 화약류의 위험물을 저장하는 것은 제외)
	연면적 150m² 초과인 것
	복합용도 건축물의 옥내저장소로서 소화난이도등급 I 에 해당하지 아니하는 것
옥외 탱크저장소 옥내 탱크저장소	소화난이도등급 I 에 해당하지 않는 것(고인화점위험물만을 100℃ 미만의 온도로 저장하는 것 및 제6류 위험물만을 저장하는 것은 제외)
옥외저장소	덩어리 상태의 유황을 저장하는 것으로서 경계표시 내부의 면적(2 이상의 경계표시가 있는 경우에는 각 경계표시의 내부의 면적을 합한 면적)이 5m² 이상 100m² 미만인 것
	인화성 고체, 제1석유류, 알코올류의 위험물을 저장하는 것으로서 지정수량의 10배 이상 100배 미만인 것
	지정수량의 100배 이상인 것(덩어리 상태의 유황 또는 고인화점위험물을 저장하는 것은 제외)
주유취급소	옥내주유취급소로서 소화난이도등급 I 의 제조소등에 해당하지 아니하는 것
판매취급소	제2종 판매취급소

② 소화설비(소화난이도등급 II)

제조소등의 구분	소화설비
제조소 옥내저장소 옥외저장소 주유취급소 판매취급소 일반취급소	방사능력범위 내에 당해 건축물, 그 밖의 공작물 및 위험물이 포함되도록 대형 수동식소화기를 설치하고, 당해 위험물의 소요단위의 1/5 이상에 해당되는 능력단위의 소형 수동식소화기 등을 설치할 것
옥외탱크저장소 옥내탱크저장소	대형 수동식소화기 및 소형 수동식소화기 등을 각각 1개 이상 설치할 것

(3) 소화난이도등급Ⅲ

① 제조소등(소화난이도등급Ⅲ)

제조소등의 구분	제조소등의 규모, 저장 또는 취급하는 위험물의 품명 및 최대수량 등
제조소 일반취급소	화약류의 위험물을 취급하는 것
	화약류의 위험물 외의 것을 취급하는 것으로서 소화난이도등급Ⅰ 또는 소화난이도등급Ⅱ의 제조소등에 해당하지 아니하는 것
옥내저장소	화약류의 위험물을 취급하는 것
	화약류의 위험물 외의 것을 취급하는 것으로서 소화난이도등급Ⅰ 또는 소화난이도등급Ⅱ의 제조소등에 해당하지 아니하는 것
지하탱크저장소 간이탱크저장소 이동탱크저장소	모든 대상
옥외저장소	덩어리 상태의 유황을 저장하는 것으로서 경계표시 내부의 면적(2 이상의 경계표시가 있는 경우에는 각 경계표시의 내부의 면적을 합한 면적)이 5m² 미만인 것
	덩어리 상태의 유황 외의 것을 저장하는 것으로서 소화난이도등급Ⅰ 또는 소화난이도등급Ⅱ의 제조소등에 해당하지 아니하는 것
주유취급소	옥내주유취급소 외의 것으로서 소화난이도등급Ⅰ의 제조소등에 해당하지 아니하는 것
제1종 판매취급소	모든 대상

② 소화설비(소화난이도등급Ⅲ)

제조소등의 구분	소화설비	설치기준	
지하탱크저장소	소형 수동식소화기 등	능력단위의 수치가 3 이상	2개 이상
이동탱크저장소	자동차용소화기	무상의 강화액 8ℓ 이상	2개 이상
		이산화탄소 3.2킬로그램 이상	
		일브롬화일염화이플루오르메탄(CF₂ClBr) 2ℓ 이상	
		일브롬화삼플루오르메탄(CF₃Br) 2ℓ 이상	
		이브롬화사플루화메탄(C₂F₄BR₂) 1ℓ 이상	
		소화분말 3.3kg 이상	
	마른 모래 및 팽창질석 또는 팽창진주암	마른 모래 150ℓ 이상	
		팽창질석 또는 팽창진주암 640ℓ 이상	
이동탱크저장소 (알킬알루미늄등)	자동차용소화기에 마른 모래나 팽창질석 또는 팽창진주암을 추가 설치		
그 밖의 제조소등	소형 수동식소화기 등	능력단위의 수치가 건축물 그 밖의 공작물 및 위험물의 소요단위의 수치에 이르도록 설치할 것. 다만, 옥내소화전설비, 옥외소화전설비, 스프링클러설비, 물분무등소화설비 또는 대형 수동식소화기를 설치한 경우에는 당해 소화설비의 방사능력범위 내의 부분에 대하여는 수동식소화기등을 그 능력단위의 수치가 당해 소요단위의 수치의 1/5 이상이 되도록 하는 것으로 족하다.	

(4) 제조소등별 소화난이도등급 및 소화설비

① 제조소

소화 난이도 등급	제조소	소화설비
I	연면적 1,000m² 이상인 것	• 옥내소화전설비 • 옥외소화전설비 • 스프링클러설비 • 물분무등소화설비
	지정수량의 100배 이상인 것(고인화점위험물만을 100℃ 미만의 온도에서 취급하는 것 및 화약류의 위험물을 취급하는 것은 제외)	
	지반면으로부터 6m 이상의 높이에 위험물 취급설비가 있는 것(고인화점위험물만을 100℃ 미만의 온도에서 취급하는 것은 제외)	
	일반취급소로 사용되는 부분 외의 부분을 갖는 건축물에 설치된 것(내화구조로 개구부 없이 구획된 것, 고인화점위험물만을 100℃ 미만의 온도에서 취급하는 것, 화학실험의 일반취급소는 제외)	
II	연면적 600m² 이상인 것	방사능력범위 내에 대형 수동식소화기 및 위험물 소요단위의 1/5 이상에 해당되는 능력단위의 소형 수동식소화기등을 설치
	지정수량의 10배 이상인 것(고인화점위험물만을 100℃ 미만의 온도에서 취급하는 것 및 화약류의 위험물을 취급하는 것은 제외)	
III	화약류의 위험물을 취급하는 것	소형 수동식소화기 등 (능력단위 : 소요단위 수치)
	화약류의 위험물 외의 것을 취급하며 소화난이도등급 I · II에 해당하지 않는 것	

② 일반취급소

소화 난이도 등급	일반취급소	소화설비
I	연면적 1,000m² 이상인 것	• 옥내소화전설비 • 옥외소화전설비 • 스프링클러설비 • 물분무등소화설비
	지정수량의 100배 이상인 것(고인화점위험물만을 100℃ 미만의 온도에서 취급하는 것 및 화약류의 위험물을 취급하는 것은 제외)	
	지반면으로부터 6m 이상의 높이에 위험물 취급설비가 있는 것(고인화점위험물만을 100℃ 미만의 온도에서 취급하는 것은 제외)	
	일반취급소로 사용되는 부분 외의 부분을 갖는 건축물에 설치된 것(내화구조로 개구부 없이 구획된 것, 고인화점위험물만을 100℃ 미만의 온도에서 취급하는 것, 화학실험의 일반취급소는 제외)	
II	연면적 600m² 이상인 것	방사능력범위 내에 대형 수동식소화기 및 위험물 소요단위의 1/5 이상에 해당되는 능력단위의 소형 수동식소화기등을 설치
	지정수량의 10배 이상인 것(고인화점위험물만을 100℃ 미만의 온도에서 취급하는 것 및 화약류의 위험물을 취급하는 것은 제외)	
	소화난이도등급 I에 해당하지 않는 일반취급소(고인화점위험물만을 100℃ 미만의 온도에서 취급하는 것은 제외)	
III	화약류의 위험물을 취급하는 것	소형 수동식소화기 등 (능력단위 : 소요단위 수치)
	화약류의 위험물 외의 것을 취급하며 소화난이도등급 I · II에 해당하지 않는 것	

③ 주유취급소

소화 난이도 등급	주유취급소	소화설비
I	주유취급소의 직원 외의 자가 출입하는 면적의 합이 $500m^2$를 초과하는 것	• 스프링클러설비(건축물) • 소형 수동식소화기 등
II	옥내주유취급소로서 소화난이도등급 I의 제조소등에 해당하지 아니하는 것	방사능력범위 내에 대형 수동식소화기 및 위험물 소요단위의 1/5 이상에 해당되는 능력단위의 소형 수동식소화기등을 설치
III	옥내주유취급소 외의 것으로서 소화난이도등급 I의 제조소등에 해당하지 아니하는 것	소형 수동식소화기 등 (능력단위 : 소요단위 수치)

④ 옥내저장소

소화 난이도 등급	옥내저장소	소화설비
I	지정수량의 150배 이상인 것(고인화점위험물만을 저장하는 것 및 화약류의 위험물을 저장하는 것은 제외)	• 옥외소화전설비 • 스프링클러설비 • 이동식 외의 물분무등소화설비 • 이동식 포소화설비(포소화전을 옥외에 설치)
I	연면적 $150m^2$를 초과하는 것($150m^2$ 이내마다 불연재료로 개구부 없이 구획된 것 및 인화성고체 외의 제2류 위험물 또는 인화점 70℃ 이상의 제4류 위험물만을 저장하는 것은 제외)	• 옥외소화전설비 • 스프링클러설비 • 이동식 외의 물분무등소화설비 • 이동식 포소화설비(포소화전을 옥외에 설치)
I	처마높이가 6m 이상인 단층건물의 것	• 스프링클러설비 • 이동식 외의 물분무등소화설비
I	옥내저장소로 사용되는 부분 외의 부분이 있는 건축물에 설치된 것(내화구조로 개구부 없이 구획된 것 및 인화성고체 외의 제2류 위험물 또는 인화점 70℃ 이상의 제4류 위험물만을 저장하는 것은 제외)	• 스프링클러설비 • 이동식 외의 물분무등소화설비
II	단층건물 이외의 것	방사능력범위 내에 대형 수동식소화기 및 위험물 소요단위의 1/5 이상에 해당되는 능력단위의 소형 수동식소화기등을 설치
II	다층건물 또는 소규모 옥내저장소	방사능력범위 내에 대형 수동식소화기 및 위험물 소요단위의 1/5 이상에 해당되는 능력단위의 소형 수동식소화기등을 설치
II	지정수량의 10배 이상인 것(고인화점위험물만을 저장하는 것 및 화약류의 위험물을 저장하는 것은 제외)	방사능력범위 내에 대형 수동식소화기 및 위험물 소요단위의 1/5 이상에 해당되는 능력단위의 소형 수동식소화기등을 설치
II	연면적 $150m^2$ 초과인 것	방사능력범위 내에 대형 수동식소화기 및 위험물 소요단위의 1/5 이상에 해당되는 능력단위의 소형 수동식소화기등을 설치
II	복합용도 건축물의 옥내저장소로서 소화난이도등급 I에 해당하지 아니하는 것	방사능력범위 내에 대형 수동식소화기 및 위험물 소요단위의 1/5 이상에 해당되는 능력단위의 소형 수동식소화기등을 설치
III	화약류의 위험물을 취급하는 것	소형 수동식소화기 등 (능력단위 : 소요단위 수치)
III	화약류의 위험물 외의 것을 취급하는 것으로서 소화난이도등급 I 또는 소화난이도등급 II의 제조소등에 해당하지 아니하는 것	소형 수동식소화기 등 (능력단위 : 소요단위 수치)

⑤ 옥외탱크저장소

소화 난이도 등급	옥외탱크저장소	소화설비	
I	액표면적이 40m² 이상인 것(제6류 위험물을 저장하는 것 및 고인화점위험물만을 100℃ 미만의 온도에서 저장하는 것은 제외)	• 유황만을 저장취급 하는 것 : 물분무 소화설비 • 인화점 70℃ 이상의 제4류 위험물만을 저장취급하는 것 : 물분무소화설비, 고정식 포소화설비 • 그 밖의 것 : 고정식 포소화설비(분말소화설비)	
	지반면으로부터 탱크 옆판의 상단까지 높이가 6m 이상인 것(제6류 위험물을 저장하는 것 및 고인화점위험물만을 100℃ 미만의 온도에서 저장하는 것은 제외)		
	고체위험물을 저장하는 것으로서 지정수량의 100배 이상인 것		
	지중탱크 또는 해상탱크로서 지정수량의 100배 이상인 것(제6류 위험물을 저장하는 것 및 고인화점위험물만을 100℃ 미만의 온도에서 저장하는 것은 제외)	지중탱크	• 고정식 포소화설비 • 이동식 외의 불활성가스 · 할로겐화합물 소화설비
		해상탱크	• 고정식 포소화설비 • 물분무소화설비 • 이동식 외의 불활성가스 · 할로겐화합물 소화설비
II	소화난이도등급 I 에 해당하지 않는 것(고인화점위험물만을 100℃ 미만의 온도로 저장하는 것 및 제6류 위험물만을 저장하는 것은 제외)	대형 수동식소화기 및 소형 수동식소화기 등을 각각 1개 이상 설치할 것	

⑥ 옥내탱크저장소

소화 난이도 등급	옥내탱크저장소	소화설비
I	액표면적이 40m² 이상인 것(제6류 위험물을 저장하는 것 및 고인화점위험물만을 100℃ 미만의 온도에서 저장하는 것은 제외)	• 유황만을 저장취급 하는 것 : 물분무 소화설비 • 인화점 70℃ 이상의 제4류 위험물만을 저장취급하는 것 : 물분무소화설비, 고정식 포소화설비, 이동식 외의 불활성가스 · 할로겐화합물 · 분말소화설비 • 그 밖의 것 : 고정식 포소화설비(분말소화설비), 이동식 외의 불활성가스 · 할로겐화합물 · 분말소화설비
	바닥면으로부터 탱크 옆판의 상단까지 높이가 6m 이상인 것(제6류 위험물을 저장하는 것 및 고인화점위험물만을 100℃ 미만의 온도에서 저장하는 것은 제외)	
	탱크전용실이 단층건물 외의 건축물에 있는 것으로서 인화점 38℃ 이상 70℃ 미만의 위험물을 지정수량의 5배 이상 저장하는 것(내화구조로 개구부 없이 구획된 것은 제외)	
II	소화난이도등급 I 에 해당하지 않는 것(고인화점위험물만을 100℃ 미만의 온도로 저장하는 것 및 제6류 위험물만을 저장하는 것은 제외)	대형 수동식소화기 및 소형 수동식소화기 등을 각각 1개 이상 설치할 것

⑦ 옥외저장소

소화 난이도 등급	옥외저장소	소화설비
I	덩어리 상태의 유황을 저장하는 것으로서 경계표시 내부의 면적(2 이상의 경계표시가 있는 경우에는 각 경계표시의 내부의 면적을 합한 면적)이 100m² 이상인 것	• 옥내소화전설비 • 옥외소화전설비 • 스프링클러설비 • 물분무등소화설비
I	인화성고체, 제1석유류, 알코올류의 위험물을 저장하는 것으로서 지정수량의 100배 이상인 것	
II	덩어리 상태의 유황을 저장하는 것으로서 경계표시 내부의 면적(2 이상의 경계표시가 있는 경우에는 각 경계표시의 내부의 면적을 합한 면적)이 5m² 이상 100m² 미만인 것	방사능력범위 내에 대형 수동식소화기 및 위험물 소요단위의 1/5 이상에 해당되는 능력단위의 소형 수동식소화기 등을 설치
II	인화성고체, 제1석유류, 알코올류의 위험물을 저장하는 것으로서 지정수량의 10배 이상 100배 미만인 것	
II	지정수량의 100배 이상인 것(덩어리 상태의 유황 또는 고인화점위험물을 저장하는 것은 제외)	
III	덩어리 상태의 유황을 저장하는 것으로서 경계표시 내부의 면적(2 이상의 경계표시가 있는 경우에는 각 경계표시의 내부의 면적을 합한 면적)이 5m² 미만인 것	소형 수동식소화기 등 (능력단위 : 소요단위 수치)
III	덩어리 상태의 유황 외의 것을 저장하는 것으로서 소화난이도등급 I 또는 소화난이도등급 II의 제조소등에 해당하지 아니하는 것	

⑧ 암반탱크저장소

소화 난이도 등급	암반탱크저장소	소화설비
I	액표면적이 40m² 이상인 것(제6류 위험물을 저장하는 것 및 고인화점위험물만을 100℃ 미만의 온도에서 저장하는 것은 제외)	• 유황만을 저장취급 하는 것 : 물분무소화설비 • 인화점 70℃ 이상의 제4류 위험물만을 저장취급하는 것 : 물분무소화설비, 고정식 포소화설비 • 그 밖의 것 : 고정식 포소화설비(분말소화설비)
I	고체위험물만을 저장하는 것으로서 지정수량의 100배 이상인 것	
II	–	–
III	–	–

⑨ 이송취급소

소화 난이도 등급	이송취급소	소화설비
I	모든 대상	• 옥내소화전설비 • 옥외소화전설비 • 스프링클러설비 • 물분무등소화설비
II	–	–
III	–	–

⑩ 판매취급소

소화 난이도 등급	판매취급소	소화설비
I	–	–
II	제2종 판매취급소	방사능력범위 내에 대형 수동식소화기 및 위험물 소요단위의 1/5 이상에 해당되는 능력단위의 소형 수동식소화기 등을 설치
III	제1종 판매취급소	소형 수동식소화기등(능력단위 : 소요단위 수치)

⑪ 지하탱크저장소

소화 난이도 등급	지하탱크저장소	소화설비
I	–	–
II	–	–
III	모든 대상	소형 수동식소화기 2개 이상(능력단위 : 3 이상)

⑫ 간이탱크저장소

소화 난이도 등급	간이탱크저장소	소화설비
I	–	–
II	–	–
III	모든 대상	소형 수동식소화기 등(능력단위 : 소요단위 수치)

⑬ 이동탱크저장소

소화 난이도 등급	이동탱크저장소	소화설비
I	–	–
II	–	–
III	모든 대상	• 자동차용소화기 2개 이상 • 마른 모래 150L 이상 • 팽창질석 또는 팽창진주암 640L 이상(알킬알루미늄등 취급 이동탱크저장소는 자동차용소화기에 마른 모래 · 팽창질석 · 팽창진주암 추가 설치)

2. 소요단위, 능력단위

(1) 소요단위

① 정의 : 소화설비의 설치대상이 되는 건축물 그 밖의 공작물의 규모 또는 위험물의 양의 기준단위

② 계산 : 1 소요단위의 기준

구분	외벽이 내화구조인 것	외벽이 내화구조가 아닌 것
제조소 · 취급소용 건축물	연면적 $100m^2$	연면적 $50m^2$
저장소용 건축물	연면적 $150m^2$	연면적 $75m^2$
위험물	지정수량의 10배	

※ 옥외에 설치된 공작물 : 외벽이 내화구조인 것으로 간주하고 공작물의 최대수평투영면적을 연면적으로 간주하여 소요단위 산정

(2) 능력단위 : 소요단위에 대응하는 소화설비의 소화능력의 기준단위

소화설비	용량	능력단위
소화전용 물통	8L	0.3
수조(소화전용물통 3개 포함)	80L	1.5
수조(소화전용물통 6개 포함)	190L	2.5
마른 모래(삽 1개 포함)	50L	0.5
팽창질석 또는 팽창진주암(삽 1개 포함)	160L	1.0

3. 적응성 있는 소화설비

소화설비의 구분			건축물·그 밖의 공작물	전기설비	제1류 위험물 알칼리금속과 산화물 등	제1류 위험물 그 밖의 것	제2류 위험물 철분·금속분·마그네슘등	제2류 위험물 인화성고체	제2류 위험물 그 밖의 것	제3류 위험물 금수성물품	제3류 위험물 그 밖의 것	제4류 위험물	제5류 위험물	제6류 위험물
옥내소화전 또는 옥외소화전설비			○			○		○	○		○		○	○
스프링클러설비			○			○		○	○		○	△	○	○
물분무등소화설비	물분무소화설비		○	○		○		○	○		○	○	○	○
	포소화설비		○			○		○	○		○	○	○	○
	불활성가스소화설비			○				○			○	○		
	할로겐화합물소화설비			○				○			○	○		
	분말소화설비	인산염류등	○	○		○		○	○			○		○
		탄산수소염류등		○	○		○	○		○		○		
		그 밖의 것			○		○			○				
대형·소형 수동식 소화기	봉상수(棒狀水)소화기		○			○		○	○		○		○	○
	무상수(霧狀水)소화기		○	○		○		○	○		○		○	○
	봉상강화액소화기		○			○		○	○		○		○	○
	무상강화액소화기		○	○		○		○	○		○	○	○	○
	포소화기		○			○		○	○		○	○	○	○
	이산화탄소소화기			○				○			○	○		△
	할로겐화합물소화기			○				○			○	○		
	분말소화기	인산염류소화기	○	○		○		○	○			○		○
		탄산수소염류소화기		○	○		○	○		○		○		
		그 밖의 것			○		○			○				
기타	물통 또는 수조		○			○		○	○		○		○	○
	건조사				○	○	○	○	○	○	○	○	○	○
	팽창질석 또는 팽창진주암				○	○	○	○	○	○	○	○	○	○

- ○ : 소화설비가 적응성이 있음
- △ : 제4류 위험물을 저장 또는 취급하는 장소의 살수기준면적에 따라 스프링클러설비의 살수밀도가 기준 이상인 경우에는 당해 스프링클러설비가 제4류 위험물에 대하여 적응성이 있음. 제6류 위험물을 저장 또는 취급하는 장소로서 폭발의 위험이 없는 장소에 한하여 이산화탄소 소화기가 제6류 위험물에 대하여 적응성이 있음

적중 핵심예상문제

01 소화난이도등급 I 에 해당하는 위험물제조소등이 아닌 것은? (단, 원칙적인 경우에 한하며 다른 조건은 고려하지 않는다.)

① 모든 이송취급소
② 연면적 600m²의 제조소
③ 지정수량의 150배인 옥내저장소
④ 액표면적이 40m²인 옥외탱크저장소

> **해설**
> 연면적 1,000m²의 제조소가 소화난이도등급 I 에 해당한다.

02 소화난이도등급 I 에 해당하지 않는 제조소등은?

① 제조소로서 연면적 1,000m² 이상인 것
② 제1석유류 위험물을 저장하는 옥외탱크저장소로서 액표면적이 40m² 이상인 것
③ 모든 이송취급소
④ 제6류 위험물을 저장하는 암반탱크저장소

> **해설**
> 소화난이도등급 I 의 암반탱크저장소는 액표면적이 40m² 이상인 것(제6류 위험물을 저장하는 것 및 고인화점위험물만을 100℃ 미만의 온도에서 저장하는 것은 제외) 또는 고체위험물만을 저장하는 것으로서 지정수량의 100배 이상인 것이다.

03 소화난이도등급 I 에 해당하는 위험물제조소는 연면적이 몇 m² 이상인 것인가?

① 1,000m²   ② 800m²
③ 700m²   ④ 500m²

> **해설**
> 소화난이도등급 I 에 해당하는 제조소의 연면적은 1,000m²이다.

04 연면적이 1,000m² 이상이고, 지정수량의 100배 이상의 위험물을 취급하며, 지반면으로부터 6m 이상의 높이에 위험물 취급설비가 있는 제조소의 소화난이도등급은?

① 소화난이도등급 I
② 소화난이도등급 II
③ 소화난이도등급 III
④ 제시된 조건으로 판단 불가

> **해설**
> **소화난이도등급 I 에 해당하는 제조소**
> • 연면적 1,000m² 이상인 것
> • 지정수량의 100배 이상인 것(고인화점위험물만을 100℃ 미만의 온도에서 취급하는 것 및 제48조의 위험물을 취급하는 것은 제외)
> • 지반면으로부터 6m 이상의 높이에 위험물 취급설비가 있는 것(고인화점위험물만을 100℃ 미만의 온도에서 취급하는 것은 제외)
> • 일반취급소로 사용되는 부분 외의 부분을 갖는 건축물에 설치된 것(내화구조로 개구부 없이 구획된 것, 고인화점위험물만을 100℃ 미만의 온도에서 취급하는 것 및 [별표 16] X의2의 화학실험의 일반취급소는 제외)

05 이송취급소의 소화난이도등급에 관한 설명 중 옳은 것은?

① 모든 이송취급소는 소화난이도등급 I 에 해당한다.
② 지정수량 100배 이상을 취급하는 이송취급소만 소화난이도등급 I 에 해당한다.
③ 지정수량 200배 이상을 취급하는 이송취급소만 소화난이도등급 I 에 해당한다.
④ 지정수량 10배 이상의 제4류 위험물을 취급하는 이송취급소만 소화난이도등급 I 에 해당한다.

> **해설**
> 이송취급소는 모든 대상이 소화난이도등급 I 이다.

06 위험물안전관리법령상 옥내주유취급소의 소화난이도등급은?

① I

② II

③ III

④ IV

해설

주유취급소의 소화난이도등급

I	주유취급소의 직원 외의 자가 출입하는 면적의 합이 500m² 를 초과하는 것
II	옥내주유취급소로서 소화난이도등급 I 의 제조소등에 해당하지 아니하는 것
III	옥내주유취급소 외의 것으로서 소화난이도등급 I 의 제조소등에 해당하지 아니하는 것

07 벤젠을 저장하는 옥외탱크저장소가 액표면적이 50m²인 경우 소화난이도등급은?

① 소화난이도등급 I

② 소화난이도등급 II

③ 소화난이도등급 III

④ 제시된 조건으로 판단할 수 없음

해설

옥외탱크저장소의 액표면적이 40m² 이상인 것은 I 등급이다.

08 소화난이도등급 I 의 옥내탱크저장소에 설치하는 소화설비가 아닌 것은? (단, 인화점이 70℃ 이상인 제4류 위험물만을 저장·취급하는 장소이다.)

① 물분무소화설비, 고정식 포소화설비

② 이동식 외 불활성가스 소화설비, 고정식 포소화설비

③ 이동식 분말소화설비, 스프링클러설비

④ 이동식 외 할로겐화합물 소화설비, 물분무소화설비

해설

소화난이도등급 I 의 제조소등에 설치하여야 하는 소화설비

제조소등의 구분		소화설비
옥내탱크저장소	유황만을 저장취급하는 것	물분무소화설비
	인화점 70℃ 이상의 제4류 위험물만을 저장취급하는 것	• 물분무소화설비 • 고정식 포소화설비 • 이동식 외의 불활성가스 · 할로겐화합물 · 분말소화설비
	그 밖의 것	• 고정식 포소화설비 • 이동식 외의 불활성가스 · 할로겐화합물 · 분말소화설비

09 위험물안전관리법령상 주유취급소의 소화설비 기준과 관련한 설명 중 틀린 것은?

① 직원 외의 자가 출입하는 부분의 면적의 합이 500 m²를 초과하는 주유취급소는 소화난이도등급 I 에 속한다.

② 소화난이도등급 II 에 해당하는 주유취급소에는 대형수동식 소화기 및 소형 수동식소화기 등을 설치하여야 한다.

③ 소화난이도등급 III 에 해당하는 주유취급소에는 소형 수동식 소화기 등을 설치하여야 하며, 위험물의 소요단위 산정은 지하탱크저장소의 기준을 준용한다.

④ 모든 주유취급소의 소화설비 설치를 위해서는 위험물의 소요단위를 산출하여야 한다.

해설

소화난이도등급 III 에 해당하는 주유취급소에는 소형 수동식소화기 등을 설치하여야 하며, 능력단위의 수치가 건축물 그 밖의 공작물 및 위험물의 소요단위의 수치에 이르도록 설치한다.

10 제6류 위험물을 저장하는 옥내탱크저장소로서 단층 건물에 설치된 것의 소화난이도등급은?

① I등급

② II등급

③ III등급

④ 해당없음

정답 06 ② 07 ① 08 ③ 09 ③ 10 ④

옥내탱크저장소의 소화난이도등급

소화난이도 등급	제조소등의 규모, 저장 또는 취급하는 위험물의 품명 및 최대수량 등
I	액표면적이 40m² 이상인 것(제6류 위험물을 저장하는 것 및 고인화점위험물만을 100℃ 미만의 온도에서 저장하는 것은 제외)
	바닥면으로부터 탱크 옆판의 상단까지 높이가 6m 이상인 것(제6류 위험물을 저장하는 것 및 고인화점위험물만을 100℃ 미만의 온도에서 저장하는 것은 제외)
	탱크전용실이 단층건물 외의 건축물에 있는 것으로서 인화점 38℃ 이상 70℃ 미만의 위험물을 지정수량의 5배 이상 저장하는 것(내화구조로 개구부 없이 구획된 것은 제외)
II	소화난이도등급 I 의 제조소등 외의 것(고인화점위험물만을 100℃ 미만의 온도로 저장하는 것 및 제6류 위험물만을 저장하는 것은 제외)

11 옥외탱크저장소의 소화설비를 검토 및 적용할 때 소화난이도등급 I 에 해당되는지를 검토하는 탱크높이의 측정기준으로 적합한 것은?

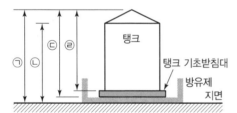

- ㉠ 지면으로부터 탱크의 지붕 위까지의 높이
- ㉡ 지면으로부터 지붕을 제외한 탱크까지의 높이
- ㉢ 방유제의 바닥으로부터 탱크의 지붕 위까지의 높이
- ㉣ 탱크 기초받침대를 제외한 탱크의 바닥으로부터 탱크의 지붕 위까지의 높이

① ㉠   ② ㉡
③ ㉢   ④ ㉣

해설

바닥면으로부터 탱크 옆판의 상단까지 높이가 6m 이상인 옥외탱크저장소는 소화난이도등급 I 이다.

12 인화점 70℃ 이상의 제4류 위험물을 저장하는 옥외탱크저장소에 설치하여야 하는 소화설비로만 이루어진 것은? (단, 소화난이도등급 I 에 해당한다.)

① 물분무소화설비 또는 고정식 포소화설비
② 불활성가스 소화설비 또는 물분무소화설비
③ 할로겐화합물 소화설비 또는 불활성가스 소화설비
④ 고정식 포소화설비 또는 할로겐화합물소화설비

해설

물분무소화설비 또는 고정식 포소화설비를 설치해야 한다.

13 소화설비의 설치기준에서 유기과산화물 1,000kg의 소요단위는?

① 10   ② 20
③ 100   ④ 200

해설

- 위험물의 1소요단위 = 지정수량의 10배
- 소요단위 $= \dfrac{\text{저장수량}}{\text{지정수량} \times 10} = \dfrac{1,000}{10 \times 10} = 10$

14 염소산염류 500kg과 브롬산염류 3,000kg을 저장하는 위험물의 소요단위는 얼마인가?

① 2   ② 4
③ 6   ④ 8

해설

- 위험물의 1소요단위 = 지정수량의 10배
- 소요단위 $= \dfrac{\text{저장수량}}{\text{지정수량} \times 10} = \dfrac{500}{50 \times 10} + \dfrac{3,000}{300 \times 10} = 2$

15 질산의 비중이 1.5일 때, 1소요단위는 몇 L인가?

① 150   ② 200
③ 1,500   ④ 2,000

해설

- 위험물의 1소요단위 = 지정수량의 10배
- 질산의 지정수량 = 300kg
- 질산의 1소요단위 = 300kg × 10 = 3,000kg

- 질산의 1소요단위의 부피 $= 3{,}000\text{kg} \times \dfrac{1\text{L}}{1.5\text{kg}} = 2{,}000\text{L}$

16 위험물취급소의 건축물은 외벽이 내화구조인 경우 연면적 몇 m²를 1소요단위로 하는가?

① 50m²
② 100m²
③ 150m²
④ 200m²

해설
1소요단위의 기준

구분	외벽이 내화구조인 것	외벽이 내화구조가 아닌 것
제조소 · 취급소용 건축물	연면적 100m²	연면적 50m²
저장소용 건축물	연면적 150m²	연면적 75m²
위험물	지정수량의 10배	

17 건물의 외벽이 내화구조로서 연면적 300m²의 옥내저장소에 필요한 소화기의 소요단위는 몇 단위인가?

① 1단위
② 2단위
③ 3단위
④ 4단위

해설
1소요단위의 기준

구분	외벽이 내화구조인 것	외벽이 내화구조가 아닌 것
제조소 · 취급소용 건축물	연면적 100m²	연면적 50m²
저장소용 건축물	연면적 150m²	연면적 75m²
위험물	지정수량의 10배	

- 연면적 300m²인 내화구조인 저장소의 소요단위 : 2소요단위
- 소화설비는 소요단위에 대응하여 2단위 이상이 되어야 한다.

18 일반취급소의 형태가 옥외의 공작물로 되어 있는 경우에 있어서 그 최대수평투영면적이 500m²일 때 설치하여야 하는 소화설비의 소요단위는 몇 단위인가?

① 5단위
② 10단위
③ 15단위
④ 20단위

해설
1소요단위의 기준

구분	외벽이 내화구조인 것	외벽이 내화구조가 아닌 것
제조소 · 취급소용 건축물	연면적 100m²	연면적 50m²
저장소용 건축물	연면적 150m²	연면적 75m²
위험물	지정수량의 10배	

※ 옥외에 설치된 공작물 : 외벽이 내화구조인 것으로 간주하고 공작물의 최대수평투영면적을 연면적으로 간주하여 소요단위 산정

→ 제조소등의 옥외에 설치된 공작물은 외벽이 내화구조인 것으로 간주하고 공작물의 최대수평투영면적을 연면적으로 간주한다.

→ 500m²/100m² = 5단위

19 위험물안전관리법령상 연면적이 450m²인 저장소의 건축물 외벽이 내화구조가 아닌 경우 이 저장소의 소화설비 능력단위는 몇 단위로 선택해야 하는가?

① 3단위
② 4.5단위
③ 6단위
④ 9단위

해설
1소요단위의 기준

구분	외벽이 내화구조인 것	외벽이 내화구조가 아닌 것
제조소 · 취급소용 건축물	연면적 100m²	연면적 50m²
저장소용 건축물	연면적 150m²	연면적 75m²
위험물	지정수량의 10배	

- 연면적 450m²인 내화구조가 아닌 외벽의 저장소의 소요단위 : 450m²/75m² = 6소화단위
- 소화설비는 소요단위에 대응하여 6단위 이상이 되어야 한다.

20 연면적이 1,000m²이고 외벽이 내화구조인 위험물 취급소의 소화설비 소요단위는 얼마인가?

① 50
② 10
③ 20
④ 100

해설

1소요단위의 기준

구분	외벽이 내화구조인 것	외벽이 내화구조가 아닌 것
제조소 · 취급소용 건축물	연면저 100m^2	연면저 60m^2
저장소용 건축물	연면적 150m^2	연면적 75m^2
위험물	지정수량의 10배	

→ 취급소용 건축물로 외벽이 내화구조인 연면적이 1,000m^2 인 건축물은 소요단위 1의 연면적 100m^{2}의 10배이다.

21 제조소 등의 소화설비 설치 시 소요단위 산정에서 취급소의 건축물은 외벽이 내화구조인 것은 연면적 몇 m^{2}를 1소요단위로 하는가?

① 50
② 75
③ 100
④ 150

해설

1소요단위의 기준

구분	외벽이 내화구조인 것	외벽이 내화구조가 아닌 것
제조소 · 취급소용 건축물	연면적 100m^2	연면적 50m^2
저장소용 건축물	연면적 150m^2	연면적 75m^2
위험물	지정수량의 10배	

22 위험물안전관리법령에서 정한 소화설비의 소요단위 산정방법에 대한 설명 중 옳은 것은?

① 위험물은 지정수량의 100배를 1소요단위로 함
② 저장소용 건축물로 외벽이 내화구조인 것은 연면적 100m^{2}를 1소요단위로 함
③ 제조소용 건축물로 외벽이 내화구조가 아닌 것은 연면적 50m^{2}를 1소요단위로 함
④ 저장소용 건축물로 외벽이 내화구조가 아닌 것은 연면적 25m^{2}를 1소요단위로 함

해설

1소요단위의 기준

구분	외벽이 내화구조인 것	외벽이 내화구조가 아닌 것
제조소 · 취급소용 건축물	연면적 100m^2	연면직 50m^2
저장소용 건축물	연면적 150m^2	연면적 75m^2
위험물	지정수량의 10배	

23 메틸알코올 10,000L를 소화시키기 위해 삽을 포함한 마른 모래를 몇 리터 설치하여야 하는가?

① 100L
② 200L
③ 250L
④ 300L

해설

- 메틸알코올 지정수량 : 400L
- 위험물의 1소요단위 = 지정수량의 10배
- 소요단위 = 저장수량/(지정수량×10)
- 소요단위 = 10,000/(400×10) = 2.5
- 삽을 포함한 마른 모래의 능력단위 : 0.5(용량 50L)

메틸알코올의 소요단위 2.5에 대응하기 위해 능력단위 0.5의 5배의 용량이 필요하다.

50L×5 = 250L

24 소화전용물통 3개를 포함한 수조 80L의 능력단위는?

① 0.3
② 0.5
③ 1.0
④ 1.5

해설

기타 소화설비의 능력단위

소화설비	용량	능력단위
소화전용 물통	8L	0.3
수조(소화전용물통 3개 포함)	80L	1.5
수조(소화전용물통 6개 포함)	190L	2.5
마른 모래(삽 1개 포함)	50L	0.5
팽창질석 또는 팽창진주암(삽 1개 포함)	160L	1.0

25 다음 중 팽창질석(삽 1개 포함) 160L의 소화능력단위는?

① 0.5
② 1.0
③ 1.5
④ 2.0

해설

기타 소화설비의 능력단위

소화설비	용량	능력단위
소화전용 물통	8L	0.3
수조(소화전용물통 3개 포함)	80L	1.5
수조(소화전용물통 6개 포함)	190L	2.5
마른 모래(삽 1개 포함)	50L	0.5
팽창질석 또는 팽창진주암(삽 1개 포함)	160L	1.0

26 소화전용 물통 8L의 능력단위는 얼마인가?

① 0.1
② 0.3
③ 0.5
④ 1.0

해설

기타 소화설비의 능력단위

소화설비	용량	능력단위
소화전용 물통	8L	0.3
수조(소화전용물통 3개 포함)	80L	1.5
수조(소화전용물통 6개 포함)	190L	2.5
마른 모래(삽 1개 포함)	50L	0.5
팽창질석 또는 팽창진주암(삽 1개 포함)	160L	1.0

27 위험물안전관리법령상 소화전용 물통 16L의 능력단위는?

① 0.1
② 0.3
③ 0.5
④ 0.6

해설

소화전용 물통 8L의 능력단위가 0.3이므로, 물통 16L(8L의 2배)의 능력단위는 0.6(0.3의 2배)이다.

28 위험물안전관리법령상 마른 모래(삽 1개 포함) 50L의 능력단위는?

① 0.3
② 0.5
③ 1.0
④ 1.5

해설

기타 소화설비의 능력단위

소화설비	용량	능력단위
소화전용 물통	8L	0.3
수조(소화전용물통 3개 포함)	80L	1.5
수조(소화전용물통 6개 포함)	190L	2.5
마른 모래(삽 1개 포함)	50L	0.5
팽창질석 또는 팽창진주암(삽 1개 포함)	160L	1.0

29 제조소의 소화설비 설치 시 소요단위 산정에 관한 내용에서 ( ) 안에 알맞은 수치를 차례대로 나열한 것은?

> 제조소 또는 취급소의 건축물은 외벽이 내화구조인 것은 연면적 ( )m^{2}를 1소요단위로 하며, 외벽이 내화구조가 아닌 것은 연면적 ( )m^{2}를 1소요단위로 할 것

① 200, 100
② 150, 100
③ 150, 50
④ 100, 50

해설

제조소 또는 취급소의 건축물은 외벽이 내화구조인 것은 연면적 100m^{2}를 1소요단위로 하며, 외벽이 내화구조가 아닌 것은 연면적 50m^{2}를 1소요단위로 할 것

30 위험물은 지정수량의 몇 배를 1소요단위로 하는가?

① 1배
② 10배
③ 50배
④ 100배

해설

위험물은 지정수량의 10배를 1소요단위로 한다.

31 알코올류 20,000L에 대한 소화설비 설치 시 소요단위는?

① 5　　　　　　　　② 10
③ 15　　　　　　　④ 20

해설
- 위험물은 지정수량의 10배를 1소요단위로 한다.
- 소요단위 = 저장수량/(지정수량×10)
- 소요단위 = 20,000/(400×10) = 5

32 소화설비의 설치기준에서 알킬알루미늄 1,000kg은 몇 소요단위에 해당하는가?

① 10　　　　　　　② 20
③ 100　　　　　　④ 200

해설
- 위험물은 지정수량의 10배를 1소요단위로 한다.
- 소요단위 = 저장수량/(지정수량×10)
- 소요단위 = 1,000/(10×10) = 10

33 위험물안전관리법령상 위험물제조소 등에서 전기설비가 있는 곳에 적응하는 소화설비는?

① 옥내소화전설비　　② 스프링클러설비
③ 포소화설비　　　　④ 할로겐화합물 소화설비

해설
전기설비에 대하여 적응성이 있는 소화설비
- 물분무소화설비
- 불활성가스 소화설비
- 할로겐화합물 소화설비
- 분말 소화설비(인산염류, 탄산수소염류등)
- 무상수 소화기
- 무상강화액 소화기
- 이산화탄소 소화기
- 할로겐화합물 소화기
- 분말 소화기(인산염류 소화기, 탄산수소염류 소화기)

34 전기설비에 적응성이 없는 소화설비는?

① 불활성가스 소화설비
② 물분무 소화설비
③ 포소화설비
④ 할로겐화합물 소화설비

해설
전기설비에 대하여 적응성이 있는 소화설비
- 물분무소화설비
- 불활성가스 소화설비
- 할로겐화합물 소화설비
- 분말 소화설비(인산염류, 탄산수소염류등)
- 무상수 소화기
- 무상강화액 소화기
- 이산화탄소 소화기
- 할로겐화합물 소화기
- 분말 소화기(인산염류 소화기, 탄산수소염류 소화기)

35 알칼리금속의 과산화물 저장창고에 화재가 발생하였을 때 가장 적합한 소화약제는?

① 마른 모래　　　　② 물
③ 이산화탄소　　　④ 할론 1211

해설
제1류 위험물 중 알칼리금속의 과산화물에 대하여 적응성이 있는 소화설비
- 분말소화설비(탄산수소염류등, 그 밖의 것)
- 분말 소화기(탄산수소염류, 그 밖의 것)
- 건조사
- 팽창질석 또는 팽창진주암

36 과산화칼륨의 저장창고에서 화재가 발생하였다. 다음 중 가장 적합한 소화약제는?

① 물　　　　　　　② 이산화탄소
③ 마른 모래　　　④ 염산

해설
제1류 위험물 중 알칼리금속의 과산화물에 대하여 적응성이 있는 소화설비
- 분말소화설비(탄산수소염류등, 그 밖의 것)
- 분말 소화기(탄산수소염류, 그 밖의 것)
- 건조사
- 팽창질석 또는 팽창진주암

37 제1류 위험물인 과산화나트륨의 보관용기에 화재가 발생하였다. 소화약제로 가장 적당한 것은?

① 포소화약제 ② 물
③ 마른 모래 ④ CO_2 소화약제

해설

제1류 위험물 중 알칼리금속의 과산화물에 대하여 적응성이 있는 소화설비
- 분말소화설비(탄산수소염류등, 그 밖의 것)
- 분말 소화기(탄산수소염류, 그 밖의 것)
- 건조사
- 팽창질석 또는 팽창진주암

38 마그네슘을 저장 및 취급하는 장소에 설치하는 소화기는 무엇인가?

① 포소화기
② 이산화탄소 소화기
③ 할로겐화합물 소화기
④ 탄산수소염류 분말소화기

해설

제2류 위험물(철분·금속분·마그네슘등)에 대하여 적응성이 있는 소화설비
- 분말소화설비(탄산수소염류등, 그 밖의 것)
- 분말 소화기(탄산수소염류, 그 밖의 것)
- 건조사
- 팽창질석 또는 팽창진주암

39 철분, 마그네슘, 금속분에 적응성이 있는 소화설비는?

① 스프링클러설비
② 할로겐화합물 소화설비
③ 대형 수동식포소화기
④ 건조사

해설

제2류 위험물(철분·금속분·마그네슘등)에 대하여 적응성이 있는 소화설비
- 분말소화설비(탄산수소염류등, 그 밖의 것)
- 분말 소화기(탄산수소염류, 그 밖의 것)
- 건조사
- 팽창질석 또는 팽창진주암

40 다음 중 금속칼륨에 대한 초기 소화약제로 적합한 것은?

① 물 ② 마른 모래
③ CCl_4 ④ CO_2

해설

제3류 위험물 중 금수성물질에 대하여 적응성이 있는 소화설비
- 분말소화설비(탄산수소염류등, 그 밖의 것)
- 분말 소화기(탄산수소염류, 그 밖의 것)
- 건조사
- 팽창질석 또는 팽창진주암

41 수소화나트륨의 소화약제로 적당하지 않은 것은?

① 물 ② 건조사
③ 팽창질석 ④ 팽창진주암

해설

수소화나트륨은 물과 반응하여 수산화나트륨과 수소가 발생한다.
$NaH + H_2O \rightarrow NaOH + H_2$

제3류 위험물 금수성물질(수소화나트륨)에 대하여 적응성이 있는 소화설비
- 분말소화설비(탄산수소염류등, 그 밖의 것)
- 분말 소화기(탄산수소염류, 그 밖의 것)
- 건조사
- 팽창질석 또는 팽창진주암

42 칼륨의 화재 시 사용 가능한 소화제는?

① 물 ② 마른 모래
③ 이산화탄소 ④ 사염화탄소

해설

제3류 위험물 중 금수성물질에 대하여 적응성이 있는 소화설비
- 분말소화설비(탄산수소염류등, 그 밖의 것)
- 분말 소화기(탄산수소염류, 그 밖의 것)
- 건조사
- 팽창질석 또는 팽창진주암

정답 37 ③ 38 ④ 39 ④ 40 ② 41 ① 42 ②

43 다음 중 알킬알루미늄의 소화방법으로 가장 적합한 것은?

① 팽창질석에 의한 소화

② 알코올포에 의한 소화

③ 수수에 의한 소화

④ 산, 알칼리 소화약제에 의한 소화

해설

제3류 위험물 중 금수성물질에 대하여 적응성이 있는 소화설비
• 분말소화설비(탄산수소염류등, 그 밖의 것)
• 분말 소화기(탄산수소염류, 그 밖의 것)
• 건조사
• 팽창질석 또는 팽창진주암

44 트리에틸알루미늄의 화재 시 사용할 수 있는 소화약제(설비)가 아닌 것은?

① 마른 모래　　　　② 팽창질석

③ 팽창진주암　　　　④ 이산화탄소

해설

제3류 위험물 중 금수성물질에 대하여 적응성이 있는 소화설비
• 분말소화설비(탄산수소염류등, 그 밖의 것)
• 분말 소화기(탄산수소염류, 그 밖의 것)
• 건조사
• 팽창질석 또는 팽창진주암

45 제3류 위험물 중 금수성 물질을 제외한 위험물에 적응성이 있는 소화설비가 아닌 것은?

① 분말소화설비　　　　② 스프링클러설비

③ 팽창질석　　　　④ 포소화설비

해설

제3류 중 금수성 물질 외의 것에 대하여 적응성이 있는 소화설비
• 옥내소화전 또는 옥외소화전설비
• 스프링클러설비
• 물분무소화설비
• 포소화설비
• 봉상수소화기
• 무상수소화기
• 봉상강화액소화기
• 무상강화액소화기
• 포소화기

• 물통 또는 수조
• 건조사
• 팽창질석 또는 팽창진주암

46 제4류 위험물의 화재에 적응성이 없는 소화기는?

① 포소화기　　　　② 봉상수소화기

③ 인산염류소화기　　　　④ 이산화탄소 소화기

해설

제4류 위험물에 대하여 적응성이 있는 소화설비
• 스프링클러설비(취급하는 장소의 살수기준면적에 따라 스프링클러설비의 살수밀도가 기준 이상인 경우)
• 물분무소화설비
• 포소화설비
• 불활성가스소화설비
• 할로겐화합물소화설비
• 분말소화설비(인산염류등, 탄산수소염류등)
• 무상강화액소화기
• 포소화기
• 이산화탄소 소화기
• 할로겐화합물 소화기
• 분말소화기(인산염류, 탄산수소염류)
• 건조사
• 팽창질석 또는 팽창진주암

47 위험물안전관리법령상 제4류 위험물과 제6류 위험물에 모두 적응성이 있는 소화설비는?

① 불활성가스 소화설비

② 할로겐화합물 소화설비

③ 탄산수소염류 소화설비

④ 인산염류 분말소화설비

해설

제4류 위험물과 제6류 위험물에 모두 적응성이 있는 소화설비
• 물분무소화설비
• 포소화설비
• 분말소화설비(인산염류등)
• 무상강화액소화기
• 포소화기
• 분말소화기(인산염류)
• 건조사
• 팽창질석 또는 팽창진주암

48 다음 중 제4류 위험물의 화재에 적응성이 없는 소화기는?

① 포소화기
② 봉상수소화기
③ 인산염류소화기
④ 이산화탄소 소화기

제4류 위험물에 대하여 적응성이 있는 소화설비
- 스프링클러설비(취급하는 장소의 살수기준면적에 따라 스프링클러설비의 살수밀도가 기준 이상인 경우)
- 물분무소화설비
- 포소화설비
- 불활성가스소화설비
- 할로겐화합물소화설비
- 분말소화설비(인산염류등, 탄산수소염류등)
- 무상강화액소화기
- 포소화기
- 이산화탄소 소화기
- 할로겐화합물 소화기
- 분말소화기(인산염류, 탄산수소염류)
- 건조사
- 팽창질석 또는 팽창진주암

49 위험물안전관리법령상 스프링클러설비가 제4류 위험물에 대하여 적응성을 갖는 경우는?

① 방사밀도(살수밀도)가 살수기준면적에 따른 기준 이상인 경우
② 수용성 위험물인 경우
③ 지하층인 경우
④ 연기가 증발할 우려가 없는 경우

제4류 위험물을 저장 또는 취급하는 장소의 살수기준면적에 따라 스프링클러설비의 살수밀도가 기준 이상인 경우에는 당해 스프링클러설비가 제4류 위험물에 대하여 적응성이 있다.

50 제5류 위험물의 화재 시 적응성이 있는 소화설비는?

① 분말 소화설비
② 할로겐화합물 소화설비
③ 물분무 소화설비
④ 이산화탄소 소화설비

제5류 위험물의 화재 시 적응성이 있는 소화설비
- 옥내소화전 또는 옥외소화전설비
- 스프링클러설비
- 물분무 소화설비
- 포소화설비
- 봉상수소화기
- 무상수소화기
- 봉상강화액소화기
- 무상강화액소화기
- 포소화기
- 물통 또는 수조
- 건조사
- 팽창질석 또는 팽창진주암

51 유기과산화물의 화재 시 적응성이 있는 소화설비는?

① 분말 소화설비
② 할로겐화합물 소화설비
③ 물분무 소화설비
④ 이산화탄소 소화설비

제5류 위험물의 화재 시 적응성이 있는 소화설비
- 옥내소화전 또는 옥외소화전설비
- 스프링클러설비
- 물분무 소화설비
- 포소화설비
- 봉상수소화기
- 무상수소화기
- 봉상강화액소화기
- 무상강화액소화기
- 포소화기
- 물통 또는 수조
- 건조사
- 팽창질석 또는 팽창진주암

52 제6류 위험물을 저장하는 장소에 적응성이 있는 소화설비가 아닌 것은?

① 물분무 소화설비
② 포소화설비
③ 불활성가스 소화설비
④ 옥내소화전설비

해설

제6류 위험물에 대하여 적응성이 있는 소화설비
- 옥내소화전 또는 옥외소화전설비
- 스프링클러설비
- 물분무 소화설비
- 포소화설비
- 분말소화설비(인산염류등)
- 봉상수소화기
- 무상수소화기
- 봉상강화액소화기
- 무상강화액소화기
- 포소화기
- 분말 소화기(인산염류)
- 물통 또는 수조
- 건조사
- 팽창질석 또는 팽창진주암

53 제6류 위험물을 저장하는 제조소등에 적응성이 없는 소화설비는?

① 옥외소화전설비
② 탄산수소염류 분말소화설비
③ 스프링클러설비
④ 포소화설비

해설

제6류 위험물에 적응성이 있는 소화설비
- 옥내소화전 또는 옥외소화전설비
- 스프링클러설비
- 물분무 소화설비
- 포소화설비
- 분말소화설비(인산염류등)
- 봉상수소화기
- 무상수소화기
- 봉상강화액소화기
- 무상강화액소화기
- 포소화기
- 이산화탄소 소화기(폭발의 위험이 없는 장소에 한함)
- 분말 소화기(인산염류)
- 물통 또는 수조
- 건조사
- 팽창질석 또는 팽창진주암

54 이산화탄소 소화기가 제6류 위험물의 화재에 대하여 적응성이 인정되는 장소의 기준은?

① 건축물의 흡수
② 폭발 위험성의 유무
③ 습도의 정도
④ 밀폐성 유무

해설

제6류 위험물을 저장 또는 취급하는 장소로서 폭발의 위험이 없는 장소에 한하여 이산화탄소 소화기가 제6류 위험물에 대하여 적응성이 있다.

55 소화설비의 기준에서 불활성가스 소화설비가 적응성이 있는 대상물은?

① 알칼리금속 과산화물
② 철분
③ 인화성 고체
④ 금수성 물질

해설

불활성가스 소화설비가 적응성이 있는 대상물
- 전기설비
- 제2류 위험물 중 인화성 고체
- 제4류 위험물

56 위험물안전관리법령상 할로겐화합물 소화기가 적응성이 있는 위험물은?

① 나트륨
② 질산메틸
③ 이황화탄소
④ 과산화나트륨

해설

할로겐화합물 소화기가 적응성이 있는 대상물
- 전기설비
- 제2류 위험물 중 인화성 고체
- 제4류 위험물
① 나트륨 : 제3류 위험물
② 질산메틸 : 제5류 위험물
③ 이황화탄소 : 제4류 위험물
④ 과산화나트륨 : 제1류 위험물

57 위험물별로 설치하는 소화설비 중 적응성이 없는 것으로 연결된 것은?

① 제3류 중 금수성 물질 외의 것 - 할로겐화합물 소화설비, 불활성가스 소화설비
② 제4류 - 물분무소화설비, 불활성가스 소화설비
③ 제5류 - 포소화설비, 스프링클러설비
④ 제6류 - 옥내소화전설비, 물분무소화설비

해설
제3류 중 금수성 물질 외의 것에 대하여 적응성이 있는 소화설비
• 옥내소화전 또는 옥외소화전설비
• 스프링클러설비
• 물분무 소화설비
• 포소화설비
• 봉상수소화기
• 무상수소화기
• 봉상강화액소화기
• 무상강화액소화기
• 포소화기
• 물통 또는 수조
• 건조사
• 팽창질석 또는 팽창진주암

58 소화설비의 기준에서 불활성기체소화설비가 적응성이 있는 대상물은?

① 알칼리금속 과산화물
② 철분
③ 인화성 고체
④ 제3류 위험물의 금수성 물질

해설
불활성기체소화설비에 적응성 있는 대상물
• 제2류 위험물 중 인화성 고체
• 제4류 위험물

59 탄산수소염류 분말 소화기에 적응성이 있는 위험물이 아닌 것은?

① 철분   ② 아세톤
③ 톨루엔   ④ 과염소산

해설
탄산수소염류 분말 소화기에 적응성이 있는 위험물
• 제1류(알칼리금속과산화물등)
• 제2류(철분 · 금속분 · 마그네슘등, 인화성고체)
• 제3류(금수성물품)
• 제4류
① 철분 - 제2류 위험물 중 철분, 금속분, 마그네슘 등
② 아세톤 - 제4류 위험물
③ 톨루엔 - 제4류 위험물
④ 과염소산 - 제6류 위험물

60 위험물안전관리법령에 따른 소화설비의 적응성에 관한 다음 내용 중 (   ) 안에 적합한 내용은?

> 제6류 위험물을 저장 · 취급하는 장소로서 폭발의 위험이 없는 장소에 한하여 (   )(이)가 제6류 위험물에 대하여 적응성이 있다.

① 할로겐화합물 소화기
② 분말 소화기 - 탄산수소염류 소화기
③ 분말 소화기 - 그 밖의 것
④ 이산화탄소 소화기

해설
제6류 위험물에 적응성이 있는 소화설비
• 옥내소화전 또는 옥외소화전설비
• 스프링클러설비
• 물분무 소화설비
• 포소화설비
• 분말소화설비(인산염류등)
• 봉상수소화기
• 무상수소화기
• 봉상강화액소화기
• 무상강화액소화기
• 포소화기
• 이산화탄소 소화기(폭발의 위험이 없는 장소에 한함)
• 분말 소화기(인산염류)
• 물통 또는 수조
• 건조사
• 팽창질석 또는 팽창진주암

정답 57 ① 58 ③ 59 ④ 60 ④

경보·피난설비

1. 제조소등별 경보설비 종류

제조소등의 구분	제조소등의 규모, 저장 또는 취급하는 위험물의 종류 및 최대수량 등	경보설비
① 제조소 및 일반취급소	• 연면적이 500m² 이상인 것 • 옥내에서 지정수량의 100배 이상을 취급하는 것(고인화점위험물만을 100℃ 미만의 온도에서 취급하는 것은 제외) • 일반취급소로 사용되는 부분 외의 부분이 있는 건축물에 설치된 일반취급소(일반취급소와 일반취급소 외의 부분이 내화구조의 바닥 또는 벽으로 개구부 없이 구획된 것은 제외)	자동화재탐지설비
② 옥내저장소	• 지정수량의 100배 이상을 저장 또는 취급하는 것(고인화점위험물만을 저장 또는 취급하는 것은 제외) • 저장창고의 연면적이 150m²를 초과하는 것[연면적 150m² 이내마다 불연재료의 격벽으로 개구부 없이 완전히 구획된 저장창고와 제2류 위험물(인화성 고체 제외) 또는 제4류 위험물(인화점이 70℃ 미만인 것은 제외)만을 저장 또는 취급하는 저장창고는 그 연면적이 500m² 이상인 것] • 처마 높이가 6m 이상인 단층 건물의 것 • 옥내저장소로 사용되는 부분 외의 부분이 있는 건축물에 설치된 옥내저장소[옥내저장소와 옥내저장소 외의 부분이 내화구조의 바닥 또는 벽으로 개구부 없이 구획된 것과 제2류(인화성 고체는 제외) 또는 제4류의 위험물(인화점이 70℃ 미만인 것은 제외)만을 저장 또는 취급하는 것은 제외]	
③ 옥내탱크저장소	단층 건물 외의 건축물에 설치된 옥내탱크저장소로서 소화난이도등급 I 에 해당하는 것	
④ 주유취급소	옥내주유취급소	
⑤ 옥외탱크저장소	특수인화물, 제1석유류 및 알코올류를 저장 또는 취급하는 탱크의 용량이 1,000만리터 이상인 것	• 자동화재탐지설비 • 자동화재속보설비
⑥ ①부터 ⑤까지의 규정에 따른 자동화재탐지설비 설치 대상 제조소등에 해당하지 않는 제조소등(이송취급소는 제외한다)	지정수량의 10배 이상을 저장 또는 취급하는 것	자동화재탐지설비, 비상경보설비, 확성장치 또는 비상방송설비 중 1종 이상
⑦ 이송취급소		• 비상벨장치 • 확성장치

2. 자동화재탐지설비의 설치기준

① 경계구역

    ㉠ 건축물의 2 이상의 층에 걸치지 아니하도록 설치(단, 하나의 경계구역의 면적이 $500m^2$ 이하 이면서 당해 경계구역이 두 개의 층에 걸치는 경우이거나 계단·경사로·승강기의 승강로 그 밖에 이와 유사한 장소에 연기감지기를 설치하는 경우에는 그러하지 않는다.)

    ㉡ 하나의 경계구역의 면적 : $600m^2$ 이하(주요한 출입구에서 그 내부의 전체를 볼 수 있는 경우는 $1,000m^2$ 이하)

    ㉢ 한 변의 길이 : 50m 이하(광전식분리형 감지기를 설치할 경우에는 100m 이하)

② 감지기(옥외탱크저장소 제외)

    지붕(상층의 바닥) 또는 벽의 옥내에 면한 부분(천장 또는 벽의 옥내에 면한 부분 및 천장의 뒷 부분)에 유효하게 화재의 발생을 감지할 수 있도록 설치

③ 비상전원 설치

3. 피난설비(유도등)

① 주유취급소 중 건축물의 2층 이상의 부분을 점포·휴게음식점·전시장의 용도로 사용하는 것에 있어서는 당해 건축물의 2층 이상으로부터 주유취급소의 부지 밖으로 통하는 출입구와 당해 출입구로 통하는 통로·계단 및 출입구에 유도등을 설치

② 옥내주유취급소에 있어서는 당해 사무소 등의 출입구 및 피난구와 당해 피난구로 통하는 통로·계단 및 출입구에 유도등을 설치

③ 비상전원 설치

01 위험물안전관리법령상 연면적 500m² 이상인 제조소 및 일반취급소에 설치해야 하는 경보설비는 무엇인가?

① 비상경보설비
② 확성장치
③ 자동화재탐지설비
④ 비상방송설비

해설

자동화재탐지설비를 설치해야 하는 제조소 및 일반취급소
• 연면적이 500제곱미터 이상인 것
• 옥내에서 지정수량의 100배 이상을 취급하는 것(고인화점위험물만을 100℃ 미만의 온도에서 취급하는 것은 제외한다)
• 일반취급소로 사용되는 부분 외의 부분이 있는 건축물에 설치된 일반취급소(일반취급소와 일반취급소 외의 부분이 내화구조의 바닥 또는 벽으로 개구부 없이 구획된 것은 제외한다)

02 위험물제조소의 연면적이 몇 m² 이상이면 경보설비 중 자동화재탐지설비를 설치해야 하는가?

① 400m²
② 500m²
③ 600m²
④ 800m²

해설

연면적 500m² 이상인 제조소 및 일반취급소에 자동화재탐지설비를 설치한다.

03 위험물안전관리법령상 옥내에서 지정수량 100배 이상을 취급하는 일반취급소에 설치하여야 하는 경보설비는? (단, 고인화점위험물만을 취급하는 경우는 제외한다.)

① 비상경보설비
② 자동화재탐지설비
③ 비상방송설비
④ 비상벨장치

해설

자동화재탐지설비를 설치해야 하는 제조소 및 일반취급소
• 연면적이 500제곱미터 이상인 것
• 옥내에서 지정수량의 100배 이상을 취급하는 것(고인화점위험물만을 100℃ 미만의 온도에서 취급하는 것은 제외한다)
• 일반취급소로 사용되는 부분 외의 부분이 있는 건축물에 설치된 일반취급소(일반취급소와 일반취급소 외의 부분이 내화구조의 바닥 또는 벽으로 개구부 없이 구획된 것은 제외한다)

04 옥내저장소에서 지정수량의 몇 배 이상을 저장 또는 취급할 경우 자동화재탐지설비만을 설치하여야 하는가?

① 지정수량의 10배 이상을 저장 · 취급할 경우
② 지정수량의 50배 이상을 저장 · 취급할 경우
③ 지정수량의 100배 이상을 저장 · 취급할 경우
④ 지정수량의 150배 이상을 저장 · 취급할 경우

해설

자동화재탐지설비를 설치해야 하는 옥내저장소
• 지정수량의 100배 이상을 저장 또는 취급하는 것(고인화점위험물만을 저장 또는 취급하는 것은 제외한다)
• 저장창고의 연면적이 150제곱미터를 초과하는 것[연면적 150제곱미터 이내마다 불연재료의 격벽으로 개구부 없이 완전히 구획된 저장창고와 제2류 위험물(인화성 고체는 제외한다) 또는 제4류 위험물(인화점이 70℃ 미만인 것은 제외한다)만을 저장 또는 취급하는 저장창고는 그 연면적이 500제곱미터 이상인 것을 말한다]
• 처마 높이가 6미터 이상인 단층 건물의 것
• 옥내저장소로 사용되는 부분 외의 부분이 있는 건축물에 설치된 옥내저장소[옥내저장소와 옥내저장소 외의 부분이 내화구조의 바닥 또는 벽으로 개구부 없이 구획된 것과 제2류(인화성고체는 제외한다) 또는 제4류의 위험물(인화점이 70℃ 미만인 것은 제외한다)만을 저장 또는 취급하는 것은 제외한다]

05 지정수량의 100배 이상을 저장 또는 취급하는 옥내저장소에 설치하여야 하는 경보설비는? (단, 고인화점 위험물만을 저장 또는 취급하는 것은 제외한다.)

① 비상경보설비　　　② 자동화재탐지설비
③ 비상방송설비　　　④ 비상조명등설비

해설

자동화재탐지설비를 설치해야 하는 옥내저장소

- 지정수량의 100배 이상을 저장 또는 취급하는 것(고인화점 위험물만을 저장 또는 취급하는 것은 제외한다)
- 저장창고의 연면적이 150제곱미터를 초과하는 것[연면적 150제곱미터 이내마다 불연재료의 격벽으로 개구부 없이 완전히 구획된 저장창고와 제2류 위험물(인화성 고체는 제외한다) 또는 제4류 위험물(인화점이 70℃ 미만인 것은 제외한다)만을 저장 또는 취급하는 저장창고는 그 연면적이 500제곱미터 이상인 것을 말한다]
- 처마 높이가 6미터 이상인 단층 건물의 것
- 옥내저장소로 사용되는 부분 외의 부분이 있는 건축물에 설치된 옥내저장소[옥내저장소와 옥내저장소 외의 부분이 내화구조의 바닥 또는 벽으로 개구부 없이 구획된 것과 제2류(인화성고체는 제외한다) 또는 제4류의 위험물(인화점이 70℃ 미만인 것은 제외한다)만을 저장 또는 취급하는 것은 제외한다]

06 위험물안전관리법령상 자동화재탐지설비를 설치하지 않고 비상경보설비로 대신할 수 있는 것은?

① 일반취급소로서 연면적 600m²인 것
② 지정수량 20배를 저장하는 옥내저장소로서 처마높이가 6m인 단층건물
③ 단층건물 외에 건축물이 설치된 지정수량 15배의 옥내탱크저장소로서 소화난이도등급Ⅱ에 속하는 것
④ 지정수량 20배를 저장 취급하는 옥내주유취급소

해설

① : 자동화재탐지설비 설치 대상
② : 자동화재탐지설비 설치 대상
③ : 자동화재탐지설비, 비상경보설비, 확성장치 또는 비상 방송설비 중 1종 이상 설치 대상
④ : 자동화재탐지설비 설치 대상

07 위험물안전관리법령상 지정수량 10배 이상의 위험물을 취급하는 제조소에 설치하여야 하는 경보설비의 종류가 아닌 것은?

① 자동화재탐지설비　　　② 자동화재속보설비
③ 휴대용 확성기　　　④ 비상방송설비

해설

지정수량 10배 이상의 위험물을 취급하는 제조소에 설치하여야 하는 경보설비의 종류 : 자동화재탐지설비, 비상경보설비, 확성장치 또는 비상 방송설비

08 위험물제조소 등에 설치하여야 하는 경보설비의 종류에 해당하지 않는 것은?

① 비상방송설비　　　② 비상조명등설비
③ 자동화재탐지설비　　　④ 비상경보설비

해설

- 제조소, 일반취급소, 옥내저장소, 옥내탱크저장소, 주유취급소 : 자동화재탐지설비
- 옥외탱크저장소 : 자동화재탐지설비, 자동화재속보설비
- 그 외 제조소등 : 자동화재탐지설비, 비상경보설비, 확성장치 또는 비상방송설비 중 1종 이상

09 위험물안전관리법령상 이송취급소에 설치하는 정보설비의 기준에 따라 이송기지에 설치하여야 하는 경보설비로만 이루어진 것은?

① 확성장치, 비상벨장치
② 비상방송설비, 비상경보설비
③ 확성장치, 비상발송설비
④ 비상방송설비, 자동화재탐지설비

해설

이송기지에는 비상벨장치 및 확성장치를 설치해야 한다.

정답　05 ②　06 ③　07 ②　08 ②　09 ①

10 위험물시설에 설비하는 자동화재탐지설비의 하나의 경계구역 면적과 그 한 변의 길이의 기준으로 옳은 것은? (단, 광전식분리형감지기를 설치하지 않은 경우이다.)

① $300m^2$ 이하, 50m 이하
② $300m^2$ 이하, 100m 이하
③ $600m^2$ 이하, 50m 이하
④ $600m^2$ 이하, 100m 이하

해설

하나의 경계구역의 면적은 $600m^2$ 이하로 하고 그 한 변의 길이는 50m(광전식분리형감지기를 설치할 경우에는 100m) 이하로 할 것. 다만, 당해 건축물 그 밖의 공작물의 주요한 출입구에서 그 내부의 전체를 볼 수 있는 경우에 있어서는 그 면적을 $1,000m^2$ 이하로 할 수 있다.

11 위험물제조소 등에 설치하여야 하는 자동화재탐지설비의 설치기준에 대한 설명 중 틀린 것은?

① 자동화재탐지설비의 경계구역은 건축물, 그 밖의 공작물의 2 이상의 층에 걸치도록 할 것
② 하나의 경계구역에서 그 한 변의 길이는 50m(광전식분리형 감지기를 설치할 경우에는 100m) 이하로 할 것
③ 자동화재탐지설비의 감지기는 지붕 또는 벽의 옥내에 면한 부분에 유효하게 화재의 발생을 감지할 수 있도록 설치할 것
④ 자동화재탐지설비에는 비상전원을 설치할 것

해설

자동화재탐지설비의 경계구역은 건축물 그 밖의 공작물의 2 이상의 층에 걸치지 아니하도록 할 것

12 위험물제조소 및 일반취급소에 설치하는 자동화재탐지설비의 설치기준으로 틀린 것은?

① 하나의 경계구역은 $600m^2$ 이하로 하고, 한 변의 길이는 50m 이하로 한다.
② 주요한 출입구에서 내부 전체를 볼 수 있는 경우 경계구역은 $1,000m^2$ 이하로 할 수 있다.

③ 하나의 경계구역이 $300m^2$ 이하이면 2개 층을 하나의 경계구역으로 할 수 있다.
④ 비상전원을 설치하여야 한다.

해설

하나의 경계구역의 면적이 $500m^2$ 이하이면서 당해 경계구역이 두 개의 층에 걸치는 경우이거나 계단·경사로·승강기의 승강로 그 밖에 이와 유사한 장소에 연기감지기를 설치하는 경우에는 하나의 경계구역으로 할 수 있다.

13 위험물안전관리법령에서 정한 자동화재탐지설비에 대한 기준으로 틀린 것은? (단, 원칙적인 경우에 한한다.)

① 경계구역은 건축물, 그 밖의 공작물의 2 이상의 층에 걸치도록 할 것
② 하나의 경계구역의 면적은 $600m^2$ 이하로 할 것
③ 하나의 경계구역의 한 변 길이는 30m 이하로 할 것
④ 자동화재탐지설비에는 비상전원을 설치할 것

해설

하나의 경계구역에서 그 한 변의 길이는 50m(광전식분리형 감지기를 설치할 경우에는 100m) 이하로 할 것

14 위험물안전관리법령에서 정한 피난설비에 관한 내용이다. (   )에 알맞은 것은?

> 주유취급소 중 건축물의 2층 이상의 부분을 점포·휴게음식점 또는 전시장의 용도로 사용하는 것에 있어서는 해당 건축물의 2층 이상으로부터 주유취급소의 부지 밖으로 통하는 출입구와 해당 출입구로 통하는 통로·계단 및 출입구에 (   )을(를) 설치하여야 한다.

① 피난사다리
② 유도등
③ 공기호흡기
④ 시각경보기

해설

주유취급소 중 건축물의 2층 이상의 부분을 점포·휴게음식점 또는 전시장의 용도로 사용하는 것에 있어서는 당해 건축물의 2층 이상으로부터 주유취급소의 부지 밖으로 통하는 출입구와 당해 출입구로 통하는 통로·계단 및 출입구에 유도등을 설치하여야 한다.

15 피난설비를 설치하여야 하는 위험물 제조소등에 해당하는 것은?

① 건축물의 2층 부분을 자동차 정비소로 사용하는 주유취급소

② 건축물의 2층 부분을 전시장으로 사용하는 주유취급소

③ 건축물의 1층 부분을 주유사무소로 사용하는 주유취급소

④ 건축물의 1층 부분을 관계자의 주거시설로 사용하는 주유취급소

해설

피난설비의 기준 : 주유취급소 중 건축물의 2층 이상의 부분을 점포 · 휴게음식점 또는 전시장의 용도로 사용하는 것과 옥내주유취급소에는 피난설비를 설치하여야 한다.

PART 01 | PART 02 | PART 03 | PART 04 | PART 05

CHAPTER 05 위험물안전관리법상 행정사항

SECTION 1 | 위험물안전관리법령상 행정사항

1. 규제 흐름도

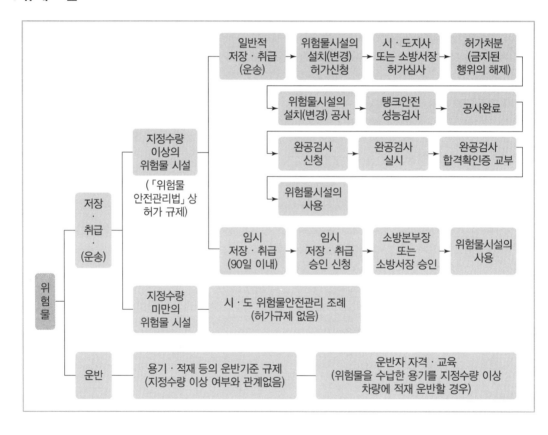

2. 법의 적용

(1) 법의 적용 제외

① 위험물안전관리법령은 항공기 · 선박 · 철도 및 궤도에 의한 위험물의 저장 · 취급 및 운반에 있어서는 적용하지 아니한다.

② 지정수량에 따른 규제는 다음과 같다.

지정수량 이상	위험물안전관리법에 따른 규제 준수(제조소등에서 저장 · 취급)
지정수량 미만	특별시 · 광역시 · 특별자치시 · 도 및 특별자치도의 조례에 따른 규제 준수

(2) 지정수량 이상의 위험물을 제조소등이 아닌 장소에서 취급할 수 있는 경우(임시 저장 · 취급)

① 시 · 도의 조례가 정하는 바에 따라 관할소방서장의 승인을 받아 지정수량 이상의 위험물을 90일 이내의 기간동안 임시로 저장 또는 취급하는 경우

② 군부대가 지정수량 이상의 위험물을 군사목적으로 임시로 저장 또는 취급하는 경우

3. 위험물시설의 설치 및 변경

(1) 허가 및 신고

① 허가

㉠ 제조소등 설치(변경) : 시 · 도지사의 허가 필요

㉡ 제조소등의 위치 · 구조 · 설비 가운데 행정안전부령이 정하는 사항을 변경할 시 허가신청

㉢ 한국소방산업기술원의 기술검토를 받고 허가받아야 하는 사항
   - 지정수량 1천배 이상의 위험물을 취급하는 제조소·일반취급소 : 구조 · 설비에 관한 사항
   - 옥외탱크저장소(저장용량이 50만 리터 이상인 것만 해당) 또는 암반탱크저장소 : 위험물탱크의 기초 · 지반, 탱크본체 및 소화설비에 관한 사항

㉣ 완공검사
   - 시 · 도지사가 실시
   - 한국소방산업기술원이 위탁받아 실시하는 완공검사의 대상
     - 지정수량 3천배 이상의 위험물을 취급하는 제조소 또는 일반취급소의 설치 또는 변경(사용 중인 제조소 또는 일반취급소의 보수 또는 부분적인 증설은 제외한다)에 따른 완공검사
     - 옥외탱크저장소(저장용량이 50만 리터 이상인 것만 해당한다) 또는 암반탱크저장소의 설치 또는 변경에 따른 완공검사
     - 위험물 운반용기 검사

② 신고
　　㉠ 제조소등의 위치 · 구조 · 설비의 변경없이 위험물의 품명 · 수량 · 지정수량의 배수 변경 시 신고(단, 위험물의 품명이 바뀌어 설비 변경이 필요한 경우 허가대상)
　　㉡ 변경하고자 하는 날의 1일 전까지 시 · 도지사에게 신고

③ 허가 · 신고 없이 설치(변경) 가능한 경우
　　㉠ 주택의 난방시설(공동주택의 중앙난방시설 제외)을 위한 저장소 또는 취급소
　　㉡ 농예용 · 축산용 · 수산용으로 필요한 난방시설 · 건조시설을 위한 지정수량 20배 이하의 저장소

(2) 탱크안전성능검사

① 위험물탱크의 설치 또는 위치 · 구조 · 설비의 변경공사를 하는 때에 완공검사를 받기 전에 시 · 도지사가 실시하는 탱크안전성능검사를 받아야 한다.

② 탱크안전성능검사 및 대상탱크

기초·지반검사	옥외탱크저장소의 액체위험물탱크 중 그 용량이 100만 리터 이상인 탱크	
충수·수압검사	액체위험물을 저장 또는 취급하는 탱크	
	예외	• 제조소 · 일반취급소에 설치된 지정수량 미만 탱크 • 고압가스 안전관리법의 특정설비에 관한 검사 합격탱크 • 산업안전보건법 안전인증을 받은 탱크
용접부검사	기초 · 지반검사를 받는 탱크	
암반탱크검사	액체위험물을 저장 또는 취급하는 암반 내의 공간을 이용한 탱크	

③ 탱크안전성능검사(충수 · 수압검사)의 면제
　　㉠ 위험물탱크안전성능시험자(탱크시험자) 또는 기술원으로부터 충수 · 수압검사에 관한 탱크안전성능시험을 받아 완공검사를 받기 전(지하에 매설하기 전)에 해당 시험에 합격하였음을 증명하는 서류(탱크시험합격확인증)를 시 · 도지사에게 제출
　　㉡ 시 · 도지사는 제출받은 탱크시험합격확인증과 해당 위험물탱크를 확인하여 해당 충수 · 수압검사를 면제
　　㉢ 탱크안전성능검사를 시 · 도지사가 한국소방산업기술원에 위탁하는 탱크
　　　• 용량이 100만 리터 이상인 액체위험물을 저장하는 탱크
　　　• 암반탱크
　　　• 지하탱크저장소의 위험물탱크 중 이중벽 액체위험물탱크

④ 탱크시험자

　　㉠ 탱크시험자가 되고자 하는 자는 대통령령이 정하는 기술능력 · 시설 및 장비를 갖추어 시 · 도지사에게 등록

　　㉡ 탱크시험자의 기술능력 · 시설 · 장비(「위험물안전관리법 시행령」 [별표 7])

기술능력	필수인력	1) 위험물기능장 · 위험물산업기사 및 위험물기능사 중 1명 이상 2) 비파괴검사기술사 1명 이상 또는 초음파비파괴검사 · 자기비파괴검사 및 침투비파괴검사별로 기사 또는 산업기사 각 1명 이상
	필요한 경우에 두는 인력	1) 충수 · 수압시험, 진공시험, 기밀시험 또는 내압시험의 경우 : 누설비파괴검사 기사, 산업기사 또는 기능사 2) 수직 · 수평도시험의 경우 : 측량 및 지형공간정보 기술사, 기사, 산업기사 또는 측량기능사 3) 방사선투과시험의 경우 : 방사선비파괴검사 기사 또는 산업기사 4) 필수 인력의 보조 : 방사선비파괴검사 · 초음파비파괴검사 · 자기비파괴검사 또는 침투비파괴검사 기능사
시설		전용사무실
장비	필수장비	자기탐상시험기, 초음파두께측정기 및 다음 1) 또는 2) 중 어느 하나 1) 영상초음파시험기 2) 방사선투과시험기 및 초음파시험기
	필요한 경우에 두는 장비	1) 충수 · 수압시험, 진공시험, 기밀시험 또는 내압시험의 경우 　가) 진공능력 53kPa 이상의 진공누설시험기 　나) 기밀시험장치(안전장치가 부착된 것으로서 가압능력 200kPa 이상, 감압의 경우에는 감압능력 10kPa 이상 · 감도 10Pa 이하의 것으로서 각각의 압력 변화를 스스로 기록할 수 있는 것) 2) 수직 · 수평도 시험의 경우 : 수직 · 수평도 측정기

　　㉢ 탱크시험자로 등록하거나 탱크시험자 업무에 종사할 수 없는 사람

> 1. 피성년후견인
> 2. 소방관련법에 따른 금고 이상의 실형의 선고를 받고 그 집행이 종료되거나 집행이 면제된 날부터 2년이 지나지 아니한 자
> 3. 소방관련법에 따른 금고 이상의 형의 집행유예 선고를 받고 그 유예기간 중에 있는 자
> 4. 탱크시험자의 등록이 취소된 날부터 2년이 지나지 아니한 자

(3) 지위승계, 용도폐지, 사용중지

① 지위승계

　　㉠ 제조소등의 설치자 사망, 양도 · 인도, 법인 합병 등이 있을 시 지위를 승계함

　　㉡ 경매, 환가, 압류재산의 매각과 그 밖에 이에 준하는 절차에 따라 제조소등의 시설의 전부를 인수한 자는 그 설치자의 지위를 승계

　　㉢ 설치자의 지위를 승계한 자는 승계한 날부터 30일 이내에 시 · 도지사에게 그 사실을 신고

② 용도폐지

    ㉠ 제조소등의 용도를 폐지한 날부터 14일 이내에 시 · 도지사에게 신고

    ㉡ 신고서(전자문서 신고서도 포함)에 제조소등의 완공검사합격확인증을 첨부하여 제출

③ 사용중지

    ㉠ 사용중지 : 경영상 형편, 대규모 공사 등의 사유로 3개월 이상 위험물을 저장하지 아니하거나 취급하지 아니하는 것

    ㉡ 사용을 중지하려는 경우에는 위험물의 제거 및 제조소등에의 출입통제 등 안전조치 실시(단, 위험물안전관리자가 계속하여 직무 수행 시 안전조치를 하지 않을 수 있음)

    ㉢ 사용을 중지하거나 재개하려는 경우에는 중지 · 재개일의 14일 전까지 시 · 도지사에게 신고

(4) 허가취소, 사용정지(과징금)

① 시 · 도지사는 다음 어느 하나에 해당 시 허가 취소 또는 6개월 이내의 기간을 정하여 제조소등의 전부 · 일부 사용정지를 명할 수 있다.

    ㉠ 변경허가를 받지 않고 제조소등의 위치 · 구조 · 설비를 변경한 때

    ㉡ 완공검사를 받지 아니하고 제조소등을 사용한 때

    ㉢ 사용중지 시 안전조치 이행명령을 따르지 아니한 때

    ㉣ 규정에 따른 수리 · 개조 또는 이전의 명령을 위반한 때

    ㉤ 위험물안전관리자를 선임하지 아니한 때

    ㉥ 위험물안전관리자 대리자를 지정하지 아니한 때

    ㉦ 정기점검을 하지 아니한 때

    ㉧ 정기검사를 받지 아니한 때

    ㉨ 위험물 저장 · 취급기준 준수명령을 위반한 때

② 시 · 도지사는 제조소등에 대한 사용정지가 그 이용자에게 심한 불편을 주거나 그 밖에 공익을 해칠 우려가 있는 때에는 사용정지처분에 갈음하여 2억 원 이하의 과징금을 부과할 수 있다.

4. 위험물시설의 안전관리

(1) 위험물안전관리자

① 위험물안전관리자의 선임

선임권자	제조소등의 관계인	
선임시기	• 교체 : 안전관리자의 해임 · 퇴직 날로부터 30일 이내에 선임 • 최초선임 : 위험물제조소등의 위험물을 저장 또는 취급하기 전	
선임신고	선임한 날부터 14일 이내에 행정안전부령으로 정하는 바에 따라 소방본부장 또는 소방서장에게 신고	
사실확인	위험물안전관리자가 해임 또는 퇴직한 경우에는 소방본부장이나 소방서장에게 그 사실을 알려 해임 및 퇴직 사실을 확인받을 수 있음	
안전교육	소방청장이 실시하는 위험물 업무에 관한 안전교육 이수 필요	
안전관리자의 자격기준 (위험물취급자격자)	위험물기능장, 위험물산업기사, 위험물기능사	모든 위험물
	소방청장이 실시하는 안전교육 이수자	제4류 위험물
	소방공무원 3년 이상 경력자	제4류 위험물

② 위험물안전관리자의 대리자

대리자	안전관리자가 일시적으로 직무를 수행할 수 없거나 해임 · 퇴직과 동시에 다른 안전관리자를 선임하지 못하는 경우 대리자를 지정
대리자의 직무대행기간	30일 초과 금지
대리자의 자격기준	• 소방청장이 실시하는 안전교육을 받은 자 • 제조소등의 위험물 안전관리업무에 있어서 안전관리자를 지휘 · 감독하는 직위에 있는 자

③ 위험물안전관리자의 책무

    ㉠ 위험물의 취급작업에 참여하여 당해 작업이 저장 또는 취급에 관한 기술기준과 예방규정에 적합하도록 해당 작업자에 대하여 지시 및 감독하는 업무

    ㉡ 화재 등의 재난이 발생한 경우 응급조치 및 소방관서 등에 대한 연락 업무

    ㉢ 화재 등의 재해의 방지와 응급조치에 관하여 인접하는 제조소등과 그 밖의 관련되는 시설의 관계자와 협조체제의 유지

    ㉣ 위험물의 취급에 관한 일지의 작성 · 기록

    ㉤ 그 밖에 위험물을 수납한 용기를 차량에 적재하는 작업, 위험물설비를 보수하는 작업 등 위험물의 취급과 관련된 작업의 안전에 관하여 필요한 감독이 수행

(2) 예방규정

① 목적 : 제조소등의 화재예방과 화재 등 재해발생 시의 비상조치를 위하여 작성

② 제출 : 해당 제조소등의 사용을 시작하기 전에 시 · 도지사 또는 소방서장에게 제출

③ 관계인이 예방규정을 정하여야 하는 제조소등

> 1. 지정수량의 10배 이상의 위험물을 취급하는 제조소
> 2. 지정수량의 100배 이상의 위험물을 저장하는 옥외저장소
> 3. 지정수량의 150배 이상의 위험물을 저장하는 옥내저장소
> 4. 지정수량의 200배 이상의 위험물을 저장하는 옥외탱크저장소
> 5. 암반탱크저장소
> 6. 이송취급소
> 7. 지정수량의 10배 이상의 위험물을 취급하는 일반취급소. 다만, 제4류 위험물(특수인화물을 제외)만을 지정수량의 50배 이하로 취급하는 일반취급소(제1석유류·알코올류의 취급량이 지정수량의 10배 이하인 경우에 한한다)로서 다음 각목의 어느 하나에 해당하는 것을 제외한다.
> 　가. 보일러 · 버너 또는 이와 비슷한 것으로서 위험물을 소비하는 장치로 이루어진 일반취급소
> 　나. 위험물을 용기에 옮겨 담거나 차량에 고정된 탱크에 주입하는 일반취급소

④ 예방규정 포함 사항

> 1. 위험물의 안전관리업무를 담당하는 자의 직무 및 조직에 관한 사항
> 2. 안전관리자가 여행 · 질병 등으로 인하여 그 직무를 수행할 수 없을 경우 그 직무의 대리자에 관한 사항
> 3. 자체소방대를 설치하여야 하는 경우에는 자체소방대의 편성과 화학소방자동차의 배치에 관한 사항
> 4. 위험물의 안전에 관계된 작업에 종사하는 자에 대한 안전교육 및 훈련에 관한 사항
> 5. 위험물시설 및 작업장에 대한 안전순찰에 관한 사항
> 6. 위험물시설 · 소방시설 그 밖의 관련시설에 대한 점검 및 정비에 관한 사항
> 7. 위험물시설의 운전 또는 조작에 관한 사항
> 8. 위험물 취급작업의 기준에 관한 사항
> 9. 이송취급소에 있어서는 배관공사 현장책임자의 조건 등 배관공사 현장에 대한 감독체제에 관한 사항과 배관주위에 있는 이송취급소 시설 외의 공사를 하는 경우 배관의 안전확보에 관한 사항
> 10. 재난 그 밖의 비상시의 경우에 취하여야 하는 조치에 관한 사항
> 11. 위험물의 안전에 관한 기록에 관한 사항
> 12. 제조소등의 위치 · 구조 및 설비를 명시한 서류와 도면의 정비에 관한 사항
> 13. 그 밖에 위험물의 안전관리에 관하여 필요한 사항

(3) 정기점검

① 정기점검 대상

정기점검 대상 제조소등	비고
1. 지정수량의 10배 이상의 위험물을 취급하는 제조소 2. 지정수량의 100배 이상의 위험물을 저장하는 옥외저장소 3. 지정수량의 150배 이상의 위험물을 저장하는 옥내저장소 4. 지정수량의 200배 이상의 위험물을 저장하는 옥외탱크저장소 5. 암반탱크저장소 6. 이송취급소 7. 지정수량의 10배 이상의 위험물을 취급하는 일반취급소. 다만, 제4류 위험물(특수인화물을 제외한다)만을 지정수량의 50배 이하로 취급하는 일반취급소(제1석유류 · 알코올류의 취급량이 지정수량의 10배 이하인 경우에 한한다)로서 다음 각목의 어느 하나에 해당하는 것을 제외한다. 　가. 보일러 · 버너 또는 이와 비슷한 것으로서 위험물을 소비하는 장치로 이루어진 일반취급소 　나. 위험물을 용기에 옮겨 담거나 차량에 고정된 탱크에 주입하는 일반취급소	예방규정 작성 대상
지하탱크 저장소	
이동탱크 저장소	
위험물을 취급하는 탱크로서 지하에 매설된 탱크가 있는 제조소 · 주유취급소 · 일반취급소	

② 점검실시자 : 제조소등의 관계인

③ 점검주기 : 연 1회 이상

④ 제출 : 점검을 한 날부터 30일 이내에 점검결과를 시 · 도지사에게 제출

(4) 정기검사

① 정기검사 대상 : 정기점검 대상 중 액체위험물을 저장 · 취급하는 50만 리터 이상의 옥외탱크저장소

② 검사실시자 : 소방본부장 또는 소방서장

(5) 자체소방대

① 자체소방대를 설치하여야 하는 제조소등

제조소등	지정수량 기준
제4류 위험물을 취급하는 제조소 또는 일반취급소(단, 보일러로 위험물을 소비하는 일반취급소 등 행정안전부령으로 정하는 일반취급소는 제외)	지정수량의 3천 배 이상
제4류 위험물을 저장하는 옥외탱크저장소	지정수량의 50만 배 이상

② 자체소방대에 두는 화학소방자동차 및 인원

사업소의 구분		화학소방자동차	자체소방대원의 수
제조소 · 일반취급소 (제4류 위험물 취급)	지정수량의 3천 배 이상 12만 배 미만	1대	5인
	지정수량의 12만 배 이상 24만 배 미만	2대	10인
	지정수량의 24만 배 이상 48만 배 미만	3대	15인
	지정수량의 48만 배 이상	4대	20인
옥외탱크저장소 (제4류 위험물 저장)	지정수량의 50만 배 이상	2대	10인

※ 포수용액을 방사하는 화학소방자동차의 대수는 화학소방자동차의 대수의 $\dfrac{2}{3}$ 이상으로 한다.

③ 화학소방자동차의 구분 및 설비 기준

화학소방자동차의 구분	소화능력 및 설비의 기준
포수용액 방사차	포수용액의 방사능력이 매분 2,000ℓ 이상일 것
	소화약액탱크 및 소화약액혼합장치를 비치할 것
	10만ℓ 이상의 포수용액을 방사할 수 있는 양의 소화약제를 비치할 것
분말 방사차	분말의 방사능력이 매초 35kg 이상일 것
	분말탱크 및 가압용가스설비를 비치할 것
	1,400kg 이상의 분말을 비치할 것
할로겐화합물 방사차	할로겐화합물의 방사능력이 매초 40kg 이상일 것
	할로겐화합물탱크 및 가압용가스설비를 비치할 것
	1,000kg 이상의 할로겐화합물을 비치할 것
이산화탄소 방사차	이산화탄소의 방사능력이 매초 40kg 이상일 것
	이산화탄소저장용기를 비치할 것
	3,000kg 이상의 이산화탄소를 비치할 것
제독차	가성소다 및 규조토를 각각 50kg 이상 비치할 것

5. 명령 및 보칙

(1) 출입 · 검사 · 조사 · 명령 등

출입·검사 등	실시자
위험물을 저장 또는 취급하고 있다고 인정되는 장소의 관계인에 대하여 필요한 보고 또는 자료제출을 명할 수 있음	소방청장, 시 · 도지사, 소방본부장, 소방서장
탱크시험자에게 탱크시험자의 등록 또는 그 업무에 관하여 필요한 보고 또는 자료제출을 명할 수 있음	시 · 도지사, 소방본부장, 소방서장
탱크시험자에 대하여 당해 업무를 적정하게 실시하게 하기 위하여 필요하다고 인정하는 때에는 감독상 필요한 명령을 할 수 있음	
무허가장소에서 지정수량 이상의 위험물을 저장 · 취급하는 자에게 그 위험물 및 시설의 제거 등 필요한 조치를 명할 수 있음	
공공의 안전 · 재해의 발생 방지를 위해 긴급한 필요가 있다고 인정하는 때에는 긴급 사용정지명령을 할 수 있음	
위험물의 저장 · 취급이 규정에 위반된 때에는 당해 제조소등의 관계인에 대하여 기준에 따라 위험물을 저장 또는 취급하도록 명할 수 있음	
위치 · 구조 · 설비 및 위험물의 저장 · 취급상황에 대하여 검사, 질문, 수거할 수 있음	관계공무원
주행 중인 위험물 운반 차량 · 이동탱크저장소를 정지시켜 해당 위험물운반자 · 위험물운송자에게 그 자격을 증명할 수 있는 국가기술자격증 또는 교육수료증의 제시를 요구할 수 있음	소방공무원, 경찰공무원
위험물의 누출 · 화재 · 폭발 등의 사고가 발생한 경우 사고의 원인 및 피해 능을 소사해야 함	소방청장, 소방본부장, 소방서장

(2) 안전교육

① 실시자 : 소방청장

② 교육대상자 : 안전관리자, 탱크시험자, 위험물운반자, 위험물운송자

③ 시 · 도지사, 소방본부장 또는 소방서장은 교육대상자가 교육을 받을 때까지 그 자격으로 행하는 행위를 제한할 수 있다.

6. 벌칙 및 과태료

(1) 벌칙

벌칙	내용
1년 이상 10년 이하의 징역	제조소등 또는 허가를 받지 않고 지정수량 이상의 위험물을 저장 · 취급하는 장소에서 위험물을 유출 · 방출 · 확산시켜 사람의 생명 · 신체 · 재산에 대하여 위험을 발생시킨 자(사람을 상해(傷害)에 이르게 한 때에는 무기 또는 3년 이상의 징역, 사망에 이르게 한 때에는 무기 또는 5년 이상의 징역)
7년 이하의 금고 또는 7천만 원 이하의 벌금	업무상 과실로 위의 죄를 범한 자(사람을 사상(死傷)에 이르게 한 자는 10년 이하의 징역 또는 금고나 1억 원 이하의 벌금)

5년 이하의 징역 또는 1억 원 이하의 벌금	제조소등의 설치허가를 받지 아니하고 제조소등을 설치한 자
3년 이하의 징역 또는 3천만 원 이하의 벌금	저장소 또는 제조소등이 아닌 장소에서 지정수량 이상의 위험물을 저장 또는 취급한 자
1년 이하의 징역 또는 1천만 원 이하의 벌금	• 탱크시험자로 등록히지 아니히고 탱그시험지의 업무를 한 자 • 정기점검을 하지 아니하거나 점검기록을 허위로 작성한 관계인으로서 허가를 받은 자 • 정기검사를 받지 아니한 관계인으로서 허가를 받은 자 • 자체소방대를 두지 아니한 관계인으로서 허가를 받은 자 • 운반용기에 대한 검사를 받지 아니하고 운반용기를 사용하거나 유통시킨 자 • 명령을 위반하여 보고 · 자료제출을 하지 아니하거나 허위의 보고 · 자료제출을 한 자 또는 관계 공무원의 출입 · 검사 또는 수거를 거부 · 방해 또는 기피한 자 • 제조소등에 대한 긴급 사용정지 · 제한명령을 위반한 자
1천500만 원 이하의 벌금	• 위험물의 저장 · 취급에 관한 중요기준에 따르지 아니한 자 • 변경허가를 받지 아니하고 제조소등을 변경한 자 • 제조소등의 완공검사를 받지 아니하고 위험물을 저장 · 취급한 자 • 안전조치 이행명령을 따르지 아니한 자 • 제조소등의 사용정지명령을 위반한 자 • 수리 · 개조 또는 이전의 명령에 따르지 아니한 자 • 안전관리자를 선임하지 아니한 관계인으로서 허가를 받은 자 • 대리자를 지정하지 아니한 관계인으로서 허가를 받은 자 • 업무정지명령을 위반한 자 • 탱크안전성능시험 또는 점검에 관한 업무를 허위로 하거나 그 결과를 증명하는 서류를 허위로 교부한 자 • 예방규정을 제출하지 아니하거나 변경명령을 위반한 관계인으로서 허가를 받은 자 • 정지지시를 거부하거나 국가기술자격증, 교육수료증 · 신원확인을 위한 증명서의 제시 요구 또는 신원확인을 위한 질문에 응하지 아니한 사람 • 명령을 위반하여 보고 또는 자료제출을 하지 아니하거나 허위의 보고 또는 자료제출을 한 자 및 관계공무원의 출입 또는 조사 · 검사를 거부 · 방해 또는 기피한 자 • 탱크시험자에 대한 감독상 명령에 따르지 아니한 자 • 무허가장소의 위험물에 대한 조치명령에 따르지 아니한 자 • 저장 · 취급기준 준수명령 또는 응급조치명령을 위반한 자
1천만 원 이하의 벌금	• 위험물의 취급에 관한 안전관리와 감독을 하지 아니한 자 • 안전관리자 또는 그 대리자가 참여하지 아니한 상태에서 위험물을 취급한 자 • 변경한 예방규정을 제출하지 아니한 관계인으로서 허가를 받은 자 • 위험물의 운반에 관한 중요기준에 따르지 아니한 자 • 요건을 갖추지 아니한 위험물운반자 • 요건을 갖추지 아니하거나 알킬알루미늄 · 알킬리튬 감독 · 지원을 하지 않은 위험물운송자 • 관계인의 정당한 업무를 방해하거나 출입 · 검사 등을 수행하면서 알게 된 비밀을 누설한 자

(2) 과태료

과태료	내용
500만 원 이하의 과태료	• 임시저장을 위한 소방서장의 승인을 받지 아니한 자 • 위험물의 저장 또는 취급에 관한 세부기준을 위반한 자 • 품명 등의 변경신고를 기간 이내에 하지 아니하거나 허위로 한 자 • 지위승계신고를 기간 이내에 하지 아니하거나 허위로 한 자 • 제조소등의 폐지신고 또는 안전관리자의 선임신고를 기간 이내에 하지 아니하거나 허위로 한 자 • 사용 중지신고 또는 재개신고를 기간 이내에 하지 아니하거나 거짓으로 한 자 • 등록사항의 변경신고를 기간 이내에 하지 아니하거나 허위로 한 자 • 예방규정을 준수하지 아니한 자 • 정기점검결과를 기록 · 보존하지 아니한 자 • 기간 이내에 정기점검결과를 제출하지 아니한 자 • 위험물의 운반에 관한 세부기준을 위반한 자 • 위험물의 운송에 관한 기준을 따르지 아니한 자

01 다음 중 위험물안전관리법령이 적용되는 영역은?

① 항공기에 의한 대한민국 영공에서의 위험물의 저장, 취급 및 운반
② 궤도에 의한 위험물의 저장, 취급 및 운반
③ 철도에 의한 위험물의 저장, 취급 및 운반
④ 자가용승용차에 의한 지정수량 이하의 위험물의 저장, 취급 및 운반

해설
위험물안전관리법은 항공기 · 선박 · 철도 및 궤도에 의한 위험물의 저장 · 취급 및 운반에 있어서는 이를 적용하지 아니한다.

02 위험물안전관리법의 적용 제외와 관련된 다음 내용에서 ( ) 안에 알맞은 것을 모두 나타낸 것은?

> 위험물안전관리법은 ( )에 의한 위험물의 저장 · 취급 및 운반에 있어서는 이를 적용하지 아니한다.

① 항공기, 선박, 철도 및 궤도
② 항공기, 선박, 철도
③ 항공기, 철도 및 궤도
④ 철도 및 궤도

해설
위험물안전관리법은 항공기 · 선박 · 철도 및 궤도에 의한 위험물의 저장 · 취급 및 운반에 있어서는 이를 적용하지 아니한다.

03 위험물안전관리법의 규제에 대해 틀린 것은?

① 지정수량 미만 위험물의 저장 · 취급 및 운반은 시 · 도조례에 의해 규제한다.
② 항공기에 의한 위험물의 저장 · 취급 및 운반은 위험물안전관리법의 규제대상이 아니다.
③ 궤도에 의한 위험물의 저장 · 취급 및 운반은 위험물안전관리법의 규제대상이 아니다.
④ 선박법의 선박에 의한 위험물의 저장 · 취급 및 운반은 위험물안전관리법의 규제대상이 아니다.

해설
지정수량 미만인 위험물의 저장 또는 취급에 관한 기술상의 기준은 특별시 · 광역시 · 특별자치시 · 도 및 특별자치도의 조례로 정한다. 단, 지정수량 미만의 운반은 위험물안전관리법으로 규제한다.

04 위험물안전관리법령에 대한 설명 중 옳지 않은 것은?

① 군부대가 지정수량 이상의 위험물을 군사 목적으로 임시로 저장 또는 취급하는 경우는 제조소등이 아닌 장소에서 지정수량 이상의 위험물을 취급할 수 있다.
② 철도 및 궤도에 의한 위험물의 저장 · 취급 및 운반에 있어서는 위험물안전관리법령을 적용하지 아니한다.
③ 지정수량 미만인 위험물의 저장 또는 취급에 관한 기술상의 기준은 국가화재 안전기준으로 정한다.
④ 업무상 과실로 제조소등에서 위험물을 유출, 방출 또는 확산시켜 사람의 생명, 신체 또는 재산에 대하여 위험을 발생시킨 자는 7년 이하의 금고 또는 7천만 원 이하의 벌금에 처한다.

해설
지정수량 미만인 위험물의 저장 또는 취급에 관한 기술상의 기준은 특별시 · 광역시 · 특별자치시 · 도 및 특별자치도의 조례로 정한다.

05 지정수량 이상의 위험물을 소방서장의 승인을 받아 제조소등이 아닌 장소에서 임시로 저장 또는 취급할 수 있는 기간은 얼마 이내인가? (단, 군부대가 군사목적으로 임시로 저장 또는 취급하는 경우는 제외한다.)

① 30일
② 60일
③ 90일
④ 180일

정답 **01** ④ **02** ① **03** ① **04** ③ **05** ③

지정수량 이상의 위험물을 임시로 저장 또는 취급이 가능한 기준
- 시·도의 조례가 정하는 바에 따라 관할소방서장의 승인을 받아 지정수량 이상의 위험물을 90일 이내의 기간동안 임시로 저장 또는 취급하는 경우
- 군부대가 지정수량 이상의 위험물을 군사목적으로 임시로 저장 또는 취급하는 경우

06 위험물의 품명, 수량 또는 지정수량의 배수의 변경신고에 대한 설명으로 옳은 것은?

① 허가청과 협의하여 설치한 군용 위험물 시설의 경우에도 적용된다.
② 변경신고는 변경한 날로부터 7일 이내에 완공검사 필증을 첨부하여 신고하여야 한다.
③ 위험물의 품명이나 수량의 변경을 위해 제조소의 위치, 구조 또는 설비를 변경하는 경우에 신고한다.
④ 위험물의 품명, 수량 및 지정수량의 배수를 모두 변경할 때에는 신고를 할 수 없고 허가를 신청하여야 한다.

② 변경신고는 변경하고자 하는 날의 1일 전까지 시·도지사에게 신고하여야 한다.
③ 위험물의 품명이나 수량의 변경을 위해 제조소의 위치, 구조 또는 설비를 변경하는 경우에는 변경허가를 받아야 한다.
④ 위험물의 품명, 수량 및 지정수량의 배수를 모두 변경할 때에는 변경신고를 하여야 한다.

07 위험물안전관리법에서 규정하고 있는 내용으로 틀린 것은?

① 민사집행법에 의한 경매, 국세징수법 또는 지방세징수법에 따른 압류재산의 매각절차에 따라 제조소등의 시설의 전부를 인수한 자는 그 설치자의 지위를 승계한다.
② 탱크시험자의 등록이 취소된 날로부터 2년이 지나지 아니한 자는 탱크시험자로 등록하거나 탱크시험자의업무에 종사할 수 없다.

③ 농예용·축산용으로 필요한 난방시설 또는 건조시설을 위한 지정수량 20배 이하의 취급소는 신고를 하지 아니하고 위험물의 품명·수량을 변경할 수 있다.
④ 법정의 완공검사를 받지 아니하고 제조소등을 사용한때 시·도지사는 허가를 취소하거나 6월 이내의 기간을 정하여 사용정지를 명할 수 있다.

농예용, 축산용으로 필요한 난방시설 또는 건조시설을 위한 지정수량 20배 이하의 저장소는 신고를 하지 아니하고 위험물의 품명, 수량을 변경할 수 있다.

08 위험물제조소등의 허가에 관계된 설명으로 옳은 것은?

① 제조소등을 변경하고자 하는 경우에는 언제나 허가를 받아야 한다.
② 위험물의 품명을 변경하고자 하는 경우에는 언제나 허가를 받아야 한다.
③ 농예용으로 필요한 난방시설을 위한 지정수량 20배 이하의 저장소는 허가대상이 아니다.
④ 저장하는 위험물의 변경으로 지정수량의 배수가 달라지는 경우는 언제나 허가대상이 아니다.

① 제조소등을 변경하는 경우 중 행정안전부령으로 정하는 사항은 변경허가를 받아야 한다.
②, ④ 제조소등의 위치·구조 또는 설비의 변경없이 당해 제조소등에서 저장하거나 취급하는 위험물의 품명·수량 또는 지정수량의 배수를 변경하고자 하는 자는 변경하고자 하는 날의 1일 전까지 행정안전부령이 정하는 바에 따라 시·도지사에게 신고하여야 한다.
③ 농예용, 축산용으로 필요한 난방시설 또는 건조시설을 위한 지정수량 20배 이하의 저장소는 신고를 하지 아니하고 위험물의 품명, 수량을 변경할 수 있다.

09 위험물안전관리법에서 규정하고 있는 사항으로 옳지 않은 것은?

① 위험물저장소를 경매에 의해 시설의 전부를 인수한 경우에는 30일 이내에, 저장소의 용도를 폐지한 경우에는 14일 이내에 시·도지사에게 그 사실을 신고하여야 한다.

② 제조소등의 위치, 구조 및 설비 기준을 위반하여 사용한 때는 시·도지사는 허가취소, 전부 또는 일부의 사용정지를 명해야 한다.

③ 경유 20,000L를 수산용 건조시설에 사용하는 경우에는 위험물법의 허가는 받지 아니하고 저장소를 설치할 수 있다.

④ 위치, 구조 또는 설비의 변경 없이 저장소에서 저장하는 위험물 지정수량의 배수를 변경하고자 하는 경우에는 변경하고자 하는 날의 1일 전까지 시·도지사에게 신고하여야 한다.

해설

시·도지사는 제조소등의 관계인이 다음 각 호의 어느 하나에 해당하는 때에는 행정안전부령이 정하는 바에 따라 제6조 제1항에 따른 허가를 취소하거나 6월 이내의 기간을 정하여 제조소등의 전부 또는 일부의 사용정지를 명할 수 있다.

1. 변경허가를 받지 아니하고 제조소등의 위치·구조 또는 설비를 변경한 때
2. 완공검사를 받지 아니하고 제조소등을 사용한 때
2의2. 안전조치 이행명령을 따르지 아니한 때
3. 수리·개조 또는 이전의 명령을 위반한 때
4. 위험물안전관리자를 선임하지 아니한 때
5. 위험물안전관리자 대리자를 지정하지 아니한 때
6. 정기점검을 하지 아니한 때
7. 정기검사를 받지 아니한 때
8. 저장·취급기준 준수명령을 위반한 때

10 위험물 관련 신고 및 선임에 관한 사항으로 옳지 않은 것은?

① 제조소의 위치·구조 변경없이 위험물 품명 변경 시는 변경한 날로부터 7일 이내에 신고하여야 한다.

② 제조소 설치자의 지위를 승계한 자는 승계한 날로부터 30일 이내에 신고하여야 한다.

③ 위험물안전관리자가 해임 또는 퇴직한 경우에는 소방본부장이나 소방서장에게 그 사실을 알려 해임 및 퇴직 사실을 확인받을 수 있다.

④ 위험물안전관리자가 퇴직한 경우는 퇴직일로부터 30일 이내에 선임하여야 한다.

해설

제조소등의 위치·구조 또는 설비의 변경없이 당해 제조소등에서 저장하거나 취급하는 위험물의 품명·수량 또는 지정수량의 배수를 변경하고자 하는 자는 변경하고자 하는 날의 1일 전까지 행정안전부령이 정하는 바에 따라 시·도지사에게 신고하여야 한다.

11 위험물 관련 신고 및 선임에 관한 사항으로 옳지 않은 것은?

① 제조소의 위치·구조 변경없이 위험물의 품명 변경 시는 변경하고자 하는 날의 14일 전까지 신고하여야 한다.

② 제조소 관계인이 제조소를 용도 폐지하고자 할 때에는 폐지한 날로부터 14일 이내에 시·도지사에게 신고하여야 한다.

③ 위험물안전관리자를 선임한 경우에는 선임한 날로부터 14일 이내에 소방본부장 또는 소방서장에게 신고하여야 한다.

④ 위험물안전관리자가 퇴직한 경우 퇴직한 날부터 30일 이내에 다시 안전관리자를 선임하여야 한다.

해설

제조소등의 위치·구조 또는 설비의 변경없이 당해 제조소등에서 저장하거나 취급하는 위험물의 품명·수량 또는 지정수량의 배수를 변경하고자 하는 자는 변경하고자 하는 날의 1일 전까지 행정안전부령이 정하는 바에 따라 시·도지사에게 신고하여야 한다.

12 탱크안전성능검사 항목으로 옳지 않은 것은?

① 기초·지반 검사 ② 충수·수압 검사
③ 용접부 검사 ④ 배관 검사

탱크안전성능검사 항목

- 기초 · 지반검사
- 충수 · 수압검사
- 용접부 검사
- 암반탱크검사

13 한국소방산업기술원이 시 · 도지사로부터 위탁받아 수행하는 안전성능검사 대상 탱크가 아닌 것은?

① 암반탱크
② 지하탱크저장소의 이중벽탱크
③ 100만 L 용량의 지하저장탱크
④ 옥외에 있는 50만 L 용량의 취급탱크

한국소방산업기술원이 시 · 도지사로부터 위탁받아 수행하는 안전성능검사 대상 탱크

- 용량이 100만 리터 이상인 액체위험물을 저장하는 탱크
- 암반탱크
- 지하탱크저장소의 위험물탱크 중 이중벽 액체위험물탱크

14 위험물 탱크성능시험자가 갖추어야 할 등록기준에 해당되지 않는 것은?

① 기술능력　　　② 시설
③ 장비　　　　　④ 경력

위험물 탱크성능시험자가 작추어야 할 등록기준

- 기술능력 : 필수인력
  - 위험물기능장 · 위험물산업기사 또는 위험물기능사 중 1명 이상
  - 비파괴검사기술사 1명 이상 또는 초음파비파괴검사 · 자기비파괴검사 및 침투비파괴검사별로 기사 또는 산업기사 각 1명 이상
- 시설 : 전용사무실
- 장비
  - 자기탐상시험기
  - 초음파두께측정기
  - 영상초음파시험기 또는 방사선투과시험기 + 초음파시험기

15 위험물제조소등의 용도폐지신고에 대한 설명으로 옳지 않은 것은?

① 용도폐지 후 30일 이내에 신고하여야 한다.
② 완공검사합격확인증을 첨부한 용도폐지신고서를 제출하는 방법으로 신고한다.
③ 전자문서로 된 용도폐지신고서를 제출하는 경우에도 완공검사합격확인증을 제출하여야 한다.
④ 신고의무의 주체는 해당 제조소등의 관계인이다.

제조소등의 관계인은 당해 제조소등의 용도를 폐지한 때에는 행정안전부령이 정하는 바에 따라 제조소등의 용도를 폐지한 날부터 14일 이내에 시 · 도지사에게 신고하여야 한다.

16 위험물안전관리법상 제조소등의 허가 취소 또는 사용정지의 사유에 해당하지 않는 것은?

① 안전교육 대상자가 교육을 받지 아니한 때
② 완공검사를 받지 않고 제조소등을 사용한 때
③ 위험물안전관리자를 선임하지 아니한 때
④ 제조소등의 정기검사를 받지 아니한 때

제조소등의 설치허가의 취소 또는 사용정지의 사유

- 변경허가를 받지 아니하고 제조소등의 위치 · 구조 또는 설비를 변경한 때
- 완공검사를 받지 아니하고 제조소등을 사용한 때
- 안전조치 이행명령을 따르지 아니한 때
- 수리 · 개조 또는 이전의 명령을 위반한 때
- 위험물안전관리자를 선임하지 아니한 때
- 위험물안전관리자가 직무를 수행할 수 없을 경우 대리자를 지정하지 아니한 때
- 정기점검을 하지 아니한 때
- 정기검사를 받지 아니한 때
- 저장 · 취급기준 준수명령을 위반한 때

17 위험물제조소등의 화재예방 등 위험물안전관리에 관한 직무를 수행하는 위험물안전관리자의 선임시기는 언제인가?

① 위험물제조소등의 완공검사를 받은 후 즉시
② 위험물제조소등의 허가 신청 전
③ 위험물제조소등의 설치를 마치고 완공검사를 신청하기 전
④ 위험물제조소등의 위험물을 저장 또는 취급하기 전

해설

위험물의 취급에 관한 안전관리와 감독에 관한 업무를 수행하기 위해 위험물제조소등의 위험물을 저장 또는 취급하기 전에 선임한다.

18 위험물안전관리자를 해임할 때에는 해임한 날로부터 며칠 이내에 위험물안전관리자를 다시 선임하여야 하는가?

① 7일   ② 14일
③ 30일   ④ 60일

해설

위험물안전관리사는 해임한 날로부터 30일 이내에 다시 선임하여야 한다.

19 위험물안전관리법령상 안전관리자는 누가 실시하는 안전교육을 받아야 하는가?

① 대통령   ② 시 · 도지사
③ 행정안전부 장관   ④ 소방청장

해설

안전관리자 · 탱크시험자 · 위험물운반자 · 위험물운송자 등 위험물의 안전관리와 관련된 업무를 수행하는 자로서 대통령령이 정하는 자는 해당 업무에 관한 능력의 습득 또는 향상을 위하여 소방청장이 실시하는 교육을 받아야 한다.

20 위험물안전관리법령상 위험물안전관리자의 책무에 해당하지 않는 것은?

① 화재 등의 재난이 발생한 경우 소방관서 등에 대한 연락업무
② 화재 등의 재난이 발생한 경우 응급조치
③ 위험물의 취급에 관한 일지의 작성 · 기록
④ 위험물안전관리자의 선임 · 신고

해설

안전관리자의 책무

1. 위험물의 취급작업에 참여하여 당해 작업이 규정에 의한 저장 또는 취급에 관한 기술기준과 예방규정에 적합하도록 해당 작업자(당해 작업에 참여하는 위험물취급자격자를 포함)에 대하여 지시 및 감독하는 업무
2. 화재 등의 재난이 발생한 경우 응급조치 및 소방관서 등에 대한 연락업무
3. 위험물시설의 안전을 담당하는 자를 따로 두는 제조소등의 경우에는 그 담당자에게 규정에 의한 업무의 지시, 그 밖의 제조소등의 경우에는 규정에 의한 업무
   가. 제조소등의 위치 · 구조 및 설비를 법 제5조 제4항의 기술기준에 적합하도록 유지하기 위한 점검과 점검상황의 기록 · 보존
   나. 제조소등의 구조 또는 설비의 이상을 발견한 경우 관계자에 대한 연락 및 응급조치
   다. 화재가 발생하거나 화재발생의 위험성이 현저한 경우 소방관서 등에 대한 연락 및 응급조치
   라. 제조소등의 계측장치 · 제어장치 및 안전장치 등의 적정한 유지 · 관리
   마. 제조소등의 위치 · 구조 및 설비에 관한 설계도서 등의 정비 · 보존 및 제조소등의 구조 및 설비의 안전에 관한 사무의 관리
4. 화재 등의 재해의 방지와 응급조치에 관하여 인접하는 제조소등과 그 밖의 관련되는 시설의 관계자와 협조체제의 유지
5. 위험물의 취급에 관한 일지의 작성 · 기록
6. 그 밖에 위험물을 수납한 용기를 차량에 적재하는 작업, 위험물설비를 보수하는 작업 등 위험물의 취급과 관련된 작업의 안전에 관하여 필요한 감독의 수행

21 위험물안전관리법령상 제조소등의 관계인은 제조소등의 화재예방과 재해발생 시 비상조치에 필요한 사항을 서면으로 작성하여 허가청에 제출하여야 한다. 이는 무엇에 관한 설명인가?

① 예방규정   ② 소방계획서
③ 비상계획서   ④ 화재영향평가서

예방규정에 대한 설명이다.

22 위험물안전관리법령상 예방규정을 정하여야 하는 제조소등에 해당하지 않는 것은?

① 지정수량 10배 이상의 위험물을 취급하는 제조소
② 이송취급소
③ 암반탱크저장소
④ 지정수량 200배 이상의 위험물을 저장하는 옥내탱크저장소

관계인이 예방규정을 정하여야 하는 제조소등
• 지정수량의 10배 이상의 위험물을 취급하는 제조소
• 지정수량의 100배 이상의 위험물을 저장하는 옥외저장소
• 지정수량의 150배 이상의 위험물을 저장하는 옥내저장소
• 지정수량의 200배 이상의 위험물을 저장하는 옥외탱크저장소
• 암반탱크저장소
• 이송취급소
• 지정수량의 10배 이상의 위험물을 취급하는 일반취급소. 다만, 제4류 위험물(특수인화물을 제외한다)만을 지정수량이 50배 이하로 취급하는 일반취급소(제1석유류 · 알코올류의 취급량이 지정수량의 10배 이하인 경우에 한한다)로서 다음 각목의 어느 하나에 해당하는 것을 제외한다.
  - 보일러 · 버너 또는 이와 비슷한 것으로서 위험물을 소비하는 장치로 이루어진 일반취급소
  - 위험물을 용기에 옮겨 담거나 차량에 고정된 탱크에 주입하는 일반취급소

23 위험물안전관리법령상 제조소등의 관계인은 예방규정을 정하여 누구에게 제출하여야 하는가?

① 소방청장 또는 행정자치부장관
② 소방청장 또는 소방서장
③ 시 · 도지사 또는 소방서장
④ 한국소방안전원장 또는 소방청장

제조소등의 관계인은 예방규정을 제전하거나 변경한 경우에는 별지 제39호 서식의 예방규정제출서에 제정 또는 변경한 예방규정 1부를 첨부하여 시 · 도지사 또는 소방서장에게 제출하여야 한다.

24 정기점검 대상 제조소등에 해당하지 않는 것은?

① 이동탱크저장소
② 지정수량 120배의 위험물을 저장하는 옥외저장소
③ 지정수량 120배의 위험물을 저장하는 옥내저장소
④ 이송취급소

정기점검 대상 제조소등

정기점검 대상 제조소등	비고
1. 지정수량의 10배 이상의 위험물을 취급하는 제조소	
2. 지정수량의 100배 이상의 위험물을 저장하는 옥외저장소	
3. 지정수량의 150배 이상의 위험물을 저장하는 옥내저장소	
4. 지정수량의 200배 이상의 위험물을 저장하는 옥외탱크저장소	
5. 암반탱크저장소	
6. 이송취급소	
7. 지정수량의 10배 이상의 위험물을 취급하는 일반취급소. 다만, 제4류 위험물(특수인화물을 제외한다)만을 지정수량의 50배 이하로 취급하는 일반취급소(제1석유류 · 알코올류의 취급량이 지정수량의 10배 이하인 경우에 한한다)로서 다음 각목의 어느 하나에 해당하는 것을 제외한다. 가. 보일러 · 버너 또는 이와 비슷한 것으로서 위험물을 소비하는 장치로 이루어진 일반취급소 나. 위험물을 용기에 옮겨 담거나 차량에 고정된 탱크에 주입하는 일반취급소	예방규정 작성 대상
지하탱크 저장소	
이동탱크 저장소	
위험물을 취급하는 탱크로서 지하에 매설된 탱크가 있는 제조소 · 주유취급소 · 일반취급소	

25 위험물안전관리법령상 제조소등의 정기점검 대상에 해당하지 않는 것은?

① 지정수량 15배의 제조소
② 지정수량 40배의 옥내탱크저장소
③ 지정수량 50배의 이동탱크저장소
④ 지정수량 20배의 지하탱크저장소

해설

정기점검 대상 제조소등

정기점검 대상 제조소등	비고
1. 지정수량의 10배 이상의 위험물을 취급하는 제조소	예방규정 작성 대상
2. 지정수량의 100배 이상의 위험물을 저장하는 옥외저장소	
3. 지정수량의 150배 이상의 위험물을 저장하는 옥내저장소	
4. 지정수량의 200배 이상의 위험물을 저장하는 옥외탱크저장소	
5. 암반탱크저장소	
6. 이송취급소	
7. 지정수량의 10배 이상의 위험물을 취급하는 일반취급소. 다만, 제4류 위험물(특수인화물을 제외한다)만을 지정수량의 50배 이하로 취급하는 일반취급소(제1석유류·알코올류의 취급량이 지정수량의 10배 이하인 경우에 한한다)로서 다음 각목의 어느 하나에 해당하는 것을 제외한다. 가. 보일러·버너 또는 이와 비슷한 것으로서 위험물을 소비하는 장치로 이루어진 일반취급소 나. 위험물을 용기에 옮겨 담거나 차량에 고정된 탱크에 주입하는 일반취급소	
지하탱크 저장소	
이동탱크 저장소	
위험물을 취급하는 탱크로서 지하에 매설된 탱크가 있는 제조소·주유취급소·일반취급소	

26 위험물안전관리법령상 예방규정을 정하여야 하는 제조소등의 관계인은 위험물제조소등에 대하여 기술기준에 적합한지의 여부를 정기적으로 점검을 하여야 한다. 법적 최소점검주기에 해당하는 것은? (단, 100만 L 이상의 옥외탱크저장소는 제외한다.)

① 주 1회 이상
② 월 1회 이상
③ 6개월에 1회 이상
④ 연 1회 이상

해설

제조소등의 관계인은 당해 제조소등에 대하여 연 1회 이상 정기점검을 실시하여야 한다.

27 위험물안전관리법령에서 규정하고 있는 사항으로 틀린 것은?

① 법정의 안전교육을 받아야 하는 사람은 안전관리자로 선임된 자, 탱크시험자의 기술인력으로 종사하는 자, 위험물운반자, 위험물운송자이다.
② 지정수량 150배 이상의 위험물을 저장하는 옥내저장소는 관계인이 예방규정을 정하여야 하는 제조소등에 해당한다.
③ 정기검사의 대상이 되는 것은 액체 위험물을 저장 또는 취급하는 10만 L 이상의 옥외탱크저장소, 암반탱크저장소, 이송취급소이다.
④ 법정의 안전관리자교육이수자와 소방공무원으로 근무한 경력이 3년 이상인 자는 제4류 위험물에 대한 위험물취급자격자가 될 수 있다.

해설

정기검사 대상 제조소등은 액체위험물을 저장 또는 취급하는 50만 L 이상의 옥외탱크저장소를 말한다.

28 위험물안전관리법령상 사업소의 관계인이 자체소방대를 설치하여야 할 대상으로 옳은 것은?

① 제4류 위험물을 지정수량의 3천배 이상 취급하는 옥외탱크저장소
② 제4류 위험물을 지정수량의 3천배 이상 취급하는 옥외저장소
③ 제4류 위험물을 지정수량의 3천배 이상 취급하는 옥내저장소
④ 제4류 위험물을 지정수량의 3천배 이상 취급하는 제조소

해설

자체소방대를 설치하여야 하는 사업소
- 제4류 위험물을 취급하는 제조소 또는 일반취급소(보일러로 위험물을 소비하는 일반취급소 등 행정안전부령으로 정하는 일반취급소는 제외)에서 취급하는 제4류 위험물의 최대수량의 합이 지정수량의 3천배 이상인 경우
- 제4류 위험물을 저장하는 옥외탱크저장소에 저장하는 제4류 위험물의 최대수량이 지정수량의 50만배 이상인 경우

29 제조소에서 취급하는 제4류 위험물의 최대수량의 합이 지정수량의 24만배 이상 48만배 미만의 사업소의 자체소방대에 두는 화학소방자동차 수와 소방대원 수의 기준으로 옳은 것은?

① 2대, 4인
② 2대, 12인
③ 3대, 15인
④ 3대, 24인

자체소방대에 두는 화학소방차 및 인원

업소의 구분		화학소방자동차	자체소방대원의 수
제조소 · 일반취급소 (제4류 위험물 취급)	지정수량의 3천배 이상 12만배 미만	1대	5인
	지정수량의 12만배 이상 24만배 미만	2대	10인
	지정수량의 24만배 이상 48만배 미만	3대	15인
	지정수량의 48만배 이상	4대	20인
옥외탱크저장소(제4류 위험물 저장)	지정수량의 50만배 이상	2대	10인

30 취급하는 제4류 위험물의 수량이 지정수량의 30만배인 일반취급소가 있는 사업장에 자체소방대를 설치함에 있어서 전체 화학소방차 중 포수용액을 방사하는 화학소방차는 몇 대 이상 두어야 하는가?

① 필수적으로 두어야 하는 것은 아니다.
② 1대
③ 2대
④ 3대

자체소방대에 두는 화학소방차 및 인원

업소의 구분		화학소방자동차	자체소방대원의 수
제조소 · 일반취급소 (제4류 위험물 취급)	지정수량의 3천배 이상 12만배 미만	1대	5인
	지정수량의 12만배 이상 24만배 미만	2대	10인
	지정수량의 24만배 이상 48만배 미만	3대	15인
	지정수량의 48만배 이상	4대	20인
옥외탱크저장소(제4류 위험물 저장)	지정수량의 50만배 이상	2대	10인

※ 포수용액을 방사하는 화학소방자동차의 대수는 화학소방자동차의 대수의 $\frac{2}{3}$ 이상으로 한다.

⇒ 지정수량 30만배인 일반취급소의 화학소방자동차 : 3대

⇒ 포수용액을 방사하는 화학소방자동차 : 3대$\times \frac{2}{3}$ = 2대

31 위험물안전관리법령에 근거하여 자체소방대에 두어야 하는 제독차의 경우 가성소다 및 규조토를 각각 몇 kg 이상 비치하여야 하는가?

① 30
② 50
③ 60
④ 100

제독차에는 가성소다 및 규조토를 각각 50kg 이상 비치해야 한다.

32 위험물안전관리법령상 제조소등에 대한 긴급 사용정지명령 등을 할 수 있는 권한이 없는 자는?

① 시 · 도지사
② 소방본부장
③ 소방서장
④ 소방청장

시 · 도지사, 소방본부장 또는 소방서장은 공공의 안전을 유지하거나 재해의 발생을 방지하기 위하여 긴급한 필요가 있다고 인정하는 때에는 제조소등의 관계인에 대하여 당해 제조소등의 사용을 일시정지하거나 그 사용을 제한할 것을 명할 수 있다.

33 다음에 해당하는 직무를 수행할 수 있는 자는?

> 위험물의 운송자격을 확인하기 위하여 필요하다고 인정하는 경우에는 주행 중의 이동탱크저장소를 정지시켜 당해 이동탱크저장소에 승차하고 있는 자에 대하여 위험물의 취급에 관한 국가기술자격증 또는 교육수료증의 제시를 요구할 수 있고, 국가기술자격증 또는 교육수료증을 제시하지 아니한 경우에는 주민등록증, 여권, 운전면허증 등 신원확인을 위한 증명서를 제시할 것을 요구하거나 신원확인을 위한 질문을 할 수 있다.

① 소방공무원, 국가공무원
② 소방공무원, 국가경찰공무원
③ 지방공무원, 국가공무원
④ 국가공무원, 국가경찰공무원

해설

소방공무원 또는 경찰공무원은 위험물운반자 또는 위험물운송자의 요건을 확인하기 위하여 필요하다고 인정하는 경우에는 주행 중인 위험물 운반 차량 또는 이동탱크저장소를 정지시켜 해당 위험물운반자 또는 위험물운송자에게 그 자격을 증명할 수 있는 국가기술자격증 또는 교육수료증의 제시를 요구할 수 있으며, 이를 제시하지 아니한 경우에는 주민등록증, 여권, 운전면허증 등 신원확인을 위한 증명서를 제시할 것을 요구하거나 신원확인을 위한 질문을 할 수 있다. 이 직무를 수행하는 경우에 있어서 소방공무원과 경찰공무원은 긴밀히 협력하여야 한다.

34 위험물안전관리법령에 의한 안전교육에 대한 설명으로 옳은 것은?

① 제조소등의 관계인은 교육대상자에 대하여 안전교육을 받게 할 의무가 있다.
② 안전관리자, 탱크시험자의 기술인력 및 위험물운송자는 안전교육을 받을 의무가 없다.
③ 탱크시험자의 업무에 대한 강습교육을 받으면 탱크시험자의 기술인력이 될 수 있다.
④ 소방서장은 교육대상자가 교육을 받지 아니한 때에는 그 자격을 정지하거나 취소할 수 있다.

해설

② 안전관리자·탱크시험자·위험물운반자·위험물운송자 등 위험물의 안전관리와 관련된 업무를 수행하는 자로서 대통령령이 정하는 자는 해당 업무에 관한 능력의 습득 또는 향상을 위하여 소방청장이 실시하는 교육을 받아야 한다.

③ 탱크시험자의 기술인력으로 등록한 날부터 6개월 이내에 8시간 이내의 탱크시험자의 기술인력 실무교육을 받아야 한다.
④ 시·도지사, 소방본부장 또는 소방서장은 제1항의 규정에 따른 교육대상자가 교육을 받지 아니한 때에는 그 교육대상자가 교육을 받을 때까지 이 법의 규정에 따라 그 자격으로 행하는 행위를 제한할 수 있다.

35 제조소등에서 위험물을 유출시켜 사람의 신체 또는 재산에 위험을 발생시킨 자에 대한 벌칙기준으로 옳은 것은?

① 1년 이상 3년 이하의 징역
② 1년 이상 5년 이하의 징역
③ 1년 이상 7년 이하의 징역
④ 1년 이상 10년 이하의 징역

해설

1년 이상 10년 이하의 징역에 처한다.

위험물기능사 필기 한권완성
Craftsman Hazardous material

PART

05

CBT 최신
기출복원문제

01 예방규정을 정해야 하는 제조소 등의 관계인은 위험물제조소 등에 대하여 기술 기준에 적합한지의 여부를 정기적으로 점검해야 한다. 법적 최소점검주기에 해당하는 것은? (단, 100만 L 이상의 옥외탱크저장소는 제외한다.)

① 월 1회 이상
② 6개월 1회 이상
③ 연 1회 이상
④ 2년 1회 이상

해설

제조소 등의 관계인은 당해 제조소 등에 대하여 연 1회 이상 정기점검을 실시하여야 한다.

02 Halon 1301 소화약제에 대한 설명으로 옳지 않은 것은?

① 저장 용기에 액체상으로 충전한다.
② 화학식은 CF_3Br이다.
③ 비점이 낮아서 기화가 용이하다.
④ 공기보다 가볍다.

해설

Halon 1301은 공기보다 5.14배 무겁다.
Halon 1301 = CF_3Br
CF_3Br의 분자량 = $12 + 19 \times 3 + 80 = 149$

$$증기비중 = \frac{증기분자량}{공기분자량} = \frac{149}{29} = 5.14$$

03 다음 중 과산화수소의 분해방지 안정제로 적합한 것은?

① 황
② 인산
③ 아세톤
④ 암모니아

해설

과산화수소의 분해방지 안정제로 인산, 요산 등을 사용한다.

04 다음 중 방향족 탄화수소는 무엇인가?

① 아세톤
② 톨루엔
③ 시클로헥산
④ 디에틸에테르

해설

방향족 탄화수소는 분자 속에 벤젠을 포함한다.

① 아세톤 :

② 톨루엔 :

③ 시클로헥산 :

④ 디에틸에테르 :

05 위험물안전관리법령상 옥내저장소에 관한 규정으로 옳지 않은 것은?

① 아세톤을 처마높이 6m 미만인 단층건물에 저장하는 경우 저장창고의 바닥면적은 $1,000m^2$ 이하로 하여야 한다.
② 옥내저장소에는 안전거리를 두는 것이 원칙이나 제6류 위험물을 저장하는 경우에는 안전거리를 두지 않을 수 있다.
③ 지정과산화물을 저장하는 옥내저장소의 경우 바닥면적 $150m^2$ 이내마다 격벽으로 구획을 하여야 한다.
④ 복합용도의 건축물에 설치하는 옥내저장소는 해당 용도로 사용하는 부분의 바닥면적을 $10m^2$ 이하로 하여야 한다.

해설
복합용도의 건축물에 설치하는 옥내저장소는 해당 용도로 사용하는 부분의 바닥면적을 $75m^2$ 이하로 하여야 한다.

06 아세틸렌의 연소형식으로 가장 가까운 것은?

① 증발연소　　　　② 분해연소
③ 표면연소　　　　④ 확산연소

해설
아세틸렌은 화염의 주변에서 확산에 의해 공기와 연료를 서서히 혼합시키면서 연소시키는 방식인 확산연소를 한다.

07 옥외탱크저장소에 경유 1만 리터 탱크 1기가 설치가 설치된 곳은 방유제 용량이 얼마 이상이 되어야 하는가?

① 5,000L　　　　② 10,000L
③ 11,000L　　　　④ 20,000L

해설
옥외저장탱크의 방유제 용량

구분	방유제 내에 하나의 탱크만 존재	방유제 내에 둘 이상의 탱크가 존재
인화성 액체 위험물	탱크 용량의 110% 이상	용량이 최대인 탱크 용량의 110% 이상
인화성이 없는 액체 위험물	탱크 용량의 100% 이상	용량이 최대인 탱크 용량의 100% 이상

→ 경유는 인화성 액체 위험물이며, 방유제 내에 하나의 탱크가 존재하기 때문에 탱크 용량의 110% 이상의 방유제 용량으로 한다.
→ 1만 L × 1.1 = 1.1만 L

08 질산암모늄에 대한 설명으로 옳지 않은 것은?

① 물에 녹아 발열반응을 한다.
② 가열하면 폭발적으로 분해하여 산소와 질소를 생성한다.
③ 단독으로도 급격히 가열하면 분해·폭발할 수 있다.
④ 소화방법으로 냉각소화가 좋다.

해설
질산암모늄은 물에 녹을 때 흡열반응을 한다.

09 다음 중 스프링클러설비의 소화작용으로 가장 거리가 먼 것은?

① 냉각소화　　　　② 억제소화
③ 희석소화　　　　④ 질식소화

해설
스프링클러설비는 냉각·질식·희석 소화작용을 한다.

10 위험물 옥외저장탱크 중 압력탱크에 저장하는 아세트알데히드 등의 저장온도는 몇 ℃ 이하로 유지해야 하는가?

① 60℃　　　　② 40℃
③ 30℃　　　　④ 15℃

해설
옥외저장탱크·옥내저장탱크 또는 지하저장탱크 중 압력탱크에 저장하는 아세트알데히드등 또는 디에틸에테르등의 온도는 40℃ 이하로 유지해야 한다.

정답　05 ④　06 ④　07 ③　08 ①　09 ②　10 ②

11 옥외탱크저장소의 보유공지를 두는 목적으로 옳지 않은 것은?

① 위험물 시설의 화염이 인근의 시설이나 건축물 등으로 연소확대되는 것을 방지하기 위한 완충공간의 기능을 하기 위함
② 위험물 시설의 주변에 장애물이 없도록 공간을 확보함으로 소화활동이 쉽도록 하기 위함
③ 위험물 시설의 주변에 있는 시설과 50m 이상을 이격하여 폭발 발생 시 피해를 방지하기 위함
④ 위험물 시설의 주변에 장애물이 없도록 공간을 확보함으로 피난자의 피난이 쉽도록 하기 위함

해설
옥외저장탱크의 보유공지 너비 기준은 저장·취급하는 위험물 최대수량에 따라 다르다(50m로 고정된 것은 아님).

12 정전기의 발생요인에 대한 설명으로 옳지 않은 것은?

① 분리속도가 빠를수록 정전기의 발생량이 많아진다.
② 접촉과 분리가 반복될수록 정전기의 발생량이 많아진다.
③ 대전서열에서 먼 위치에 있을수록 정전기의 발생량이 많아진다.
④ 접촉 면적이 클수록 정전기의 발생량이 많아진다.

해설
처음 접촉분리가 일어날 때 정전기 발생량이 크고, 반복될수록 줄어든다.

13 제조소등의 허가청이 제조소등의 관계인에게 제조소등의 사용정지처분 또는 허가취소처분을 할 수 있는 사유로 볼 수 없는 것은?

① 수리·개조 또는 이전의 명령을 위반한 때
② 소방서장의 출입검사를 정당한 사유 없이 위반한 때
③ 정기점검을 하지 않은 때
④ 변경허가를 받지 아니하고 제조소 등의 위치·구조 또는 설비를 변경한 때

해설
허가 취소 또는 6개월 이내의 기간동안 제조소등의 전부·일부 사용정지 사유
• 변경허가를 받지 않고 제조소등의 위치·구조·설비를 변경한 때
• 완공검사를 받지 아니하고 제조소등을 사용한 때
• 사용중지 시 안전조치 이행명령을 따르지 아니한 때
• 규정에 따른 수리·개조 또는 이전의 명령을 위반한 때
• 위험물안전관리자를 선임하지 아니한 때
• 위험물안전관리자 대리자를 지정하지 아니한 때
• 정기점검을 하지 아니한 때
• 정기검사를 받지 아니한 때
• 위험물 저장·취급기준 준수명령을 위반한 때

14 다음 중 알코올에 대한 설명으로 옳지 않은 것은?

① 알데히드가 환원되면 1차 알코올이 된다.
② 1가 알코올은 OH기가 1개인 알코올이다.
③ 2차 알코올이 수소를 잃으면 케톤이 된다.
④ 2차 알코올은 1차 알코올이 산화된 것이다.

해설
2차 알코올은 OH기가 붙은 탄소에 결합한 알킬기의 수가 2개인 알코올, 1차 알코올은 OH기가 붙은 탄소에 결합한 알킬기의 수가 1개인 알코올이다.

15 제4류 위험물을 지정수량 4천 배로 저장하는 옥외탱크저장소의 보유공지는 얼마인가?

① 5m 이상   ② 9m 이상
③ 12m 이상   ④ 15m 이상

옥외탱크저장소의 보유공지

저장 또는 취급하는 위험물의 최대 수량	공지의 너비
지정수량의 500배 이하	3m 이상
지정수량의 500배 초과 1,000배 이하	5m 이상
지정수량의 1,000배 초과 2,000배 이하	9m 이상
지정수량의 2,000배 초과 3,000배 이하	12m 이상
지정수량의 3,000배 초과 4,000배 이하	15m 이상
지정수량의 4,000배 초과	당해 탱크의 수평단면의 최대지름(가로형인 경우에는 긴 변)과 높이 중 큰 것과 같은 거리 이상. 다만, 30m 초과의 경우에는 30m 이상으로 할 수 있고, 15m 미만의 경우에는 15m 이상으로 하여야 한다.

16 다음 중 위험물안전관리법령상 벌칙의 기준이 다른 하나는?

① 자체소방대를 두지 아니한 관계인으로서 허가를 받은 자
② 정기점검을 하지 아니하거나 점검기록을 허위로 작성한 관계인으로서 허가를 받은 자
③ 저장소 또는 제조소등이 아닌 장소에서 지정수량 이상의 위험물을 저장 또는 취급한 자
④ 제조소등에 대한 긴급 사용정지 · 제한명령을 위반한 자

①, ②, ④ : 1년 이하의 징역 또는 1천만 원 이하의 벌금
③ : 3년 이하의 징역 또는 3천만 원 이하의 벌금

17 분진폭발 시 소화방법에 대한 설명으로 틀린 것은?

① 이산화탄소와 할로겐화합물 소화약제는 금속분 화재 시 적절치 않다.
② 분진폭발은 보통 단 한 번으로 끝나지 않으므로 2차, 3차 폭발에 대비해야 한다.
③ 분진폭발 시 직사주수에 의해 순간적으로 소화해야 한다.
④ 금속분 화재 시 물은 사용하지 않는다.

직사주수는 분진을 비산시켜 2차 폭발의 원인이 될 수 있어 위험하다.

18 다음 중 옥내소화전설비의 배관 설치기준으로 옳지 않은 것은?

① 배관용 탄소 강관(KS D 3507)을 사용할 수 있다.
② 주배관의 입상관 구경은 최소 60mm 이상으로 한다.
③ 펌프를 이용한 가압송수장치의 흡수관은 펌프마다 전용으로 설치한다.
④ 원칙적으로 급수배관은 생활용수배관과 같이 사용할 수 없으며 전용배관으로만 사용한다.

주배관 중 입상관은 관의 직경이 50mm 이상인 것으로 해야 한다.

19 지정수량 20배의 알코올류를 저장하는 옥외저장탱크의 펌프실 외의 장소에 설치하는 펌프설비의 기준으로 옳지 않은 것은?

① 펌프설비 주위에는 3m 이상의 공지를 보유한다.
② 펌프설비 그 직하의 지반면 주위에 높이 0.15m 이상의 턱을 만든다.
③ 펌프설비 그 직하의 지반면의 최저부에는 집유설비를 만든다.
④ 집유설비에는 위험물이 배수구에 유입되지 않도록 유분리장치를 만든다.

알코올류는 유분리장치 설치대상이 아니다(알코올류 : 물 100g에 용해되는 양이 1g 이상).

정답 16 ③ 17 ③ 18 ② 19 ④

20 다음 중 제2류 위험물의 금속분에 속하지 않는 것은?

① 알루미늄분 ② 몰리브덴분
③ 구리분 ④ 크롬분

해설

금속분은 알칼리금속 · 알칼리토류금속 · 철 및 마그네슘 외의 금속의 분말을 말하고, 구리분 · 니켈분 및 150마이크로미터의 체를 통과하는 것이 50중량퍼센트 미만인 것은 제외한다.

21 위험물 운송에 관한 규정으로 옳지 않은 것은?

① 운송책임자의 범위, 감독 또는 지원의 방법 등에 관한 구체적인 기준은 행정안전부령으로 정한다.
② 이동탱크저장소에 의하여 위험물을 운송하는 자는 당해 위험물을 취급할 수 있는 국가기술자격자 또는 안전교육을 받은 자이어야 한다.
③ 위험물운송자는 이동탱크저장소에 의하여 위험물을 운송하는 때에는 행정안전부령으로 정하는 기준을 준수하는 등 당해 위험물의 안전확보를 위하여 세심한 주의를 기울여야 한다.
④ 안전관리자 · 탱크시험자 · 위험물운송자 등 위험물의 안전관리와 관련된 업무를 수행하는 자는 시 · 도지사가 실시하는 안전교육을 받아야 한다.

해설

안전관리자 · 탱크시험자 · 위험물운송자 등 위험물의 안전관리와 관련된 업무를 수행하는 자는 소방청장이 실시하는 안전교육을 받아야 한다.

22 위험물안전관리법령상 피난설비에 해당하는 것은?

① 유도등 ② 자동식사이렌설비
③ 비상방송설비 ④ 자동화재탐지설비

해설

피난설비의 종류
1. 피난기구 : 피난사다리, 구조대, 완강기, 간이완강기 등
2. 인명구조기구 : 방열복, 방화복(안전모, 보호장갑, 안전화 포함), 공기호흡기, 인공소생기
3. 유도등 : 피난유도선, 피난구유도등, 통로유도등, 객석유도등, 유도표지
4. 비상조명등

23 히드록실아민의 지정수량으로 옳은 것은?

① 10kg ② 20kg
③ 100kg ④ 200kg

해설

히드록실아민의 지정수량은 100kg이다.

24 인화성 액체 위험물을 저장하는 옥외탱크저장소에 설치하는 방유제의 높이 기준으로 옳은 것은?

① 0.5m 이상 1m 이하
② 0.5m 이상 3m 이하
③ 0.3m 이상 1m 이하
④ 0.5m 이상 5m 이하

해설

방유제는 높이 0.5m 이상 3m 이하, 두께 0.2m 이상, 지하매설 깊이 1m 이상으로 할 것. 다만, 방유제와 옥외저장탱크 사이의 지반면 아래에 불침윤성(수분 흡수를 막는 성질) 구조물을 설치하는 경우에는 지하매설 깊이를 해당 불침윤성 구조물까지로 할 수 있다.

25 다음 중 가연물이 될 수 없는 것은?

① 나트륨 ② 질소
③ 나프탈렌 ④ 니트로셀룰로오스

해설

가연물은 산소와 만나 발열반응을 할 수 있어야 하는데 질소는 흡열반응을 한다.

정답 20 ③ 21 ④ 22 ① 23 ③ 24 ② 25 ②

26 아세트알데히드 100L, 메틸알코올 2,000L, 중유 4,000L를 함께 저장할 때, 지정수량 배수의 합은 얼마인가?

① 5배
② 7배
③ 9배
④ 11배

해설

지정수량의 배수 = 위험물 저장수량/위험물 지정수량
$100L/50L + 2,000L/400L + 4,000L/2,000L = 9$
• 아세트알데히드 지정수량 : 50L
• 메틸알코올 지정수량 : 400L
• 중유 지정수량 : 2,000L

27 위험물을 적재하는 경우 차광성이 있는 피복으로 가려야 하는 위험물은?

① 메틸알코올
② 아세톤
③ 아세트알데히드
④ 아세트산

해설

아세트알데히드는 제4류 위험물 중 특수인화물이므로 차광성이 있는 피복으로 가려야 한다.
• 차광성 피복으로 가려야 하는 위험물 : 제1류 위험물, 제3류 위험물 중 자연발화성 물질, 제4류 위험물 중 특수인화물, 제5류 위험물, 제6류 위험물
• 방수성 피복으로 덮어야 하는 위험물 : 제1류 위험물 중 알칼리금속의 과산화물 또는 이를 함유한 것, 제2류 위험물 중 철분 · 금속분 · 마그네슘 또는 이들 중 어느 하나 이상을 함유한 것, 제3류 위험물 중 금수성 물질

28 알루미늄분의 위험성에 대한 설명으로 옳지 않은 것은?

① 발화하면 다량의 열이 발생한다.
② 산과 반응하여 가연성의 수소가스를 발생한다.
③ 뜨거운 물과 격렬히 반응하여 산화알루미늄이 발생한다.
④ 할로겐원소와 접촉 시 자연발화의 위험이 있다.

해설

알루미늄분은 뜨거운 물과 반응하여 수산화알루미늄이 발생한다.
$2Al + 6H_2O \rightarrow 2Al(OH)_3 + 3H_2$

29 다음 중 제5류 위험물에 해당되지 않는 것은?

① N_2H_4
② $Pb(N_3)_2$
③ NH_2OH
④ CH_3ONO_2

해설

N_2H_4(히드라진)은 제4류 위험물이다.
① N_2H_4 : 히드라진
② $Pb(N_3)_2$: 아지드화납
③ NH_2OH : 히드록실아민
④ CH_3ONO_2 : 질산메틸

30 위험물 중 금수성물질 제조소에 설치하는 주의사항 게시판의 바탕색과 문자색을 올바르게 나타낸 것은?

① 적색바탕에 백색문자
② 백색바탕에 적색문자
③ 청색바탕에 백색문자
④ 백색바탕에 청색문자

해설

위험물 중 금수성물질 제조소의 주의사항 게시판은 "물기엄금"이며, 청색바탕에 백색문자로 표시한다.

31 옥내탱크저장소의 탱크전용실을 단층 건물 외의 건축물에 설치할 때, 탱크전용실을 건축물의 1층 또는 지하층에만 설치하지 않아도 되는 위험물은?

① 제2류 위험물 중 덩어리 황
② 제3류 위험물 중 황린
③ 제4류 위험물 중 인화점이 38℃ 이상인 위험물
④ 제6류 위험물 중 질산

해설

옥내저장탱크는 탱크전용실에 설치할 것, 이 경우 제2류 위험물 중 황화린 · 적린 및 덩어리 유황, 제3류 위험물 중 황린, 제6류 위험물 중 질산의 탱크전용실은 건축물의 1층 또는 지하층에 설치하여야 한다.

정답 26 ③ 27 ③ 28 ③ 29 ① 30 ③ 31 ③

32 다음 중 위험물제조소등에 설치하는 이산화탄소 소화설비의 소화약제 저장용기의 설치장소로 적절하지 않은 것은?

① 방호구역 외의 장소
② 온도가 40℃ 이하이고 온도변화가 적은 장소
③ 빗물이 침투할 우려가 적은 장소
④ 직사일광이 잘 들어오는 장소

해설

불활성가스 소화약제 저장용기 설치장소 기준
- 방호구역 외의 장소에 설치할 것. 다만, 방호구역 내에 설치할 경우에는 피난 및 조작이 용이하도록 피난구 부근에 설치해야 한다.
- 온도가 40℃ 이하이고, 온도변화가 작은 곳에 설치할 것
- 직사광선 및 빗물이 침투할 우려가 없는 곳에 설치할 것
- 방화문으로 방화구획 된 실에 설치할 것
- 용기의 설치장소에는 해당 용기가 설치된 곳임을 표시하는 표지를 할 것
- 용기 간의 간격은 점검에 지장이 없도록 3cm 이상의 간격을 유지할 것
- 저장용기와 집합관을 연결하는 연결배관에는 체크밸브를 설치할 것. 다만, 저장용기가 하나의 방호구역만을 담당하는 경우에는 그렇지 않다.

33 지정수량의 10배 이상의 위험물을 취급하는 제조소에는 피뢰침을 설치하여야 하지만 피뢰침을 설치하지 않을 수 있는 위험물의 종류는 무엇인가?

① 제2류 위험물
② 제4류 위험물
③ 제5류 위험물
④ 제6류 위험물

해설

지정수량의 10배 이상의 위험물을 취급하는 제조소(제6류 위험물을 취급하는 위험물제조소를 제외한다)에는 피뢰침을 설치하여야 한다. 다만, 제조소의 주위의 상황에 따라 안전상 지장이 없는 경우에는 피뢰침을 설치하지 아니할 수 있다.

34 건조사와 같은 불연성 고체로 가연물을 덮는 소화방법은 어떤 소화에 해당하는가?

① 제거소화
② 질식소화
③ 냉각소화
④ 억제소화

해설

건조사와 같은 불연성 고체로 가연물을 덮어 산소를 차단하는 질식소화이다.

35 건축물의 외벽이 내화구조인 위험물제조소의 1 소요단위 연면적은?

① $50m^2$
② $100m^2$
③ $150m^2$
④ $200m^2$

해설

1소요단위의 기준

구분	외벽이 내화구조인 것	외벽이 내화구조가 아닌 것
제조소 · 취급소용 건축물	연면적 $100m^2$	연면적 $50m^2$
저장소용 건축물	연면적 $150m^2$	연면적 $75m^2$
위험물	지정수량의 10배	

※ 옥외에 설치된 공작물 : 외벽이 내화구조인 것으로 간주하고 공작물의 최대수평투영면적을 연면적으로 간주하여 소요단위 산정

36 내용적이 20,000L 옥내저장탱크에 대하여 저장·취급 허가받을 수 있는 최대용량은? (단, 원칙적인 경우에 한한다.)

① 18,000L
② 19,000L
③ 19,400L
④ 20,000L

해설

- 탱크의 공간용적은 탱크의 내용적의 100분의 5 이상 100분의 10 이하의 용적으로 한다.
- 탱크의 용량(허가량)을 최대로 하려면 공간용적을 내용적의 100분의 5가 되도록 한다.
  ⇒ 탱크의 용량(허가량) = 20,000l × 0.95 = 19,000L

37 다음 중 발화점이 가장 낮은 위험물은?

① TNT

② 피크르산

③ 니트로셀룰로로스

④ 과산화벤조일

해설

① TNT : 475℃

② 피크르산 : 300℃

③ 니트로셀룰로로스 : 180℃

④ 과산화벤조일 : 125℃

38 알칼리금속의 과산화물에 대한 설명으로 옳은 것은?

① 주로 환원제로 사용된다.

② 더 이상 분해되지 않는다.

③ 물을 가하면 발열한다.

④ 안정한 물질이다.

해설

알칼리금속의 과산화물은 물과 접촉 시 발열하고 산소를 방출한다.

39 고정지붕구조의 높이 15m인 원통 종형으로 설치된 옥외저장탱크에서 포 방출구가 탱크 상부로부터 아래로 1m 지점에 설치되어 있다. 이 탱크의 최대 허가용량(m^3)은? (단, 탱크 바닥의 지름은 10m이고, 탱크 내부에 다른 구조물은 없다.)

① 876m^3

② 976m^3

③ 1,076m^3

④ 1,176m^3

해설

- 탱크의 허가용량 = 탱크의 내용적 - 탱크의 공간용적
- 탱크의 내용적 = $\pi r^2 \ell$
- 탱크의 공간용적 = 소화약제 방출구를 탱크 안의 윗부분에 설치하는 탱크의 공간용적은 당해 소화설비의 소화약제방출구 아래의 0.3m 이상 1m 미만 사이의 면으로부터 윗부분의 용적으로 한다. 탱크의 용량이 최대가 되려면 공간용적은 최소가 되어야 하고, 소화약제방출구 아래의 0.3m의 면으로부터 윗부분을 공간용적으로 둔다(탱크 최대 용량의 높이 = 15-1.3 = 13.7m).
- ∴ 탱크의 허가용량(최대량) = 탱크의 내용적 - 탱크의 공간용적
  $= \pi r^2(\ell-1.3) = \pi \times (5m)^2 \times (15-1.3)m$
  $= 1,076m^3$

40 주유취급소에서 자동차 등에 위험물을 주유할 때 원동기를 정지시켜야 하는 위험물의 인화점 기준은 몇 ℃ 미만인가? (단, 연료탱크에 위험물을 주유하는 동안 방출되는 가연성 증기 회수설비가 부착되지 않은 고정주유설비의 경우이다.)

① 20℃

② 30℃

③ 40℃

④ 50℃

해설

자동차 등에 인화점 40℃ 미만의 위험물을 주유할 때에는 자동차 등의 원동기를 정지시켜야 한다.

41 다음 (　　) 안에 들어갈 말을 차례대로 나열한 것은?

> 이동저장탱크는 그 내부에 (　　)L 이하마다 (　　) mm 이상의 강철판 또는 이와 동등 이상의 강도·내열성 및 내식성이 있는 금속성의 것으로 칸막이를 설치하여야 한다.

① 2,000, 1.6

② 2,000, 3.2

③ 4,000, 1.6

④ 4,000, 3.2

해설

이동저장탱크는 내부 4,000L 이하마다 3.2mm 이상의 강철판 칸막이를 설치한다.

42 위험물제조소의 배출설비 기준 중 국소방식의 경우 배출능력은 1시간당 배출장소 용적의 몇 배 이상으로 해야 하는가?

① 5

② 10

③ 15

④ 20

해설

배출능력은 1시간당 배출장소 용적의 20배 이상인 것으로 하여야 한다. 다만, 전역방식의 경우에는 바닥면적 $1m^2$당 $18m^3$ 이상으로 할 수 있다.

정답 37 ④ 38 ③ 39 ③ 40 ③ 41 ④ 42 ④

43 아연분이 염산과 반응할 때 생성되는 가스는?

① 산소   ② 수소

③ 질소   ④ 메탄

해설

$Zn + 2HCl \rightarrow ZnCl_2 + H_2$

44 위험물 옥외탱크저장소는 병원과 안전거리를 얼마 이상 두어야 하는가?

① 10m   ② 20m

③ 30m   ④ 50m

해설

위험물 옥외탱크저장소는 병원과 안전거리를 30m 이상 두어야 한다.

45 위험물안전관리법령상 제1종 판매취급소에 설치하는 위험물배합실의 기준으로 옳지 않은 것은?

① 바닥면적은 $6m^2$ 이상 $15m^2$ 이하로 할 것

② 내화구조 또는 불연재료로 된 벽으로 구획할 것

③ 출입구에는 수시로 열 수 있는 자동폐쇄식의 갑종 방화문을 설치할 것

④ 출입구 문턱의 높이는 바닥면으로부터 0.2m 이상으로 할 것

해설

출입구 문턱의 높이는 바닥면으로부터 0.1m 이상으로 할 것

46 과염소산칼륨의 성질로 옳지 않은 것은?

① 과일향이 나는 보라색 결정이다.

② 불연성 물질이다.

③ 강한 산화제이다.

④ 가열하여 완전분해하면 산소가 발생한다.

해설

과염소산칼륨은 무색 결정 또는 백색 분말이다.

47 위험물안전관리법령상 옥내주유취급소의 소화난이도등급으로 옳은 것은?

① 소화난이도등급 I   ② 소화난이도등급 II

③ 소화난이도등급 III   ④ 소화난이도등급 IV

해설

주유취급소의 소화난이도등급

I	주유취급소의 직원 외의 자가 출입하는 주유취급소의 업무를 행하기 위한 사무소, 자동차 등의 점검 및 간이정비를 위한 작업장, 주유취급소에 출입하는 사람을 대상으로 한 점포 · 휴게음식점 또는 전시장 용도의 면적합이 $500m^2$를 초과하는 것
II	옥내주유취급소로서 소화난이도등급 I 의 제조소등에 해당하지 아니하는 것
III	옥내주유취급소 외의 것으로서 소화난이도등급 I 의 제조소 등에 해당하지 아니하는 것

48 옥외저장소에 덩어리 상태의 유황만을 지반면에 설치한 경계표시의 안쪽에서 저장할 때 경계표시의 높이는 몇 m 이하로 하여야 하는가?

① 1   ② 1.5

③ 2   ④ 2.5

해설

덩어리 상태의 유황만을 지반면에 설치한 경계표시 안쪽에 저장 · 취급하는 옥외저장소의 경계표시 높이는 1.5m 이하로 한다.

49 다음 중 불꽃반응 실험 시 노란색 불꽃이 나타나는 금속은 무엇인가?

① Li   ② Na

③ K   ④ Cu

해설

금속의 불꽃반응

불꽃색	빨간색	노란색	보라색	청록색
금속	Li	Na	K	Cu

50 다음 (　　)에 들어갈 말로 적합한 것은?

제6류 위험물을 저장 또는 취급하는 장소로서 폭발의 위험이 없는 장소에 한하여 (　　)가 제6류 위험물에 대하여 적응성이 있다.

① 분말 소화기
② 이산화탄소 소화기
③ 할로겐화합물 소화기
④ 포 소화기

해설

제6류 위험물을 저장 또는 취급하는 장소로서 폭발의 위험이 없는 장소에 한하여 이산화탄소 소화기가 제6류 위험물에 대하여 적응성이 있다.

51 위험물안전관리법령에 대한 설명으로 옳지 않은 것은?

① 철도 및 궤도에 의한 위험물의 저장·취급 및 운반에 있어서는 위험물안전관리법령을 적용하지 아니한다.
② 지정수량 미만인 위험물의 저장·취급에 관한 기술상의 기준은 국가화재안전기준으로 정한다.
③ 제조소등 또는 허가를 받지 않고 지정수량 이상의 위험물을 저장·취급하는 장소에서 위험물을 유출·방출·확산시켜 사람의 생명·신체·재산에 대하여 위험을 발생시킨 자는 1년 이상 10년 이하의 징역에 처한다.
④ 군부대가 지정수량 이상의 위험물을 군사목적으로 임시로 저장 또는 취급하는 경우에는 지정수량 이상의 위험물을 임시로 저장 또는 취급이 가능하다.

해설

지정수량 미만인 위험물의 저장 또는 취급에 관한 기술상의 기준은 특별시·광역시·특별자치시·도 및 특별자치도의 조례로 정한다. 단, 지정수량 미만의 운반은 위험물안전관리법으로 규제한다.

52 다음 중 위험등급이 나머지 셋과 다른 하나는?

① 적린
② 경유
③ 리튬
④ 요오드산칼륨

해설

① 적린 : 위험등급Ⅱ
② 경유 : 위험등급Ⅲ
③ 리튬 : 위험등급Ⅱ
④ 요오드산칼륨 : 위험등급Ⅱ

53 다음 중 주유취급소에 설치할 수 있는 위험물 탱크는?

① 고정급유설비에 직접 접속하는 전용탱크로서 70,000ℓ 이하의 것
② 보일러 등에 직접 접속하는 전용탱크로서 10,000ℓ 이하
③ 폐유·윤활유 등의 탱크로서 총 용량이 4,000ℓ 이하
④ 고정주유설비에 직접 접속하는 5기 이하의 간이탱크

해설

주유취급소에 설치할 수 있는 탱크
1. 자동차 등에 주유하기 위한 고정주유설비에 직접 접속하는 전용탱크로 50,000ℓ 이하
2. 고정급유설비에 직접 접속하는 전용탱크로서 50,000ℓ 이하
3. 보일러 등에 직접 접속하는 전용탱크로서 10,000ℓ 이하
4. 주유취급소 안에 설치된 자동차 점검·정비 등에서 사용하는 폐유·윤활유 등의 탱크로서 총 용량이 2,000ℓ 이하
5. 고정주유설비·고정급유설비에 직접 접속하는 3기 이하의 간이탱크(간이저장탱크의 용량은 600ℓ 이하)

PART 01 | PART 02 | PART 03 | PART 04 | PART 05

54 다음 중 옥외저장소에 저장을 허가 받을 수 없는 위험물은?

① 유황
② 가솔린
③ 질산
④ IMDG Code에 적합한 용기에 수납된 위험물

해설

① 유황 : 제2류 위험물
② 가솔린 : 제4류 위험물(제1석유류, 인화점 : -43℃)
③ 질산 : 제6류 위험물

옥외저장소에 저장을 허가받을 수 있는 위험물

• 제2류 위험물 중 유황 또는 인화성 고체(인화점이 섭씨 0도 이상인 것에 한한다)
• 제4류 위험물 중 제1석유류(인화점이 섭씨 0도 이상인 것에 한한다)·알코올류·제2석유류·제3석유류·제4석유류 및 동식물유류
• 제6류 위험물
• 제2류 위험물 및 제4류 위험물 중 특별시·광역시 또는 도의 조례에서 정하는 위험물(「관세법」 제154조의 규정에 의한 보세구역 안에 저장하는 경우에 한한다)
• 「국제해사기구에 관한 협약」에 의하여 설치된 국제해사기구가 채택한 「국제해상위험물규칙」(IMDG Code)에 적합한 용기에 수납된 위험물

55 할론 2402의 증기비중은? (단, 불소의 원자량은 19, 브롬은 80, 염소는 35.5이다.)

① 4.41
② 5.14
③ 6.77
④ 8.97

해설

할론 2402($C_2F_4Br_2$)의 분자량 = $12 \times 2 + 19 \times 4 + 80 \times 2$
= 260

할론 2402($C_2F_4Br_2$)의 증기비중 = $\dfrac{할론2402의\ 분자량}{공기의\ 분자량}$

$= \dfrac{260}{29} = 8.97$

56 칼륨이 에틸알코올과 반응할 때 나타나는 현상은?

① 에틸알코올이 산화되어 아세트알데히드를 생성한다.
② 칼륨과 물이 반응할 때와 동일한 생성물이 나온다.
③ 산소가스를 생성한다.
④ 칼륨에틸레이드를 생성한다.

해설

$2K + 2C_2H_5OH \rightarrow 2C_2H_5OK + H_2$
[칼륨]　[에틸알코올]　[칼륨에틸레이드] [수소]

57 구리 10g을 20℃에서 70℃까지 올리는 데 필요한 열량은 약 몇 cal인가? (단, 구리의 비열은 0.093cal/g·℃이다.)

① 45cal
② 60cal
③ 75cal
④ 90cal

해설

$Q = c \cdot m \cdot \triangle t = (0.093cal/g \cdot ℃) \times 10g \times (70 - 20)℃$
$= 46.5cal$

58 부틸리튬에 대한 설명으로 옳은 것은?

① 무색의 가연성 고체이며 자극성이 있다.
② 화재발생 시 이산화탄소 소화설비는 적응성이 없다.
③ 증기는 공기보다 가볍고, 점화원에 의해 선화의 위험이 있다.
④ 탄화수소나 다른 극성의 액체에 용해가 잘되며 휘발성은 없다.

해설

부틸리튬(알킬리튬)은 이산화탄소와 격렬히 반응하므로 이산화탄소 소화약제는 사용하지 않는다.

59 플래시오버에 대한 설명으로 옳지 않은 것은?

① 실내의 천정 쪽에 축적된 미연소 가연성 증기·가스를 통한 화염의 급격한 전파
② 국소화재에서 실내의 가연물들이 연소하는 대화재로의 전이
③ 환기재배형 화재에서 연료지배형 화재로의 전이
④ 내화건축물의 실내화재가 성장기에서 최성기로의 진입하는 상황

해설

일반적으로 플래시오버 전에는 연료지배형(통기량이 많고, 가연물이 제한적) 화재, 이후에는 환기지배형(통기량이 적고, 가연물이 많음) 화재가 지배적이다.

60 고정주유설비는 주유설비의 중심선을 기점으로 도로경계선까지 몇 m 이상의 거리를 유지해야 하는가?

① 1m   ② 2m
③ 3m   ④ 4m

해설

고정주유·급유설비 설치위치

고정주유설비의 중심선을 기점으로	• 도로경계선까지 4m 이상 • 건축물의 벽까지 2m 이상 • 부지경계선, 담까지 2m 이상 • 개구부가 없는 벽까지 1m 이상
고정급유설비의 중심선을 기점으로	• 도로경계선까지 4m 이상 • 건축물의 벽까지 2m 이상 • 부지경계선, 담까지 1m 이상 • 개구부가 없는 벽까지는 1m 이상
고정주유설비와 고정급유설비의 사이	• 4m 이상

01 산화열에 의한 발열이 자연발화의 주된 요인으로 작용하는 것은?

① 목탄
② 셀룰로이드
③ 건성유
④ 퇴비

해설

건성유, 고무분말, 금속분, 석탄 등은 주로 산화열에 의한 발열에 의해 자연발화된다.
① 목탄 : 흡착열에 의한 발화
② 셀룰로이드 : 분해열에 의한 발화
④ 퇴비 : 미생물에 의한 발화

02 메틸리튬과 물의 반응 생성물로 옳은 것은?

① 메테인, 수소화리튬
② 메테인, 수산화리튬
③ 에테인, 수소화리튬
④ 에테인, 수산화리튬

해설

$LiCH_3 + H_2O \rightarrow LiOH$(수산화리튬)$+ CH_4$(메테인)

03 주유취급소에 설치할 수 없는 위험물 탱크는?

① 고정주유설비에 직접 접속하는 50,000ℓ의 전용탱크
② 보일러 등에 직접 접속하는 20,000ℓ의 전용탱크
③ 자동차 점검 · 정비 등에서 사용하는 폐유 · 윤활유 등의 탱크로서 총 용량이 1,000ℓ
④ 고정급유설비에 직접 접속하는 3기의 간이탱크

해설

주유취급소에 설치할 수 있는 탱크

- 자동차 등에 주유하기 위한 고정주유설비에 직접 접속하는 전용탱크로 50,000ℓ 이하
- 고정급유설비에 직접 접속하는 전용탱크로서 50,000ℓ 이하
- 보일러 등에 직접 접속하는 전용탱크로서 10,000ℓ 이하
- 주유취급소 안에 설치된 자동차 점검 · 정비 등에서 사용하는 폐유 · 윤활유 등의 탱크로서 총 용량이 2,000ℓ 이하
- 고정주유설비 · 고정급유설비에 직접 접속하는 3기 이하의 간이탱크(간이저장탱크의 용량은 600ℓ 이하)

04 제4류 위험물의 일반적인 성질에 대한 설명 중 옳지 않은 것은?

① 대부분 물보다 가볍다.
② 대부분 물에 녹기 쉽다.
③ 대부분 유기화합물이다.
④ 액체상태이다.

해설

제4류 위험물(인화성 액체)은 대부분 물에 잘 녹지 않는다.

정답   01 ③   02 ②   03 ②   04 ②

05 과산화수소 450kg, 질산 150kg, 과염소산 300kg의 지정수량 배수의 총합은?

① 1배 　　　　　　 ② 1.5배
③ 2배 　　　　　　 ④ 3배

해설

- 과산화수소, 질산, 과염소산의 지정수량 : 300kg
- 지정수량의 배수 = $\dfrac{\text{위험물 저장수량}}{\text{위험물 지정수량}}$
- 지정수량 배수의 합 = $\dfrac{450}{300} + \dfrac{150}{300} + \dfrac{300}{300} = 3$

06 다음 중 연소범위가 가장 넓은 위험물은?

① 에틸알코올 　　　　 ② 벤젠
③ 톨루엔 　　　　　　 ④ 에틸에테르

해설

① 에틸알코올 : 3.1~27.7%
② 벤젠 : 1.4~8%
③ 톨루엔 : 1.1~7.1%
④ 에틸에테르 : 1.7~48%

07 제5류 위험물의 위험등급에 대한 설명으로 옳지 않은 것은?

① 지정수량 10kg인 품명만 위험등급 I 에 해당된다.
② 지정수량 100kg인 히드록실아민과 히드록실아민염류는 위험등급 II에 해당된다.
③ 지정수량 200kg인 품명은 모두 위험등급 III에 해당된다.
④ 유기과산화물과 질산에스테르류는 위험등급 I 에 해당된다.

해설

제5류 위험물

품명		지정수량	위험등급
1. 유기과산화물		10kg	I
2. 질산에스테르류			
3. 니트로화합물		200kg	II
4. 니트로소화합물			
5. 아조화합물			
6. 디아조화합물			
7. 히드라진 유도체			
8. 히드록실아민		100kg	
9. 히드록실아민염류			
10. 그 밖에 행정안전부령으로 정하는 것	1. 금속의 아지화합물	10kg, 100kg, 200kg	I , II
	2. 질산구아니딘		
11. 제1호 내지 제10호의 1에 해당하는 어느 하나 이상을 함유한 것			

08 위험물안전관리법령상 지하탱크저장소의 설치기준으로 알맞도록 다음 ( ) 안을 채우시오.

탱크전용실은 지하의 가장 가까운 벽·피트·가스관 등의 시설물 및 대지경계선으로부터 (㉠)m 이상 떨어진 곳에 설치하고, 지하저장탱크와 탱크전용실의 안쪽과의 사이는 (㉡)m 이상의 간격을 유지하도록 하며, 당해 탱크의 주위에 마른 모래 또는 습기 등에 의하여 응고되지 아니하는 입자지름 (㉢)mm 이하의 마른 자갈분을 채워야 한다.

	㉠	㉡	㉢
①	0.1	0.1	5
②	0.1	0.3	5
③	0.1	0.1	10
④	0.1	0.3	10

해설

탱크전용실은 지하의 가장 가까운 벽·피트·가스관 등의 시설물 및 대지경계선으로부터 0.1m 이상 떨어진 곳에 설치하고, 지하저장탱크와 탱크전용실의 안쪽과의 사이는 0.1m 이상의 간격을 유지하도록 하며, 당해 탱크의 주위에 마른 모래 또는 습기 등에 의하여 응고되지 아니하는 입자지름 5mm 이하의 마른 자갈분을 채워야 한다.

정답 05 ④ 06 ④ 07 ③ 08 ①

09 팽창진주암(삽 1개 포함)의 능력단위가 2.0일 때의 용량으로 옳은 것은?

① 50L ② 80L
③ 160L ④ 320L

해설

팽창진주암(삽 1개 포함) 160L가 능력단위 1.0이므로, 160L의 2배인 320L가 필요하다.

소화설비의 용량별 능력단위

소화설비	용량	능력단위
소화전용 물통	8L	0.3
수조(소화전용물통 3개 포함)	80L	1.5
수조(소화전용물통 6개 포함)	190L	2.5
마른 모래(삽 1개 포함)	50L	0.5
팽창질석 또는 팽창진주암(삽 1개 포함)	160L	1.0

10 다음 중 주유취급소에 설치할 수 없는 건축물·시설은?

① 주유취급소에 출입하는 사람을 대상으로 한 휴게음식점
② 주유취급소에 출입하는 사람을 대상으로 한 전시장
③ 주유취급소에 출입하는 사람을 대상으로 한 일반음식점
④ 주유취급소의 관계자가 거주하는 주거시설

해설

주유취급소에 설치할 수 있는 공작물
• 주유 또는 등유 · 경유를 옮겨 담기 위한 작업장
• 주유취급소의 업무를 행하기 위한 사무소
• 자동차 등의 점검 및 간이정비를 위한 작업장
• 자동차 등의 세정을 위한 작업장
• 주유취급소에 출입하는 사람을 대상으로 한 점포 · 휴게음식점 또는 전시장
• 주유취급소의 관계자가 거주하는 주거시설
• 전기자동차용 충전설비

11 다음 중 알칼리금속 과산화물에 적응성이 있는 소화설비는?

① 물분무 소화설비
② 스프링클러설비
③ 할로겐화합물 소화설비
④ 탄산수소염류분말 소화설비

해설

대상물에 따른 소화설비

		건축물 · 그 밖의 공작물	전기설비	제1류 위험물		제2류 위험물			제3류 위험물		제4류 위험물	제5류 위험물	제6류 위험물
				알칼리금속 과산화물 등	그 밖의 것	철분 · 금속분 · 마그네슘 등	인화성 고체	그 밖의 것	금수성 물품	그 밖의 것			
옥내소화전 또는 옥외소화전 설비		○			○		○	○		○		○	○
스프링클러설비		○			○		○	○		○	△	○	○
물분무 등 소화설비	물분무 소화설비	○	○		○		○	○		○	○	○	○
	포소화설비	○			○		○	○		○	○	○	○
	불활성가스 소화설비		○				○				○		
	할로겐화합물 소화설비		○				○				○		
	분말 소화설비	인산염류 등	○	○		○		○	○			○		○
		탄산수소염류 등		○	○		○		○	○		○		
	그 밖의 것			○		○			○				

12 위험물 유별이 다른 위험물을 유별로 정리하여 서로 1m 이상의 간격을 두어 옥내저장소에 저장하는 경우에 대한 설명으로 틀린 것은?

① 제2류 위험물 중 인화성 고체와 제3류 위험물은 동일한 옥내저장소에 저장할 수 없다.
② 제1류 위험물과 제6류 위험물은 동일한 옥내저장소에 저장할 수 있다.
③ 제1류 위험물 중 알칼리금속의 과산화물과 제5류 위험물은 동일한 옥내저장소에 저장할 수 있다.
④ 제1류 위험물과 황린은 동일한 옥내저장소에 저장할 수 있다.

정답 09 ④ 10 ③ 11 ④ 12 ③

해설

1m 이상의 간격을 두어 동일한 저장소에 유별이 다른 위험물을 저장할 수 있는 경우

- 제1류 위험물(알칼리금속의 과산화물 또는 이를 함유한 것 제외)과 제5류 위험물을 저장하는 경우
- 제1류 위험물과 제6류 위험물을 저장하는 경우
- 제1류 위험물과 제3류 위험물 중 자연발화성 물질(황린 또는 이를 함유한 것에 한함)을 저장하는 경우
- 제2류 위험물 중 인화성 고체와 제4류 위험물을 저장하는 경우
- 제3류 위험물 중 알킬알루미늄등과 제4류 위험물(알킬알루미늄 또는 알킬리튬을 함유한 것에 한함)을 저장하는 경우
- 제4류 위험물 중 유기과산화물 또는 이를 함유하는 것과 제5류 위험물 중 유기과산화물 또는 이를 함유한 것을 저장하는 경우

13 니트로화합물과 같은 가연성 물질이 공기 중의 산소를 필요로 하지 않고 자체의 산소에 의해 연소되는 현상을 무엇이라고 하는가?

① 등심연소　　　　② 훈소연소
③ 분해연소　　　　④ 자기연소

해설

자기연소는 공기 중의 산소가 필요하지 않고, 가연물 자체적으로 지닌 산소를 이용하여 내부 연소하는 형태로, 제5류 위험물(니트로셀룰로오스, 셀룰로이드, TNT 등)의 연소이다.

14 위험물안전관리법령상 인화성 액체의 인화점 시험방법이 아닌 것은?

① 태그밀폐식　　　　② 신속평형법
③ 클리브랜드개방컵　　④ 펜스키-마르텐식

해설

제4류 위험물(인화성액체)의 인화성 측정시험 방법은 태그밀폐식, 신속평형법, 클리브랜드개방컵 방법이 있다.

15 고온층이 형성된 유류탱크 화재 시, 탱크 저부에 고여있던 물이 급격히 증발하여 불 붙은 기름을 분출시키는 현상을 무엇이라고 하는가?

① 화이어볼　　　　② 보일오버
③ 플래시오버　　　④ 슬롭오버

해설

문제는 보일오버에 대한 설명이다.

16 옥내저장소에서 위험물을 수납한 운반용기를 겹쳐 쌓는 경우 몇 m를 초과해서는 안 되는가?

① 1m　　　　② 2m
③ 3m　　　　④ 4m

해설

옥내저장소에서 위험물을 겹쳐 쌓아 저장하는 경우 높이 기준

- 기계에 의하여 하역하는 구조로 된 용기만을 겹쳐 쌓는 경우에 있어서는 6m를 초과하지 않는다.
- 제4류 위험물 중 제3석유류, 제4석유류 및 동식물유류를 수납하는 용기만을 겹쳐 쌓는 경우에 있어서는 4m를 초과하지 않는다.
- 그 밖의 경우에 있어서는 3m를 초과하지 않는다.

17 다음 중 탄산수소염류 분말소화기가 적응성을 갖는 위험물로 옳지 않은 것은?

① 아세톤　　　　② 철분
③ 톨루엔　　　　④ 과염소산

해설

과염소산(제6류 위험물)은 탄산수소염류 분말소화기에 적응성이 없다.

정답　13 ④　14 ④　15 ②　16 ③　17 ④

소화설비의 구분		건축물·그 밖의 공작물	전기설비	제1류 위험물		제2류 위험물			제3류 위험물		제4류 위험물	제5류 위험물	제6류 위험물
대상물의 구분				알칼리금속과산화물 등	그 밖의 것	철분·금속분·마그네슘 등	인화성고체	그 밖의 것	금수성물품	그 밖의 것			
옥내소화전 또는 옥외소화전 설비		○			○		○	○		○		○	○
스프링클러설비		○			○		○	○		○	△	○	○
물분무 등 소화 설비	물분무 소화설비	○	○		○		○	○		○	○	○	○
	포소화설비	○			○		○	○		○	○	○	○
	불활성가스 소화설비		○				○				○		
	할로겐화합물 소화설비		○				○				○		
	분말 소화 설비 인산염류 등	○	○		○		○	○			○		○
	탄산수소염류 등		○	○		○	○		○		○		
	그 밖의 것			○		○			○				

18 위험물안전관리법령상 판매취급소에 관한 설명으로 옳지 않은 것은?

① 건축물의 1층에 설치하여야 한다.
② 위험물을 저장하는 탱크시설을 갖추어야 한다.
③ 건축물의 다른 부분과는 내화구조의 격벽으로 구획하여야 한다.
④ 안전거리와 보유공지에 관한 규제를 받지 않는다.

해설

판매취급소는 용기에 담긴 위험물을 판매하는 장소이므로 탱크시설은 갖추지 않아도 된다.

19 탄화칼슘과 물이 반응했을 때 생성되는 것은?

① 수산화칼슘, 메탄
② 수산화칼슘, 아세틸렌
③ 산화칼슘, 메탄
④ 산화칼슘, 아세틸렌

해설

$CaC_2 + 2H_2O \rightarrow Ca(OH)_2 + C_2H_2$
[탄화칼슘] [물] [수산화칼슘] [아세틸렌]

20 다음 중 연쇄반응을 억제하여 소화하는 소화약제는?

① 물
② 이산화탄소
③ 할론1301
④ 포

해설

① 물 : 냉각소화, 질식소화, 희석소화, 유화소화
② 이산화탄소 : 질식소화, 냉각소화, 피복소화
③ 할론1301 : 억제소화, 질식소화, 냉각소화
④ 포 : 질식소화, 냉각소화

21 위험물안전관리법령상 위험물안전관리자의 선임 등에 대한 설명으로 옳은 것은?

① 안전관리자는 국가기술자격 취득자 중에서만 선임하여야 한다.
② 안전관리자를 해임한 때에는 14일 이내에 다시 선임하여야 한다.
③ 제조소등의 관계인은 안전관리자가 일시적으로 직무를 수행할 수 없는 경우에는 14일 이내의 범위에서 안전관리자의 대리자를 지정하여 직무를 대행하게 하여야 한다.
④ 안전관리자를 선임한 때는 14일 이내에 신고하여야 한다.

해설

① 안전관리자는 국가기술자격 취득자, 안전관리자교육 이수자, 소방공무원 경력자 등으로 선임할 수 있다.
② 안전관리자를 해임한 때에는 30일 이내에 다시 선임하여야 한다.
③ 제조소등의 관계인은 안전관리자가 일시적으로 직무를 수행할 수 없는 경우에는 30일 이내의 범위에서 안전관리자의 대리자를 지정하여 직무를 대행하게 하여야 한다.

정답 18 ② 19 ② 20 ③ 21 ④

22 다음 중 위험물제조소등에 해당하지 않는 것은?

① 이송취급소   ② 간이탱크저장소
③ 이동판매취급소   ④ 일반취급소

해설

23 일반취급소의 소화난이도 등급에 관한 설명으로 옳은 것은?

① 지정수량의 100배 이상을 취급하는 일반취급소는 소화난이도등급 I 에 해당한다.
② 지정수량의 10배 이상을 취급하는 일반취급소는 소화난이도등급 I 에 해당한다.
③ 제4류 위험물을 지정수량의 10배 이상 취급하는 일반취급소는 소화난이도등급 I 에 해당한다.
④ 모든 일반취급소는 소화난이도등급 I 에 해당한다.

해설

소화난이도등급 I

제조소 등의 구분	제조소등의 규모, 저장 또는 취급하는 위험물의 품명 및 최대수량 등
	연면적 1,000m² 이상인 것
제조소 일반취급소	지정수량의 100배 이상인 것(고인화점위험물만을 100℃ 미만의 온도에서 취급하는 것 및 화약류의 위험물을 취급하는 것은 제외)
	지반면으로부터 6m 이상의 높이에 위험물 취급설비가 있는 것(고인화점위험물만을 100℃ 미만의 온도에서 취급하는 것은 제외)

일반취급소로 사용되는 부분 외의 부분을 갖는 건축물에 설치된 것(내화구조로 개구부 없이 구획된 것, 고인화점위험물만을 100℃ 미만의 온도에서 취급하는 것, 화학실험의 일반취급소는 제외)

24 허가량이 1,000만 L인 위험물 옥외저장탱크의 바닥을 전면 교체할 경우 법적 절차로 옳은 것은?

① 변경허가 - 기술검토 - 안전성능검사 - 완공검사
② 기술검토 - 변경허가 - 안전성능검사 - 완공검사
③ 변경허가 - 안전성능검사 - 기술검토 - 완공검사
④ 안전성능검사 - 변경허가 - 기술검토 - 완공검사

해설
기술검토, 변경허가, 안전성능검사, 완공검사 순으로 진행한다.

25 화학포소화기에서 탄산수소나트륨과 황산알루미늄이 반응하여 생성되는 기체의 주성분으로 옳은 것은?

① N_2 ② CO_2
③ Ar   ④ CO

해설
$6NaHCO_3 + Al_2(SO_4)_3 \cdot 18H_2O \rightarrow 3Na_2SO_4 + 2Al(OH)_3 + 6CO_2 + 18H_2O$
화학포의 화학반응에 의해 이산화탄소가 발생하고, 이산화탄소 가스의 압력에 의해 포가 방출된다.

26 이동저장탱크에 알킬알루미늄을 저장할 때, 불활성기체를 봉입하는 압력 기준으로 옳은 것은?

① 200kPa 이하   ② 100kPa 이하
③ 20kPa 이하   ④ 10kPa 이하

해설
이동저장탱크에 알킬알루미늄등을 저장하는 경우 20kPa 이하의 압력으로 불활성의 기체를 봉입한다.

정답   22 ③   23 ①   24 ②   25 ②   26 ③

27 다음 중 금속나트륨에 대한 설명으로 옳지 않은 것은?

① 할로겐화합물 소화약제는 사용할 수 없다.
② 에틸알코올과 반응하여 나트륨에틸레이드와 수소 가스를 발생한나.
③ 은백색의 광택이 있는 중금속이다.
④ 물과 격렬히 반응하여 발열하고 수소가스가 발생 한다.

해설
금속나트륨은 은백색 광택이 있는 경금속이다.

28 다음 중 니트로셀룰로오스에 대한 설명으로 옳은 것은?

① 유기의 염화물이다.
② 무기의 염화물이다.
③ 질소가 함유된 유기물이다.
④ 질소가 함유된 무기물이다.

해설
니트로셀룰로오스($C_{24}H_{36}N_8O_{38}$)는 질소가 함유된 유기물이다.

29 옥외저장탱크의 보유공지 단축을 위해 물분무설 비로 방호조치를 하는 경우 최소 수원의 양은? (단, 옥 외저장탱크의 지름은 10m, 높이는 20m이다.)

① 19,446L   ② 23,248L
③ 24,482L   ④ 26,816L

해설
• 옥외저장탱크의 보유공지 단축을 위해 아래의 수원의 양 이상 으로 물분무설비로 방호조치를 하는 경우 보유공지를 $\frac{1}{2}$ 이상 의 너비(최소 3m)로 할 수 있다.
• 수원의 양 $= \dfrac{37L}{m \cdot min} \times 20min \times$ 원주길이(m)

$\qquad\qquad = \dfrac{37L}{m \cdot min} \times 20min \times 10\pi(m) = 23,248L$

30 화재 발생 시 물을 이용한 소화가 효과적인 위험 물은?

① 트리에틸알루미늄   ② 인화칼슘
③ 칼륨   ④ 황린

해설
황린은 물을 이용하여 소화하는 것이 효과적이다.

31 탱크안전성능검사 항목으로 옳지 않은 것은?

① 기초 · 지반 검사   ② 충수 · 수압 검사
③ 용접부 검사   ④ 배관 검사

해설
탱크안전성능검사 항목
• 기초 · 지반 검사
• 충수 · 수압 검사
• 용접부 검사
• 암반탱크검사

32 이산화탄소 소화기에서 수분의 중량을 일정량 이하로 유지해야 하는데 그 이유로 가장 옳은 것은?

① 수분이 이산화탄소와 반응하여 폭발하므로
② 에너지보존법칙에 의해 압력이 상승하여 관이 파손 되므로
③ 액화탄산가스가 승화성이 있어 관이 팽창하여 방사 압력이 급격히 떨어지므로
④ 줄톰슨효과에 의해 수분이 동결되어 관이 막히므로

해설
줄톰슨효과에 의해 수분이 동결되어 관이 막히기 때문에 수분, 기름 등을 분리시켜야 한다.

33 휘발유를 저장하던 이동탱크 상부로부터 등유를 주입할 때 액표면이 주입관의 끝부분을 넘는 높이가 될 때까지 주입관 내 유속을 몇 m/s 이하로 하여야 하는가?

① 1
② 2
③ 3
④ 5

해설
휘발유를 저장하던 이동저장탱크 상부로부터 등유나 경유를 주입할 때 또는 등유나 경유를 저장하던 이동저장탱크 상부로부터 휘발유를 주입할 때에는 액표면이 주입관의 끝부분을 넘는 높이가 될 때까지 그 주입관 내의 유속을 초당 1m 이하로 해야 한다.

34 위험물 탱크성능시험자가 갖추어야 할 등록기준에 해당되지 않는 것은?

① 기술능력
② 시설
③ 장비
④ 경력

해설
위험물 탱크성능시험자가 작추어야 할 등록기준
• 기술능력 : 필수인력
 - 위험물기능장 · 위험물산업기사 또는 위험물기능사 중 1명 이상
 - 비파괴검사기술사 1명 이상 또는 초음파비파괴검사 · 자기비파괴검사 및 침투비파괴검사별로 기사 또는 산업기사 각 1명 이상
• 시설 : 전용사무실
• 장비
 - 자기탐상시험기
 - 초음파두께측정기
 - 영상초음파시험기 또는 방사선투과시험기＋초음파시험기

35 위험물안전관리법령에 따른 이산화탄소 소화약제 저장용기의 충전비 기준으로 옳은 것은?

① 저압식 저장용기의 충전비 : 1.0 이상 1.3 이하
② 고압식 저장용기의 충전비 : 1.3 이상 1.7 이하
③ 저압식 저장용기의 충전비 : 1.1 이상 1.4 이하
④ 고압식 저장용기의 충전비 : 1.7 이상 2.1 이하

해설
이산화탄소 소화약제 저장용기의 충전비
• 고압식 저장용기 : 1.5 이상 1.9 이하
• 저압식 저장용기 : 1.1 이상 1.4 이하

36 적린의 특성으로 옳지 않은 것은?

① 황린보다 안정적이다.
② 상온에서 자연발화한다.
③ 연소 시 흰 연기가 발생한다.
④ 붉은색을 띤다.

해설
적린은 상온에서 자연발화하지 않는다.

37 위험물안전관리법령에 따른 위험물의 운반용기 재질로 옳지 않은 것은?

① 종이
② 섬유판
③ 삼
④ 도자기

해설
운반용기의 재질 : 강판, 알루미늄판, 양철판, 유리, 금속판, 종이, 플라스틱, 섬유판, 고무류, 합성섬유, 삼, 짚, 나무

38 위험물안전관리법령상 제조소 등의 화재 예방과 재해 발생 시 비상조치에 필요한 사항을 서면으로 작성하여 허가청에 제출하여야 하는 것은 무엇인가?

① 예방규정
② 소방계획서
③ 비상계획서
④ 화재영향평가서

해설
문제는 예방규정에 대한 설명이다

정답 　33 ①　34 ④　35 ③　36 ②　37 ④　38 ①

39 위험물제조소의 위험물 배관에 대한 설명으로 틀린 것은?

① 배관을 지하에 매설하는 경우 접합부분에는 점검구를 설치하여야 한다.
② 배관을 지하에 매설하는 경우 금속성 배관의 외면에는 부식방지 조치를 하여야 한다.
③ 최대상용압력의 1.5배 이상의 압력으로 수압시험을 실시하여 이상이 없어야 한다.
④ 지상에 설치하는 경우에는 안전한 구조의 지지물로 지면에 밀착하여 설치하여야 한다.

> 해설
>
> 배관을 지상에 설치하는 경우에는 지진·풍압·지반침하 및 온도변화에 안전한 구조의 지지물에 설치하되, 지면에 닿지 아니하도록 하고 배관의 외면에 부식방지를 위한 도장을 하여야 한다.

40 위험물에 따른 운반용기 외부 표시사항으로 옳지 않은 것은?

① 제1류 위험물 중 알칼리금속의 과산화물 : 화기·충격주의, 물기엄금, 가연물접촉주의
② 제2류 위험물 중 철분 : 화기엄금
③ 제3류 위험물 중 자연발화성 물질 : 화기엄금, 공기접촉엄금
④ 제4류 위험물 : 화기엄금

> 해설
>
> **위험물에 따른 운반용기 외부 표시사항**

유별		외부 표시 주의사항
제1류 위험물	알칼리금속의 과산화물	• 화기·충격주의 • 물기엄금 • 가연물접촉주의
	그 밖의 것	• 화기·충격주의 • 가연물 접촉주의
제2류 위험물	철분·금속분·마그네슘	• 화기주의 • 물기엄금
	인화성 고체	• 화기엄금
	그 밖의 것	• 화기엄금
제3류 위험물	자연발화성 물질	• 화기엄금 • 공기접촉엄금
	금수성 물질	• 물기엄금

제4류 위험물	• 화기엄금
제5류 위험물	• 화기엄금 • 충격주의
제6류 위험물	• 가연물 접촉주의

41 서로 접촉했을 때 발화하기 쉬운 물질을 연결한 것은?

① 니트로셀룰로오스와 알코올
② 금속나트륨과 석유
③ 과산화수소와 물
④ 과산화수소와 니트로글리세린

> 해설
>
> 과산화수소와 니트로글리세린은 혼촉 시 분해하여 발화한다.

42 다음 중 가연물과 화재 종류에 따른 표시색의 연결이 옳은 것은?

① 나무 – 백색   ② 시너 – 적색
③ 폴리에틸렌 – 황색   ④ 석탄 – 청색

> 해설
>
> ① 나무 – 백색(일반 화재)
> ② 시너 – 황색(유류 화재)
> ③ 폴리에틸렌 – 백색(일반 화재)
> ④ 석탄 – 백색(일반 화재)

정답   39 ④   40 ②   41 ④   42 ①

43 분말소화설비 약제방출 후 클리닝 장치로 배관 내부를 청소하지 않을 시 발생하는 문제점으로 옳은 것은?

① 가압용가스가 외부로 누출된다.
② 선택밸브가 작동하지 않는다.
③ 배관 내 남아있는 약제를 재사용할 수 없다.
④ 배관 내에서 약제가 굳어져 차후에 사용 시 약제방출이 잘 이루어지지 않는다.

해설

배관 내 잔존해 있던 소화약제가 굳어져 차후의 약제방출에 방해가 된다.

44 과산화수소가 이산화망간 촉매 하에서 분해가 촉진될 때 발생하는 가스는?

① 질소   ② 아세틸렌
③ 산소   ④ 수소

해설

과산화수소는 이산화망간 촉매 하에서 분해되어 물과 산소가 발생한다.
$2H_2O_2 \rightarrow 2H_2O + O_2$

45 제조소등의 관계인이 예방규정을 정하여야 하는 제조소등에 해당하지 않는 것은?

① 이송취급소
② 암반탱크저장소
③ 지정수량 10배 이상의 위험물을 취급하는 제조소
④ 지정수량 200배 이상의 위험물을 저장하는 옥내탱크저장소

해설

관계인이 예방규정을 정하여야 하는 제조소등
• 지정수량의 10배 이상의 위험물을 취급하는 제조소
• 지정수량의 100배 이상의 위험물을 저장하는 옥외저장소
• 지정수량의 150배 이상의 위험물을 저장하는 옥내저장소
• 지정수량의 200배 이상의 위험물을 저장하는 옥외탱크저장소
• 암반탱크저장소
• 이송취급소

• 지정수량의 10배 이상의 위험물을 취급하는 일반취급소. 다만, 제4류 위험물(특수인화물을 제외한다)만을 지정수량의 50배 이하로 취급하는 일반취급소(제1석유류·알코올류의 취급량이 지정수량의 10배 이하인 경우에 한한다)로서 다음 각목의 어느 하나에 해당하는 것을 제외한다.
  - 보일러·버너 또는 이와 비슷한 것으로서 위험물을 소비하는 장치로 이루어진 일반취급소
  - 위험물을 용기에 옮겨 담거나 차량에 고정된 탱크에 주입하는 일반취급소

46 옥내탱크저장소의 탱크전용실을 단층 건물 외의 건축물에 설치할 때, 탱크전용실을 건축물의 1층 또는 지하층에만 설치하지 않아도 되는 위험물은?

① 제2류 위험물 중 덩어리 황
② 제3류 위험물 중 황린
③ 제4류 위험물 중 인화점이 38℃ 이상인 위험물
④ 제6류 위험물 중 질산

해설

옥내저장탱크는 탱크전용실에 설치할 것. 이 경우 제2류 위험물 중 황화린·적린 및 덩어리 유황, 제3류 위험물 중 황린, 제6류 위험물 중 질산의 탱크전용실은 건축물의 1층 또는 지하층에 설치하여야 한다.

47 황화린에 대한 설명 중 옳지 않은 것은?

① 오황화린은 물과 접촉하여 황화수소를 발생한다.
② 오황화린은 담황색 결정으로 조해성이 있다.
③ 삼황화린은 차가운 물에도 잘 녹는다.
④ 삼황화린은 황색 결정으로 약 100℃에서 발화할 수 있다.

해설

삼황화린은 물, 염산, 황산에 녹지 않고, 질산, 이황화탄소, 알칼리에 녹는다.

48 위험물의 운반에 관한 기준으로 옳지 않은 것은?

① 액체 위험물은 운반용기 내용적의 98% 이하의 수납률로 수납할 것

② 고체 위험물은 운반용기 내용적의 95% 이하의 수납률로 수납할 것

③ 알킬알루미늄은 운반용기 내용적의 95% 이하의 수납률로 수납하되, 50℃에서 5% 이상의 공간용적을 유지할 것

④ 제3류 위험물 중 자연발화성물질에 있어서는 불활성 기체를 봉입하여 밀봉하는 등 공기와 접하지 아니하도록 할 것

해설

알킬알루미늄은 운반용기 내용적의 90% 이하의 수납률로 수납하되, 50℃에서 5% 이상의 공간용적을 유지할 것

49 제4류 위험물의 화재예방 및 취급방법으로 옳지 않은 것은?

① 아세톤은 일광에 의해 분해되지 않도록 갈색병에 보관한다.

② 초산은 내산성 용기에 저장한다.

③ 건성유는 다공성 가연물과 함께 보관한다.

④ 이황화탄소는 물속에 저장한다.

해설

건성유는 자연발화의 위험성이 있어 다공성 가연물과 함께 보관하면 공기와 반응하여 발열하기 쉬운 상태가 되어 위험하다.

50 물의 소화능력을 강화시키기 위해 개발되어 한랭지 또는 겨울철에도 사용할 수 있는 소화기는?

① 포 소화기　　　　② 할로겐화합물 소화기

③ 강화액 소화기　　④ 산 · 알칼리 소화기

해설

강화액 소화기는 약 -30~-20℃에서도 동결되지 않기 때문에 한랭지역 화재 시 사용한다.

51 액화 이산화탄소 1.5kg이 27℃, 1atm의 공기 중으로 방출되었을 때 방출된 이산화탄소 가스의 부피는 약 몇 L인가?

① 750L　　　　　　② 790L

③ 840L　　　　　　④ 880L

해설

이상기체방정식을 이용하여 계산한다.

$PV = nRT$

• $P = 1atm$

• $n = 1.5kg\ CO_2 \times \dfrac{1,000g}{1\,kg} \times \dfrac{1\,mol}{44g} = 34.091\,mol$

• $R = 0.082\,\dfrac{atm \cdot L}{mol \cdot K}$

• $T = (27 + 273)K = 300K$를 대입한다.

∴ $V = 838.64L$

52 예방규정을 정해야 하는 제조소 등의 관계인은 위험물제조소 등에 대하여 기술 기준에 적합한지의 여부를 정기적으로 점검해야 한다. 법적 최소점검주기에 해당하는 것은? (단, 100만 L 이상의 옥외탱크저장소는 제외한다.)

① 월 1회 이상　　　② 6개월 1회 이상

③ 연 1회 이상　　　④ 2년 1회 이상

해설

제조소 등의 관계인은 당해 제조소 등에 대하여 연 1회 이상 정기점검을 실시하여야 한다.

53 위험물안전관리법령상 옥내저장탱크 상호 간에는 몇 m 이상의 간격을 유지하여야 하는가?

① 0.3m　　　　　　② 0.5m

③ 0.7m　　　　　　④ 1.0m

해설

옥내저장탱크와 탱크전용실의 벽과의 사이 및 옥내저장탱크의 상호 간에는 0.5m 이상의 간격을 유지해야 한다.

54 다음 중 제1류 위험물의 질산염류에 해당하지 않는 것은?

① 질산메틸   ② 질산칼륨
③ 질산암모늄   ④ 질산나트륨

해설
질산메틸은 제5류 위험물(질산에스테르류)이다.

55 다음 중 위험물 운반 시 차광성이 있는 피복으로 덮지 않아도 되는 것은?

① 제1류 위험물
② 제3류 위험물 중 금수성 물질
③ 제4류 위험물 중 특수인화물
④ 제5류 위험물

해설
차광성 피복으로 가려야 하는 위험물
• 제1류 위험물
• 제3류 위험물 중 자연발화성 물질
• 제4류 위험물 중 특수인화물
• 제5류 위험물
• 제6류 위험물

56 다음 중 인화점이 가장 낮은 위험물은?

① 경유   ② 메틸알코올
③ 글리세린   ④ 산화프로필렌

해설
① 경유 - 제2석유류(인화점 : 50~70℃)
② 메틸알코올 - 알코올류(인화점 : 11℃)
③ 글리세린 - 제3석유류(인화점 : 160℃)
④ 산화프로필렌 - 특수인화물(인화점 : -37℃)

57 다음 중 과염소산칼륨과 혼합하였을 때 발화폭발의 위험이 가장 높은 물질은 무엇인가?

① 석면   ② 금
③ 유리   ④ 목탄

해설
목탄, 유기물, 인, 황, 마그네슘분 등의 가연물과 혼합하면 가열·마찰·충격에 의해 폭발할 수 있다.

58 다음 중 오존층파괴지수가 가장 큰 것은?

① Halon 104   ② Halon 1211
③ Halon 1301   ④ Halon 2402

해설
오존층파괴지수(ODP) : Halon 1301(10)>Halon 2402(6)>Halon 1211(3)>Halon 104(1.2)

59 다음 중 산화반응이 일어날 가능성이 가장 큰 물질은?

① 일산화탄소   ② 이산화탄소
③ 질소   ④ 아르곤

해설
산소와 결합하는 산화반응 가능성이 가장 큰 물질은 일산화탄소이고, 일산화탄소는 산화반응을 통해 이산화탄소가 된다. 질소, 아르곤은 불활성가스로 안정한 상태로 화학반응이 일어나기 힘들다.

60 다음 중 소화설비의 적응성에 대한 설명으로 옳은 것은?

① 분말소화약제는 제5류 위험물 화재에 가장 적합하다.
② 물분무소화설비는 전기설비에 사용할 수 없다.
③ 팽창질석은 전기설비를 포함한 모든 대상물에 적응성이 있다.
④ 마른 모래는 모든 위험물에 적응성이 있다.

해설
① 제5류 위험물 화재에는 분말소화약제가 적응성이 없다.
② 물분무소화설비는 전기설비에 사용할 수 있다.
③ 팽창질석은 모든 위험물에 적응성이 있다(전기설비에는 적응성이 없다).

01 불활성가스 소화약제의 기본 성분이 아닌 것은?

① 불소   ② 질소
③ 아르곤   ④ 헬륨

해설

불활성가스 소화약제는 헬륨, 네온, 아르곤, 질소 중 하나 이상의 원소를 기본 성분으로 한다.

02 "옥외저장탱크 주입구" 게시판의 바탕색 및 문자색을 차례대로 나타낸 것은? (단, 인화점이 21℃ 미만인 액체위험물의 옥외저장탱크 주입구에 설치한다.)

① 백색바탕, 흑색문자   ② 적색바탕, 흑색문자
③ 백색바탕, 적색문자   ④ 적색바탕, 백색문자

해설

"옥외저장탱크 주입구" 게시판은 백색바탕에 흑색문자로 표시한다.

03 다음 중 1기압에서 인화점이 200℃ 이상인 위험물은?

① 글리세린   ② 톨루엔
③ 실린더유   ④ 이황화탄소

해설

1기압에 인화점이 200℃ 이상 250℃ 미만인 것은 제4석유류이다.
① 글리세린 : 제3석유류
② 톨루엔 : 제1석유류
③ 실린더유 : 제4석유류
④ 이황화탄소 : 특수인화물

04 과염소산나트륨의 성질로 옳지 않은 것은?

① 물보다 가볍다.
② 조해성이 있다.
③ 분해온도는 약 480℃이다.
④ 수용성이다.

해설

과염소산나트륨의 비중은 2.02로 물보다 무겁다.

05 위험물의 화재예방 및 진압대책에 관한 설명으로 옳지 않은 것은?

① 탄화알루미늄은 물과 반응하여 메탄과 열을 생성하므로 물과의 접촉을 피한다.
② 칼륨, 나트륨은 산소가 함유되지 않은 석유류에 저장한다.
③ 수소화리튬의 화재에는 할론 소화약제를 사용한다.
④ 트리에틸알루미늄은 사염화탄소, 이산화탄소와 반응하여 발열하므로 이들 소화약제는 사용할 수 없다.

해설

수소화리튬은 제3류 위험물(금수성물질)로, 할론 소화약제는 적응성이 없다.

06 위험물에 따른 외부 표시 주의사항으로 옳지 않은 것은?

① 제1류 위험물 중 알칼리금속의 과산화물 : 화기・충격주의, 물기엄금, 가연물 접촉주의
② 제2류 위험물 중 마그네슘 : 화기주의, 물기엄금
③ 제3류 위험물 중 자연발화성 물질 : 물기엄금
④ 제4류 위험물 : 화기엄금

운반용기 외부에 표시하여야 하는 주의사항

유별		외부 표시 주의사항
제1류	알칼리금속의 과산화물	• 화기 · 충격주의 • 물기엄금 • 가연물 접촉주의
	그 밖의 것	• 화기 · 충격주의 • 가연물 접촉주의
제2류	철분 · 금속분 · 마그네슘	• 화기주의 • 물기엄금
	인화성 고체	• 화기엄금
	그 밖의 것	• 화기주의
제3류	자연발화성 물질	• 화기엄금 • 공기접촉엄금
	금수성 물질	• 물기엄금
제4류		• 화기엄금
제5류		• 화기엄금 • 충격주의
제6류		• 가연물 접촉주의

07 다음의 고온체의 색깔을 낮은 온도부터 높은 온도 순대로 옳게 나열한 것은?

① 휘적색 – 백적색 – 황적색 – 암적색
② 휘적색 – 암적색 – 황적색 – 백적색
③ 암적색 – 황적색 – 백적색 – 휘적색
④ 암적색 – 휘적색 – 황적색 – 백적색

고온체의 온도와 색깔

온도 (℃)	520	700	850	950	1,100	1,300	1,500 이상
색깔	담암 적색	암적색	적색	휘적색	황적색	백적색	휘백색

08 취급하는 위험물의 최대수량이 지정수량의 300배일 때, 옥외저장탱크의 측면으로부터 몇 m 이상의 보유공지를 확보해야 하는가? (단, 제4류 위험물이다.)

① 3m 이상
② 5m 이상
③ 9m 이상
④ 12m 이상

옥외저장탱크 보유공지

저장 또는 취급하는 위험물의 최대 수량	공지의 너비
지정수량의 500배 이하	3m 이상
지정수량의 500배 초과 1,000배 이하	5m 이상
지정수량의 1,000배 초과 2,000배 이하	9m 이상
지정수량의 2,000배 초과 3,000배 이하	12m 이상
지정수량의 3,000배 초과 4,000배 이하	15m 이상
지정수량의 4,000배 초과	당해 탱크의 수평단면의 최대지름(가로형인 경우에는 긴 변)과 높이 중 큰 것과 같은 거리 이상. 다만, 30m 초과의 경우에는 30m 이상으로 할 수 있고, 15m 미만의 경우에는 15m 이상으로 하여야 한다.

09 폭굉파의 일반적인 전파속도로 가장 가까운 것은?

① 0.1~10m/s
② 100~1,000m/s
③ 1,000~3,500m/s
④ 5,000~10,000m/s

• 폭발의 전파속도 : 0.1~10m/s
• 폭굉의 전파속도 : 1,000~3,500m/s

10 화재발생 시 이를 알릴 수 있는 경보설비를 설치해야 하는 제조소의 위험물 지정수량 취급기준은?

① 5배 이상
② 10배 이상
③ 100배 이상
④ 200배 이상

지정수량 10배 이상의 위험물을 취급하는 제조소에는 화재발생 시 이를 알릴 수 있는 경보설비를 설치하여야 한다.

11 방호대상물의 각 부분으로부터 하나의 대형 수동식소화기까지의 보행거리 기준으로 옳은 것은?

① 10m 이하
② 15m 이하
③ 20m 이하
④ 30m 이하

해설

수동식소화기의 보행거리
- 대형 수동식소화기 : 방호대상물의 각 부분으로부터 하나의 대형 수동식소화기까지의 보행거리가 30m 이하가 되도록 설치할 것. 다만, 옥내소화전설비, 옥외소화전설비, 스프링클러설비 또는 물분무등소화설비와 함께 설치하는 경우에는 그러하지 아니하다.
- 소형 수동식소화기 : 방호대상물의 각 부분으로부터 하나의 소형 수동식소화기까지의 보행거리가 20m 이하가 되도록 설치할 것. 다만, 옥내소화전설비, 옥외소화전설비, 스프링클러설비, 물분무등소화설비 또는 대형 수동식소화기와 함께 설치하는 경우에는 그러하지 아니하다.

12 다음 중 위험등급Ⅱ에 해당하지 않는 것은?

① 제1류 위험물 중 요오드산염류
② 제2류 위험물 중 적린
③ 제3류 위험물 중 유기금속화합물
④ 제4류 위험물 중 제2석유류

해설

제4류 위험물 중 제2석유류는 위험등급Ⅲ이다.

13 제5류 위험물의 화재예방과 진압대책으로 옳지 않은 것은?

① 운반용기 외부 주의사항으로 "화기 · 충격주의"를 표시한다.
② 제3류 위험물과 서로 1m 이상의 간격을 두고 유별로 정리한 경우라도 동일한 옥내저장소에 함께 저장할 수 없다.
③ 이산화탄소 소화기와 할로겐화합물 소화기 모두 적응성이 없다.
④ 장시간 저장하지 않는다.

해설

운반용기 외부에 표시하여야 하는 주의사항

유별		외부 표시 주의사항
제1류	알칼리금속의 과산화물	• 화기 · 충격주의 • 물기엄금 • 가연물 접촉주의
	그 밖의 것	• 화기 · 충격주의 • 가연물 접촉주의
제2류	철분 · 금속분 · 마그네슘	• 화기주의 • 물기엄금
	인화성 고체	• 화기엄금
	그 밖의 것	• 화기주의
제3류	자연발화성 물질	• 화기엄금 • 공기접촉엄금
	금수성 물질	• 물기엄금
제4류		• 화기엄금
제5류		• 화기엄금 • 충격주의
제6류		• 가연물 접촉주의

14 아세톤의 연소범위가 2~13vol%일 때 위험도는?

① 0.846
② 1.23
③ 5.5
④ 7.5

해설

위험도$(H) = (U - L)/L = (13 - 2)/2 = 5.5$

15 위험물 옥외저장탱크의 통기관에 대한 설명으로 옳지 않은 것은?

① 밸브 없는 통기관의 지름은 30mm 이상으로 한다.
② 밸브 없는 통기관의 끝부분은 수평면보다 45도 이상 구부려 빗물 등의 침투를 막는 구조로 한다.
③ 대기밸브부착 통기관은 평상시에는 닫혀있고 적정 압력 이상이 되면 밸브가 자동으로 동작한다.
④ 대기밸브부착 통기관은 2kPa 이하의 압력 차이로 작동할 수 있어야 한다.

해설

대기밸브부착 통기관은 5kPa 이하의 압력 차이로 작동할 수 있어야 한다.

16 부착장소의 평상시 최고주위온도가 28℃ 미만인 경우 스프링클러헤드의 표시온도의 설치기준으로 옳은 것은?

① 58℃ 미만
② 58℃ 이상 79℃ 미만
③ 79℃ 이상 121℃ 미만
④ 162℃ 이상

해설

스프링클러헤드의 설치기준

부착장소의 최고주위온도	표시온도
28℃ 미만	58℃ 미만
28℃ 이상 39℃ 미만	58℃ 이상 79℃ 미만
39℃ 이상 64℃ 미만	79℃ 이상 121℃ 미만
64℃ 이상 106℃ 미만	121℃ 이상 162℃ 미만
106℃ 이상	162℃ 이상

17 제2류 위험물 중 지정수량이 500kg인 물질에 의한 화재는?

① A급 화재
② B급 화재
③ C급 화재
④ D급 화재

해설

마그네슘, 철분, 금속분의 화재는 금속 화재(D급 화재)이다.

18 위험물 운반용기 외부에 표시하여야 하는 사항으로 옳지 않은 것은?

① 위험물의 품명
② 위험물 지정수량
③ 위험물의 수량
④ 위험물에 따른 주의사항

해설

위험물 운반용기 외부에 표시해야 하는 사항
• 위험물의 품명 · 위험등급 · 화학면 및 수용성("수용성" 표시는 제4류 위험물로서 수용성인 것에 한한다)
• 위험물의 수량
• 수납하는 위험물에 따른 주의사항

19 제4류 위험물의 일반적인 성질로 옳지 않은 것은?

① 모두 인화성 액체이다.
② 전기의 양도체로서 정전기 축적이 용이하다.
③ 발생증기는 가연성이며 증기비중은 대부분 공기보다 무겁다.
④ 대부분 유기화합물이다.

해설

제4류 위험물은 전기의 부도체이다.

20 다음 중 물보다 비중이 작은 것으로만 묶여있는 것은?

① 벤젠, 글리세린
② 에테르, 이황화탄소
③ 글리세린, 아닐린
④ 가솔린, 메탄올

해설

• 비중이 1보다 작은 것 : 벤젠, 에테르, 가솔린, 메탄올
• 비중이 1보다 큰 것 : 글리세린, 이황화탄소, 아닐린

21 공기 중에서 산소와 반응하여 과산화물을 생성하는 물질은?

① 이황화탄소
② 디에틸에테르
③ 메틸알코올
④ 과산화칼륨

해설

디에틸에테르는 장시간 공기와 접촉 시 과산화물을 생성할 수 있다.

22 다음 중 위험물저장소에 해당하지 않는 것은?

① 판매저장소
② 옥외저장소
③ 이동탱크저장소
④ 지하탱크저장소

해설

위험물저장소 종류 : 옥내저장소, 옥외저장소, 옥내탱크저장소, 옥외탱크저장소, 지하탱크저장소, 암반탱크저장소, 간이탱크저장소, 이동탱크저장소

정답 | 16 ① | 17 ④ | 18 ② | 19 ② | 20 ④ | 21 ② | 22 ①

23 옥외탱크저장소에 10,000L 탱크가 설치된 경우 방유제의 용량은? (단, 저장하는 위험물은 휘발유이다.)

① 5,000L
② 5,500L
③ 10,000L
④ 11,000L

방유제의 용량

구분	방유제 내에 하나의 탱크만 존재	방유제 내에 둘 이상의 탱크가 존재
인화성 액체 위험물 (이황화탄소 제외)	탱크 용량의 110% 이상	용량이 최대인 탱크 용량의 110% 이상
인화성이 없는 액체 위험물	탱크 용량의 100% 이상	용량이 최대인 탱크 용량의 100% 이상

⇒ 경유는 인화성 액체 위험물이므로 탱크 용량의 110% 이상 의 방유제 용량을 확보하여야 한다.

10,000L × 1.1 = 11,000L

24 일반 건축물 화재 시 내장재로 사용한 폴리스티렌 폼이 연소했다면 이 폴리스티렌 폼의 연소형태는?

① 분해연소
② 자기연소
③ 증발연소
④ 표면연소

목재, 석탄, 종이, 플라스틱, 섬유, 고무 등 가연성물질은 열분해에 의해 발생한 가연성 가스가 공기와 혼합하여 연소한다.

25 위험물안전관리법령상 유별을 달리하는 위험물의 혼재기준을 적용하지 않아도 되는 위험물의 양은 지정수량의 몇 배 이하인가?

① 1/2
② 1/3
③ 1/5
④ 1/10

혼재기준은 지정수량의 1/10 이하의 위험물에 대하여는 적용하지 아니한다.

26 위험물을 유별로 정리하여 상호 1m 이상의 간격을 유지하여도 동일한 옥내저장소에 저장할 수 없는 것은?

① 제1류 위험물과 제3류 위험물 중 자연발화성 물질 (황린 또는 이를 함유한 것에 한한다)
② 제4류 위험물과 제2류 위험물 중 인화성 고체
③ 제1류 위험물과 제4류 위험물
④ 제1류 위험물과 제6류 위험물

1m 이상의 간격을 두어 동일한 저장소에 유별이 다른 위험물을 저장할 수 있는 경우
• 제1류 위험물(알칼리금속의 과산화물 또는 이를 함유한 것 제외)과 제5류 위험물을 저장하는 경우
• 제1류 위험물과 제6류 위험물을 저장하는 경우
• 제1류 위험물과 제3류 위험물 중 자연발화성 물질(황린 또는 이를 함유한 것에 한함)을 저장하는 경우
• 제2류 위험물 중 인화성 고체와 제4류 위험물을 저장하는 경우
• 제3류 위험물 중 알킬알루미늄 등과 제4류 위험물(알킬알루미늄 또는 알킬리튬을 함유한 것에 한함)을 저장하는 경우
• 제4류 위험물 중 유기과산화물 또는 이를 함유하는 것과 제5류 위험물 중 유기과산화물 또는 이를 함유한 것을 저장하는 경우

27 위험물안전관리법령상 제3석유류의 액체상태 판단기준으로 옳은 것은?

① 1기압과 섭씨 20도에서 액체인 것
② 1기압과 섭씨 25도에서 액체인 것
③ 기압과 무관하게 섭씨 20도에서 액체인 것
④ 기압과 무관하게 섭씨 25도에서 액체인 것

인화성액체란 액체(제3석유류, 제4석유류 및 동식물유류의 경우 1기압과 섭씨 20도에서 액체인 것만 해당한다)로서 인화의 위험성이 있는 것을 말한다.

28 위험물의 성질에 대한 내용으로 옳지 않은 것은?

① 금속나트륨은 물과 반응하여 산소를 생성한다.

② 인화칼슘은 물과 반응하여 유독한 가스를 생성한다.

③ 아세트알데히드는 연소하여 이산화탄소와 물이 발생한다.

④ 질산에틸은 물에 녹지 않고, 인화되기 쉽다.

해설

금속나트륨은 물과 반응하여 수소를 생성한다.

29 지하탱크저장소의 탱크전용실에 대한 설명으로 알맞도록 ( )을/를 채운 것은?

탱크전용실은 지하의 가장 가까운 벽·피트·가스관 등의 시설물 및 대지경계선으로부터 (㉠) 이상 떨어진 곳에 설치하고, 지하저장탱크와 탱크전용실의 안쪽과의 사이는 (㉡) 이상의 간격을 유지하도록 하며, 당해 탱크의 주위에 마른 모래 또는 습기 등에 의하여 응고되지 아니하는 입자지름 (㉢) 이하의 마른 자갈분을 채워야 한다.

	㉠	㉡	㉢
①	0.1mm	1m	3.2mm
②	0.1mm	3m	5mm
③	0.1mm	0.1m	5mm
④	0.5mm	0.1m	5mm

해설

지하탱크저장소의 탱크전용실

설치 위치	지하의 가장 가까운 벽·피트·가스관 등의 시설물 및 대지경계선으로부터 0.1m 이상 떨어진 곳에 설치
탱크 사이 공간	• 지하저장탱크와 탱크전용실의 안쪽과의 사이는 0.1m 이상의 간격을 유지 • 탱크 주위에 마른 모래 또는 습기 등에 의하여 응고되지 아니하는 입자지름 5mm 이하의 마른 자갈분을 채움
벽·바닥·두께	누께	0.3m 이상
	내부	지름 9~13mm까지의 철근을 가로 및 세로로 5~20cm의 간격으로 배치

30 단백포소화약제 제조 공정 중 부동제로 첨가하는 물질은?

① 물 　　　　　② 가수분해 단백질

③ 황산제1철 　　④ 에틸렌글리콜

해설

에틸렌글리콜은 부동제(부동액)의 원료로 사용된다.

31 수소화나트륨의 소화약제로 적절하지 않은 것은?

① 건조사 　　　　② 물

③ 팽창질석 　　　④ 팽창진주암

해설

수소화나트륨의 화재에는 탄산수소염류 분말, 마른 모래, 팽창질석, 팽창진주암 소화약제가 효과적이다.

32 위험물 운반 시 지정수량 10배 이상인 제1류 위험물과 혼재해서 적재할 수 있는 것은?

① 제3류 위험물 　　② 제4류 위험물

③ 제5류 위험물 　　④ 제6류 위험물

해설

유별을 달리하는 위험물의 혼재기준

위험물의 구분	제1류	제2류	제3류	제4류	제5류	제6류
제1류		×	×	×	×	○
제2류	×		×	○	○	×
제3류	×	×		○	×	×
제4류	×	○	○		○	×
제5류	×	○	×	○		×
제6류	○	×	×	×	×	

33 위험물과 그 위험물의 이동저장탱크 외부도장 색상의 연결로 적합하지 않은 것은?

① 제2류 - 적색
② 제3류 - 청색
③ 제5류 - 황색
④ 제6류 - 회색

해설

위험물 이동저장탱크의 외부 도장 색상

유별	외부 도장 색상
제1류	회색
제2류	적색
제3류	청색
제4류	적색(권장)
제5류	황색
제6류	청색

34 지하탱크저장소의 강제이중벽탱크에 대한 설명으로 옳지 않은 것은?

① 스페이서의 재질은 탱크 본체와 다른 재료를 사용한다.
② 탱크외면에는 탱크의 최대시험압력을 표시한다.
③ 외벽 용접은 완전용입용접 또는 양면겹침이음용접으로 한다.
④ 탱크 본체와 외벽 사이에 3mm 이상의 감지층을 둔다.

해설

강제이중벽탱크

내용 추가	내용 추가
외벽 용접	완전용입용접 또는 양면겹침이음용접
감지층	탱크 본체와 외벽 사이에 3mm 이상의 감지층
스페이서 (감지층 간격 유지)	• 탱크의 고정밴드 위치 및 기초대 위치에 설치 • 재질 : 탱크 본체와 동일한 재료 • 스페이서와 탱크의 본체와의 용접은 전주필렛접 또는 부분용접으로 하되, 부분용접으로 하는 경우에는 한 변의 용접비드는 25mm 이상으로 할 것 • 스페이서 크기는 두께 3mm, 폭 50mm, 길이 380mm 이상일 것
탱크외면 표시사항	• 제조업체명, 제조년월 및 제조번호 • 탱크의 용량 · 규격 및 최대시험압력 • 형식번호, 탱크안전성능시험 실시자 등 기타 필요한 사항
탱크외면 부착	지침서 : 탱크운반시 주의사항 · 적재방법 · 보관방법 · 설치방법 및 주의사항 등

35 디에틸에테르의 성질로 옳은 것은?

① 알코올에 용해되지 않는다.
② 연소범위는 1.7~48% 정도이다.
③ 발화온도는 400℃이다.
④ 증기는 공기보다 가볍고, 액상은 물보다 무겁다.

해설

① 알코올에 용해된다.
③ 발화온도는 180℃이다.
④ 증기는 공기보다 무겁고, 액상은 물보다 가볍다.

36 위험물안전관리법령에 명시된 운반용기 재질로 옳지 않은 것은?

① 도자기
② 종이
③ 유리
④ 고무류

해설

운반용기의 재질 : 강판, 알루미늄판, 양철판, 유리, 금속판, 종이, 플라스틱, 섬유판, 고무류, 합성섬유, 삼, 짚, 나무

37 제조소 및 일반취급소에 설치하는 자동화재탐지설비의 설치기준으로 옳지 않은 것은?

① 하나의 경계구역은 600m² 이하로 하고, 한 변의 길이는 50m 이하로 한다.
② 주요한 출입구에서 내부 전체를 볼 수 있는 경우 경계구역은 1,000m² 이하로 할 수 있다.
③ 하나의 경계구역이 300m² 이하이면 2개 층을 하나의 경계구역으로 할 수 있다.
④ 비상전원을 설치하여야 한다.

해설

자동화재탐지설비의 경계구역은 건축물 그 밖의 공작물의 2 이상의 층에 걸치지 아니하도록 할 것. 다만, 하나의 경계구역의 면적이 500m² 이하이면서 당해 경계구역이 두 개의 층에 걸치는 경우이거나 계단 · 경사로 · 승강기의 승강로 그 밖에 이와 유사한 장소에 연기감지기를 설치하는 경우에는 그러하지 아니하다.

정답 33 ④ 34 ① 35 ② 36 ① 37 ③

38 위험물제조소에 설치하는 배출설비에 대한 내용으로 옳지 않은 것은?

① 배출설비는 강제배출방식으로 설치한다.
② 배출구는 지상 2m 이상 높이에 연소의 우려가 없는 곳에 설치한다.
③ 배출설비는 예외적인 경우를 제외하고는 국소방식으로 설치한다.
④ 급기구는 낮은 장소에 설치하고 인화방지망을 설치한다.

해설

급기구는 높은 곳에 설치하고 인화방지망을 설치한다.

39 운송의 감독 또는 지원을 위하여 마련한 별도의 사무실에 운송책임자가 대기하면서 이행하는 사항으로 거리가 먼 것은?

① 운송 후에 운송경로를 파악하여 관할 경찰관서에 신고하는 것
② 이동탱크저장소의 운전자에 대하여 수시로 안전확보 상황을 확인하는 것
③ 비상시의 응급처치에 관하여 조언을 하는 것
④ 위험물의 운송 중 안전확보에 관하여 필요한 정보를 제공하고 감독 또는 지원하는 것

해설

운송의 감독 또는 지원을 위하여 마련한 별도의 사무실에 운송책임자가 대기하면서 이행하는 사항
• 운송경로를 미리 파악하고 관할소방관서 또는 관련업체(비상대응에 관한 협력을 얻을 수 있는 업체를 말한다)에 대한 연락체계를 갖추는 것
• 이동탱크저장소의 운전자에 대하여 수시로 안전확보 상황을 확인하는 것
• 비상시의 응급처치에 관하여 조언을 하는 것
• 그 밖에 위험물의 운송 중 안전확보에 관하여 필요한 정보를 제공하고 감독 또는 지원하는 것

40 다음 중 지정수량이 나머지 셋과 다른 하나는?

① K
② $(CH_3)_3Al$
③ C_4H_9Li
④ Li

해설

①, ②, ③ : 10kg
④ : 50kg

41 점화에너지 중 물리적 변화에서 얻어지는 것은?

① 산화열
② 중합열
③ 압축열
④ 분해열

해설

압축열은 물리적 변화에서 얻어지며, 나머지는 화학적 변화에 의해 얻어진다.

42 다음 중 같은 위험등급끼리 묶이지 않은 것은?

① 황화린, 적린, 칼슘
② Fe, Sb, Mg
③ Zn, Al, S
④ 메탄올, 에탄올, 벤젠

해설

• 위험등급 Ⅱ : 황화린, 적린, 칼슘, S(유황), 메탄올, 에탄올, 벤젠
• 위험등급 Ⅲ : Fe(철분), Sb(안티몬분), Mg(마그네슘분), Zn(아연분), Al(알루미늄분)

43 위험물안전관리법령에서 "인화성 또는 발화성 등의 성질을 가지는 것으로서 대통령이 정하는 물품을 말한다."로 정의한 용어는 무엇인가?

① 인화성 물질
② 자연발화성 물질
③ 위험물
④ 가연물

해설

위험물은 인화성 또는 발화성 등의 성질을 가지는 것으로서 대통령이 정하는 물품을 말한다.

정답 38 ④ 39 ① 40 ④ 41 ③ 42 ③ 43 ③

44 다음 중 이동탱크저장소에 위험물을 운송할 때 운송책임자의 감독·지원을 받아야 하는 위험물은?

① 히드라진 유도체
② 질산구아니딘
③ 알킬리튬
④ 특수인화물

해설

운송책임자의 감독 · 지원을 받아 운송하여야 하는 위험물
• 알킬알루미늄
• 알킬리튬
• 알킬알루미늄 또는 알킬리튬을 함유하는 위험물

45 주유취급소의 고정주유설비 주위에 보유하여야 하는 주유공지의 기준으로 옳은 것은?

① 너비 10m 이상, 길이 3m 이상
② 너비 10m 이상, 길이 6m 이상
③ 너비 15m 이상, 길이 6m 이상
④ 너비 15m 이상, 길이 10m 이상

해설

주유공지는 너비 15m 이상, 길이 6m 이상의 콘크리트 등으로 포장한다.

46 다음 중 옥외저장소에 저장을 허가받을 수 있는 위험물은? (단, 특별시·광역시 또는 도의 조례에서 정하는 위험물과 IMDG Code에 적합한 용기에 수납된 위험물의 경우는 제외한다.)

① 디에틸에테르
② 프로판올
③ 칼륨
④ 무기과산화물

해설

① 디에틸에테르 : 제4류 위험물 중 특수인화물
② 프로판올 : 제4류 위험물 중 알코올류
③ 칼륨 : 제3류 위험물
④ 무기과산화물 : 제1류 위험물

옥외저장소에 저장을 허가받을 수 있는 위험물
• 제2류 위험물 중 유황 또는 인화성 고체(인화점이 섭씨 0도 이상인 것에 한한다)
• 제4류 위험물 중 제1석유류(인화점이 섭씨 0도 이상인 것에 한한다)·알코올류·제2석유류·제3석유류·제4석유류 및 동식물유류
• 제6류 위험물

• 제2류 위험물 및 제4류 위험물 중 특별시·광역시 또는 도의 조례에서 정하는 위험물(「관세법」 제154조의 규정에 의한 보세구역 안에 저장하는 경우에 한한다)
• 「국제해사기구에 관한 협약」에 의하여 설치된 국제해사기구가 채택한 「국제해상위험물규칙」(IMDG Code)에 적합한 용기에 수납된 위험물

47 다음 중 황의 성질로 옳지 않은 것은?

① 물에 녹지 않는다.
② 전기의 부도체로, 전기절연체로 사용된다.
③ 미분은 분진폭발 위험이 있다.
④ 산화성물질이므로 환원성물질과의 접촉을 피해야 한다.

해설

황은 환원성물질이다.

48 제4류 위험물의 품명에 따른 위험등급과 옥내저장소 하나의 저장창고 바닥면적 기준으로 옳게 나열한 것은? (단, 옥내저장소는 독립된 단층건물이며, 구획된 실이 없는 하나의 창고이다.)

① 알코올류 : 위험등급 I, 바닥면적 $1,000m^2$ 이하
② 제1석유류 : 위험등급 II, 바닥면적 $1,000m^2$ 이하
③ 제2석유류 : 위험등급 II, 바닥면적 $1,500m^2$ 이하
④ 제3석유류 : 위험등급 III, 바닥면적 $1,500m^2$ 이하

해설

• 제4류 위험물의 위험등급
 - 위험등급 I : 특수인화물
 - 위험등급 II : 제1석유류, 알코올류
 - 위험등급 III : 제2석유류, 제3석유류, 제4석유류, 동식물유류
• 저장창고의 바닥면적(2 이상의 구획된 실은 각 실의 바닥면적의 합계) 기준

정답 **44** ③ **45** ③ **46** ② **47** ④ **48** ②

위험물을 저장하는 창고의 종류	바닥면적
① 제1류 위험물 중 지정수량 50kg인 위험물 (아염소산염류, 염소산염류, 과염소산염류, 무기과산화물) ② 제3류 위험물 중 지정수량 10kg(칼륨, 나트륨, 알킬알루미늄, 알킬리튬)인 위험물과 황린 ③ 제4류 위험물 중 특수인화물, 제1석유류, 알코올류 ④ 제5류 위험물 중 지정수량 10kg(유기과산화물, 질산에스테르류)인 위험물 ⑤ 제6류 위험물	1,000m² 이하
①~⑤ 외의 위험물을 저장하는 창고	2,000m² 이하
위험물을 내화구조의 격벽으로 완전히 구획된 실에 각각 저장하는 창고(①~⑤의 위험물을 저장하는 실의 면적은 500m² 초과 금지)	1,500m² 이하

49 금속나트륨에 적응성이 있는 소화설비는?

① 이산화탄소 소화설비
② 포소화설비
③ 할로겐화합물 소화설비
④ 탄산수소염류등 분말소화설비

해설

금속나트륨은 제3류위험물의 금수성물질이다.

소화설비의 구분		건축물·그 밖의 공작물	전기설비	제1류 위험물		제2류 위험물			제3류 위험물		제4류 위험물	제5류 위험물	제6류 위험물
				알칼리금속과산화물등	그 밖의 것	철분·금속분·마그네슘등	인화성고체	그 밖의 것	금수성물품	그 밖의 것			
옥내소화전 또는 옥외소화전 설비		○			○		○	○		○		○	○
스프링클러설비		○			○		○	○		△	○	○	○
물분무등소화설비	물분무 소화설비	○	○		○		○	○		○	○	○	○
	포소화설비	○			○		○	○		○	○	○	○
	불활성가스 소화설비		○					○			○		
	할로게하물 소화설비		○					○			○		
	분말소화설비	인산염류 등	○	○		○		○	○			○		○
		탄산수소염류 등		○	○		○	○		○		○		
		그 밖의 것			○		○			○				

50 Halon1211에 해당하는 물질의 분자식은?

① CF_2ClBr
② $C_2Cl_4F_2$
③ CCl_2BrF
④ CF_2BrI

해설

Halon (1)(2)(3)(4)(5)
(1) : C의 개수
(2) : F의 개수
(3) : Cl의 개수
(4) : Br의 개수
(5) : I의 개수(0일 경우 생략)

51 이동탱크저장소로 위험물 운송 시 장거리에 걸친 운송을 하는 때에는 2명 이상의 운전자로 하여야 한다. 다음 중 예외적으로 1명의 운전자가 운송하여도 되는 경우의 조건으로 옳은 것은?

① 운송 도중에 2시간 이내마다 10분 이상씩 휴식하는 경우
② 운송 도중에 2시간 이내마다 20분 이상씩 휴식하는 경우
③ 운송 도중에 4시간 이내마다 10분 이상씩 휴식하는 경우
④ 운송 도중에 4시간 이내마다 20분 이상씩 휴식하는 경우

해설

위험물운송자는 장거리(고속국도에 있어서는 340km 이상, 그 밖의 도로에 있어서는 200km 이상을 말한다)에 걸치는 운송을 하는 때에는 2명 이상의 운전자로 할 것. 다만, 다음의 1)에 해당하는 경우에는 그러하지 아니하다.
1) 운송책임자를 동승시켜 운송 중인 위험물의 안전확보에 관하여 운전자에게 필요한 감독 또는 지원을 하는 경우
2) 운송하는 위험물이 제2류 위험물·제3류 위험물(칼슘 또는 알루미늄의 탄화물과 이것만을 함유한 것에 한함) 또는 제4류 위험물(특수인화물을 제외)인 경우
3) 운송도중에 2시간 이내마다 20분 이상씩 휴식하는 경우

정답 49 ④ 50 ① 51 ②

52 물의 증발잠열은 몇 cal/g인가?

① 327　　　　　　② 539

③ 751　　　　　　④ 1,000

해설

물의 증발잠열은 539cal/g이다.

53 이송취급소의 배관이 하천을 횡단하는 경우 하천 밑에 매설하는 배관의 외면과 계획하상(계획하상이 최심하상보다 높은 경우에는 최심하상)과의 거리는 몇 m 이상 두어야 하는가?

① 1.2m　　　　　② 2.5m

③ 3.0m　　　　　④ 4.0m

해설

• 하천을 횡단하는 경우 : 4.0m
• 수로를 횡단하는 경우
　- 「하수도법」에 따른 하수도(상부가 개방되는 구조로 된 것에 한함) 또는 운하 : 2.5m
　- 그 외의 좁은 수로(용수로 그 밖에 유사한 것을 제외) : 1.2m

54 다음 중 산화성 물질이 아닌 것은?

① 무기과산화물　　② 마그네슘

③ 질산염류　　　　④ 과염소산

해설

마그네슘은 가연성 물질이다.

55 니트로글리세린은 여름철(30℃)과 겨울철(0℃)에 어떤 상태로 존재하는가?

	여름철(30℃)	겨울철(0℃)
①	기체	액체
②	액체	액체
③	액체	고체
④	고체	고체

해설

니트로글리세린은 액체이지만, 8℃에서는 동결한다.

56 벽, 기둥 및 바닥이 내화구조로 된 옥내저장소의 위험물 최대 저장수량이 지정수량의 6배일 경우 보유공지는 몇 m 이상이어야 하는가?

① 0.5　　　　　　② 1

③ 2　　　　　　　④ 3

해설

옥내저장소의 보유공지

저장 또는 취급하는 위험물의 최대 수량	공지의 너비	
	벽·기둥 및 바닥이 내화구조로 된 건축물	그 밖의 건축물
지정수량의 5배 이하		0.5m 이상
지정수량의 5배 초과 10배 이하	1m 이상	1.5m 이상
지정수량의 10배 초과 20배 이하	2m 이상	3m 이상
지정수량의 20배 초과 50배 이하	3m 이상	5m 이상
지정수량의 50배 초과 200배 이하	5m 이상	10m 이상
지정수량의 200배 초과	10m 이상	15m 이상

57 이송취급소에 설치하는 정보설비의 기준에 따라 이송기지에 설치하여야 하는 경보설비로만 이루어져 있는 것은?

① 확성장치, 비상벨장치

② 비상방송설비, 비상경보설비

③ 확성장치, 비상발송설비

④ 비상방송설비, 자동화재탐지설비

해설

이송기지에는 비상벨장치 및 확성장치를 설치할 것

58 피크린산의 분자량으로 옳은 것은?

① 201　　　　　② 208

③ 213　　　　　④ 229

해설

피크린산($C_6H_2OH(NO_2)_3$)의 분자량
$= 12 \times 6 + 1 \times 3 + 16 + (14 + 16 \times 2) \times 3 = 229$

59 20℃, 1기압에서 이황화탄소 기체는 수소 기체보다 몇 배 더 무거운가? (단, 두 기체의 부피는 같다고 가정한다.)

① 18배　　　　② 28배

③ 38배　　　　④ 48배

해설

온도, 압력, 부피조건이 이황화탄소와 수소가 같으므로 분자량으로만 비교한다.

• 이황화탄소(CS_2)의 분자량 $= 12 + 32 \times 2 = 76$
• 수소(H_2)의 분자량 $= 1 \times 2 = 2$

　$\dfrac{\text{이황화탄소의 분자량}}{\text{수소의 분자량}} = \dfrac{76}{2} = 38$

∴ 이황화탄소가 수소보다 38배 더 무겁다.

60 과산화벤조일에 대한 설명으로 옳지 않은 것은?

① 가열하면 약 100℃에서 흰 연기를 내며 분해한다.
② 물에 잘 녹는다.
③ 불활성 희석제를 첨가하여 폭발성을 낮춘다.
④ 진한 황산과 혼촉 시 위험성이 증가한다.

해설

과산화벤조일은 벤젠에 녹고, 물에는 녹지 않는다.

01 알칼리금속의 과산화물에 대한 설명으로 옳은 것은?

① 주로 환원제로 사용된다.
② 물을 가하면 발열한다.
③ 더 이상 분해되지 않는다.
④ 안정한 물질이다.

해설

알칼리금속의 과산화물은 물과 접촉 시 발열하고 산소를 방출한다.

02 트리니트로톨루엔에 대한 설명으로 옳지 않은 것은?

① 공기 중에서 쉽게 가수분해한다.
② 이성질체가 존재한다.
③ 직사광선에 노출되면 다갈색의 결정으로 변한다.
④ 알코올에는 녹으나 물에는 잘 녹지 않는다.

해설

트리니트로톨루엔은 상온, 건조상태에서 자연분해 하지 않는다.

03 이송취급소의 교체밸브, 제어밸브 등의 기준으로 옳지 않은 것은?

① 밸브는 원칙적으로 이송기지 또는 전용부지 내에 설치할 것
② 밸브는 그 개폐상태를 설치장소에서 쉽게 확인할 수 있도록 할 것
③ 밸브를 지하에 설치하는 경우에는 점검상자 안에 설치할 것

④ 밸브는 해당 밸브의 관리에 관계하는 자가 아니면 수동으로만 개폐할 수 있도록 할 것

해설

밸브는 당해 밸브의 관리에 관계하는 자가 아니면 수동으로 개폐할 수 없도록 할 것

04 염소화규소화합물은 제 몇 류 위험물에 해당하는가?

① 제1류　　　　② 제2류
③ 제3류　　　　④ 제4류

해설

염소화규소화합물은 제3류 위험물이다.

05 제조소 등에서 위험물을 유출시켜 사람의 신체 또는 재산에 위험을 발생시킨 자에 대한 벌칙기준은?

① 1년 이상 3년 이하의 징역
② 1년 이상 5년 이하의 징역
③ 1년 이상 7년 이하의 징역
④ 1년 이상 10년 이하의 징역

해설

1년 이상 10년 이하의 징역에 처한다.

정답　01 ②　02 ①　03 ④　04 ③　05 ④

06 탄산칼륨을 물에 용해시킨 강화액 소화약제의 pH에 가장 가까운 값은?

① 1
② 5
③ 7
④ 12

> **해설**
> 강화액 소화약제는 강 알칼리성으로 pH 12 이상이다.

07 다음 중 제6류 위험물에 해당하는 것은?

① NO_3
② H_2O
③ $HClO_3$
④ IF_5

> **해설**
> 제6류 위험물 : 과염소산($HClO_4$), 과산화수소(H_2O_2), 질산(HNO_3), 할로겐간화합물(IF_5, BrF_5, BrF_3)

08 지정수량의 120배를 저장하는 옥내저장소에 설치하여야 하는 경보설비는? (단, 고인화점 위험물만을 저장 또는 취급하는 것은 제외한다.)

① 비상경보설비
② 자동화재탐지설비
③ 비상방송설비
④ 비상조명등설비

> **해설**
> 지정수량 100배 이상을 저장 · 취급하는 옥내저장소는 자동화재탐지설비를 설치하여야 한다.

09 폭굉유도거리(DID)가 짧아지는 경우로 옳은 것은?

① 점화원의 에너지가 낮을 경우
② 관 속에 장애물이 있거나 관 지름이 큰 경우
③ 압력이 높을 경우
④ 연소속도가 작은 혼합가스일 경우

> **해설**
> **폭굉유도거리(DID)가 짧아지는 조건**
> • 연소속도가 큰 혼합가스일 경우
> • 점화원의 에너지가 높을 경우
> • 압력이 높을 경우
> • 관경이 작을 경우
> • 관 속에 장애물이 있는 경우

10 다음 중 위험물안전관리법의 적용대상이 되는 것은?

① 항공기에 의한 대한민국 영공에서의 위험물의 저장, 취급 및 운반
② 궤도에 의한 위험물의 저장, 취급 및 운반
③ 철도에 의한 위험물의 저장, 취급 및 운반
④ 자가용승용차에 의한 지정수량 이하의 위험물의 저장, 취급 및 운반

> **해설**
> 항공기 · 선박 · 철도 및 궤도에 의한 위험물의 저장 · 취급 및 운반에 있어서는 위험물안전관리법을 적용하지 아니한다.

11 다음 중 화학적 소화에 해당하는 것은?

① 제거소화
② 질식소화
③ 냉각소화
④ 억제소화

> **해설**
> ①, ②, ③ : 물리적 소화
> ④ : 화학적 소화

12 위험물 안전교육에 대한 설명으로 옳은 것은?

① 소방서장은 교육대상자가 교육을 받지 아니한 때에는 그 자격을 정지하거나 취소할 수 있다.
② 탱크시험자의 업무에 대한 강습교육을 받으면 탱크시험자의 기술인력이 될 수 있다.
③ 안전관리자, 탱크시험자의 기술인력, 위험물운송자는 안전교육을 받을 의무가 없다.
④ 제조소등의 관계인은 교육대상자에 대하여 안전교육을 받게 할 의무가 있다.

> **해설**
> ① 소방서장은 교육대상자가 교육을 받지 아니한 때에는 그 교육대상자가 교육을 받을 때까지 이 법의 규정에 따라 그 자격으로 행하는 행위를 제한할 수 있다.
> ② 탱크시험자가 되고자 하는 자는 대통령령이 정하는 기술능력 · 시설 및 장비를 갖추어 시 · 도지사에게 등록해야 한다.
> ③ 안전관리자, 탱크시험자의 기술인력, 위험물운송자 등 위험물 안전관리와 관련된 업무를 수행하는 자는 소방청장이 실시하는 안전교육을 받아야 한다.

13 과산화수소의 화재예방 및 진압대책으로 옳지 않은 것은?

① 화재발생 시 옥내소화전설비를 이용한다.
② 장기보존 시 유리용기를 사용하여 밀전한다.
③ 기연물과의 접촉을 피한다.
④ 물분무소화설비를 사용하여 소화한다.

과산화수소의 보관용기는 구멍 뚫린 마개를 사용하여 용기 내 압 상승을 방지한다.

14 〈보기〉의 탱크의 공간용적 산정기준으로 알맞도록 (　) 안에 알맞은 숫자를 순서대로 채우시오.

┌ 보기 ┐
암반탱크에 있어서는 해당 탱크 내에 용출하는 (　　) 일 간의 지하수의 양에 상당하는 용적과 해당 탱크 내 용적의 (　　)의 용적 중에서 보다 큰 용적을 공간용적으로 한다.

① 7, 1/100　　　　② 7, 5/100
③ 10, 1/100　　　④ 10, 5/100

암반탱크에 있어서는 당해 탱크 내에 용출하는 7일 간의 지하수의 양에 상당하는 용적과 당해 탱크의 내용적의 100분의 1의 용적 중에서 보다 큰 용적을 공간용적으로 한다.

15 다음 중 위험물의 품명 분류가 잘못된 것은?

① 제1석유류 - 휘발유　　② 제2석유류 - 경유
③ 제3석유류 - 포름산　　④ 제4석유류 - 기어유

포름산은 제2석유류이다.

16 다음 중 연소범위가 1.4~7.6%인 위험물은?

① 에테르　　　　　② 아세톤
③ 이황화탄소　　　④ 휘발유

휘발유(가솔린)의 연소범위는 1.4~7.6%이다.

17 다음 중 위험물제조소와의 안전거리가 가장 먼 것은?

① 학교　　　　　　② 고압가스 제조시설
③ 지정문화재　　　④ 의료기관

① 학교 : 30m 이상
② 고압가스 제조시설 : 20m 이상
③ 지정문화재 : 50m 이상
④ 의료기관 : 30m 이상

18 이산화탄소 소화약제에 대한 설명으로 옳지 않은 것은?

① 상온, 상압에서 무색, 무취의 가스이다.
② 냉각, 압축에 의하여 액화된다.
③ 과량 존재 시 질식할 수 있다.
④ 전기전도성이 우수하다.

이산화탄소 소화약제는 전기 절연성이다.

19 위험물 저장탱크의 내용적이 500L일 때, 이 탱크에 저장하는 위험물의 용량 범위로 알맞은 것은? (단, 원칙적인 경우에 한한다.)

① 400~425L　　　　② 425~450L
③ 450~475L　　　　④ 475~500L

위험물 저장탱크의 공간용적은 탱크의 내용적의 100분의 5 이상 100분의 10 이하의 용적으로 한다. 500×0.9~$500 \times 0.95 = 450$~$475L$

20 지정수량 20배 이상의 제1류 위험물을 저장하는 옥내저장소에서 내화구조로 하지 않아도 되는 것은 무엇인가? (단, 원칙적인 경우에 한한다.)

① 바닥
② 벽
③ 기둥
④ 보

해설

• 벽, 기둥, 바닥 : 내화구조
• 보, 서까래 : 불연재료

21 위험물 관련 신고 및 선임에 관한 내용으로 옳지 않은 것은?

① 제조소의 위치 · 구조 변경 없이 위험물의 품명 변경 시는 변경하고자 하는 날의 14일 전까지 신고하여야 한다.
② 제조소 설치자의 지위를 승계한 자는 승계한 날로부터 30일 이내에 신고하여야 한다.
③ 위험물안전관리자를 선임한 경우에는 선임한 날로부터 14일 이내에 소방본부장 또는 소방서장에게 신고하여야 한다.
④ 위험물안전관리자가 퇴직한 경우 퇴직한 날부터 30일 이내에 다시 안전관리자를 선임하여야 한다.

해설

제조소 등의 위치 · 구조 또는 설비의 변경 없이 당해 제조소 등에서 저장하거나 취급하는 위험물의 품명 · 수량 또는 지정수량의 배수를 변경하고자 하는 자는 변경하고자 하는 날의 1일 전까지 행정안전부령이 정하는 바에 따라 시 · 도지사에게 신고하여야 한다.

22 다음 중 물속에 보관하는 위험물은?

① 등유
② 황화린
③ 이황화탄소
④ 유황

해설

이황화탄소는 물에 넣어 보관한다.

23 다음 중 분진폭발의 원인물질로 보기에 가장 거리가 먼 것은?

① 시멘트 분말
② 밀가루
③ 마그네슘 분말
④ 담배 분말

해설

분진폭발을 일으키지 않는 물질 : 모래, 시멘트 가루, 석회석 가루(생석회), 대리석 가루, 탄산칼슘, 가성소다 등

24 위험물을 수납한 운반용기를 겹쳐 쌓는 경우 높이는 몇 m를 초과하지 않아야 하는가?

① 3m
② 4m
③ 5m
④ 6m

해설

옥내저장소에서 위험물을 겹쳐 쌓아 저장하는 경우 높이 기준
• 기계에 의하여 하역하는 구조로 된 용기만을 겹쳐 쌓는 경우에 있어서는 6m를 초과하지 않는다.
• 위험물 중 제3석유류, 제4석유류 및 동식물유류를 수납하는 용기만을 겹쳐 쌓는 경우에 있어서는 4m를 초과하지 않는다.
• 밖의 경우에 있어서는 3m를 초과하지 않는다.

25 위험물안전관리법령상 알코올류에 해당하지 않는 것은?

① 메틸알코올
② 변성알코올
③ 부틸알코올
④ 에틸알코올

해설

"알코올류"라 함은 1분자를 구성하는 탄소원자의 수가 1개부터 3개까지인 포화1가 알코올(변성알코올을 포함한다)을 말한다.

26 옥외저장탱크의 반지름이 10m이고, 높이가 20m일 때 탱크 옆판으로부터 방유제까지 두어야 하는 거리는 몇 m 이상이어야 하는가? (단, 저장하는 위험물의 인화점은 200℃ 미만이다.)

① 10m
② 12m
③ 15m
④ 16m

해설
옥외저장탱크의 옆판으로부터 방유제까지의 거리 (단, 인화점이 200℃ 이상인 위험물은 제외)
- 지름이 15m 미만인 경우에는 탱크 높이의 3분의 1 이상
- 지름이 15m 이상인 경우에는 탱크 높이의 2분의 1 이상
  → 지름이 20m이므로 탱크 높이의 2분의 1 이상의 거리를 둔다.
  20m × 1/2 = 10m 이상

27 공공의 안전·재해의 발생 방지를 위해 긴급한 필요가 있다고 인정하는 때에 긴급 사용정지명령을 할 수 있는 자로 옳지 않은 것은?

① 시·도지사   ② 소방본부장

③ 소방서장   ④ 소방청장

해설

시·도지사, 소방본부장, 소방서장은 공공의 안전·재해의 발생 방지를 위해 긴급한 필요가 있다고 인정하는 때에 긴급 사용 정지명령을 할 수 있다.

28 다음 중 스프링클러설비의 소화작용으로 거리가 먼 것은?

① 희석작용   ② 냉각작용

③ 질식작용   ④ 억제작용

해설

억제작용은 순조로운 연쇄반응을 억제하는 것으로, 연소 시 발생하는 활성 라디칼의 반응을 억제하여 연쇄반응을 방해하는 것이다.

29 다음 중 위험물에 대한 설명으로 옳은 것은?

① 디에틸에테르는 물에 잘 녹지 않지만, 유지 등을 잘 녹인다.

② 이황화탄소는 연소 시 유독성의 황화수소가 발생한다.

③ 등유는 가솔린보다 인화점이 높으나, 인화점은 0℃ 미만이므로 인화의 위험성은 매우 높다.

④ 경유는 등유와 비슷한 성질을 가지지만 증기비중이 공기보다 가볍다는 차이점이 있다.

해설

② 이황화탄소는 연소 시 이산화황이 발생한다($CS_2 + 3O_2 \rightarrow CO_2 + 2SO_2$).

③ 등유의 인화점은 39℃ 이상, 가솔린의 인화점은 -43~-20℃ 이다.

④ 경유(C_{15}~C_{20})는 등유와 비슷한 성질을 가지지만 증기비중이 공기보다 무겁다.

30 옥내탱크저장소의 탱크전용실을 단층 건물 외의 건축물에 설치할 때, 탱크전용실을 건축물의 1층 또는 지하층에만 설치하지 않아도 되는 위험물은?

① 제2류 위험물 중 덩어리 유황

② 제3류 위험물 중 황린

③ 제4류 위험물 중 인화점이 38℃ 이상인 위험물

④ 제6류 위험물 중 질산

해설

옥내저장탱크는 탱크전용실에 설치할 것. 이 경우 제2류 위험물 중 황화린·적린 및 덩어리 유황, 제3류 위험물 중 황린, 제6류 위험물 중 질산의 탱크전용실은 건축물의 1층 또는 지하층에 설치하여야 한다.

31 위험물을 운반용기에 수납하여 적재할 때 차광성 피복으로 가려야 하는 위험물이 아닌 것은?

① 제1류 위험물   ② 제2류 위험물

③ 제5류 위험물   ④ 제6류 위험물

해설

- 차광성 피복으로 가려야 하는 위험물 : 제1류 위험물, 제3류 위험물 중 자연발화성 물질, 제4류 위험물 중 특수인화물, 제5류 위험물, 제6류 위험물
- 방수성 피복으로 덮어야 하는 위험물 : 제1류 위험물 중 알칼리금속의 과산화물 또는 이를 함유한 것, 제2류 위험물 중 철분·금속분·마그네슘 또는 이들 중 어느 하나 이상을 함유한 것, 제3류 위험물 중 금수성 물질

정답   27 ④   28 ④   29 ①   30 ③   31 ②

32 다음 중 산화프로필렌에 대한 설명으로 옳지 않은 것은?

① 연소범위는 가솔린보다 넓다.

② 물에는 잘 녹고, 벤젠에는 녹지 않는다.

③ 증기압이 높아 상온에서 위험농도까지 도달할 수 있다.

④ 비중은 1보다 작다.

해설

산화프로필렌은 물, 알코올, 벤젠 등에 잘 녹는다.
① 산화프로필렌의 연소범위는 1.9~36.3%, 가솔린의 연소범위는 1.4~7.6%이다.
③ 증기압이 높아 상온에서 위험농도까지 도달할 수 있다.
④ 비중은 0.82이다.

33 다음 중 동일한 옥내저장소에 서로 1m 이상의 간격을 두어 함께 저장할 수 있는 조합은?

① 과산화나트륨, 과산화벤조일

② 과염소산나트륨, 질산

③ 황린, 아세톤

④ 유황, 디에틸에테르

해설

1m 이상의 간격을 두어 동일한 저장소에 유별이 다른 위험물을 저장할 수 있는 경우
• 제1류 위험물(알칼리금속의 과산화물 또는 이를 함유한 것 제외)과 제5류 위험물을 저장하는 경우
• 제1류 위험물과 제6류 위험물을 저장하는 경우
• 제1류 위험물과 제3류 위험물 중 자연발화성 물질(황린 또는 이를 함유한 것에 한함)을 저장하는 경우
• 제2류 위험물 중 인화성 고체와 제4류 위험물을 저장하는 경우
• 제3류 위험물 중 알킬알루미늄등과 제4류 위험물(알킬알루미늄 또는 알킬리튬을 함유한 것에 한함)을 저장하는 경우
• 제4류 위험물 중 유기과산화물 또는 이를 함유하는 것과 제5류 위험물 중 유기과산화물 또는 이를 함유한 것을 저장하는 경우

34 물분무소화설비의 방사구역은 몇 m² 이상이어야 하는가? (단, 방호대상물의 표면적은 500m²이다.)

① 100 ② 150
③ 200 ④ 300

해설

물분무소화설비의 방사구역은 150m² 이상으로 한다(방호대상물의 표면적이 150m² 미만인 경우에는 당해 표면적).

35 다음 중 3가 알코올인 것은?

① 프로판올 ② 글리세린
③ 에탄올 ④ 에틸렌글리콜

해설

3가 알코올 : 히드록시기(-OH)가 3개가 있는 알코올
① 프로판올 : C_3H_7OH
② 글리세린 : $C_3H_5(OH)_3$
③ 에탄올 : C_2H_5OH
④ 에틸렌글리콜 : $C_2H_4(OH)_2$

36 지하탱크저장소에서 인접한 2개의 지하저장탱크의 용량의 합이 지정수량 150배인 경우 탱크 상호간의 간격으로 옳은 것은?

① 0.5m 이상 ② 1m 이상
③ 2m 이상 ④ 3m 이상

해설

탱크 용량 합계가 지정수량의 100배 이하인 경우는 0.5m 이상, 100배 초과인 경우 1m 이상의 거리를 둔다.

37 적린과 황린의 공통성질이 아닌 것은?

① 연소 시 오산화인을 생성한다.

② 화재 시 물을 사용하여 소화한다.

③ 이황화탄소에 잘 녹는다.

④ 물에 녹지 않는다.

해설

적린은 이황화탄소에 녹지 않지만, 황린은 이황화탄소에 녹는다.

정답 32 ② 33 ② 34 ② 35 ② 36 ② 37 ③

38 다음 중 위험물 저장방법으로 옳지 않은 것은?

① 황린은 물 속에 보관한다.
② 금속나트륨은 등유 속에 보관한다.
③ 금속칼륨은 경유 속에 보관한다.
④ 알킬알루미늄은 물속에 보관한다.

해설

알킬알루미늄은 저장하는 용기에 불활성가스(질소 등)를 봉입하여 저장한다.

39 제2류 위험물에 없는 위험등급으로 옳은 것은?

① 위험등급 I   ② 위험등급 II
③ 위험등급 III   ④ 해당사항 없음

해설

제2류 위험물은 위험등급 II, III만 존재한다.

40 보냉장치가 있는 이동저장탱크에 저장하는 아세트알데히드등 또는 디에틸에테르등의 온도는 당해 위험물의 (　　　) 이하로 유지하여야 한다. (　　　) 안에 들어갈 알맞은 말은 무엇인가?

① 비점   ② 인화점
③ 융해점   ④ 발화점

해설

보냉장치가 있는 이동저장탱크에 저장하는 아세트알데히드등 또는 디에틸에테르등의 온도는 당해 위험물의 비점 이하로 유지할 것

41 아세트알데히드의 옥외저장탱크에 필요한 설비로 옳지 않은 것은?

① 불활성기체를 봉입하는 장치
② 냉각장치
③ 동 합금 배관
④ 보냉장치

해설

아세트알데히드 옥외저장탱크 취급설비는 은 · 수은 · 동 · 마그네슘 또는 이들을 성분으로 하는 합금으로 만들지 않는다.

42 질산칼륨에 대한 설명 중 옳은 것은?

① 알코올에 잘 녹고, 물에는 잘 녹지 않는다.
② 무색 또는 백색의 결정 또는 분말로 화약 연료로 사용된다.
③ 유기물 및 강산에 보관할 때 매우 안정하다.
④ 열에 안정하여 1,000℃를 넘는 고온에서도 분해되지 않는다.

해설

① 알코올에 잘 녹지 않고, 물에는 잘 녹는다.
③ 유기물 및 강산과의 접촉을 피해 보관해야 한다.
④ 400℃에서 분해한다.

43 위험물운반에 관한 규정으로 옳지 않은 것은?

① 기계에 의해 하역하는 구조로 된 경질플라스틱제 운반용기는 제조된 때로부터 5년 이내의 것이어야 한다.
② 운반용기에 담아 적재하는 물품이 황린이라면 파라핀, 경유 등 보호액으로 채워 밀봉한다.
③ 운반용기에 담아 적재하는 물품이 알킬알루미늄이라면 운반용기 내용적의 90% 이하의 수납률을 유지하여야 한다.
④ 운반용기에 수납하는 위험물이 디에틸에테르라면 운반용기 중 최대용적이 1L 이하여도 규정에 따른 품명, 주의사항 등 표시사항을 부착하여야 한다.

해설

황린은 약알칼리성 물속에 넣어 저장한다.

44 산화제와 환원제를 연소의 4요소와 연관지을 때 옳게 나타낸 것은?

	산화제	환원제
①	산소공급원	가연물
②	점화원	가연물
③	가연물	산소공급원
④	연쇄반응	점화원

해설

산화제는 산소를 공급해주는 역할로 산소공급원에 해당되고, 환원제는 산소와 반응하는 가연물에 해당된다.

45 알칼리토금속의 과산화물 중 분자량이 약 169인 백색의 분말로서 매우 안정한 물질이며 테르밋의 점화제 용도로 사용되는 위험물은 무엇인가?

① 과산화칼슘　　　② 과산화바륨
③ 과산화마그네슘　　④ 과산화칼륨

해설

위험물의 분자량
① 과산화칼슘 : $CaO_2 = 40 + 16 \times 2 = 72$
② 과산화바륨 : $BaO_2 = 137 + 16 \times 2 = 169$
③ 과산화마그네슘 : $MgO_2 = 24 + 16 \times 2 = 56$
④ 과산화칼륨 : $K_2O_2 = 39 \times 2 + 16 \times 2 = 110$

46 이동저장탱크는 그 내부에 (　　　)L 이하마다 (　　　)mm 이상의 강철판 또는 이와 동등 이상의 강도·내열성 및 내식성이 있는 금속성의 것으로 칸막이를 설치하여야 한다. (　　　) 안에 알맞은 말을 차례로 나열한 것은?

① 2,500, 3.2　　　② 2,500, 4.8
③ 4,000, 3.2　　　④ 4,000, 4.8

해설

이동저장탱크는 그 내부에 4,000L 이하마다 3.2mm 이상의 강철판 또는 이와 동등 이상의 강도·내열성 및 내식성이 있는 금속성의 것으로 칸막이를 설치하여야 한다.

47 다음 중 운반 시 방수성 덮개를 하지 않아도 되는 위험물은?

① 적린　　　　　② 나트륨
③ 과산화칼륨　　④ 금속분

해설

방수성 피복으로 덮어야 하는 위험물
• 제1류 위험물 중 알칼리금속의 과산화물 또는 이를 함유한 것
• 제2류 위험물 중 철분·금속분·마그네슘 또는 이들 중 어느 하나 이상을 함유한 것
• 제3류 위험물 중 금수성 물질

48 휘발유의 성질 및 취급 유의사항으로 옳지 않은 것은?

① 인화점이 상온이므로 상온 이상에서 취급 시 각별한 주의가 필요하다.
② 발생된 증기는 공기보다 무거워 낮은 곳에 체류하기 쉽다.
③ 전기 부도체이므로 정전기 발생에 주의한다.
④ 가연성 증기를 발생하기 쉬우므로 주의한다.

해설

휘발유의 인화점은 -43~-20℃이다.

49 서로 접촉했을 때 발화하기 쉬운 물질끼리 연결한 것은?

① 과산화수소 - 물
② 금속나트륨 - 석유
③ 니트로셀룰로오스 - 알코올
④ 무수크롬산 - 알코올

해설

무수크롬산(삼산화크롬)은 알코올, 벤젠, 에테르 등과 접촉 시 혼촉발화 위험이 있어 유기물, 환원제와 격리하여 보관해야 한다.

50 다음 중 인화점이 상온 이상인 위험물은?

① 아세톤　　　② 아세트알데히드
③ 중유　　　　④ 이황화탄소

해설
중유는 제3석유류로서 인화점이 섭씨 70도 이상 섭씨 200도
미만이다.

51 다음 중 위험물명과 지정수량이 잘못 짝지어진
것은?

① 알킬알루미늄 : 10kg
② 황화린 : 50kg
③ 황린 : 20kg
④ 마그네슘 : 500kg

해설
황화린의 지정수량은 100kg이다.

52 주유취급소의 "주유 중 엔진정지"라는 게시판의
바탕색과 문자색을 차례대로 나타낸 것은?

① 황색, 흑색　　　② 흑색, 황색
③ 백색, 흑색　　　④ 흑색, 백색

해설
황색 바탕에 흑색 문자로 "주유 중 엔진정지"라는 표시를 한 게
시판을 설치하여야 한다.

53 알루미늄분에 대한 설명으로 옳지 않은 것은?

① 물보다 무겁다.
② 산과 반응하여 수소를 발생한다.
③ 할로겐원소와는 반응하지 않는다.
④ 알칼리수용액에서 수소를 발생한다.

해설
알루미늄분은 할로겐원소와 접촉 시 자연발화 위험이 있다.

54 액체 위험물의 운반용기 중 금속제 내장용기의
최대용적은?

① 5L　　　　② 10L
③ 15L　　　④ 30L

해설
액체 위험물의 내장 용기

용기의 종류	최대용적 또는 중량
유리용기	5L
	10L
플라스틱용기	10L
금속제용기	30L

55 질산나트륨에 대한 설명으로 옳지 않은 것은?

① 강력한 환원제이며 물보다 가볍다.
② 조해성이 있다.
③ 가연물과 혼합하면 충격에 의해 발화할 수 있다.
④ 열분해하여 산소를 발생시킨다.

해설
질산나트륨은 강산화제이며 물보다 무겁다.

56 마그네슘에 대한 설명으로 옳지 않은 것은?

① 산소와 산화반응을 한다.
② 화재 시 이산화탄소 소화약제로 소화한다.
③ 2mm의 체를 통과한 것만 위험물에 해당한다.
④ 주수소화를 하면 가연성의 수소가스가 발생한다.

해설
화재 시 탄산수소염류 분말, 마른 모래, 팽창질석, 팽창진주암
으로 소화한다.

57 다음 중 옥외저장소에서 저장·취급할 수 없는 위험물은? (단, 「국제해상위험물규칙」(IMDG Code)에 적합한 용기에 수납된 위험물은 제외한다.)

① 크레오소트유　　② 아세톤
③ 톨루엔　　④ 경유

해설
아세톤은 인화점이 −18℃이다.

옥외저장소에 저장할 수 있는 위험물
- 제2류 위험물 중 유황 또는 인화성고체(인화점이 0℃ 이상)
- 제4류 위험물 중 제1석유류(인화점이 0℃ 이상)·알코올류·제2석유류·제3석유류·제4석유류 및 동식물유류
- 제6류 위험물
- 제2류 위험물 및 제4류 위험물 중 특별시·광역시·도의 조례에서 정하는 위험물(「관세법」에 의한 보세구역안에 저장하는 경우에 한함)
- 「국제해사기구에 관한 협약」에 의하여 설치된 국제해사기구가 채택한 「국제해상위험물규칙」(IMDG Code)에 적합한 용기에 수납된 위험물

58 다음 중 증기비중이 가장 큰 위험물은?

① 벤젠　　② 등유
③ 메틸알코올　　④ 디에틸에테르

해설
① 벤젠(C_6H_6) = $(12 \times 6 + 6)/29 = 2.68$
② 등유 = $4 \sim 5$
③ 디에틸에테르($C_2H_5OC_2H_5$) = $(12 \times 4 + 10 + 16)/29 = 2.55$
④ 메틸알코올(CH_3OH) = $(12 + 4 + 16)/29 = 1.10$

59 과염소산과 염화바륨을 혼합 가열하여 발생하는 유해가스로 옳은 것은?

① 염화수소　　② 포스핀
③ 이산화황　　④ 수소

해설
$2HClO_4 + BaCl_2 \rightarrow Ba(ClO_4)_2 + 2HCl$

60 톨루엔의 화재 시 가장 적합한 소화방법은?

① 다량의 주수에 의한 소화
② 다량의 강화액에 의한 소화
③ 포에 의한 소화
④ 산, 알칼리 소화기에 의한 소화

해설
톨루엔(제4류 위험물)은 포소화설비를 이용하여 질식소화 시킨다.

PART 01　PART 02　PART 03　PART 04　PART 05

정답 | 57 ② 58 ② 59 ① 60 ③

01 다음 중 위험물 제조소와의 안전거리 기준이 "20m 이상"인 장소는 어디인가?

① 학교
② 유형문화재
③ 고압가스 시설
④ 병원

해설
- 학교, 병원 : 30m 이상
- 유형문화재 : 50m 이상

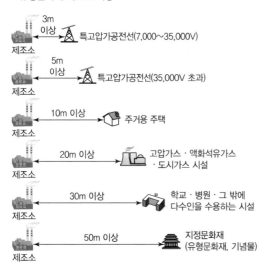

02 건축물의 1층 및 2층 부분만을 방사능력범위로 하는 소화설비는 무엇인가?

① 스프링클러설비
② 포소화설비
③ 옥외소화전설비
④ 물분무소화설비

해설
옥외소화전은 방호대상물(당해 소화설비에 의하여 소화하여야 할 제조소 등의 건축물, 그 밖의 공작물 및 위험물을 말한다. 이하 같다)의 각 부분(건축물의 경우에는 당해 건축물의 1층 및 2층의 부분에 한한다)에서 하나의 호스접속구까지의 수평거리가 40m 이하가 되도록 설치할 것. 이 경우 그 설치개수가 1개일 때는 2개로 하여야 한다.

03 폭발의 종류와 그에 따른 물질이 잘못 연결된 것은?

① 분해폭발 - 아세틸렌, 산화에틸렌
② 분진폭발 - 금속분, 밀가루
③ 중합폭발 - 시안화수소, 염화비닐
④ 산화폭발 - 히드라진, 과산화수소

해설
히드라진, 과산화수소는 분해폭발을 한다.

정답 **01** ③ **02** ③ **03** ④

04 위험물안전관리법령상의 소화설비의 알맞도록 다음 ( )에 알맞은 숫자를 차례대로 나타낸 것은?

> 제조소 등에 전기설비(전기배선, 조명기구 등은 제외)가 설치된 경우에는 당해 장소의 면적 ( )m²마다 소형 수동식소화기를 ( )개 이상 설치할 것

① 50, 1　　　　　② 50, 2
③ 100, 1　　　　④ 100, 2

해설

제조소 등에 전기설비(전기배선, 조명기구 등은 제외)가 설치된 경우에는 당해 장소의 면적 100m²마다 소형 수동식소화기를 1개 이상 설치할 것

05 다음 중 D급 화재에 해당하는 것은 무엇인가?

① 플라스틱 화재　　② 나트륨 화재
③ 휘발유 화재　　　④ 전기 화재

해설

나트륨(금속) 화재는 D급 화재이다.
• A급 화재 – 일반 화재
• B급 화재 – 유류 · 가스 화재
• C급 화재 – 전기 화재
• D급 화재 – 금속 화재
• K급 화재 – 주방 화재

06 다음 중 취급하는 설비에 연소성 혼합기체의 생성에 의한 폭발을 방지하기 위하여 불활성 기체를 봉입하는 장치를 설치하여야 하는 위험물은?

① $CH_3COC_2H_5$　　　② C_5H_5N
③ CH_3CHO　　　　　④ C_6H_5Cl

해설

아세트알데히드 등의 제조소 또는 일반취급소에 있어서 아세트알데히드 등을 취급하는 설비에는 연소성 혼합기체의 생성에 의한 폭발의 위험이 생겼을 경우에 불활성의 기체 또는 수증기[아세트알데히드 등을 취급하는 탱크(옥외에 있는 탱크 또는 옥내에 있는 탱크로서 그 용량이 지정수량의 5분의 1 미만의 것을 제외한다)에 있어서는 불활성의 기체를 봉입할 것
① $CH_3COC_2H_5$: 메틸에틸케톤
② C_5H_5N : 피리딘
③ CH_3CHO : 아세트알데히드
④ C_6H_5Cl : 클로로벤젠

07 위험물안전관리법령상 특수인화물의 정의에 알맞도록 ( )를 순서대로 나열한 것은?

> "특수인화물"이라 함은 이황화탄소, 디에틸에테르, 그 밖에 1기압에서 발화점이 섭씨 ( )도 이하인 것 또는 인화점이 섭씨 영하 ( )도 이하이고 비점이 섭씨 40도 이하인 것을 말한다.

① 40, 20　　　　　② 20, 40
③ 100, 20　　　　④ 100, 40

해설

"특수인화물"이라 함은 이황화탄소, 디에틸에테르, 그 밖에 1기압에서 발화점이 섭씨 100도 이하인 것 또는 인화점이 섭씨 영하 20도 이하이고 비점이 섭씨 40도 이하인 것을 말한다.

정답　04 ③　05 ②　06 ③　07 ③

08 다음 중 1분자 내에 포함된 탄소의 수가 가장 많은 위험물은?

① 아세톤　　　　　　② 톨루엔
③ 아세트산　　　　　④ 이황화탄소

① 아세톤(CH_3COCH_3)
② 톨루엔($C_6H_5CH_3$)
③ 아세트산(CH_3COOH)
④ 이황화탄소(CS_2)

09 위험물안전관리법령에서 정한 피난설비에 대해 알맞도록 (　　)에 알맞은 말을 채우시오.

> 주유취급소 중 건축물의 2층 이상의 부분을 점포 · 휴게음식점 또는 전시장의 용도로 사용하는 것에 있어서는 해당 건축물의 2층 이상으로부터 주유취급소의 부지 밖으로 통하는 출입구와 해당 출입구로 통하는 통로 · 계단 및 출입구에 (　　)을(를) 설치하여야 한다.

① 화재감지기　　　　② 스프링클러설비
③ 자동화재탐지설비　④ 유도등

해설
옥내주유취급소에 있어서는 당해 사무소 등의 출입구 및 피난구와 당해 피난구로 통하는 통로 · 계단 및 출입구에 유도등을 설치하여야 한다.

10 은백색 광택의 무른 경금속으로 포타슘이라고 부르는 위험물은?

① 칼륨　　　　　　　② 과산화수소
③ 과망간산나트륨　　④ 히드라진

해설
칼륨에 대한 설명이다.

11 연소할 때 연기가 거의 나지 않아 밝은 곳에서 연소상태를 잘 느끼지 못하는 물질로 독성이 매우 강해 먹으면 실명 또는 사망에 이를 수 있는 위험물은 무엇인가?

① 메틸알코올　　　　② 에틸알코올
③ 등유　　　　　　　④ 경유

해설
메틸알코올에 대한 설명이다.

12 위험물안전관리법령상 옥내저장소의 안전거리를 두지 않을 수 있는 경우로 옳은 것은?

① 지정수량 20배 이상의 동식물유류
② 지정수량 20배 미만의 특수인화물
③ 지정수량 20배 미만의 제4석유류
④ 지정수량 20배 이상의 제5류 위험물

해설
옥내저장소의 안전거리를 두지 않을 수 있는 경우
• 제4석유류 또는 동식물유류의 위험물을 저장 또는 취급하는 옥내저장소로서 그 최대수량이 지정수량의 20배 미만인 것
• 제6류 위험물을 저장 또는 취급하는 옥내저장소
• 지정수량의 20배(하나의 저장창고의 바닥면적이 $150m^2$ 이하인 경우에는 50배) 이하의 위험물을 저장 또는 취급하는 옥내저장소로서 다음의 기준에 적합한 것
　- 저장창고의 벽 · 기둥 · 바닥 · 보 및 지붕이 내화구조인 것
　- 저장창고의 출입구에 수시로 열 수 있는 자동폐쇄방식의 갑종방화문이 설치되어 있을 것
　- 저장창고에 창을 설치하지 아니할 것

정답　08 ② 　09 ④ 　10 ① 　11 ① 　12 ③

13 다음 보기 중 발화점 변화에 영향을 주는 요인으로 가장 거리가 먼 것은?

① 가연성가스와 공기의 조성비
② 발화를 일으키는 공간의 형태와 크기
③ 가열속도와 가열시간
④ 가열도구의 내구연한

> 해설
> 가열도구의 내구연한은 발화점과 관련이 없다.

14 위험물안전관리법령상 인화성 액체의 화재 시 소화방법으로 가장 옳은 것은?

① 포소화설비로 질식소화시킨다.
② 다량의 물을 위험물에 직접 주수하여 소화한다.
③ 강산화성 소화제를 사용하여 중화시켜 소화한다.
④ 염소산칼륨 또는 염화나트륨이 주성분인 소화약제로 표면을 덮어 소화한다.

> 해설
> **제4류 위험물에 대하여 적응성이 있는 소화설비**

소화설비의 구분		건축물·그 밖의 공작물	전기설비	제1류 위험물		제2류 위험물			제3류 위험물		제4류 위험물	제5류 위험물	제6류 위험물
				알칼리금속과산화물등	그 밖의 것	철분·금속분·마그네슘등	인화성고체	그 밖의 것	금수성물품	그 밖의 것			
옥내소화전 또는 옥외소화전 설비		○			○		○	○		○		○	○
스프링클러설비		○			○		○	○		○	△	○	○
물분무 등 소화 설비	물분무 소화설비	○	○		○		○	○		○	○	○	○
	포소화설비	○			○		○	○		○	○	○	○
	불활성가스 소화설비		○				○				○		
	할로겐화합물 소화설비		○				○				○		
	분말 소화 설비	인산 염류 등	○	○		○		○	○			○		○
		탄산수소 염류 등		○	○		○	○		○		○		
		그 밖의 것			○		○			○				

15 다음 중 아세트산에틸의 일반적인 특성에 대한 설명으로 옳지 않은 것은?

① 과일냄새를 가진 휘발성 액체이다.
② 증기는 공기보다 무거워 낮은 곳에 체류한다.
③ 강산화제와의 혼촉은 위험하다.
④ 인화점은 - 20℃ 이하이다.

> 해설
> 인화점은 - 3℃이다.

16 다음 중 1차 알코올에 대한 설명으로 옳은 것은?

① OH기의 수가 하나이다.
② OH기가 결합된 탄소 원자에 붙은 알킬기의 수가 하나이다.
③ 가장 간단한 알코올이다.
④ 탄소의 수가 하나인 알코올이다.

> 해설
> n차 알코올 : OH기가 붙은 탄소에 결합한 알킬기의 수가 1면 1차 알코올, 2개면 2차 알코올, 3개면 3차 알코올이라고 한다.

17 방호대상물의 각 부분으로부터 하나의 대형 수동식소화기까지의 보행거리 기준으로 옳은 것은?

① 10m 이하　　② 15m 이하
③ 20m 이하　　④ 30m 이하

> 해설
> **수동식소화기의 보행거리**
> • 대형 수동식소화기 : 방호대상물의 각 부분으로부터 하나의 대형 수동식소화기까지의 보행거리가 30m 이하가 되도록 설치할 것. 다만, 옥내소화전설비, 옥외소화전설비, 스프링클러설비 또는 물분무등소화설비와 함께 설치하는 경우에는 그러하지 아니하다.
> • 소형 수동식소화기 : 방호대상물의 각 부분으로부터 하나의 소형 수동식소화기까지의 보행거리가 20m 이하가 되도록 설치할 것. 다만, 옥내소화전설비, 옥외소화전설비, 스프링클러설비, 물분무등소화설비 또는 대형 수동식소화기와 함께 설치하는 경우에는 그러하지 아니하다.

정답　**13** ④　**14** ①　**15** ④　**16** ②　**17** ④

18 과산화칼륨의 화재 시 가장 적합한 소화약제는?

① 물   ② 이산화탄소
③ 마른 모래   ④ 염산

해설

제1류 위험물(알칼리금속의 과산화물등)에 대하여 적응성이 있는 소화설비

	대상물 구분	건축물·그 밖의 공작물	전기설비	제1류 위험물		제2류 위험물			제3류 위험물		제4류 위험물	제5류 위험물	제6류 위험물
소화설비의 구분				알칼리금속과산화물등	그 밖의 것	철분·금속분·마그네슘등	인화성고체	그 밖의 것	금수성물품	그 밖의 것			
옥내소화전 또는 옥외소화전 설비		○			○		○	○		○		○	○
스프링클러설비		○			○		○	○		○	△	○	○
물분무등소화설비	물분무소화설비	○	○		○		○	○		○	○	○	○
	포소화설비	○			○		○	○		○	○	○	○
	불활성가스소화설비		○				○				○		
	할로겐화합물소화설비		○				○				○		
	분말소화설비 인산염류등	○	○		○		○				○		○
	탄산수소염류등	○	○	○		○		○		○			
	그 밖의 것			○		○				○			
대형·소형수동식소화기	봉상수(棒狀水) 소화기	○			○		○	○		○		○	○
	무상수(霧狀水) 소화기	○	○		○		○	○		○		○	○
	봉상강화액소화기	○			○		○	○		○		○	○
	무상강화액소화기	○	○		○		○	○		○	○	○	○
	포소화기	○			○		○	○		○	○	○	○
	이산화탄소소화기		○				○				○		△
	할로겐화합물소화기		○				○				○		
	분말소화기 인산염류소화기	○	○		○		○				○		○
	탄산수소염류소화기		○	○		○		○		○			
	그 밖의 것			○		○				○			
기타	물통 또는 수조	○			○		○	○		○		○	○
	건조사			○	○		○	○		○	○	○	○
	팽창질석 또는 팽창진주암			○	○		○	○		○	○	○	○

19 1몰의 이황화탄소가 고온의 물과 반응하였을 때 발생하는 독성가스의 질량(g)은?

① 34g   ② 68g
③ 102g   ④ 204g

해설

$CS_2 + 2H_2O \rightarrow 2H_2S + CO_2$

1몰의 이황화탄소가 반응하여 2몰의 독성가스(H_2S)가 생성된다.

$2\,\text{mol}\,H_2S = 2\,\text{mol}\,H_2S \times \dfrac{(2+32)\,\text{g}\,H_2S}{1\,\text{mol}\,H_2S} = 68\text{g}\,H_2S$

20 질산 150kg, 과산화수소 420kg, 과염소산 300kg의 지정수량 배수의 총합은?

① 2.5   ② 2.9
③ 3.4   ④ 3.9

해설

질산, 과산화수소, 과염소산 지정수량 : 300kg

지정수량의 배수 $= \dfrac{\text{위험물 저장수량}}{\text{위험물 지정수량}}$

지정수량 배수의 합 $= \dfrac{150}{300} + \dfrac{420}{300} + \dfrac{300}{300} = 2.9$

21 제1종 판매취급소의 위치 등의 기준으로 옳지 않은 것은?

① 천장을 설치하는 경우에는 천장을 불연재료로 할 것
② 창 및 출입구에는 갑종방화문 또는 을종방화문을 설치할 것
③ 건축물의 지하 또는 1층에 설치할 것
④ 위험물배합실은 바닥면적 $6m^2$ 이상 $15m^2$ 이하로 할 것

해설

건축물의 1층에 설치해야 한다.

22 메틸알코올 8,000L에 대한 소화능력으로 삽을 포함한 마른 모래를 얼마나 설치하여야 하는가?

① 100L   ② 200L
③ 300L   ④ 400L

해설

• 메틸알코올 지정수량 : 400L
• 위험물의 1소요단위 = 지정수량의 10배
• 소요단위 $= \dfrac{\text{저장수량}}{(\text{지정수량} \times 10)}$

  소요단위 $= \dfrac{8,000}{(400 \times 10)} = 2$

• 삽을 포함한 마른 모래의 능력단위 : 0.5(용량 50L)
메틸알코올의 소요단위 2에 대응하기 위해 능력단위 0.5의 4배의 용량이 필요
50L × 4 = 200L

23 다음 중 분자식이 C_3H_6O인 위험물은?

① 에틸알코올 ② 디에틸에테르
③ 아세톤 ④ 아세트산

해설

① 에틸알코올 : C_2H_6O

```
      H   H
      |   |
 H — C — C — O — H
      |   |
      H   H
```

② 에틸에테르 : $C_4H_{10}O$

$CH_3 - CH_2 - O - CH_2CH_3$

③ 아세톤 : C_3H_6O

```
      H   O   H
      |   ‖   |
 H — C — C — C — H
      |       |
      H       H
```

④ 아세트산 : $C_2H_4O_2$

```
      H   O
      |   ‖
 H — C — C — O — H
      |
      H
```

24 위험물 제조소 중 자동화재탐지설비를 설치해야 하는 연면적(m^2) 기준은?

① $400m^2$ ② $500m^2$
③ $600m^2$ ④ $800m^2$

해설

제조소 등별로 설치해야 하는 경보설비의 종류

제조소 등의 구분	제조소 등의 규모, 저장 또는 취급하는 위험물의 종류 및 최대수량 등	경보설비
제조소 및 일반취급소	• 연면적이 500제곱미터 이상인 것 • 옥내에서 지정수량의 100배 이상을 취급하는 것(고인화점위험물만을 100℃ 미만의 온도에서 취급하는 것은 제외한다) • 일반취급소로 사용되는 부분 외의 부분이 있는 건축물에 설치된 일반취급소(일반취급소와 일반취급소 외의 부분이 내화구조의 바닥 또는 벽으로 개구부 없이 구획된 것은 제외한다)	자동화재탐지설비

25 옥외저장소의 지반면에 설치한 경계표시 안쪽에서 덩어리 상태의 유황만을 저장할 경우 하나의 경계표시의 내부면적은 몇 m^2 이하이어야 하는가?

① $75m^2$ ② $100m^2$
③ $150m^2$ ④ $300m^2$

해설

옥외저장소 중 덩어리 상태의 유황만을 지반면에 설치한 경계표시의 안쪽에서 저장 또는 취급하는 것의 위치·구조 및 설비의 기술기준
• 하나의 경계표시의 내부의 면적은 $100m^2$ 이하일 것
• 2 이상의 경계표시를 설치하는 경우에 있어서는 각각의 경계표시 내부의 면적을 합산한 면적은 $1,000m^2$ 이하로 하고, 인접하는 경계표시와 경계표시와의 간격을 제1호 라목의 규정에 의한 공지의 너비의 2분의 1 이상으로 할 것. 다만, 저장 또는 취급하는 위험물의 최대수량이 지정수량의 200배 이상인 경우에는 10m 이상으로 하여야 한다. 경계표시는 불연재료로 만드는 동시에 유황이 새지 아니하는 구조로 할 것
• 경계표시의 높이는 1.5m 이하로 할 것
• 경계표시에는 유황이 넘치거나 비산하는 것을 방지하기 위한 천막 등을 고정하는 장치를 설치하되, 천막 등을 고정하는 장치는 경계표시의 길이 2m마다 한 개 이상 설치할 것
• 유황을 저장 또는 취급하는 장소의 주위에는 배수구와 분리장치를 설치할 것

26 가연성 물질과 그의 연소형태의 연결로 옳지 않은 것은?

① 종이, 섬유 – 분해연소
② 셀룰로이드, TNT – 자기연소
③ 목재, 석탄 – 표면연소
④ 황, 알코올 – 증발연소

해설

연소형태
• 표면연소 : 코크스, 숯
• 분해연소 : 종이, 섬유, 목재, 석탄
• 증발연소 : 황, 중유, 알코올
• 자기연소 : 제5류 위험물

정답 23 ③ 24 ② 25 ② 26 ③

27 다음 중 질산에스테르류에 속하지 않는 것은 무엇인가?

① 니트로글리콜
② 니트로글리세린
③ 니트로톨루엔
④ 니트로셀룰로오스

해설

니트로톨루엔은 제4류 위험물(제3석유류)이다.

28 과산화바륨의 저장·취급방법으로 옳지 않은 것은?

① 직사광선을 피하고, 냉암소에 둔다.
② 유기물, 산 등의 접촉을 피한다.
③ 피부와 직접적인 접촉을 피한다.
④ 화재 시 주수소화가 가장 효과적이다.

해설

과산화바륨은 제1류 위험물로 물과 반응하여 산소를 발생하므로 주수소화는 효과적이지 않다.
$2BaO_2 + 2H_2O \rightarrow 2Ba(OH)_2 + O_2$

29 소화전용 물통 8L의 능력단위로 옳은 것은?

① 0.3
② 0.5
③ 1.0
④ 1.5

해설

기타 소화설비의 능력단위

소화설비	용량	능력단위
소화전용 물통	8L	0.3
수조(소화전용물통 3개 포함)	80L	1.5
수조(소화전용물통 6개 포함)	190L	2.5
마른 모래(삽 1개 포함)	50L	0.5
팽창질석 또는 팽창진주암(삽 1개 포함)	160L	1.0

30 이산화탄소 소화기의 특징에 대한 설명으로 옳지 않은 것은?

① 소화약제에 의한 오손이 거의 없다.
② 장시간 저장해도 물성의 변화가 거의 없다.
③ 전기 화재에 유효하다.
④ 약제방출 시 소음이 없다.

해설

이산화탄소 소화기는 약제 방출 시 소음이 크다.

31 다음 중 제5류 위험물의 위험성에 대한 설명으로 틀린 것은?

① 가연성 물질이다.
② 대부분 외부의 산소 없이도 연소하며, 연소속도가 빠르다.
③ 물에 잘 녹지 않으며 물과 반응위험성이 크다.
④ 가열, 충격, 타격 등에 민감하며 강산화제 또는 강산류와 접촉 시 위험하다.

해설

제5류 위험물은 물에 잘 녹지 않으며 물에 안정적이고, 화재 시 주수소화한다.

32 살균제 및 소독제로도 사용되며, 분해할 때 난분해성 유기물질을 산화시킬 수 있는 발생기산소(O)를 발생하는 위험물은 무엇인가?

① $HClO_4$
② CH_3OH
③ H_2O_2
④ H_2SO_4

해설

과산화수소에 대한 설명이다.

33 $NH_4H_2PO_4$이 열분해하여 생성되는 암모니아와 수증기의 부피비율로 옳은 것은?

① 1 : 1   ② 1 : 2

③ 2 : 1   ④ 3 : 2

해설

$NH_4H_4PO_4 \rightarrow HPO_3 + NH_3 + H_2O$
암모니아 1몰 생성될 때, 수증기도 1몰이 생성된다.
부피비율은 몰비율과 같기 때문에 암모니아와 수증기의 부피비율은 1 : 1이다.

34 액체 위험물을 운반용기에 수납할 때 운반용기 내용적의 몇 % 이하의 수납률로 수납하여야 하는가?

① 95%   ② 96%

③ 97%   ④ 98%

해설

• 고체위험물 : 운반용기 내용적의 95% 이하의 수납률로 수납
• 액체위험물 : 운반용기 내용적의 98% 이하의 수납률로 수납하되, 55도의 온도에서 누설되지 아니하도록 충분한 공간용적을 유지
• 자연발화성물질중 알킬알루미늄등 : 운반용기의 내용적의 90% 이하의 수납률로 수납하되, 50℃의 온도에서 5% 이상의 공간용적을 유지하도록 할 것

35 위험물안전관리법령상 제2류 위험물 중 지정수량이 500kg인 물질에 의한 화재의 급수로 옳은 것은?

① A급 화재   ② B급 화재

③ C급 화재   ④ D급 화재

해설

철분, 금속분, 마그네슘의 화재는 금속 화재(D급 화재)이다.

36 위험물안전관리법령에 따른 위험물 운송에 관한 규정으로 옳지 않은 것은?

① 이동탱크저장소에 의하여 위험물을 운송하는 자는 당해 위험물을 취급할 수 있는 국가기술자격자 또는 안전교육을 받은 자이어야 한다.
② 안전관리자 · 탱크시험자 · 위험물운송자 등 위험물의 안전관리와 관련된 업무를 수행하는 자는 시 · 도지사가 실시하는 안전교육을 받아야 한다.
③ 운송책임자의 범위, 감독 또는 지원의 방법 등에 관한 구체적인 기준은 행정안전부령으로 정한다.
④ 위험물운송자는 이동탱크저장소에 의하여 위험물을 운송하는 때에는 행정안전부령으로 정하는 기준을 준수하는 등 당해 위험물의 안전확보를 위하여 세심한 주의를 기울여야 한다.

해설

안전관리자 · 탱크시험자 · 위험물운송자 등 위험물의 안전관리와 관련된 업무를 수행하는 자는 소방청장이 실시하는 안전교육을 받아야 한다.

37 다음의 위험물에 관한 내용으로 옳지 않은 것은?

① $C_2H_5ONO_2$ - 상온에서 액체이다.
② $C_6H_2OH(NO_2)_3$ - 공기 중 자연분해가 잘 된다.
③ $C_6H_3(NO_2)_2CH_3$ - 담황색의 결정이다.
④ $C_3H_5(ONO_2)_3$ - 혼산 중에 글리세린을 반응시켜 제조한다.

해설

피크린산은 공기 중에서 자연분해되지 않는다.
① $C_2H_5ONO_2$: 질산에틸
② $C_6H_2OH(NO_2)_3$: 피크린산
③ $C_6H_3(NO_2)_2CH_3$: 디니트로톨루엔
④ $C_3H_5(ONO_2)_3$: 니트로글리세린

정답   33 ①   34 ④   35 ④   36 ②   37 ②

38 다음 중 소화에 대한 설명으로 가장 적절하지 않은 것은?

① 기화잠열이 큰 소화약제를 사용할 경우 냉각소화효과를 기대할 수 있다.
② 이산화탄소에 의한 소화는 주로 질식소화로 화재를 진압한다.
③ 할로겐화합물 소화약제는 주로 냉각소화한다.
④ 분말소화약제는 질식효과와 부촉매효과 등으로 화재를 진압한다.

해설
할로겐화합물 소화약제는 주로 억제소화로 화재를 진압한다.

39 제1종 판매취급소에서 저장 또는 취급할 수 있는 위험물의 수량은 지정수량의 몇 배 이하인가?

① 10배
② 20배
③ 30배
④ 40배

해설
취급하는 위험물의 지정수량에 따라 제1종과 제2종으로 구분된다.
- 제1종 판매취급소 : 저장 또는 취급하는 위험물의 수량이 지정수량의 20배 이하인 판매취급소
- 제2종 판매취급소 : 저장 또는 취급하는 위험물의 수량이 지정수량의 40배 이하인 판매취급소

40 다음 중 아염소산나트륨의 저장·취급 시 주의해야 할 사항으로 가장 거리가 먼 것은?

① 물속에 넣어 냉암소에 저장한다.
② 강산류와의 접촉을 피한다.
③ 취급 시 충격, 마찰을 피한다.
④ 가연성 물질과 접촉을 피한다.

해설
아염소산나트륨은 공기 중의 수분을 흡수하는 성질이 있어 밀폐용기에 보관해야 한다.

41 다음 중 위험등급 I 이 아닌 위험물은?

① 아염소산칼륨
② 황화린
③ 황린
④ 과염소산

해설
황화린는 위험등급 II 이나.

42 과산화나트륨 78g이 충분한 양의 물과 반응하여 생성되는 기체의 종류와 그 기체의 질량을 옳게 나타낸 것은?

① 수소, 1g
② 산소, 16g
③ 수소, 2g
④ 산소, 32g

해설
$2Na_2O_2 + 2H_2O \rightarrow 4NaOH + O_2$
과산화나트륨 2몰이 반응하여 산소 1몰이 생성된다.
과산화나트륨 $78g = 78g \times \dfrac{1\,mol}{(23 \times 2 + 16 \times 2)g} = 1\,mol$
과산화나트륨 1몰이 반응하면 산소 0.5몰이 생성된다.
산소 $0.5\,mol = 0.5\,mol \times \dfrac{(16 \times 2)g}{1\,mol} = 16g$

43 다음 중 부촉매 소화효과를 기대할 수 있는 소화약제는?

① 물소화약제
② 포소화약제
③ 분말소화약제
④ 이산화탄소 소화약제

해설
부촉매효과(억제효과)는 분말소화약제와 할로겐화합물 소화약제가 갖는 효과이다.

44 금속나트륨과 금속칼륨의 보관방법으로 적절한 것은?

① 공기 중에 노출하여 보관
② 물속에 넣어서 밀봉하여 보관
③ 석유 속에 넣어서 밀봉하여 보관
④ 그늘지고 통풍이 잘되는 곳에 산소 분위기에서 보관

해설

금속나트륨, 금속칼륨 등은 공기와 접촉하면 산화하여 표면에 Na_2O, $NaOH$, Na_2CO_3와 같은 물질로 피복되므로 보호액(등유, 경유, 유동파라핀 등)에 저장한다.

45 다음 중 제1류 위험물에 해당하지 않는 것은 무엇인가?

① 납의 산화물
② 질산구아니딘
③ 퍼옥소이황산염류
④ 염소화이소시아눌산

해설

질산구아니딘은 제5류 위험물이다.

46 다음 중 HNO_3에 대한 설명으로 옳지 않은 것은?

① Al, Fe은 진한 질산에서 부동태를 생성해 녹지 않는다.
② 질산과 염산을 3 : 1의 비율로 제조한 것을 왕수라고 한다.
③ 부식성이 강하고 흡습성이 있다.
④ 직사광선에서 분해하여 NO_2를 발생한다.

해설

질산과 염산을 1 : 3의 비율로 제조한 것을 왕수라고 한다.

47 할론 1301의 증기비중을 구하시오. (단, 불소의 원자량은 19, 브롬의 원자량은 80, 염소의 원자량은 35.5 이다.)

① 2.14
② 4.15
③ 5.14
④ 6.15

해설

$$증기비중 = \frac{대상물질분자량}{공기분자량(29)}$$

할론1301(CF_3Br)의 분자량 : $12 + 19 \times 3 + 80 = 149$

할론1301(CF_3Br)의 증기비중 $= \dfrac{149}{29} = 5.14$

48 위험물탱크의 공간용적 산정기준으로 알맞도록 ( )를 올바르게 채운 것은?

- 위험물을 저장 또는 취급하는 탱크의 공간용적은 탱크의 내용적의 (㉠) 이상 (㉡) 이하의 용적으로 한다. 다만, 소화설비(소화약제 방출구를 탱크안의 윗부분에 설치하는 것에 한함)를 설치하는 탱크의 공간용적은 당해 소화설비의 소화약제방출구 아래의 0.3미터 이상 1미터 미만 사이의 면으로부터 윗부분의 용적으로 한다.
- 암반탱크에 있어서는 당해 탱크내에 용출하는 (㉢)일간의 지하수의 양에 상당하는 용적과 당해 탱크의 내용적의 (㉣)의 용적 중에서 보다 큰 용적을 공간용적으로 한다.

	㉠	㉡	㉢	㉣
①	3/100	10/100	10	1/100
②	5/100	5/100	10	1/100
③	5/100	10/100	7	1/100
④	5/100	10/100	10	3/100

해설

- 위험물을 저장 또는 취급하는 탱크의 공간용적은 탱크의 내용적의 100분의 5 이상 100분의 10 이하의 용적으로 한다. 다만, 소화설비(소화약제 방출구를 탱크안의 윗부분에 설치하는 것에 한함)를 설치하는 탱크의 공간용적은 당해 소화설비의 소화약제방출구 아래의 0.3미터 이상 1미터 미만 사이의 면으로부터 윗부분의 용적으로 한다.
- 암반탱크에 있어서는 당해 탱크 내에 용출하는 7일간의 지하수의 양에 상당하는 용적과 당해 탱크의 내용적의 100분의 1의 용적 중에서 보다 큰 용적을 공간용적으로 한다.

정답 | 44 ③ 45 ② 46 ② 47 ③ 48 ③

49 위험물 관련 신고 및 선임에 관한 사항으로 틀린 것은?

① 이동탱크저장소는 위험물안전관리자 선임대상에 해당하지 않는다.

② 위험물안전관리사가 퇴식한 경우 퇴직한 날부터 30일 이내에 다시 안전관리자를 선임하여야 한다.

③ 위험물안전관리자를 선임한 경우에는 선임한 날로부터 14일 이내에 소방본부장 또는 소방서장에게 신고하여야 한다.

④ 위험물안전관리자가 일시적으로 직무를 수행할 수 없는 경우에는 안전교육을 받고 6개월 이상 실무경력이 있는 사람을 대리자로 지정해야 한다.

해설

• 위험물안전관리자가 일시적으로 직무를 수행할 수 없는 경우에는 14일 이내의 범위에서 안전관리자의 대리자를 지정하여 직무를 대행하게 하여야 한다.
• 위험물안전관리자 대리자의 자격
  - 안전교육을 받은 자
  - 제조소 등의 위험물 안전관리업무에 있어서 안전관리자를 지휘·감독하는 직위에 있는 자

50 살충제 원료로 사용되며 물과 반응하여 포스핀 가스를 발생할 위험이 있는 것은?

① 인화아연   ② 수소화나트륨
③ 칼륨   ④ 나트륨

해설

$Zn_3P_2 + 6H_2O \rightarrow 3Zn(OH)_2 + 2PH_3$

51 다음 중 산화성 물질이 아닌 것은?

① 무기과산화물   ② 과염소산
③ 질산염류   ④ 마그네슘

해설

마그네슘은 가연성 고체이다.

52 0.99atm, 55℃에서 이산화탄소의 밀도는 약 몇 g/L인가?

① 0.62   ② 1.62
③ 9.65   ④ 12.65

해설

이상기체방정식을 이용하여 계산한다.

$PV = nRT$

$PV = \dfrac{W}{M}RT$ [∵ n(몰수) $= \dfrac{W(질량)}{M(분자량)}$]

$PM = \dfrac{W}{V}RT$

$PM = dRT$ [∵ d(밀도) $= \dfrac{W(질량)}{V(부피)}$]

$d = \dfrac{PM}{RT}$ 식에

• P(압력) = 0.99atm
• M(분자량) = 44g/mol
• R(기체상수) = 0.082L · atm/(K · mol)
• T(온도) = 55℃ + 273 = 328K
  를 대입한다.

∴ $d = 1.62$g/L

53 소화약제 방출구를 탱크 안의 윗부분에 설치한 탱크의 공간용적은 당해 소화설비의 소화약제방출구 아래의 어느 범위의 면으로부터 윗부분의 용적으로 하는가?

① 0.1미터 이상 0.5미터 미만 사이의 면
② 0.3미터 이상 1미터 미만 사이의 면
③ 0.5미터 이상 1미터 미만 사이의 면
④ 0.5미터 이상 1.5미터 미만 사이의 면

해설

위험물을 저장 또는 취급하는 탱크의 공간용적은 탱크의 내용적의 100분의 5 이상 100분의 10 이하의 용적으로 한다. 다만, 소화설비(소화약제 방출구를 탱크안의 윗부분에 설치하는 것에 한함)를 설치하는 탱크의 공간용적은 당해 소화설비의 소화약제방출구 아래의 0.3미터 이상 1미터 미만 사이의 면으로부터 윗부분의 용적으로 한다.

54 다음 중 서로 반응할 때 수소가 발생하지 않는 조합은 무엇인가?

① 리튬, 염산
② 탄화칼슘, 물
③ 수소화칼슘, 물
④ 루비듐, 물

해설

① $2Li + 2HCl \rightarrow 2LiCl + H_2$
② $CaC_2 + 2H_2O \rightarrow Ca(OH)_2 + C_2H_2$
③ $CaH_2 + 2H_2O \rightarrow Ca(OH)_2 + 2H_2$
④ $2Rb + 2H_2O \rightarrow 2RbOH + H_2$

55 주유취급소에서의 위험물 취급기준으로 적절하지 않은 것은?

① 자동차에 주유할 때에는 고정주유설비를 이용하여 직접 주유할 것
② 자동차에 경유 위험물을 주유할 때에는 자동차의 원동기를 반드시 정지시킬 것
③ 고정주유설비에는 당해 주유설비에 접속한 전용탱크 또는 간이탱크의 배관 외의 것을 통하여서는 위험물을 공급하지 아니할 것
④ 고정주유설비에 접속하는 탱크에 위험물을 주입할 때에는 당해 탱크에 접속된 고정주유설비의 사용을 중지할 것

해설

자동차 등에 인화점 40℃ 미만의 위험물을 주유할 때에는 자동차 등의 원동기를 정지시켜야 하나, 경유는 인화점이 50℃ 이상이므로 원동기를 정지시키지 않아도 된다.

56 다음 중 적린의 일반적인 특성에 대한 설명으로 옳지 않은 것은?

① 비금속원소이다.
② 암적색의 분말이다.
③ 승화온도가 약 260℃이다.
④ 이황화탄소에 녹지 않는다.

해설

적린의 착화온도가 260℃이며, 승화온도는 400℃이다.

57 다음 중 이동탱크저장소에 위험물을 운송할 때 운송책임자의 감독·지원을 받아야 하는 위험물은?

① 알킬리튬
② 과산화수소
③ 가솔린
④ 경유

해설

운송책임자의 감독 · 지원을 받아 운송하여야 하는 위험물
• 알킬알루미늄
• 알킬리튬
• 알킬알루미늄 또는 알킬리튬을 함유하는 위험물

58 페놀을 황산과 질산의 혼산으로 니트로화하여 제조하는 제5류 위험물은 무엇인가?

① 아세트산
② 피크르산
③ 니트로글리콜
④ 질산에틸

해설

피크르산(피크린산, 트리니트로페놀)은 페놀과 질산, 황산을 반응시켜 제조한다.

59 고형알코올 2,000kg과 철분 1,000kg의 지정수량 배수의 총합을 구하시오.

① 3
② 4
③ 5
④ 6

해설

• 고형알코올 지정수량 : 1,000kg
• 철분 지정수량 : 500kg
• 지정수량의 배수 = $\dfrac{\text{위험물 저장수량}}{\text{위험물 지정수량}}$
• 지정수량 배수의 합 = $\dfrac{2,000}{1,000} + \dfrac{1,000}{500} = 4$

PART 01 | PART 02 | PART 03 | PART 04 | PART 05

60 〈보기〉와 같이 예방조치를 하여야 하는 위험물은?

┤ 보기 ├

- 운반용기의 외부에 "화기엄금" 및 "충격주의"를 표시한다.
- 적재하는 경우 차광성 있는 피복으로 가린다.
- 55℃ 이하에서 분해될 우려가 있는 경우 보냉 컨테이너에 수납하여 적정한 온도관리를 한다.

① 제1류 위험물
② 제2류 위험물
③ 제3류 위험물
④ 제5류 위험물

해설

운반용기 외부 표시 주의사항

유별		외부 표시 주의사항
제1류	알칼리금속의 과산화물	• 화기 · 충격주의 • 물기엄금 • 가연물 접촉주의
	그 밖의 것	• 화기 · 충격주의 • 가연물 접촉주의
제2류	철분 · 금속분 · 마그네슘	• 화기주의 • 물기엄금
	인화성 고체	• 화기엄금
	그 밖의 것	• 화기주의
제3류	자연발화성 물질	• 화기엄금 • 공기접촉엄금
	금수성 물질	• 물기엄금
제4류		• 화기엄금
제5류		• 화기엄금 • 충격주의
제6류		• 가연물 접촉주의

01 위험물안전관리자를 해임한 날로부터 며칠 이내에 위험물안전관리자를 다시 선임하여야 하는가?

① 7일　　　　　② 14일
③ 30일　　　　　④ 60일

해설
해임한 날로부터 30일 이내에 다시 선임하여야 한다.

02 다음 중 알킬리튬에 대한 설명으로 옳지 않은 것은?

① 제3류 위험물이고 지정수량은 10kg이다.
② 가연성의 액체이다.
③ 이산화탄소와는 격렬하게 반응한다.
④ 소화방법으로는 물로 주수가 불가하며 할로겐화합물 소화약제를 사용하여야 한다.

해설
소화방법으로는 물, 할로겐화합물 소화약제를 사용할 수 없다.

03 전역방출방식 또는 국소방출방식 분말소화설비의 가압용·축압용 가스로 사용되는 것은?

① 네온가스　　　　　② 아르곤가스
③ 수소가스　　　　　④ 이산화탄소가스

해설
분말소화설비의 가압용 가스 또는 축압용 가스는 질소가스 또는 이산화탄소로 한다.

04 다음 중 연소반응이 가장 잘 일어날 물질은?

① 산소와 친화력이 크고, 활성화에너지가 작은 물질
② 산소와 친화력이 크고, 활성화에너지가 큰 물질
③ 산소와 친화력이 작고, 활성화에너지가 큰 물질
④ 산소와 친화력이 작고, 활성화에너지가 작은 물질

해설
• 산소와의 친화력이 클수록 연소반응이 잘 일어난다.
• 활성화에너지가 작을수록 연소반응이 잘 일어난다.

05 다음 중 제5류 위험물의 화재 예방 및 소화와 관련하여 옳지 않은 것은?

① 대량의 주수에 의한 소화가 좋다.
② 화재 초기에는 질식소화가 효과적이다.
③ 일부 물질의 경우 운반 또는 저장 시 안정제를 사용해야 한다.
④ 가연물과 산소공급원이 같이 있는 상태이므로 점화원의 방지에 유의하여야 한다.

해설
화재 초기에 다량의 물을 이용하여 소화하고, 화재 초기에 소화하지 못하면 소화가 어렵다.

06 다음 중 과산화나트륨이 물과 반응하여 생성하는 물질로 옳은 것은?

① 수산화나트륨　　　　　② 수산화칼륨
③ 질산나트륨　　　　　④ 아염소산나트륨

해설
$2Na_2O_2 + 2H_2O \rightarrow 4NaOH + O_2$

정답　01 ③　02 ④　03 ④　04 ①　05 ②　06 ①

07 다음 분말이 모두 50wt% 이상이 $150\mu m$의 체를 통과한다면, 이 분말 중 위험물안전관리법령상 금속분으로 분류될 수 있는 것은 무엇인가?

① 철분
② 구리분
③ 알부미늄분
④ 니켈분

금속분 : 알칼리금속·알칼리토류금속·철 및 마그네슘외의 금속의 분말을 말하고, 구리분·니켈분 및 150마이크로미터의 체를 통과하는 것이 50중량퍼센트 미만인 것은 제외한다.

08 건축물 외벽이 내화구조이며 연면적 $300m^2$인 위험물 옥내저장소에 대해 소화설비의 단위는 몇 단위 이상이 이상이 되어야 하는가?

① 1단위
② 2단위
③ 3단위
④ 4단위

1소요단위의 기준

구분	외벽이 내화구조인 것	외벽이 내화구조가 아닌 것
제조소·취급소용 건축물	연면적 $100m^2$	연면적 $50m^2$
저장소용 건축물	연면적 $150m^2$	연면적 $75m^2$
위험물	지정수량의 10배	

• 연면적 $300m^2$인 내화구조 외벽의 옥내저장소의 소요단위 : 2소요단위
• 소화설비는 소요단위에 대응하여 2단위 이상이 되어야 한다.

09 다음 중 시클로헥산에 관한 설명으로 옳지 않은 것은?

① 고리형 분자구조를 가진 방향족 탄화수소화합물이다.
② 화학식은 C_6H_{12}이다.
③ 비수용성 위험물이다.
④ 제4류 제1석유류에 속한다.

고리형 분자구조를 가진 지방족 탄화수소화합물이다.

10 위험물 운반용기의 외부에 "제4류"와 "위험등급 II"의 표시만 보일 때 예상할 수 있는 위험물의 품명으로 옳은 것은?

① 제1석유류
② 제2석유류
③ 제3석유류
④ 제4석유류

제4류 위험물의 위험등급
• 위험등급 I : 특수인화물
• 위험등급 II : 제1석유류, 알코올류
• 위험등급 III : 나머지 제4류 위험물

11 오황화린이 물과 반응하였을 때 생성된 가스를 연소시키면 발생하는 독성가스로 옳은 것은?

① 이산화질소
② 포스핀
③ 염화수소
④ 이산화황

• $P_2S_5 + 8H_2O \rightarrow 5H_2S + 2H_3PO_4$
  물과 반응하여 생성된 가스는 H_2S
• $2H_2S + 3O_2 \rightarrow 2SO_2 + 2H_2O$
  연소시켜 발생한 가스는 SO_2

12 다음 중 소화약제로 사용할 수 없는 물질은 무엇인가?

① 이산화탄소
② 제1인산암모늄
③ 탄산수소나트륨
④ 브롬산암모늄

브롬산암모늄은 제1류 위험물 중 브롬산염류이다.
① 이산화탄소 : 이산화탄소 소화약제
② 제1인산암모늄 : 분말 소화약제(제3종)
③ 탄산수소나트륨 : 분말 소화약제(제1종)

13 지정수량의 100배 이상을 저장 또는 취급하는 옥내저장소에 설치하여야 하는 경보설비로 옳은 것은? (단, 고인화점 위험물만을 저장 또는 취급하는 것은 제외한다.)

① 비상경보설비　　　② 자동화재탐지설비
③ 비상방송설비　　　④ 확성장치

해설

제조소 등별로 설치해야 하는 경보설비의 종류

제조소 등의 구분	제조소 등의 규모, 저장 또는 취급하는 위험물의 종류 및 최대수량 등	경보설비
나. 옥내저장소	• 지정수량의 100배 이상을 저장 또는 취급하는 것(고인화점 위험물만을 저장 또는 취급하는 것은 제외한다) • 저장창고의 연면적이 150제곱미터를 초과하는 것[연면적 150제곱미터 이내마다 불연재료의 격벽으로 개구부 없이 완전히 구획된 저장창고와 제2류 위험물(인화성 고체는 제외한다) 또는 제4류 위험물(인화점이 70℃ 미만인 것은 제외한다)만을 저장 또는 취급하는 저장창고는 그 연면적이 500제곱미터 이상인 것을 말한다] • 처마 높이가 6미터 이상인 단층 건물의 것 • 옥내저장소로 사용되는 부분 외의 부분이 있는 건축물에 설치된 옥내저장소[옥내저장소와 옥내저장소 외의 부분이 내화구조의 바닥 또는 벽으로 개구부 없이 구획된 것과 제2류(인화성 고체는 제외한다) 또는 제4류의 위험물(인화점이 70℃ 미만인 것은 제외한다)만을 저장 또는 취급하는 것은 제외한다]	자동화재탐지설비

14 다음 중 과망간산칼륨의 특성으로 옳지 않은 것은?

① 강한 살균력과 산화력이 있다.
② 금속성 광택이 있는 무색의 결정이다.
③ 가열분해시키면 산소를 방출한다.
④ 비중은 약 2.7이다.

해설

과망간산칼륨은 흑자색의 결정이다.

15 위험물안전관리법령상 옥내소화전설비의 비상전원은 몇 분 이상 작동할 수 있어야 하는가?

① 15분 이상　　　② 20분 이상
③ 30분 이상　　　④ 45분 이상

해설

옥내소화전설비의 비상전원의 용량은 옥내소화전설비를 유효하게 45분 이상 작동시키는 것이 가능할 것

16 열의 이동 원리 중 복사에 관한 예로 가장 거리가 먼 것은?

① 더러운 눈이 빨리 녹는 현상
② 보온병 내부를 거울벽으로 만드는 것
③ 해풍과 육풍이 일어나는 원리
④ 그늘이 시원한 이유

해설

해풍과 육풍이 일어나는 원리는 대류에 관한 예이다.

열의 이동원리
• 전도 : 물질이 직접 이동하지 않고, 물체에서 이웃한 분자들의 연속적 충돌에 의해 열이 전달되는 현상으로 주로 고체의 열 이동 방법이다.
• 대류 : 액체나 기체 상태이 분자가 직접 이동하면서 열을 전달하는 현상이다.
• 복사 : 열을 전달해주는 물질 없이 열에너지가 직접 전달되는 현상이다.

17 다음 중 소화설비의 설치기준으로 옳은 것은?

① 제4류 위험물을 저장 또는 취급하는 소화난이도등급 I 인 옥외탱크저장소에는 대형 수동식소화기 및 소형 수동식소화기 등을 각각 1개 이상 설치할 것

② 소화난이도등급 II 인 옥내탱크저장소는 소형 수동식소화기 등을 2개 이상 설치할 것

③ 소화난이도등급 III 인 지하탱크저장소는 능력단위의 수치가 2 이상인 소형 수동식소화기 등을 2개 이상 설치할 것

④ 제조소등에 전기설비(전기배선, 조명기구 등은 제외한다)가 설치된 경우에는 해당 장소의 면적 100m² 마다 소형 수동식소화기를 1개 이상 설치할 것

해설
① 제4류 위험물을 저장 또는 취급하는 옥외탱크저장소 또는 옥내탱크저장소에는 소형 수동식소화기 등을 2개 이상 설치하여야 한다.
② 소화난이도등급 II 인 옥내탱크저장소, 옥외탱크저장소는 대형 수동식소화기 및 소형 수동식소화기등을 각각 1개 이상 설치하여야 한다.
③ 소화난이도등급 III 인 지하탱크저장소는 능력단위의 수치가 3 이상인 소형 수동식소화기 등을 2개 이상 설치하여야 한다.

18 다음 중 위험물제조소등에 설치하는 불활성가스소화설비의 소화약제 저장용기의 설치장소로 적절하지 않은 것은?

① 방호구역 외의 장소
② 온도가 40℃ 이하이고 온도변화가 적은 장소
③ 빗물이 침투할 우려가 적은 장소
④ 직사일광이 잘 들어오는 장소

해설
불활성가스 소화약제 저장용기 설치장소 기준
• 방호구역 외의 장소에 설치할 것. 다만, 방호구역 내에 설치할 경우에는 피난 및 조작이 용이하도록 피난구 부근에 설치해야 한다.
• 온도가 40℃ 이하이고, 온도변화가 작은 곳에 설치할 것
• 직사광선 및 빗물이 침투할 우려가 없는 곳에 설치할 것
• 방화문으로 방화구획 된 실에 설치할 것
• 용기의 설치장소에는 해당 용기가 설치된 곳임을 표시하는 표지를 할 것
• 용기 간의 간격은 점검에 지장이 없도록 3cm 이상의 간격을 유지할 것

• 저장용기와 집합관을 연결하는 연결배관에는 체크밸브를 설치할 것. 다만, 저장용기가 하나의 방호구역만을 담당하는 경우에는 그렇지 않다.

19 금속화재에 마른 모래를 피복하여 소화하는 방법으로 옳은 것은?

① 제거소화   ② 질식소화
③ 냉각소화   ④ 억제소화

해설
금속화재는 마른 모래, 탄산수소염류 분말 등으로 질식소화(피복소화)한다.

20 유류화재 시 발생하는 이상현상인 보일오버(Boil Over)의 방지대책으로 가장 거리가 먼 것은?

① 탱크하부에 배수관을 설치하여 탱크 저면의 수층을 방지한다.
② 적당한 시기에 모래나 팽창질석, 비등석을 넣어 물의 과열을 방지한다.
③ 냉각수를 대량 첨가하여 유류와 물의 과열을 방지한다.
④ 탱크 내용물의 기계적 교반을 통하여 에멀젼 상태로 하여 수층형성을 방지한다.

해설
• 보일오버 : 유류탱크 화재 시 열파가 탱크 저부에 고여있는 물에 닿아 급격히 증발하게 되며, 이때 발생한 대량의 수증기로 상부의 유류를 밀어 올려 불이 붙은 유류가 외부로 방출되는 현상을 말한다.
• 보일오버의 방지대책
  - 탱크 저면의 수층을 방지한다.
  - 탱크 내부의 과열을 방지한다.
  - 탱크 내용물을 기계적으로 교반하여 에멀젼 상태로 만든다.

21 다음 중 위험물제조소등에 경보설비를 설치해야 하는 경우로 가장 거리가 먼 것은?

① 이동탱크저장소
② 단층 건물로 처마높이가 6m인 옥내저장소
③ 단층 건물 외의 건축물에 설치된 옥내탱크저장소로서 소화난이도등급 I 에 해당하는 것
④ 옥내주유취급소

해설

제조소등별로 설치해야 하는 경보설비의 종류

제조소 등의 구분	제조소 등의 규모, 저장 또는 취급하는 위험물의 종류 및 최대수량 등	경보설비
가. 제조소 및 일반취급소	• 연면적이 500제곱미터 이상인 것 • 옥내에서 지정수량의 100배 이상을 취급하는 것(고인화점위험물만을 100℃ 미만의 온도에서 취급하는 것은 제외한다) • 일반취급소로 사용되는 부분 외의 부분이 있는 건축물에 설치된 일반취급소(일반취급소와 일반취급소 외의 부분이 내화구조의 바닥 또는 벽으로 개구부 없이 구획된 것은 제외한다)	자동화재탐지설비
나. 옥내저장소	• 지정수량의 100배 이상을 저장 또는 취급하는 것(고인화점 위험물만을 저장 또는 취급하는 것은 제외한다) • 저장창고의 연면적이 150제곱미터를 초과하는 것[연면적 150제곱미터 이내마다 불연재료의 격벽으로 개구부 없이 완전히 구획된 저장창고와 제2류 위험물(인화성고체는 제외한다) 또는 제4류 위험물(인화점이 70℃ 미만인 것은 제외한다)만을 저장 또는 취급하는 저장창고는 그 연면적이 500제곱미터 이상인 것을 말한다] • 처마 높이가 6미터 이상인 단층 건물의 것 • 옥내저장소로 사용되는 부분 외의 부분이 있는 건축물에 설치된 옥내저장소[옥내저장소와 옥내저장소 외의 부분이 내화구조의 바닥 또는 벽으로 개구부 없이 구획된 것과 제2류(인화성고체는 제외한다) 또는 제4류의 위험물(인화점이 70℃ 미만인 것은 제외한다)만을 저장 또는 취급하는 것은 제외한다]	자동화재탐지설비
다. 옥내탱크저장소	단층 건물 외의 건축물에 설치된 옥내탱크저장소로서 제41조제2항에 따른 소화난이도등급 I 에 해당하는 것	자동화재탐지설비
라. 주유취급소	옥내주유취급소	자동화재탐지설비
마. 옥외탱크저장소	특수인화물, 제1석유류 및 알코올류를 저장 또는 취급하는 탱크의 용량이 1,000만 리터 이상인 것	• 자동화재탐지설비 • 자동화재속보설비
바. 가목부터 마목까지의 규정에 따른 자동화재탐지설비 설치 대상 제조소 등에 해당하지 않는 제조소 등(이송취급소는 제외한다)	지정수량의 10배 이상을 저장 또는 취급하는 것	자동화재탐지설비, 비상경보설비, 확성장치 또는 비상 방송 설비중 1종 이상

22 다음 중 화재발생 시 물을 이용하여 소화하는 물질로 옳은 것은?

① 트리메틸알루미늄
② 황린
③ 나트륨
④ 인화칼슘

해설

황린은 물속에 넣어 저장하며, 화재 시 물로 냉각소화한다.

23 다음 중 니트로셀룰로오스의 저장·취급 방법으로 옳지 않은 것은?

① 직사광선을 피해 저장한다.
② 되도록 장기간 보관하여 안정화된 후에 사용한다.
③ 유기과산화물류, 강산화제와의 접촉을 피한다.
④ 건조상태에 이르면 위험하므로 습한 상태를 유지한다.

해설

니트로셀룰로오스는 장기간 보관 시 위험할 수 있다.

24 소화에 대한 설명으로 옳지 않은 것은?

① 기화잠열이 큰 소화약제를 사용할 경우 냉각소화 효과를 기대할 수 있다.
② 이산화탄소에 의한 소화는 주로 질식소화로 화재를 진압한다.
③ 할로겐화합물 소화약제는 주로 냉각소화를 한다.
④ 분닐 소화약세는 질식효과와 부촉매효과 등으로 화재를 진압한다.

해설

할로겐화합물 소화약제는 주로 부촉매소화(억제소화)를 한다.

25 위험물안전관리법령에 따른 위험물의 유별 및 성질을 잘못 연결한 것은?

① 제1류 : 산화성 ② 제4류 : 인화성
③ 제5류 : 자기반응성 ④ 제6류 : 가연성

해설
제6류는 산화성 액체이다.

26 다음 중 염소산나트륨을 열분해시킬 때 발생하는 물질로 옳은 것은?

① 산소 ② 질소
③ 나트륨 ④ 수소

해설
$2NaClO_3 \rightarrow 2NaCl + 3O_2$

27 질화면을 강면약, 약면약으로 구분하는 기준은 무엇인가?

① 물질의 경화도 ② 수산기의 수
③ 질산기의 수 ④ 탄소 함유량

해설
니트로셀룰로오스(질화면)는 질화도(질산기의 수)에 따라 강면약, 약면약으로 구분하며, 질화도가 클수록 폭발력이 강하다.

28 위험물운송자는 어떤 위험물을 운송할 때 위험물안전카드를 휴대하여야 하는가?

① 특수인화물 및 제1석유류
② 알코올류 및 제2석유류
③ 제3석유류 및 동식물류
④ 제4석유류

해설
위험물의 운송 시 위험물 안전카드 휴대해야 하는 위험물 : 위험물(제4류 위험물에 있어서는 특수인화물 및 제1석유류에 한함)

29 연소의 종류와 가연물을 잘못 연결한 것은 무엇인가?

① 증발연소 – 가솔린, 알코올
② 표면연소 – 코크스, 목탄
③ 분해연소 – 목재, 종이
④ 자기연소 – 에테르, 나프탈렌

해설
• 자기연소 – 셀룰로이드, TNT 등
• 증발연소 – 에테르, 나프탈렌 등

30 질산이 직사일광에 노출될 때 어떤 일이 발생하는가?

① 분해되지는 않으나 붉은색으로 변한다.
② 분해되지는 않으나 녹색으로 변한다.
③ 분해되어 질소를 발생한다.
④ 분해되어 이산화질소를 발생한다.

해설
질산은 분해하여 이산화질소(적갈색) 가스를 발생한다.

31 다음 중 벤조일퍼옥사이드에 대한 설명으로 옳지 않은 것은?

① 무색, 무취의 투명한 액체이다.
② 가급적 소분하여 저장한다.
③ 제5류 위험물에 해당한다.
④ 품명은 유기과산화물이다.

해설
벤조일퍼옥사이드(과산화벤조일)는 고체이다.

정답 25 ④ 26 ① 27 ③ 28 ① 29 ④ 30 ④ 31 ①

32 위험물의 저장·취급방법에 대한 설명 중 옳지 않은 것은?

① 적린은 화기와 멀리하고 가열, 충격이 가해지지 않도록 한다.
② 이황화탄소는 발화점이 낮으므로 물속에 저장한다.
③ 마그네슘은 산화제와 혼합되지 않도록 취급한다.
④ 알루미늄분은 건조한 공기 중에서 분진폭발의 위험이 있으므로 분무주수하여 저장한다.

해설
알루미늄 분말은 물과 반응하여 수소를 발생시키므로 물과의 접촉을 피해야 한다.

33 이송취급소의 이송기지에 설치하여야 하는 경보설비로만 이루어진 것은 무엇인가?

① 확성장치, 비상벨장치
② 비상방송설비, 비상경보설비
③ 확성장치, 비상방송설비
④ 비상방송설비, 자동화재탐지설비

해설
이송기지에는 비상벨장치 및 확성장치를 설치해야 한다.

34 다음 중 아세톤에 대한 설명으로 옳지 않은 것은?

① 제1석유류이다.
② 물에 녹지 않는다.
③ 아세틸렌을 저장할 때 용제로 사용한다.
④ 무색의 휘발성 액체로 독특한 냄새가 있다.

해설
아세톤은 물에 잘 녹는 수용성 물질이다.

35 팽창질석(삽 1개 포함) 160L의 소화능력단위로 옳은 것은?

① 0.5 ② 1.0
③ 1.5 ④ 2.0

해설

기타 소화설비의 능력단위

소화설비	용량	능력단위
소화전용 물통	8L	0.3
수조(소화전용물통 3개 포함)	80L	1.5
수조(소화전용물통 6개 포함)	190L	2.5
마른 모래(삽 1개 포함)	50L	0.5
팽창질석 또는 팽창진주암(삽 1개 포함)	160L	1.0

36 위험물저장탱크의 공간용적은 탱크 내용적의 ( ) 이상, ( ) 이하로 해야 할 때, ( ) 안에 들어갈 숫자를 차례대로 나열한 것은?

① $\frac{2}{100}$, $\frac{3}{100}$ ② $\frac{2}{100}$, $\frac{5}{100}$
③ $\frac{5}{100}$, $\frac{10}{100}$ ④ $\frac{10}{100}$, $\frac{20}{100}$

해설
위험물을 저장 또는 취급하는 탱크의 공간용적은 탱크의 내용적의 100분의 5 이상 100분의 10 이하의 용적으로 한다.

37 다음 중 제1종 분말소화약제의 적응 화재 종류를 모두 나열한 것은?

① A급 ② B·C급
③ A·B급 ④ A·B·C급

해설
분말소화약제는 B, C급에 적응성이 있고, 그 중 3종 분말소화약제는 A, B, C급에 적응성이 있다.

38 $C_6H_2CH_3(NO_2)_3$을 녹이는 용제가 아닌 것은?

① 물   ② 벤젠

③ 에테르   ④ 아세톤

> 해설

$C_6H_2CH_3(NO_2)_3$(트리니트로톨루엔)은 비수용성이다.

39 〈보기〉의 ( )의 숫자를 모두 합한 값으로 옳은 것은?

> ┤ 보기 ├
> • 과염소산의 지정수량은 ( )kg이다.
> • 과산화수소는 농도가 ( )wt% 미만인 것은 위험물에 해당하지 않는다.
> • 질산은 비중이 ( ) 이상인 것만 위험물로 규정한다.

① 349.36   ② 549.36

③ 337.49   ④ 537.49

> 해설

• 과염소산의 지정수량은 (300)kg이다.
• 과산화수소는 농도가 (36)wt% 미만인 것은 위험물에 해당하지 않는다.
• 질산은 비중이 (1.49) 이상인 것만 위험물로 규정한다.
∴ $300 + 36 + 1.49 = 337.49$

40 Mg, Na의 화재에 이산화탄소 소화기를 사용하면 발생되는 현상은?

① 이산화탄소가 부착면을 만들어 질식소화된다.
② 이산화탄소가 방출되어 냉각소화된다.
③ 이산화탄소가 Mg, Na과 반응하여 화재가 확대된다.
④ 부촉매효과에 의해 소화된다.

> 해설

$4Na + 3CO_2 \rightarrow 2Na_2CO_3 + C$
이산화탄소와의 반응으로 가연물(C)이 생성되며, 화재가 확대된다.

41 위험물안전관리법령상 운반용기의 수납기준으로 옳지 않은 것은?

① 수납하는 위험물과 위험한 반응을 일으키지 않아야 한다.
② 고체 위험물은 운반용기 내용적의 95% 이하로 수납하여야 한다.
③ 액체 위험물은 운반용기 내용적의 95% 이하로 수납하여야 한다.
④ 하나의 외장용기에는 다른 종류의 위험물을 수납하지 않는다.

> 해설

액체위험물은 운반용기 내용적의 98% 이하의 수납률로 수납하되, 55도의 온도에서 누설되지 아니하도록 충분한 공간용적을 유지하도록 할 것

42 다음 중 위험등급이 나머지 셋과 다른 위험물은?

① 아염소산염류   ② 알킬리튬
③ 질산에스테르류   ④ 질산염류

> 해설

위험등급 I : 아염소산염류, 알킬리튬, 질산에스테르류
위험등급 II : 질산염류

43 그림과 같은 위험물 저장탱크의 내용적은 약 몇 m^3인가?

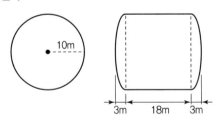

① 4,681   ② 5,482
③ 6,283   ④ 7,080

> 해설

$$탱크의 \ 내용적 = \pi r^2 \times \left(1 + \frac{l_1 + l_2}{3} \right)$$
$$= \pi (10m)^2 \times \left(18m + \frac{3m + 3m}{3} \right) = 6,283 m^3$$

44 과산화나트륨 78g이 충분한 양의 물과 반응하여 생성되는 기체의 종류와 그 기체의 질량을 옳게 나타낸 것은?

① 수소, 1g
② 산소, 16g
③ 수소, 2g
④ 산소, 32g

해설

$2Na_2O_2 + 2H_2O \rightarrow 4NaOH + O_2$

과산화나트륨 2몰이 반응하여 산소 1몰이 생성된다.

과산화나트륨 78g = $78g \times \dfrac{1\,mol}{(23 \times 2 + 16 \times 2)g} = 1\,mol$

과산화나트륨 1몰이 반응하면 산소 0.5몰이 생성된다.

산소 0.5mol = $0.5\,mol \times \dfrac{(16 \times 2)g}{1\,mol} = 16g$

45 휘발유 등을 배관을 통해 이송할 경우 유속을 느리게 해주는 것은 배관 내에서 발생할 수 있는 어떤 에너지를 억제하기 위함인가?

① 유도에너지
② 분해에너지
③ 정전기에너지
④ 아크에너지

해설

유체의 마찰로 인한 정전기에너지를 억제하기 위하여 유속을 느리게 해주는 것이 바람직하다.

46 위험물 옥외저장탱크 중 압력탱크에 저장하는 아세트알데히드등의 온도는 몇 ℃ 이하로 유지하여야 하는가?

① 60℃ 이하
② 40℃ 이하
③ 30℃ 이하
④ 15℃ 이하

해설

옥외저장탱크·옥내저장탱크 또는 지하저장탱크 중 압력탱크에 저장하는 아세트알데히드등 또는 디에틸에테르등의 온도는 40℃ 이하로 유지해야 한다.

47 다음 중 황린의 위험성에 대한 설명으로 옳지 않은 것은?

① 공기 중에서 자연발화의 위험성이 있다.
② 연소 시 발생되는 증기는 유독하다.
③ 화학적 활성이 커서 CO_2, H_2O와 격렬히 반응한다.
④ 강알칼리 용액과 반응하여 독성 가스를 발생한다.

해설

황린은 CO_2, H_2O와 격렬히 반응하지 않고, pH9 정도의 물속에 넣어 보관한다.

48 위험물 종류와 이동저장탱크의 외부도장 색상의 연결이 옳지 않은 것은?

① 제2류 – 적색
② 제3류 – 청색
③ 제5류 – 황색
④ 제6류 – 회색

해설

위험물 이동저장탱크의 외부 도장 색상

유별	외부 도장 색상
제1류	회색
제2류	적색
제3류	청색
제4류	적색(권장)
제5류	황색
제6류	청색

49 알코올류 20,000L의 소요단위는?

① 5
② 10
③ 15
④ 20

해설

• 위험물은 지정수량의 10배를 1소요단위로 한다.

• 소요단위 = $\dfrac{저장수량}{지정수량 \times 10}$

• 소요단위 = $\dfrac{20,000}{(400 \times 10)} = 5$

정답 44 ② 45 ③ 46 ② 47 ③ 48 ④ 49 ①

50 제조소의 옥외에 3개의 휘발유 취급탱크를 설치하고 그 주위에 방유제를 설치하고자 한다. 취급탱크의 용량은 5만L, 3만L, 2만L일 때 필요한 방유제의 용량은 몇 L 이상인가?

① 66,000　　　　② 60,000
③ 33,000　　　　④ 30,000

제조소의 옥외에 있는 위험물취급탱크의 방유제 용량

하나의 취급탱크 주위에 설치하는 방유제	당해 탱크용량의 50% 이상
2 이상의 취급탱크 주위에 하나의 방유제	당해 탱크 중 용량이 최대인 것의 50%에 나머지 탱크용량 합계의 10%를 가산한 양 이상

5만L × 0.5 + (3만L + 2만L) × 0.1 = 30,000L

51 화학포소화기에서 기포안정제로 사용되는 것은 무엇인가?

① 사포닌　　　　② 질산
③ 황산알루미늄　　④ 질산칼륨

기포안정제 : 가수분해단백질, 계면활성제, 사포닌, 젤라틴, 카제인 등

52 위험물안전관리법령상 정기점검대상의 제조소 등이 아닌 것은?

① 예방규정작성대상인 제조소 등
② 지하탱크저장소
③ 이동탱크저장소
④ 지정수량 5배의 위험물을 취급하는 옥외탱크를 둔 제조소

정기점검 대상 제조소 등

정기점검 대상 제조소 등	비고
1. 지정수량의 10배 이상의 위험물을 취급하는 제조소 2. 지정수량의 100배 이상의 위험물을 저장하는 옥외저장소 3. 지정수량의 150배 이상의 위험물을 저장하는 옥내저장소 4. 지정수량의 200배 이상의 위험물을 저장하는 옥외탱크저장소 5. 암반탱크저장소 6. 이송취급소 7. 지정수량의 10배 이상의 위험물을 취급하는 일반취급소. 다만, 제4류 위험물(특수인화물을 제외한다)만을 지정수량의 50배 이하로 취급하는 일반취급소(제1석유류·알코올류의 취급량이 지정수량의 10배 이하인 경우에 한한다)로서 다음 각목의 어느 하나에 해당하는 것을 제외한다. 가. 보일러·버너 또는 이와 비슷한 것으로서 위험물을 소비하는 장치로 이루어진 일반취급소 나. 위험물을 용기에 옮겨 담거나 차량에 고정된 탱크에 주입하는 일반취급소	관계인이 예방규정을 정하여야 하는 제조소 등
지하탱크 저장소	
이동탱크 저장소	
위험물을 취급하는 탱크로서 지하에 매설된 탱크가 있는 제조소·주유취급소 또는 일반취급소	

53 다음 중 인화점이 낮은 것부터 높은 순서로 옳게 나열된 것은?

① 톨루엔 – 아세톤 – 벤젠
② 아세톤 – 톨루엔 – 벤젠
③ 톨루엔 – 벤젠 – 아세톤
④ 아세톤 – 벤젠 – 톨루엔

• 아세톤 : – 18℃
• 벤젠 : – 11℃
• 톨루엔 : 4℃

54 피난설비를 설치하여야 하는 위험물 제조소 등에 해당하는 것으로 옳은 것은?

① 건축물의 2층 부분을 자동차 정비소로 사용하는 주유취급소
② 건축물의 2층 부분을 전시장으로 사용하는 주유취급소
③ 건축물의 1층 부분을 주유사무소로 사용하는 주유취급소
④ 건축물의 1층 부분을 관계자의 주거시설로 사용하는 주유취급소

해설

피난설비의 기준 : 주유취급소 중 건축물의 2층 이상의 부분을 점포 · 휴게음식점 또는 전시장의 용도로 사용하는 것과 옥내주유취급소에는 피난설비를 설치하여야 한다

55 다음 중 과산화수소 운반용기 외부에 표시하는 주의사항으로 옳은 것은?

① 화기주의
② 충격주의
③ 물기엄금
④ 가연물 접촉주의

해설

유별		외부 표시 주의사항
제1류	알칼리금속의 과산화물	• 화기 · 충격주의 • 물기엄금 • 가연물 접촉주의
	그 밖의 것	• 화기 · 충격주의 • 가연물 접촉주의
제2류	철분 · 금속분 · 마그네슘	• 화기주의 • 물기엄금
	인화성 고체	• 화기엄금
	그 밖의 것	• 화기주의
제3류	자연발화성 물질	• 화기엄금 • 공기접촉엄금
	금수성 물질	• 물기엄금
제4류		• 화기엄금
제5류		• 화기엄금 • 충격주의
제6류		• 가연물 접촉주의

56 다음 중 알킬알루미늄을 저장 시 용기에 봉입하는 가스로 가장 적합한 것은?

① 포스핀
② 아세틸렌
③ 질소
④ 아황산가스

해설

알킬알루미늄 저장 시 불연성가스(질소)를 봉입한다.

57 위험물제조소의 연소의 우려가 있는 외벽은 출입구 외의 개구부가 없는 내화구조의 벽으로 하여야 한다. 이때 연소의 우려가 있는 외벽은 제조소가 설치된 부지의 경계선에서 몇 m 이내에 있는 외벽을 말하는가? (단, 단층건물일 경우이다.)

① 3m 이내
② 4m 이내
③ 5m 이내
④ 6m 이내

해설

연소의 우려가 있는 외벽은 다음 각 호의 1에 정한 선을 기산점으로 하여 3m(2층 이상의 층에 대해서는 5m) 이내에 있는 제조소 등의 외벽을 말한다. 다만, 방화상 유효한 공터, 광장, 하천, 수면 등에 면한 외벽은 제외한다.
1. 제조소 등이 설치된 부지의 경계선
2. 제조소 등에 인접한 도로의 중심선
3. 제조소등의 외벽과 동일부지 내의 다른 건축물의 외벽간의 중심선

58 지정과산화물을 저장·취급하는 위험물 옥내저장소의 격벽 설치기준이 아닌 것은?

① 저장창고 상부의 지붕으로부터 50cm 이상 돌출하게 하여야 한다.
② 저장창고 양측의 외벽으로부터 1m 이상 돌출하게 하여야 한다.
③ 철근콘크리트조의 경우 두께가 30cm 이상이어야 한다.
④ 바닥면적 250m² 이내마다 완전하게 구획하여야 한다.

해설
저장창고는 150m² 이내마다 격벽으로 완전하게 구획할 것

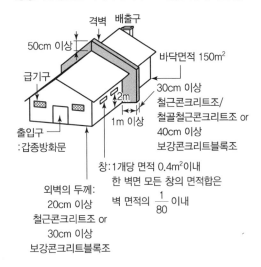

59 옥내저장탱크의 상호 간에는 특별한 경우를 제외하고 몇 m 이상의 간격을 유지하여야 하는가?

① 0.1m 이상　　② 0.2m 이상
③ 0.3m 이상　　④ 0.5m 이상

해설
옥내저장탱크와 탱크전용실의 벽과의 사이 및 옥내저장탱크의 상호 간에는 0.5m 이상의 간격을 유지해야 한다.

60 다음 중 위험물안전관리법령상 위험물제조소와의 안전거리를 가장 멀리 두는 것은?

① 「고등교육법」에서 정하는 학교
② 「의료법」에 따른 병원급 의료기관
③ 「고압가스 안전관리법」에 의하여 허가를 받은 고압가스 제조시설
④ 「문화재보호법」에 의한 유형문화재와 기념물 중 지정문화재

해설

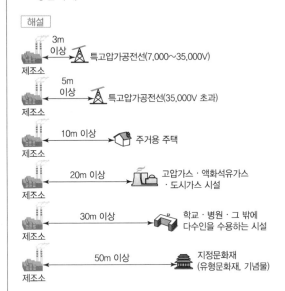

01 다음과 같이 복수의 성상을 가지고 있는 경우 지정되는 품명의 연결로 옳지 않은 것은?

① 산화성 고체의 성상 및 가연성 고체의 성상을 가지는 경우 : 산화성 고체의 품명
② 산화성 고체의 성상 및 자기반응성 물질의 성상을 가지는 경우 : 자기반응성 물질의 품명
③ 가연성 고체의 성상과 자연발화성 물질의 성상 및 금수성 물질의 성상을 가지는 경우 : 자연발화성 물질 및 금수성 물질의 품명
④ 인화성 액체의 성상 및 자기반응성 물질의 성상을 가지는 경우 : 자기반응성 물질의 품명

해설

산화성 고체의 성상 및 가연성 고체의 성상을 가지는 경우 : 가연성 고체의 품명

02 〈보기〉의 소화기 사용방법 중 올바르게 설명한 것을 모두 나열한 것은?

┤ 보기 ├

ㄱ. 적응화재에만 사용할 것
ㄴ. 불과 최대한 멀리 떨어져서 사용할 것
ㄷ. 바람을 마주보고 풍하에서 풍상 방향으로 사용할 것
ㄹ. 양옆으로 비로 쓸 듯이 골고루 사용할 것

① ㄱ, ㄴ
② ㄱ, ㄷ
③ ㄱ, ㄹ
④ ㄱ, ㄷ, ㄹ

해설

ㄴ. 불과 최대한 가까이에서 사용할 것
ㄷ. 바람을 등지고 풍상에서 풍하 방향으로 사용할 것

03 염소화이소시아눌산은 제 몇 류 위험물인가?

① 제1류 위험물
② 제2류 위험물
③ 제5류 위험물
④ 제6류 위험물

해설

염소화이소시아눌산은 제1류의 품명란 제10호에서 "행정안전부령으로 정하는 것"에 해당된다.

04 분자량이 약 110인 무기과산화물로 물과 접촉하여 발열하는 위험물은?

① 과산화마그네슘
② 과산화벤조산
③ 과산화칼슘
④ 과산화칼륨

해설

- 과산화마그네슘(MgO_2) : $24 + 16 \times 2 = 56$
- 과산화벤조산(C_6H_5COOOH, 유기과산화물) : $12 \times 7 + 6 + 16 \times 3 = 372$
- 과산화칼슘(CaO_2) : $40 + 16 \times 2 = 72$
- 과산화칼륨(K_2O_2) : $39 \times 2 + 16 \times 2 = 110$

정답 01 ① 02 ③ 03 ① 04 ④

05 제조소 등의 관계인이 예방규정을 정하여야 하는 제조소 등으로 볼 수 없는 것은?

① 지정수량 100배의 위험물을 저장하는 옥외탱크저장소
② 지정수량 150배의 위험물을 저장하는 옥내저장소
③ 지정수량 10배의 위험물을 취급하는 제조소
④ 지정수량 5배의 위험물을 취급하는 이송취급소

해설

관계인이 예방규정을 정하여야 하는 제조소 등
• 지정수량의 10배 이상의 위험물을 취급하는 제조소
• 지정수량의 100배 이상의 위험물을 저장하는 옥외저장소
• 지정수량의 150배 이상의 위험물을 저장하는 옥내저장소
• 지정수량의 200배 이상의 위험물을 저장하는 옥외탱크저장소
• 암반탱크저장소
• 이송취급소
• 지정수량의 10배 이상의 위험물을 취급하는 일반취급소. 다만, 제4류 위험물(특수인화물을 제외한다)만을 지정수량의 50배 이하로 취급하는 일반취급소(제1석유류·알코올류의 취급량이 지정수량의 10배 이하인 경우에 한한다)로서 다음 각목의 어느 하나에 해당하는 것을 제외한다.
  – 보일러·버너 또는 이와 비슷한 것으로서 위험물을 소비하는 장치로 이루어진 일반취급소
  – 위험물을 용기에 옮겨 담거나 차량에 고정된 탱크에 주입하는 일반취급소

06 위험물제조소 등에 설치하는 자동화재탐지설비에 대한 설명 중 옳지 않은 것은?

① 자동화재탐지설비의 경계구역은 건축물, 그 밖의 공작물의 2 이상의 층에 걸치도록 할 것
② 하나의 경계구역에서 그 한 변의 길이는 50m(광전식분리형 감지기를 설치할 경우에는 100m) 이하로 할 것
③ 자동화재탐지설비의 감지기는 지붕 또는 벽의 옥내에 면한 부분에 유효하게 화재의 발생을 감지할 수 있도록 설치할 것
④ 자동화재탐지설비에는 비상전원을 설치할 것

해설

자동화재탐지설비의 경계구역은 건축물 그 밖의 공작물의 2 이상의 층에 걸치지 아니하도록 할 것

07 위험물운송자는 어떤 위험물을 운송할 때 위험물안전카드를 휴대하여야 하는가?

① 특수인화물 및 제1석유류
② 알코올류 및 제2석유류
③ 제3석유류 및 동식물유류
④ 제4석유류

해설

위험물의 운송 시 위험물 안전카드 휴대해야 하는 위험물 : 위험물(제4류 위험물에 있어서는 특수인화물 및 제1석유류에 한함)

08 플래시오버(Flash Over)에 대한 설명으로 옳지 않은 것은?

① 실내화재에서 발생하는 현상
② 순간적인 연소확대 현상
③ 발생지점은 초기에서 성장기로 넘어가는 분기점
④ 화재로 인하여 온도가 급격히 상승하여 화재가 순간적으로 실내 전체에 확산되어 연소되는 현상

해설

플래시오버는 대부분 화재 성장기~최성기 구간에서 발생한다.

09 위험물제조소 등의 승계에 대한 설명으로 옳은 것은?

① 양도는 승계사유이지만 법인의 합병은 승계사유에 해당되지 않는다.
② 제조소 등의 지위를 승계한 자는 승계한 날부터 14일 이내에 승계신고를 하여야 한다.
③ 시·도지사에 신고하여야 하는 경우와 소방서장에게 신고하여야 하는 경우가 있다.
④ 민사집행법에 의한 경매절차에 따라 제조소 등을 인수한 경우에는 지위승계 신고를 한 것으로 간주한다.

해설

① 양도, 법인의 합병 모두 승계사유에 해당된다.
② 제조소 등의 지위를 승계한 자는 승계한 날부터 30일 이내에 승계신고를 하여야 한다.
④ 민사집행법에 의한 경매절차에 따라 제조소 등을 인수한 경우에도 30일 이내에 그 사실을 신고해야 한다.

정답 **05** ① **06** ① **07** ① **08** ③ **09** ③

10 다음 중 유황(사방황)에 대한 설명으로 옳지 않은 것은?

① 노란색이다.
② 이황화탄소에 녹지 않는다.
③ 지정수량은 100kg이다.
④ 공기 중에서 연소하면 푸른빛을 낸다.

해설
① 단사황, 사방황은 노란색이고, 고무상황은 흑갈색이다.
② 단사황, 사방황은 이황화탄소에 잘 녹는다.
④ 공기 중에서 연소하면 푸른빛을 내며 SO_2를 발생한다.

11 〈보기〉와 같이 벤젠 1kg이 연소할 때 발생되는 CO_2의 양은 몇 m^3인가? (단, 27℃, 750mmHg기준이다.)

┤ 보기 ├
$$C_6H_6 + 7.5O_2 \rightarrow 6CO_2 + 3H_2O$$

① 0.72
② 1.22
③ 1.92
④ 2.42

해설
이상기체방정식을 이용하여 계산한다.
$PV = nRT$

• P(압력) $= 750mmHg = 750mmHg \times \dfrac{1atm}{760mmHg}$
  $= 0.987atm$
• V(부피) $= Xm^3$
• n(몰수) $= 1kgC_6H_6 \times \dfrac{1kmolC_6H_6}{78kgC_6H_6} \times \dfrac{6kmolCO_2}{1kmolC_6H_6}$
  $= 0.0769kmol$
• R(기체상수) $= 0.082m^3 \cdot atm/(K \cdot kmol)$
• T(온도) $= 27℃ + 273 = 300K$
  를 대입한다.
∴ $V = 1.917m^3$

12 위험물안전관리법령상 제조소 등의 설치허가의 취소 또는 사용정지의 사유에 해당하지 않는 것은 무엇인가?

① 안전교육 대상자가 교육을 받지 아니한 때
② 완공검사를 받지 않고 제조소 등을 사용한 때
③ 위험물안전관리자를 선임하지 아니한 때
④ 제조소 등의 정기검사를 받지 아니한 때

해설
제조소 등의 설치허가의 취소 또는 사용정지의 사유
• 변경허가를 받지 아니하고 제조소 등의 위치·구조 또는 설비를 변경한 때
• 완공검사를 받지 아니하고 제조소 등을 사용한 때
• 안전조치 이행명령을 따르지 아니한 때
• 수리·개조 또는 이전의 명령을 위반한 때
• 위험물안전관리자를 선임하지 아니한 때
• 위험물안전관리자가 직무를 수행할 수 없을 경우 대리자를 지정하지 아니한 때
• 정기점검을 하지 아니한 때
• 정기검사를 받지 아니한 때
• 저장·취급기준 준수명령을 위반한 때

13 다음 중 제3종 분말소화약제의 주성분은?

① $KHCO_3$
② H_2SO_4
③ $NaHCO_3$
④ $NH_4H_2PO_4$

해설

종류	주성분
제1종 분말약제	$NaHCO_3$
제2종 분말약제	$KHCO_3$
제3종 분말약제	$NH_4H_2PO_4$
제4종 분말약제	$KHCO_3 + (NH_2)_2CO$

14 주유취급소의 담 또는 벽에 유리를 부착할 수 있는 기준으로 옳은 것은?

① 유리 부착 위치는 주입구, 고정주유설비로부터 2m 이상 이격되어야 한다.

② 지반면으로부터 50cm를 초과하는 부분에 한하여 설치하여야 한다.

③ 하나의 유리판 가로의 길이는 2m 이내로 한다

④ 유리의 구조는 기준에 맞는 강화유리로 하여야 한다.

해설

담 또는 벽에 유리를 부착할 수 있는 기준(가.~다. 모두 적합)

가. 유리를 부착하는 위치는 주입구, 고정주유설비 및 고정급유설비로부터 4m 이상 거리를 둘 것

나. 유리를 부착하는 방법은 다음의 기준에 모두 적합할 것

  1) 주유취급소 내의 지반면으로부터 70cm를 초과하는 부분에 한하여 유리를 부착할 것

  2) 하나의 유리판의 가로의 길이는 2m 이내일 것

  3) 유리판의 테두리를 금속제의 구조물에 견고하게 고정하고 해당 구조물을 담 또는 벽에 견고하게 부착할 것

  4) 유리의 구조는 접합유리(두 장의 유리를 두께 0.76mm 이상의 폴리비닐부티랄 필름으로 접합한 구조를 말한다)로 하되, 「유리구획 부분의 내화시험방법(KS F 2845)」에 따라 시험하여 비차열 30분 이상의 방화성능이 인정될 것

다. 유리를 부착하는 범위는 전체의 담 또는 벽의 길이의 10분의 2를 초과하지 아니할 것

15 메틸알코올 8,000L에 대한 소화능력으로 삽을 포함한 마른 모래를 얼마나 설치하여야 하는가?

① 100L   ② 200L

③ 300L   ④ 400L

해설

• 메틸알코올 지정수량 : 400L

• 위험물의 1소요단위 = 지정수량의 10배

• 소요단위 = $\dfrac{저장수량}{(지정수량 \times 10)}$

• 소요단위 = $\dfrac{8,000}{(400 \times 10)} = 2$

• 삽을 포함한 마른 모래의 능력단위 : 0.5(용량 50L)
메틸알코올의 소요단위 2에 대응하기 위해 능력단위 0.5의 4배의 용량이 필요
50L × 4 = 200L

16 수용성 가연성 물질의 화재 시 다량의 물을 방사하여 가연물질의 농도를 연소농도 이하가 되도록 하여 소화시키는 것은 무슨 소화인가?

① 제거소화   ② 촉매소화

③ 희석소화   ④ 억제소화

해설

희석소화에 대한 설명이다.

17 위험물안전관리법령상 옥내소화전설비의 비상전원은 몇 분 이상 작동할 수 있어야 하는가?

① 45분 이상   ② 30분 이상

③ 20분 이상   ④ 10분 이상

해설

옥내소화전설비의 비상전원의 용량은 옥내소화전설비를 유효하게 45분 이상 작동시키는 것이 가능할 것

18 특수인화물 200L와 제4석유류 12,000L를 저장할 때 지정수량 배수의 총합은 얼마인가?

① 3   ② 4

③ 5   ④ 6

해설

• 특수인화물의 지정수량 : 50L

• 제4석유류의 지정수량 : 6,000L

• 지정수량의 배수 = $\dfrac{위험물 저장수량}{위험물 지정수량}$

• 지정수량 배수의 합 = $\dfrac{200}{50} + \dfrac{12,000}{6,000} = 4 + 2 = 6$

19 소화설비의 설치기준에 있어서 각 노즐 또는 헤드선단의 방사압력기준이 나머지 셋과 다른 것은?

① 옥내소화전설비 ② 옥외소화전설비
③ 스프링클러설비 ④ 물분무소화설비

해설

헤드선단의 방사압력 기준
① 옥내소화전설비 : 350kPa
② 옥외소화전설비 : 350kPa
③ 스프링클러설비 : 100kPa
④ 물분무소화설비 : 350kPa

20 다음 중 제5류 위험물에 해당하는 것은 무엇인가?

① $CH_3(C_6H_4)NO_2$
② CH_3COCH_3
③ $C_6H_2(NO_2)_3OH$
④ $C_6H_5NO_2$

해설

$C_6H_2(NO_2)_3OH$(트리니트로페놀)은 제5류 위험물이고, 나머지 보기는 제4류 위험물이다.
① $CH_3(C_6H_4)NO_2$: 니트로톨루엔
② CH_3COCH_3 : 아세톤
④ $C_6H_5NO_2$: 니트로벤젠

21 분자 내의 니트로기와 같이 쉽게 산소를 유리할 수 있는 기를 가지고 있는 화합물의 연소 형태는?

① 표면연소 ② 분해연소
③ 증발연소 ④ 자기연소

해설

자기연소는 외부로부터 연소에 필요한 산소를 공급받지 않고, 자체 내에 포함된 산소에 의해 연소하는 형태이다.

22 톨루엔을 저장하는 옥외탱크저장소의 액표면적이 45m²인 경우 소화난이도 등급은?

① 소화난이도등급 I
② 소화난이도등급 II
③ 소화난이도등급 III
④ 제시된 조건으로 판단할 수 없음

해설

소화난이도등급 I 에 해당하는 옥외탱크저장소

제조소 등의 구분	제조소 등의 규모, 저장 또는 취급하는 위험물의 품명 및 최대수량 등
옥외탱크 저장소	액표면적이 40m² 이상인 것(제6류 위험물을 저장하는 것 및 고인화점위험물만을 100℃ 미만의 온도에서 저장하는 것은 제외)
	지반면으로부터 탱크 옆판의 상단까지 높이가 6m 이상인 것(제6류 위험물을 저장하는 것 및 고인화점위험물만을 100℃ 미만의 온도에서 저장하는 것은 제외)
	지중탱크 또는 해상탱크로서 지정수량의 100배 이상인 것(제6류 위험물을 저장하는 것 및 고인화점위험물만을 100℃ 미만의 온도에서 저장하는 것은 제외)
	고체위험물을 저장하는 것으로서 지정수량의 100배 이상인 것

23 제4류 위험물에 대한 설명으로 틀린 것은?

① 대부분 연소하한값이 낮다.
② 발생증기는 가연성이며 대부분 공기보다 무겁다.
③ 대부분 무기화합물이므로 정전기 발생에 주의한다.
④ 인화점이 낮을수록 화재 위험성이 높다.

해설

대부분 유기화합물이므로 진기도체가 아니기 때문에 전전기 발생에 주의한다.

24 유기과산화물의 저장·운반 시 주의해야 할 사항으로 옳은 것은?

① 일광이 드는 건조한 곳에 저장한다.

② 가능한 한 대용량으로 저장한다.

③ 알코올류 등 제4류 위험물과 혼재하여 운반할 수 있다.

④ 산화제이므로 다른 강산화제와 같이 저장해도 좋다.

해설

① 일광이 드는 곳에 저장할 수 있는 위험물은 없다.

② 사용할 만큼 최소한만 분산하여 저장한다.

④ 산화제이면서 가연물이므로 다른 강산화제와 같이 저장할 시 위험하다.

25 $C_6H_5CH_3$의 특성으로 옳지 않은 것은?

① 벤젠보다 독성이 매우 강하다.

② 진한 질산과 진한 황산으로 니트로화하면 TNT가 된다.

③ 비중은 약 0.9이다.

④ 물에 녹지 않는다.

해설

$C_6H_5CH_3$(톨루엔)은 벤젠보다 독성이 약하다.

26 위험물안전관리법령상 "제조소"의 정의로 옳은 것은?

① "제조소"라 함은 위험물을 제조할 목적으로 지정수량 이상의 위험물을 취급하기 위하여 허가를 받은 장소이다.

② "제조소"라 함은 지정수량 이상의 위험물을 저장하기 위한 대통령령이 정하는 장소로서 허가를 받은 장소이다.

③ "제조소"라 함은 위험물을 제조할 목적으로 지정수량 미만의 위험물을 취급하기 위하여 허가를 받은 장소이다.

④ "제조소"라 함은 지정수량 미만의 위험물을 저장하기 위한 대통령령이 정하는 장소로서 허가를 받은 장소이다.

해설

"제조소"라 함은 위험물을 제조할 목적으로 지정수량 이상의 위험물을 취급하기 위하여 규정에 따라 허가를 받은 장소이다.

27 적재하는 제5류 위험물 중 (   )℃ 이하의 온도에서 분해될 우려가 있는 것은 보냉 컨테이너에 수납하는 등 적당한 온도관리를 유지하여야 한다. 다음 (   )에 들어갈 알맞은 말을 고르시오.

① 40   ② 50

③ 55   ④ 60

해설

적재하는 제5류 위험물 중 55℃ 이하의 온도에서 분해될 우려가 있는 것은 보냉 컨테이너에 수납하는 등 적당한 온도관리를 유지하여야 한다.

28 양초, 알코올 등의 일반적인 연소형태로 옳은 것은?

① 분무연소   ② 증발연소

③ 표면연소   ④ 분해연소

해설

연소형태

• 표면연소 : 코크스, 숯
• 분해연소 : 목재, 종이, 석탄, 플라스틱
• 증발연소 : 양초, 중유, 알코올
• 자기연소 : 제5류 위험물

29 다음 물질 중 물에 대한 용해도가 가장 낮은 것은 무엇인가?

① 아크릴산   ② 아세트알데히드

③ 벤젠   ④ 글리세린

해설

벤젠은 비수용성 물질이고, 나머지는 수용성 물질이다.

30 다음 중 위험물안전관리법령상 유별에 따른 구분이 나머지 셋과 다른 것은?

① 질산은   ② 질산메틸
③ 무수크롬산   ④ 질산암모늄

해설

질산메틸은 제5류 위험물이고, 나머지는 제1류 위험물이다.

31 지정수량의 10배 이상의 위험물을 취급하는 제조소에는 피뢰침을 설치하여야 하지만 피뢰침을 설치하지 않을 수 있는 위험물의 종류는 무엇인가?

① 제2류 위험물   ② 제4류 위험물
③ 제5류 위험물   ④ 제6류 위험물

해설

지정수량의 10배 이상의 위험물을 취급하는 제조소(제6류 위험물을 취급하는 위험물제조소를 제외한다)에는 피뢰침을 설치하여야 한다. 다만, 제조소의 주위의 상황에 따라 안전상 지장이 없는 경우에는 피뢰침을 설치하지 아니할 수 있다.

32 위험물안전관리법령상의 지정수량이 나머지 셋과 다른 하나는?

① 황화린   ② 적린
③ 칼슘   ④ 유황

해설

• 황화린, 적린, 유황 : 100kg
• 칼슘 : 50kg

33 다음 중 이동탱크저장소에 위험물을 운송할 때 운송책임자의 감독·지원을 받아야 하는 위험물은?

① 금속분   ② 알킬알루미늄
③ 아세트알데히드   ④ 히드록실아민

해설

알킬리튬과 알킬알루미늄 또는 이 중 어느 하나 이상을 함유한 것은 운송책임자의 감독, 지원을 받아야 한다.

34 위험물제조소의 위험물 배관에 대한 설명으로 틀린 것은?

① 배관을 지하에 매설하는 경우 접합부분에는 점검구를 설치하여야 한다.
② 배관을 지하에 매설하는 경우 금속성 배관의 외면에는 부식방지 조치를 하여야 한다.
③ 최대상용압력의 1.5배 이상의 압력으로 수압시험을 실시하여 이상이 없어야 한다.
④ 지상에 설치하는 경우에는 안전한 구조의 지지물로 지면에 밀착하여 설치하여야 한다.

해설

배관을 지상에 설치하는 경우에는 지진·풍압·지반침하 및 온도변화에 안전한 구조의 지지물에 설치하되, 지면에 닿지 아니하도록 하고 배관의 외면에 부식방지를 위한 도장을 하여야 한다.

35 다음과 같은 반응에서 5m³의 탄산가스를 만들기 위해 필요한 탄산수소나트륨의 양은 약 몇 kg인가? (단, 표준상태이고 나트륨의 원자량은 23이다.)

$$2NaHCO_3 \rightarrow CO_2 + H_2O + Na_2CO_3$$

① 18.75   ② 37.5
③ 56.25   ④ 75

해설

• 탄산가스 5m³의 몰수 = $5m^3 \times \dfrac{1kmol}{22.4m^3} = 0.223kmol$

• 탄산가스 1mol이 생길 때, 필요한 탄산수소나트륨은 2mol

• 탄산가스 0.223kmol이 생길 때, 필요한 탄산수소나트륨은 $0.223kmol \times 2 = 0.446kmol$

• 탄산수소나트륨 0.446kmol
  = $0.446kmol \times \dfrac{(23+1+12+16\times3)kg}{1kmol} = 37.5kg$

36 다음 중 과염소산의 특성으로 틀린 것은?

① 산화성 액체이다.
② 무기화합물이며 물보다 무겁다.
③ 불연성 물질이다.
④ 증기는 공기보다 가볍다.

해설

증기는 공기보다 무겁다.

과염소산($HClO_4$)의 증기비중 = $\dfrac{(1+35.5+16\times4)}{29}=3.5$

37 트리니트로톨루엔의 특성에 대한 설명 중 틀린 것은?

① 담황색의 결정이다.
② 폭약으로 사용된다.
③ 자연분해의 위험성이 적어 장기간 저장이 가능하다.
④ 조해성과 흡습성이 매우 크다.

해설

트리니트로톨루엔은 조해성과 흡습성이 없다.

38 소화난이도등급 I 의 옥내저장소에 설치하여야 하는 소화설비가 아닌 것은?

① 옥외소화전설비
② 연결살수설비
③ 스프링클러설비
④ 물분무소화설비

해설

소화난이도등급 I 의 옥내저장소에 설치하여야 하는 소화설비

제조소 등의 구분		소화설비
옥내저장소	처마높이가 6m 이상인 단층건물 또는 다른 용도의 부분이 있는 건축물에 설치한 옥내저장소	스프링클러설비 또는 이동식 외의 물분무등소화설비
	그 밖의 것	옥외소화전설비, 스프링클러설비, 이동식 외의 물분무등소화설비 또는 이동식 포소화설비(포소화전을 옥외에 설치하는 것에 한한다)

39 다음 중 제1종 분말 소화약제가 열분해하여 발생하는 물질로 옳은 것은?

① 2Na
② O_2
③ HCO_3
④ CO_2

해설

제1종 분말 소화약제가 분해하여 탄산나트륨, 물, 이산화탄소가 생성된다.
$2NaHCO_3 \rightarrow Na_2CO_3 + H_2O + CO_2$

40 〈보기〉와 같이 인화성 액체 위험물을 저장하는 옥외저장탱크 1~4호를 동일한 방유제 내에 설치할 때, 방유제에 필요한 최소 용량(kL)은? (단, 암반탱크 또는 특수액체위험물탱크의 경우는 제외한다.)

┤ 보기 ├
1호 탱크 : 등유 1,500kL
2호 탱크 : 가솔린 1,000kL
3호 탱크 : 경유 500kL
4호 탱크 : 중유 250kL

① 1,650kL
② 1,500kL
③ 500kL
④ 250kL

해설

옥외저장탱크의 방유제 용량

구분	방유제 내에 하나의 탱크만 존재	방유제 내에 둘 이상의 탱크가 존재
인화성 액체 위험물	탱크 용량의 110% 이상	용량이 최대인 탱크 용량의 110% 이상
인화성이 없는 액체 위험물	탱크 용량의 100% 이상	용량이 최대인 탱크 용량의 100% 이상

⇒ 모두 인화성 액체 위험물이며, 방유제 내에 둘 이상의 탱크가 존재하기 때문에 용량이 최대인 탱크 용량의 110% 이상의 방유제 용량으로 한다.
⇒ 1,500kL×1.1 = 1,650kL

41 다음 중 과산화수소의 특성에 대한 설명으로 틀린 것은?

① 산화성이 강한 무색투명한 액체이다.
② 위험물안전관리법령상 일정 비중 이상일 때 위험물로 취급한다.
③ 가열에 의해 분해하면 산소가 발생한다.
④ 소독약으로 사용할 수 있다.

해설
36중량%(농도기준) 이상일 때 위험물로 취급한다.

42 시·도지사의 탱크안전성능검사 중 한국소방산업기술원에 위탁하는 탱크로 적절하지 않은 것은?

① 용량이 100만L 이상인 액체 위험물을 저장하는 탱크
② 이동탱크
③ 지하탱크저장소의 위험물탱크 중 이중벽의 위험물 탱크
④ 암반탱크

해설
시·도지사는 다음에 해당되는 탱크안전성능검사를 한국소방산업기술원에 위탁한다.
• 용량이 100만L 이상인 액체 위험물을 저장하는 탱크
• 지하탱크저장소의 위험물탱크 중 이중벽의 위험물 탱크
• 암반탱크

43 염소산염류 500kg과 브롬산염류 3,000kg을 저장하는 위험물의 소요단위를 구하시오.

① 2   ② 4
③ 6   ④ 8

해설
• 위험물은 지정수량의 10배를 1소요단위로 한다.
• 소요단위 $= \dfrac{\text{저장수량}}{\text{지정수량} \times 10}$
• 소요단위 $= \dfrac{500}{50 \times 10} + \dfrac{3,000}{300 \times 10} = 2$

44 스프링클러헤드의 설치기준에 대한 설명으로 옳지 않은 것은?

① 개방형헤드는 반사판으로부터 하방으로 0.45m, 수평방향으로 0.3m 공간을 보유할 것
② 폐쇄형헤드는 가연성 물질 수납부분에 설치 시 반사판으로부터 하방으로 0.9m, 수평방향으로 0.4m의 공간을 확보할 것
③ 폐쇄형헤드 중 개구부에 설치하는 것은 당해 개구부의 상단으로부터 높이 0.15m 이내의 벽면에 설치할 것
④ 폐쇄형헤드 설치 시 급배기용 덕트의 긴변의 길이가 1.2m를 초과하는 것이 있는 경우에는 당해 덕트의 윗부분에도 헤드를 설치할 것

해설
폐쇄형헤드 설치 시 급배기용 덕트의 긴변의 길이가 1.2m를 초과하는 것이 있는 경우에는 당해 덕트 등의 아래면에도 스프링클러헤드를 설치해야 한다.

45 다음 중 알루미늄 분말의 저장방법 중 적절한 것은?

① 에틸알코올 수용액에 넣어 보관한다.
② 밀폐용기에 넣어 건조한 곳에 보관한다.
③ 폴리에틸렌병에 넣어 수분이 많은 곳에 보관한다.
④ 염산 수용액에 넣어 보관한다.

해설
알루미늄 분말은 밀폐용기에 넣어 건조한 곳에 보관한다.

정답 41 ② 42 ② 43 ① 44 ④ 45 ②

46 과산화칼륨의 화재 시 가장 적합한 소화약제는?

① 물
② 이산화탄소
③ 마른 모래
④ 염산

해설

제1류 위험물(알칼리금속의 과산화물등)에 대하여 적응성이 있는 소화설비

소화설비의 구분		건축물 · 그 밖의 공작물	전기설비	제1류 위험물		제2류 위험물			제3류 위험물		제4류 위험물	제5류 위험물	제6류 위험물
				알칼리금속과산화물등	그 밖의 것	철분 · 금속분 · 마그네슘등	인화성고체	그 밖의 것	금수성물품	그 밖의 것			
옥내소화전 또는 옥외소화전 설비		○			○		○	○		○		○	○
스프링클러설비		○			○		○	○		○	△	○	○
물분무등소화설비	물분무소화설비	○	○		○		○	○		○	○	○	○
	포소화설비	○			○		○	○		○	○	○	○
	불활성가스소화설비		○				○				○		
	할로겐화합물소화설비		○				○				○		
	분말소화설비 인산염류등	○	○		○		○				○		○
	탄산수소염류등		○	○		○	○		○		○		
	그 밖의 것			○		○			○				
대형 · 소형수동식소화기	봉상수(棒狀水) 소화기	○			○		○	○		○		○	○
	무상수(霧狀水) 소화기	○	○		○		○	○		○		○	○
	봉상강화액소화기	○			○		○	○		○		○	○
	무상강화액소화기	○	○		○		○	○		○	○	○	○
	포소화기	○			○		○	○		○	○	○	○
	이산화탄소소화기		○				○				○		△
	할로겐화합물소화기		○				○				○		
	분말소화기 인산염류소화기	○	○		○		○				○		○
	탄산수소염류소화기		○	○		○	○		○		○		
	그 밖의 것			○		○			○				
기타	물통 또는 수조	○			○		○	○		○		○	○
	건조사			○	○	○	○	○	○	○	○	○	○
	팽창질석 또는 팽창진주암			○	○	○	○	○	○	○	○	○	○

47 강화액 소화약제의 주된 소화원리로 가장 가까운 것은?

① 냉각소화
② 절연소화
③ 제거소화
④ 발포소화

해설

강화액 소화약제의 주 소화효과는 냉각소화이다.

48 이동탱크 측면틀의 최외측과 탱크의 최외측을 연결하는 직선의 수평면에 대한 내각의 기준으로 옳은 것은?

① 60도 이상
② 65도 이상
③ 70도 이상
④ 75도 이상

해설

측면틀의 최외측과 탱크의 최외측을 연결하는 직선의 수평면에 대한 내각이 75도 이상이 되도록 하고, 최대수량의 위험물을 저장한 상태에 있을 때의 당해 탱크중량의 중심점과 측면틀의 최외측을 연결하는 직선과 그 중심점을 지나는 직선중 최외측선과 직각을 이루는 직선과의 내각이 35도 이상이 되도록 해야 한다.

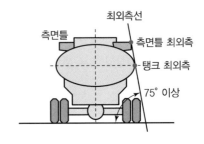

49 적린과 황린의 공통특성으로 옳은 것은 무엇인가?

① 연소할 때에는 오산화인의 흰 연기를 낸다.
② 냄새가 없는 적색가루이다.
③ 물, 이황화탄소에 녹는다.
④ 맹독성이다.

해설

• 적린의 연소 : $4P + 5O_2 \rightarrow 2P_2O_5$
• 황린의 연소 : $P_4 + 5O_2 \rightarrow 2P_2O_5$
② 적린은 냄새가 없으나, 황린은 마늘과 비슷한 냄새를 가진다.
③ 황린은 물에 반응하지 않아 물속에 저장한다.
④ 적린은 황린에 비해 독성이 없다.

정답 46 ③ 47 ① 48 ④ 49 ①

50 옥내저장소에서 중유를 수납하는 용기만을 겹쳐 쌓는 경우에는 몇 m를 초과하지 않아야 하는가?

① 3m　　　　　　② 4m
③ 6m　　　　　　④ 8m

해설
• 중유는 4류 위험물 중 제3석유류이다.
• 옥내저장소에서 위험물을 겹쳐 쌓아 저장하는 경우 높이 기준
 - 기계에 의하여 하역하는 구조로 된 용기만을 겹쳐 쌓는 경우에 있어서는 6m를 초과하지 않는다.
 - 제4류 위험물 중 제3석유류, 제4석유류 및 동식물유류를 수납하는 용기만을 겹쳐 쌓는 경우에 있어서는 4m를 초과하지 않는다.
 - 그 밖의 경우에 있어서는 3m를 초과하지 않는다.

51 NH_4ClO_4의 특성에 대한 설명으로 옳지 않은 것은?

① 열분해하면 산소를 방출한다.
② 무색, 무취의 결정이다.
③ 에테르에는 잘 녹고, 아세톤에는 녹지 않는다.
④ 약 130℃에서 분해하기 시작하여 300℃에서 급격히 분해하며 폭발한다.

해설
NH_4ClO_4(과염소산암모늄)은 물, 메틸알코올, 아세톤에 잘 녹고, 에테르에는 녹지 않는다.

52 제5류 위험물의 취급방법으로 틀린 것은?

① 용기의 파손 및 균열에 주의한다.
② 저장 시 과열, 충격, 마찰을 피한다.
③ 운반용기 외부에 주의사항으로 '화기주의' 및 '물기엄금'을 표기한다.
④ 불티, 불꽃, 고온체와의 접근을 피한다.

해설
운반용기 외부에 주의사항으로 '화기엄금' 및 '충격주의'을 표기한다.

유별		외부 표시 주의사항
제1류	알칼리금속의 과산화물	• 화기 · 충격주의 • 물기엄금 • 가연물 접촉주의
	그 밖의 것	• 화기 · 충격주의 • 가연물 접촉주의
제2류	철분 · 금속분 · 마그네슘	• 화기주의 • 물기엄금
	인화성 고체	• 화기엄금
	그 밖의 것	• 화기주의
제3류	자연발화성 물질	• 화기엄금 • 공기접촉엄금
	금수성 물질	• 물기엄금
제4류		• 화기엄금
제5류		• 화기엄금 • 충격주의
제6류		• 가연물 접촉주의

53 황린을 약 몇 ℃로 가열하면 적린이 되는가? (단, 가열 시 공기를 차단한다.)

① 60℃　　　　　② 100℃
③ 150℃　　　　　④ 260℃

해설
공기를 차단한채로 황린을 260℃에서 가열하면 적린이 된다.

54 다음 중 옥외저장소에 저장을 허가받을 수 없는 위험물은?

① 제2류 위험물 중 유황(금속제드럼에 수납)

② 제4류 위험물 중 가솔린(금속제드럼에 수납)

③ 제6류 위험물

④ 「국제해상위험물규칙」(IMDG Code)에 적합한 용기에 수납된 위험물

해설

- 가솔린의 인화점은 −43℃~−20℃이므로 옥외저장소에 저장할 수 없다.
- 옥외저장소에 저장을 허가받을 수 있는 위험물
  - 제2류 위험물 중 유황 또는 인화성고체(인화점이 섭씨 0도 이상인 것에 한한다)
  - 제4류 위험물 중 제1석유류(인화점이 섭씨 0도 이상인 것에 한한다)·알코올류·제2석유류·제3석유류·제4석유류 및 동식물유류
  - 제6류 위험물
  - 제2류 위험물 및 제4류 위험물 중 특별시·광역시 또는 도의 조례에서 정하는 위험물(「관세법」 제154조의 규정에 의한 보세구역안에 저장하는 경우에 한한다)
  - 「국제해사기구에 관한 협약」에 의하여 설치된 국제해사기구가 채택한 「국제해상위험물규칙」(IMDG Code)에 적합한 용기에 수납된 위험물

55 BCF 소화기 약제의 화학식으로 옳게 나타낸 것은 무엇인가?

① CCl_4

② CH_2ClBr

③ CF_3Br

④ CF_2ClBr

해설

Halon 1011	CH_2ClBr	CB 소화약제
Halon 1211	CF_2ClBr	BCF 소화약제
Halon 1301	CF_3Br	BTM 소화약제 또는 MTB 소화약제
Halon 2402	$C_2F_4Br_2$	FB 소화약제
Halon 104	CCl_4	CTC 소화약제

56 다음 중 위험등급 I 이 아닌 위험물은?

① 무기과산화물

② 적린

③ 나트륨

④ 과산화수소

해설

적린은 위험등급 II, 나머지는 위험등급 I 이다.

57 다음 중 과망간산칼륨의 위험성에 대한 설명 중 옳지 않은 것은?

① 진한 황산과 접촉하면 폭발적으로 반응한다.

② 알코올, 에테르, 글리세린 등 유기물과 접촉을 금한다.

③ 가열하면 약 60℃에서 분해하여 수소를 방출한다.

④ 목탄, 황과 접촉 시 충격에 의해 폭발할 위험성이 있다.

해설

과망간산칼륨은 수소를 발생하지 않는다.

58 다음 중 운반 시 차광성 피복 및 방수성 피복으로 덮어야 하는 위험물은 무엇인가?

① 제1류 위험물 중 알칼리금속의 과산화물

② 제3류 위험물 중 자연발화성 물질

③ 제4류 위험물 중 특수인화물

④ 제6류 위험물

해설

- 차광성 피복으로 가려야 하는 위험물 : 제1류 위험물, 제3류 위험물 중 자연발화성 물질, 제4류 위험물 중 특수인화물, 제5류 위험물, 제6류 위험물
- 방수성 피복으로 덮어야 하는 위험물 : 제1류 위험물 중 알칼리금속의 과산화물 또는 이를 함유한 것, 제2류 위험물 중 철분·금속분·마그네슘 또는 이들 중 어느 하나 이상을 함유한 것, 제3류 위험물 중 금수성 물질

정답 54 ② 55 ④ 56 ② 57 ③ 58 ①

59 위험물안전관리법령상의 지정수량이 나머지 셋과 다른 하나는?

① 마그네슘
② 금속분
③ 철분
④ 유황

해설

위험물의 지정수량

- 마그네슘 : 500kg
- 금속분 : 500kg
- 철분 : 500kg
- 유황 : 100kg

60 위험물의 특성에 대한 설명 중 옳지 않은 것은?

① 황린은 공기 중에서 산화할 수 있다.
② 적린은 $KClO_3$와 혼합하면 위험하다.
③ 황린은 물에 매우 잘 녹는다.
④ 황화린은 가연성 고체이다.

해설

황린은 물에 녹지 않는다.

01 아염소산염류 500kg과 질산염류 3,000kg을 함께 저장하는 경우 위험물의 소요단위는?

① 2
② 4
③ 6
④ 8

해설

- 위험물은 지정수량의 10배를 1소요단위로 한다.
- 소요단위 $= \dfrac{\text{저장수량}}{\text{지정수량} \times 10}$
- 소요단위 $= \dfrac{500}{50 \times 10} + \dfrac{3,000}{300 \times 10} = 2$

02 다음 중 흑색화약의 원료로 사용되는 것은 무엇인가?

① KNO_3
② $NaNO_3$
③ BaO_2
④ NH_4NO_3

해설

흑색화약의 원료는 숯, 황, 질산칼륨(KNO_3)이다.

03 가연성 액화가스의 탱크 주위에서 화재가 발생한 경우 탱크의 가열로 인하여 탱크 내부 압력으로 인해 강도가 약해져 파열되어 내부의 액화가스가 급속히 팽창하면서 폭발하는 현상은?

① 블레비(BLEVE) 현상
② 보일오버(Boil Over) 현상
③ 플래시백(Flash Back) 현상
④ 백드래프트(Back Draft) 현상

해설

블레비(BLEVE, Boiling Liquid Expanding Vapor Explosion)

- 비등액체팽창증기폭발
- 저장탱크 내의 가연성 액체가 끓으면서 기화한 증기가 팽창한 압력에 의해 폭발하는 현상

04 위험물안전관리법령상 자동화재탐지설비를 설치하지 않고 비상경보설비로 대신할 수 있는 장소로 옳은 것은?

① 일반취급소로서 연면적 600m²인 것

② 지정수량 20배를 저장하는 옥내저장소로서 처마높이가 6m인 단층건물

③ 단층건물 외에 건축물이 설치된 지정수량 15배의 옥내탱크저장소로서 소화난이도등급Ⅱ에 속하는 것

④ 지정수량 20배를 저장 취급하는 옥내주유취급소

해설

제조소 등별로 설치해야 하는 경보설비의 종류

제조소 등의 구분	제조소 등의 규모, 저장 또는 취급하는 위험물의 종류 및 최대수량 등	경보설비
가. 제조소 및 일반취급소	• 연면적이 500제곱미터 이상인 것 • 옥내에서 지정수량의 100배 이상을 취급하는 것(고인화점위험물만을 100℃ 미만의 온도에서 취급하는 것은 제외한다) • 일반취급소로 사용되는 부분 외의 부분이 있는 건축물에 설치된 일반취급소(일반취급소와 일반취급소 외의 부분이 내화구조의 바닥 또는 벽으로 개구부 없이 구획된 것은 제외한다)	자동화재탐지설비
나. 옥내저장소	• 지정수량의 100배 이상을 저장 또는 취급하는 것(고인화점 위험물만을 저장 또는 취급하는 것은 제외한다) • 저장창고의 연면적이 150제곱미터를 초과하는 것[연면적 150제곱미터 이내마다 불연재료의 격벽으로 개구부 없이 완전히 구획된 저장창고와 제2류 위험물(인화성고체는 제외한다) 또는 제4류 위험물(인화점이 70℃ 미만인 것은 제외한다)만을 저장 또는 취급하는 저장창고는 그 연면적이 500제곱미터 이상인 것을 말한다] • 처마 높이가 6미터 이상인 단층 건물의 것 • 옥내저장소로 사용되는 부분 외의 부분이 있는 건축물에 설치된 옥내저장소[옥내저장소와 옥내저장소 외의 부분이 내화구조의 바닥 또는 벽으로 개구부 없이 구획된 것과 제2류(인화성고체는 제외한다) 또는 제4류의 위험물(인화점이 70℃ 미만인 것은 제외한다)만을 저장 또는 취급하는 것은 제외한다]	자동화재탐지설비
다. 옥내탱크저장소	단층 건물 외의 건축물에 설치된 옥내탱크저장소로서 제41조제2항에 따른 소화난이등급Ⅰ에 해당하는 것	자동화재탐지설비
라. 주유취급소	옥내주유취급소	자동화재탐지설비
마. 옥외탱크저장소	특수인화물, 제1석유류 및 알코올류를 저장 또는 취급하는 탱크의 용량이 1,000만 리터 이상인 것	• 자동화재탐지설비 • 자동화재속보설비
바. 가목부터 마목까지의 규정에 따른 자동화재탐지설비 설치 대상 제조소 등에 해당하지 않는 제조소 등(이송취급소는 제외한다)	지정수량의 10배 이상을 저장 또는 취급하는 것	자동화재탐지설비, 비상경보설비, 확성장치 또는 비상 방송 설비 중 1종 이상

05 과염소산칼륨과 가연성 고체 위험물이 혼합되는 것이 위험한 이유로 가장 적합한 것은?

① 전기가 발생하고 자연 가열되기 때문이다.

② 중합반응을 하여 열이 발생되기 때문이다.

③ 혼합하면 과염소산칼륨이 연소하기 쉬운 액체로 변하기 때문이다.

④ 가열, 충격 및 마찰에 의하여 발화·폭발 위험이 높아지기 때문이다.

해설

과염소산칼륨은 산소공급원의 역할을, 가연성 고체 위험물은 가연물 역할을 하여 가열, 충격 및 마찰에 의하여 발화·폭발 위험이 높아진다.

06 다음 중 소화약제와 그에 따른 주된 소화효과의 연결로 옳지 않은 것은?

① 수성막포 소화약제 : 질식효과

② 제2종 분말 소화약제 : 탈수탄화효과

③ 이산화탄소 소화약제 : 질식효과

④ 할로겐화합물 소화약제 : 화학억제효과

해설

제2종 분말 소화약제 : 질식효과

정답 | 04 ③　05 ④　06 ②

07 옥외소화전설비의 설치기준에 따라 옥외소화전설비 수원의 수량은 옥외소화전 설치개수(설치개수가 4 이상인 경우에는 4)에 몇 m³을 곱한 양 이상이 되도록 하여야 하는가?

① $7.8m^3$
② $13.5m^3$
③ $20.5m^3$
④ $25.5m^3$

해설
- 옥외소화전설비의 수원의 수량 : 옥외소화전의 설치개수(설치개수가 4개 이상인 경우는 4개의 옥외소화전)에 $13.5m^3$를 곱한 양 이상이 되도록 설치할 것
- 옥내소화전설비의 수원의 수량 : 옥내소화전이 가장 많이 설치된 층의 옥내소화전 설치개수(설치개수 5개 이상인 경우는 5개)에 $7.8m^3$를 곱한 양 이상이 되도록 설치할 것

08 소화난이도등급 II의 옥외탱크저장소에는 대형수동식 소화기 및 소형수동식 소화기를 각각 몇 개 이상 설치하여야 하는가?

① 4개
② 3개
③ 2개
④ 1개

해설
소화난이도등급 II의 제조소 등에 설치하여야 하는 소화설비

제조소 등의 구분	소화설비
제조소 옥내저장소 옥외저장소 주유취급소 판매취급소 일반취급소	방사능력범위 내에 당해 건축물, 그 밖의 공작물 및 위험물이 포함되도록 대형 수동식소화기를 설치하고, 당해 위험물의 소요단위의 1/5 이상에 해당되는 능력단위의 소형 수동식소화기등을 설치할 것
옥외탱크저장소 옥내탱크저장소	대형 수동식소화기 및 소형 수동식소화기 등을 각각 1개 이상 설치할 것

09 표준상태에서 탄소 1몰이 완전연소하면 이산화탄소가 몇 L 생성되는가?

① 11.2
② 22.4
③ 44.8
④ 56.8

해설
$C + O_2 \rightarrow CO_2$
탄소 1mol이 완전연소하면 이산화탄소 1mol이 발생된다.
이산화탄소 $1mol = 1mol \times \dfrac{22.4L}{1mol} = 22.4L$

10 위험물안전관리법령상 톨루엔과 혼재하여 운반할 수 없는 위험물은? (단, 지정수량의 10배 이상인 경우이다.)

① 유황
② 과망간산나트륨
③ 알루미늄분
④ 트리니트로톨루엔

해설
- 톨루엔 : 제4류 위험물
- 유황 : 제2류 위험물
- 과망간산나트륨 : 제1류 위험물
- 알루미늄분 : 제2류 위험물
- 트리니트로톨루엔 : 제5류 위험물

유별을 달리하는 위험물의 혼재기준([별표 19] 관련)

위험물의 구분	제1류	제2류	제3류	제4류	제5류	제6류
제1류		×	×	×	×	○
제2류	×		×	○	○	×
제3류	×	×		○	×	×
제4류	×	○	○		○	×
제5류	×	○	×	○		×
제6류	○	×	×	×	×	

11 황린의 저장·취급방법에 대한 사항으로 옳지 않은 것은?

① 독성이 있으므로 취급에 주의해야 한다.
② 물과의 접촉을 피해야 한다.
③ 산화제와의 접촉을 피해야 한다.
④ 화기의 접근을 피해야 한다.

해설

황린(P_4)
• 제3류 위험물
• 제3류 위험물은 물과의 접촉을 피해야 하지만, 황린은 예외적으로 물과 반응하지 않으므로 물속에 저장한다.

12 염소산나트륨의 저장·취급방법으로 틀린 것은?

① 철제용기에 저장한다.
② 습기가 없는 찬 장소에 보관한다.
③ 조해성이 크므로 용기는 밀전한다.
④ 가열, 충격, 마찰을 피하고 점화원의 접근을 금한다.

해설

염소산나트륨은 철제용기를 부식시키므로 철제용기에 저장할 수 없다.

13 오황화린이 물과 반응하였을 때 생성된 가스를 연소시키면 발생하는 독성가스는 무엇인가?

① 이산화질소　　　② 포스핀
③ 염화수소　　　　④ 이산화황

해설

• $P_2S_5 + 8H_2O \rightarrow 5H_2S + 2H_3PO_4$
  물과 반응하여 생성된 가스는 H_2S
• $2H_2S + 3O_2 \rightarrow 2SO_2 + 2H_2O$
  연소시켜 발생한 가스는 SO_2

14 과염소산칼륨의 특성에 대한 설명 중 옳지 않은 것은?

① 무색, 무취의 결정이다.
② 알코올, 에테르에 잘 녹는다.
③ 진한 황산과 접촉하면 폭발할 위험이 있다.
④ 400℃ 이상으로 가열하면 분해하여 산소가 발생할 수 있다.

해설

과염소산칼륨은 알코올, 에테르에 잘 녹지 않는다.

15 고정식 포소화설비의 기준에서 포헤드방식의 포헤드는 방호대상물의 표면적 몇 m²당 1개 이상의 헤드를 설치하여야 하는가?

① $3m^2$　　　　② $9m^2$
③ $15m^2$　　　④ $30m^2$

해설

포헤드방식의 포헤드는 방호대상물의 표면적 $9m^2$당 1개 이상의 헤드를, 방호대상물의 표면적 $1m^2$당의 방사량이 6.5L/min 이상의 비율로 계산한 양의 포수용액을 표준방사량으로 방사할 수 있도록 설치할 것

정답　11 ②　12 ①　13 ④　14 ②　15 ②

16 20℃의 물 100kg이 100℃ 수증기로 증발하면 몇 kcal의 열량을 흡수할 수 있는가? (단, 물의 증발잠열은 540cal/g이다.)

① 540
② 7,800
③ 62,000
④ 108,000

해설

$Q = Q_1 + Q_2$

1) Q_1	2) Q_2
20℃ 물 ⟶ 100℃ 물	⟶ 100℃ 수증기

1) 20℃ 물 → 100℃ 물
- 물의 비열 = $\dfrac{1\text{kal}}{\text{kg} \cdot \text{℃}}$
- $Q_1 = \dfrac{1\text{kal}}{\text{kg} \cdot \text{℃}} \times 100\text{kg} \times (100-20)\text{℃} = 8,000\text{kcal}$

2) 100℃ 물 → 100℃ 수증기
- $Q_2 = 540\text{cal/g} \times 100\text{kg} \times \dfrac{1,000\text{g}}{1\text{kg}} = 54,000,000\text{cal}$
  $= 54,000\text{kcal}$

3) $Q = Q_1 + Q_2$
  $Q = 8,000 + 54,000 = 62,000\text{kcal}$

17 보냉장치가 있는 이동저장탱크에 저장하는 아세트알데히드 등 또는 디에틸에테르 등의 온도는 당해 위험물의 (　　) 이하로 유지하여야 한다. (　　) 안에 들어갈 알맞은 말은 무엇인가?

① 비점
② 인화점
③ 융해점
④ 발화점

해설

- 보냉장치가 있는 이동저장탱크에 저장하는 아세트알데히드등 또는 디에틸에테르등의 온도는 당해 위험물의 비점 이하로 유지할 것
- 보냉장치가 없는 이동저장탱크에 저장하는 아세트알데히드등 또는 디에틸에 테르등의 온도는 40℃ 이하로 유지할 것

18 옥외소화전설비의 기준에 따라 옥외소화전함은 옥외소화전으로부터 보행거리 몇 m 이하의 장소에 설치하여야 하는가?

① 1.5m
② 5m
③ 7.5m
④ 10m

해설

방수용기구를 격납하는 함(옥외소화전함)은 불연재료로 제작하고 옥외소화전으로부터 보행거리 5m 이하의 장소로서 화재 발생 시 쉽게 접근가능하고 화재 등의 피해를 받을 우려가 적은 장소에 설치할 것

19 다음 중 화재의 급수와 종류를 올바르게 나열한 것은?

① A급 화재 - 유류 화재
② K급 화재 - 전기 화재
③ B급 화재 - 가스 화재
④ D급 화재 - 섬유 화재

해설

- A급 화재 - 일반 화재
- B급 화재 - 유류 · 가스 화재
- C급 화재 - 전기 화재
- D급 화재 - 금속 화재
- K급 화재 - 주방 화재

20 액체 위험물을 운반용기에 수납할 때 운반용기 내용적의 몇 % 이하의 수납률로 수납하여야 하는가?

① 95%
② 96%
③ 97%
④ 98%

해설

- 고체위험물 : 운반용기 내용적의 95% 이하의 수납률로 수납
- 액체위험물 : 운반용기 내용적의 98% 이하의 수납률로 수납하되, 55도의 온도에서 누설되지 아니하도록 충분한 공간용적을 유지
- 자연발화성 물질 중 알킬알루미늄등 : 운반용기의 내용적의 90% 이하의 수납률로 수납하되, 50℃의 온도에서 5% 이상의 공간용적을 유지하도록 할 것

21 탄화칼슘과 물이 반응하여 발생하는 가연성 가스의 연소범위에 가장 가까운 것은 무엇인가?

① 2.1~9.5vol%
② 2.5~81vol%
③ 4.1~74.2vol%
④ 15.0~28vol%

해설

탄화칼슘과 물이 반응하였을 때 아세틸렌 가스가 발생한다.

$CaC_2 + 2H_2O \rightarrow Ca(OH)_2 + C_2H_2$

22 제4류 위험물의 옥외저장탱크에 설치하는 밸브 없는 통기관은 지름이 몇 mm 이상인 것으로 설치해야 되는가? (단, 압력탱크는 제외한다)

① 10mm 이상
② 20mm 이상
③ 30mm 이상
④ 40mm 이상

해설

옥외저장탱크 통기관은 지름 30mm 이상인 밸브 없는 통기관을 설치한다.

23 가연물이 고체덩어리보다 분말가루일 때 화재 위험성이 더 큰 이유로 옳은 것은?

① 공기와의 접촉면적이 크기 때문이다.
② 열전도율이 크기 때문이다.
③ 흡열반응을 하기 때문이다.
④ 활성화에너지가 크기 때문이다.

해설

분말가루일 때 공기와의 접촉면적이 커서 연소가 더 잘 일어날 수 있다.

24 톨루엔을 저장하는 옥외탱크저장소의 액표면적이 45m²인 경우 소화난이도 등급은?

① 소화난이도등급 I
② 소화난이도등급 II
③ 소화난이도등급 III
④ 제시된 조건으로 판단할 수 없음

해설

소화난이도등급 I 에 해당하는 옥외탱크저장소

제조소 등의 구분	제조소 등의 규모, 저장 또는 취급하는 위험물의 품명 및 최대수량 등
옥외탱크 저장소	액표면적이 $40m^2$ 이상인 것(제6류 위험물을 저장하는 것 및 고인화점위험물만을 100℃ 미만의 온도에서 저장하는 것은 제외)
	지반면으로부터 탱크 옆판의 상단까지 높이가 6m 이상인 것(제6류 위험물을 저장하는 것 및 고인화점위험물만을 100℃ 미만의 온도에서 저장하는 것은 제외)
	지중탱크 또는 해상탱크로서 지정수량의 100배 이상인 것(제6류 위험물을 저장하는 것 및 고인화점위험물만을 100℃ 미만의 온도에서 저장하는 것은 제외)
	고체 위험물을 저장하는 것으로서 지정수량의 100배 이상인 것

25 과염소산 300kg과 과산화수소 300kg을 저장할 때, 지정수량 몇 배의 위험물을 저장하고 있는가?

① 4
② 3
③ 2
④ 1

해설

과염소산, 과산화수소 지정수량 : 300kg

지정수량 배수의 총합 = $\dfrac{300}{300} + \dfrac{300}{300} = 2$

정답 21 ② 22 ③ 23 ① 24 ① 25 ③

26 금속나트륨을 몇 방울의 페놀프탈레인 용액을 첨가한 물속에 넣었다. 이때 일어나는 현상으로 옳지 않은 것은?

① 물이 붉은색으로 변한다.
② 물이 산성으로 변한다.
③ 물과 반응하여 수소를 발생한다.
④ 물과 격렬하게 반응하면서 발열한다.

$2Na + 2H_2O \rightarrow 2NaOH + H_2$
물이 염기성으로 변한다.

27 주유취급소의 "주유 중 엔진정지"라는 게시판의 바탕색과 문자색을 차례대로 나타낸 것은?

① 황색, 흑색
② 흑색, 황색
③ 백색, 흑색
④ 흑색, 백색

황색바탕에 흑색문자로 "주유 중 엔진정지"라는 표시를 한 게시판을 설치하여야 한다.

28 가연물이 되기 쉬운 조건으로 옳지 않은 것은?

① 산소와 친화력이 클 것
② 열전도율이 클 것
③ 발열량이 클 것
④ 활성화에너지가 작을 것

열전도율이 작아야 좋은 가연물이다.

29 위험물의 지하저장탱크 중 압력탱크 외의 탱크에 대해 수압시험을 실시할 때 몇 kPa의 압력으로 실시하는가? (단, 소방청장이 정하여 고시하는 기밀시험과 비파괴시험을 동시에 실시하는 방법으로 대신하는 경우는 제외한다.)

① 40kPa
② 50kPa
③ 60kPa
④ 70kPa

지하저장탱크는 압력탱크(최대상용압력이 46.7kPa 이상인 탱크를 말한다.) 외의 탱크에 있어서는 70kPa의 압력으로, 압력탱크에 있어서는 최대상용압력의 1.5배의 압력으로 각각 10분간 수압시험을 실시하여 새거나 변형되지 아니하여야 한다. 이 경우 수압시험은 소방청장이 정하여 고시하는 기밀시험과 비파괴시험을 동시에 실시하는 방법으로 대신할 수 있다.

30 다음 중 트리에틸알루미늄의 안전관리에 대한 설명 중 옳지 않은 것은?

① 물과의 접촉을 피한다.
② 냉암소에 저장한다.
③ 화재발생 시 팽창질석을 사용한다.
④ I_2 또는 Cl_2 가스 분위기에서 저장한다.

할로겐가스는 산소공급원 역할을 하므로 함께 보관하면 위험하다. 트리에틸알루미늄은 용기를 밀봉하고 질소 등 불활성 기체를 충전하여 보관한다.

31 제조소 및 일반취급소에 설치하는 자동화재탐지설비의 설치기준으로 옳지 않은 것은?

① 하나의 경계구역은 $600m^2$ 이하로 하고, 한 변의 길이는 50m 이하로 한다.
② 주요한 출입구에서 내부 전체를 볼 수 있는 경우 경계구역은 $1,000m^2$ 이하로 할 수 있다.
③ 하나의 경계구역이 $300m^2$ 이하이면 2개 층을 하나의 경계구역으로 할 수 있다.
④ 비상전원을 설치하여야 한다.

해설

자동화재탐지설비의 경계구역은 건축물 그 밖의 공작물의 2 이상의 층에 걸치지 아니하도록 할 것. 다만, 하나의 경계구역의 면적이 $500m^2$ 이하이면서 당해 경계구역이 두 개의 층에 걸치는 경우이거나 계단·경사로·승강기의 승강로 그 밖에 이와 유사한 장소에 연기감지기를 설치하는 경우에는 그러하지 아니하다.

32 표준상태에서 1몰의 이황화탄소와 고온의 물이 반응하여 생성되는 유독한 기체의 부피(L)는 얼마인가?

① 22.4L   ② 44.8L
③ 67.2L   ④ 134.4L

해설

$CS_2 + 2H_2O \rightarrow CO_2 + 2H_2S$
1몰의 이황화탄소가 반응하여 2몰의 황화수소(유독한 기체)를 생성한다.
2몰의 황화수소 부피는 $\dfrac{22.4L}{몰} \times 2몰 = 44.8L$이다.

33 제조소 등의 관계인이 작성하는 예방규정에 관한 설명으로 옳지 않은 것은?

① 제조소 등의 관계인은 해당 제조소에서 지정수량 5배의 위험물을 취급하는 경우 예방규정을 작성하여 제출하여야 한다.
② 지정수량의 200배의 위험물을 저장하는 옥외저장소의 관계인은 예방규정을 작성하여 제출하여야 한다.
③ 위험물시설의 운전 또는 조작에 관한 사항, 위험물 취급 작업의 기준에 관한 사항은 예방규정에 포함되어야 한다.
④ 제조소 등의 예방규정은 「산업안전보건법」의 규정에 의한 안전보건관리규정과 통합하여 작성할 수 있다.

해설

제조소 등의 관계인은 해당 제조소에서 지정수량 10배의 위험물을 취급하는 경우 예방규정을 작성하여 제출하여야 한다.

관계인이 예방규정을 정하여야 하는 제조소 등
• 지정수량의 10배 이상의 위험물을 취급하는 제조소
• 지정수량의 100배 이상의 위험물을 저장하는 옥외저장소
• 지정수량의 150배 이상의 위험물을 저장하는 옥내저장소
• 지정수량의 200배 이상의 위험물을 저장하는 옥외탱크저장소
• 암반탱크저장소
• 이송취급소
• 지정수량의 10배 이상의 위험물을 취급하는 일반취급소. 다만, 제4류 위험물(특수인화물을 제외한다)만을 지정수량의 50배 이하로 취급하는 일반취급소(제1석유류·알코올류의 취급량이 지정수량의 10배 이하인 경우에 한한다)로서 다음 각목의 어느 하나에 해당하는 것을 제외한다.
 - 보일러·버너 또는 이와 비슷한 것으로서 위험물을 소비하는 장치로 이루어진 일반취급소
 - 위험물을 용기에 옮겨 담거나 차량에 고정된 탱크에 주입하는 일반취급소

정답 31 ③ 32 ② 33 ①

34 위험물안전관리법령상 사업소의 관계인이 자체 소방대를 설치하여야 할 제조소에 해당되는 것은 무엇인가?

① 제6류 위험물을 지정수량의 2천배 이상 취급하는 제조소 또는 일반취급소
② 제6류 위험물을 지정수량의 3천배 이상 취급하는 제조소 또는 일반취급소
③ 제4류 위험물 중 특수인화물을 지정수량의 2천배 이상 취급하는 제조소 또는 일반취급소
④ 제4류 위험물 중 특수인화물을 지정수량의 3천배 이상 취급하는 제조소 또는 일반취급소

해설

자체소방대를 설치하여야 하는 사업소
• 제4류 위험물을 취급하는 제조소 또는 일반취급소(보일러로 위험물을 소비하는 일반취급소 등 행정안전부령으로 정하는 일반취급소는 제외)에서 취급하는 제4류 위험물의 최대수량의 합이 지정수량의 3천배 이상인 경우
• 제4류 위험물을 저장하는 옥외탱크저장소에 저장하는 제4류 위험물의 최대수량이 지정수량의 50만배 이상인 경우

35 다음 위험등급에 대한 내용 중 옳지 않은 것은?

① 제6류 위험물은 모두 위험등급 Ⅰ에 해당된다.
② 제2류 위험물 중 지정수량이 100kg인 것은 위험등급 Ⅰ에 해당된다.
③ 제5류 위험물 중 위험등급 Ⅲ에 해당되는 것은 없다.
④ 제1류 위험물 중 지정수량이 1,000kg인 것은 위험등급 Ⅲ에 해당된다.

해설

제2류 위험물 중 지정수량이 100kg인 것(황화린, 적린, 유황)은 위험등급 Ⅱ에 해당된다.

36 옥외저장소의 지반면에 설치한 경계표시 안쪽에서 덩어리 상태의 유황만을 저장할 경우 경계표시의 높이는 몇 m 이하이어야 하는가?

① 1m
② 1.5m
③ 2m
④ 2.5m

해설

옥외저장소 중 덩어리 상태의 유황만을 지반면에 설치한 경계표시의 안쪽에서 저장 또는 취급하는 것
• 하나의 경계표시의 내부의 면적은 100m^2 이하일 것
• 2 이상의 경계표시를 설치하는 경우에 있어서는 각각의 경계표시 내부의 면적을 합산한 면적은 1,000m^2 이하로 하고, 인접하는 경계표시와 경계표시와의 간격을 제1호 라목의 규정에 의한 공지의 너비의 2분의 1 이상으로 할 것. 다만, 저장 또는 취급하는 위험물의 최대수량이 지정수량의 200배 이상인 경우에는 10m 이상으로 하여야 한다. 경계표시는 불연재료로 만드는 동시에 유황이 새지 아니하는 구조로 할 것
• 경계표시의 높이는 1.5m 이하로 할 것
• 경계표시에는 유황이 넘치거나 비산하는 것을 방지하기 위한 천막 등을 고정하는 장치를 설치하되, 천막 등을 고정하는 장치는 경계표시의 길이가 2m마다 한 개 이상 설치할 것
• 유황을 저장 또는 취급하는 장소의 주위에는 배수구와 분리장치를 설치할 것

37 위험물을 취급하는 건축물의 구조기준에 대한 설명으로 옳지 않은 것은?

① 지하층이 없도록 하여야 한다.
② 연소의 우려가 있는 외벽은 내화구조의 벽으로 하여야 한다.
③ 출입구는 연소의 우려가 있는 외벽에 설치하는 경우 을종방화문을 설치하여야 한다.
④ 지붕은 폭발력이 위로 방출될 정도의 가벼운 불연재료로 덮는다.

해설

연소의 우려가 있는 외벽에 출입구를 설치하는 경우 수시로 열 수 있는 자동폐쇄식의 갑종방화문을 설치하여야 한다.

정답 34 ④ 35 ② 36 ② 37 ③

38 다음 중 인화점이 가장 높은 위험물은?

① 톨루엔　　　　　② 메틸알코올
③ 산화프로필렌　　④ 아세톤

해설

① 톨루엔 : 4℃
② 메틸알코올 : 11℃
③ 산화프로필렌 : −37℃
④ 아세톤 : −18℃

39 다음 중 화재 시 내알코올포 소화약제를 사용하는 것이 가장 적절한 위험물은 무엇인가?

① 아세톤　　　　　② 휘발유
③ 경유　　　　　　④ 등유

해설

내알코올포 소화약제는 알코올과 같은 수용성 액체 화재에 적절하다.

40 제5류 위험물의 화재 시 소화방법에 대한 설명으로 가장 옳은 것은?

① 가연성 물질로서 연소속도가 빠르므로 질식소화가 효과적이다.
② 할로겐화합물 소화기가 적응성이 있다.
③ CO_2 및 분말소화기가 적응성이 있다.
④ 다량의 주수에 의한 냉각소화가 효과적이다.

해설

제5류 위험물은 가연물과 산소공급원을 함께 포함하고 있어 질식소화는 효과가 없고 다량의 물로 냉각소화한다.

41 다음 중 $C_6H_2(NO_2)_3OH$와 CH_3NO_3의 공통점은?

① 니트로화합물이다.
② 인화성과 폭발성이 있는 액체이다.
③ 무색의 방향성 액체이다.
④ 에탄올에 녹는다.

해설

① $C_6H_2(NO_2)_3OH$(트리니트로페놀)은 니트로화합물이지만, CH_3NO_3(질산메틸)은 질산에스테르류이다.
②, ③ 트리니트로페놀은 휘황색 고체, 질산메틸은 무색 액체이다.

42 제4류 위험물의 품명에 따른 위험등급과 옥내저장소 하나의 저장창고 바닥면적 기준을 옳게 나열한 것은? (단, 전용의 독립된 단층건물에 설치하며, 구획된 실이 없는 하나의 저장창고인 경우에 한한다.)

① 제1석유류 : 위험등급 I, 최대 바닥면적 1,000m²
② 제2석유류 : 위험등급 I, 최대 바닥면적 2,000m²
③ 제3석유류 : 위험등급 II, 최대 바닥면적 1,000m²
④ 알코올류 : 위험등급 II, 최대 바닥면적 1,000m²

해설

① 제1석유류 : 위험등급 II, 최대 바닥면적 1,000m²
② 제2석유류 : 위험등급 III, 최대 바닥면적 2,000m²
③ 제3석유류 : 위험등급 III, 최대 바닥면적 2,000m²

43 제조소의 지붕은 폭발력이 위로 방출될 정도의 가벼운 불연재료로 해야 하지만, 취급하는 위험물의 종류에 따라 내화구조로 할 수 있다. 다음 중 지붕을 내화구조로 할 수 있는 위험물의 종류가 아닌 것은 무엇인가?

① 제4석유류   ② 철분
③ 동식물유류   ④ 질산

해설

지붕을 내화구조로 할 수 있는 경우
• 제2류 위험물(분말상태의 것과 인화성고체를 제외)을 취급하는 건축물
• 제4류 위험물 중 제4석유류 · 동식물유를 취급하는 건축물
• 제6류 위험물을 취급하는 건축물
• 다음의 기준에 적합한 밀폐형 구조의 건축물
 - 발생할 수 있는 내부의 과압(過壓) 또는 부압(負壓)에 견딜 수 있는 철근콘크리트조일 것
 - 외부화재에 90분 이상 견딜 수 있는 구조일 것
① 제4석유류 : 제4류 위험물
② 철분 : 제2류 위험물 중 분말상태의 것
③ 동식물유류 : 제4류 위험물
④ 질산 : 제6류 위험물

44 다음 중 기계에 의하여 하역하는 구조로 된 운반용기의 외부에 행하는 표시내용에 해당하지 않는 것은 무엇인가? (단, UN의 위험물 운송에 관한 권고에서 정한 기준 또는 소방청장이 정하여 고시하는 기준에 적합한 표시를 한 경우는 제외한다.)

① 운반용기의 제조년월
② 제조자의 명칭
③ 겹쳐쌓기 시험하중
④ 용기의 유효기간

해설

기계에 의하여 하역하는 구조로 된 운반용기의 외부에 행하는 표시내용
• 운반용기의 제조년월 및 제조자의 명칭
• 겹쳐쌓기시험하중
• 운반용기의 종류에 따른 중량

45 제조소의 옥외에 3개의 휘발유 취급탱크를 설치하고 그 주위에 방유제를 설치하고자 한다. 취급탱크의 용량은 5만L, 3만L, 2만L일 때 필요한 방유제의 용량은 몇 L 이상인가?

① 66,000   ② 60,000
③ 33,000   ④ 30,000

해설

제조소의 옥외에 있는 위험물취급탱크의 방유제 용량

하나의 취급탱크 주위에 설치하는 방유제	당해 탱크용량의 50% 이상
2 이상의 취급탱크 주위에 하나의 방유제	당해 탱크 중 용량이 최대인 것의 50%에 나머지 탱크용량 합계의 10%를 가산한 양 이상

$5만L \times 0.5 + (3만L + 2만L) \times 0.1 = 30,000L$

46 스프링클러설비의 장점으로 옳지 않은 것은?

① 화재의 초기진압에 효율적이다.
② 사용약제를 쉽게 구할 수 있다.
③ 자동으로 화재를 감지하고 소화할 수 있다.
④ 다른 소화설비보다 구조가 간단하고 시설비가 적다.

해설

스프링클러설비는 다른 소화설비보다 구조가 복잡하고 시설비가 비싸다.

47 위험물안전관리법령상 "제조소 등"의 개념에 대한 설명으로 틀린 것은?

① 제조소는 위험물을 제조할 목적으로 지정수량 이상의 위험물을 취급하기 위하여 법에 따른 허가를 받은 곳이다.
② 옥내저장소도 제조소 등에 해당된다.
③ 판매취급소도 제조소 등에 해당된다.
④ 제조소 등을 설치하고자 하는 자는 행정안전부령이 정하는 바에 따라 허가를 받아야 한다.

해설

제조소 등을 설치하고자 하는 자는 대통령령이 정하는 바에 따라 그 설치장소를 관할하는 시 · 도지자의 허가를 받아야 한다.

48 다음 중 위험물과 그의 지정수량 연결이 틀린 것은?

① 과산화칼륨 : 50kg
② 질산나트륨 : 50kg
③ 과망간산나트륨 : 1,000kg
④ 중크롬산암모늄 : 1,000kg

해설

질산나트륨의 지정수량은 300kg이다.

49 다음 위험물의 지정수량을 합했을 때 가장 큰 조합은?

① 이황화탄소, 아세톤
② 아세톤, 피리딘, 경유
③ 벤젠, 클레오소트유
④ 중유

해설

각 위험물의 지정수량
• 이황화탄소 : 50L
• 아세톤 : 400L
• 피리딘 : 400L
• 경유 : 1,000L
• 벤젠 : 200L
• 클레오소트유 : 2,000L
• 중유 : 2,000L

50 나트륨, 황린, 트리에틸알루미늄의 공통점을 올바르게 설명한 것은?

① 상온, 상압에서 고체의 형태를 나타낸다.
② 상온, 상압에서 액체의 형태를 나타낸다.
③ 금수성 물질이다.
④ 자연발화의 위험이 있다.

해설

• 상온, 상압에서 나트륨, 황린은 고체이다.
• 상온, 상압에서 트리에틸알루미늄은 액체이다.
• 황린은 금수성 물질이 아니다.

51 다음에 해당하는 직무를 수행할 수 있는 사로 알맞게 묶은 것은?

위험물의 운송자격을 확인하기 위하여 필요하다고 인정하는 경우에는 주행 중의 이동탱크저장소를 정지시켜 당해 이동탱크저장소에 승차하고 있는 자에 대하여 위험물의 취급에 관한 국가기술자격증 또는 교육수료증의 제시를 요구할 수 있고, 국가기술자격증 또는 교육수료증을 제시하지 아니한 경우에는 주민등록증, 여권, 운전면허증 등 신원확인을 위한 증명서를 제시할 것을 요구하거나 신원확인을 위한 질문을 할 수 있다.

① 소방공무원, 국가공무원
② 소방공무원, 국가경찰공무원
③ 지방공무원, 국가공무원
④ 국가공무원, 국가경찰공무원

해설

소방공무원 또는 경찰공무원은 위험물운반자 또는 위험물운송자의 요건을 확인하기 위하여 필요하다고 인정하는 경우에는 주행 중인 위험물 운반 차량 또는 이동탱크저장소를 정지시켜 해당 위험물운반자 또는 위험물운송자에게 그 자격을 증명할 수 있는 국가기술자격증 또는 교육수료증의 제시를 요구할 수 있으며, 이를 제시하지 아니한 경우에는 주민등록증, 여권, 운전면허증 등 신원확인을 위한 증명서를 제시할 것을 요구하거나 신원확인을 위한 질문을 할 수 있다. 이 직무를 수행하는 경우에 있어서 소방공무원과 경찰공무원은 긴밀히 협력하여야 한다.

52 위험물안전관리법령상 해당하는 품명이 나머지 셋과 다른 하나는?

① 트리니트로페놀
② 트리니트로톨루엔
③ 니트로셀룰로오스
④ 테트릴

해설

니트로셀룰로오스는 질산에스테르류이고, 나머지는 니트로화합물이다.

53 할로겐화합물의 소화약제 중 할론 2402의 화학식으로 옳은 것은?

① $C_2Br_4F_2$　　　② $C_2Cl_4F_2$
③ $C_2Cl_4Br_2$　　　④ $C_2F_4Br_2$

해설

Halon (1)(2)(3)(4)(5)
(1) : C의 개수
(2) : F의 개수
(3) : Cl의 개수
(4) : Br의 개수
(5) : I의 개수(0일 경우 생략)

54 다음 중 무색의 액체로 융점이 $-112°C$이고 물과 접촉하면 심하게 발열하는 위험물은?

① 과산화수소　　　② 과염소산
③ 질산　　　④ 오불화요오드

해설

과염소산에 대한 설명이다.

55 동식물유류에 대한 정의로 알맞도록 (　　)를 채우시오.

> 동물의 지육 등 또는 식물의 종자나 과육으로부터 추출한 것으로서 1기압에서 인화점이 (　　)℃ 미만인 것을 말한다.

① 21　　　② 200
③ 250　　　④ 300

해설

"동식물유류"라 함은 동물의 지육 등 또는 식물의 종자나 과육으로부터 추출한 것으로서 1기압에서 인화점이 섭씨 250도 미만인 것을 말한다.

56 그림과 같은 타원형 위험물 탱크의 내용적을 구하는 식은 무엇인가?

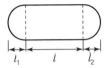

① $\dfrac{\pi ab}{4}\left(l+\dfrac{l_1+l_2}{3}\right)$　　　② $\dfrac{\pi ab}{4}\left(l+\dfrac{l_1-l_2}{3}\right)$

③ $\pi r^2\left(l+\dfrac{l_1+l_2}{3}\right)$　　　④ $\pi r^2\left(l+\dfrac{l_1-l_2}{3}\right)$

해설

타원형 위험물 탱크 내용적 $=\dfrac{\pi ab}{4}\left(l+\dfrac{l_1+l_2}{3}\right)$

57 다음 중 위험물안전관리법령상 위험물에 해당하지 않는 것은?

① CCl_4　　　② BrF_3
③ BrF_5　　　④ IF_5

해설

②, ③, ④는 제6류 위험물이다.

58 다음 중 소화약제로 사용할 수 없는 물질은 무엇인가?

① 이산화탄소　　　② 제1인산암모늄
③ 탄산수소나트륨　　　④ 브롬산암모늄

해설

브롬산암모늄은 제1류 위험물이다.
② 제1인산암모늄 : 제3종 분말약제
③ 탄산수소나트륨 : 제1종 분말약제

59 과산화벤조일에 대한 설명으로 옳지 않은 것은?

① 환원성 물질과 격리하여 저장한다.

② 물에 녹지 않으나 유기용매에 녹는다.

③ 희석제로 묽은 질산을 사용한다.

④ 결정성의 분말형태이다.

해설

과산화벤조일은 희석제로 묽은 질산을 사용하면 묽은 질산이 산소공급원 역할을 하여 위험해질 수 있다.

60 다음 중 아닐린에 대한 설명으로 옳은 것은 무엇인가?

① 특유의 냄새를 가진 기름상 액체이다.

② 인화점이 0℃ 이하이어서 상온에서 인화의 위험이 높다.

③ 황산과 같은 강산화제와 접촉하면 중화되어 안정하게 된다.

④ 증기는 공기와 혼합하여 인화, 폭발의 위험은 없는 안정한 상태가 된다.

해설

아닐린($C_6H_5NH_2$)

② 인화점이 70℃이다.

③ 황산과 같은 강산화제와 반응하므로 분리하여 보관해야 한다.

④ 증기는 공기와 혼합하여 인화, 폭발의 위험이 생긴다.

정답 59 ③ 60 ①

01 운송책임자의 감독·지원을 받아 운송하여야 하는 위험물이 아닌 것은?

① Al(CH₃)₃
② CH₃Li
③ Cd(CH₃)₂
④ Al(C₄H₉)₃

해설

운송책임자의 감독·지원을 받아 운송하여야 하는 위험물
• 알킬알루미늄
• 알킬리튬
• 알킬알루미늄 또는 알킬리튬을 함유하는 위험물

02 소화기에 표시된 "A-2, B-3" 중 숫자의 의미는 무엇인가?

① 제조번호
② 소요단위
③ 능력단위
④ 사용순위

해설

• A급 화재 : 능력단위 2단위
• B급 화재 : 능력단위 3단위

03 화학소방자동차 중 제독차에는 가성소다 및 규조토를 각각 몇 kg 이상 비치하여야 하는가?

① 40
② 50
③ 60
④ 70

해설

제독차에는 가성소다 및 규조토를 각각 50kg 이상 비치해야 한다.

04 KClO₃의 특징에 대한 설명으로 옳은 것은?

① 흑색분말이다.
② 비중이 약 4.32이다.
③ 글리세린과 알코올에 잘 녹는다.
④ 가열에 의해 분해되어 산소를 방출한다.

해설

① 무색 혹은 백색의 고체이다.
② 비중 약 2.34이다.
③ 온수, 글리세린에는 녹고, 냉수, 알코올에는 잘 녹지 않는다.

05 다음 중 원자량이 가장 높은 원자는?

① H
② C
③ K
④ B

해설

원소의 원자량
① H : 1
② C : 12
③ K : 39
④ B : 10

06 경유 2,000L, 글리세린 2,000L를 같은 장소에 저장하려고 할 때, 이들의 지정수량의 배수의 총합은 얼마인가?

① 2.5
② 3.0
③ 3.5
④ 4.0

해설

• 경유의 지정수량 : 1,000L
• 글리세린의 지정수량 : 4,000L
• 지정수량의 배수 = 위험물 저장수량/위험물 지정수량
• 지정수량 배수의 합 = 2,000/1,000 + 2,000/4,000 = 2.5

정답 01 ③ 02 ③ 03 ② 04 ④ 05 ③ 06 ①

07 할로겐화합물의 소화약제의 화학식과 명칭을 옳게 짝지은 것은?

① CBr_2F_2 - Halon 1202
② $C_2Br_2F_2$ - Halon 2422
③ $CBrClF_2$ - Halon 1102
④ $C_2Br_2F_4$ - Halon 1242

해설

Halon (1)(2)(3)(4)(5)
(1) : C의 개수
(2) : F의 개수
(3) : Cl의 개수
(4) : Br의 개수
(5) : I의 개수(0일 경우 생략)

08 옥내소화전이 가장 많이 설치된 층의 소화전의 개수가 4개일 때 확보하여야 할 수원의 수량은 얼마인가?

① $10.4m^3$
② $20.8m^3$
③ $31.2m^3$
④ $41.6m^3$

해설

옥내소화전설비의 수원의 수량은 옥내소화전이 가장 많이 설치된 층의 옥내소화전 설치개수(설치개수가 5개 이상인 경우는 5개)에 $7.8m^3$를 곱한 양 이상이 되도록 설치한다.
수원의 수량 = $7.8m^3 \times 4 = 31.2m^3$

09 아세톤의 특성에 대한 설명으로 옳은 것은?

① 자연발화성 때문에 유기용제로 사용할 수 없다.
② 무색, 무취이고 겨울철에 쉽게 응고한다.
③ 증기비중은 약 0.79이고 요오드포름반응을 한다.
④ 물에 잘 녹으며 끓는점이 60℃보다 낮다.

해설

① 자연발화성은 없고, 유기용제로 사용할 수 없다.
② 무색이고 자극성 냄새가 있다.
③ 증기비중은 2이고 요오드포름반응을 한다.

10 위험물안전관리법령상 위험물안전관리자의 선임 등에 대한 설명으로 옳은 것은?

① 안전관리자는 국가기술자격 취득자 중에서만 선임하여야 한다.
② 안전관리자를 해임한 때에는 14일 이내에 다시 선임하여야 한다.
③ 제조소등의 관계인은 안전관리자가 일시적으로 직무를 수행할 수 없는 경우에는 14일 이내의 범위에서 안전관리자의 대리자를 지정하여 직무를 대행하게 하여야 한다.
④ 안전관리자를 선임한 때는 14일 이내에 신고하여야 한다.

해설

① 안전관리자는 국가기술자격 취득자, 안전관리자교육 이수자, 소방공무원 경력자 등으로 선임할 수 있다.
② 안전관리자를 해임한 때에는 30일 이내에 다시 선임하여야 한다.
③ 제조소 등의 관계인은 안전관리자가 일시적으로 직무를 수행할 수 없는 경우에는 30일 이내의 범위에서 안전관리자의 대리자를 지정하여 직무를 대행하게 하여야 한다.

PART 01 | PART 02 | PART 03 | PART 04 | PART 05

11 괄호 안에 들어갈 말로 알맞은 것은?

( ) 또는 ( )은/는 위험물의 운송에 따른 화재의 예방을 위하여 필요하다고 인정하는 경우에는 주행 중의 이동탱크저장소를 정지시켜 당해 이동탱크저장소에 승차하고 있는 사에 대하여 위험물의 취급에 관한 국가기술자격증 또는 교육수료증의 제시를 요구할 수 있다.

① 지방소방공무원, 지방행정공무원
② 국가소방공무원, 국가행정공무원
③ 소방공무원, 경찰공무원
④ 국가행정공무원, 경찰공무원

해설

소방공무원 또는 경찰공무원은 위험물운반자 또는 위험물운송자의 요건을 확인하기 위하여 필요하다고 인정하는 경우에는 주행 중인 위험물 운반 차량 또는 이동탱크저장소를 정지시켜 해당 위험물운반자 또는 위험물운송자에게 그 자격을 증명할 수 있는 국가기술자격증 또는 교육수료증의 제시를 요구할 수 있으며, 이를 제시하지 아니한 경우에는 주민등록증, 여권, 운전면허증 등 신원확인을 위한 증명서를 제시할 것을 요구하거나 신원확인을 위한 질문을 할 수 있다. 이 직무를 수행하는 경우에 있어서 소방공무원과 경찰공무원은 긴밀히 협력하여야 한다.

12 다음 아세톤의 완전 연소 반응식이 알맞도록 ( )에 알맞은 계수를 차례대로 나타낸 것은?

$$CH_3COCH_3 + (\quad)O_2 \rightarrow (\quad)CO_2 + 3H_2O$$

① 3, 4
② 4, 3
③ 6, 3
④ 3, 6

해설

반응식의 좌항과 우항의 원소 개수를 비교하여 구한다.

13 위험물안전관리자를 해임한 날로부터 며칠 이내에 위험물안전관리자를 다시 선임하여야 하는가?

① 7일
② 14일
③ 30일
④ 60일

해설

위험물안전관리자는 해임한 날로부터 30일 이내에 다시 선임하여야 한다.

14 위험물안전관리법령상 위험물 제조소등의 완공검사신청서는 누구에게 제출해야 하는가?

① 소방청장
② 소방청장 또는 시 · 도지사
③ 소방청장, 소방서장 또는 한국소방산업기술원
④ 시 · 도지사, 소방서장 또는 한국소방산업기술원

해설

완공검사신청서는 시 · 도지사, 소방서장 또는 한국소방산업기술원에 제출한다.

15 염소산염류 20kg, 아염소산염류 20kg과 함께 과염소산을 저장하려고 할 때, 지정수량 배수를 1배로 하려면 과염소산을 몇 kg 저장하여야 하는가?

① 50
② 60
③ 70
④ 80

해설

- 염소산염류 지정수량 : 50kg
- 아염소산염류 지정수량 : 50kg
- 과염소산 지정수량 : 300kg
- 지정수량의 배수 = 위험물 저장수량/위험물 지정수량
  $1 = 20/50 + 20/50 + x/300$
  $x = 60kg$

16 위험물안전관리법령에서 정한 피난설비에 대해 알맞도록 ( )에 알맞은 말을 채우시오.

주유취급소 중 건축물의 2층 이상의 부분을 점포 · 휴게음식점 또는 전시장의 용도로 사용하는 것에 있어서는 해당 건축물의 2층 이상으로부터 주유취급소의 부지 밖으로 통하는 출입구와 해당 출입구로 통하는 통로 · 계단 및 출입구에 ( )을(를) 설치하여야 한다.

① 피난사다리
② 유도등
③ 공기호흡기
④ 시각경보기

해설

주유취급소 중 건축물의 2층 이상의 부분을 점포 · 휴게음식점 또는 전시장의 용도로 사용하는 것에 있어서는 당해 건축물의 2층 이상으로부터 주유취급소의 부지 밖으로 통하는 출입구와 당해 출입구로 통하는 통로 · 계단 및 출입구에 유도등을 설치하여야 한다.

정답 11 ③ 12 ② 13 ③ 14 ④ 15 ② 16 ②

17 제4류 위험물을 저장 및 취급하는 위험물제조소에 설치하는 "화기엄금" 게시판의 바탕색과 문자색을 순서대로 올바르게 나열한 것은?

① 적색, 흑색
② 흑색, 적색
③ 백색, 적색
④ 적색, 백색

해설

위험물 종류	주의사항 게시판	색상 기준
• 제1류 위험물 중 알칼리금속의 과산화물과 이를 함유한 것 • 제3류 위험물 중 금수성 물질	물기엄금	청색바탕 백색문자
• 제2류 위험물(인화성 고체를 제외)	화기주의	적색바탕 백색문자
• 제2류 위험물 중 인화성 고체 • 제3류 위험물 중 자연발화성 물질 • 제4류 위험물 • 제5류 위험물	화기엄금	

18 연면적이 1,000m² 이상이고, 지정수량의 100배 이상의 위험물을 취급하며, 지반면으로부터 6m 이상의 높이에 위험물 취급설비가 있는 제조소의 소화난이도 등급으로 옳은 것은?

① 소화난이도등급 I
② 소화난이도등급 II
③ 소화난이도등급 III
④ 제시된 조건으로 판단 불가

해설

소화난이도등급 I 에 해당하는 제조소

제조소 등의 구분	제조소 등의 규모, 저장 또는 취급하는 위험물의 품명 및 최대수량 등
제조소 일반취급소	연면적 1,000m² 이상인 것
	지정수량의 100배 이상인 것(고인화점위험물만을 100℃ 미만의 온도에서 취급하는 것 및 제48조의 위험물을 취급하는 것은 제외)
	지반면으로부터 6m 이상의 높이에 위험물 취급설비가 있는 것(고인화점위험물만을 100℃ 미만의 온도에서 취급하는 것은 제외)
	일반취급소로 사용되는 부분 외의 부분을 갖는 건축물에 설치된 것(내화구조로 개구부 없이 구획된 것, 고인화점위험물만을 100℃ 미만의 온도에서 취급하는 것 및 별표16의 2의 화학실험의 일반취급소는 제외)

19 다음 중 연소의 3요소를 모두 갖춘 조합으로 옳은 것은?

① 휘발유, 공기, 수소
② 적린, 수소, 성냥불
③ 성냥불, 황, 염소산암모늄
④ 알코올, 수소, 염소산암모늄

해설

연소의 3요소는 가연물, 산소공급원, 점화원이다.
• 가연물 : 휘발유, 수소, 적린, 황, 알코올
• 산소공급원 : 공기, 염소산암모늄
• 점화원 : 성냥불

20 다음 중 발화점이 가장 낮은 위험물은?

① 피크린산
② TNT
③ 과산화벤조일
④ 니트로셀룰로오스

> 해설

위험물의 발화점
① 피크린산 : 300℃
② TNT : 475℃
③ 과산화벤조일 : 125℃
④ 니트로셀룰로오스 : 180℃

21 알킬리튬, 리튬, 수소화나트륨, 인화칼슘, 탄화칼슘의 지정수량 총합은 몇 kg인가?

① 820kg
② 900kg
③ 960kg
④ 1,260kg

> 해설

10kg(알킬리튬) + 50kg(리튬) + 300kg(수소화나트륨) + 300kg(인화칼슘) + 300kg(탄화칼슘) = 960kg

22 제6류 위험물을 저장하는 저장소에 적응성이 없는 소화설비는?

① 옥외소화전설비
② 탄산수소염류 분말 소화설비
③ 스프링클러설비
④ 포소화설비

> 해설

제6류 위험물에 적응성 있는 소화설비

소화설비의 구분		건축물·그 밖의 공작물	전기설비	제1류 위험물 알칼리금속과산화물등	제1류 그 밖의 것	제2류 철분·금속분·마그네슘등	제2류 인화성고체	제2류 그 밖의 것	제3류 금수성물품	제3류 그 밖의 것	제4류 위험물	제5류 위험물	제6류 위험물
옥내소화전 또는 옥외소화전 설비		○			○		○	○		○		○	○
스프링클러설비		○			○		○	○		○	△	○	○
물분무 등 소화설비	물분무 소화설비	○	○		○		○	○		○	○	○	○
	포소화설비	○			○		○	○		○	○	○	○
	불활성가스 소화설비		○				○				○		
	할로겐화합물 소화설비		○				○				○		
	분말 소화설비 인산염류 등	○	○		○		○	○			○		○
	탄산수소염류 등		○	○		○	○		○		○		
	그 밖의 것			○		○			○				

23 위험물제조소의 배출설비 기준 중 국소방식의 경우 배출능력은 1시간당 배출장소 용적의 몇 배 이상으로 해야 하는가?

① 5
② 10
③ 15
④ 20

> 해설

배출능력은 1시간당 배출장소 용적의 20배 이상인 것으로 하여야 한다. 다만, 전역방식의 경우에는 바닥면적 $1m^2$당 $18m^3$ 이상으로 할 수 있다.

24 일반적으로 알려진 황화린 3종에 속하지 않는 것은 무엇인가?

① P_4S_3 　　　② P_2S_5
③ P_4S_7 　　　④ P_2S_9

해설

황화린 3종은 삼황화린(P_4S_3), 오황화린(P_2S_5), 칠황화린(P_4S_7)이다.

25 이동탱크저장소로 위험물 운송 시 장거리에 걸친 운송을 하는 때에는 2명 이상의 운전자로 하여야 한다. 다음 중 예외적으로 1명의 운전자가 운송하여도 되는 경우의 기준으로 옳은 것은?

① 운송 도중에 2시간 이내마다 10분 이상씩 휴식하는 경우
② 운송 도중에 2시간 이내마다 20분 이상씩 휴식하는 경우
③ 운송 도중에 4시간 이내마다 10분 이상씩 휴식하는 경우
④ 운송 도중에 4시간 이내마다 20분 이상씩 휴식하는 경우

해설

위험물운송자는 장거리(고속국도에 있어서는 340km 이상, 그 밖의 도로에 있어서는 200km 이상을 말한다)에 걸치는 운송을 하는 때에는 2명 이상의 운전자로 할 것. 다만, 다음의 1)에 해당하는 경우에는 그러하지 아니하다.
1) 운송책임자를 동승시켜 운송 중인 위험물의 안전확보에 관하여 운전자에게 필요한 감독 또는 지원을 하는 경우
2) 운송하는 위험물이 제2류 위험물·제3류 위험물(칼슘 또는 알루미늄의 탄화물과 이것만을 함유한 것에 한함) 또는 제4류 위험물(특수인화물을 제외)인 경우
3) 운송도중에 2시간 이내마다 20분 이상씩 휴식하는 경우

26 위험물안전관리법령에 따른 판매취급소에 대한 정의로 알맞도록 ( )을 채우시오.

> 판매취급소라 함은 점포에서 위험물을 용기에 담아 판매하기 위하여 지정수량의 (㉮)배 이하의 위험물을 (㉯)하는 장소

① ㉮ : 20, ㉯ : 취급
② ㉮ : 40, ㉯ : 취급
③ ㉮ : 20, ㉯ : 저장
④ ㉮ : 40, ㉯ : 저장

해설

판매취급소라 함은 점포에서 위험물을 용기에 담아 판매하기 위하여 지정수량의 40배 이하의 위험물을 취급하는 장소이다.

27 가연성 액화가스의 탱크 주위에서 화재가 발생한 경우 탱크의 가열로 인하여 탱크 내부 압력으로 인해 강도가 약해져 파열되어 내부의 액화가스가 급속히 팽창하면서 폭발하는 현상은?

① 블레비(BLEVE) 현상
② 보일오버(Boil Over) 현상
③ 플래시백(Flash Back) 현상
④ 백드래프트(Back Draft) 현상

해설

블레비(BLEVE)
• 비등액체팽창증기폭발
• 저장탱크 내의 가연성 액체가 끓으면서 기화한 증기가 팽창한 압력에 의해 폭발하는 현상

28 포소화설비의 가압송수장치에서 압력수조의 압력 산출 시 필요 없는 항은 무엇인가?

① 낙차의 환산수두압
② 배관의 마찰손실수두압
③ 노즐선의 마찰손실수두압
④ 소방용 호스의 마찰손실수두압

해설

$P = p_1 + p_2 + p_3 + p_4$
- P : 압력수조의 필요한 압력(MPa)
- p_1 : 고정식포방출구의 설계압력 또는 이동식포소화설비의 노즐방사압력(MPa)
- p_2 : 배관의 마찰손실수두압(MPa)
- p_3 : 낙차의 환산수두압(MPa)
- p_4 : 이동식포소화설비의 소방용 호스의 마찰손실수두압(MPa)

29 화재의 급수와 가연물이 올바르게 연결된 것은?

① A급 - 플라스틱
② B급 - 섬유
③ A급 - 페인트
④ B급 - 나무

해설

- A급 화재 - 일반 화재(플라스틱, 섬유, 나무)
- B급 화재 - 유류 · 가스 화재(페인트)
- C급 화재 - 전기 화재
- D급 화재 - 금속 화재
- K급 화재 - 주방 화재

30 알루미늄분이 염산과 반응하였을 경우 발생하는 가연성 가스는 무엇인가?

① 산소
② 질소
③ 메탄
④ 수소

해설

$2Al + 6HCl \rightarrow 2AlCl_3 + 3H_2$

31 다음 중 물과 반응하여 가연성 가스를 발생하지 않는 것은 무엇인가?

① 리튬
② 나트륨
③ 황
④ 칼슘

해설

황은 물과 반응하지 않는다.
① 리튬 : $2Li + 2H_2O \rightarrow 2LiOH + H_2$
② 나트륨 : $2Na + 2H_2O \rightarrow 2NaOH + H_2$
④ 칼슘 : $Ca + 2H_2O \rightarrow Ca(OH)_2 + H_2$

32 다음 중 알루미늄분의 특성에 대한 설명으로 옳은 것은?

① 금속 중에서 연소열량이 가장 작다.
② 끓는 물과 반응해서 수소를 발생한다.
③ 안전한 저장을 위해 할로겐 원소와 혼합한다.
④ 수산화나트륨 수용액과 반응해서 산소를 발생한다.

해설

③ 안전한 저장을 위해 유리병에 넣어 건조한 곳에 저장한다.
④ 물과 반응하여 수소를 발생시킨다.

33 소화전용 물통 8L의 능력단위는?

① 0.3
② 0.5
③ 1.0
④ 1.5

해설

기타 소화설비의 능력단위

소화설비	용량	능력단위
소화전용 물통	8L	0.3
수조(소화전용물통 3개 포함)	80L	1.5
수조(소화전용물통 6개 포함)	190L	2.5
마른 모래(삽 1개 포함)	50L	0.5
팽창질석 또는 팽창진주암(삽 1개 포함)	160L	1.0

34 고온체의 색상이 적색일 경우의 약 몇 ℃인가?

① 700℃   ② 850℃
③ 900℃   ④ 950℃

해설

불꽃의 색깔

온도 (℃)	520	700	850	950	1,100	1,300	1,500 이상
색깔	담암적색	암적색	적색	휘적색	황적색	백적색	휘백색

35 위험물시설에 설치하는 자동화재탐지설비의 하나의 경계구역 면적과 그 한 변의 길이 기준으로 옳은 것은? (단, 광전식분리형 감지기를 설치하지 않은 경우이다.)

① 300m² 이하, 50m 이하
② 300m² 이하, 100m 이하
③ 600m² 이하, 50m 이하
④ 600m² 이하, 100m 이하

해설

하나의 경계구역의 면적은 600m² 이하로 하고 그 한 변의 길이는 50m(광전식분리형 감지기를 설치할 경우에는 100m) 이하로 할 것. 다만, 당해 건축물 그 밖의 공작물의 주요한 출입구에서 그 내부의 전체를 볼 수 있는 경우에 있어서는 그 면적을 1,000m² 이하로 할 수 있다.

36 (   )라 함은 고형 알코올, 그 밖에 1기압에서 인화점이 섭씨 40도 미만인 고체를 말한다. 여기에서 (   ) 안에 알맞은 용어로 옳은 것은?

① 가연성 고체   ② 산화성 고체
③ 인화성 고체   ④ 자기반응성 고체

해설

인화성고체에 대한 정의이다.

37 위험물을 운반용기에 수납하여 적재할 때 차광성 피복으로 가려야 하는 위험물은?

① 특수인화물   ② 제1석유류
③ 알코올류   ④ 동식물유류

해설

• 차광성 피복으로 가려야 하는 위험물 : 제1류 위험물, 제3류 위험물 중 자연발화성 물질, 제4류 위험물 중 특수인화물, 제5류 위험물, 제6류 위험물
• 방수성 피복으로 덮어야 하는 위험물 : 제1류 위험물 중 알칼리금속의 과산화물 또는 이를 함유한 것, 제2류 위험물 중 철분·금속분·마그네슘 또는 이들 중 어느 하나 이상을 함유한 것, 제3류 위험물 중 금수성 물질

38 과망간산칼륨의 일반적인 특성에 관한 설명 중 옳지 않은 것은?

① 강한 살균력과 산화력이 있다.
② 금속성 광택이 있는 무색의 결정이다.
③ 가열분해시키면 산소를 방출한다.
④ 비중은 약 2.7이다.

해설

과망간산칼륨은 흑자색의 결정이다.

39 위험물안전관리법령상 과열, 충격, 마찰을 피해야 하는 위험물 종류에 속하는 품명을 바르게 나열한 것은?

① 히드록실아민, 금속아지화합물
② 금속의 산화물, 칼슘의 탄화물
③ 무기금속화합물, 인화성고체
④ 무기과산화물, 금속의 산화물

해설

제5류에 해당하는 품명은 히드록실아민, 금속아지화합물이다.
② 금속의 산화물(비위험물), 칼슘의 탄화물(제3류)
③ 무기금속화합물(비위험물), 인화성고체(제2류)
④ 무기과산화물(제1류), 금속의 산화물(비위험물)

위험물의 유별 저장 · 취급의 공통기준

제1류	가연물과의 접촉 · 혼합이나 분해를 촉진하는 물품과의 접근 또는 과열 · 충격 · 마찰 등을 피하는 한편, 알카리금속의 과산화물 및 이를 함유한 것에 있어서는 물과의 접촉을 피하여야 한다.
제2류	산화제와의 접촉 · 혼합이나 불티 · 불꽃 · 고온체와의 접근 또는 과열을 피하는 한편, 철분 · 금속분 · 마그네슘 및 이를 함유한 것에 있어서는 물이나 산과의 접촉을 피하고 인화성 고체에 있어서는 함부로 증기를 발생시키지 아니하여야 한다.
제3류	자연발화성물질에 있어서는 불티 · 불꽃 또는 고온체와의 접근 · 과열 또는 공기와의 접촉을 피하고, 금수성물질에 있어서는 물과의 접촉을 피하여야 한다.
제4류	불티 · 불꽃 · 고온체와의 접근 또는 과열을 피하고, 함부로 증기를 발생시키지 아니하여야 한다.
제5류	불티 · 불꽃 · 고온체와의 접근이나 과열 · 충격 또는 마찰을 피하여야 한다.
제6류	가연물과의 접촉 · 혼합이나 분해를 촉진하는 물품과의 접근 또는 과열을 피하여야 한다.

40 과산화벤조일의 일반적인 특성으로 옳은 것은?

① 비중은 약 0.33이다.
② 무미, 무취의 고체이다.
③ 물에 잘 녹지만 디에틸에테르는 녹지 않는다.
④ 녹는점은 약 300℃이다.

해설

① 물보다 무겁다(비중이 1 이상이다.).
③ 물에 녹지 않고, 디에틸에테르는 잘 녹는다.
④ 녹는점은 약 103℃이다.

41 강화액 소화약제에 대한 설명으로 옳지 않은 것은?

① 물보다 점성이 있는 수용액이다.
② 일반적으로 산성을 나타낸다.
③ 어는점은 약 –30~25℃이다.
④ 비중은 약 1.3~1.4 정도이다.

해설

강화액 소화약제는 강알칼리성으로, pH가 12 이상이다.

42 위험물안전관리법령상 제4류 위험물을 수납하는 운반용기의 외부에 주의사항을 표시하여야 할 경우 표시해야 하는 사항으로 옳지 않은 것은?

① 규정에 의한 주의사항
② 위험물의 품명 및 위험등급
③ 위험물의 관리자 및 지정수량
④ 위험물의 화학명

해설

위험물 운반용기 외부에 표시해야 하는 사항
• 위험물의 품명 · 위험등급 · 화학명 및 수용성("수용성" 표시는 제4류 위험물로서 수용성인 것에 한한다)
• 위험물의 수량
• 수납하는 위험물에 따라 다음의 규정에 의한 주의사항

유별		외부 표시 주의사항
제1류	알칼리금속의 과산화물	• 화기 · 충격주의 • 물기엄금 • 가연물 접촉주의
	그 밖의 것	• 화기 · 충격주의 • 가연물 접촉주의
제2류	철분 · 금속분 · 마그네슘	• 화기주의 • 물기엄금
	인화성 고체	• 화기엄금
	그 밖의 것	• 화기주의
제3류	자연발화성 물질	• 화기엄금 • 공기접촉엄금
	금수성 물질	• 물기엄금
제4류		• 화기엄금
제5류		• 화기엄금 • 충격주의
제6류		• 가연물 접촉주의

43 디에틸에테르에 대한 설명으로 옳은 것은?

① 연소하면 아황산가스를 발생하고, 마취제로 사용한다.
② 증기는 공기보다 무거우므로 물속에 보관한다.
③ 에틸알코올을 축합반응시켜 제조할 수 있다.
④ 제4류 위험물 중 폭발범위가 좁은 편에 속한다.

해설

에탄올의 축합반응으로 디에틸에테르를 생성한다.

$CH_3 - CH_2 - \overline{OH \quad H} - O - CH_2CH_3$
↓
$CH_3 - CH_2 - O - CH_2CH_3 + H_2O$

44 위험물안전관리법령상 위험물 옥외저장소에 저장을 허가받을 수 없는 위험물은?

① 제2류 위험물 중 황(금속제 드럼에 수납)
② 제4류 위험물 중 가솔린(금속제 드럼에 수납)
③ 제6류 위험물
④ 국제해상위험물규칙(IMDG Code)에 적합한 용기에 수납된 위험물

해설

가솔린은 제1석유류(인화점 : 약 −43℃)이므로 허가받을 수 없다.

옥외저장소에 저장을 허가받을 수 있는 위험물
• 제2류 위험물 중 유황 또는 인화성 고체(인화점이 섭씨 0도 이상인 것에 한한다)
• 제4류 위험물 중 제1석유류(인화점이 섭씨 0도 이상인 것에 한한다) · 알코올류 · 제2석유류 · 제3석유류 · 제4석유류 및 동식물유류
• 제6류 위험물
• 제2류 위험물 및 제4류 위험물 중 특별시 · 광역시 또는 도의 조례에서 정하는 위험물(「관세법」 제154조의 규정에 의한 보세구역 안에 저장하는 경우에 한한다)
• 「국제해사기구에 관한 협약」에 의하여 설치된 국제해사기구가 채택한 「국제해상위험물규칙」(IMDG Code)에 적합한 용기에 수납된 위험물

45 과산화나트륨과 과산화비륨에 대한 설명으로 옳지 않은 것은?

① 과산화나트륨은 산화성이 있다.
② 과산화나트륨은 인화점이 매우 낮다.
③ 과산화바륨과 염산을 반응시키면 과산화수소가 생긴다.
④ 과산화바륨의 비중은 물보다 크다.

해설

과산화나트륨은 제1류 위험물(산화성 고체)이며, 불연성 물질이기 때문에 인화점이 없다.

46 위험물안전관리법령상 품명이 서로 다른 것끼리 묶여 있는 것은?

① 이황화탄소, 디에틸에테르
② 에틸알코올, 고형 알코올
③ 등유, 경유
④ 중유, 크레오소트유

해설

에틸알코올은 알코올류, 고형알코올은 제2류 위험물의 인화성 고체이다.
① 이황화탄소, 디에틸에테르 : 특수인화물
③ 등유, 경유 : 제2석유류
④ 중유, 크레오소트유 : 제3석유류

47 내부에 체류한 가연성의 증기를 지붕 위로 배출하는 설비를 갖춰야 하는 옥내저장소의 조건으로 옳은 것은?

① 인화점이 50℃ 미만인 물질을 저장하는 경우
② 인화점이 70℃ 미만인 물질을 저장하는 경우
③ 인화점이 100℃ 미만인 물질을 저장하는 경우
④ 인화점이 150℃ 미만인 물질을 저장하는 경우

해설

옥내저장소에는 규정에 준하여 채광 · 조명 및 환기의 설비를 갖추어야 하고, 인화점이 70℃ 미만인 위험물의 저장창고에 있어서는 내부에 체류한 가연성의 증기를 지붕 위로 배출하는 설비를 갖추어야 한다.

48 표준상태에서 탄소 1몰이 완전히 연소하면 이산화탄소 몇 L가 발생되는가?

① 11.2   ② 22.4

③ 44.8   ④ 56.8

해설

$C + O_2 \rightarrow CO_2$이므로 탄소 1몰이 완전히 연소하면 이산화탄소 1몰이 생성된다. 기체 1몰(기체 종류 상관없이)은 표준상태(1atm, 0℃)에서 22.4L의 부피를 차지한다. 따라서 이산화탄소 1몰이 생성되었다는 말은 이산화탄소 22.4L가 생성된다고 표현할 수 있다.

49 간이탱크저장소의 설치기준으로 옳지 않은 것은?

① 간이저장탱크의 용량은 600L 이하이어야 한다.

② 하나의 간이탱크저장소에 설치하는 간이저장탱크는 5개 이하이어야 한다.

③ 간이저장탱크는 두께 3.2mm 이상의 강판으로 홈이 없도록 제작하여야 한다.

④ 간이저장탱크는 70kPa의 압력으로 10분간의 수압시험을 실시하여 새거나 변형되지 않아야 한다.

해설

하나의 간이탱크저장소에 설치하는 간이저장탱크는 그 수를 3 이하로 하고, 동일한 품질의 위험물의 간이저장탱크를 2 이상 설치하지 아니하여야 한다.

50 다음 두 가지 물질을 섞었을 때 수소가 발생하는 조합으로 옳은 것은?

① 칼륨과 에탄올

② 과산화마그네슘과 염화수소

③ 과산화칼륨과 탄산가스

④ 오황화린과 물

해설

$2K + 2C_2H_5OH \rightarrow 2C_2H_5OK + H_2$

② $MgO_2 + 2HCl \rightarrow MgCl_2 + H_2O_2$

③ $2K_2O_2 + 2CO_2 \rightarrow 2K_2CO_3 + O_2$

④ $P_2S_5 + 8H_2O \rightarrow 5H_2S + 2H_3PO_4$

51 다음 중 간이소화용구에 해당하는 것은?

① 스프링클러   ② 옥내소화전

③ 마른 모래   ④ 포 소화설비

해설

간이소화용구

소화약제의 것을 이용한 간이소화용구	• 에어로졸식 소화용구 • 투척용 소화용구 • 소공간용 소화용구
소화약제 외의 것을 이용한 간이소화용구	• 마른 모래(삽을 상비한 80L 이상의 것 1포) • 팽창질석 또는 팽창진주암(삽을 상비한 80L 이상의 것 1포)

52 분말 소화약제와 그의 주성분이 바르게 연결된 것은?

① 제1종 분말약제 : $KHCO_3$

② 제2종 분말약제 : $KHCO_3 + (NH_2)_2CO$

③ 제3종 분말약제 : $NH_4H_2PO_4$

④ 제4종 분말약제 : $NaHCO_3$

해설

• 제1종 분말약제 : $NaHCO_3$

• 제2종 분말약제 : $KHCO_3$

• 제3종 분말약제 : $NH_4H_2PO_4$

• 제4종 분말약제 : $KHCO_3 + (NH_2)_2CO$

53 과염소산에 대한 설명으로 옳지 않은 것은?

① 물과 접촉하면 발열한다.

② 불연성이지만 유독성이 있다.

③ 증기비중은 약 3.5이다.

④ 산화제이므로 쉽게 산화된다.

해설

과염소산은 산화제이므로 다른 물질을 산화시키고, 자신은 환원한다.

정답   48 ②   49 ②   50 ①   51 ③   52 ③   53 ④

54 위험물안전관리법령상 옥외저장탱크 중 압력탱크 외의 탱크에 밸브없는 통기관을 설치할 경우 이 통기관의 지름은 몇 mm 이상으로 하여야 하는가?

① 10mm
② 15mm
③ 20mm
④ 30mm

해설

제4류 위험물의 옥외저장탱크 중 압력탱크 외의 탱크의 밸브없는 통기관 설치기준
- 지름은 30mm 이상일 것
- 끝부분은 수평면보다 45도 이상 구부려 빗물 등의 침투를 막는 구조로 할 것
- 인화점이 38℃ 미만인 위험물만을 저장 또는 취급하는 탱크에 설치하는 통기관에는 화염방지장치를 설치하고, 그 외의 탱크에 설치하는 통기관에는 40메쉬(mesh) 이상의 구리망 또는 동등 이상의 성능을 가진 인화방지장치를 설치할 것. 다만, 인화점이 70℃ 이상인 위험물만을 해당 위험물의 인화점 미만의 온도로 저장 또는 취급하는 탱크에 설치하는 통기관에는 인화방지장치를 설치하지 않을 수 있다.
- 가연성의 증기를 회수하기 위한 밸브를 통기관에 설치하는 경우에 있어서는 당해 통기관의 밸브는 저장탱크에 위험물을 주입하는 경우를 제외하고는 항상 개방되어 있는 구조로 하는 한편, 폐쇄하였을 경우에 있어서는 10kPa 이하의 압력에서 개방되는 구조로 할 것. 이 경우 개방된 부분의 유효단면적은 777.15mm² 이상이어야 한다.

55 물의 소화효과를 높이기 위하여 무상 주수를 할 때, 냉각소화 외에 부가적으로 작용하는 소화효과로 이루어진 것은?

① 질식소화작용, 제거소화작용
② 질식소화작용, 유화소화작용
③ 타격소화작용, 유화소화작용
④ 타격소화작용, 피복소화작용

해설

무상 주수를 하여 질식소화작용, 유화소화작용의 효과를 나타낼 수 있다.

56 동식물유류의 인화점 판단기준으로 옳은 것은?

① 150℃ 미만
② 250℃ 미만
③ 450℃ 미만
④ 600℃ 미만

해설

동식물유류는 동물의 지육 등 또는 식물의 종자나 과육으로부터 추출한 것으로서 1기압에서 인화점이 섭씨 250도 미만인 것을 말한다.

57 다음 고체시약 중 공기 중에 햇빛을 받으며 방치되면 연소현상이 일어날 수 있는 위험물은?

① 황
② 황린
③ 적린
④ 질산암모늄

해설

햇빛을 받아 자연발화한 것으로 보아 자연발화성 물질인 황린임을 알 수 있다.

58 다음 중 규조토에 흡수시켜 다이너마이트를 제조할 때 사용되는 위험물은 무엇인가?

① 디니트로톨루엔
② 질산에틸
③ 니트로글리세린
④ 니트로셀룰로오스

해설

다이너마이트의 원료는 니트로글리세린, 다공성규조토이다.

59 다음 중 위험물안전관리법령상 자기반응성물질에 해당하는 것은?

① $CH_2(C_6H_4)NO_2$
② CH_3COCH_3
③ $C_6H_2(NO_2)_3OH$
④ $C_6H_5NO_2$

해설

$C_6H_2(NO_2)_3OH$은 트리니트로페놀, 제5류 위험물이다.
① $CH_2(C_6H_4)NO_2$: 니트로톨루엔, 제4류 위험물
② CH_3COCH_3 : 아세톤, 제4류 위험물
④ $C_6H_5NO_2$: 니트로벤젠, 제4류 위험물

정답 54 ④ 55 ② 56 ② 57 ② 58 ③ 59 ③

60 다음 중 위험물안전관리법상 위험물에 해당하는 것은?

① 농도가 40중량퍼센트인 과산화수소

② 비중이 1.40인 질산

③ 직경 2.5mm의 막대 모양인 마그네슘

④ 순도가 55중량퍼센트인 유황

해설

위험물의 기준

- 과산화수소 : 농도가 36중량% 이상인 것에 한한다.
- 질산 : 비중이 1.49 이상인 것에 한한다.
- 마그네슘 : 2mm의 체를 통과하지 아니하는 덩어리 상태의 것과 지름 2mm 이상의 막대 모양의 것은 제외한다.
- 유황 : 순도가 60중량% 이상인 것을 말한다.

01 자동화재탐지설비를 설치하여야 하는 위험물제조소의 면적기준은 몇 m^2 이상인가?

① $400m^2$
② $500m^2$
③ $600m^2$
④ $800m^2$

해설

제조소 등별로 설치해야 하는 경보설비의 종류

제조소 등의 구분	제조소 등의 규모, 저장 또는 취급하는 위험물의 종류 및 최대수량 등	경보설비
제조소 및 일반취급소	• 연면적이 500제곱미터 이상인 것 • 옥내에서 지정수량의 100배 이상을 취급하는 것(고인화점위험물만을 100℃ 미만의 온도에서 취급하는 것은 제외한다) • 일반취급소로 사용되는 부분 외의 부분이 있는 건축물에 설치된 일반취급소(일반취급소와 일반취급소 외의 부분이 내화구조의 바닥 또는 벽으로 개구부 없이 구획된 것은 제외한다)	자동화재탐지설비

02 위험물안전관리법령에 따른 위험물에 속하지 않는 것은?

① CaC_2
② S
③ P_2O_5
④ K

해설

① CaC_2 : 탄화칼슘(제3류)
② S : 황(제2류)
④ K : 칼륨(제3류)

03 다음 중 화학포소화기에서 탄산수소나트륨과 황산알루미늄이 반응하여 생성되는 가스는?

① CO
② CO_2
③ N_2
④ Ar

해설

$$NaHCO_3 + Al_2(SO_4)_3 \cdot 18H_2O$$
$$\rightarrow 3Na_2SO_4 + 2Al(OH)_3 + 6CO_2 + 18H_2O$$

04 탄화칼슘의 취급방법에 대한 설명으로 틀린 것은?

① 물, 습기와의 접촉을 피한다.
② 건조한 장소에 밀봉·밀전하여 보관한다.
③ 습기와 작용하여 다량의 메탄이 발생하므로 저장 중에 메탄가스의 발생 유무를 조사한다.
④ 저장용기에 질소가스 등 불활성가스를 충전하여 저장한다.

해설

탄화칼슘은 습기와 작용하여 아세틸렌가스를 발생한다.
$$CaC_2 + 2H_2O \rightarrow Ca(OH)_2 + C_2H_2$$

정답 01 ② 02 ③ 03 ② 04 ③

05 자동화재탐지설비 일반점검표의 점검내용이 "변형·손상의 유무, 표시의 적부, 경계구역 일람도의 적부, 기능의 적부"인 점검항목은?

① 감지기   ② 중계기
③ 수신기   ④ 발신기

해설

점검항목	점검내용
감지기	변형 · 손상 유무
	감지장해 유무
	기능의 적부
중계기	변형 · 손상 유무
	표시의 적부
	기능의 적부
수신기 (통합조작반)	변형 · 손상 유무
	표시의 적부
	경계구역일람도의 적부
	기능의 적부
주음향장치 지구음향장치	변형 · 손상 유무
	기능의 적부
발신기	변형 · 손상 유무
	기능의 적부
비상전원	변형 · 손상 유무
	전환의 적부
배선	변형 · 손상 유무
	접속단자의 풀림 · 탈락 유무

06 20℃, 1기압에서 이황화탄소 기체는 수소 기체보다 몇 배 더 무거운가?

① 11   ② 22
③ 32   ④ 38

해설

증기비중으로 비교한다.
- 증기비중 = 위험물의 분자량/공기 분자량
- 이황화탄소(CS_2) 증기비중 = $(12+32 \times 2)/29 = 2.62$
- 수소(H_2) 증기비중 = $2/29 = 0.07$
- 이황화탄소 증기비중/수소 증기비중 = $2.62/0.07 = 37.4$

07 다음 중 위험성이 더욱 증가하는 경우는 무엇인가?

① 황린을 수산화칼륨 수용액에 넣었다.
② 나트륨을 등유 속에 넣었다.
③ 트리에틸알루미늄 보관용기 내에 질소가스를 봉입시켰다.
④ 니트로셀룰로오스를 알코올 수용액에 넣었다.

해설

$P_4 + 3KOH + 3H_2O \rightarrow PH_3$(포스핀, 유독가스)$+ 3KH_2PO_2$

08 다음 중 지정수량이 가장 큰 위험물은?

① 질산에틸   ② 질산
③ 트리니트로톨루엔   ④ 피크르산

해설

① 질산에틸 : 10kg
② 질산 : 300kg
③ 트리니트로톨루엔 : 200kg
④ 피크르산 : 200kg

09 폭발 시 연소파의 전파속도범위로 옳은 것은?

① 0.1~10m/s
② 100~1,000m/s
③ 2,000~3,500m/s
④ 5,000~10,000m/s

해설

- 폭발(연소파)의 전파속도 : 0.1~10m/s
- 폭굉의 전파속도 : 1,000~3,500m/s

10 제5류 위험물의 위험성에 대한 설명으로 옳지 않은 것은?

① 가연성 물질이다.
② 대부분 외부의 산소 없이도 연소하며 연소속도가 빠르다.
③ 물에 잘 녹지 않으며 물과의 반응 위험성이 크다.
④ 가열, 충격, 타격 등에 민감하며 강산화제 또는 강산류와 접촉 시 위험하다.

해설
제5류 위험물은 물과의 반응 위험성이 크지 않으므로 화재 시 다량의 물로 냉각소화한다.

11 다음 중 지정수량이 가장 작은 위험물 품명은?

① 질산염류 ② 인화성 고체
③ 금속분 ④ 질산에스테르류

해설
위험물의 지정수량
• 질산염류 : 300kg
• 인화성 고체 : 1,000kg
• 금속분 : 500kg
• 질산에스테르류 : 10kg

12 다음 중 분해연소를 하는 물질은?

① 황 ② 석탄
③ 파라핀 ④ 나프탈렌

해설
석탄은 분해연소를 한다. 나머지는 증발연소를 한다.

13 불분무 소화설비의 설치기준으로 옳지 않은 것은?

① 고압의 전기설비가 있는 장소에는 해당 전기설비와 분무헤드 및 배관 사이에 전기절연을 위하여 필요한 공간을 보유한다.
② 스트레이너 및 일제개방밸브는 제어밸브의 하류측 부근에 스트레이너, 일제개방밸브의 순으로 설치한다.
③ 물분무소화설비에 2 이상의 방사구역을 두는 경우에는 화재를 유효하게 소화할 수 있도록 인접하는 방사구역이 상호 중복되도록 한다.
④ 수원의 수위가 수평회전식펌프보다 낮은 위치에 있는 가압송수장치의 물올림장치는 타설비와 겸용하여 설치한다.

해설
수원의 수위가 수평회전식펌프보다 낮은 위치에 있는 가압송수장치의 물올림장치는 전용의 물올림탱크로 설치한다.

14 수성막포 소화약제에 사용되는 계면활성제로 옳은 것은?

① 염화단백포 계면활성제
② 산소계 계면활성제
③ 황산계 계면활성제
④ 불소계 계면활성제

해설
수성막포 소화약제의 계면활성제는 불소계 계면활성제이다.

15 운송책임자의 감독·지원을 받아 운송하여야 하는 위험물은?

① 칼륨 ② 알킬알루미늄
③ 질산에스테르류 ④ 아염소산염류

해설
운송책임사의 감독 · 지원을 받아 운송하여야 하는 위험물
• 알킬알루미늄
• 알킬리튬
• 알킬알루미늄 또는 알킬리튬을 함유하는 위험물

정답 10 ③ 11 ④ 12 ② 13 ④ 14 ④ 15 ②

16 질산과 과산화수소의 공통적인 특성으로 옳은 것은?

① 연소가 매우 잘 된다.
② 점성이 큰 액체로 환원제이다.
③ 물보다 가볍다.
④ 물에 녹는다.

해설

① 불연성물질이다.
② 점성이 작고, 산화제이다.
③ 물보다 무겁다.

17 표준상태에서 수소화나트륨 240g과 충분한 물이 완전히 반응하였을 때 발생하는 수소의 부피(L)는?

① 22.4L
② 224L
③ 22.4m^3
④ 224m^3

해설

$NaH + H_2O \rightarrow NaOH + H_2$

수소화나트륨 1mol이 반응하면, 수소 1mol이 생성된다.

수소화나트륨 $240g = 240g \times \dfrac{1mol}{(23+1)g} = 10mol$

수소화나트륨 10mol이 반응하면, 수소 10mol이 생성된다.

수소 $10mol = 10mol \times \dfrac{22.4L}{1mol} = 224L$

18 전역방출방식 또는 국소방출방식 분말소화설비의 가압용·축압용 가스로 사용되는 것은?

① 네온가스
② 아르곤가스
③ 수소가스
④ 이산화탄소가스

해설

분말소화설비의 가압용가스 또는 축압용가스는 질소가스 또는 이산화탄소로 한다.

19 위험물안전관리법령에서 규정하고 있는 사항으로 옳지 않은 것은?

① 법정 안전교육을 받아야 하는 사람은 안전관리자로 선임된 자, 탱크시험자의 기술인력으로 종사하는 자, 위험물운반자로 종사하는 자 또는 종사하려는 자, 위험물운송자로 종사하는 자 또는 종사하려는 자이다.
② 지정수량 150배 이상의 위험물을 저장하는 옥내저장소는 관계인이 예방규정을 정하여야 하는 제조소 등에 해당한다.
③ 정기검사 대상이 되는 것은 액체위험물을 저장 또는 취급하는 10만 리터 이상의 옥외탱크저장소, 암반탱크저장소, 이송취급소이다.
④ 법정 안전관리자 교육이수자와 소방공무원으로 근무한 경력이 3년 이상인 자는 제4류 위험물에 대한 위험물 취급자격자가 될 수 있다.

해설

• 관계인이 예방규정을 정하여야 하는 제조소 등
 1. 지정수량의 10배 이상의 위험물을 취급하는 제조소
 2. 지정수량의 100배 이상의 위험물을 저장하는 옥외저장소
 3. 지정수량의 150배 이상의 위험물을 저장하는 옥내저장소
 4. 지정수량의 200배 이상의 위험물을 저장하는 옥외탱크저장소
 5. 암반탱크저장소
 6. 이송취급소
 7. 지정수량의 10배 이상의 위험물을 취급하는 일반취급소. 다만, 제4류 위험물(특수인화물을 제외한다)만을 지정수량의 50배 이하로 취급하는 일반취급소(제1석유류·알코올류의 취급량이 지정수량의 10배 이하인 경우에 한한다)로서 다음 각목의 어느 하나에 해당하는 것을 제외한다.
  가. 보일러·버너 또는 이와 비슷한 것으로서 위험물을 소비하는 장치로 이루어진 일반취급소
  나. 위험물을 용기에 옮겨 담거나 차량에 고정된 탱크에 주입하는 일반취급소
• 정기검사 대상 제조소등은 액체위험물을 저장 또는 취급하는 50만 리터 이상의 옥외탱크저장소를 말한다.
• 위험물 취급자격자의 자격

위험물취급자격자의 구분	취급할 수 있는 위험물
1. 「국가기술자격법」에 따라 위험물기능장, 위험물산업기사, 위험물기능사의 자격을 취득한 사람	모든 위험물
2. 안전관리자교육이수자	위험물 중 제4류 위험물
3. 소방공무원 경력자(소방공무원으로 근무한 경력이 3년 이상인 자)	위험물 중 제4류 위험물

20 휘발유 화재가 발생했을 때 소화방법으로 가장 적절한 것은?

① 물을 이용하여 냉각소화한다.
② 이산화탄소를 이용하여 질식소화한다.
③ 강산화제를 이용하여 촉매소화한다.
④ 물을 이용하여 희석소화한다.

해설

이산화탄소, 포 소화설비를 이용하여 질식소화한다.

21 위험물제조소등의 승계에 관한 사항으로 옳은 것은?

① 양도는 승계 사유이지만 상속이나 법인의 합병은 승계 사유에 해당하지 않는다.
② 지위승계의 사유가 있는 날로부터 14일 이내에 승계신고를 하여야 한다.
③ 시 · 도지사에게 신고하여야 하는 경우와 소방서장에게 신고하여야 하는 경우가 있다.
④ 민사집행법에 의한 경매 절차에 따라 제조소 등을 인수한 경우에는 지위승계신고를 한 것으로 간주한다.

해설

① 양도, 상속, 합병을 통해 인수한 경우 지위를 승계한 것이다.
② 지위를 승계한 자는 승계한 날부터 30일 이내에 시 · 도지사에게 신고하여야 한다.
④ 지위승계를 신고하려는 자는 신고서에 제조소 등의 완공검사합격확인증과 지위승계를 증명하는 서류를 첨부하여 시 · 도지사 또는 소방서장에게 제출해야 한다.

22 아세톤의 연소범위가 2~13vol%일 때 위험도를 구하시오.

① 0.846
② 1.23
③ 5.5
④ 7.5

해설

위험도$(H) = \dfrac{U - L}{L} = \dfrac{13 - 2}{2} = 5.5$

23 〈보기〉의 탱크의 공간용적 산정기준으로 알맞도록 ( ) 안에 알맞은 숫자를 순서대로 채우시오.

보기

암반탱크에 있어서는 해당 탱크 내에 용출하는 ( ) 일 간의 지하수의 양에 상당하는 용적과 해당 탱크 내 용적의 ( )의 용적 중에서 보다 큰 용적을 공간용적으로 한다.

① 7, 1/100
② 7, 5/100
③ 10, 1/100
④ 10, 5/100

해설

암반탱크에 있어서는 당해 탱크 내에 용출하는 7일 간의 지하수의 양에 상당하는 용적과 당해 탱크의 내용적의 100분의 1의 용적 중에서 보다 큰 용적을 공간용적으로 한다.

24 다음 중 피크린산 제조에 사용되는 물질은?

① C_6H_6
② $C_6H_5CH_3$
③ $C_3H_5(OH)_3$
④ C_6H_5OH

해설

피크린산(트리니트로페놀)은 페놀과 질산, 황산을 반응시켜 제조한다.

25 탱크안전성능검사 항목으로 옳지 않은 것은?

① 기초 · 지반 검사
② 충수 · 수압 검사
③ 용접부 검사
④ 배관 검사

해설

탱크안전성능검사 항목
• 기초 · 지반검사
• 충수 · 수압검사
• 용접부 검사
• 암반탱크검사

정답 | **20** ② **21** ③ **22** ③ **23** ① **24** ④ **25** ④

26 건조사와 같은 불연성 고체로 가연물을 덮는 것은 어떤 소화방법에 해당되는가?

① 제거소화　　　　② 질식소화
③ 냉각소화　　　　④ 억제소화

해설

산소와 차단시키는 질식소화이다.

27 제4류 위험물을 운반하는 경우 함께 적재 가능한 액화석유가스 또는 압축천연가스 용기의 내용적은 몇 L 미만인가?

① 120　　　　　② 150
③ 180　　　　　④ 200

해설

위험물과 혼재가 가능한 고압가스
• 내용적이 120L 미만의 용기에 충전한 불활성가스
• 내용적이 120L 미만의 용기에 충전한 액화석유가스 또는 압축천연가스(제4류 위험물과 혼재하는 경우에 한한다)

28 다음 물질의 저장창고에 화재가 발생하였을 때 주수에 의한 소화가 오히려 더 위험한 위험물은?

① 염소산칼륨　　　② 과염소산나트륨
③ 질산암모늄　　　④ 탄화칼슘

해설

탄화칼슘은 금수성물질로 주수에 의한 소화는 위험하다. ①~③은 제1류 위험물로 화재 시 물로 소화한다.

29 한국소방산업기술원이 시·도지사로부터 위탁받아 수행하는 안전성능검사 대상 탱크가 아닌 것은?

① 암반탱크
② 지하탱크저장소의 이중벽탱크
③ 100만L 용량의 지하저장탱크
④ 옥외에 있는 50만L 용량의 취급탱크

해설

한국소방산업기술원이 시 · 도지사로부터 위탁받아 수행하는 안전성능검사 대상 탱크
• 용량이 100만리터 이상인 액체위험물을 저장하는 탱크
• 암반탱크
• 지하탱크저장소의 위험물탱크 중 이중벽 액체위험물탱크

30 다음 중 분자식이 C_3H_6O인 위험물은?

① 에틸알코올　　　② 에틸에테르
③ 아세톤　　　　　④ 아세트산

해설

아세톤(C_3H_6O)

```
      H  O  H
      |  ||  |
  H — C — C — C — H
      |      |
      H      H
```

① 에틸알코올 : C_2H_6O

```
      H  H
      |  |
  H — C — C — O — H
      |  |
      H  H
```

② 에틸에테르 : $C_4H_{10}O$
$$CH_3 - CH_2 - O - CH_2CH_3$$

④ 아세트산 : $C_2H_4O_2$

```
      H  O
      |  ||
  H — C — C — O — H
      |
      H
```

31 제4류 위험물을 저장 및 취급하는 위험물제조소에 설치하는 "화기엄금" 게시판의 바탕색과 문자색을 순서대로 올바르게 나열한 것은?

① 적색, 흑색
② 흑색, 적색
③ 백색, 적색
④ 적색, 백색

해설

위험물 종류	주의사항 게시판	색상 기준
• 제1류 위험물 중 알칼리금속의 과산화물과 이를 함유한 것 • 제3류 위험물 중 금수성물질	물기엄금	청색바탕 백색문자
• 제2류 위험물(인화성 고체를 제외)	화기주의	적색바탕 백색문자
• 제2류 위험물 중 인화성 고체 • 제3류 위험물 중 자연발화성 물질 • 제4류 위험물 • 제5류 위험물	화기엄금	

32 위험물안전관리법령에 따른 이산화탄소 소화약제 저장용기의 충전비 기준으로 옳은 것은?

① 저압식 저장용기의 충전비 : 1.0 이상 1.3 이하
② 고압식 저장용기의 충전비 : 1.3 이상 1.7 이하
③ 저압식 저장용기의 충전비 : 1.1 이상 1.4 이하
④ 고압식 저장용기의 충전비 : 1.7 이상 2.1 이하

해설

저장용기의 충전비는 고압식은 1.5 이상 1.9 이하, 저압식은 1.1 이상 1.4 이하이다.

33 다음 중 염소산나트륨과 반응하여 유독한 ClO_2를 발생시키는 물질은 무엇인가?

① 글리세린
② 질소
③ 염산
④ 산소

해설

$2NaClO_3 + 2HCl \rightarrow 2NaCl + 2ClO_2 + H_2O_2$

34 다음 중 제2석유류로만 짝지어진 조합은?

① 시클로헥산, 피리딘
② 염화아세틸, 휘발유
③ 시클로헥산, 중유
④ 아크릴산, 포름산

해설

• 제1석유류 : 시클로헥산, 피리딘, 염화아세틸, 휘발유, 시클로헥산
• 제2석유류 : 아크릴산, 포름산
• 제3석유류 : 중유

35 다음 중 알킬알루미늄의 소화방법으로 가장 적절한 것은 무엇인가?

① 팽창질석에 의한 소화
② 알코올포에 의한 소화
③ 주수에 의한 소화
④ 산·알칼리 소화약제에 의한 소화

해설

제3류 위험물 중 금수성 물질에 적응성 있는 소화설비
• 분말소화설비(탄산수소염류, 그 밖의 것)
• 분말소화기(탄산수소염류, 그 밖의 것)
• 건조사
• 팽창질석 또는 팽창진주암

36 다음 중 산화성액체 위험물의 화재예방상 가장 주의해야 할 부분은 무엇인가?

① 0℃ 이하로 냉각시킨다.
② 공기와의 접촉을 피한다.
③ 가연물과의 접촉을 피한다.
④ 금속용기에 저장한다.

해설

산화성액체는 물, 가연물, 유기물, 산화성고체와의 접촉을 피해야 한다.

37 위험물제조소에 설치하는 안전장치 중 위험물의 성질에 따라 안전밸브의 작동이 곤란한 가압설비에 한하여 설치하는 것은?

① 파괴판
② 안전밸브를 병용하는 경보장치
③ 감압측에 안전밸브를 부착한 감압밸브
④ 연성계

해설

파괴판(파열판)은 위험물의 성질에 따라 안전밸브의 작동이 곤란한 가압설비에 한하여 설치한다.

38 알킬알루미늄등을 저장·취급하는 이동탱크저장소에 비치해야 하는 물품으로 옳지 않은 것은?

① 방호복
② 고무장갑
③ 비상조명등
④ 휴대용 확성기

해설

알킬알루미늄등을 저장 또는 취급하는 이동탱크저장소에는 긴급 시의 연락처, 응급조치에 관하여 필요한 사항을 기재한 서류, 방호복, 고무장갑, 밸브 등을 죄는 결합공구 및 휴대용 확성기를 비치하여야 한다.

39 정전기로 인한 재해방지대책 중 옳지 않은 것은?

① 접지를 한다.
② 실내를 건조하게 유지한다.
③ 공기 중의 상대습도를 70% 이상으로 유지한다.
④ 공기를 이온화한다.

해설

정전기 제거 방법
• 접지에 의한 방법
• 공기 중의 상대습도를 70% 이상으로 하는 방법
• 공기를 이온화하는 방법

40 이산화탄소 소화기 사용 시 줄톰슨 효과에 의해서 생성되는 물질은?

① 포스겐
② 일산화탄소
③ 드라이아이스
④ 수성가스

해설

• 줄톰슨 효과 : 압축한 기체를 단열된 좁은 구멍으로 분출시키면 온도가 변하는 현상
• 액화탄산가스가 줄톰슨 효과에 의해 드라이아이스(고체 이산화탄소)가 되어 방출된다.

41 다음 중 시클로헥산에 관한 설명으로 옳지 않은 것은?

① 고리형 분자구조를 가진 방향족 탄화수소화합물이다.
② 화학식은 C_6H_{12}이다.
③ 비수용성 위험물이다.
④ 제4류 제1석유류에 속한다.

해설

방향족 탄화수소화합물은 벤젠을 포함해야 하므로 옳지 않다.

시클로헥산

42 「위험물안전관리법령」상 전기설비에 대하여 적응성이 없는 소화설비는?

① 물분무 소화설비
② 불활성가스 소화설비
③ 할로겐화합물 소화설비
④ 포소화설비

해설

전기설비에 대하여 적응성이 있는 소화설비

대상물의 구분 / 소화설비의 구분		건축물·그 밖의 공작물	전기설비	제1류 위험물		제2류 위험물			제3류 위험물		제4류 위험물	제5류 위험물	제6류 위험물
				알칼리금속과산화물등	그 밖의 것	철분·금속분·마그네슘등	인화성고체	그 밖의 것	금수성물품	그 밖의 것			
옥내소화전 또는 옥외소화전 설비		○			○		○	○		○		○	○
스프링클러설비		○			○		○	○		○	△	○	○
물분무 등 소화 설비	물분무 소화설비	○	○		○		○	○		○	○	○	○
	포소화설비	○			○		○	○		○	○	○	○
	불활성가스 소화설비		○				○				○		
	할로겐화합물 소화설비		○				○				○		
	분말 소화 설비	인산염류 등	○	○		○		○	○			○		○
		탄산수소염류 등		○	○		○	○		○				
		그 밖의 것			○		○			○				

---

43 다음 중 황린의 저장방법으로 가장 옳은 것은?

① 물 속에 저장한다.
② 공기 중에 보관한다.
③ 벤젠 속에 저장한다.
④ 이황화탄소 속에 보관한다.

해설

황린은 물과 반응하지 않고, 물속에 넣어 저장한다.

44 다음 중 벤젠의 특성으로 옳지 않은 것은?

① 휘발성이 강한 액체이다.
② 인화점은 가솔린보다 낮다.
③ 물에 녹지 않는다.
④ 화학적으로 공명구조를 이루고 있다.

해설

벤젠의 인화점은 -11℃, 가솔린의 인화점은 -43~-20℃이다.

45 액체 위험물을 운반용기에 수납할 때 운반용기 내용적의 몇 % 이하의 수납률로 수납하여야 하는가?

① 95% ② 96%
③ 97% ④ 98%

해설

• 고체위험물 : 운반용기 내용적의 95% 이하의 수납률로 수납
• 액체위험물 : 운반용기 내용적의 98% 이하의 수납률로 수납하되, 55도의 온도에서 누설되지 아니하도록 충분한 공간용적을 유지
• 자연발화성 물질 중 알킬알루미늄 등 : 운반용기의 내용적의 90% 이하의 수납률로 수납하되, 50℃의 온도에서 5% 이상의 공간용적을 유지하도록 할 것

46 다음 중 질산칼륨 특성에 대한 설명 중 옳은 것은?

① 유기물 및 강산에 보관할 때 매우 안정하다.
② 열에 안정하여 1,000℃를 넘는 고온에서도 분해되지 않는다.
③ 알코올에는 잘 녹으나 물, 글리세린에는 잘 녹지 않는다.
④ 무색, 무취의 결정 또는 분말로서 화약의 원료로 사용된다.

해설

① 유기물과 강산은 접촉 시 위험하다.
② 고온에서 분해하여 산소를 발생한다.
③ 알코올에 잘 녹지 않고, 물과 글리세린에는 잘 녹는다.

47 다음 중 니트로글리세린에 관한 설명으로 옳지 않은 것은?

① 상온에서 액체상태이다.
② 물에는 잘 녹지만 유기용매에는 녹지 않는다.
③ 충격 및 마찰에 민감하므로 주의해야 한다.
④ 다이너마이트의 원료로 쓰인다.

해설

니트로글리세린은 물에 녹지 않고 유기용매에 잘 녹는다.

48 다음 중 제2류 위험물의 화재예방 및 진압대책으로 적절하지 않은 것은?

① 강산화제와의 혼합을 피한다.
② 적린과 유황은 물에 의한 냉각소화가 가능하다.
③ 금속분은 산과의 접촉을 피한다.
④ 인화성 고체를 제외한 위험물제조소에는 "화기엄금" 주의사항 게시판을 표시한다.

해설

인화성 고체를 제외한 위험물제조소에는 "화기주의" 주의사항 게시판을 표시한다.

49 이송취급소의 교체밸브, 제어밸브 등의 기준으로 옳지 않은 것은?

① 밸브는 원칙적으로 이송기지 또는 전용부지 내에 설치할 것
② 밸브는 그 개폐상태를 설치장소에서 쉽게 확인할 수 있도록 할 것
③ 밸브를 지하에 설치하는 경우에는 점검상자 안에 설치할 것
④ 밸브는 해당 밸브의 관리에 관계하는 자가 아니면 수동으로만 개폐할 수 있도록 할 것

해설

밸브는 당해 밸브의 관리에 관계하는 자가 아니면 수동으로 개폐할 수 없도록 할 것

50 국소방출방식의 이산화탄소 소화설비의 분사헤드 설치기준에 따른 소화약제의 방출기준으로 옳은 것은?

① 10초 이내에 균일하게 방사할 수 있을 것
② 15초 이내에 균일하게 방사할 수 있을 것
③ 30초 이내에 균일하게 방사할 수 있을 것
④ 60초 이내에 균일하게 방사할 수 있을 것

해설

국소방출방식의 이산화탄소 소화설비의 분사헤드 설치기준
• 분사헤드는 방호대상물의 모든 표면이 분사헤드의 유효사정 내에 있도록 설치할 것
• 소화약제의 방사에 의해서 위험물이 비산되지 않는 장소에 설치할 것
• 소화약제의 양을 30초 이내에 균일하게 방사할 것

51 BCF(Bromo Chloro diFluoro methane) 소화약제의 화학식으로 옳은 것은?

① CCl_4　　　　　　② CH_2ClBr
③ CF_3Br　　　　　④ CF_2ClBr

해설

Halon 1011	CH_2ClBr	CB 소화약제
Halon 1211	CF_2ClBr	BCF 소화약제
Halon 1301	CF_3Br	BTM 소화약제 또는 MTB 소화약제
Halon 2402	$C_2F_4Br_2$	FB 소화약제
Halon 104	CCl_4	CTC 소화약제

정답　47 ②　48 ④　49 ④　50 ③　51 ④

52 위험물안전관리법령상 제5류 위험물 이동저장 탱크의 외부도장 색상으로 옳은 것은?

① 황색 ② 회색
③ 적색 ④ 청색

해설

위험물 이동저장탱크의 외부 도장 색상

유별	외부 도장 색상
제1류	회색
제2류	적색
제3류	청색
제4류	적색(권장)
제5류	황색
제6류	청색

53 다음 중 발화점이 가장 낮은 것은 위험물은?

① 황 ② 삼황화린
③ 황린 ④ 아세톤

해설

발화점이 낮다는 것은 불이 잘 붙는다는 말이다. 자연발화성물질인 제3류 위험물 중에서도 황린이 발화점이 30℃로 매우 낮다.

54 알킬알루미늄 등 또는 아세트알데하이드 등을 취급하는 제조소의 특례기준으로 적절한 것은?

① 알킬알루미늄 등을 취급하는 설비에는 불활성 기체 또는 수증기를 봉입하는 장치를 설치한다.
② 알킬알루미늄 등을 취급하는 설비에는 은·수은·동·마그네슘을 성분으로 하는 것을 만들지 않는다.
③ 아세트알데하이드 등을 취급하는 탱크에는 냉각장치 또는 보냉장치 및 불활성 기체 봉입장치를 설치한다.
④ 아세트알데하이드 등을 취급하는 설비의 주위에는 누설 범위를 국한하기 위한 설비와 누설되었을 때 안전한 장소에 설치된 저장실에 유입시킬 수 있는 설비를 갖춘다.

해설

① 알킬알루미늄등을 취급하는 설비에는 불활성 기체를 봉입하는 장치를 설치한다.
② 아세트알데히드등을 취급하는 설비에는 은·수은·동·마그네슘을 성분으로 하는 합금으로 만들지 않는다.
④ 알킬알루미늄등을 취급하는 설비의 주위에는 누설 범위를 국한하기 위한 설비와 누설되었을 때 안전한 장소에 설치된 저장실에 유입시킬 수 있는 설비를 갖춘다.

55 다음 중 톨루엔에 대한 설명으로 옳지 않은 것은?

① 휘발성이 있고 가연성 액체이다.
② 증기는 마취성이 있다.
③ 알코올, 에테르, 벤젠 등과 잘 섞인다.
④ 노란색 액체로 냄새가 없다.

해설

톨루엔은 무색 액체로 자극성 냄새가 있다.

56 다음 중 과산화바륨과 물이 반응하였을 때 발생하는 가스는?

① 수소 ② 산소
③ 탄산가스 ④ 수성가스

해설

$2BaO_2 + 2H_2O \rightarrow 2Ba(OH)_2 + O_2 + 발열$

57 지정수량 20배의 알코올류를 저장하는 옥외저장탱크의 펌프실 외의 장소에 설치하는 펌프설비의 기준으로 옳지 않은 것은?

① 펌프설비 주위에는 3m 이상의 공지를 보유한다.
② 펌프설비 그 직하의 지반면 주위에 높이 0.15m 이상의 턱을 만든다.
③ 펌프설비 그 직하의 지반면의 최저부에는 집유설비를 만든다.
④ 집유설비에는 위험물이 배수구에 유입되지 않도록 유분리장치를 만든다.

해설
- 알코올류는 유분리장치 설치대상이 아니다
- 유분리장치 설치대상 : 제4류 위험물(온도 20℃의 물 100g에 용해되는 양이 1g 미만인 것)을 취급하는 펌프설비
- 알코올류 : 물 100g에 용해되는 양이 1g 이상

58 다음 중 다층 건물 옥내저장소에 저장할 수 있는 위험물이 아닌 것은 무엇인가?

① 황화린   ② 유황
③ 윤활유   ④ 인화성 고체

해설
다층건물의 옥내저장소에 저장할 수 있는 위험물
- 제2류의 위험물(인화성고체는 제외)
- 제4류의 위험물(인화점이 70℃ 미만인 것은 제외)

59 유황이 제2류 위험물로 판단될 수 있는 기준은 무엇인가?

① 농도 36중량퍼센트 이상
② 순도 36중량퍼센트 이상
③ 농도 60중량퍼센트 이상
④ 순도 60중량퍼센트 이상

해설
유황은 순도가 60중량퍼센트 이상인 것을 말한다. 이 경우 순도 측정에 있어서 불순물은 활석 등 불연성물질과 수분에 한한다.

60 위험물안전관리법령상 제4석유류를 저장하는 단층건물에 설치한 옥내저장탱크의 용량 기준으로 옳은 것은?

① 지정수량의 20배 이하
② 지정수량의 40배 이하
③ 지정수량의 100배 이하
④ 지정수량의 150배 이하

해설
옥내저장탱크의 용량(동일한 탱크전용실에 옥내저장탱크를 2 이상 설치하는 경우에는 각 탱크의 용량의 합계를 말한다)은 지정수량의 40배(제4석유류 및 동식물유류 외의 제4류 위험물에 있어서 당해 수량이 20,000ℓ를 초과할 때에는 20,000ℓ) 이하일 것

01 위험물안전관리법령상 주유취급소의 직원 외의 자가 출입하는 부분의 면적의 합은 1,000m²를 초과할 수 없는데, 여기서 출입하는 부분에 해당하지 않는 것은 무엇인가?

① 주유취급소 업무를 행하기 위한 사무소
② 자동차 등의 점검 및 간이정비를 위한 작업장
③ 자동차 등의 세정을 위한 작업장
④ 주유취급소에 출입하는 사람을 대상으로 한 점포 · 휴게음식점 또는 전시장

해설

주유취급소의 직원 외의 자가 출입하는 부분의 면적의 합이 1,000m²를 초과할 수 없는 부분
• 주유취급소의 업무를 행하기 위한 사무소
• 자동차 등의 점검 및 간이정비를 위한 작업장
• 주유취급소에 출입하는 사람을 대상으로 한 점포·휴게음식점 또는 전시장

02 다음 중 적린의 위험성에 관한 설명 중 옳은 것은?

① 강산화제와 혼합하면 충격 · 마찰에 의해 발화할 수 있다.
② 산소와 반응하여 포스핀가스를 발생한다.
③ 연소 시 적색의 오산화인이 발생한다.
④ 공기 중에 방치하면 폭발한다.

해설

② 산소와 반응하여 오산화인을 발생한다.
  $4P + 5O_2 \rightarrow 2P_2O_5$
③ 연소 시 백색의 오산화인이 발생한다.
④ 공기 중에 방치해도 안정하다.

03 다음 중 피크린산의 위험성과 소화방법으로 옳지 않은 것은?

① 건조할수록 위험성이 증가한다.
② 알코올 등과 혼합한 것은 폭발의 위험이 있다.
③ 금속과 반응한 금속염은 대단히 위험하다.
④ 화재 시에는 질식소화가 효과가 있다.

해설

피크린산은 5류 위험물으로 다량의 물로 냉각소화하는 것이 적절하다.

04 화재 시 이산화탄소를 방출하여 산소의 농도를 12vol%로 낮추어 소화를 하려면 공기 중 이산화탄소의 농도는 몇 vol%가 되어야 하는가?

① 28.1 ② 38.1
③ 42.9 ④ 48.4

해설

이산화탄소의 소화 농도
$$vol\% \ CO_2 = \frac{21 - vol\%O_2}{21} \times 100\%$$
$$= \frac{21 - 12}{21} \times 100\% = 42.9\%$$

정답 | 01 ③ | 02 ① | 03 ④ | 04 ③

05 다음 중 히드라진에 대한 설명으로 옳지 않은 것은?

① 외관은 물과 같이 무색투명하다.
② 가열하면 분해하여 가스를 발생한다.
③ 위험물안전관리법령상 제4류 위험물에 해당한다.
④ 알코올, 물 등의 비극성 용매에 잘 녹는다.

해설
히드라진은 극성용매에 잘 녹는다.

06 급기구가 설치된 실의 바닥면적 몇 m^2마다 급기구 1개 이상 설치하여야 하는가?

① $100m^2$ 　　　　② $150m^2$
③ $200m^2$ 　　　　④ $800m^2$

해설
급기구는 당해 급기구가 설치된 실의 바닥면적 $150m^2$마다 1개 이상으로 하되, 급기구의 크기는 $800cm^2$ 이상으로 한다.

07 다음 중 이동탱크저장소 변경허가를 받아야 하는 경우는 무엇인가?

① 펌프설비를 보수하는 경우
② 동일 사업장 내에서 상치장소의 위치를 이전하는 경우
③ 직경이 200mm인 이동저장탱크의 맨홀을 신설하는 경우
④ 탱크 본체를 절개하여 탱크를 보수하는 경우

해설
이동탱크저장소의 변경허가를 받아야 하는 경우
• 상치장소의 위치를 이전하는 경우(같은 사업장 또는 같은 울 안에서 이전하는 경우는 제외한다)
• 이동저장탱크를 보수(탱크본체를 절개하는 경우에 한한다)하는 경우
• 이동저장탱크의 노즐 또는 맨홀을 신설하는 경우(노즐 또는 맨홀의 지름이 250mm를 초과하는 경우에 한한다)
• 이동저장탱크의 내용적을 변경하기 위하여 구조를 변경하는 경우
• 주입설비를 설치 또는 철거하는 경우
• 펌프설비를 신설하는 경우

08 다음 중 강화액소화기에 대한 설명으로 옳지 않은 것은?

① 알칼리 금속염류가 포함된 고농도의 수용액이다.
② A급 화재에 적응성이 있다.
③ 어는점이 낮아서 동절기에도 사용이 가능하다.
④ 물의 표면장력을 강화시킨 것으로 심부화재에 효과적이다.

해설
강화액소화기는 표면화재에 효과적이다.

09 다음 중 건성유가 아닌 것은?

① 들기름 　　　　② 동유
③ 아마인유 　　　　④ 피마자유

해설
• 건성유 : 아마인유, 들기름, 동유(오동유), 정어리유, 해바라기유, 상어유, 대구유 등
• 반건성유 : 참기름, 쌀겨기름, 옥수수기름, 콩기름, 청어유, 면실유, 채종유 등
• 불건성유 : 팜유, 쇠기름, 돼지기름, 고래기름, 피마자유, 야자유, 올리브유, 땅콩기름(낙화생유) 등

10 다음 금속염 중 불꽃반응실험을 한 결과 노란색의 불꽃이 나오는 것은?

① Cu 　　　　② K
③ Na 　　　　④ Li

해설
금속의 불꽃반응
• Cu : 청색
• K : 보라색
• Na : 황색
• Li : 적색

11 다음 중 위험물제조소와의 안전거리를 가장 멀리 두어야 하는 것은?

① 고등교육법에서 정하는 학교
② 의료법에 따른 병원급 의료기관
③ 고압가스안전관리법에 의하여 허가를 받은 고압가스제조시설
④ 문화재보호법에 의한 유형문화재와 기념물 중 지정문화재

해설

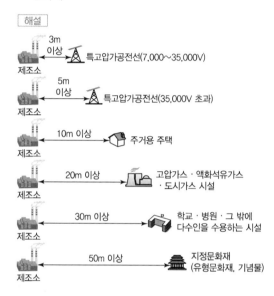

12 다음 중 황린의 저장·취급에 관한 주의사항으로 옳지 않은 것은?

① 발화점이 낮으므로 화기에 주의하여야 한다.
② 백색 또는 담황색의 고체이며 물에 녹지 않는다.
③ 물과의 접촉을 피해야 한다.
④ 자연발화성이 있으므로 취급에 주의해야 한다.

해설

제3류 위험물은 물과의 접촉을 피해야 하지만, 황린은 예외적으로 물과 반응하지 않으므로 물속에 저장한다.

13 다음 중 $C_6H_2CH_3(NO_2)_3$을 녹이는 용제가 아닌 것은 무엇인가?

① 물
② 벤젠
③ 에테르
④ 아세톤

해설

트리니트로톨루엔($C_6H_2CH_3(NO_2)_3$)은 비수용성이다.

14 다음 중 벤조일퍼옥사이드에 대한 설명으로 옳지 않은 것은?

① 무색·무취의 투명한 액체이다.
② 가급적 소분하여 저장한다.
③ 제5류 위험물에 해당한다.
④ 품명은 유기과산화물이다.

해설

무색의 냄새가 있는 고체이다.

15 다음 중 제3종 분말 소화약제의 열분해 반응식을 옳게 나타낸 것은 무엇인가?

① $NH_4H_2PO_4 \rightarrow HPO_3 + NH_3 + H_2O$
② $2KNO_3 \rightarrow 2KNO_2 + O_2$
③ $KClO_4 \rightarrow KCl + 2O_2$
④ $2CaHCO_3 \rightarrow 2CaO + H_2CO_3$

해설

제3종 분말 소화약제의 열분해 반응식
$NH_4H_2PO_4 \rightarrow HPO_3 + NH_3 + H_2O$

16 탱크안전성능검사 항목으로 옳지 않은 것은?

① 기초·지반검사
② 충수·수압검사
③ 용접부검사
④ 배관검사

해설

탱크안전성능검사 항목
• 기초·지반검사
• 충수·수압검사
• 용접부 검사
• 암반탱크검사

정답 11 ④ 12 ③ 13 ① 14 ① 15 ① 16 ④

17 다음 중 금속분의 화재 시 주수하면 오히려 더 위험해지는 이유로 가장 옳은 것은?

① 산소가 발생하기 때문에
② 수소가 발생하기 때문에
③ 질소가 발생하기 때문에
④ 유독가스가 발생하기 때문에

해설

금속분은 주수소화시 물과 반응하여 수소를 발생하며, 수소 발생에 의해 화재면이 확대되고 폭발의 위험이 있어 주수소화하면 위험하다.

18 다음 위험물 중 위험등급이 나머지 셋과 다른 것은?

① 알칼리토금속
② 아염소산염류
③ 질산에스테르류
④ 제6류 위험물

해설

① 알칼리토금속 - II
② 아염소산염류 - I
③ 질산에스테르류 - I
④ 제6류 위험물 - I

19 다음 중 염소산칼륨의 특성에 대한 설명으로 옳은 것은?

① 가연성 액체이다.
② 강력한 산화제이다.
③ 물보다 가볍다.
④ 열분해하면 수소를 발생한다.

해설

① 산화성 고체이다.
③ 물보다 무겁다.
④ 열분해하면 산소를 발생한다.

20 〈보기〉와 같은 반응에서 $5m^3$의 탄산가스를 만들기 위해 필요한 탄산수소나트륨의 양은 약 몇 kg인가? (단, 표준상태이고 나트륨의 원자량은 23이다.)

┤ 보기 ├

$$2NaHCO_3 \rightarrow CO_2 + H_2O + Na_2CO_3$$

① 18.75
② 37.5
③ 56.25
④ 75

해설

• 탄산가스 $5m^3$의 몰수 = $5m^3 \times \dfrac{1kmol}{22.4m^3}$ = 0.223kmol
• 탄산가스 1mol이 생길 때, 필요한 탄산수소나트륨은 2mol
• 탄산가스 0.223kmol이 생길 때, 필요한 탄산수소나트륨은 0.223kmol × 2 = 0.446kmol
• 탄산수소나트륨 0.446kmol
  = $0.446kmol \times \dfrac{(23+1+12+16\times3)kg}{1kmol}$ = 37.5kg

21 다음 중 과산화벤조일에 대한 설명으로 틀린 것은?

① 지정수량은 10kg이다.
② 저장 시 희석제로 폭발의 위험성을 낮출 수 있다.
③ 알코올에는 녹지 않으나 물에는 잘 녹는다.
④ 건조 상태에서는 마찰·충격으로 폭발의 위험이 있다.

해설

과산화벤조일은 알코올에는 약간 녹고, 물에는 녹지 않는다.

22 다음 중 기계에 의하여 하역하는 구조로 된 운반용기 외부에 행하는 표시내용으로 알맞지 않은 것은? (단, UN의 위험물 운송에 관한 권고에서 정한 기준 또는 소방청장이 정하여 고시하는 기준에 적합한 표시를 한 경우는 제외한다.)

① 운반용기의 제조연월
② 제조자의 명칭
③ 겹쳐쌓기 시험하중
④ 용기의 유효기간

해설

기계에 의하여 하역하는 구조로 된 운반용기의 외부에 행하는 표시내용
• 운반용기의 제조연월 및 제조자의 명칭
• 겹쳐쌓기시험하중
• 운반용기의 종류에 따른 중량

23 탄산칼륨 등의 알칼리 금속염을 첨가하여 물의 소화능력을 향상시키고 동절기 또는 한랭지에서도 사용할 수 있도록 한 소화약제는 무엇인가?

① 강화액 소화약제
② 할로겐화합물 소화약제
③ 이산화탄소 소화약제
④ 포 소화약제

해설

강화액 소화약제는 물에 탄산칼륨(K_2CO_3)을 보강시켜 동절기 또는 한랭지에서도 사용할 수 있는 소화약제이다.

24 옥외저장소에 지반면에 설치한 경계표시의 안쪽에서 덩어리 상태의 유황만을 저장할 경우 하나의 경계표시의 내부면적은 몇 m^2 이하이어야 하는가?

① $75m^2$
② $100m^2$
③ $150m^2$
④ $300m^2$

해설

옥외저장소 중 덩어리 상태의 유황만을 지반면에 설치한 경계표시의 안쪽에서 저장 또는 취급하는 것의 위치·구조 및 설비의 기술기준
• 하나의 경계표시의 내부의 면적은 $100m^2$ 이하일 것
• 2 이상의 경계표시를 설치하는 경우에 있어서는 각각의 경계표시 내부의 면적을 합산한 면적은 1,000m^2 이하로 하고, 인접하는 경계표시와 경계표시와의 간격을 규정에 의한 공지의 너비의 2분의 1 이상으로 할 것. 다만, 저장 또는 취급하는 위험물의 최대수량이 지정수량의 200배 이상인 경우에는 10m 이상으로 하여야 한다.
• 경계표시는 불연재료로 만드는 동시에 유황이 새지 아니하는 구조로 할 것
• 경계표시의 높이는 1.5m 이하로 할 것
• 경계표시에는 유황이 넘치거나 비산하는 것을 방지하기 위한 천막 등을 고정하는 장치를 설치하되, 천막 등을 고정하는 장치는 경계표시의 길이 2m마다 한 개 이상 설치할 것
• 유황을 저장 또는 취급하는 장소의 주위에는 배수구와 분리장치를 설치할 것

25 제6류 위험물을 저장하는 1개의 옥외저장탱크의 방유제 용량은 옥외저장탱크 용량의 몇 퍼센트 이상으로 해야 하는가?

① 50% 이상
② 70% 이상
③ 100% 이상
④ 110% 이상

해설

옥외저장탱크의 방유제 용량

구분	방유제 내에 하나의 탱크만 존재	방유제 내에 둘 이상의 탱크가 존재
인화성 액체 위험물	탱크 용량의 110% 이상	용량이 최대인 탱크 용량의 110% 이상
인화성이 없는 액체 위험물	탱크 용량의 100% 이상	용량이 최대인 탱크 용량의 100% 이상

26 다음 중 위험물안전관리법령상 제6류 위험물에 해당하는 것이 아닌 것은?

① H_3PO_4
② IF_5
③ BrF_5
④ BrF_3

해설

제6류 위험물(산화성 액체)
• 과염소산($HClO_4$)
• 과산화수소(H_2O_2)
• 질산(HNO_3)
• 그 밖에 행정안전부령으로 정하는 것 : 할로겐간화합물

27 운송책임자의 감독·지원을 받아 운송하여야 하는 위험물이 아닌 것은?

① $Al(CH_3)_3$
② CH_3Li
③ $Cd(CH_3)_2$
④ $Al(C_4H_9)_3$

해설

알킬리튬과 알킬알루미늄 또는 이 중 어느 하나 이상을 함유한 것은 운송책임자의 감독, 지원을 받아야 한다.

28 위험물안전관리법령상 아세트알데히드등을 취급하는 설비에 대한 내용이다. (   ) 안에 해당하는 물질이 아닌 것은?

> 아세트알데히드 등을 취급하는 설비는 (   ) · (   ) · 동 · (   ) 또는 이들을 성분으로 하는 합금으로 만들지 아니할 것

① 금   ② 은
③ 수은   ④ 마그네슘

해설

아세트알데히드 등을 취급하는 설비에는 은 · 수은 · 동 · 마그네슘을 성분으로 하는 합금으로 만들지 않는다.

29 위험물의 화재위험에 관한 조건을 설명한 것으로 옳은 것은?

① 인화점이 높을수록, 연소범위가 넓을수록 위험하다.
② 인화점이 낮을수록, 연소범위가 좁을수록 위험하다.
③ 인화점이 높을수록, 연소범위가 좁을수록 위험하다.
④ 인화점이 낮을수록, 연소범위가 넓을수록 위험하다.

해설

• 인화점이 낮을수록 낮은 온도에서도 불이 붙을 수 있어서 위험하다.
• 연소범위가 넓을수록 넓은 범위의 농도에서 불이 붙을 수 있어서 위험하다.

30 위험물안전관리법령상 지정수량의 1/10을 초과하는 위험물을 운반할 때 혼재가 가능한 조합은?

① 제1류 위험물과 제3류 위험물
② 제2류 위험물과 제4류 위험물
③ 제3류 위험물과 제5류 위험물
④ 제4류 위험물과 제6류 위험물

해설

유별을 달리하는 위험물의 혼재기준

위험물의 구분	제1류	제2류	제3류	제4류	제5류	제6류
제1류		×	×	×	×	○
제2류	×		×	○	○	×
제3류	×	×		○	×	×
제4류	×	○	○		○	×
제5류	×	○	×	○		×
제6류	○	×	×	×	×	

31 플래시오버에 대한 설명으로 옳지 않은 것은?

① 공간 내 전체 가연물이 동시에 발화하는 현상이다.
② 대부분 성장기~최성기 구간에서 발생한다.
③ 실내 온도의 상승이 주요 요인이 되어 발생한다.
④ 내장재의 종류와 개구부의 크기에 영향을 받지 않는다.

해설

플래시오버는 내장재의 종류와 개구부의 크기에 영향을 받는다.

32 아염소산염류의 운반용기 중 적응성 있는 내장용기의 종류와 최대용적 또는 중량을 올바르게 나타낸 것은 무엇인가? (단, 외장용기의 종류는 나무상자 또는 플라스틱상자이고, 외장용기의 최대중량은 125kg으로 한다.)

① 금속제용기 : 20L
② 종이포대 : 55kg
③ 플라스틱필름포대 : 60kg
④ 유리용기 : 10L

해설

아염소산염류는 고체, 제1류, 위험등급 Ⅰ이다. 유기용기 또는 플라스틱 용기(10L), 금속제용기(30L)가 가능하다.

고체 위험물의 운반용기와 최대용적(중량)

운반 용기				수납 위험물의 종류									
내장 용기		외장용기		제1류			제2류			제3류			제5류
용기의 종류	최대용적 또는 중량	용기의 종류	최대용적 또는 중량	Ⅰ	Ⅱ	Ⅲ	Ⅱ	Ⅲ	Ⅰ	Ⅱ	Ⅲ	Ⅱ	Ⅱ
유리용기 또는 플라스틱 용기	10L	나무상자 또는 플라스틱상자(필요에 따라 불활성의 완충재를 채울 것)	125kg	○	○	○	○	○	○	○	○	○	○
			225kg		○	○		○		○	○		○
		파이버판상자(필요에 따라 불활성의 완충재를 채울 것)	40kg	○	○	○	○	○	○	○	○	○	○
			55kg		○	○		○		○	○		○
금속제용기	30L	나무상자 또는 플라스틱상자	125kg	○	○	○	○	○	○	○	○	○	○
			225kg		○	○		○		○	○		○
		파이버판상자	40kg	○	○	○	○	○	○	○	○	○	○
			55kg		○	○		○		○	○		○
플라스틱 필름포대 또는 종이포대	5kg	나무상자 또는 플라스틱상자	50kg	○	○	○	○	○		○	○		○
	50kg		50kg		○	○		○			○		○
	125kg		125kg		○	○		○			○		
	225kg		225kg			○		○					
	5kg	파이버판상자	40kg	○	○	○	○	○		○	○		○
	40kg		40kg		○	○		○			○		○
	55kg		55kg			○		○			○		
		금속제용기 (드럼 제외)	60L	○	○	○	○	○	○	○	○	○	○
		플라스틱용기 (드럼 제외)	10L		○	○		○		○	○		○
			30L		○	○		○			○		○
		금속제드럼	250L	○	○	○	○	○	○	○	○	○	○
		플라스틱드럼 또는 파이버드럼(방수성이 있는 것)	60L	○	○	○	○	○	○	○	○	○	○
			250L		○	○		○		○	○		○
		합성수지포대(방수성이 있는 것), 플라스틱필름포대, 섬유포대(방수성이 있는 것) 또는 종이포대(여러 겹으로서 방수성이 있는 것)	50kg		○	○	○		○	○		○

33 다음과 같이 복수의 성상을 가지고 있는 경우 지정되는 품명의 연결로 옳지 않은 것은?

① 산화성 고체의 성상 및 가연성 고체의 성상을 가지는 경우 : 산화성 고체
② 산화성 고체의 성상 및 자기반응성 물질의 성상을 가지는 경우 : 자기반응성 물질
③ 가연성 고체의 성상 및 자연발화성의 성상 및 금수성물질의 성상을 가지는 경우 : 자연발화성 물질 및 금수성 물질
④ 인화성 액체의 성상 및 자기반응성 물질의 성상을 가지는 경우 : 자기반응성 물질

해설

산화성 고체의 성상 및 가연성 고체의 성상을 가지는 경우 : 가연성 고체

34 위험물을 유별로 정리하여 상호 1m 이상의 간격을 유지하여도 동일한 옥내저장소에 저장할 수 없는 것은?

① 제1류 위험물과 제3류 위험물 중 자연발화성 물질(황린 또는 이를 함유한 것에 한한다)
② 제4류 위험물과 제2류 위험물 중 인화성 고체
③ 제1류 위험물과 제4류 위험물
④ 제1류 위험물과 제6류 위험물

해설

1m 이상의 간격을 두어 동일한 저장소에 유별이 다른 위험물을 저장할 수 있는 경우

• 제1류 위험물(알칼리금속의 과산화물 또는 이를 함유한 것 제외)과 제5류 위험물을 저장하는 경우
• 제1류 위험물과 제6류 위험물을 저장하는 경우
• 제1류 위험물과 제3류 위험물 중 자연발화성 물질(황린 또는 이를 함유한 것에 한함)을 저장하는 경우
• 제2류 위험물 중 인화성 고체와 제4류 위험물을 저장하는 경우
• 제3류 위험물 중 알킬알루미늄 등과 제4류 위험물(알킬알루미늄 또는 알킬리튬을 함유한 것에 한함)을 저장하는 경우
• 제5류 위험물 중 유기과산화물 또는 이를 함유하는 것과 제5류 위험물 중 유기과산화물 또는 이를 함유한 것을 저장하는 경우

정답 | 32 ④　33 ①　34 ③

35 제3류 위험물인 나트륨과 칼륨의 공통적인 특성에 대한 설명으로 옳은 것은?

① 불연성 고체이다.
② 물과 반응하여 산소를 발생한다.
③ 은백색의 매우 단단한 금속이다.
④ 물보다 가벼운 금속이다.

해설

① 자연발화성 고체이다.
② 물과 반응하여 수소를 발생한다.
③ 은백색의 무른 금속이다.

36 다음 중 정기점검 대상에 해당하지 않는 것은?

① 지정수량 15배의 제조소
② 지정수량 40배의 옥내탱크저장소
③ 지정수량 50배의 이동탱크저장소
④ 지정수량 20배의 지하탱크저장소

해설

정기점검 대상 제조소 등

정기점검 대상 제조소 등	비고
1. 지정수량의 10배 이상의 위험물을 취급하는 제조소	
2. 지정수량의 100배 이상의 위험물을 저장하는 옥외저장소	
3. 지정수량의 150배 이상의 위험물을 저장하는 옥내저장소	
4. 지정수량의 200배 이상의 위험물을 저장하는 옥외탱크저장소	
5. 암반탱크저장소	
6. 이송취급소	관계인이 예방규정을 정하여야 하는 제조소 등
7. 지정수량의 10배 이상의 위험물을 취급하는 일반취급소. 다만, 제4류 위험물(특수인화물을 제외한다)만을 지정수량의 50배 이하로 취급하는 일반취급소(제1석유류·알코올류의 취급량이 지정수량의 10배 이하인 경우에 한한다)로서 다음 각목의 어느 하나에 해당하는 것을 제외한다. 가. 보일러·버너 또는 이와 비슷한 것으로서 위험물을 소비하는 장치로 이루어진 일반취급소 나. 위험물을 용기에 옮겨 담거나 차량에 고정된 탱크에 주입하는 일반취급소	
지하탱크 저장소	
이동탱크 저장소	
위험물을 취급하는 탱크로서 지하에 매설된 탱크가 있는 제조소·주유취급소 또는 일반취급소	

37 다음 중 소화에 대한 설명 중 옳지 않은 것은?

① 가연물의 온도를 낮추는 소화는 냉각작용이다.
② 물의 주된 소화작용 중 하나는 냉각작용이다.
③ 연소에 필요한 산소의 공급원을 차단하는 소화는 제거작용이다.
④ 가스 화재 시 밸브를 차단하는 것은 제거작용이다.

해설

연소에 필요한 산소의 공급원을 차단하는 소화는 질식소화이다.

38 소화난이도등급 I 의 인화점 70℃ 이상의 제4류 위험물만을 저장·취급하는 옥내탱크저장소에 설치하여야 하는 소화설비로 옳지 않은 것은?

① 고정식 포소화설비
② 이동식 이외의 할로겐화합물소화설비
③ 스프링클러설비
④ 물분무소화설비

해설

소화난이도등급 I 의 옥내탱크저장소(인화점 70℃ 이상의 제4류 위험물만을 저장·취급하는 것)에 설치하여야 하는 소화설비
• 물분무소화설비
• 고정식 포소화설비
• 이동식 이외의 불활성가스소화설비
• 이동식 이외의 할로겐화합물소화설비
• 이동식 이외의 분말소화설비

39 예방규정을 정해야 하는 제조소 등의 관계인은 위험물제조소 등에 대하여 기술 기준에 적합한지의 여부를 정기적으로 점검해야 한다. 법적 최소점검주기에 해당하는 것은? (단, 100만 L 이상의 옥외탱크저장소는 제외한다.)

① 월 1회 이상
② 6개월 1회 이상
③ 연 1회 이상
④ 2년 1회 이상

해설

제조소 등의 관계인은 당해 제조소 등에 대하여 연 1회 이상 정기점검을 실시하여야 한다.

40 적린과 황린의 공통적인 특성으로 옳은 것은?

① 연소할 때에는 오산화인의 흰 연기를 낸다.
② 냄새가 없는 적색가루이다.
③ 물, 이황화탄소에 녹는다.
④ 맹독성이다.

해설

• 적린의 연소 : $4P + 5O_2 \rightarrow 2P_2O_5$
• 황린의 연소 : $P_4 + 5O_2 \rightarrow 2P_2O_5$
② 적린은 냄새가 없으나, 황린은 마늘과 비슷한 냄새를 가진다.
③ 황린은 물에 반응하지 않아 물속에 저장한다.
④ 적린은 황린에 비해 독성이 없다.

41 휘발유의 일반적인 특성에 관한 설명으로 옳지 않은 것은?

① 인화점이 0℃보다 낮다.
② 위험물안전관리법령상 제1석유류에 해당한다.
③ 전기에 대해 비전도성 물질이다.
④ 순수한 것은 청색이나 안전을 위해 검은색으로 착색해서 사용해야 한다.

해설

순수한 것은 무색이며 판매를 위해 황색으로 착색한다.

42 팽창진주암(삽 1개 포함)의 능력단위가 1일 때의 용량(L)으로 옳은 것은?

① 70L   ② 100L
③ 130L   ④ 160L

해설

기타 소화설비의 능력단위

소화설비	용량	능력단위
소화전용 물통	8L	0.3
수조(소화전용물통 3개 포함)	80L	1.5
수조(소화전용물통 6개 포함)	190L	2.5
마른 모래(삽 1개 포함)	50L	0.5
팽창질석 또는 팽창진주암(삽 1개 포함)	160L	1.0

43 위험물안전관리법령상의 경보실비로 옳지 않은 것은?

① 자동화재탐지설비   ② 비상조명설비
③ 비상경보설비   ④ 비상방송설비

해설

비상조명설비는 피난설비이다. 경보설비는 자동화재탐지설비, 자동화재속보설비, 비상경보설비, 확성장치, 비상방송설비이다.

44 다음 중 "인화점 70℃"의 의미를 가장 옳게 설명한 것은?

① 주변의 온도가 70℃ 이상이 되면 자발적으로 점화원 없이 발화한다.
② 액체의 온도가 70℃ 이상이 되면 가연성 증기를 발생하여 점화원에 의해 인화한다.
③ 액체를 70℃ 이상으로 가열하면 발화한다.
④ 주변의 온도가 70℃일 경우 액체가 발화한다.

해설

• 인화점 : 점화원에 의해 인화하는 최저온도
• 발화점 : 점화원 없이 스스로 발화하는 최저온도

45 알코올류 20,000L의 소요단위는?

① 5단위   ② 10단위
③ 15단위   ④ 20단위

해설

• 위험물은 지정수량의 10배를 1소요단위로 한다.
• 소요단위 = 저장수량/(지정수량 × 10)
• 소요단위 = 20,000/(400 × 10) = 5

정답 40 ① 41 ④ 42 ④ 43 ② 44 ② 45 ①

46 제4류 위험물에 스프링클러설비가 적응성을 갖는 경우로 옳은 것은?

① 연기가 충만할 우려가 없는 경우
② 방사밀도(살수밀도)가 일정 수치 이상인 경우
③ 지하층인 경우
④ 수용성 위험물인 경우

해설

스프링클러설비의 살수밀도가 일정 기준 이상인 경우에 적응성을 갖는다.

47 소화설비와 관련한 소요단위의 산출방법에 관한 설명 중 옳은 것은?

① 제조소등의 옥외에 설치된 공작물은 외벽이 내화구조인 것으로 간주한다.
② 위험물은 지정수량의 20배를 1소요단위로 한다.
③ 취급소의 건축물은 외벽이 내화구조인 것은 연면적 $75m^2$를 1소요단위로 한다.
④ 제조소의 건축물은 외벽이 내화구조인 것은 연면적 $150m^2$를 1소요단위로 한다.

해설

제조소 등의 옥외에 설치된 공작물은 외벽이 내화구조인 것으로 간주하고 공작물의 최대수평투영면적을 연면적으로 간주한다.

1소요단위의 기준

구분	외벽이 내화구조인 것	외벽이 내화구조가 아닌 것
제조소·취급소용 건축물	연면적 $100m^2$	연면적 $50m^2$
저장소용 건축물	연면적 $150m^2$	연면적 $75m^2$
위험물	지정수량의 10배	

48 다음 중 제1류 위험물의 질산염류에 해당하지 않는 것은?

① 질산은
② 질산암모늄
③ 질산섬유소
④ 질산나트륨

해설

질산섬유소(니트로셀룰로오스)는 제5류 위험물이다.

49 다음 중 탄산수소염류 분말소화기가 적응성을 갖는 위험물이 아닌 것은?

① 과염소산
② 철분
③ 톨루엔
④ 아세톤

해설

② 철분 : 제2류 위험물
③ 톨루엔 : 제4류 위험물
④ 아세톤 : 제4류 위험물

탄산수소염류 분말소화기가 적응성이 있는 대상물

소화설비의 구분	건축물·그 밖의 공작물	전기설비	제1류 위험물 알칼리금속과산화물등	제1류 위험물 그 밖의 것	제2류 위험물 철분·금속분·마그네슘등	제2류 위험물 인화성고체	제2류 위험물 그 밖의 것	제3류 위험물 금수성물품	제3류 위험물 그 밖의 것	제4류 위험물	제5류 위험물	제6류 위험물
옥내소화전 또는 옥외소화전 설비	○			○		○	○		○		○	○
스프링클러설비	○			○		○	○		○	△	○	○
물분무소화설비	○	○		○		○	○		○	○	○	○
포소화설비	○			○		○	○		○	○	○	○
불활성가스소화설비		○				○				○		
할로겐화합물소화설비		○				○				○		
분말소화설비 인산염류등	○	○		○		○	○			○		○
분말소화설비 탄산수소염류등		○	○		○	○		○		○		
분말소화설비 그 밖의 것			○		○			○				
봉상수(棒狀水) 소화기	○			○		○	○		○		○	○
무상수(霧狀水) 소화기	○	○		○		○	○		○		○	○
봉상강화액소화기	○			○		○	○		○		○	○
무상강화액소화기	○	○		○		○	○		○	○	○	○
포소화기	○			○		○	○		○	○	○	○
이산화탄소소화기		○				○				○		△
할로겐화합물소화기		○				○				○		
분말소화기 인산염류소화기	○	○		○		○	○			○		○
분말소화기 탄산수소염류소화기		○	○		○	○		○		○		
분말소화기 그 밖의 것			○		○			○				
물통 또는 수조	○			○		○	○		○		○	○
건조사			○	○	○	○	○	○	○	○	○	○
팽창질석 또는 팽창진주암			○	○	○	○	○	○	○	○	○	○

50 허가량이 1,000만 L인 위험물 옥외저장탱크의 바닥을 전면 교체할 경우 법적 절차로 옳은 것은?

① 변경허가 – 기술검토 – 안전성능검사 – 완공검사
② 기술검토 – 변경허가 – 안전성능검사 – 완공검사
③ 변경허가 – 안전성능검사 – 기술검토 – 완공검사
④ 안전성능검사 – 변경허가 – 기술검토 – 완공검사

해설
기술검토, 변경허가, 안전성능검사, 완공검사 순으로 진행한다.

51 황가루가 공기 중에 떠 있을 때의 주된 위험성에 해당하는 것은 무엇인가?

① 수증기 발생 　　　② 전기감전
③ 분진폭발 　　　④ 인화성 가스 발생

해설
황은 제2류 위험물(가연성 고체)이다. 가연성 고체의 가루(가연성 분진)가 공기 중에 떠 있으면 분진폭발을 일으킬 수 있는 위험성을 가진다.

52 디에틸에테르의 보관·취급방법에 대한 설명으로 옳지 않은 것은?

① 용기는 밀전하여 보관한다.
② 환기가 잘되는 곳에 보관한다.
③ 정전기가 발생하지 않도록 취급한다.
④ 저장용기에 빈 공간이 없도록 가득 채워 보관한다.

해설
저장용기 안에 적당한 공간용적을 두어 채운다.

53 위험불안전관리법령상 위험물안전관리자의 책무에 해당하지 않는 것은?

① 화재 등의 재난이 발생할 경우 소방관서 등에 대한 연락 업무
② 화재 등의 재난이 발생할 경우 응급조치
③ 위험물 취급에 관한 일지의 작성·기록
④ 위험물안전관리자의 선임·신고

해설
안전관리자의 책무
1. 위험물의 취급작업에 참여하여 당해 작업이 규정에 의한 저장 또는 취급에 관한 기술기준과 예방규정에 적합하도록 해당 작업자(당해 작업에 참여하는 위험물취급자격자를 포함)에 대하여 지시 및 감독하는 업무
2. 화재 등의 재난이 발생한 경우 응급조치 및 소방관서 등에 대한 연락업무
3. 위험물시설의 안전을 담당하는 자를 따로 두는 제조소 등의 경우에는 그 담당자에게 규정에 의한 업무의 지시, 그 밖의 제조소 등의 경우에는 규정에 의한 업무
　가. 제조소 등의 위치·구조 및 설비를 법 제5조 제4항의 기술기준에 적합하도록 유지하기 위한 점검과 점검상황의 기록·보존
　나. 제조소 등의 구조 또는 설비의 이상을 발견한 경우 관계자에 대한 연락 및 응급조치
　다. 화재가 발생하거나 화재발생의 위험성이 현저한 경우 소방관서 등에 대한 연락 및 응급조치
　라. 제조소 등의 계측장치·제어장치 및 안전장치 등의 적정한 유지·관리
　마. 제조소 등의 위치·구조 및 설비에 관한 설계도서 등의 정비·보존 및 제조소 등의 구조 및 설비의 안전에 관한 사무의 관리
4. 화재 등의 재해의 방지와 응급조치에 관하여 인접하는 제조소 등과 그 밖의 관련되는 시설의 관계자와 협조체제의 유지
5. 위험물의 취급에 관한 일지의 작성·기록
6. 그 밖에 위험물을 수납한 용기를 차량에 적재하는 작업, 위험물설비를 보수하는 작업 등 위험물의 취급과 관련된 작업의 안전에 관하여 필요한 감독의 수행

54 다음 중 위험물안전관리법령상 품명이 알킬알루미늄에 해당하는 것은?

① $Te(C_2H_5)_2$ 　　　② $Zn(CH_3)_2$
③ $(C_2H_5)_3Al$ 　　　④ $C_2H_4(OH)_2$

해설
트릴에틸알루미늄은 알킬알루미늄에 해당한다.

PART 01　PART 02　PART 03　PART 04　PART 05

55 예방규정을 정하여야 하는 제조소 등이 아닌 것은?

① 지정수량 100배의 위험물을 저장하는 옥외탱크저장소

② 지정수량 150배의 위험물을 저장하는 옥내저장소

③ 지정수량 10배의 위험물을 취급하는 제조소

④ 지정수량 5배의 위험물을 취급하는 이송취급소

해설

관계인이 예방규정을 정하여야 하는 제조소 등
• 지정수량의 10배 이상의 위험물을 취급하는 제조소
• 지정수량의 100배 이상의 위험물을 저장하는 옥외저장소
• 지정수량의 150배 이상의 위험물을 저장하는 옥내저장소
• 지정수량의 200배 이상의 위험물을 저장하는 옥외탱크저장소
• 암반탱크저장소
• 이송취급소
• 지정수량의 10배 이상의 위험물을 취급하는 일반취급소. 다만, 제4류 위험물(특수인화물을 제외한다)만을 지정수량의 50배 이하로 취급하는 일반취급소(제1석유류 · 알코올류의 취급량이 지정수량의 10배 이하인 경우에 한한다)로서 다음 각목의 어느 하나에 해당하는 것을 제외한다.
　－ 보일러 · 버너 또는 이와 비슷한 것으로서 위험물을 소비하는 장치로 이루어진 일반취급소
　－ 위험물을 용기에 옮겨 담거나 차량에 고정된 탱크에 주입하는 일반취급소

56 2기압, 27℃에서 2몰의 브롬산칼륨이 모두 열분해되어 생긴 산소의 양(L)을 구하면?

① 32.4L
② 36.9L
③ 41.3L
④ 45.6L

해설

$2KBrO_3 \rightarrow 2KBr + 3O_2$
2몰의 브롬산칼륨이 열분해되면, 3몰의 산소가 생성된다.
$PV = nRT$식에 다음 값을 대입한다.
P(압력) = 2atm
V(부피) = x
n(몰수) = 3mol
R(기체상수) = 0.082L · atm/(K · mol)
T(온도) = 27℃ + 273 = 300K
$$x = \frac{3mol \times 0.082L \cdot atm/(K \cdot mol) \times 300K}{2atm} = 36.9L$$

57 탄화알루미늄 1몰을 물과 반응시킬 때 발생하는 가연성 가스의 종류와 몰수로 옳은 것은?

① 에탄, 4몰
② 에탄, 3몰
③ 메탄, 4몰
④ 메탄, 3몰

해설

$Al_4C_3 + 12H_2O \rightarrow 4Al(OH)_3 + 3CH_4 \uparrow$

58 과산화나트륨의 화재 시 주수소화가 더 위험한 이유로 적절한 것은?

① 수소와 열 발생

② 산소와 열 발생

③ 수소를 발생하고 이 가스가 폭발적으로 연소

④ 산소를 발생하고 이 가스가 폭발적으로 연소

해설

$2Na_2O_2 + 2H_2O \rightarrow 4NaOH + O_2 + 발열$

59 위험물안전관리법령상의 물분무등소화설비 종류에 속하지 않는 것은?

① 스프링클러설비
② 포소화설비
③ 분말소화설비
④ 불활성가스 소화설비

해설

물분무등소화설비의 종류
• 물분무소화설비
• 포소화설비
• 불활성가스소화설비
• 할로겐화합물소화설비
• 분말소화설비

60 그림의 원통형 종으로 설치된 탱크에서 공간용적을 내용적의 10%라고 하면 탱크 용량(허가용량)은 약 몇 m³인가?

① 113.09

② 124.34

③ 129.06

④ 138.16

해설

- 탱크의 내용적 = $\pi r^2 \ell = \pi (2m)^2 (10m) = 125.66 m^3$
- 탱크의 용량 = 내용적 × 0.9 = $125.66 m^3 × 0.9 = 113.09 m^3$

01 다음 중 위험물안전관리법상 허가 및 완공검사 절차에 관한 설명으로 옳지 않은 것은?

① 지정수량의 1천배 이상의 위험물을 취급하는 제조소는 한국소방산업기술원으로부터 해당 제조소의 구조설비에 관한 기술검토를 받아야 한다.

② 50만L 이상인 옥외탱크저장소는 한국소방산업기술원으로부터 해당 탱크의 기초 지반 및 탱크 본체에 관한 기술검토를 받아야 한다.

③ 지정수량의 1천배 미만의 제4류 위험물을 취급하는 일반취급소의 완공검사는 한국소방산업기술원이 실시한다.

④ 50만L 이상인 옥외탱크저장소의 완공검사는 한국소방산업기술원이 실시한다.

해설

한국소방산업기술원의 기술검토를 받거나 완공검사를 받아야 하는 제조소 등
- 지정수량의 1천배 이상의 위험물을 취급하는 제조소 또는 일반취급소 : 구조 · 설비에 관한 사항
- 옥외탱크저장소(저장용량이 50만 리터 이상인 것만 해당한다) 또는 암반탱크저장소 : 위험물탱크의 기초 · 지반, 탱크본체 및 소화설비에 관한 사항

02 유류화재 시 분말 소화약제를 사용할 경우 소화 후 재발화현상이 발생할 수 있어서 이러한 현상을 예방하기 위하여 분말 소화약제와 병용하여 사용하는 포소화약제는 무엇인가?

① 단백포
② 수성막포
③ 알코올형포
④ 합성계면활성제포

해설

포 소화약제(거품 피막의 지속성)와 분말 소화약제(빠른 소화능력의 속소성)의 장점을 합쳐 트윈 에이전트 시스템으로 병용하여 사용한다. 이 트윈 에이전트 시스템은 분말로는 CDC(Compatible Dry Chemical)를, 포 소화약제로는 수성막포를 조합한다.

03 다음 중 인화칼슘이 물과 반응한 상황에 대한 설명 중 옳지 않은 것은?

① 발생 가스는 가연성이다.
② 포스겐 가스가 발생한다.
③ 발생 가스는 독성이 강하다.
④ $Ca(OH)_2$가 생성된다.

해설

$Ca_3P_2 + 6H_2O \rightarrow 3Ca(OH)_2 + 2PH_3$
포스핀가스가 발생한다.

04 트리니트로톨루엔 분해 시 발생하는 주 생성물에 해당하지 않는 것은?

① CO
② N_2
③ NH_3
④ H_2

해설

$2C_6H_2CH_3(NO_2)_3 \rightarrow 12CO + 2C + 3N_2 + 5H_2$

정답 **01** ③ **02** ② **03** ② **04** ③

05 다음 중 주된 연소형태가 나머지 셋과 다른 것은?

① 아연분   ② 양초
③ 코크스   ④ 목탄

해설

양초는 증발연소를 하고, 나머지는 표면연소를 한다.

06 다음 중 지정수량이 나머지 셋과 다른 위험물은?

① 황화린   ② 적린
③ 칼슘   ④ 유황

해설

• 황화린, 적린, 유황 : 100kg
• 칼슘 : 50kg

07 다음 중 C급 화재에 해당하는 것은?

① 플라스틱 화재   ② 나트륨 화재
③ 휘발유 화재   ④ 전기 화재

해설

• A급 화재 - 일반 화재
• B급 화재 - 유류 · 가스 화재
• C급 화재 - 전기 화재
• D급 화재 - 금속 화재
• K급 화재 - 주방 화재

08 제5류 위험물의 일반적 특성에 관한 설명으로 틀린 것은?

① 화재발생 시 소화가 곤란하므로 적은 양으로 나누어 저장한다.
② 운반용기 외부에 "충격주의", "화기엄금"의 주의사항을 표시한다.
③ 자기연소를 일으키며 연소속도가 대단히 빠르다.
④ 가연성 물질이므로 질식소화하는 것이 가장 좋다.

해설

제5류 위험물은 가연물과 산소공급원을 함께 포함하고 있어 질식소화는 효과가 없다.

09 다음 중 공기 중에서 산화되어 액 표면에 피막을 만드는 경향이 가장 큰 것은 무엇인가?

① 올리브유   ② 낙화생유
③ 야자유   ④ 동유

해설

동식물유류 중 요오드값이 클수록 공기 중에서 산화되어 액 표면에 피막을 만드는 경향이 크다. 보기 중에 동유만 건성유로 요오드값이 크고, 나머지는 요오드값이 100 이하인 불건성유이다.

10 소화난이도등급 I 의 위험물제조소는 연면적이 몇 m² 이상인가?

① 1,000m²   ② 800m²
③ 700m²   ④ 500m²

해설

소화난이도등급 I 에 해당하는 제조소

제조소 등의 구분	제조소 등의 규모, 저장 또는 취급하는 위험물의 품명 및 최대수량 등
제조소 일반취급소	연면적 1,000m² 이상인 것
	지정수량의 100배 이상인 것(고인화점위험물만을 100℃ 미만의 온도에서 취급하는 것 및 제48조의 위험물을 취급하는 것은 제외)
	지반면으로부터 6m 이상의 높이에 위험물 취급설비가 있는 것(고인화점위험물만을 100℃ 미만의 온도에서 취급하는 것은 제외)
	일반취급소로 사용되는 부분 외의 부분을 갖는 건축물에 설치된 것(내화구조로 개구부 없이 구획 된 것, 고인화점위험물만을 100℃ 미만의 온도에서 취급하는 것 및 [별표 16]의 2의 화학실험의 일반취급소는 제외)

정답   05 ②   06 ③   07 ④   08 ④   09 ④   10 ①

11 탄소 80%, 수소 14%, 황 6%인 물질 1kg이 완전연소하기 위해 필요한 이론공기량은 약 몇 kg인가? (단, 공기 중 산소는 23wt%이다.)

① 3.3
② 7.1
③ 11.6
④ 14.4

해설

1) 물질 1kg에 들어있는 각 원소들의 무게는 다음과 같다.

- 탄소 : $1\text{kg} \times \dfrac{80}{100} = 0.8\text{kg}$

- 수소 : $1\text{kg} \times \dfrac{14}{100} = 0.14\text{kg}$

- 황 : $1\text{kg} \times \dfrac{6}{100} = 0.06\text{kg}$

2) 각 원소별로 완전연소식을 적고, 필요한 산소량을 구한다.

- 탄소 : $C + O_2 \rightarrow CO_2$
탄소 1몰(12g)이 완전연소하려면 산소 1몰(16×2g)이 필요하다.
C 12g : O_2 32g = C 0.8kg : O_2 Xkg
∴ X = 2.133kg

- 수소 : $4H + O_2 \rightarrow 2H_2O$
수소 4몰(4g)이 완전연소하려면 산소 1몰(16×2g)이 필요하다.
H 4g : O_2 32g = H 0.14kg : O_2 Xkg
∴ X = 1.12kg

- 황 : $S + O_2 \rightarrow SO_2$
황 1몰(32g)이 완전연소하려면 산소 1몰(16×2g)이 필요하다.
S 32g : O_2 32g = S 0.06kg : O_2 Xkg
∴ X = 0.06kg

3) 필요한 산소량을 모두 합한다.
$2.133 + 1.12 + 0.06 = 3.313\text{kg}$

4) 공기 중 산소 농도 $= \dfrac{\text{산소}}{\text{공기}}$

$23\text{wt}\% = \dfrac{3.313\,\text{kg}}{\text{공기 kg}} \times 100\%$

∴ 공기 kg $= \dfrac{3.313\,\text{kg}}{23\%} \times 100\% = 14.4\text{kg}$

12 다음 중 분말소화약제의 착색을 옳게 나타낸 것은?

① $KHCO_3$: 백색
② $NH_4H_2PO_4$: 담홍색
③ $NaHCO_3$: 보라색
④ $KHCO_3 + (NH_2)_2CO$: 초록색

해설

분말 소화약제의 착색

종류	주성분	착색
제1종 분말약제	$NaHCO_3$	백색
제2종 분말약제	$KHCO_3$	담회색
제3종 분말약제	$NH_4H_2PO_4$	담홍색
제4종 분말약제	$KHCO_3 + (NH_2)_2CO$	회색

13 다음 중 분진폭발 발생 확률이 가장 낮은 것은 무엇인가?

① 마그네슘 가루
② 아연가루
③ 밀가루
④ 시멘트 가루

해설

- 분진폭발을 일으키는 물질 : 밀가루, 석탄가루, 먼지, 전분, 플라스틱 분말, 금속분 등
- 분진폭발을 일으키지 않는 물질 : 석회석 가루(생석회), 시멘트 가루, 대리석 가루, 탄산칼슘 등

14 흑색화약의 원료로 사용되는 위험물의 유별을 옳게 묶은 것은?

① 제1류 위험물, 제2류 위험물
② 제1류 위험물, 제4류 위험물
③ 제2류 위험물, 제4류 위험물
④ 제4류 위험물, 제5류 위험물

해설

흑색화약의 원료는 질산칼륨(제1류), 숯, 황(제2류)이다.

15 다음 중 액체연료보다 기체연료기 완전연소하기에 더 유리한 이유로 가장 적절하지 않은 것은?

① 활성화에너지가 크다.
② 공기 중에서 확산되기 쉽다.
③ 산소를 충분히 공급받을 수 있다.
④ 분자의 운동이 활발하다.

해설
액체연료보다 기체연료의 활성화에너지가 작다.

16 2가지 물질을 섞었을 때 수소가 발생하는 조합으로 옳은 것은?

① 칼륨과 에탄올
② 과산화마그네슘과 염화수소
③ 과산화칼륨과 탄산가스
④ 오황화린과 물

해설
$2K + 2C_2H_5OH \rightarrow 2C_2H_5OK + H_2$

17 트리메틸알루미늄이 물과 반응 시 생성되는 물질로 옳은 것은?

① 산화알루미늄   ② 메테인
③ 메틸알코올   ④ 에테인

해설
$(CH_3)_3Al + 3H_2O \rightarrow Al(OH)_3 + 3CH_4$(메테인)

18 다음 고체시약 중 공기 중에 햇빛을 받으며 방치되면 연소현상이 일어날 수 있는 위험물은?

① 황   ② 황린
③ 적린   ④ 질산암모늄

해설
햇빛을 받아 자연발화한 것으로 보아 자연발화성 물질인 황린임을 알 수 있다.
① 황 : 제2류 위험물
③ 적린 : 제2류 위험물
④ 질산암모늄 : 제1류 위험물

19 위험물 저장탱크의 내용적이 300L일 때, 이 탱크에 저장하는 위험물의 용량 범위로 알맞은 것은? (단, 원칙적인 경우에 한한다.)

① 240~270L   ② 270~285L
③ 290~295L   ④ 295~298L

해설
탱크의 공간용적은 탱크의 내용적의 100분의 5 이상 100분의 10 이하의 용적으로 한다. $300 \times 0.9 \sim 300 \times 0.95 = 270 \sim 385L$

20 25℃, 2atm에서 액화 이산화탄소 1kg이 방출되어 모두 기체가 되었다. 방출된 기체의 이산화탄소 부피(L)를 구하면?

① 238   ② 278
③ 308   ④ 340

해설
$PV = nRT$ 식에 다음 값을 대입한다.
- P(압력) = 2atm
- V(부피) = x
- n(몰수) = W(질량)/M(분자량) = $1,000g/(44g/mol)$ = 22.73mol
- R(기체상수) = 0.082L · atm/(K · mol)
- T(온도) = 25℃ + 273 = 298K
∴ $x = 277.72L$

정답   15 ①   16 ①   17 ②   18 ②   19 ②   20 ②

21 〈보기〉의 탱크의 공간용적 산정기준으로 알맞도록 ( ) 안에 알맞은 숫자를 순서대로 채우시오.

> 위험물 암반탱크의 공간용적은 당해 탱크 내에 용출하는 ( )일 간의 지하수 양에 상당하는 용적과 당해 탱크 내용적의 100분의 ( )의 용적 중에서 보다 큰 용적을 공간용적으로 한다.

① 1, 7
② 3, 5
③ 5, 3
④ 7, 1

해설

탱크의 공간용적은 탱크의 내용적의 100분의 5 이상 100분의 10 이하의 용적으로 한다. 다만, 소화설비(소화약제 방출구를 탱크안의 윗부분에 설치하는 것에 한함)를 설치하는 탱크의 공간용적은 당해 소화설비의 소화약제방출구 아래의 0.3미터 이상 1미터 미만 사이의 면으로부터 윗부분의 용적으로 한다. 암반탱크에 있어서는 당해 탱크내에 용출하는 7일간의 지하수의 양에 상당하는 용적과 당해 탱크의 내용적의 100분의 1의 용적 중에서 보다 큰 용적을 공간용적으로 한다.

22 다음 중 과망간산칼륨에 대한 설명으로 옳은 것은?

① 물에 잘 녹는 흑자색 결정이다.
② 에탄올, 아세톤에는 녹지 않는다.
③ 물에 녹았을 때 진한 노란색을 띤다.
④ 강알칼리와 반응하여 수소를 방출하며 폭발한다.

해설

② 에탄올, 아세톤 등 유기물과 반응하므로 접촉을 금한다.
③ 물에 녹았을 때 진한 보라색을 띤다.
④ 열분해 하여 산소를 방출한다.

23 질산의 비중이 1.5일 때, 질산의 1소요단위는 몇 L인가?

① 150
② 200
③ 1,500
④ 2,000

해설

• 위험물은 지정수량의 10배를 1소요단위로 한다.
• 질산의 1소요단위 = 300kg × 10 = 3,000kg
• 질산 3,000kg = 3,000kg × $\frac{L}{1.5\text{kg}}$ = 2,000L

24 제1종 분말소화약제를 이용하여 식용유화재의 제어를 할 때 이용하는 소화원리에 가장 적절한 것은 무엇인가?

① 촉매효과에 의한 질식효과
② 비누화반응에 의한 질식효과
③ 요오드화에 의한 냉각효과
④ 가수분해반응에 의한 냉각효과

해설

제1종 분말 소화약제(탄산나트륨)은 수용액상에서 염기성을 띠며 식용유와 반응하여 비누화반응을 일으켜 질식소화 효과를 나타낸다.

25 다음 중 이동탱크저장소에 의한 운송 시 위험물 안전카드를 휴대해야 하는 위험물로 옳은 것은?

① 특수인화물 및 제1석유류
② 알코올류 및 제2석유류
③ 제3석유류 및 동식물류
④ 제4석유류

해설

위험물의 운송 시 위험물 안전카드 휴대해야 하는 위험물
위험물(제4류 위험물에 있어서는 특수인화물 및 제1석유류에 한함)

26 다음 중 니트로셀룰로오스의 안전한 저장을 위해 사용하는 물질은 무엇인가?

① 페놀
② 황산
③ 에탄올
④ 아닐린

해설

니트로셀룰로오스는 물 또는 알코올에 습면하여 저장 · 운반한다.

27 소화설비와 그의 주된 소화효과를 옳게 연결한 것은?

① 옥내·옥외소화전설비 : 질식소화
② 스프링클러설비·물분무소화설비 : 억제소화
③ 포, 분말 소화설비 : 억제소화
④ 할로겐화합물 소화설비 : 억제소화

해설

① 옥내·옥외소화전설비 : 냉각소화
② 스프링클러설비·물분무소화설비 : 냉각소화(물분무소화설비는 질식소화 효과가 있음)
③ 포, 분말 소화설비 : 질식소화

28 위험물제조소 등에서 옥내소화전이 가장 많이 설치된 층의 소화전의 개수가 4개일 때 확보하여야 할 수원의 수량은?

① 10.4m³   ② 20.8m³
③ 31.2m³   ④ 41.6m³

해설

수원의 수량 = 7.8m³ × 4 = 31.2m³
옥내소화전설비의 수원의 수량은 옥내소화전이 가장 많이 설치된 층의 옥내소화전 설치개수(설치개수가 5개 이상인 경우는 5개)에 7.8㎥를 곱한 양 이상이 되도록 설치한다.

29 다음 중 물에 녹으면서 물보다 가벼우며 인화점이 가장 낮은 위험물은?

① 아세톤   ② 이황화탄소
③ 벤젠   ④ 산화프로필렌

해설

산화프로필렌은 수용성, 물보다 가볍고 인화점 - 37℃이다.
① 아세톤 : 수용성, 물보다 가벼움, 인화점 - 18℃
② 이황화탄소 : 비수용성, 물보다 무거움, 인화점 - 30℃
③ 벤젠 : 비수용성, 물보다 가벼움, 인화점 - 11℃

30 위험물안전관리법령에 의한 위험물 운송에 관한 규정으로 옳지 않은 것은?

① 이동탱크저장소에 의하여 위험물을 운송하는 자는 당해 위험물을 취급할 수 있는 국가기술자격자 또는 안전교육을 받은 자이어야 한다.
② 안전관리자·탱크시험자·위험물운송자 등 위험물의 안전관리와 관련된 업무를 수행하는 자는 시·도지사가 실시하는 안전교육을 받아야 한다.
③ 운송책임자의 범위, 감독 또는 지원의 방법 등에 관한 구체적인 기준은 행정안전부령으로 정한다.
④ 위험물운송자는 이동탱크저장소에 의하여 위험물을 운송하는 때에는 행정안전부령으로 정하는 기준을 준수하는 등 당해 위험물의 안전확보를 위하여 세심한 주의를 기울여야 한다.

해설

안전관리자·탱크시험자·위험물운송자 등 위험물의 안전관리와 관련된 업무를 수행하는 자는 소방청장이 실시하는 안전교육을 받아야 한다.

31 다음 중 과산화수소의 특성에 대한 설명 중 옳지 않은 것은?

① 알칼리성 용액에 의해 분해될 수 있다.
② 산화제로 사용할 수 있다.
③ 농도가 높을수록 안정하다.
④ 열, 햇빛에 의해 분해될 수 있다.

해설

과산화수소는 농도가 높을수록 불안정하다.

32 할로겐화합물 소화약제의 가장 주된 소화 효과는 무엇인가?

① 제거효과   ② 억제효과
③ 냉각효과   ④ 질식효과

해설

할로겐화합물 소화약제의 주된 소화효과는 부촉매소화(억제소화)효과이다.

정답 27 ④ 28 ③ 29 ④ 30 ② 31 ③ 32 ②

33 지정수량 이상의 히드록실아민을 취급하는 제조소에 두어야 하는 최소 안전거리 D를 구하는 식으로 옳은 것은? (단, N은 해당 제조소에서 취급하는 히드록실아민의 지정수량의 배수이다.)

① $D = 40\sqrt[3]{N}$

② $D = 51.1\sqrt[3]{N}$

③ $D = 55\sqrt[3]{N}$

④ $D = 61.1\sqrt[3]{N}$

지정수량 이상의 히드록실아민 등을 취급하는 제조소의 위치는 건축물의 벽 또는 이에 상당하는 공작물의 외측으로부터 해당 제조소의 외벽 또는 이에 상당하는 공작물의 외측까지의 사이에 다음 식에 의하여 요구되는 거리 이상의 안전거리를 둘 것

• $D = 51.1\sqrt[3]{N}$

• D : 안전거리(m)

• N : 해당 제조소에서 취급하는 히드록실아민 등의 지정수량의 배수

34 다음 중 증기밀도가 가장 큰 것 위험물은?

① 디에틸에테르

② 벤젠

③ 가솔린(옥탄 100%)

④ 에틸알코올

증기밀도는 분자량과 비례하므로 분자량을 비교한다.

① 디에틸에테르 : $C_2H_5OC_2H_5 = 12 \times 4 + 10 + 16 = 74$

② 벤젠 : $C_6H_6 = 12 \times 6 + 6 = 78$

③ 가솔린(옥탄 100%) : $C_8H_{18} = 12 \times 8 + 18 = 114$

④ 에틸알코올 : $C_2H_5OH = 12 \times 2 + 6 + 16 = 46$

35 압력수조를 이용한 옥내소화전설비의 가압송수장치에서의 압력수조 최소압력(MPa)은? (단, 소방용호스의 마찰손실수두압은 3MPa, 배관의 마찰손실수두압은 1MPa, 낙차의 환산수두압은 1.35MPa이다.)

① 5.35

② 5.70

③ 6.00

④ 6.35

옥내소화전설비의 가압송수장치에서 압력수조의의 압력

• $P = p_1 + p_2 + p_3 + 0.35MPa$

• P : 필요한 압력(단위 MPa)

• p_1 : 소방용호스의 마찰손실수두압(단위 MPa)

• p_2 : 배관의 마찰손실수두압 (단위 MPa)

• p_3 : 낙차의 환산수두압 (단위 MPa)

따라서 $P = 3 + 1 + 1.35 + 0.35 = 5.7MPa$이다.

36 과산화칼륨을 가열하거나 물과 반응시키거나 탄산가스와 반응시켰을 때 공통적으로 발생되는 가스는?

① 수소

② 이산화탄소

③ 산소

④ 이산화황

• $2K_2O_2 + 2H_2O \rightarrow 4KOH + O_2$

• $2K_2O_2 \rightarrow 2K_2O + O_2$

• $2K_2O_2 + 2CO_2 \rightarrow 2K_2CO_3 + O_2$

37 건축물의 벽·기둥 및 바닥이 내화구조로 된 위험물 옥내저장소의 저장하는 위험물의 최대수량이 지정수량의 15배인 경우 보유공지는 몇 m 이상이어야 하는가?

① 0.5m 이상

② 1m 이상

③ 2m 이상

④ 3m 이상

옥내저장소의 보유공지

저장 또는 취급하는 위험물의 최대 수량	공지의 너비	
	벽·기둥 및 바닥이 내화구조로 된 건축물	그 밖의 건축물
지정수량의 5배 이하		0.5m 이상
지정수량의 5배 초과 10배 이하	1m 이상	1.5m 이상
지정수량의 10배 초과 20배 이하	2m 이상	3m 이상
지정수량의 20배 초과 50배 이하	3m 이상	5m 이상
지정수량의 50배 초과 200배 이하	5m 이상	10m 이상
지정수량의 200배 초과	10m 이상	15m 이상

38 지정수량 20배의 알코올류를 저장하는 옥외탱크저장소의 펌프실 외의 장소에 설치하는 펌프설비의 기준으로 틀린 것은?

① 펌프설비 주위에는 3m 이상의 공지를 보유한다.
② 펌프설비 그 직하의 지반면 주위에 높이 0.15m 이상의 턱을 만든다.
③ 펌프설비 그 직하의 지반면의 최저부에는 집유설비를 만든다.
④ 집유설비에는 위험물이 배수구에 유입되지 않도록 유분리장치를 만든다.

해설
제4류 위험물(온도 20℃의 물 100g에 용해되는 양이 1g 미만인 것에 한한다)을 취급하는 펌프설비에 있어서는 당해 위험물이 직접 배수구에 유입하지 아니하도록 집유설비에 유분리장치를 설치하여야 한다. 알코올류는 수용성이기 때문에 유분리장치를 만들지 않아도 된다.

39 위험물과 그 보호액 또는 안정제의 연결로 옳지 않은 것은?

① 황린 – 물
② 인화석회 – 물
③ 금속칼륨 – 등유
④ 알킬알루미늄 – 헥세인

해설
인화석회(인화칼슘)는 물과 반응하여 포스핀을 발생하므로 물을 보호액으로 사용하는 것은 위험하다.

40 다음 중 질산의 저장·취급 방법으로 옳지 않은 것은?

① 직사광선을 차단한다.
② 분해방지를 위해 요산, 인산 등을 가한다.
③ 유기물과 접촉을 피한다.
④ 갈색병에 넣어 보관한다.

해설
요산, 인산 등은 과산화수소의 분해방지 안정제이다.

41 국소방출방식의 이산화탄소 소화설비의 분사헤드 설치기준에 따른 소화약제의 방출기준으로 옳은 것은?

① 10초 이내에 균일하게 방사할 수 있을 것
② 15초 이내에 균일하게 방사할 수 있을 것
③ 30초 이내에 균일하게 방사할 수 있을 것
④ 60초 이내에 균일하게 방사할 수 있을 것

해설
국소방출방식의 이산화탄소 소화설비의 분사헤드 설치기준
• 소화약제의 방출에 따라 가연물이 비산하지 않는 장소에 설치할 것
• 이산화탄소 소화약제의 저장량은 30초 이내에 방출할 수 있는 것으로 할 것

42 다음 중 물과 반응하여 산소를 발생하는 것은?

① $KClO_3$
② $NaNO_3$
③ Na_2O_2
④ $KMnO_4$

해설
제1류 위험물 중 알칼리금속 과산화물은 물과 반응하여 산소를 발생시킨다.

43 물분무소화설비의 설치기준으로 옳지 않은 것은?

① 고압의 전기설비가 있는 장소에는 해당 전기설비와 분무헤드 및 배관 사이에 전기절연을 위하여 필요한 공간을 보유한다.
② 스트레이너 및 일제개방밸브는 제어밸브의 하류측 부근에 스트레이너, 일제개방밸브의 순으로 설치한다.
③ 물분무소화설비에 2 이상의 방사구역을 두는 경우에는 화재를 유효하게 소화할 수 있도록 인접하는 방사구역이 상호 중복되도록 한다.
④ 수원의 수위가 수평회전식펌프보다 낮은 위치에 있는 가압송수장치의 물올림장치는 타설비와 겸용하여 설치한다.

해설
수원의 수위가 수평회전식펌프보다 낮은 위치에 있는 가압송수장치의 물올림장치는 전용의 물올림탱크로 설치한다.

정답   38 ④   39 ②   40 ②   41 ③   42 ③   43 ④

44 옥외탱크저장소의 보유공지를 두는 목적으로 옳지 않은 것은?

① 위험물 시설의 화염이 인근의 시설이나 건축물 등으로 연소확대되는 것을 방지하기 위한 완충공간의 기능을 하기 위함
② 위험물 시설의 주변에 장애물이 없도록 공간을 확보함으로 소화활동이 쉽도록 하기 위함
③ 위험물 시설의 주변에 있는 시설과 50m 이상을 이격하여 폭발 발생 시 피해를 방지하기 위함
④ 위험물 시설의 주변에 장애물이 없도록 공간을 확보함으로 피난자의 피난이 쉽도록 하기 위함

해설

옥외저장탱크의 보유공지 너비 기준은 저장·취급하는 위험물 최대수량에 따라 다르다(50m로 고정된 것은 아님).

저장 또는 취급하는 위험물의 최대 수량	공지의 너비
지정수량의 500배 이하	3m 이상
지정수량의 500배 초과 1,000배 이하	5m 이상
지정수량의 1,000배 초과 2,000배 이하	9m 이상
지정수량의 2,000배 초과 3,000배 이하	12m 이상
지정수량의 3,000배 초과 4,000배 이하	15m 이상
지정수량의 4,000배 초과	당해 탱크의 수평단면의 최대지름(가로형인 경우에는 긴 변)과 높이 중 큰 것과 같은 거리 이상. 다만, 30m 초과의 경우에는 30m 이상으로 할 수 있고, 15m 미만의 경우에는 15m 이상으로 하여야 한다.

45 위험물안전관리법령상 셀룰로이드가 속하는 품명과 그의 지정수량으로 옳은 것은?

① 니트로화합물 - 100kg
② 니트로화합물 - 10kg
③ 질산에스테르류 - 200kg
④ 질산에스테르류 - 10kg

해설

셀룰로이드는 질산에스테르류에 속하며 지정수량은 10kg이다.

46 위험물안전관리법령상 제4류 위험물 운반용기의 외부 표시 주의사항으로 모두 옳게 나타낸 것은?

① 화기엄금 및 충격주의
② 가연물 접촉주의
③ 화기엄금
④ 물기엄금

해설

유별		외부 표시 주의사항
제1류	알칼리금속의 과산화물	• 화기·충격주의 • 물기엄금 • 가연물 접촉주의
	그 밖의 것	• 화기·충격주의 • 가연물 접촉주의
제2류	철분·금속분·마그네슘	• 화기주의 • 물기엄금
	인화성 고체	• 화기엄금
	그 밖의 것	• 화기주의
제3류	자연발화성 물질	• 화기엄금 • 공기접촉엄금
	금수성 물질	• 물기엄금
제4류		• 화기엄금
제5류		• 화기엄금 • 충격주의
제6류		• 가연물 접촉주의

47 제2류 위험물인 삼황화린의 연소생성물을 올바르게 나열한 것은?

① P_2O_5, SO_2 ② P_2O_5, H_2S

③ H_3PO_4, SO_2 ④ H_3PO_4, H_2S

해설

$P_4S_3 + 8O_2 \rightarrow 2P_2O_5 + 3SO_2$

48 지정수량 10배의 위험물을 저장·취급하는 제조소 중 자동화재탐지설비를 설치해야 하는 연면적(m^2) 기준은?

① $100m^2$ ② $300m^2$

③ $500m^2$ ④ $1,000m^2$

해설

제조소 등별로 설치해야 하는 경보설비의 종류

제조소 등의 구분	제조소 등의 규모, 저장 또는 취급하는 위험물의 종류 및 최대수량 등	경보설비
가. 제조소 및 일반취급소	• 연면적이 500제곱미터 이상인 것 • 옥내에서 지정수량의 100배 이상을 취급하는 것(고인화점위험물만을 100℃ 미만의 온도에서 취급하는 것은 제외한다) • 일반취급소로 사용되는 부분 외의 부분이 있는 건축물에 설치된 일반취급소(일반취급소와 일반취급소 외의 부분이 내화구조의 바닥 또는 벽으로 개구부 없이 구획된 것은 제외한다)	자동화재탐지설비
나. 옥내저장소	• 지정수량의 100배 이상을 저장 또는 취급하는 것(고인화점 위험물만을 저장 또는 취급하는 것은 제외한다) • 저장창고의 연면적이 150제곱미터를 초과하는 것[연면적 150제곱미터 이내마다 불연재료의 격벽으로 개구부 없이 완전히 구획된 저장창고와 제2류 위험물(인화성고체는 제외한다) 또는 제4류 위험물(인화점이 70℃ 미만인 것은 제외한다)만을 저장 또는 취급하는 저장창고는 그 연면적이 500제곱미터 이상인 것을 말한다] • 처마 높이가 6미터 이상인 단층 건물의 것 • 옥내저장소로 사용되는 부분 외의 부분이 있는 건축물에 설치된 옥내저장소[옥내저장소와 옥내저장소 외의 부분이 내화구조의 바닥 또는 벽으로 개구부 없이 구획된 것과 제2류(인화성 고체는 제외한다) 또는 제4류의 위험물(인화점이 70℃ 미만인 것은 제외한다)만을 저장 또는 취급하는 것은 제외한다]	자동화재탐지설비
다. 옥내탱크저장소	단층 건물 외의 건축물에 설치된 옥내탱크저장소로서 제41조 제2항에 따른 소화난이도등급 I 에 해당하는 것	자동화재탐지설비
라. 주유취급소	옥내주유취급소	자동화재탐지설비
마. 옥외탱크저장소	특수인화물, 제1석유류 및 알코올류를 저장 또는 취급하는 탱크의 용량이 1,000만 리터 이상인 것	• 자동화재탐지설비 • 자동화재속보설비
바. 가목부터 마목까지의 규정에 따른 자동화재탐지설비 설치 대상 제조소 등에 해당하지 않는 제조소 등(이송취급소는 제외한다)	지정수량의 10배 이상을 저장 또는 취급하는 것	자동화재탐지설비, 비상경보설비, 확성장치 또는 비상 방송 설비중 1종 이상

49 제조소 등에 있어서 위험물을 저장하는 기준으로 옳지 않은 것은?

① 황린은 제3류 위험물이므로 물기가 없는 건조한 장소에 저장하여야 한다.

② 덩어리 상태의 황은 위험물 용기에 수납하지 않고 옥내저장소에 저장할 수 있다.

③ 옥내저장소에서는 용기에 수납하여 저장하는 위험물의 온도가 55℃를 넘지 아니하도록 필요한 조치를 강구하여야 한다.

④ 이동저장탱크에는 저장 또는 취급하는 위험물의 유별, 품명, 최대수량 및 적재중량을 표시하고 잘 보일 수 있도록 관리하여야 한다.

해설

황린은 물과 반응하지 않고, 물 속에 넣어 저장한다.

50 당해 건축물 그 밖의 공작물의 주요한 출입구에서 그 내부 전체를 볼 수 있는 경우에는 자동화재탐지설비의 하나의 경계구역 면적은 최대 몇 m²까지 할 수 있는가?

① 300m²
② 600m²
③ 1,000m²
④ 1,200m²

해설
하나의 경계구역의 면적은 600m² 이하로 하고 그 한 변의 길이는 50m(광전식분리형 감지기를 설치할 경우에는 100m) 이하로 할 것. 다만, 당해 건축물 그 밖의 공작물의 주요한 출입구에서 그 내부의 전체를 볼 수 있는 경우에 있어서는 그 면적을 1,000m² 이하로 할 수 있다.

51 다음 중 황에 대한 설명으로 틀린 것은?

① 연소 시 황색 불꽃을 보이며 유독한 이황화탄소를 발생한다.
② 미세한 분말상태에서 부유하면 분진폭발의 위험이 있다.
③ 마찰에 의해 정전기가 발생할 우려가 있다.
④ 고온에서 용융된 황은 수소와 반응한다.

해설
연소 시 청색 불꽃을 보이며 유독한 이산화황을 발생한다.

52 위험물 운반 시 방수성 덮개를 하지 않아도 되는 위험물은?

① 나트륨
② 적린
③ 철분
④ 과산화칼륨

해설
적린은 제2류 위험물이다.
① 나트륨 : 제3류 위험물 중 금수성 물질
③ 철분 : 제2류 위험물 중 철분
④ 과산화칼륨 : 제1류 위험물 중 알칼리금속의 과산화물
방수성 피복으로 덮어야 하는 위험물
• 제1류 위험물 중 알칼리금속의 과산화물 또는 이를 함유한 것
• 제2류 위험물 중 철분·금속분·마그네슘 또는 이들 중 어느 하나 이상을 함유한 것
• 제3류 위험물 중 금수성물질

53 위험물안전관리법령상 유별을 달리하는 위험물의 혼재기준을 적용하지 않아도 되는 위험물의 양은 지정수량의 몇 배 이하인가?

① 1/2
② 1/3
③ 1/5
④ 1/10

해설
혼재기준은 지정수량의 1/10 이하의 위험물에 대하여는 적용하지 아니한다.

54 위험물제조소의 연소의 우려가 있는 외벽은 출입구 외의 개구부가 없는 내화구조의 벽으로 하여야 한다. 이때 연소의 우려가 있는 외벽은 제조소가 설치된 부지의 경계선에서 몇 m 이내에 있는 외벽을 말하는가? (단, 단층건물일 경우이다.)

① 3m 이내
② 4m 이내
③ 5m 이내
④ 6m 이내

해설
연소의 우려가 있는 외벽은 다음에 정한 선을 기산점으로 하여 3m(2층 이상의 층에 대해서는 5m) 이내에 있는 제조소 등의 외벽을 말한다. 다만, 방화상 유효한 공터, 광장, 하천, 수면 등에 면한 외벽은 제외한다.
• 제조소 등이 설치된 부지의 경계선
• 제조소 등에 인접한 도로의 중심선
• 제조소 등의 외벽과 동일부지 내의 다른 건축물의 외벽간의 중심선

정답 50 ③ 51 ① 52 ② 53 ④ 54 ①

55 다음 중 수용액의 pH값이 가장 큰 것은?

① 0.1N HCl
② 0.1N NaOH
③ $[H^+] = 10^{-1}M$
④ $[OH^-]10^{-3}M$

해설

- $pH = -\log[H^+]$
- $pOH = -\log[OH^-]$
- $pH + pOH = 14$

① 0.1N HCl
  $pH = -\log[H^+] = -\log[0.1] = 1$

② 0.1N NaOH
  $pOH = -\log[OH^-] = -\log[0.1] = 1$
  $pH = 14 - pOH = 14 - 1 = 13$

③ $[H^+] = 10^{-1}M$
  $pH = -\log[H^+] = -\log[0.1] = 1$

④ $[OH^-] = 10^{-3}M$
  $pOH = -\log[OH^-] = -\log[10^{-3}] = 3$
  $pH = 14 - pOH = 14 - 3 = 11$

56 제4류 위험물을 저장 및 취급하는 위험물제조소에 설치하는 "화기엄금" 게시판의 바탕색과 문자색을 순서대로 올바르게 나열한 것은?

① 적색, 흑색
② 흑색, 적색
③ 백색, 적색
④ 적색, 백색

해설

위험물 종류	주의사항 게시판	색상 기준
• 제1류 위험물 중 알칼리금속의 과산화물과 이를 함유한 것 • 제3류 위험물 중 금수성물질	물기엄금	청색바탕 백색문자
• 제2류 위험물(인화성 고체를 제외)	화기주의	적색바탕 백색문자
• 제2류 위험물 중 인화성 고체 • 제3류 위험물 중 자연발화성 물질 • 제4류 위험물 • 제5류 위험물	화기엄금	

57 위험물 옥외탱크저장소와 병원과는 안전거리를 얼마 이상 두어야 하는가?

① 10m
② 20m
③ 30m
④ 50m

해설

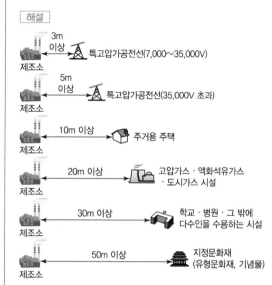

58 주유취급소에 〈보기〉와 같이 간이탱크, 폐유탱크, 전용탱크를 설치하였을 때, 최대로 저장·취급할 수 있는 용량(L)은 얼마인가? (단, 고속도로 외의 도로변에 설치하는 자동차용 주유취급소인 경우이다)

보기
- 간이탱크 : 2기
- 폐유탱크 등 : 1기
- 고정주유설비 및 급유설비를 접속하는 전용탱크 : 2기

① 103,200L
② 104,500L
③ 123,200L
④ 124,200L

정답 55 ② 56 ④ 57 ③ 58 ①

간이탱크 2기(600L ×2)+폐유탱크 1기(2,000L)+전용탱크 2기(50,000L×2) = 103,200L

간이탱크저장소 및 주유취급소 탱크 용량 기준

- 간이저장탱크의 용량은 600L 이하
- 자동차 등을 점검·정비하는 작업장 등(주유취급소 안에 설치된 것에 한한다)에서 사용하는 폐유·윤활유 등의 위험물을 저장하는 탱크로서 용량(2 이상 설치하는 경우에는 각 용량의 합계를 말한다)이 2,000L 이하
- 자동차 등에 주유하기 위한 고정주유설비에 직접 접속하는 전용탱크로서 50,000L 이하
- 고정급유설비에 직접 접속하는 전용탱크로서 50,000L 이하

59 제2류 위험물의 위험등급에 대한 설명으로 옳은 것은?

① 제2류 위험물은 위험등급 I 에 해당되는 품명이 없다.
② 제2류 위험물 중 위험등급III에 해당되는 품명은 지정수량이 500kg인 품명만 해당된다.
③ 제2류 위험물 중 황화인, 적린, 황 등 지정수량이 100kg인 품명은 위험등급 I 에 해당한다.
④ 제2류 위험물 중 지정수량이 1,000kg인 인화성고체는 위험등급II에 해당한다.

해설

제2류 위험물의 위험등급

- 위험등급 I : 없음
- 위험등급II : 황화린, 적린, 유황
- 위험등급III : 철분, 금속분, 마그네슘, 인화성 고체

60 지하탱크저장소 탱크전용실의 안쪽과 지하저장탱크와의 사이는 몇 m 이상의 간격을 유지하여야 하는가?

① 0.1m 이상
② 0.2m 이상
③ 0.3m 이상
④ 0.5m 이상

해설

지하저장탱크와 탱크전용실 안쪽과의 사이는 0.1m 이상의 간격을 유지한다.

01 위험물안전관리법령상 금속분에 해당하는 것은 무엇인가? (단, 보기의 물질들은 모두 150μm의 체를 통과하는 것이 50중량% 이상이다.)

① 니켈분
② 마그네슘분
③ 알루미늄분
④ 구리분

해설

금속분 : 알칼리금속 · 알칼리토류금속 · 철 및 마그네슘외의 금속의 분말을 말하고, 구리분 · 니켈분 및 150마이크로미터의 체를 통과하는 것이 50중량퍼센트 미만인 것은 제외한다.

02 연소의 3요소를 모두 포함하는 조합으로 옳은 것은?

① 과염소산, 산소, 불꽃
② 마그네슘분말, 연소열, 수소
③ 아세톤, 수소, 산소
④ 불꽃, 아세톤, 질산암모늄

해설

연소의 3요소는 가연물, 산소공급원, 점화원이다.
• 가연물 : 마그네슘분말, 수소, 아세톤
• 산소공급원 : 과염소산, 산소, 질산암모늄
• 점화원 : 불꽃, 연소열

03 다음 아세톤의 완전 연소 반응식에서 (   )에 알맞은 계수를 차례대로 나타낸 것은?

$$CH_3COCH_3 + (\quad)O_2 \rightarrow (\quad)CO_2 + 3H_2O$$

① 3, 4
② 4, 3
③ 6, 3
④ 3, 6

해설

반응식의 좌항과 우항의 원소 개수를 비교하여 구한다.

04 다음 중 지정수량이 나머지와 다른 것은?

① 염소산염류
② 질산염류
③ 무기과산화물
④ 과염소산염류

해설

질산염류는 300kg, 나머지는 50kg이다.

05 다음 중 제3류 위험물로 옳은 것은?

① NaH
② Al
③ Mg
④ P_4S_3

해설

Al, Mg, P_4S_3는 제2류 위험물이다.

06 과산화바륨과 물이 반응하여 발생하는 가스는?

① 수소
② 산소
③ 탄산가스
④ 수성가스

해설

$2BaO_2 + 2H_2O \rightarrow 2Ba(OH)_2 + O_2$

정답 01 ③ 02 ④ 03 ② 04 ② 05 ① 06 ②

07 자연발화의 방지방법으로 거리가 먼 것은?

① 습도를 높게 유지할 것
② 저장실의 온도를 낮출 것
③ 퇴적 및 수납 시 열축적이 없을 것
④ 통풍을 잘 시킬 것

해설
자연발화를 방지하기 위해서는 미생물이 활동하기 어렵도록 습도를 낮추어야 한다.

08 제4류 위험물 중 제2석유류의 위험등급은?

① 위험등급 I
② 위험등급 II
③ 위험등급 III
④ 위험등급 IV

해설
제4류 위험물의 위험등급
• 위험등급 I : 특수인화물
• 위험등급 II : 제1석유류, 알코올류
• 위험등급 III : 제2석유류, 제3석유류, 제4석유류, 동식물유류

09 Ca_3P_2 600kg의 지정수량 배수는 얼마인지 구하시오.

① 2배
② 3배
③ 4배
④ 5배

해설
지정수량의 배수 = 위험물 저장수량/위험물 지정수량
지정수량의 배수 = 600/300 = 2

10 주유취급소의 "주유 중 엔진정지"라는 게시판의 바탕색과 문자색을 차례대로 나타낸 것은?

① 황색, 흑색
② 흑색, 황색
③ 백색, 흑색
④ 흑색, 백색

해설
황색바탕에 흑색문자로 "주유 중 엔진정지"라는 표시를 한 게시판을 설치하여야 한다.

11 0.99atm, 55℃에서 이산화탄소의 밀도는 얼마인가?

① 0.62g/L
② 1.62g/L
③ 9.65g/L
④ 12.65g/L

해설
$PV = nRT$

$PV = \dfrac{W}{M}RT$ [∵ $n(몰수) = \dfrac{W(질량)}{M(분자량)}$]

$PM = \dfrac{W}{V}RT$

$PM = dRT$ [∵ $d(밀도) = \dfrac{W(질량)}{V(부피)}$]

$d = \dfrac{PM}{RT}$ 식에

• P (압력) = 0.99atm
• M (분자량) = 44g/mol
• R (기체상수) = 0.082L · atm/(K · mol)
• T (온도) = 55℃ + 273 = 328K
를 대입한다.
∴ d = 1.62g/L

12 금속분의 화재 시 주수소화하면 위험한 이유로 가장 타당한 것은?

① 물에 녹아 산이 된다.
② 물과 작용하여 유독가스를 발생한다.
③ 물과 작용하여 수소가스를 발생한다.
④ 물과 작용하여 산소가스를 발생한다.

해설
금속분은 물과 반응하여 수소(가연성 가스)를 발생하기 때문에 화재 시 주수해서는 안 된다.

정답 07 ① 08 ③ 09 ① 10 ① 11 ② 12 ③

13 삼황화린과 오황화린의 공통점으로 옳지 않은 것은?

① 물과 접촉하여 인화수소가 발생한다.
② 가연성 고체이다.
③ 분자식이 P와 S로 이루어져 있다.
④ 연소 시 오산화인과 이산화황이 생성된다.

삼황화린은 물과 반응하지 않고, 오황화린은 물과 접촉하여 황화수소가 발생한다.
$P_2S_5 + 8H_2O \rightarrow 5H_2S + 2H_3PO_4$

14 금속나트륨, 금속칼륨 등을 보호액 속에 저장하는 이유로 가장 타당한 것은?

① 온도를 낮추기 위하여
② 승화하는 것을 막기 위하여
③ 공기와의 접촉을 막기 위하여
④ 운반 시 충격을 적게 하기 위하여

금속나트륨, 금속칼륨 등은 공기와 접촉하면 산화하여 표면에 Na_2O, $NaOH$, Na_2CO_3와 같은 물질로 피복되므로 보호액에 저장한다.

15 착화 온도가 낮아질 수 있는 요인으로 가장 적절한 것은?

① 발열량이 적을 때
② 압력이 높을 때
③ 습도가 높을 때
④ 산소와의 결합력이 나쁠 때

착화온도가 낮아진다는 것은 낮은 온도에서도 불이 잘 붙는다는 의미이다. 압력이 높아지면 입자끼리의 충돌이 빈번해져 불이 잘 붙게 된다.

16 위험물 판매취급소에 대한 설명으로 옳지 않은 것은?

① 제1종 판매취급소라 함은 저장 또는 취급하는 위험물의 수량이 지정수량의 20배 이하인 판매취급소를 말한다.
② 위험물을 배합하는 실의 바닥면적은 $6m^2$ 이상 $15m^2$ 이하이어야 한다.
③ 제1종 판매취급소는 건축물의 2층까지만 설치가 가능하다.
④ 판매취급소에서는 도료류 외의 제1석유류를 배합하거나 옮겨 담는 작업을 할 수 없다.

제1종 판매취급소는 건축물의 1층에 설치해야 한다.

17 다음 위험물 중 분자식이 C_3H_6O인 물질은 무엇인가?

① 에틸에테르   ② 아세트산
③ 아세톤   ④ 에틸알코올

① 에틸알코올 : C_2H_6O

```
      H  H
      |  |
  H − C − C − O − H
      |  |
      H  H
```

② 에틸에테르 : $C_4H_{10}O$
$CH_3 − CH_2 − O − CH_2CH_3$

③ 아세톤 : C_3H_6O

```
      H  O  H
      |  ||  |
  H − C − C − C − H
      |     |
      H     H
```

④ 아세트산 : $C_2H_4O_2$

```
      H  O
      |  ||
  H − C − C − O − H
      |
      H
```

18 할론 소화기의 소화약제의 구비조건으로 옳지 않은 것은?

① 기화되기 쉬울 것 ② 비점이 낮을 것

③ 불연성일 것 ④ 공기보다 가벼울 것

해설

할론 소화기의 소화약제는 공기보다 무거워야 한다.

19 다음의 물질 중 제1석유류가 아닌 것은?

① 등유 ② 벤젠

③ 메틸에틸케톤 ④ 톨루엔

해설

등유는 제2석유류이다.

대상물 구분 / 소화설비의 구분	건축물·그밖의공작물	전기설비	제1류 알칼리금속과산화물등	제1류 그밖의것	제2류 철분·금속분·마그네슘등	제2류 인화성고체	제2류 그밖의것	제3류 금수성물품	제3류 그밖의것	제4류위험물	제5류위험물	제6류위험물
옥내소화전 또는 옥외소화전 설비	○			○		○	○		○		○	○
스프링클러설비	○			○		○	○		○	△	○	○
물분무등소화설비 / 물분무소화설비	○	○		○		○	○		○	○	○	○
물분무등소화설비 / 포소화설비	○			○		○	○		○	○	○	○
물분무등소화설비 / 불활성가스소화설비		○				○				○		
물분무등소화설비 / 할로겐화합물소화설비		○				○				○		
분말소화설비 / 인산염류등	○	○		○		○				○		○
분말소화설비 / 탄산수소염류등		○	○		○	○		○		○		
분말소화설비 / 그 밖의 것			○		○			○				
대형·소형수동식소화기 / 봉상수(棒狀水) 소화기	○			○		○	○		○		○	○
대형·소형수동식소화기 / 무상수(霧狀水) 소화기	○	○		○		○	○		○		○	○
대형·소형수동식소화기 / 봉상강화액소화기	○			○		○	○		○		○	○
대형·소형수동식소화기 / 무상강화액소화기	○	○		○		○	○		○	○	○	○
대형·소형수동식소화기 / 포소화기	○			○		○	○		○	○	○	○
대형·소형수동식소화기 / 이산화탄소소화기		○				○				○		△
대형·소형수동식소화기 / 할로겐화합물소화기		○				○				○		
분말소화기 / 인산염류소화기	○	○		○		○				○		○
분말소화기 / 탄산수소염류소화기		○	○		○	○		○		○		
분말소화기 / 그 밖의 것			○		○			○				
기타 / 물통 또는 수조	○			○		○	○		○		○	○
기타 / 건조사			○	○	○	○	○	○	○	○	○	○
기타 / 팽창질석 또는 팽창진주암			○	○	○	○	○	○	○	○	○	○

20 이산화탄소 소화기가 적응성이 있는 경우로 옳은 것은?

① 전기설비화재에 유용하다.

② 마그네슘과 같은 금속분 화재 시 유용하다.

③ 자기반응성 물질의 화재 시 유용하다.

④ 알칼리금속 과산화물의 화재 시 유용하다.

해설

이산화탄소 소화기는 전기설비화재에 유용하다.

21 탄화칼슘에 대한 설명으로 옳은 것을 고르시오.

① 분자식은 CaC이다.

② 물과의 반응생성물에는 수산화칼슘이 포함된다.

③ 순수한 것은 흑회색의 불규칙한 덩어리이다.

④ 고온에서도 질소와는 반응하지 않는다.

해설

① 분자식은 CaC_2이다.

② 물과의 반응생성물에는 수산화칼슘이 포함된다.
  $CaC_2 + 2H_2O \rightarrow Ca(OH)_2 + C_2H_2$

③ 순수한 것은 백색 결정이고, 시판품은 흑회색의 불규칙한 덩어리이다.

④ 고온에서 질소와 반응하여 석회질소를 생성한다.

22 화재 시 이산화탄소를 방출하여 산소의 농도를 12vol%로 낮추어 소화를 하려면 공기 중 이산화탄소의 농도는 몇 vol%가 되어야 하는가?

① 28.1   ② 38.1
③ 42.9   ④ 48.4

해설
이산화탄소의 소화 농도

$$vol\% \; CO_2 = \frac{21 - vol\%O_2}{21} \times 100\%$$

$$= \frac{21 - 12}{21} \times 100\% = 42.9\%$$

23 메틸알코올의 비중이 0.8일 때, 메틸알코올의 지정수량을 kg 단위로 환산하면 얼마인가?

① 200kg   ② 320kg
③ 400kg   ④ 450kg

해설
메틸알코올의 지정수량 : 400L
$400L \times 0.8kg/L = 320kg$

24 트리니트로톨루엔(TNT)의 분자량을 구하시오.

① 217   ② 227
③ 289   ④ 265

해설

$C_7H_5N_3O_6$의 분자량 $= 12 \times 7 + 5 + 14 \times 3 + 16 \times 6 = 227$

25 위험물안전관리법령상 특수인화물의 정의로 알맞도록 ( ) 안에 들어갈 숫자를 차례대로 나열한 것은?

> "특수인화물"이라 함은 이황화탄소, 다이에틸에테르 그 밖에 1기압에서 발화점이 ( )℃ 이하인 것 또는 인화점이 영하 ( )℃ 이하이고 비점이 40℃ 이하인 것을 말한다.

① 100, 20   ② 25, 0
③ 100, 0   ④ 25, 20

해설
"특수인화물"이라고 함은 이황화탄소, 디에틸에테르, 그 밖에 1기압에서 발화점이 섭씨 100도 이하인 것 또는 인화점이 섭씨 영하 20도 이하이고 비점이 섭씨 40도 이하인 것을 말한다.

26 위험물안전관리법령상 염소화이소시아눌산은 몇 류 위험물인가?

① 제1류   ② 제2류
③ 제3류   ④ 제4류

해설
제1류 위험물의 행정안전부령으로 정하는 것에 해당된다.
제1류 위험물(행정안전부령으로 정하는 것)
1. 과요오드산염류
2. 과요오드산
3. 크롬, 납 또는 요오드의 산화물
4. 아질산염류
5. 차아염소산염류
6. 염소화이소시아눌산
7. 퍼옥소이황산염류
8. 퍼옥소붕산염류

27 다음 중 화재의 종류와 급수의 연결이 잘못된 것은?

① 섬유 화재 – K급 화재
② 일반 화재 – A급 화재
③ 유류 화재 – B급 화재
④ 전기 화재 – C급 화재

해설
- A급 화재 – 일반 화재
- B급 화재 – 유류 · 가스 화재
- C급 화재 – 전기 화재
- D급 화재 – 금속 화재
- K급 화재 – 주방 화재

28 정전기는 점화원으로 작용할 수 있다. 이에 대한 예방대책으로 옳지 않은 것은?

① 정전기 발생이 우려되는 장소에 접지시설을 한다.
② 실내의 공기를 이온화하여 정전기 발생을 억제한다.
③ 정전기는 습도가 낮을 때 많이 발생하므로 상대습도를 70% 이상으로 한다.
④ 전기의 저항이 큰 물질은 대전이 용이하므로 비전도체 물질을 사용한다.

해설
정전기 제거 방법
- 접지에 의한 방법
- 공기 중의 상대습도를 70% 이상으로 하는 방법
- 공기를 이온화하는 방법

29 다음 중 오존파괴지수(ODP)가 가장 큰 소화약제는?

① IG - 541
② Halon 2402
③ Halon 1211
④ Halon 1301

해설
ODP가 클수록 오존파괴 정도가 크다.
① IG - 541 : ODP 0
② Halon 2402 : ODP 6.0
③ Halon 1211 : ODP 3.0
④ Halon 1301 : ODP 10.0

30 알칼리금속의 과산화물에 적응성이 있는 소화설비는?

① 할로겐화합물 소화설비
② 탄산수소염류 분말소화설비
③ 물분무소화설비
④ 스프링클러설비

해설
제1류 위험물(알칼리금속의 과산화물등)에 대하여 적응성이 있는 소화설비

| 대상물의 구분 / 소화설비의 구분 | 건축물 · 그 밖의 공작물 | 전기설비 | 제1류 위험물 | | 제2류 위험물 | | | 제3류 위험물 | | 제4류 위험물 | 제5류 위험물 | 제6류 위험물 |
			알칼리금속과산화물등	그 밖의 것	철분 · 금속분 · 마그네슘등	인화성고체	그 밖의 것	금수성물품	그 밖의 것			
옥내소화전 또는 옥외소화전 설비	○			○		○	○		○		○	○
스프링클러설비	○			○		○	○		△	○	○	
물분무 소화설비	○	○		○		○	○		○	○	○	○
포소화설비	○			○		○	○		○	○	○	○
불활성가스 소화설비		○				○			○			
할로겐화합물 소화설비		○				○			○			
분말소화설비 인산염류 등	○	○		○		○	○			○		○
분말소화설비 탄산수소염류 등		○	○		○	○		○	○			
그 밖의 것			○		○			○				

31 탄산칼륨 등의 알칼리 금속염을 첨가하여 물의 소화능력을 향상시키고 동절기 또는 한랭지에서도 사용할 수 있도록 한 소화약제는 무엇인가?

① 강화액 소화약제
② 할로겐화합물 소화약제
③ 이산화탄소 소화약제
④ 포 소화약제

해설
강화액 소화약제는 물에 탄산칼륨(K_2CO_3)을 보강시켜 동절기 또는 한랭지에서도 사용할 수 있는 소화약제이다.

32 다음 중 분말소화약제를 방출시키기 위해 주로 사용되는 가압용 가스는?

① 산소
② 질소
③ 헬륨
④ 아르곤

해설

분말소화설비의 가압용가스 또는 축압용가스는 질소가스 또는 이산화탄소로 한다.

33 산소농도를 한계산소량 이하로 낮추어 연소를 중지시키는 소화방법을 무엇이라고 하는가?

① 냉각소화
② 제거소화
③ 억제소화
④ 질식소화

해설

산소농도를 한계산소량 이하로 낮추어 연소를 중지시키는 소화방법은 질식소화이다.

34 다음 중 이동탱크저장소에 위험물을 운송할 때 운송책임자의 감독·지원을 받아야 하는 위험물은?

① 특수인화물
② 알킬리튬
③ 질산구아니딘
④ 히드라진유도체

해설

알킬리튬과 알킬알루미늄 또는 이 중 어느 하나 이상을 함유한 것은 운송책임자의 감독, 지원을 받아야 한다.

35 수소화나트륨의 화재 시 사용하는 소화약제로 옳지 않은 것은?

① 물
② 건조사
③ 팽창질석
④ 팽창진주암

해설

- 수소화나트륨은 물과 반응하여 수산화나트륨과 수소를 발생한다.
  $NaH + H_2O \rightarrow NaOH + H_2$
- 제3류 위험물 금수성물질(수소화나트륨)에 대하여 적응성이 있는 소화설비

36 화약제조, 로켓추진제 등의 용도로 사용되며, 무색무취의 분자량이 약 122인 강산화성 위험물은 무엇인가?

① 과염소산나트륨
② 과산화바륨
③ 염소산바륨
④ 아염소산나트륨

해설

위험물의 분자량
① 과염소산나트륨 : $NaClO_4 = 23 + 35.5 + 16 \times 4 = 122.5$
② 과산화바륨 : $BaO_2 = 137 + 16 \times 2 = 169$
③ 염소산바륨 : $Ba(ClO_3)_2 = 137 + (35.5 + 16 \times 3) \times 2 = 304$
④ 아염소산나트륨 : $NaClO_2 = 23 + 35.5 + 16 \times 2 = 90.5$

소화설비의 구분		건축물·그 밖의 공작물	전기설비	제1류 위험물 알칼리금속과산화물등	제1류 위험물 그 밖의 것	제2류 위험물 철분·금속분·마그네슘등	제2류 위험물 인화성고체	제2류 위험물 그 밖의 것	제3류 위험물 금수성물품	제3류 위험물 그 밖의 것	제4류 위험물	제5류 위험물	제6류 위험물
옥내소화전 또는 옥외소화전 설비		O			O		O	O		O		O	O
스프링클러설비		O			O		O	O		O	△	O	O
물분무등소화설비	물분무소화설비	O	O		O		O	O		O	O	O	O
	포소화설비	O			O		O	O		O	O	O	O
	불활성가스소화설비		O				O				O		
	할로겐화합물소화설비		O				O				O		
	분말소화설비 인산염류등	O	O		O		O	O			O		O
	분말소화설비 탄산수소염류등		O	O		O		O		O	O		
	분말소화설비 그 밖의 것			O		O				O			
대형·소형수동식소화기	봉상수(棒狀水) 소화기	O			O		O	O		O		O	O
	무상수(霧狀水) 소화기	O	O		O		O	O		O		O	O
	봉상강화액소화기	O			O		O	O		O		O	O
	무상강화액소화기	O	O		O		O	O		O	O	O	O
	포소화기	O			O		O	O		O	O	O	O
	이산화탄소소화기		O				O				O		△
	할로겐화합물소화기		O				O				O		
	분말소화기 인산염류소화기	O	O		O		O	O			O		O
	분말소화기 탄산수소염류소화기		O	O		O		O		O	O		
	분말소화기 그 밖의 것			O		O				O			
기타	물통 또는 수조	O			O		O	O		O		O	O
	건조사			O	O	O	O	O	O	O	O	O	O
	팽창질석 또는 팽창진주암			O	O	O	O	O	O	O	O	O	O

37 연면적이 1,000m² 이상이고, 지정수량의 100배 이상의 위험물을 취급하며, 지반면으로부터 6m 이상의 높이에 위험물 취급설비가 있는 제조소의 소화난이도등급으로 옳은 것은?

① 소화난이도등급 I
② 소화난이도등급 II
③ 소화난이도등급 III
④ 제시된 조건으로 판단 불가

해설

소화난이도등급 I 에 해당하는 제조소

제조소 등의 구분	제조소 등의 규모, 저장 또는 취급하는 위험물의 품명 및 최대수량 등
제조소 일반취급소	연면적 1,000m² 이상인 것
	지정수량의 100배 이상인 것(고인화점위험물만을 100℃ 미만의 온도에서 취급하는 것 및 제48조의 위험물을 취급하는 것은 제외)
	지반면으로부터 6m 이상의 높이에 위험물 취급설비가 있는 것(고인화점위험물만을 100℃ 미만의 온도에서 취급하는 것은 제외)
	일반취급소로 사용되는 부분 외의 부분을 갖는 건축물에 설치된 것(내화구조로 개구부 없이 구획된 것, 고인화점위험물만을 100℃ 미만의 온도에서 취급하는 것 및 별표 16의 2의 화학실험의 일반취급소는 제외)

38 소화설비의 소요단위 판단기준에 대한 설명으로 옳은 것은?

① 위험물은 지정수량의 100배를 1소요단위로 한다.
② 저장소용 건축물로 외벽이 내화구조인 것은 연면적 100m²를 1소요단위로 한다.
③ 제조소용 건축물로 외벽이 내화구조가 아닌 것은 연면적 50m²를 1소요단위로 한다.
④ 저장소용 건축물로 외벽이 내화구조가 아닌 것은 연면적 25m²를 1소요단위로 한다.

해설

1소요단위의 기준

구분	외벽이 내화구조인 것	외벽이 내화구조가 아닌 것
제조소 · 취급소용 건축물	연면적 100m²	연면적 50m²
저장소용 건축물	연면적 150m²	연면적 75m²
위험물	지정수량의 10배	

39 하나의 옥내저장소에 서로 1m 이상의 간격을 두어도 함께 저장할 수 없는 조합은?

① 제1류 위험물과 제3류 위험물 중 자연발화성 물질(황린 또는 이를 함유한 것에 한한다)
② 제4류 위험물과 제2류 위험물 중 인화성 고체
③ 제1류 위험물과 제4류 위험물
④ 제1류 위험물과 제6류 위험물

해설

1m 이상의 간격을 두어 동일한 저장소에 유별이 다른 위험물을 저장할 수 있는 경우
- 제1류 위험물(알칼리금속의 과산화물 또는 이를 함유한 것 제외)과 제5류 위험물을 저장하는 경우
- 제1류 위험물과 제6류 위험물을 저장하는 경우
- 제1류 위험물과 제3류 위험물 중 자연발화성 물질(황린 또는 이를 함유한 것에 한함)을 저장하는 경우
- 제2류 위험물 중 인화성고체와 제4류 위험물을 저장하는 경우
- 제3류 위험물 중 알킬알루미늄등과 제4류 위험물(알킬알루미늄 또는 알킬리튬을 함유한 것에 한함)을 저장하는 경우
- 제4류 위험물 중 유기과산화물 또는 이를 함유하는 것과 제5류 위험물 중 유기과산화물 또는 이를 함유한 것을 저장하는 경우

정답 **37** ① **38** ③ **39** ③

40 소화약제 방출구를 탱크 안의 윗부분에 설치한 탱크의 공간용적은 당해 소화설비의 소화약제방출구 아래의 어느 범위의 면으로부터 윗부분의 용적으로 하는가?

① 0.1m 이상 0.5m 미만 사이의 면

② 0.3m 이상 1m 미만 사이의 면

③ 0.5m 이상 1m 미만 사이의 면

④ 0.5m 이상 1.5m 미만 사이의 면

해설

탱크의 공간용적은 탱크의 내용적의 100분의 5 이상 100분의 10 이하의 용적으로 한다. 다만, 소화설비(소화약제 방출구를 탱크안의 윗부분에 설치하는 것에 한함)를 설치하는 탱크의 공간용적은 당해 소화설비의 소화약제방출구 아래의 0.3미터 이상 1미터 미만 사이의 면으로부터 윗부분의 용적으로 한다.

41 니트로화합물의 지정수량은 얼마인가?

① 10kg

② 100kg

③ 150kg

④ 200kg

해설

니트로화합물의 지정수량은 200kg이다.

42 다음 중 위험물안전관리법령상 위험물에 해당하는 것은 무엇인가?

① 황산

② 비중이 1.43인 질산

③ 53μm의 표준체를 통과하는 것이 50중량% 미만인 철의 분말

④ 농도가 40wt%인 과산화수소

해설

위험물의 기준
- 황산 : 위험물이 아니다.
- 질산 : 비중이 1.49 이상인 것에 한한다.
- 철분 : 철의 분말로서 53마이크로미터의 표준체를 통과하는 것이 50중량퍼센트 미만인 것은 제외한다.
- 과산화수소 : 농도가 36중량% 이상인 것에 한한다.

43 유별이 다른 위험물을 함께 운반할 경우 제5류 위험물과 혼재 가능한 위험물은? (단, 각 지정수량은 10배 이상이다.)

① 제1류 위험물

② 제2류 위험물

③ 제3류 위험물

④ 제6류 위험물

해설

유별을 달리하는 위험물의 혼재기준([별표 19] 관련)

위험물의 구분	제1류	제2류	제3류	제4류	제5류	제6류
제1류		×	×	×	×	○
제2류	×		×	○	○	×
제3류	×	×		○	×	×
제4류	×	○	○		○	×
제5류	×	○	×	○		×
제6류	○	×	×	×	×	

44 열의 이동원리 중 복사에 관한 예로 적절치 않은 것은?

① 그늘이 시원한 이유

② 더러운 눈이 빨리 녹는 현상

③ 보온병 내부를 거울벽으로 만드는 것

④ 해풍과 육풍이 일어나는 원리

해설

해풍과 육풍이 일어나는 원리는 대류에 관한 예이다.

열의 이동원리
- 전도 : 물질이 직접 이동하지 않고, 물체에서 이웃한 분자들의 연속적 충돌에 의해 열이 전달되는 현상으로 주로 고체의 열 이동 방법
- 대류 : 액체나 기체 상태의 분자가 직접 이동하면서 열을 전달하는 현상
- 복사 : 열을 전달해주는 물질 없이 열에너지가 직접 전달되는 현상

정답 | 40 ② 41 ④ 42 ④ 43 ② 44 ④

45 과염소산에 대한 설명으로 옳지 않은 것은?

① 휘발성이 강한 가연성물질이다.
② 철, 아연, 구리와 격렬하게 반응한다.
③ 증기비중은 약 3.5이다.
④ 산화제로 이용된다.

해설

과염소산은 불연성 물질이다.

46 다음 중 저장창고 바닥을 물이 스며 나오거나 스며들지 아니하는 구조로 해야 하는 위험물이 아닌 것은?

① 제1류 위험물 중 알칼리금속의 과산화물
② 제4류 위험물
③ 제5류 위험물
④ 제2류 위험물 중 철분

해설

저장창고 바닥을 물이 스며 나오거나 스며들지 아니하는 구조로 해야 하는 위험물
• 제1류 위험물 중 알칼리금속의 과산화물 또는 이를 함유하는 것
• 제2류 위험물 중 철분 · 금속분 · 마그네슘 또는 이중 어느 하나 이상을 함유하는 것
• 제3류 위험물 중 금수성물질
• 제4류 위험물

47 다음 중 질산에스테르류에 속하지 않는 위험물은?

① 니트로셀룰로오스　② 질산에틸
③ 니트로글리세린　④ 디니트로페놀

해설

디니트로페놀은 니트로화합물이다.

48 위험물을 저장하는 간이탱크저장소의 구조 기준으로 옳은 것은?

① 탱크의 두께 2.5mm 이상, 용량 600L 이하
② 탱크의 두께 2.5mm 이상, 용량 800L 이하
③ 탱크의 두께 3.2mm 이상, 용량 600L 이하
④ 탱크의 두께 3.2mm 이상, 용량 800L 이하

해설

• 간이저장탱크는 두께 3.2mm 이상의 강판으로 흠이 없도록 제작하여야 하며, 70kPa의 압력으로 10분간의 수압시험을 실시하여 새거나 변형되지 아니하여야 한다.
• 간이저장탱크의 용량은 600L 이하이어야 한다.

49 니트로셀룰로오스 화재 시 적응성 있는 소화방법으로 옳은 것은?

① 할로겐화합물 소화기를 사용한다.
② 분말소화기를 사용한다.
③ 이산화탄소 소화기를 사용한다.
④ 다량의 물을 사용한다.

해설

유기과산화물은 자체적으로 산소를 가지고 있기 때문에 질식소화는 효과가 없고 물을 이용하여 냉각소화하는 것이 유효하다.

50 위험물안전관리법령상 위험물옥외저장소에 저장을 허가받을 수 있는 위험물은? (단, 국제해상위험물규칙에 적합한 용기에 수납하는 경우를 제외한다.)

① 칼륨
② 알코올류
③ 특수인화물
④ 무기과산화물

해설

① 칼륨 : 제3류 위험물
② 알코올류 : 제4류 위험물
③ 특수인화물 : 제4류 위험물
④ 무기과산화물 : 제1류 위험물

옥외저장소에 저장을 허가받을 수 있는 위험물
- 제2류 위험물 중 유황 또는 인화성 고체(인화점이 섭씨 0도 이상인 것에 한한다)
- 제4류 위험물 중 제1석유류(인화점이 섭씨 0도 이상인 것에 한한다)·알코올류·제2석유류·제3석유류·제4석유류 및 동식물유류
- 제6류 위험물
- 제2류 위험물 및 제4류 위험물중 특별시·광역시 또는 도의 조례에서 정하는 위험물(「관세법」 제154조의 규정에 의한 보세구역안에 저장하는 경우에 한한다)
- 「국제해사기구에 관한 협약」에 의하여 설치된 국제해사기구가 채택한 「국제해상위험물규칙」(IMDG Code)에 적합한 용기에 수납된 위험물

51 위험물안전관리법령상 옥내저장탱크와 탱크전용실의 벽과의 사이는 몇 m 이상의 간격을 두어야 하는가?

① 0.5
② 1
③ 1.5
④ 2

해설

옥내저장탱크와 탱크전용실의 벽과의 사이 및 옥내저장탱크의 상호 간에는 0.5m 이상의 간격을 유지해야 한다.

52 다음 중 분진폭발 발생 위험성이 가장 낮은 것은?

① 밀가루
② 알루미늄분말
③ 모래
④ 석탄

해설

- 분진폭발을 일으키는 물질 : 밀가루, 석탄가루, 먼지, 전분, 플라스틱 분말, 금속분 등
- 분진폭발을 일으키지 않는 물질 : 석회석 가루(생석회), 시멘트 가루, 대리석 가루, 탄산칼슘 등

53 제6류 위험물이 아닌 것은?

① H_3PO_4
② IF_5
③ BrF_5
④ BrF_3

해설

제6류 위험물(산화성 액체)
- 과염소산($HClO_4$)
- 과산화수소(H_2O_2)
- 질산(HNO_3)
- 그 밖에 행정안전부령으로 정하는 것 : 할로겐간화합물

54 위험물안전관리법상 지하저장탱크와 탱크전용실의 안쪽과의 사이는 몇 m 이상의 간격을 두어야 하는가?

① 0.1m
② 0.2m
③ 0.3m
④ 0.5m

해설

지하저장탱크와 탱크전용실 안쪽과의 사이는 0.1m 이상의 간격을 유지한다.

55 크레오소트유에 대한 설명으로 옳지 않은 것은?

① 제3석유류에 속한다.
② 무취이고 증기는 독성이 없다.
③ 상온에서 액체이다.
④ 물보다 무겁고 물에 녹지 않는다.

해설

크레오소트유(타르유)는 자극성 냄새가 나고, 증기는 독성이 있다.

정답 50 ② 51 ① 52 ③ 53 ① 54 ① 55 ②

56 등유를 저장하는 옥외저장탱크의 반지름이 5m 이고, 높이가 18m일 때 탱크 옆판으로부터 방유제까지 두어야 하는 거리는 몇 m 이상이어야 하는가?

① 4   ② 5
③ 6   ④ 7

해설

옥외저장탱크의 옆판으로부터 방유제까지의 거리(단, 인화점이 200℃ 이상인 위험물은 제외)
• 지름이 15m 미만인 경우에는 탱크 높이의 3분의 1 이상
• 지름이 15m 이상인 경우에는 탱크 높이의 2분의 1 이상
  → 지름이 10m이므로 탱크 높이의 3분의 1 이상의 거리를 둔다.
18m×1/3 = 6m 이상

57 에틸알코올 두 분자에서 물이 빠지면서 축합반응이 일어나 생성되는 물질로, 분자량이 약 74, 비중이 약 0.71인 물질은?

① $C_2H_5OC_2H_5$ ② C_2H_5OH
③ C_6H_5OH ④ CS_2

해설

에탄올의 축합반응으로 디에틸에테르 생성

$$CH_3 - CH_2 + OH \quad H + O - CH_2CH_3$$
$$\downarrow$$
$$CH_3 - CH_2 - O - CH_2CH_3 + H_2O$$

58 위험물안전관리법령상 질산에스테르류에 속하지 않는 것은?

① 질산에틸   ② 니트로글리세린
③ 니트로톨루엔   ④ 니트로셀룰로스

해설

니트로톨루엔은 제4류 위험물이다.

59 위험물안전관리법령에 따른 위험물 운송에 관한 설명 중 옳지 않은 것은?

① 알킬리튬과 알킬알루미늄 또는 이중 어느 하나 이상을 함유한 것은 운송책임자의 감독·지원을 받아야 한다.
② 이동탱크저장소에 의하여 위험물을 운송할 때의 운송 책임자에는 법정의 교육을 이수하고 관련 업무에 2년 이상 경력이 있는 자도 포함된다.
③ 서울에서 부산까지 금속의 인화물 300kg을 1명의 운전자가 휴식 없이 운송해도 규정위반이 아니다.
④ 운송책임자의 감독 또는 지원 방법에는 동승하는 방법과 별도의 사무실에서 대기하면서 규정된 사항을 이행하는 방법이 있다.

해설

• 서울에서 부산까지 금속의 인화물(제3류 위험물) 300kg을 1명의 운전자가 휴식 없이 운송하면 규정 위반이다.
• 위험물운송자는 장거리(고속도로에 있어서는 340km 이상, 그 밖의 도로에 있어서는 200km 이상을 말한다)에 걸치는 운송을 하는 때에는 2명 이상의 운전자로 할 것. 다만, 다음의 1에 해당하는 경우에는 그러하지 아니하다.
  1) 운송책임자를 동승시켜 운송 중인 위험물의 안전확보에 관하여 운전자에게 필요한 감독 또는 지원을 하는 경우
  2) 운송하는 위험물이 제2류 위험물·제3류 위험물(칼슘 또는 알루미늄의 탄화물과 이것만을 함유한 것에 한함) 또는 제4류 위험물(특수인화물을 제외)인 경우
  3) 운송도중에 2시간 이내마다 20분 이상씩 휴식하는 경우

60 다음 (   ) 안에 적합한 숫자를 차례대로 나열한 것은?

자연발화성 물질 중 알킬알루미늄 등은 운반용기의 내용적의 (   )% 이하의 수납률로 수납하되, 50℃의 온도에서 (   )% 이상의 공간용적을 유지하도록 할 것

① 90, 5   ② 90, 10
③ 95, 5   ④ 95, 10

해설

자연발화성물질 중 알킬알루미늄 등은 운반용기의 내용적의 90% 이하의 수납률로 수납하되, 50℃의 온도에서 5% 이상의 공간용적을 유지하도록 할 것

01 다음 중 증기비중이 가장 큰 위험물은?

① 벤젠
② 등유
③ 메틸알코올
④ 디에틸에테르

해설

① 벤젠(C_6H_6) = $(12×6+6)/29 = 2.68$
② 등유 = 4~5
③ 디에틸에테르($C_2H_5OC_2H_5$) = $(12×4+10+16)/29 = 2.55$
④ 메틸알코올(CH_3OH) = $(12+4+16)/29 = 1.10$

02 소화전용 물통 8L의 능력단위는?

① 0.3
② 0.5
③ 1.0
④ 1.4

해설

소화설비별 용량 및 능력단위

소화설비	용량	능력단위
소화전용 물통	8L	0.3
수조(소화전용물통 3개 포함)	80L	1.5
수조(소화전용물통 6개 포함)	190L	2.5
마른 모래(삽 1개 포함)	50L	0.5
팽창질석 또는 팽창진주암(삽 1개 포함)	160L	1.0

03 아세톤의 특성에 대한 설명으로 가장 적절한 것은?

① 자연발화성 때문에 유기용제로서 사용할 수 없다.
② 무색, 무취이고 겨울철에 쉽게 응고한다.
③ 증기비중은 약 0.79이고 요오드포름 반응을 한다.
④ 물에 잘 녹으며 끓는점이 60℃보다 낮다.

해설

① 유기용제로 사용한다.
② 자극성 냄새를 갖는다.
③ 증기비중은 약 2이다.
• 증기비중 = 58(CH_3COCH_3의 분자량)/29(공기의 분자량) = 2

04 다음의 위험물을 위험등급 Ⅰ부터 Ⅲ의 순서로 차례대로 나열한 것은?

황린, 인화칼슘, 리튬

① 황린, 인화칼슘, 리튬
② 황린, 리튬, 인화칼슘
③ 인화칼슘, 황린, 리튬
④ 인화칼슘, 리튬, 황린

해설

• 위험등급Ⅰ : 황린
• 위험등급Ⅱ : 리튬
• 위험등급Ⅲ : 인화칼슘

05 제조소에서 취급하는 제4류 위험물의 최대수량의 합이 지정수량의 24만배 이상 48만배 미만의 사업소의 화학소방자동차 및 인원의 기준으로 옳은 것은?

① 2대, 4인 ② 2대, 12인
③ 3대, 15인 ④ 3대, 24인

해설

자체소방대에 두는 화학소방차 및 인원

사업소의 구분	화학소방자동차	자체소방대원의 수
1. 제조소 또는 일반취급소에서 취급하는 제4류 위험물의 최대수량의 합이 지정수량의 3천배 이상 12만배 미만인 사업소	1대	5인
2. 제조소 또는 일반취급소에서 취급하는 제4류 위험물의 최대수량의 합이 지정수량의 12만배 이상 24만배 미만인 사업소	2대	10인
3. 제조소 또는 일반취급소에서 취급하는 제4류 위험물의 최대수량의 합이 지정수량의 24만배 이상 48만배 미만인 사업소	3대	15인
4. 제조소 또는 일반취급소에서 취급하는 제4류 위험물의 최대수량의 합이 지정수량의 48만배 이상인 사업소	4대	20인
5. 옥외탱크저장소에 저장하는 제4류 위험물의 최대수량이 지정수량의 50만배 이상인 사업소	2대	10인

06 위험물 유별과 이동저장탱크의 외부 도장 색상과의 연결이 적합하지 않은 것은?

① 제2류 - 적색 ② 제3류 - 청색
③ 제5류 - 황색 ④ 제6류 - 회색

해설

위험물 이동저장탱크의 외부 도장 색상

유별	외부 도장 색상
1류	회색
2류	적색
3류	청색
4류	적색(권장)
5류	황색
6류	청색

07 위험물안전관리법령상 제5류 위험물의 화재 시 적응성이 있는 소화설비는?

① 분말소화설비
② 물분무소화설비
③ 불활성가스소화설비
④ 할로겐화합물소화설비

해설

제5류 위험물에 대하여 적응성이 있는 소화설비

소화설비의 구분	건축물·그 밖의 공작물	전기설비	제1류 위험물 알칼리금속과산화물 등	제1류 위험물 그 밖의 것	제2류 위험물 철분·금속분·마그네슘 등	제2류 위험물 인화성고체	제2류 위험물 그 밖의 것	제3류 위험물 금수성물품	제3류 위험물 그 밖의 것	제4류 위험물	제5류 위험물	제6류 위험물
옥내소화전 또는 옥외소화전 설비	○			○		○	○		○		○	○
스프링클러설비	○			○		○	○		○	△	○	○
물분무등소화설비 - 물분무 소화설비	○	○		○		○	○		○	○	○	○
물분무등소화설비 - 포소화설비	○			○		○	○		○	○	○	○
물분무등소화설비 - 불활성가스 소화설비		○				○				○		
물분무등소화설비 - 할로겐화합물 소화설비		○				○				○		
물분무등소화설비 - 분말소화설비 인산염류 등	○	○		○		○	○			○		○
물분무등소화설비 - 분말소화설비 탄산수소염류 등		○	○		○	○		○		○		
물분무등소화설비 - 분말소화설비 그 밖의 것			○		○			○				

08 주유취급소에 〈보기〉와 같이 간이탱크, 폐유탱크, 전용탱크를 설치하였을 때, 최대로 저장·취급할 수 있는 용량(L)은 얼마인가? (단, 고속도로 외의 도로변에 설치하는 자동차용 주유취급소인 경우이다.)

┤ 보기 ├
- 간이탱크 : 2기
- 폐유탱크 등 : 1기
- 고정주유설비 및 급유설비를 접속하는 전용탱크 : 2기

① 103,200L
② 104,500L
③ 123,200L
④ 124,200L

해설

간이탱크저장소 및 주유취급소 탱크 용량 기준
- 간이저장탱크의 용량은 600L 이하
- 자동차 등을 점검·정비하는 작업장 등(주유취급소안에 설치된 것에 한한다)에서 사용하는 폐유·윤활유 등의 위험물을 저장하는 탱크로서 용량(2 이상 설치하는 경우에는 각 용량의 합계를 말한다)이 2,000L 이하
- 자동차 등에 주유하기 위한 고정주유설비에 직접 접속하는 전용탱크로서 50,000L 이하
- 고정급유설비에 직접 접속하는 전용탱크로서 50,000L 이하
  → 간이탱크 2기(600L×2)+폐유탱크 1기(2,000L)+전용탱크 2기(50,000L×2) = 103,200L

09 위험물안전관리법령에 따른 판매취급소에 대한 정의로 알맞도록 ( )을 채우시오.

판매취급소라 함은 점포에서 위험물을 용기에 담아 판매하기 위하여 지정수량의 (㉮)배 이하의 위험물을 (㉯)하는 장소

① ㉮ : 20   ㉯ : 취급
② ㉮ : 40   ㉯ : 취급
③ ㉮ : 20   ㉯ : 저장
④ ㉮ : 40   ㉯ : 저장

해설

판매취급소라 함은 점포에서 위험물을 용기에 담아 판매하기 위하여 지정수량의 40배 이하의 위험물을 취급하는 장소이다.

10 과산화수소의 운반용기 외부에 표시하여야 하는 주의사항은?

① 화기주의
② 충격주의
③ 물기엄금
④ 가연물 접촉주의

해설

과산화수소는 제6류 위험물이다.

유별		외부 표시 주의사항
제1류	알칼리금속의 과산화물	• 화기·충격주의 • 물기엄금 • 가연물 접촉주의
	그 밖의 것	• 화기·충격주의 • 가연물 접촉주의
제2류	철분·금속분·마그네슘	• 화기주의 • 물기엄금
	인화성 고체	• 화기엄금
	그 밖의 것	• 화기주의
제3류	자연발화성 물질	• 화기엄금 • 공기접촉엄금
	금수성 물질	• 물기엄금
제4류		• 화기엄금
제5류		• 화기엄금 • 충격주의
제6류		• 가연물 접촉주의

11 부착장소의 평상시 최고주위온도가 39℃ 미만인 경우 스프링클러헤드의 표시온도의 설치기준으로 옳은 것은?

① 79℃ 미만
② 79℃ 이상 121℃ 미만
③ 121℃ 이상 162℃ 미만
④ 162℃ 이상

해설

스프링클러헤드의 설치기준

부착장소의 최고주위온도	표시온도
28℃ 미만	58℃ 미만
28℃ 이상 39℃ 미만	58℃ 이상 79℃ 미만
39℃ 이상 64℃ 미만	79℃ 이상 121℃ 미만
64℃ 이상 106℃ 미만	121℃ 이상 162℃ 미만
106℃ 이상	162℃ 이상

정답   08 ①   09 ②   10 ④   11 ①

12 옥내저장소에 제4류 위험물 중 제3석유류, 제4석유류 및 동식물유류를 수납하는 용기만을 겹쳐 쌓는 경우 그 높이는 몇 m를 초과하지 않아야 하는가?

① 3m ② 4m
③ 5m ④ 6m

해설

옥내저장소에서 위험물을 겹쳐쌓아 저장하는 경우 높이 기준
• 기계에 의하여 하역하는 구조로 된 용기만을 겹쳐 쌓는 경우에 있어서는 6m를 초과하지 않는다.
• 제4류 위험물 중 제3석유류, 제4석유류 및 동식물유류를 수납하는 용기만을 겹쳐 쌓는 경우에 있어서는 4m를 초과하지 않는다.
• 그 밖의 경우에 있어서는 3m를 초과하지 않는다.

13 질산의 비중이 1.5일 때, 1소요단위는 몇 L인가?

① 150 ② 200
③ 1,500 ④ 2,000

해설

• 위험물은 지정수량의 10배를 1소요단위로 한다.
• 질산의 지정수량 = 300kg
• 질산의 1소요단위 = 300kg × 10 = 3,000kg
• 질산의 1소요단위의 부피 = $3,000kg \times \dfrac{1L}{1.5kg}$ = 2,000L

14 질화면의 특성에 대한 설명 중 옳은 것은?

① 외관상 솜과 같은 진한 갈색의 물질이다.
② 질화도가 클수록 아세톤에 녹기 힘들다.
③ 질화도가 클수록 폭발성이 크다.
④ 수분을 많이 포함할수록 폭발성이 크다.

해설

① 백색 또는 담황색의 면상 물질이다.
② 질화면은 아세톤에 녹는다.
④ 물 또는 알코올에 습면하여 저장·운반한다.

15 위험물제조소 등의 위험물안전관리자의 선임시기는?

① 위험물제조소 등의 완공검사를 받은 후 즉시
② 위험물제조소 등의 허가 신청 전
③ 위험물제조소 등의 설치를 마치고 완공검사를 신청하기 전
④ 위험물제조소 등의 위험물을 저장 또는 취급하기 전

해설

위험물의 취급에 관한 안전관리와 감독에 관한 업무를 수행하기 위해 위험물제조소 등의 위험물을 저장 또는 취급하기 전에 선임한다.

16 다음의 위험물을 저장할 때 필요한 보호물질을 적절하게 연결한 것은?

① 황린 – 석유 ② 금속칼륨 – 에틸알코올
③ 이황화탄소 – 물 ④ 금속나트륨 – 산소

해설

① 황린 – 물
② 금속칼륨 – 등유, 경유, 유동파라핀
④ 금속나트륨 – 등유, 경유, 유동파라핀

정답 12 ② 13 ④ 14 ③ 15 ④ 16 ③

17 위험물저장탱크 중 부상지붕구조의 탱크 직경이 53m 이상 60m 미만인 경우 고정식 포소화설비의 포방출구의 종류로 옳은 것은?

① Ⅰ형 방출구　　② Ⅱ형 방출구
③ Ⅲ형 방출구　　④ 특형 방출구

해설

탱크의 구조 및 포방출구의 종류	포방출구의 개수			
	고정지붕구조		부상덮개부착 고정지붕구조	부상지붕구조
탱크 직경	Ⅰ형 또는 Ⅱ형	Ⅲ형 또는 Ⅳ형	Ⅱ형	특형
13m 미만	2	1	2	2
13m 이상 19m 미만	2	1	3	3
19m 이상 24m 미만	2	1	4	4
24m 이상 35m 미만	2	2	5	5
35m 이상 42m 미만	3	3	6	6
42m 이상 46m 미만	4	4	7	7
46m 이상 53m 미만	6	6	8	8
53m 이상 60m 미만	8	8	10	8
60m 이상 67m 미만	왼쪽란에 해당하는 직경의 탱크에는 Ⅰ형 또는 Ⅱ형의 포방출구를 8개 설치하는 것 외에, 오른쪽란에 표시한 직경에 따른 포방출구의 수에서 8을 뺀 수의 Ⅲ형 또는 Ⅳ형의 포방출구를 폭 30m의 환상부분을 제외한 중심부의 액표면에 방출할 수 있도록 추가로 설치할 것	10		10
67m 이상 73m 미만		12		
73m 이상 79m 미만		14		12
79m 이상 85m 미만		16		
85m 이상 90m 미만		18		14
90m 이상 95m 미만		20		
95m 이상 99m 미만		22		16
99m 이상		24		18

(주)Ⅲ형의 포방출구를 이용하는 것을 온도 20℃의 물 100g에 용해되는 양이 1g 미만인 위험물(이하 "비수용성"이라 한다) 이면서 저장온도가 50℃ 이하 또는 동점도(動粘度)가 100cSt 이하인 위험물을 저장 또는 취급하는 탱크에 한하여 설치 가능하다.

18 다음 2가지 물질을 섞었을 때 수소가 발생하는 것은?

① 칼륨과 에틸알코올
② 과산화마그네슘과 염화수소
③ 과산화칼륨과 탄산가스
④ 오황화린과 물

해설

① $2K + 2C_2H_5OH \rightarrow 2C_2H_5OK + H_2$
② $MgO_2 + 2HCl \rightarrow MgCl_2 + H_2O_2$
③ $2K_2O_2 + 2CO_2 \rightarrow 2K_2CO_3 + O_2$
④ $P_2S_5 + 8H_2O \rightarrow 5H_2S + 2H_3PO_4$

19 옥외저장소에 지반면에 설치한 경계표시의 안쪽에서 덩어리 상태의 유황만을 저장할 경우 하나의 경계표시의 내부면적은 몇 m² 이하이어야 하는가?

① $75m^2$　　② $100m^2$
③ $150m^2$　　④ $300m^2$

해설

옥외저장소 중 덩어리 상태의 유황만을 지반면에 설치한 경계표시의 안쪽에서 저장 또는 취급하는 것
- 하나의 경계표시의 내부의 면적은 100m² 이하일 것
- 2 이상의 경계표시를 설치하는 경우에 있어서는 각각의 경계표시 내부의 면적을 합산한 면적은 1,000m² 이하로 하고, 인접하는 경계표시와 경계표시와의 간격을 제1호 라목의 규정에 의한 공지의 너비의 2분의 1 이상으로 할 것. 다만, 저장 또는 취급하는 위험물의 최대수량이 지정수량의 200배 이상인 경우에는 10m 이상으로 하여야 한다. 다. 경계표시는 불연재료로 만드는 동시에 유황이 새지 아니하는 구조로 할 것
- 경계표시의 높이는 1.5m 이하로 할 것
- 경계표시에는 유황이 넘치거나 비산하는 것을 방지하기 위한 천막 등을 고정하는 장치를 설치하되, 천막 등을 고정하는 장치는 경계표시의 길이 2m마다 한 개 이상 설치할 것
- 유황을 저장 또는 취급하는 장소의 주위에는 배수구와 분리장치를 설치할 것

20 다음 중 분말소화기의 소화약제가 아닌 것은?

① 탄산수소나트륨　　② 탄산수소칼륨
③ 과산화나트륨　　　④ 인산암모늄

해설

종류	주성분
제1종 분말약제	$NaHCO_3$
제2종 분말약제	$KHCO_3$
제3종 분말약제	$NH_4H_2PO_4$
제4종 분말약제	$KHCO_3 + (NH_2)_2CO$

21 제조소 등에서 위험물을 유출시켜 사람의 신체 또는 재산에 위험을 발생시킨 자에 대한 벌칙기준은?

① 1년 이상 3년 이하의 징역
② 1년 이상 5년 이하의 징역
③ 1년 이상 7년 이하의 징역
④ 1년 이상 10년 이하의 징역

해설

1년 이상 10년 이하의 징역에 처한다.

22 위험물의 종류에 따른 주의사항 게시판이 올바르게 연결된 것은?

① 제2류 위험물(인화성 고체 제외) - 화기엄금
② 제3류 위험물 중 금수성물질 - 물기엄금
③ 제4류 위험물 - 화기주의
④ 제5류 위험물 - 물기엄금

해설

위험물 종류	주의사항 게시판	색상 기준
• 제1류 위험물 중 알칼리금속의 과산화물과 이를 함유한 것 • 제3류 위험물 중 금수성물질	물기엄금	• 청색바탕 • 백색문자
• 제2류 위험물(인화성 고체를 제외)	화기주의	
• 제2류 위험물 중 인화성 고체 • 제3류 위험물 중 자연발화성 물질 • 제4류 위험물 • 제5류 위험물	화기엄금	• 적색바탕 • 백색문자

23 과염소산 특징에 대한 설명으로 옳지 않은 것은?

① 물과 접촉하면 발열한다.
② 불연성이지만 유독성이 있다.
③ 증기비중은 약 3.5이다.
④ 산화제이므로 쉽게 산화할 수 있다.

해설

과염소산은 산화제이므로 다른 물질을 산화시키고, 자신은 환원된다.

24 위험물안전관리법령상 옥내저장탱크 상호 간에는 몇 m 이상의 간격을 유지하여야 하는가?

① 0.3　　　　　　② 0.5
③ 0.7　　　　　　④ 1.0

해설

옥내저장탱크와 탱크전용실의 벽과의 사이 및 옥내저장탱크의 상호 간에는 0.5m 이상의 간격을 유지해야 한다.

25 피크르산 제조에 사용되는 물질은?

① C_6H_6　　　　　② $C_6H_5CH_3$
③ $C_3H_5(OH)_3$　　④ C_6H_5OH

해설

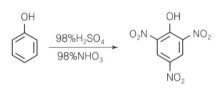

[페놀]　　　　　　　　　[트리니트로페놀(피크르산)]

정답 20 ③　21 ④　22 ②　23 ④　24 ②　25 ④

26 이송취급소의 교체밸브, 제어밸브 등의 기준으로 옳지 않은 것은?

① 밸브는 원칙적으로 이송기지 또는 전용부지 내에 설치할 것

② 밸브는 그 개폐상태를 설치장소에서 쉽게 확인할 수 있도록 할 것

③ 밸브를 지하에 설치하는 경우에는 점검상자 안에 설치할 것

④ 밸브는 해당 밸브의 관리에 관계하는 자가 아니면 수동으로만 개폐할 수 있도록 할 것

해설

밸브는 당해 밸브의 관리에 관계하는 자가 아니면 수동으로 개폐할 수 없도록 할 것

27 제5류 위험물 특성에 대한 설명으로 틀린 것은?

① 대표적인 성질은 자기반응성이다.

② 피크린산은 니트로화합물이다.

③ 모두 산소를 포함하고 있다.

④ 니트로화합물은 니트로기가 많을수록 폭발력이 커진다.

해설

히드라진유도체[염산히드라진(N_2H_4HCl)], 금속의 아지화합물[아지드화나트륨(NaN_3), 아지드화납($Pb(N_3)_2$), 아지드화은(AgN_3)]은 산소를 포함하지 않는다.

28 옥외탱크저장소에 인화성 액체 위험물을 저장 또는 취급하는 10만L와 5만L인 옥외저장탱크 2기를 하나의 방유제 내에 설치하는 경우에 확보하여야 하는 방유제의 용량(L)은?

① 50,000L 이상 ② 80,000L 이상

③ 110,000L 이상 ④ 150,000L 이상

해설

옥외저장탱크의 방유제 용량

구분	방유제 내에 하나의 탱크만 존재	방유제 내에 둘 이상의 탱크가 존재
인화성 액체 위험물	탱크 용량의 110% 이상	용량이 최대인 탱크 용량의 110% 이상
인화성이 없는 액체 위험물	탱크 용량의 100% 이상	용량이 최대인 탱크 용량의 100% 이상

→ 모두 인화성 액체 위험물이며, 방유제 내에 둘 이상의 탱크가 존재하기 때문에 용량이 최대인 탱크 용량의 110% 이상의 방유제 용량으로 한다.

→ 10만L × 1.1 = 11만L

29 위험물안전관리법령상 지하탱크저장소의 설치 기준으로 알맞도록 다음 (   ) 안을 채우시오.

탱크전용실은 지하의 가장 가까운 벽·피트·가스관 등의 시설물 및 대지경계선으로부터 (⊙)m 이상 떨어진 곳에 설치하고, 지하저장탱크와 탱크전용실의 안쪽과의 사이는 (ⓒ)m 이상의 간격을 유지하도록 하며, 당해 탱크의 주위에 마른 모래 또는 습기 등에 의하여 응고되지 아니하는 입자지름 (ⓒ)mm 이하의 마른 자갈분을 채워야 한다.

	⊙	ⓒ	ⓒ
①	0.1	0.1	5
②	0.1	0.3	5
③	0.1	0.1	10
④	0.1	0.3	10

해설

탱크전용실은 지하의 가장 가까운 벽·피트·가스관 등의 시설물 및 대지경계선으로부터 0.1m 이상 떨어진 곳에 설치하고, 지하저장탱크와 탱크전용실의 안쪽과의 사이는 0.1m 이상의 간격을 유지하도록 하며, 당해 탱크의 주위에 마른 모래 또는 습기 등에 의하여 응고되지 아니하는 입자지름 5mm 이하의 마른 자갈분을 채워야 한다.

정답 | 26 ④ 27 ③ 28 ③ 29 ①

30 소화기 속에 압축되어 있는 이산화탄소 1.1kg을 표준상태에서 분사하였을 때, 분사된 이산화탄소의 부피는 몇 m³인가?

① 0.56m³   ② 5.6m³

③ 24.6m³   ④ 56.0m³

해설

• 이산화탄소의 몰수

$$1.1kg \times \frac{1 kmol}{44 kg} = 0.025 kmol$$

• 몰수와 부피의 관계(표준상태)

$$0.025 kmol \times \frac{22.4 m^3}{1 kmol} = 0.56 m^3$$

31 다음 중 유류 화재의 급수와 색상을 옳게 나열한 것은?

① A급, 백색   ② B급, 백색

③ A급, 황색   ④ B급, 황색

해설

유류 화재는 B급이며 소화기 표시 색은 황색이다.

32 보일오버(Boil Over) 현상에 대한 설명과 가장 거리가 먼 것은?

① 기름이 열의 공급을 받지 아니하고 온도가 상승하는 현상

② 기름의 표면부에서 조용히 연소하다 탱크 내의 기름이 갑자기 분출하는 현상

③ 탱크 바닥에 물 또는 물과 기름의 에멀션 층이 있는 경우 발생하는 현상

④ 열유층이 탱크 아래로 이동하여 발생하는 현상

해설

보일오버(Boil Over)
유류탱크 화재 시 열파가 탱크 저부에 고여있는 물에 닿아 급격히 증발하게 되며, 이때 발생한 대량의 수증기로 상부의 유류를 밀어 올려 불이 붙은 유류가 외부로 방출되는 현상

33 위험물안전관리법령상 지정수량 10배의 위험물을 저장하는 제조소에 설치하여야 하는 경보설비의 종류가 아닌 것은?

① 자동화재탐지설비   ② 자동화재속보설비

③ 휴대용 확성기   ④ 비상방송설비

해설

제조소등별로 설치해야 하는 경보설비의 종류

제조소 등의 구분	제조소 등의 규모, 저장 또는 취급하는 위험물의 종류 및 최대수량 등	경보설비
가. 제조소 및 일반취급소	• 연면적이 500제곱미터 이상인 것 • 옥내에서 지정수량의 100배 이상을 취급하는 것(고인화점위험물만을 100℃ 미만의 온도에서 취급하는 것은 제외한다) • 일반취급소로 사용되는 부분 외의 부분이 있는 건축물에 설치된 일반취급소(일반취급소와 일반취급소 외의 부분이 내화구조의 바닥 또는 벽으로 개구부 없이 구획된 것은 제외한다)	자동화재탐지설비
나. 옥내저장소	• 지정수량의 100배 이상을 저장 또는 취급하는 것(고인화점 위험물만을 저장 또는 취급하는 것은 제외한다) • 저장창고의 연면적이 150제곱미터를 초과하는 것[연면적 150제곱미터 이내마다 불연재료의 격벽으로 개구부 없이 완전히 구획된 저장창고와 제2류 위험물(인화성 고체는 제외한다) 또는 제4류 위험물(인화점이 70℃ 미만인 것은 제외한다)만을 저장 또는 취급하는 저장창고는 그 연면적이 500제곱미터 이상인 것을 말한다] • 처마 높이가 6미터 이상인 단층 건물의 것 • 옥내저장소로 사용되는 부분 외의 부분이 있는 건축물에 설치된 옥내저장소[옥내저장소와 옥내저장소 외의 부분이 내화구조의 바닥 또는 벽으로 개구부 없이 구획된 것과 제2류(인화성 고체는 제외한다) 또는 제4류의 위험물(인화점이 70℃ 미만인 것은 제외한다)만을 저장 또는 취급하는 것은 제외한다]	자동화재탐지설비
다. 옥내탱크저장소	단층 건물 외의 건축물에 설치된 옥내탱크저장소로서 제41조제2항에 따른 소화난이도등급 I 에 해당하는 것	자동화재탐지설비
라. 주유취급소	옥내주유취급소	자동화재탐지설비
마. 옥외탱크저장소	특수인화물, 제1석유류 및 알코올류를 저장 또는 취급하는 탱크의 용량이 1,000만 리터 이상인 것	• 자동화재탐지설비 • 자동화재속보설비

바. 가목부터 마목까지의 규정에 따른 자동화재탐지설비 설치 대상 제조소 등에 해당하지 않는 제조소 등 (이송취급소는 제외한다)	지정수량의 10배 이상을 저장 또는 취급하는 것	자동화재탐지설비, 비상경보설비, 확성장치 또는 비상 방송 설비 중 1종 이상

34 트윈 에이전트 시스템(Twin Agent System)으로 사용하기 위해 분말 소화약제와 함께 사용하는 포 소화약제는?

① 단백포
② 합성계면활성제포
③ 불화단백포
④ 수성막포

해설

포 소화약제(거품 피막의 지속성)와 분말 소화약제(빠른 소화능력의 속소성)의 장점을 합쳐 트윈 에이전트 시스템으로 병용하여 사용한다. 이 트윈 에이전트 시스템은 분말로는 CDC(Compatible Dry Chemical)를, 포 소화약제로는 수성막포를 조합한다.

35 유황의 연소형태로 가장 적절한 것은?

① 표면연소
② 분해연소
③ 확산연소
④ 증발연소

해설

유황의 연소형태는 증발연소이다.

36 다음은 P_2S_5와 물의 반응식이다. ( )에 알맞은 계수를 차례대로 나열한 것은?

$P_2S_5 + ($	$)H_2O \rightarrow ($	$)H_2S + ($	$)H_3PO_4$

① 2, 5, 8
② 2, 8, 5
③ 8, 2, 5
④ 8, 5, 2

해설

반응식의 좌항과 우항의 원소 개수를 비교하여 구한다.
$P_2S_5 + 8H_2O \rightarrow 5H_2S + 2H_3PO_4$

37 20℃의 물 100kg이 100℃ 수증기로 증발하면 몇 kcal의 열량을 흡수할 수 있는가? (단, 물의 증발잠열은 540cal/g이다)

① 540
② 7,800
③ 62,000
④ 108,000

해설

$Q = Q_1 + Q_2$

- 물의 비열 = 1kcal/(kg · ℃)
  1) 20℃ 물 → 100℃ 물
     $Q_1 = 1kcal/(kg · ℃) \times 100kg \times (100 - 20)℃$
        $= 8,000kcal$
  2) 100℃ 물 → 100℃ 수증기
     $Q_2 = 540cal/g \times 100kg \times \dfrac{1,000\,g}{1\,kg}$
        $= 54,000,000cal = 54,000kcal$
  3) $Q = Q_1 + Q_2$
     $Q = 8,000 + 54,000 = 62,000kcal$

38 위험물안전관리법령에서 정한 피난설비에 대해 알맞도록 ( )에 알맞은 말을 채우시오.

주유취급소 중 건축물의 2층 이상의 부분을 점포 · 휴게음식점 또는 전시장의 용도로 사용하는 것에 있어서는 해당 건축물의 2층 이상으로부터 주유취급소의 부지 밖으로 통하는 출입구와 해당 출입구로 통하는 통로 · 계단 및 출입구에 ( )을(를) 설치하여야 한다.

① 피난사다리
② 유도등
③ 공기호흡기
④ 시각경보기

해설

주유취급소 중 건축물의 2층 이상의 부분을 점포 · 휴게음식점 또는 전시장의 용도로 사용하는 것에 있어서는 당해 건축물의 2층 이상으로부터 주유취급소의 부지 밖으로 통하는 출입구와 당해 출입구로 통하는 통로 · 계단 및 출입구에 유도등을 설치하여야 한다.

39 고온체의 색상이 휘적색일 경우의 약 몇 ℃인가?

① 500℃ ② 950℃
③ 1,300℃ ④ 1,500℃

해설

불꽃의 색깔

온도(℃)	520	700	850	950	1,100	1,300	1,500 이상
색깔	담암적색	암적색	적색	휘적색	황적색	백적색	휘백색

40 위험물안전관리법령상 아세톤의 위험등급은?

① 위험등급 I ② 위험등급 II
③ 위험등급 III ④ 위험등급 IV

해설

아세톤은 제4류 위험물(제1석유류)이다.

제4류 위험물의 위험등급
• 위험등급 I : 특수인화물
• 위험등급 II : 제1석유류, 알코올류
• 위험등급 III : 제2석유류, 제3석유류, 제4석유류, 동식물유류

41 제3류 위험물로, 담황색의 고체이며 물속에 보관하며 치사량이 0.02~0.05g인 물질은 무엇인가?

① 칼륨 ② 적린
③ 탄화칼슘 ④ 황린

해설

황린(P_4)
• 백색 또는 담황색의 고체
• 물과 반응하지 않아 물속에 보관

42 포소화약제는 수용성 용매의 화재에 사용하면 포가 파괴되어 소화효과를 잃는다는 단점이 있다. 이와 같은 단점을 보완하여 가연성인 수용성 용매의 화재에 유효한 효과를 가지고 있는 포소화약제로 옳은 것은?

① 알코올형포소화약제
② 단백포소화약제
③ 합성계면활성제포소화약제
④ 수성막포소화약제

해설

알코올형포 소화약제(내알코올포 소화약제)는 수용성 위험물 화재에 효과가 있다.

43 과산화벤조일의 지정수량은?

① 10kg ② 50L
③ 100kg ④ 100L

해설

과산화벤조일의 지정수량은 10kg이다.

44 제조소 등의 관계인은 예방규정을 누구에게 제출하여야 하는가?

① 소방청장 또는 행정자치부장관
② 소방청장 또는 소방서장
③ 시·도지사 또는 소방서장
④ 한국소방안전원장 또는 소방청장

해설

제조소 등의 관계인은 예방규정을 제정하거나 변경한 경우에는 별지 제39호 서식의 예방규정제출서에 제정 또는 변경한 예방규정 1부를 첨부하여 시·도지사 또는 소방서장에게 제출하여야 한다.

정답 39 ② 40 ② 41 ④ 42 ① 43 ① 44 ③

45 이산화탄소 소화기 사용 시 줄톰슨 효과에 의해서 생성되는 물질은?

① 일산화탄소   ② 드라이아이스
③ 포스겐   ④ 수성가스

해설
- 줄톰슨 효과 : 압축한 기체를 단열된 좁은 구멍으로 분출시키면 온도가 변하는 현상
- 액화탄산가스가 줄톰슨 효과에 의해 드라이아이스(고체 이산화탄소)가 되어 방출된다.

46 휘발유에 대한 설명으로 옳지 않은 것은?

① 산화성 증기를 발생하기 쉬우므로 주의한다.
② 발생된 증기는 공기보다 무거워서 낮은 곳에 체류하기 쉽다.
③ 부도체로 정전기에 의해 인화할 수 있어 주의해야 한다.
④ 인화점이 상온보다 낮으므로 겨울철에도 주의가 필요하다.

해설
휘발유는 가연성 증기를 발생하기 쉬우므로 주의한다.

47 다음 위험물 중 물과 반응했을 때 생성되는 가스의 연결이 옳지 않은 것은?

① 마그네슘 – 수소
② 인화칼슘 – 포스겐
③ 과산화칼륨 – 산소
④ 탄화칼슘 – 아세틸렌

해설
인화칼슘 - 포스핀(PH_3)
① $Mg + 2H_2O \rightarrow Mg(OH)_2 + H_2$
② $Ca_3P_2 + 6H_2O \rightarrow 3Ca(OH)_2 + 2PH_3$
③ $2K_2O_2 + 2H_2O \rightarrow 4KOH + O_2$
④ $CaC_2 + 2H_2O \rightarrow Ca(OH)_2 + C_2H_2$

48 다음 중 섬유류에 스며들어 자연발화의 위험이 가장 큰 물질은?

① 해바라기유   ② 땅콩기름
③ 야자유   ④ 올리브유

해설
요오드값이 클수록 자연발화의 위험이 크다.

동식물유류	요오드값	종류
건성유	130 이상	정어리유, 대구유, 상어유, 해바라기유, 동유(오동유), 아마인유, 들기름
반건성유	100 이상 130 미만	청어유, 면실유, 참기름, 콩기름, 채종유, 쌀겨기름, 옥수수기름
불건성유	100 미만	쇠기름, 돼지기름, 고래기름, 피마자유, 올리브유, 팜유, 땅콩기름(낙화생유), 야자유

49 탄소 80%, 수소 14%, 황 6%인 물질 1kg이 완전연소하기 위해 필요한 이론공기량은 약 몇 kg인가? (단, 공기 중 산소는 23wt%이다.)

① 3.3   ② 7.1
③ 11.6   ④ 14.4

해설
1) 물질 1kg에 들어있는 각 원소들의 무게는 다음과 같다.
- 탄소 : $1kg \times \dfrac{80}{100} = 0.8kg$
- 수소 : $1kg \times \dfrac{14}{100} = 0.14kg$
- 황 : $1kg \times \dfrac{6}{100} = 0.06kg$

2) 각 원소별로 완전연소식을 적고, 필요한 산소량을 구한다.
- 탄소 : $C + O_2 \rightarrow CO_2$
  탄소 1몰(12g)이 완전연소하려면 산소 1몰($16 \times 2g$)이 필요하다.
  C 12g : O_2 32g = C 0.8kg : O_2 Xkg
  ∴ X = 2.133kg
- 수소 : $4H + O_2 \rightarrow 2H_2O$
  수소 4몰(4g)이 완전연소하려면 산소 1몰($16 \times 2g$)이 필요하다.
  H 4g : O_2 32g = H 0.14kg : O_2 Xkg
  ∴ X = 1.12kg
- 황 : $S + O_2 \rightarrow SO_2$
  황 1몰(32g)이 완전연소하려면 산소 1몰($16 \times 2g$)이 필요하다.

$$S\ 32g : O_2\ 32g\ =\ S\ 0.06kg : O_2\ Xkg$$

$$\therefore X\ =\ 0.06kg$$

3) 필요한 산소량을 모두 합한다.

$$2.133 + 1.12 + 0.06 = 3.313kg$$

4) 공기 중 산소농도 $= \dfrac{\text{산소}}{\text{공기}}$

$$23wt\% = \dfrac{3.313kg}{\text{공기}\,kg} \times 100\%$$

$$\therefore \text{공기}\,kg = \dfrac{3.313kg}{23\%} \times 100\% = 14.4kg$$

50 소화설비와 그의 주소화효과를 옳게 연결한 것은?

① 할로겐화합물 소화설비 – 질식소화

② 스프링클러설비, 물분무 소화설비 – 억제소화

③ 옥내소화전, 옥외소화전 – 냉각소화

④ 포, 분말, 불활성가스 소화설비 – 냉각소화

해설

① 할로겐화합물 소화설비 – 억제소화

② 스프링클러설비, 물분무 소화설비 – 냉각소화

④ 포, 분말, 불활성가스 소화설비 – 질식소화

51 다음 중 메탄올의 폭발범위에 가장 가까운 것은?

① 약 1.4~5.6vol%   ② 약 7.3~36vol%

③ 약 20.3~66vol%   ④ 약 42~77vol%

해설

메탄올의 연소범위 : 약 7.3~36vol%

52 과염소산칼륨과 아염소산나트륨의 공통 특성으로 옳지 않은 것은?

① 지정수량이 50kg이다.

② 열분해 시 산소를 방출한다.

③ 강산화성 물질이며 가연성이다.

④ 상온에서 고체의 형태이다.

해설

과염소산칼륨과 아염소산나트륨 모두 강산화성 물질이며 불연성이다.

53 위험물안전관리법령상의 지정수량이 나머지 셋과 다른 하나는?

① 칼슘   ② 나트륨아미드

③ 인화아연   ④ 바륨

해설

위험물의 지정수량

① 칼슘 : 50kg

② 나트륨아미드 : 50kg

③ 인화아연 : 300kg

④ 바륨 : 50kg

54 산화·환원반응에서 환원제가 되기 위한 조건으로 옳은 것은?

① 전자를 잃기 쉬워야 한다.

② 자기 자신은 환원되기 쉬워야 한다.

③ 산소를 내놓기 쉬워야 한다.

④ 산화수가 감소되기 쉬워야 한다.

해설

• 환원제 : 남을 환원시키고, 자신은 산화되는 물질

• 산화
  – 산소를 얻는다.
  – 수소를 잃는다.
  – 전자를 잃는다.

• 환원
  – 산소를 잃는다.
  – 수소를 얻는다.
  – 전자를 얻는다.

55 그림과 같이 횡으로 설치한 원통형 위험물탱크에 대하여 탱크의 용량(m³)을 구하시오. (단, 공간용적은 탱크 내용적의 100분의 5이다.)

① 52.4
② 261.6
③ 994.8
④ 1,047.2

해설

탱크의 내용적 $= \pi r^2 \times \left(1 + \dfrac{l_1 + l_2}{3}\right)$

$= \pi (5m)^2 \times \left(10m + \dfrac{5m + 5m}{3}\right) = 1,047.2 m^3$

탱크의 용량 = 탱크의 내용적 - 공간용적
= 탱크의 내용적 × 0.95 = 1,047.2m³ × 0.95 = 994.8m³

56 제조소에서 브롬산나트륨 300kg, 과산화나트륨 150kg, 중크롬산나트륨 500kg을 취급하고 있는 경우 지정수량 배수의 총합은 얼마인가?

① 3.5
② 4.0
③ 4.5
④ 5.0

해설

- 브롬산나트륨 지정수량 : 300kg
- 과산화나트륨 지정수량 : 50kg
- 중크롬산나트륨 지정수량 : 1,000kg
- 지정수량의 배수 = 위험물 저장수량/위험물 지정수량
- 지정수량 배수의 합 = $\dfrac{300}{300} + \dfrac{150}{50} + \dfrac{500}{1,000} = 4.5$

57 과염소산암모늄의 위험성에 대한 설명으로 틀린 것은?

① 건조 시에는 안정하나 수분 흡수 시에는 폭발한다.
② 급격히 가열하면 폭발의 위험이 있다.
③ 가연성 물질과 혼합하면 위험하다.
④ 강한 충격이나 마찰에 의해 폭발의 위험이 있다.

해설

과염소산암모늄은 수분 흡수 시에도 폭발하지 않고, 수용액도 화학적으로 안정하다.

58 적린과 동소체 관계인 위험물은 무엇인가?

① 오황화린
② 인화알루미늄
③ 인화칼슘
④ 황린

해설

황린과 적린은 동소체(동일한 원소로 이루어져 있으나 성질이 다른 물질로 최종 연소생성물이 같다.)이다.

59 산화성 고체의 저장·취급 방법에 대한 설명으로 옳지 않은 것은?

① 가연물과 접촉 및 혼합을 피한다.
② 분해를 촉진하는 물품의 접근을 피한다.
③ 조해성 물질의 경우 물속에 보관하고, 과열, 충격, 마찰 등을 피하여야 한다.
④ 알칼리금속의 과산화물은 물과의 접촉을 피하여야 한다.

해설

조해성 물질은 수분을 흡수하는 성질이 있기 때문에 물속에 보관해서는 안 된다.

60 알칼리토금속의 과산화물 중 분자량이 약 169인 백색의 분말로서 매우 안정한 물질이며 테르밋의 점화제 용도로 사용되는 위험물은 무엇인가?

① 과산화칼슘
② 과산화바륨
③ 과산화마그네슘
④ 과산화칼륨

해설

위험물의 분자량
① 과산화칼슘 : $CaO_2 = 40 + 16 \times 2 = 72$
② 과산화바륨 : $BaO_2 = 137 + 16 \times 2 = 169$
③ 과산화마그네슘 : $MgO_2 = 24 + 16 \times 2 = 56$
④ 과산화칼륨 : $K_2O_2 = 39 \times 2 + 16 \times 2 = 110$

2020 3회 기출복원문제

01 예방규정을 정하여야 하는 제조소 등의 관계인은 위험물제조소 등에 대하여 정기적으로 점검을 하여야 한다. 법적 최소점검주기로 옳은 것은? (단, 100만L 이상의 옥외탱크저장소는 제외한다.)

① 주 1회 이상
② 월 1회 이상
③ 6개월에 1회 이상
④ 연 1회 이상

[해설]
제조소 등의 관계인은 당해 제조소 등에 대하여 연 1회 이상 정기점검을 실시하여야 한다.

02 공간용적이 10%인 종으로 세워진 탱크의 용량은? (단, r = 2m, ℓ = 10m이다.)

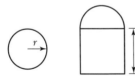

① 113.09m³
② 124.34m³
③ 129.06m³
④ 138.16m³

[해설]
• 탱크의 내용적 $= \pi r^2 \ell = \pi (2m)^2 (10m) = 125.66m^3$
• 탱크의 용량 = 내용적 × 0.9 = 125.66m³ × 0.9 = 113.09m³

03 소화기 속에 압축되어 있는 이산화탄소 1.1kg을 표준상태에서 분사하였다. 이산화탄소의 부피는 몇 m³가 되는가?

① 0.56
② 5.6
③ 11.2
④ 24.6

[해설]
1) 이산화탄소의 몰수
$$1.1kg \times \frac{1\,kmol}{44\,kg} = 0.025kmol$$
2) 몰수와 부피의 관계(표준상태)
$$0.025kmol \times \frac{22.4\,m^3}{1\,kmol} = 0.56m^3$$

04 위험물제조소 등의 위험물안전관리자의 선임시기는?

① 위험물제조소 등의 완공검사를 받은 후 즉시
② 위험물제조소 등의 허가 신청 전
③ 위험물제조소 등의 설치를 마치고 완공검사를 신청하기 전
④ 위험물제조소 등의 위험물을 저장 또는 취급하기 전

[해설]
위험물의 취급에 관한 안전관리와 감독에 관한 업무를 수행하기 위해 위험물제조소 등의 위험물을 저장 또는 취급하기 전에 선임한다.

05 아닐린 특성에 대한 설명으로 옳은 것은?

① 특유의 냄새를 가진 기름상 액체이다.

② 인화점이 0℃ 이하여서 상온에서 인화의 위험이 높다.

③ 황산과 같은 강산화제와 접촉하면 중화되어 안정하게 된다.

④ 증기는 공기와 혼합하여 인화, 폭발의 위험이 없는 안정한 상태가 된다.

해설

② 인화점이 70℃이다.

③ 황산과 같은 강산화제와 접촉하면 위험하다.

④ 증기는 공기와 혼합하여 인화, 폭발의 위험이 커진다.

06 다음은 위험물탱크의 공간용적에 관한 기준으로 알맞도록 ( ) 안에 숫자를 차례대로 나열한 것은? (단, 소화설비를 설치하는 경우와 암반탱크는 제외한다.)

탱크 공간용적은 내용적의 $\dfrac{(\quad)}{100}$ ~ $\dfrac{(\quad)}{100}$로 할 수 있다.

① 5, 10   ② 5, 15

③ 10, 15   ④ 10, 20

해설

탱크의 공간용적은 탱크의 내용적의 100분의 5 이상 100분의 10 이하의 용적으로 한다.

07 다음 중 위험물안전관리법령상의 지정수량으로 가장 큰 위험물은?

① 과염소산칼륨   ② 트리니트로톨루엔

③ 황린   ④ 유황

해설

위험물의 지정수량

① 과염소산칼륨 : 50kg

② 트리니트로톨루엔 : 200kg

③ 황린 : 20kg

④ 유황 : 100kg

08 연소의 종류와 그와 관련있는 가연물을 잘못 연결한 것은?

① 증발연소 - 가솔린, 알코올

② 표면연소 - 코크스, 목탄

③ 분해연소 - 목재, 종이

④ 자기연소 - 에테르, 나프탈렌

해설

자기연소 - 제5류 위험물

09 위험물안전관리법령상 예방규정을 정하여야 하는 제조소 등에 해당하지 않는 것은 무엇인가?

① 지정수량 10배 이상의 위험물을 취급하는 제조소

② 이송취급소

③ 암반탱크저장소

④ 지정수량의 200배 이상의 위험물을 저장하는 옥내탱크저장소

해설

정기점검 대상 제조소 등	비고
1. 지정수량의 10배 이상의 위험물을 취급하는 제조소	
2. 지정수량의 100배 이상의 위험물을 저장하는 옥외저장소	
3. 지정수량의 150배 이상의 위험물을 저장하는 옥내저장소	
4. 지정수량의 200배 이상의 위험물을 저장하는 옥외탱크저장소	
5. 암반탱크저장소	
6. 이송취급소	
7. 지정수량의 10배 이상의 위험물을 취급하는 일반취급소. 다만, 제4류 위험물(특수인화물을 제외한다)만을 지정수량의 50배 이하로 취급하는 일반취급소(제1석유류·알코올류의 취급량이 지정수량의 10배 이하인 경우에 한한다)로서 다음 각목의 어느 하나에 해당하는 것을 제외한다. 가. 보일러·버너 또는 이와 비슷한 것으로서 위험물을 소비하는 장치로 이루어진 일반취급소 나. 위험물을 용기에 옮겨 담거나 차량에 고정된 탱크에 주입하는 일반취급소	관계인이 예방규정을 정하여야 하는 제조소 등
지하탱크 서상소	
이동탱크 저장소	
위험물을 취급하는 탱크로서 지하에 매설된 탱크가 있는 제조소·주유취급소 또는 일반취급소	

PART 01 | PART 02 | PART 03 | PART 04 | PART 05

10 제5류 위험물인 니트로셀룰로오스의 저장·취급 방법으로 옳지 않은 것은?

① 직사광선을 피해 저장한다.
② 되도록 장기간 보관하여 안정화된 후에 사용한다.
③ 유기과산화물류, 강산화제와의 접촉을 피한다.
④ 건조 상태에 이르면 위험하므로 습한 상태를 유지한다.

해설

니트로셀룰로오스는 장기간 보관 시 폭발 위험이 크기 때문에 가급적 빠른 시일 내에 사용해야 한다.

11 운송책임자의 감독·지원을 받아 운송하는 위험물로 옳은 것은?

① 알킬알루미늄
② 금속나트륨
③ 메틸에틸케톤
④ 트리니트로톨루엔

해설

운송책임자의 감독·지원을 받아 운송하여야 하는 위험물
• 알킬알루미늄
• 알킬리튬
• 알킬알루미늄 또는 알킬리튬을 함유하는 위험물

12 위험물안전관리자를 해임한 날로부터 며칠 이내에 위험물안전관리자를 다시 선임하여야 하는가?

① 7일
② 14일
③ 30일
④ 60일

해설

위험물안전관리사는 해임한 날로부터 30일 이내에 다시 선임하여야 한다.

13 다음 중 지방족 탄화수소가 아닌 것은?

① 톨루엔
② 아세트알데히드
③ 아세톤
④ 디에틸에테르

해설

톨루엔은 방향족 탄화수소이다.

② 아세트알데히드

③ 아세톤

④ 디에틸에테르

14 내용적이 20,000L 옥내저장탱크에 대하여 저장·취급 허가받을 수 있는 최대용량은? (단, 원칙적인 경우에 한한다.)

① 18,000L
② 19,000L
③ 19,400L
④ 20,000L

해설

• 탱크의 공간용적은 탱크의 내용적의 100분의 5 이상 100분의 10 이하의 용적으로 한다.
• 탱크의 용량(허가량)을 최대로 하려면 공간용적을 내용적의 100분의 5가 되도록 한다.
⇒ 탱크의 용량(허가량) = 20,000L × 0.95 = 19,000L

15 다음 중 제5류 위험물이 아닌 것은?

① 염화벤조일
② 아지드화나트륨
③ 질산구아니딘
④ 아세틸퍼옥사이드

해설

염화벤조일은 제4류 위험물(제3석유류)이다.

16 위험물안전관리법령상 내용으로 알맞도록 다음 ( ) 안을 채우시오.

> 보냉장치가 있는 이동저장탱크에 저장하는 아세트알데히드 등 또는 디에틸에테르 등의 온도는 당해 위험물의 ( ) 이하로 유지하여야 한다.

① 비점   ② 인화점
③ 융해점   ④ 발화점

[해설]
- 보냉장치가 있는 이동저장탱크에 저장하는 아세트알데히드 등 또는 디에틸에테르 등의 온도는 당해 위험물의 비점 이하로 유지할 것
- 보냉장치가 없는 이동저장탱크에 저장하는 아세트알데히드 등 또는 디에틸에테르 등의 온도는 40℃ 이하로 유지할 것

17 다음 중 소화난이도등급 I 에 해당하지 않는 제조소 등은 무엇인가?

① 제1석유류 위험물을 제조하는 제조소로서 연면적 1,000m² 이상인 것
② 제1석유류 위험물을 저장하는 옥외탱크저장소로서 액표면적이 40m² 이상인 것
③ 모든 이송취급소
④ 제6류 위험물을 저장하는 암반탱크저장소

[해설]
소화난이도등급 I 에 해당하는 제조소 등

제조소 등의 구분	제조소 등의 규모, 저장 또는 취급하는 위험물의 품명 및 최대수량 등
제조소 일반취급소	연면적 1,000m² 이상인 것
	지정수량의 100배 이상인 것(고인화점위험물만을 100℃ 미만의 온도에서 취급하는 것 및 제48조의 위험물을 취급하는 것은 제외)
	지반면으로부터 6m 이상의 높이에 위험물 취급설비가 있는 것(고인화점위험물만을 100℃ 미만의 온도에서 취급하는 것은 제외)
	일반취급소로 사용되는 부분 외의 부분을 갖는 건축물에 설치된 것(내화구조로 개구부 없이 구획된 것, 고인화점위험물만을 100℃ 미만의 온도에서 취급하는 것 및 [별표 16] X의2의 화학실험의 일반취급소는 제외)

옥내저장소	지정수량의 150배 이상인 것(고인화점위험물만을 저장하는 것 및 제48조의 위험물을 저장하는 것은 제외)
	연면적 150m²를 초과하는 것(150m² 이내마다 불연재료로 개구부 없이 구획된 것 및 인화성고체 외의 제2류 위험물 또는 인화점 70℃ 이상의 제4류 위험물만을 저장하는 것은 제외)
	처마높이가 6m 이상인 단층건물의 것
	옥내저장소로 사용되는 부분 외의 부분이 있는 건축물에 설치된 것(내화구조로 개구부 없이 구획된 것 및 인화성고체 외의 제2류 위험물 또는 인화점 70℃ 이상의 제4류 위험물만을 저장하는 것은 제외)
옥외 탱크 저장소	액표면적이 40m² 이상인 것(제6류 위험물을 저장하는 것 및 고인화점위험물만을 100℃ 미만의 온도에서 저장하는 것은 제외)
	지반면으로부터 탱크 옆판의 상단까지 높이가 6m 이상인 것(제6류 위험물을 저장하는 것 및 고인화점위험물만을 100℃ 미만의 온도에서 저장하는 것은 제외)
	지중탱크 또는 해상탱크로서 지정수량의 100배 이상인 것(제6류 위험물을 저장하는 것 및 고인화점위험물만을 100℃ 미만의 온도에서 저장하는 것은 제외)
	고체위험물을 저장하는 것으로서 지정수량의 100배 이상인 것
이송취급소	모든 대상

18 가연성 고체의 미세한 분말이 일정 농도 이상 공기 중 분산되어 있을 때 점화원에 의하여 연소 폭발되는 현상을 무엇이라 하는가?

① 분진폭발   ② 산화폭발
③ 분해폭발   ④ 중합폭발

[해설]
② 산화폭발 : 가연물이 공기(산소)와 혼합하여 발생하는 폭발
③ 분해폭발 : 자기반응성 물질의 자체 분해 반응열에 의해 발생하는 폭발
④ 중합폭발 : 중합과정에 발생하는 중합열에 의해 발생하는 폭발

[정답] 16 ①   17 ④   18 ①

19 지정수량 이상의 위험물을 제조소 등이 아닌 장소에서 관할 소방서장의 승인을 받아 임시로 저장·취급할 수 있는 최대 기간은?

① 30일 이내   ② 60일 이내
③ 90일 이내   ④ 120일 이내

해설

지정수량 이상의 위험물을 임시로 저장 또는 취급이 가능한 기준
• 시·도의 조례가 정하는 바에 따라 관할소방서장의 승인을 받아 지정수량 이상의 위험물을 90일 이내의 기간 동안 임시로 저장 또는 취급하는 경우
• 군부대가 지정수량 이상의 위험물을 군사목적으로 임시로 저장 또는 취급하는 경우

20 다음 중 제6류 위험물의 위험성에 대한 설명으로 옳지 않은 것은?

① 질산을 가열할 때 발생하는 적갈색 증기는 무해하지만 가연성이며 폭발성이 강하다.
② 고농도의 과산화수소는 충격, 마찰에 의해서 단독으로도 분해 폭발할 수 있다.
③ 과염소산은 유기물과 접촉 시 발화 또는 폭발할 위험이 있다.
④ 과산화수소는 햇빛에 의해서 분해되며 촉매(MnO_2)하에서 분해가 촉진된다.

해설

질산을 가열할 때 발생하는 적갈색 증기(NO_2)는 유해하다.
$$4HNO_3 \rightarrow 4NO_2 + 2H_2O + O_2$$

21 금수성 물질의 저장시설에 설치하는 주의사항 게시판의 바탕색과 문자색을 순서대로 올바르게 나타낸 것은?

① 적색, 백색   ② 백색, 적색
③ 청색, 백색   ④ 백색, 청색

해설

위험물 종류	주의사항 게시판	색상 기준
• 제1류 위험물 중 알칼리금속의 과산화물과 이를 함유한 것 • 제3류 위험물 중 금수성 물질	물기엄금	청색바탕 백색문자
• 제2류 위험물(인화성 고체를 제외)	화기주의	
• 제2류 위험물 중 인화성 고체 • 제3류 위험물 중 자연발화성 물질 • 제4류 위험물 • 제5류 위험물	화기엄금	적색바탕 백색문자

22 화재별 급수에 따른 화재의 종류 및 표시색상을 올바르게 나타낸 것은?

① A급 : 유류 화재 - 황색
② B급 : 유류 화재 - 황색
③ A급 : 유류 화재 - 백색
④ B급 : 유류 화재 - 백색

해설

• A급 화재 - 일반 화재 - 백색
• B급 화재 - 유류·가스 화재 - 황색
• C급 화재 - 전기 화재 - 청색
• D급 화재 - 금속 화재 - 무색
• K급 화재 - 주방 화재

정답 19 ③ 20 ① 21 ③ 22 ②

23 특수인화물 200L와 제4석유류 12,000L를 저장할 때 지정수량 배수의 총합은 얼마인가?

① 3

② 4

③ 5

④ 6

해설

- 특수인화물의 지정수량 : 50L
- 제4석유류의 지정수량 : 6,000L
- 지정수량의 배수 = $\dfrac{위험물\ 저장수량}{위험물\ 지정수량}$
- 지정수량 배수의 합 = $\dfrac{200}{50} + \dfrac{12,000}{6,000} = 4 + 2 = 6$

24 위험물안전관리법령상 지정수량의 $\dfrac{1}{10}$을 초과하는 위험물을 운반할 때 혼재가 가능한 조합은?

① 제1류 위험물과 제2류 위험물

② 제1류 위험물과 제4류 위험물

③ 제4류 위험물과 제5류 위험물

④ 제5류 위험물과 제3류 위험물

해설

유별을 달리하는 위험물의 혼재기준([별표 19] 관련)

위험물의 구분	제1류	제2류	제3류	제4류	제5류	제6류
제1류		×	×	×	×	○
제2류	×		×	○	○	×
제3류	×	×		○	×	×
제4류	×	○	○		○	×
제5류	×	○	×	○		×
제6류	○	×	×	×	×	

25 다음 중 과염소산칼륨과 혼합하였을 때 발화폭발의 위험이 가장 높은 물질은 무엇인가?

① 석면

② 금

③ 유리

④ 목탄

해설

과염소산칼륨은 목탄, 유기물, 인, 황, 마그네슘분 등의 가연물과 혼합하면 가열·마찰·충격에 의해 폭발할 수 있다.

26 소화설비 설치 시 소요단위 산정에 관한 내용으로 알맞도록 다음 ( )를 채우시오.

> 제조소 또는 취급소의 건축물은 외벽이 내화구조인 것은 연면적 ( )m²를 1소요단위로 하며, 외벽이 내화구조가 아닌 것은 연면적 ( )m²를 1소요단위로 한다.

① 200, 100

② 150, 100

③ 150, 50

④ 100, 50

해설

1소요단위의 기준

구분	외벽이 내화구조인 것	외벽이 내화구조가 아닌 것
제조소·취급소용 건축물	연면적 100m²	연면적 50m²
저장소용 건축물	연면적 150m²	연면적 75m²
위험물	지정수량의 10배	

27 위험물의 소화방법으로 적절하지 않은 것은?

① 적린은 다량의 물로 소화한다.

② 황화린의 소규모 화재 시에는 모래로 질식소화한다.

③ 알루미늄분은 다량의 물로 소화한다.

④ 황의 소규모 화재에는 모래로 질식소화한다.

해설

알루미늄분은 물과 반응하여 수소(가연성 가스)를 발생하기 때문에 화재 시 주수해서는 안 된다.

정답 | 23 ④ 24 ③ 25 ④ 26 ④ 27 ③

28 다음 중 제4류 위험물만으로 나열된 것은?

① 특수인화물, 황산, 질산
② 알코올, 황린, 니트로화합물
③ 동식물유류, 질산, 무기과산화물
④ 제1석유류, 알코올류, 특수인화물

해설
- 황산 : 위험물이 아니다.
- 질산 : 제6류 위험물
- 황린 : 제3류 위험물
- 니트로화합물 : 제5류 위험물
- 무기과산화물 : 제1류 위험물

29 위험물안전관리법령상 운반 시 방수성 덮개를 하지 않아도 되는 위험물은?

① 나트륨
② 적린
③ 철분
④ 과산화칼륨

해설
- 방수성 피복으로 덮어야 하는 위험물 : 제1류 위험물 중 알칼리금속의 과산화물 또는 이를 함유한 것, 제2류 위험물 중 철분·금속분·마그네슘 또는 이들 중 어느 하나 이상을 함유한 것, 제3류 위험물 중 금수성물질
  ① 나트륨 : 제3류 위험물 중 금수성물질
  ② 적린 : 제2류 위험물
  ③ 철분 : 제2류 위험물 중 철분
  ④ 과산화칼륨 : 제1류 위험물 중 알칼리금속의 과산화물

30 다음 중 "인화점 70℃"의 의미를 가장 옳게 설명한 것은?

① 주변의 온도가 70℃ 이상이 되면 자발적으로 점화원 없이 발화한다.
② 액체의 온도가 70℃ 이상이 되면 가연성 증기를 발생하여 점화원에 의해 인화한다.
③ 액체를 70℃ 이상으로 가열하면 발화한다.
④ 주변의 온도가 70℃일 경우 액체가 발화한다.

해설
- 인화점 : 점화원에 의해 인화하는 최저온도
- 발화점 : 점화원 없이 스스로 발화하는 최저온도

31 염소화이소시아눌산은 위험물안전관리법령상 제 몇 류 위험물에 속하는가?

① 제1류 위험물
② 제2류 위험물
③ 제5류 위험물
④ 제6류 위험물

해설
제1류의 품명란 제10호에서 "행정안전부령으로 정하는 것"에 해당된다.

32 탄화칼슘 특성에 대한 설명으로 옳지 않은 것은?

① 시판품은 흑회색이며, 불규칙한 형태의 고체이다.
② 물과 작용하여 산화칼슘과 아세틸렌을 만든다.
③ 고온에서 질소와 반응하여 칼슘시안아미드(석회질소)가 생성된다.
④ 비중은 약 2.2이다.

해설
물과 작용하여 수산화칼슘(소석회)과 아세틸렌을 만든다.
$CaC_2 + 2H_2O \rightarrow Ca(OH)_2 + C_2H_2$

33 위험물제조소의 배출설비 기준 중 국소방식의 경우 배출능력은 1시간당 배출장소 용적의 몇 배 이상으로 해야 하는가?

① 5
② 10
③ 15
④ 20

해설
배출능력은 1시간당 배출장소 용적의 20배 이상인 것으로 하여야 한다. 다만, 전역방식의 경우에는 바닥면적 $1m^2$당 $18m^3$ 이상으로 할 수 있다.

34 불활성가스 소화약제 중 IG-541의 구성성분이 아닌 것은?

① He
② N_2
③ Ar
④ CO_2

해설
IG-541 : N_2 52% + Ar 40% + CO_2 8%

35 제4류 위험물에 속하지 않는 것은?

① 아세톤 ② 실린더유
③ 트리니트로톨루엔 ④ 니트로벤젠

트리니트로톨루엔은 제5류 위험물이다.

36 위험물안전관리법령상 아세트알데히드의 옥외저장탱크에 필요한 설비가 아닌 것은?

① 보냉장치
② 냉각장치
③ 동합금배관
④ 불활성 기체를 봉입하는 장치

아세트알데히드등의 옥외탱크저장소 설치기준
- 옥외저장탱크의 설비는 동·마그네슘·은·수은 또는 이들을 성분으로 하는 합금으로 만들지 아니할 것
- 옥외저장탱크에는 냉각장치 또는 보냉장치, 그리고 연소성 혼합기체의 생성에 의한 폭발을 방지하기 위한 불활성의 기체를 봉입하는 장치를 설치할 것

37 중크롬산칼륨에 대한 설명으로 옳지 않은 것은?

① 열분해하여 산소를 발생한다.
② 물과 알코올에 잘 녹는다.
③ 등적색의 결정으로 쓴맛이 있다.
④ 산화제, 의약품 등에 사용된다.

중크롬산칼륨은 알코올에는 녹지 않는다.

38 벽, 기둥 및 바닥이 내화구조로 된 옥내저장소의 위험물 최대 저장수량이 지정수량의 15배일 경우 보유공지는 몇 m 이상이어야 하는가?

① 0.5 ② 1
③ 2 ④ 3

옥내저장소의 보유공지

저장 또는 취급하는 위험물의 최대 수량	공지의 너비	
	벽·기둥 및 바닥이 내화구조로 된 건축물	그 밖의 건축물
지정수량의 5배 이하		0.5m 이상
지정수량의 5배 초과 10배 이하	1m 이상	1.5m 이상
지정수량의 10배 초과 20배 이하	2m 이상	3m 이상
지정수량의 20배 초과 50배 이하	3m 이상	5m 이상
지정수량의 50배 초과 200배 이하	5m 이상	10m 이상
지정수량의 200배 초과	10m 이상	15m 이상

39 이동저장탱크의 구조기준에 대한 설명으로 옳지 않은 것은?

① 압력탱크는 최대상용압력의 1.5배의 압력으로 10분간 수압시험을 하여 새지 않을 것
② 사용압력이 20kPa을 초과하는 탱크의 안전장치는 상용압력의 1.5배 이하의 압력에서 작동할 것
③ 방파판은 두께 1.6mm 이상의 강철판 또는 이와 동등 이상의 강도, 내식성 및 내열성이 있는 금속성의 것으로 할 것
④ 탱크는 두께 3.2mm 이상의 강철판으로 할 것

안전장치는 상용압력이 20kPa 이하인 탱크에 있어서는 20kPa 이상 24kPa 이하의 압력에서, 상용압력이 20kPa를 초과하는 탱크에 있어서는 상용압력의 1.1배 이하의 압력에서 작동하는 것으로 할 것

40 메탄 1g이 완전연소하면 발생되는 이산화탄소는 몇 g인가?

① 1.25 　　　　② 2.75

③ 14 　　　　④ 44

해설

$CH_4 + O_2 \rightarrow CO_2$

메탄 1mol이 완전연소하면 이산화탄소 1mol이 발생된다.

⇒ 메탄 16g(= 1mol)을 완전연소하면 이산화탄소 44g(= 1mol)이 발생된다.

메탄 16g : 이산화탄소 44g = 메탄 1g : 이산화탄소 xg

$x = \dfrac{44}{16}g = 2.75$

41 트리니트로톨루엔(TNT)의 분자량은 얼마인가?

① 217 　　　　② 227

③ 265 　　　　④ 289

해설

트리니트로톨루엔($C_6H_2CH_3(NO_2)_3$)

분자량 = 12×7+5+14×3+16×6 = 227

42 다음 중 발화점이 가장 낮은 위험물은?

① 황 　　　　② 삼황화린

③ 황린 　　　　④ 아세톤

해설

위험물의 발화점(착화점)

① 황 : 232℃

② 삼황화린 : 100℃

③ 황린 : 34℃

④ 아세톤 : 538℃

43 살균제 및 소독제로도 사용되며, 분해할 때 난분해성 유기물질을 산화시킬 수 있는 발생기산소[O]를 발생하는 위험물은 무엇인가?

① $HClO_4$ 　　　　② CH_3OH

③ H_2O_2 　　　　④ H_2SO_4

해설

과산화수소에 대한 설명이다.

44 강화액소화기 특징에 대한 설명으로 옳지 않은 것은?

① 알칼리 금속염류가 포함된 고농도의 수용액이다.

② A급 화재에 적응성이 있다.

③ 어는점이 낮아서 동절기에도 사용이 가능하다.

④ 물의 표면장력을 강화시킨 것으로 심부화재에 효과적이다.

해설

강화액소화기는 표면화재에 효과적이다.

45 위험물안전관리법령상 마른 모래(삽 1개 포함) 50L의 능력단위로 옳은 것은?

① 0.3 　　　　② 0.5

③ 1.0 　　　　④ 1.5

해설

기타 소화설비의 능력단위

소화설비	용량	능력단위
소화전용 물통	8L	0.3
수조(소화전용물통 3개 포함)	80L	1.5
수조(소화전용물통 6개 포함)	190L	2.5
마른 모래(삽 1개 포함)	50L	0.5
팽창질석 또는 팽창진주암(삽 1개 포함)	160L	1.0

정답 40 ② 41 ② 42 ③ 43 ③ 44 ④ 45 ②

46 위험물안전관리법령에 따른 위험물이 아닌 것은?

① CaC_2　　　　　② S
③ P_2O_5　　　　　④ K

해설

오산화인은 위험물에 속하지 않는다.
① CaC_2 : 탄화칼슘(제3류 위험물)
② S : 황(제2류 위험물)
④ K : 칼륨(제3류 위험물)

47 옥내소화전설비의 비상전원의 최소 작동시간은 몇 분인가?

① 45분　　　　　② 30분
③ 20분　　　　　④ 10분

해설

옥내소화전설비의 비상전원의 용량은 옥내소화전설비를 유효하게 45분 이상 작동시키는 것이 가능해야 한다.

48 소화기에 표시된 "A-2, B-3" 중 숫자의 의미는 무엇인가?

① 제조번호　　　　　② 소요단위
③ 능력단위　　　　　④ 사용순위

해설

• A급 화재 : 능력단위 2단위
• B급 화재 : 능력단위 3단위

49 다음 중 불활성기체소화설비가 적응성이 있는 위험물은?

① 알칼리금속 과산화물
② 철분
③ 인화성 고체
④ 제3류 위험물의 금수성 물질

해설

불활성기체소화설비에 적응성 있는 대상물
• 제2류 위험물 중 인화성 고체
• 제4류 위험물

50 다음 중 1atm, 20℃에서 액상이며 인화점이 200℃ 이상인 위험물은?

① 벤젠　　　　　② 톨루엔
③ 글리세린　　　　　④ 실린더유

해설

실린더유가 제4석유류로 인화점이 200℃ 이상이다.

51 위험물제조소등의 전기설비에 적응성이 있는 소화설비는?

① 봉상수소화기　　　　　② 포소화설비
③ 옥외소화전설비　　　　　④ 물분무소화설비

해설

전기설비에 대하여 적응성이 있는 소화설비

소화설비의 구분		건축물·그 밖의 공작물	전기설비	제1류 위험물		제2류 위험물			제3류 위험물		제4류 위험물	제5류 위험물	제6류 위험물
				알칼리금속과산화물등	그 밖의 것	철분·금속분·마그네슘등	인화성고체	그 밖의 것	금수성물품	그 밖의 것			
옥내소화전 또는 옥외소화전 설비		○			○		○	○		○		○	○
스프링클러설비		○			○		○	○		○	△	○	○
물분무등소화설비	물분무소화설비	○	○		○		○	○		○	○	○	○
	포소화설비	○			○		○	○		○	○	○	○
	불활성가스소화설비		○					○			○		
	할로겐화합물소화설비		○					○			○		
	분말소화설비	인산염류등	○	○		○		○	○			○		○
		탄산수소염류등	○	○	○		○		○	○		○		
		그 밖의 것			○		○			○				
대형·소형수동식소화기	봉상수(棒狀水) 소화기	○			○		○	○		○		○	○
	무상수(霧狀水) 소화기	○	○		○		○	○		○		○	○
	봉상강화액소화기	○			○		○	○		○		○	○
	무상강화액소화기	○	○		○		○	○		○	○	○	○
	포소화기	○			○		○	○		○	○	○	○
	이산화탄소소화기		○					○			○		△
	할로겐화합물소화기		○					○			○		
	분말소화기	인산염류소화기	○	○		○		○	○			○		○
		탄산수소염류소화기		○	○		○		○	○		○		
		그 밖의 것			○		○			○				
기타	물통 또는 수조	○			○		○	○		○		○	○
	건조사			○	○	○	○	○	○	○	○	○	○
	팽창질석 또는 팽창진주암			○	○	○	○	○	○	○	○	○	○

52 다음은 어떤 할로겐화합물 성분의 구조식인가?

$$H - \overset{\overset{\displaystyle Cl}{|}}{\underset{\underset{\displaystyle H}{|}}{C}} - Br$$

① 하론 1301 ② 하론 1201
③ 하론 1011 ④ 하론 2402

해설

Halon (1)(2)(3)(4)(5)
(1) : C의 개수
(2) : F의 개수
(3) : Cl의 개수
(4) : Br의 개수
(5) : I의 개수(0일 경우 생략)

53 위험물안전관리법령상의 지정수량이 나머지 셋과 다른 하나는?

① 메틸리튬 ② 수소화칼륨
③ 인화알루미늄 ④ 탄화칼슘

해설

메틸리튬의 지정수량은 10kg, 나머지는 300kg이다.

54 디에틸에테르에 대한 설명으로 옳지 않은 것은?

① 일반식은 R - CO - R'이다.
② 폭발범위는 약 1.7~48%이다.
③ 증기비중 값이 비중 값보다 크다.
④ 휘발성이 높고 마취성을 가진다.

해설

• 디에틸에테르 일반식 : R - O - R'
  (R, R' : 알킬기)
• 디에틸에테르 구조식 : $CH_3 - CH_2 - O - CH_2CH_3$

55 이송취급소의 소화난이도등급에 관한 설명 중 적절한 것은?

① 모든 이송취급소는 소화난이도등급 I 에 해당한다.
② 지정수량 100배 이상을 취급하는 이송취급소만 소화난이도등급 I 에 해당한다.
③ 지정수량 200배 이상을 취급하는 이송취급소만 소화난이도등급 I 에 해당한다.
④ 지정수량 10배 이상의 제4류 위험물을 취급하는 이송취급소만 소화난이도등급 I 에 해당한다.

해설

이송취급소는 모든 대상이 소화난이도등급 I 이다.

56 다음 중 산을 가하면 이산화염소를 발생시키는 물질이며 분자량이 약 90.5인 위험물은?

① 아염소산나트륨
② 브롬산나트륨
③ 옥소산칼륨(요오드산칼륨)
④ 중크롬산나트륨

해설

• 이산화염소를 발생시키는 물질은 염소(Cl)을 포함하고 있다. 보기 중 염소를 포함하는 물질은 아염소산나트륨 뿐이다.
• 아염소산나트륨의 분자량 : $NaClO_2 = 23 + 35.5 + 16 \times 2$
  $= 90.5$

57 다음 중 위험물안전관리법령상 위험물에 해당하는 것은?

① 아황산
② 비중이 1.41인 질산
③ 53μm의 표준체를 통과하는 것이 50wt% 미만인 철의 분말
④ 농도가 40wt%인 과산화수소

해설

① 아황산 : 위험물이 아니다.
② 질산 : 비중이 1.49 이상인 것에 한한다.
③ 철분 : 철의 분말로서 53마이크로미터의 표준체를 통과하는 것이 50중량퍼센트 미만인 것은 제외한다.
④ 과산화수소 : 농도가 36중량% 이상인 것에 한한다.

58 다음 중 제2류 위험물이 아닌 것은?

① 황화린   ② 적린
③ 황린   ④ 철분

해설
황린은 제3류 위험물이다.

59 금속나트륨 취급을 잘못하여 표면이 회백색으로 변했을 때, 이 회백색 물질의 분자식은?

① NaCl   ② NaOH
③ Na_2O ④ $NaNO_3$

해설
금속나트륨은 공기 중 산소와 반응하여 산화나트륨(회백색)이 된다.
$4Na + O_2 \rightarrow 2Na_2O$

60 다음 중 무색투명한 휘발성 액체로서 물에 녹지 않고 물보다 무거워서 물속에 보관하는 위험물은?

① 경유   ② 황린
③ 황   ④ 이황화탄소

해설
물속에 보관하는 위험물 중 액체는 이황화탄소, 고체는 황린이다.

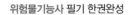
01 위험물안전관리법령상 자동화재탐지설비를 설치하지 않고 비상경보설비로 대신할 수 있는 장소로 옳은 것은?

① 일반취급소로서 연면적 600m²인 것
② 지정수량 20배를 저장하는 옥내저장소로서 처마높이가 6m인 단층건물
③ 단층건물 외에 건축물이 설치된 지정수량 15배의 옥내탱크저장소로서 소화난이도등급Ⅱ에 속하는 것
④ 지정수량 20배를 저장 취급하는 옥내주유취급소

해설

제조소등별로 설치해야 하는 경보설비의 종류

제조소 등의 구분	제조소 등의 규모, 저장 또는 취급하는 위험물의 종류 및 최대수량 등	경보설비
가. 제조소 및 일반취급소	• 연면적이 500제곱미터 이상인 것 • 옥내에서 지정수량의 100배 이상을 취급하는 것(고인화점위험물만을 100℃ 미만의 온도에서 취급하는 것은 제외한다) • 일반취급소로 사용되는 부분 외의 부분이 있는 건축물에 설치된 일반취급소(일반취급소와 일반취급소 외의 부분이 내화구조의 바닥 또는 벽으로 개구부 없이 구획된 것은 제외한다)	자동화재 탐지설비
나. 옥내저장소	• 지정수량의 100배 이상을 저장 또는 취급하는 것(고인화점위험물만을 저장 또는 취급하는 것은 제외한다) • 저장창고의 연면적이 150제곱미터를 초과하는 것[연면적 150제곱미터 이내마다 불연재료의 격벽으로 개구부 없이 완전히 구획된 저장창고와 제2류 위험물(인화성 고체는 제외한다) 또는 제4류 위험물(인화점이 70℃ 미만인 것은 제외한다)만을 저장 또는 취급하는 저장창고는 그 연면적이 500제곱미터 이상인 것을 말한다] • 처마 높이가 6미터 이상인 단층 건물의 것	자동화재 탐지설비
	• 옥내저장소로 사용되는 부분 외의 부분이 있는 건축물에 설치된 옥내저장소[옥내저장소와 옥내저장소 외의 부분이 내화구조의 바닥 또는 벽으로 개구부 없이 구획된 것과 제2류(인화성 고체는 제외한다) 또는 제4류의 위험물(인화점이 70℃ 미만인 것은 제외한다)만을 저장 또는 취급하는 것은 제외한다]	
다. 옥내탱크 저장소	단층 건물 외의 건축물에 설치된 옥내탱크저장소로서 제41조 제2항에 따른 소화난이도등급Ⅰ에 해당하는 것	자동화재 탐지설비
라. 주유취급소	옥내주유취급소	자동화재 탐지설비
마. 옥외탱크 저장소	특수인화물, 제1석유류 및 알코올류를 저장 또는 취급하는 탱크의 용량이 1,000만 리터 이상인 것	• 자동화재 탐지설비 • 자동화재 속보설비
바. 가목부터 마목까지의 규정에 따른 자동화재탐지설비 설치 대상 제조소 등에 해당하지 않는 제조소 등(이송취급소는 제외한다)	지정수량의 10배 이상을 저장 또는 취급하는 것	자동화재탐지설비, 비상경보설비, 확성장치 또는 비상 방송 설비중1종 이상

02 아염소산염류 500kg과 질산염류 3,000kg을 함께 저장하는 경우의 소요단위를 구하시오.

① 2   ② 4
③ 6   ④ 8

해설

• 위험물은 지정수량의 10배를 1소요단위로 한다.

• 소요단위 = $\dfrac{저장수량}{지정수량 \times 10}$

• 소요단위 = $\dfrac{500}{50 \times 10} + \dfrac{3,000}{300 \times 10} = 2$

03 질산나트륨 90kg, 유황 70kg, 클로로벤젠 2,000L에 대하여 지정수량 배수의 총합은?

① 2 ② 3
③ 4 ④ 5

해설

- 질산나트륨 지정수량 : 300kg
- 유황 지정수량 : 100kg
- 클로로벤젠 지정수량 : 1,000L
- 지정수량의 배수 $= \dfrac{\text{위험물 저장수량}}{\text{위험물 지정수량}}$
- 지정수량 배수의 합 $= \dfrac{90}{300} + \dfrac{70}{100} + \dfrac{2,000}{1,000} = 3$

04 부착장소의 평상시 최고주위온도가 39℃ 미만인 경우 스프링클러헤드의 표시온도의 설치기준으로 옳은 것은?

① 79℃ 미만
② 79℃ 이상 121℃ 미만
③ 121℃ 이상 162℃ 미만
④ 162℃ 이상

해설

스프링클러헤드의 설치기준

부착장소의 최고주위온도	표시온도
28℃ 미만	58℃ 미만
28℃ 이상 39℃ 미만	58℃ 이상 79℃ 미만
39℃ 이상 64℃ 미만	79℃ 이상 121℃ 미만
64℃ 이상 106℃ 미만	121℃ 이상 162℃ 미만
106℃ 이상	162℃ 이상

05 위험물안전관리법령상 철분, 금속분, 마그네슘에 적응성이 있는 소화설비는?

① 불활성가스 소화설비 ② 할로겐화합물 소화설비
③ 포소화설비 ④ 탄산수소염류 소화설비

해설

제2류 위험물(철분·금속분·마그네슘등)에 대하여 적응성이 있는 소화설비

소화설비의 구분	건축물·그 밖의 공작물	전기설비	제1류 위험물 알칼리금속과산화물등	제1류 위험물 그 밖의 것	제2류 위험물 철분·금속분·마그네슘등	제2류 위험물 인화성고체	제2류 위험물 그 밖의 것	제3류 위험물 금수성물품	제3류 위험물 그 밖의 것	제4류 위험물	제5류 위험물	제6류 위험물
옥내소화전 또는 옥외소화전 설비	O			O		O	O		O		O	O
스프링클러설비	O			O		O	O		O	△	O	O
물분무등 소화설비 / 물분무 소화설비	O	O		O		O	O		O	O	O	O
물분무등 소화설비 / 포소화설비	O			O		O	O		O	O	O	O
물분무등 소화설비 / 불활성가스 소화설비		O				O				O		
물분무등 소화설비 / 할로겐화합물 소화설비		O				O				O		
물분무등 소화설비 / 분말소화설비 / 인산염류 등	O	O		O		O				O		O
물분무등 소화설비 / 분말소화설비 / 탄산수소염류 등		O	O		O	O		O		O		
물분무등 소화설비 / 분말소화설비 / 그 밖의 것			O		O			O				

06 이황화탄소의 연소범위가 1~44%일 때, 위험도를 구하시오.

① 43 ② 44
③ 52 ④ 60

해설

위험도(H) $= \dfrac{(U - L)}{L} = \dfrac{(44 - 1)}{1} = 43$

07 염소산나트륨의 저장·취급 시 주의해야 할 사항으로 옳지 않은 것은?

① 철제용기의 저장은 피해야 한다.
② 열분해 시 이산화탄소가 발생하므로 질식에 유의한다.
③ 조해성이 있으므로 방습에 유의한다.
④ 용기에 밀전하여 보관한다.

해설

염소산나트륨은 열분해 시 산소가 발생한다.
$2NaClO_3 \rightarrow 2NaCl + 3O_2$

08 이산화탄소가 소화약제로 사용될 수 있는 이유에 대해 가장 타당하게 설명한 것은?

① 산소와의 반응이 느리기 때문이다.
② 산소와 반응하지 않기 때문이다.
③ 착화되어도 불이 곧 꺼지기 때문이다.
④ 산화반응이 되어도 열 발생이 없기 때문이다.

해설

이산화탄소는 산소와 반응하지 않아 산소의 농도를 낮추는 질식소화 효과를 보인다.

09 분진폭발을 예방하기 위한 조치로써 옳지 않은 것은?

① 플랜트는 공정별로 구분하고 폭발의 파급을 피할 수 있도록 분진취급공정을 습식으로 한다.
② 분진이 물과 반응하는 경우는 물 대신 휘발성이 적은 유류를 사용하는 것이 좋다.
③ 배관의 연결부위나 기계가동에 의해 분진이 누출될 염려가 있는 곳은 흡인이나 밀폐를 철저히 한다.
④ 가연성 분진을 취급하는 장치류는 밀폐하지 말고 분진이 외부로 누출되도록 한다.

해설

가연성 분진을 취급하는 장치류는 분진이 외부로 누출되지 않도록 한다.

10 위험물안전관리법령상 옥내주유취급소의 소화난이도등급으로 옳은 것은?

① 소화난이도등급 I
② 소화난이도등급 II
③ 소화난이도등급 III
④ 소화난이도등급 IV

해설

주유취급소의 소화난이도등급

I	주유취급소의 직원 외의 자가 출입하는 주유취급소의 업무를 행하기 위한 사무소, 자동차 등의 점검 및 간이정비를 위한 작업장, 주유취급소에 출입하는 사람을 대상으로 한 점포 · 휴게음식점 또는 전시장 용도의 면적합이 500m²를 초과하는 것
II	옥내주유취급소로서 소화난이도등급 I 의 제조소 등에 해당하지 아니하는 것
III	옥내주유취급소 외의 것으로서 소화난이도등급 I 의 제조소 등에 해당하지 아니 하는 것

11 다음 중 인화점이 가장 낮은 위험물은?

① 아세톤
② 이황화탄소
③ 클로로벤젠
④ 디에틸에테르

해설

위험물의 인화점
① 아세톤 : -18℃
② 이황화탄소 : -30℃
③ 클로로벤젠 : 27℃
④ 디에틸에테르 : -45℃

12 제4류 위험물인 이황화탄소를 물속에 저장하는 이유는?

① 공기와 접촉하면 즉시 폭발하기 때문에
② 가연성 증기의 발생을 억제하기 위하여
③ 온도의 상승을 방지하기 위하여
④ 불순물을 물에 용해시키기 위하여

해설

이황화탄소는 가연성 증기의 발생을 억제하기 위해 물속에 넣어 저장한다. 이황화탄소는 물에 녹지 않고, 물보다 무겁다.

13 위험물제조소 등에 옥외소화전을 6개 설치할 경우 수원의 수량은 몇 m³ 이상이어야 하는가?

① 28   ② 35
③ 54   ④ 67.5

해설

수원의 수량 = $13.5m^3 \times 4 = 54m^3$

- 옥외소화전 설비의 수원의 수량 : 옥외소화전의 설치개수(설치개수가 4개 이상인 경우는 4개의 옥외소화전)에 $13.5m^3$를 곱한 양 이상이 되도록 설치할 것
- 옥내소화전 설비의 수원의 수량 : 옥내소화전이 가장 많이 설치된 층의 옥내소화전 설치개수(설치개수가 5개 이상인 경우는 5개)에 $7.8m^3$를 곱한 양 이상이 되도록 설치할 것

14 다음 아세톤의 완전 연소 반응식이 알맞도록 ( )에 알맞은 계수를 차례대로 나타낸 것은?

$$CH_3COCH_3 + (\quad)O_2 \rightarrow (\quad)CO_2 + 3H_2O$$

① 3, 4   ② 4, 3
③ 6, 3   ④ 3, 6

해설

반응식의 좌항과 우항의 원소 개수를 비교하여 구한다.

15 제5류 위험물인 니트로셀룰로오스에 관한 설명 중 옳지 않은 것은?

① 물에 잘 녹으며, 자연발화의 위험이 있다.
② 지정수량은 10kg이다.
③ 탄력성이 있는 고체의 형태이다.
④ 상시산 방지된 깃은 햇빛, 고온 등에 의해 분해가 촉진된다.

해설

니트로셀룰로오스는 물에 잘 녹지 않으며, 자연발화의 위험이 있다.

16 상온에서 액상인 것으로만 조합되어 있는 것은?

① 니트로셀룰로오스, 니트로글리세린
② 질산에틸, 니트로글리세린
③ 질산에틸, 피크린산
④ 니트로셀룰로오스, 셀룰로이드

해설

- 상온에서 액체 : 니트로글리세린, 질산에틸
- 상온에서 고체 : 니트로셀룰로오스, 피크린산, 셀룰로이드

17 다음 중 소화기의 사용방법으로 틀린 것은?

① 적응화재에 따라 사용할 것
② 성능에 따라 방출거리 내에서 사용할 것
③ 바람을 마주보며 소화할 것
④ 양옆으로 비로 쓸 듯이 방사할 것

해설

소화기 사용 시 바람을 등지고 소화한다.

18 위험물 종류별로 적응성이 있는 소화설비 연결로 옳지 않은 것은?

① 제3류 중 금수성 물질 외의 것 - 할로겐화합물 소화설비, 불활성가스 소화설비
② 제4류 - 물분무소화설비, 불활성가스 소화설비
③ 제5류 - 포소화설비, 스프링클러설비
④ 제6류 - 옥내소화전설비, 물분무소화설비

해설

제3류 중 금수성 물질 외의 것에 대하여 적응성이 있는 소화설비

소화설비의 구분		건축물·그 밖의 공작물	전기설비	제1류 위험물		제2류 위험물			제3류 위험물		제4류 위험물	제5류 위험물	제6류 위험물
				알칼리금속과산화물등	그 밖의 것	철분·금속분·마그네슘등	인화성고체	그 밖의 것	금수성물품	그 밖의 것			
옥내소화전 또는 옥외소화전 설비		○			○		○	○		○		○	○
스프링클러설비		○			○		○	○		○	△	○	○
물분무 등 소화 설비	물분무 소화설비	○	○		○		○	○		○	○	○	○
	포소화설비	○			○		○	○		○	○	○	○
	불활성가스 소화설비		○				○			○			
	할로겐화합물 소화설비		○				○			○			
	분말소화설비	인산염류 등	○	○		○		○	○		○		○	○
		탄산수소염류 등		○	○		○	○		○		○		
		그 밖의 것			○		○			○			

19 분말소화약제 중 제1종 분말과 제2종 분말이 각각 열분해 될 때 공통적으로 생성되는 물질로 알맞은 것은?

① N_2, CO_2
② N_2, O_2
③ H_2O, CO_2
④ H_2O, N_2

해설

분말 소화약제의 열분해 반응식

제1종 분말	$2NaHCO_3 \rightarrow Na_2CO_3 + CO_2 + H_2O$
제2종 분말	$2KHCO_3 \rightarrow K_2CO_3 + CO_2 + H_2O$

20 $KMnO_4$의 지정수량은 몇 kg인가?

① 50kg
② 100kg
③ 300kg
④ 1,000kg

해설

과망간산칼륨은 제1류 위험물(과망간산염류)로 지정수량이 1,000kg이다.

21 위험물안전관리법령상 자체소방대를 설치하여야 할 제조소 등의 기준으로 옳은 것은?

① 제4류 위험물을 지정수량의 3천배 이상 취급하는 제조소 또는 일반취급소
② 제4류 위험물을 지정수량의 5천배 이상 취급하는 제조소 또는 일반취급소
③ 제4류 위험물 중 특수인화물을 지정수량의 3천배 이상 취급하는 제조소 또는 일반취급소
④ 제4류 위험물 중 특수인화물을 지정수량의 5천배 이상 취급하는 제조소 또는 일반취급소

해설

자체소방대를 설치하여야 하는 사업소
• 제4류 위험물을 취급하는 제조소 또는 일반취급소(보일러로 위험물을 소비하는 일반취급소 등 행정안전부령으로 정하는 일반취급소는 제외)에서 취급하는 제4류 위험물의 최대수량의 합이 지정수량의 3천배 이상인 경우
• 제4류 위험물을 저장하는 옥외탱크저장소에 저장하는 제4류 위험물의 최대수량이 지정수량의 50만배 이상인 경우

22 다음 중 피난설비를 설치하여야 하는 위험물 제조소 등에 해당하는 것은 무엇인가?

① 건축물의 2층 부분을 자동차 정비소로 사용하는 주유취급소
② 건축물의 2층 부분을 전시장으로 사용하는 주유취급소
③ 건축물의 1층 부분을 주유사무소로 사용하는 주유취급소
④ 건축물의 1층 부분을 관계자의 주거시설로 사용하는 주유취급소

해설
피난설비의 기준 : 주유취급소 중 건축물의 2층 이상의 부분을 점포·휴게음식점 또는 전시장의 용도로 사용하는 것과 옥내주유취급소에는 피난설비를 설치하여야 한다

23 Halon 1301 소화약제에 대한 설명으로 옳지 않은 것은?

① 저장 용기에 액체상으로 충전한다.
② 화학식은 CF_3Br이다.
③ 비점이 낮아서 기화가 용이하다.
④ 공기보다 가볍다.

해설
Halon 1301은 공기보다 5.14배 무겁다.
Halon 1301 = CF_3Br
CF_3Br의 분자량 = $12 + 19 \times 3 + 80 = 149$

증기비중 = $\dfrac{증기분자량}{공기분자량} = \dfrac{149}{29} = 5.14$

24 다음 중 한 분자 내에 포함된 탄소의 수가 가장 많은 위험물은?

① 아세톤
② 톨루엔
③ 아세트산
④ 이황화탄소

해설
① 아세톤(CH_3COCH_3)
② 톨루엔($C_6H_5CH_3$)
③ 아세트산(CH_3COOH)
④ 이황화탄소(CS_2)

25 칼륨, 인화칼슘, 리튬을 위험등급Ⅰ, 위험등급Ⅱ, 위험등급Ⅲ의 순서대로 차례로 나열한 것은?

① 칼륨, 인화칼슘, 리튬
② 칼륨, 리튬, 인화칼슘
③ 인화칼슘, 칼륨, 리튬
④ 인화칼슘, 리튬, 칼륨

해설
• 칼륨 : 위험등급Ⅰ
• 인화칼슘 : 위험등급Ⅲ
• 리튬 : 위험등급Ⅱ

26 다음 중 위험등급Ⅰ이 아닌 위험물은?

① 무기과산화물
② 적린
③ 나트륨
④ 과산화수소

해설
적린은 위험등급Ⅱ이다.

27 다음 중 위험물안전관리법의 적용대상이 되는 것은?

① 항공기에 의한 대한민국 영공에서의 위험물의 저장, 취급 및 운반
② 궤도에 의한 위험물의 저장, 취급 및 운반
③ 철도에 의한 위험물의 저장, 취급 및 운반
④ 자가용승용차에 의한 지정수량 이하의 위험물의 저장, 취급 및 운반

해설
위험물안전관리법 항공기·선박·철도 및 궤도에 의한 위험물의 저장·취급 및 운반에 있어서는 이를 적용하지 아니한다.

정답 22 ② 23 ④ 24 ② 25 ② 26 ② 27 ④

28 공장 창고에 보관되었던 톨루엔에 의해 화재가 발생하였다면 이 화재의 분류로 옳은 것은?

① A급 화재
② B급 화재
③ C급 화재
④ D급 화재

해설
톨루엔(인화성 액체)의 화재이므로 유류화재인 B급 화재이다.

29 위험물 저장탱크의 내용적이 300L일 때, 이 탱크에 저장하는 위험물의 용량 범위로 알맞은 것은? (단, 원칙적인 경우에 한한다.)

① 240~270L
② 270~285L
③ 290~295L
④ 295~298L

해설
탱크의 공간용적은 탱크의 내용적의 100분의 5 이상 100분의 10 이하의 용적으로 한다.
• 300×0.9~300×0.95 = 270~285L

30 위험물안전관리법령상 제조소 등의 화재 예방과 재해 발생 시 비상조치에 필요한 사항을 서면으로 작성하여 허가청에 제출하여야 하는 것은 무엇인가?

① 예방규정
② 소방계획서
③ 비상계획서
④ 화재영향평가서

해설
예방규정에 대한 설명이다.

31 위험물의 저장방법에 대한 설명으로 적절한 것은?

① 황화린은 알코올 또는 과산화물 속에 저장하여 보관한다.
② 마그네슘은 건조하면 분진폭발의 위험성이 있으므로 물에 습윤하여 저장한다.
③ 적린은 화재 예방을 위해 할로겐 원소와 혼합하여 저장한다.
④ 수소화리튬은 저장용기에 아르곤과 같은 불활성 기체를 봉입한다.

해설
황화린, 마그네슘, 적린은 저장용기를 밀폐하고 통풍이 잘되는 냉암소에서 보관한다.

32 그림과 같은 위험물 저장탱크의 내용적은 약 몇 m³인가?

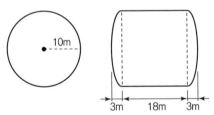

① 4,681
② 5,482
③ 6,283
④ 7,080

해설
탱크의 내용적 $= \pi r^2 \times \left(1 + \dfrac{l_1 + l_2}{3}\right) = \pi(10m)^2$
$\times \left(18m + \dfrac{3m + 3m}{3}\right) = 6283.19m^3$

정답 **28** ② **29** ② **30** ① **31** ④ **32** ③

33 다음 중 연소생성물로 이산화황이 생성되지 않는 것은 무엇인가?

① 황린 ② 삼황화린
③ 오황화린 ④ 황

해설

① 황린 : $P_4 + 5O_2 \rightarrow 2P_2O_5$

② 삼황화린 : $P_4S_3 + 8O_2 \rightarrow 2P_2O_5 + 3SO_2$

③ 오황화린 : $P_2S_5 + 15O_2 \rightarrow 2P_2O_5 + 10SO_2$

④ 황 : $S + O_2 \rightarrow SO_2$

34 다음 위험물의 저장창고에 화재가 발생하였을 때 주수에 의한 소화를 할 수 없는 것은?

① 염소산칼륨 ② 과염소산나트륨
③ 질산암모늄 ④ 탄화칼슘

해설

탄화칼슘은 물과 반응하여 수산화칼슘과 아세틸렌(가연성 가스)을 생성하여 더 위험해진다.
$CaC_2 + 2H_2O \rightarrow Ca(OH)_2 + C_2H_2$

35 탄산칼륨 등의 알칼리 금속염을 첨가하여 물의 소화능력을 향상시키고 동절기 또는 한랭지에서도 사용할 수 있도록 한 소화약제는 무엇인가?

① 강화액 소화약제
② 할로겐화합물 소화약제
③ 이산화탄소 소화약제
④ 포 소화약제

해설

강화액 소화약제는 물에 탄산칼륨(K_2CO_3)을 보강시켜 동절기 또는 한랭지에서도 사용할 수 있는 소화약제이다.

36 위험물안전관리법령상 제2석유류의 판단기준으로 옳은 것은?

① 1기압에서 인화점이 섭씨 20도 미만인 것
② 1기압에서 인화점이 섭씨 21도 이상 70도 미만인 것
③ 기압에 무관하게 섭씨 20도에서 액상인 것
④ 기압에 무관하게 섭씨 0도에서 액상인 것

해설

제2석유류 : 등유, 경유 그 밖에 1기압에서 인화점이 섭씨 21도 이상 70도 미만인 것을 말한다. 다만, 도료류 그 밖의 물품에 있어서 가연성 액체량이 40중량퍼센트 이하이면서 인화점이 섭씨 40도 이상인 동시에 연소점이 섭씨 60도 이상인 것은 제외한다.

37 위험물안전관리법령상 위험물 판매취급소에 대한 설명 중 옳지 않은 것은?

① 제1종 판매취급소라 함은 저장 또는 취급하는 위험물의 수량이 지정수량의 20배 이하인 판매취급소를 말한다.
② 위험물을 배합하는 실의 바닥면적은 $6m^2$ 이상 $15m^2$ 이하이어야 한다.
③ 판매취급소에서는 도료류 외의 제1석유류를 배합하거나 옮겨 담는 작업을 할 수 없다.
④ 제1종 판매취급소는 건축물의 2층까지만 설치가 가능하다.

해설

제1종 판매취급소는 건축물의 1층에 설치해야 한다.

38 다음 중 지정수량이 가장 큰 위험물은?

① 과염소산칼륨 ② 인화칼슘
③ 황린 ④ 황

해설

위험물의 지정수량
① 과염소산칼륨 : 50kg
② 인화칼슘 : 300kg
③ 황린 : 20kg
④ 황 : 100kg

39 물의 용융잠열은 약 몇 cal/g인가?

① 180cal/g
② 80cal/g
③ 539cal/g
④ 32cal/g

해설

- 잠열 : 융해와 증발 등 상 전이 과정에서 흡수되는 열으로, 일반적으로 물질계에 열을 가하면 계의 온도가 상승하지만 상 전이 과정에서는 온도가 변하지 않고 가해진 열은 상 변화에 사용된다.
- 용융잠열(용융열) : 고체의 물(얼음)이 액체의 물로, 또는 액체의 물이 고체의 물(얼음)으로 상 전이할 때 필요한 열이다.

물의 용융열	80cal/g
물의 기화열	539cal/g

40 위험물과 그 위험물의 이동저장탱크 외부도장 색상의 연결로 적합하지 않은 것은?

① 제2류 - 적색
② 제3류 - 청색
③ 제5류 - 황색
④ 제6류 - 회색

해설

위험물 이동저장탱크의 외부 도장 색상

유별	외부 도장 색상
제1류	회색
제2류	적색
제3류	청색
제4류	적색(권장)
제5류	황색
제6류	청색

41 위험물 간이탱크저장소의 구조 및 설비의 기준으로 옳은 것은?

① 탱크의 두께 2.5mm 이상, 용량 600L 이하
② 탱크의 두께 2.5mm 이상, 용량 800L 이하
③ 탱크의 두께 3.2mm 이상, 용량 600L 이하
④ 탱크의 두께 3.2mm 이상, 용량 800L 이하

해설

- 간이저장탱크는 두께 3.2mm 이상의 강판으로 흠이 없도록 제작하여야 하며, 70kPa의 압력으로 10분간의 수압시험을 실시하여 새거나 변형되지 아니하여야 한다.
- 간이저장탱크의 용량은 600L 이하이어야 한다.

42 다음 중 '인화점 70℃'의 의미를 가장 옳게 설명한 것은?

① 주변의 온도가 70℃일 경우 액체가 발화한다.
② 주변의 온도가 70℃ 이상이 되면 자발적으로 점화원 없이 발화한다.
③ 액체의 온도가 70℃ 이상이 되면 가연성 증기를 발생하여 점화원에 의해 인화한다.
④ 액체를 70℃ 이상으로 가열하면 발화한다.

해설

- 인화점 : 점화원에 의해 인화하는 최저온도
- 발화점 : 점화원 없이 스스로 발화하는 최저온도

43 인화성 액체 위험물을 저장하는 옥외탱크저장소에 설치하는 방유제의 높이 기준으로 옳은 것은?

① 0.5m 이상 1m 이하
② 0.5m 이상 3m 이하
③ 0.3m 이상 1m 이하
④ 0.5m 이상 5m 이하

해설

방유제는 높이 0.5m 이상 3m 이하, 두께 0.2m 이상, 지하매설 깊이 1m 이상으로 할 것. 다만, 방유제와 옥외저장탱크 사이의 지반면 아래에 불침윤성(수분 흡수를 막는 성질) 구조물을 설치하는 경우에는 지하매설 깊이를 해당 불침윤성 구조물까지로 할 수 있다.

44 적린의 특성에 대한 설명으로 옳지 않은 것은?

① 물이나 이황화탄소에 녹지 않는다.
② 발화온도는 약 260℃ 정도이다.
③ 연소할 때 인화수소가스가 발생한다.
④ 산화제가 섞여 있으면 마찰에 의해 착화하기 쉽다.

해설

적린은 연소하면 오산화인이 발생한다.
$4P + 5O_2 \rightarrow 2P_2O_5$

45 위험물안전관리법령상 품명이 같지 않은 물질 조합은?

① 이황화탄소, 디에틸에테르
② 에틸알코올, 고형알코올
③ 등유, 경유
④ 중유, 크레오소트유

해설
- 제4류 위험물(특수인화물) : 이황화탄소, 디에틸에테르
- 제4류 위험물(알코올류) : 에틸알코올
- 제2류 위험물(인화성 : 고체) : 고형알코올
- 제4류 위험물(제2석유류) : 등유, 경유
- 제4류 위험물(제3석유류) : 중유, 크레오소트유

46 주유취급소에서 자동차 등에 위험물을 주유할 때 원동기를 정지시켜야 하는 위험물의 인화점 기준은 몇 ℃ 미만인가? (단, 연료탱크에 위험물을 주유하는 동안 방출되는 가연성 증기 회수설비가 부착되지 않은 고정주유설비의 경우이다.)

① 20℃   ② 30℃
③ 40℃   ④ 50℃

해설
자동차 등에 인화점 40℃ 미만의 위험물을 주유할 때에는 자동차 등의 원동기를 정지시켜야 한다.

47 다음 중 지정수량이 500kg인 위험물은?

① 황화린   ② 금속분
③ 인화성 고체   ④ 황

해설
위험물의 지정수량
① 황화린 : 100kg
② 금속분 : 500kg
③ 인화성 고체 : 1,000kg
④ 황 : 100kg

48 과산화벤조일과 품명이 같은 위험물은 무엇인가?

① 셀룰로이드   ② 아세틸퍼옥사이드
③ 질산메틸   ④ 니트로글리세린

해설
과산화벤조일의 품명은 유기과산화물이다.
① 셀룰로이드 : 질산에스테르류
② 아세틸퍼옥사이드 : 유기과산화물
③ 질산메틸 : 질산에스테르류
④ 니트로글리세린 : 질산에스테르류

49 자연발화성 물질 중 알킬알루미늄 등은 운반용기 내용적의 몇 % 이하의 수납률로 수납하여야 하는가?

① 98%   ② 95%
③ 90%   ④ 85%

해설
- 고체 위험물 : 운반용기 내용적의 95% 이하의 수납률로 수납
- 액체 위험물 : 운반용기 내용적의 98% 이하의 수납률로 수납하되, 55도의 온도에서 누설되지 아니하도록 충분한 공간용적을 유지
- 자연발화성 물질 중 알킬알루미늄등 : 운반용기의 내용적의 90% 이하의 수납률로 수납하되, 50℃의 온도에서 5% 이상의 공간용적을 유지하도록 할 것

50 메탄올과 비교한 에탄올의 특성에 대한 설명 중 옳지 않은 것은?

① 에탄올은 메탄올보다 인화점이 낮다.
② 에탄올은 메탄올보다 발화점이 낮다.
③ 에탄올은 메탄올보다 증기비중이 크다.
④ 에탄올은 메탄올보다 비점이 높다.

해설
에탄올(13℃)은 메탄올(11℃)보다 인화점이 높다.

정답 45 ② 46 ③ 47 ② 48 ② 49 ③ 50 ①

51 니트로셀룰로오스 5kg과 트리니트로페놀을 함께 저장하려고 할 때, 지정수량 1배로 저장하려면 트리니트로페놀을 몇 kg 저장하여야 하는가?

① 5
② 10
③ 50
④ 100

해설

• 니트로셀룰로오스 지정수량 : 10kg
• 트리니트로페놀 지정수량 : 200kg
• 지정수량의 배수 = $\dfrac{\text{위험물 저장수량}}{\text{위험물 지정수량}}$
• 지정수량 배수의 합 = $1 = \dfrac{5}{10} + \dfrac{x}{200}$
• $x = 100kg$

52 질산과 과산화수소의 공통적인 성질을 옳게 설명한 것은?

① 연소가 매우 잘 된다.
② 점성이 큰 액체로 환원제이다.
③ 물보다 가볍다.
④ 물에 녹는다.

해설

① 불연성물질이다.
② 점성이 작고, 산화제이다.
③ 물보다 무겁다.

53 에틸알코올의 증기비중은 얼마인가?

① 약 0.72
② 약 0.91
③ 약 1.13
④ 약 1.59

해설

증기비중 = $\dfrac{\text{해당가스의 분자량}}{\text{공기분자량}} = \dfrac{46}{29} = 1.59$

에틸알코올 분자량 = $C_2H_5OH = 46$
공기 분자량 = 29

54 알칼리금속의 과산화물과 물이 접촉하였을 때 발생하는 가스로 옳은 것은?

① 수소가스
② 산소가스
③ 탄산가스
④ 수성가스

해설

알칼리금속의 과산화물이 물과 접촉하면 산소가 발생한다.
$2K_2O_2 + 2H_2O \rightarrow 4KOH + O_2$

55 옥내저장소에서 지정과산화물의 저장창고의 창 하나의 면적은 몇 m² 이내인가?

① 0.2m² 이내
② 0.4m² 이내
③ 0.6m² 이내
④ 0.8m² 이내

해설

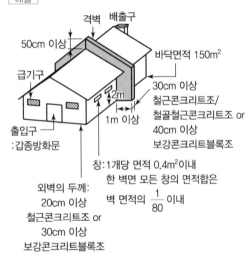

56 과산화마그네슘에 대한 설명으로 가장 적절한 것은?

① 산화제, 표백제, 살균제 등으로 사용된다.
② 물에 녹지 않기 때문에 습기와 접촉해도 무방하다.
③ 물과 반응하여 금속마그네슘을 생성한다.
④ 염산과 반응하면 산소와 수소를 발생한다.

해설

②, ③ 물과 반응하여 수산화마그네슘과 산소를 생성한다.
$2MgO_2 + 2H_2O \rightarrow 2Mg(OH)_2 + O_2$
④ $MgO_2 + 2HCl \rightarrow MgCl_2 + H_2O_2$

57 옥내저장소에서 위험물을 저장하는 경우 기계에 의하여 하역하는 구조로 된 용기만을 겹쳐 쌓는 경우에 있어서는 몇 m를 초과하여 용기를 겹쳐 쌓지 않아야 하는가?

① 2m
② 4m
③ 6m
④ 8m

해설

- 옥내저장소에서 위험물을 겹쳐 쌓아 저장하는 경우 높이 기준
  - 기계에 의하여 하역하는 구조로 된 용기만을 겹쳐 쌓는 경우에 있어서는 6m를 초과하지 않는다.
  - 제4류 위험물 중 제3석유류, 제4석유류 및 동식물유류를 수납하는 용기만을 겹쳐 쌓는 경우에 있어서는 4m를 초과하지 않는다.
  - 그 밖의 경우에 있어서는 3m를 초과하지 않는다.

58 다음과 같이 복수의 성상을 가지고 있는 경우 지정되는 품명의 연결로 옳지 않은 것은?

① 산화성 고체의 성상 및 가연성 고체의 성상을 가지는 경우 : 가연성 고체
② 산화성 고체의 성상 및 자기반응성 물질의 성상을 가지는 경우 : 자기반응성 물질
③ 가연성 고체의 성상 및 자연발화성의 성상 및 금수성물질의 성상을 가지는 경우 : 자연발화성 물질 및 금수성 물질
④ 인화성 액체의 성상 및 자기반응성 물질의 성상을 가지는 경우 : 인화성 액체

해설

인화성 액체의 성상 및 자기반응성 물질의 성상을 가지는 경우 : 자기반응성 물질

59 다음 중 산화프로필렌의 특성에 대한 설명 옳지 않은 것은?

① 청색의 휘발성이 강한 액체이다.
② 인화점이 낮은 인화성 액체이다.
③ 물에 잘 녹는다.
④ 에테르와 같은 냄새를 가진다.

해설

산화프로필렌은 무색의 휘발성이 강한 액체이다.

60 위험물제조소에 설치하는 안전장치 중 위험물의 성질에 따라 안전밸브의 작동이 곤란한 가압설비에 한하여 설치하는 것은?

① 파괴판
② 안전밸브를 병용하는 경보장치
③ 감압측에 안전밸브를 부착한 감압밸브
④ 연성계

해설

파괴판(파열판)은 위험물의 성질에 따라 안전밸브의 작동이 곤란한 가압설비에 한하여 설치한다.

01 다음 중 특수인화물이 아닌 것은?

① 이황화탄소
② 산화프로필렌
③ 아세트알데히드
④ 메틸에틸케톤퍼옥사이드

해설

메틸에틸케톤퍼옥사이드는 제5류 위험물(유기과산화물)이다.

02 옥내저장소에서 질산 500L를 저장하고 있다. 저장하고 있는 질산은 지정수량의 몇 배인가? (단, 질산의 밀도는 1.5g/mL이다.)

① 1.5
② 2.5
③ 3.5
④ 4.5

해설

- 질산의 지정수량 : 300kg
- 질산 500L = $500L \times \dfrac{1.5kg}{1L} = 750kg$
- 질산 750kg은 지정수량인 300kg의 2.5배이다.

03 위험물의 유별 구분이 나머지 셋과 다른 하나는 무엇인가?

① 니트로글리콜
② 아조벤젠
③ 벤젠
④ 디니트로벤젠

해설

벤젠은 제4류 위험물, 나머지는 제5류 위험물이다.

04 소화에 대한 설명으로 옳지 않은 것은?

① 희석소화 : 산·알칼리를 중화시켜 연쇄반응을 억제시키는 방법
② 질식소화 : 불연성 포말로 연소물을 덮어씌우는 방법
③ 제거소화 : 가연물을 제거하여 소화시키는 방법
④ 냉각소화 : 물을 뿌려서 온도를 저하시키는 방법

해설

희석소화는 가연물의 농도를 낮추어 소화시키는 방법이다.

05 경유에 대한 설명 중 틀린 것은?

① 물에 녹기 어렵다.
② 인화점이 등유보다 낮다.
③ 비중이 1 이하이다.
④ 시판되는 것은 담황색의 액체이다.

해설

경유의 인화점(50℃ 이상)이 등유(30℃ 이상)보다 높다.

06 가연물과 화재의 종류 및 표시색상의 연결이 옳은 것은?

① 폴리에틸렌 – 유류 화재 – 백색
② 석탄 – 일반 화재 – 청색
③ 시너 – 유류 화재 – 청색
④ 나무 – 일반 화재 – 백색

해설

- A급 화재 – 일반 화재 – 백색 : ①, ②, ④
- B급 화재 – 유류·가스 화재 – 황색 : ③
- C급 화재 – 전기 화재 – 청색
- D급 화재 – 금속 화재 – 무색
- K급 화재 – 주방 화재

정답 01 ④ 02 ② 03 ③ 04 ① 05 ② 06 ④

07 위험물 옥외탱크저장소는 병원으로부터 몇 m 이상의 안전거리를 두어야 하는가?

① 20　　　　　　　　② 25
③ 30　　　　　　　　④ 35

해설

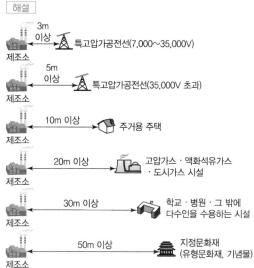

거리	대상
3m 이상	특고압가공전선(7,000~35,000V)
5m 이상	특고압가공전선(35,000V 초과)
10m 이상	주거용 주택
20m 이상	고압가스·액화석유가스·도시가스 시설
30m 이상	학교·병원·그 밖에 다수인을 수용하는 시설
50m 이상	지정문화재(유형문화재, 기념물)

08 다음 중 화재 시 사용하면 독성의 $COCl_2$ 가스를 발생시킬 위험성이 가장 높은 소화약제는?

① 액화이산화탄소　　② 제1종 분말
③ 사염화탄소　　　　④ 물

해설

CCl_4(Halon 104)는 열분해하여 $COCl_2$(포스겐)가스를 발생시켜 법으로 사용이 금지되었다.

09 경유를 저장하는 옥외저장탱크의 반지름이 2m 이고, 높이가 12m일 때 탱크 옆판으로부터 방유제까지의 거리는 몇 m 이상 두어야 하는가?

① 4　　　　　　　　② 6
③ 8　　　　　　　　④ 10

해설

옥외저장탱크의 옆판으로부터 방유제까지의 거리(단, 인화점이 200℃ 이상인 위험물은 제외)
• 지름이 15m 미만인 경우에는 탱크 높이의 3분의 1 이상
• 지름이 15m 이상인 경우에는 탱크 높이의 2분의 1 이상
→ 지름이 4m이므로 탱크 높이의 3분의 1 이상의 거리를 둔다.

$12m \times \dfrac{1}{3} = 4m$ 이상

10 니트로셀룰로오스 5kg과 트리니트로페놀을 함께 저장하려고 한다. 이때 지정수량 1배로 저장하려면 트리니트로페놀을 몇 kg 저장하여야 하는가?

① 70　　　　　　　　② 80
③ 90　　　　　　　　④ 100

해설

• 니트로셀룰로오스 지정수량 : 10kg
• 트리니트로페놀 지정수량 : 200kg
• 지정수량의 배수 $= \dfrac{위험물\ 저장수량}{위험물\ 지정수량}$
• 지정수량 배수의 합 $= 1 = \dfrac{5}{10} + \dfrac{x}{200}$

$\therefore x = 100kg$

11 15℃의 기름 100g에 8,000J의 열량을 주면 기름 온도는 몇 ℃가 되는가? (단, 기름의 비열은 2J/g·℃이다)

① 40　　　　　　　　② 45
③ 50　　　　　　　　④ 55

해설

$Q = cm\Delta t$

$Q = \dfrac{2J}{g \cdot ℃} \times 100g \times (x-15)℃ = 8,000J$

$\therefore x = 55℃$

정답　07 ③　08 ③　09 ①　10 ④　11 ④

12 과산화칼륨과 과산화마그네슘이 염산과 각각 반응했을 때 공통으로 생성되는 물질의 지정수량으로 옳은 것은?

① 150L 　　　　② 150kg

③ 300kg 　　　　④ 300L

해설

- $K_2O_2 + 2HCl \rightarrow 2KCl + H_2O_2$
- $MgO_2 + 2HCl \rightarrow MgCl_2 + H_2O_2$
- 과산화수소의 지정수량 = 300kg

13 위험물과 그 위험물이 물과 반응하여 생성되는 가스를 잘못 연결한 것은?

① 탄화알루미늄 - 메탄

② 인화칼슘 - 에탄

③ 탄화칼슘 - 아세틸렌

④ 수소화칼슘 - 수소

해설

인화칼슘은 물과 반응하여 포스핀을 발생한다.
$Ca_3P_2 + 6H_2O \rightarrow 3Ca(OH)_2 + 2PH_3$

14 질산나트륨에 대한 설명으로 옳은 것은?

① 황색 결정이다.

② 흑색화약의 원료이다.

③ 물에 잘 녹는다.

④ 상온에서 자연분해한다.

해설

① 백색 고체이다.
② 흑색화약의 원료는 질산칼륨, 숯, 황이다.
④ 가열하면 분해한다.

15 촛불의 연소형태로 옳은 것은?

① 표면연소 　　　　② 분해연소

③ 자기연소 　　　　④ 증발연소

해설

촛불의 연소형태는 증발연소이다.

16 위험물안전관리법령상 고정주유설비는 주유설비의 중심선을 기점으로 하여 도로경계선까지 몇 m 이상의 거리를 두어야 하는가?

① 1 　　　　② 3

③ 4 　　　　④ 5

해설

고정주유설비 또는 고정급유설비의 설치기준

- 고정주유설비의 중심선을 기점으로 하여 도로경계선까지 4m 이상, 부지경계선·담 및 건축물의 벽까지 2m(개구부가 없는 벽까지는 1m) 이상의 거리를 유지하고, 고정급유설비의 중심을 기점으로 하여 도로경계선까지 4m 이상, 부지경계선 및 담까지 1m 이상, 건축물의 벽까지 2m(개구부가 없는 벽까지는 1m) 이상의 거리를 유지할 것
- 고정주유설비와 고정급유설비의 사이에는 4m 이상의 거리를 유지할 것

17 포소화약제의 성분물질이 아닌 것은?

① 카제인 　　　　② Na_2CO_3

③ $NaHCO_3$ 　　　　④ $Al_2(SO_4)_3$

해설

화학포 소화약제 = 황산알루미늄 + 탄산수소나트륨 + 기포안정제
(가수분해단백질, 계면활성제, 사포닌, 젤라틴, 카제인 등)

18 염소산나트륨과 반응하여 유독한 ClO_2를 발생시키는 물질은?

① 글리세린 　　　　② 질소

③ 염산 　　　　④ 산소

해설

$2NaClO_3 + 2HCl \rightarrow 2NaCl + 2ClO_2 + H_2O_2$

19 다음 중 단백질에 크산토프로테인 반응을 일으키는 산은 무엇인가?

① HCl
② H_2SO_4
③ HNO_3
④ HClO

해설

질산은 크산토프로테인 반응(단백질 발색반응)을 한다.
① HCl : 염산
② H_2SO_4 : 황산
③ HNO_3 : 질산
④ HClO : 차아염소산

20 황의 성질에 대한 설명 중 옳지 않은 것은?

① 물에 녹지 않으나 이황화탄소에 녹는다.
② 공기 중에서 연소하여 아황산가스를 발생한다.
③ 전도성 물질이므로 정전기 발생에 유의하여야 한다.
④ 분진폭발의 위험성에 주의하여야 한다.

해설

황은 전도성 물질이 아니다.

21 마그네슘 화재에 이산화탄소 소화기를 사용하였을 때 발생되는 현상은 무엇인가?

① 이산화탄소가 부착면을 만들어 질식소화된다.
② 이산화탄소가 방출되어 냉각소화된다.
③ 이산화탄소가 Mg과 반응하여 화재가 확대된다.
④ 이산화탄소의 부촉매효과에 의해 화재가 소화된다.

해설

• $2Mg + CO_2 \rightarrow 2MgO + C$
• $Mg + CO_2 \rightarrow MgO + CO$
이산화탄소와의 반응으로 가연물(C, CO)이 생성되며, 화재가 확대된다.

22 위험물안전관리법령상 제1종 판매취급소에 설치하는 위험물배합실의 기준으로 옳지 않은 것은?

① 바닥면적은 $6m^2$ 이상 $15m^2$ 이하로 할 것
② 내화구조 또는 불연재료로 된 벽으로 구획할 것
③ 출입구에는 수시로 열 수 있는 자동폐쇄식의 갑종 방화문을 설치할 것
④ 출입구 문턱의 높이는 바닥면으로부터 0.2m 이상으로 할 것

해설

출입구 문턱의 높이는 바닥면으로부터 0.1m 이상으로 할 것

23 위험물을 유별로 정리하여 상호 1m 이상의 간격을 유지하여도 동일한 옥내저장소에 저장할 수 없는 것은?

① 제1류 위험물(알칼리금속의 과산화물 또는 이를 함유한 것을 제외한다)과 제5류 위험물
② 제1류 위험물과 제6류 위험물
③ 제1류 위험물과 제3류 위험물 중 황린
④ 인화성 고체를 제외한 제2류 위험물과 제4류 위험물

해설

1m 이상의 간격을 두어 동일한 저장소에 유별이 다른 위험물을 저장할 수 있는 경우

• 제1류 위험물(알칼리금속의 과산화물 또는 이를 함유한 것 제외)과 제5류 위험물을 저장하는 경우
• 제1류 위험물과 제6류 위험물을 저장하는 경우
• 제1류 위험물과 제3류 위험물 중 자연발화성 물질(황린 또는 이를 함유한 것에 한함)을 저장하는 경우
• 제2류 위험물 중 인화성 고체와 제4류 위험물을 저장하는 경우
• 제3류 위험물 중 알킬알루미늄 등과 제4류 위험물(알킬알루미늄 또는 알킬리튬을 함유한 것에 한함)을 저장하는 경우
• 제4류 위험물 중 유기과산화물 또는 이를 함유하는 것과 제5류 위험물 중 유기과산화물 또는 이를 함유한 것을 저장하는 경우

정답 19 ③ 20 ③ 21 ③ 22 ④ 23 ④

24 위험물 운송에 관한 규정으로 옳지 않은 것은?

① 안전관리자 · 탱크시험자 · 위험물운송자 등 위험물의 안전관리와 관련된 업무를 수행하는 자는 시 · 도지사가 실시하는 안전교육을 받아야 한다.

② 위험물운송자는 이동탱크저장소에 의하여 위험물을 운송하는 때에는 행정안전부령으로 정하는 기준을 준수하는 등 당해 위험물의 안전확보를 위하여 세심한 주의를 기울여야 한다.

③ 운송책임자의 범위, 감독 또는 지원의 방법 등에 관한 구체적인 기준은 행정안전부령으로 정한다.

④ 이동탱크저장소에 의하여 위험물을 운송하는 자는 당해 위험물을 취급할 수 있는 국가기술자격자 또는 안전교육을 받은 자이어야 한다.

해설

안전관리자 · 탱크시험자 · 위험물운송자 등 위험물의 안전관리와 관련된 업무를 수행하는 자는 소방청장이 실시하는 안전교육을 받아야 한다.

25 이산화탄소 소화약제의 주된 소화효과로 가장 옳은 것은?

① 부촉매효과, 제거효과
② 질식효과, 냉각효과
③ 억제효과, 부촉매효과
④ 제거효과, 억제효과

해설

이산화탄소의 주 소화효과는 질식효과와 냉각효과이다.

26 다음과 같은 반응에서 $5m^3$의 탄산가스를 만들기 위해 필요한 탄산수소나트륨의 양은 약 몇 kg인가? (단, 표준상태이고 나트륨의 원자량은 23이다.)

$$2NaHCO_3 \rightarrow CO_2 + H_2O + Na_2CO_3$$

① 32.1
② 37.5
③ 42.1
④ 49.8

해설

· 탄산가스 $5m^3$의 몰수 $= 5m^3 \times \dfrac{1kmol}{22.4m^3} = 0.223kmol$

· 탄산가스 1mol이 생길 때, 필요한 탄산수소나트륨은 2mol

· 탄산가스 0.223kmol이 생길 때, 필요한 탄산수소나트륨은 $0.223kmol \times 2 = 0.446kmol$

· 탄산수소나트륨 0.446kmol

$= 0.446kmol \times \dfrac{(23+1+12+16 \times 3)kg}{1kmol} = 37.5kg$

27 위험물의 지하저장탱크 중 압력탱크 외의 탱크에 대해 몇 kPa의 압력으로 수압시험을 실시하여야 하는가? (단, 소방청장이 정하여 고시하는 기밀시험과 비파괴시험을 동시에 실시하는 방법으로 대신하는 경우는 제외한다.)

① 55
② 60
③ 65
④ 70

해설

지하저장탱크는 압력탱크(최대상용압력이 46.7kPa 이상인 탱크를 말한다) 외의 탱크에 있어서는 70kPa의 압력으로, 압력탱크에 있어서는 최대상용압력의 1.5배의 압력으로 각각 10분간 수압시험을 실시하여 새거나 변형되지 아니하여야 한다. 이 경우 수압시험은 소방청장이 정하여 고시하는 기밀시험과 비파괴시험을 동시에 실시하는 방법으로 대신할 수 있다.

28 가연성 고체 위험물의 일반적 성질로 옳지 않은 것은?

① 비교적 저온에서 착화한다.
② 산화제와의 접촉 가열은 위험하다.
③ 연소속도가 빠르다.
④ 산소를 포함하고 있다.

해설

자체적으로 산소를 포함하고 있는 것은 제1류, 제5류, 제6류 위험물이다.

29 지정수량 20배 이상의 제1류 위험물을 저장하는 옥내저장소에서 내화구조로 하지 않아도 되는 것은 무엇인가? (단, 원칙적인 경우에 한한다.)

① 바닥   ② 벽
③ 기둥   ④ 보

해설

• 벽, 기둥, 바닥 : 내화구조
• 보, 서까래 : 불연재료

30 폭발의 종류와 관련 물질이 잘못 짝지어진 것은?

① 분해폭발 – 아세틸렌, 산화에틸렌
② 분진폭발 – 금속분, 밀가루
③ 중합폭발 – 시안화수소, 염화비닐
④ 산화폭발 – 히드라진, 과산화수소

해설

히드라진, 과산화수소는 분해폭발을 한다.

31 알코올류 20,000L의 소요단위는?

① 5   ② 10
③ 15   ④ 20

해설

• 위험물은 지정수량의 10배를 1소요단위로 한다.
• 소요단위 $= \dfrac{\text{저장수량}}{\text{지정수량} \times 10} = \dfrac{20,000}{400 \times 10} = 5$

32 위험물을 운반용기에 수납하여 적재할 때 차광성 피복으로 가려야 하는 위험물로 거리가 먼 것은?

① 제1류   ② 제2류
③ 제5류   ④ 제6류

해설

• 차광성 피복으로 가려야 하는 위험물 : 제1류 위험물, 제3류 위험물 중 자연발화성 물질, 제4류 위험물 중 특수인화물, 제5류 위험물, 제6류 위험물
• 방수성 피복으로 덮어야 하는 위험물 : 제1류 위험물 중 알칼리금속의 과산화물 또는 이를 함유한 것, 제2류 위험물 중 철분·금속분·마그네슘 또는 이들 중 어느 하나 이상을 함유한 것, 제3류 위험물 중 금수성물질

33 다음 중 제2석유류로만 짝지어진 것은?

① 시클로헥산, 피리딘   ② 염화아세틸, 휘발유
③ 시클로헥산, 중유   ④ 아크릴산, 포름산

해설

• 제1석유류 : 시클로헥산, 피리딘, 염화아세틸, 휘발유
• 제2석유류 : 아크릴산, 포름산
• 제3석유류 : 중유

34 위험물 관련 신고 및 선임에 관한 내용으로 옳지 않은 것은?

① 제조소의 위치·구조 변경 없이 위험물의 품명 변경 시는 변경하고자 하는 날의 14일 전까지 신고하여야 한다.

② 제조소 관계인이 제조소를 용도 폐지하고자 할 때는 폐지한 날로부터 14일 이내에 시·도지사에게 신고하여야 한다.

③ 위험물안전관리자를 선임한 경우에는 선임한 날로부터 14일 이내에 소방본부장 또는 소방서장에게 신고하여야 한다.

④ 위험물안전관리자가 퇴직한 경우 퇴직한 날부터 30일 이내에 다시 안전관리자를 선임하여야 한다.

해설
제조소 등의 위치·구조 또는 설비의 변경 없이 당해 제조소 등에서 저장하거나 취급하는 위험물의 품명·수량 또는 지정수량의 배수를 변경하고자 하는 자는 변경하고자 하는 날의 1일 전까지 행정안전부령이 정하는 바에 따라 시·도지사에게 신고하여야 한다.

35 다음 중 칼륨에 대한 설명이 아닌 것은?

① 물과 반응하여 수산화물과 수소를 만든다.

② 원자가 전자가 2개로 쉽게 2가의 양이온이 되어 반응한다.

③ 원자량은 약 39이다.

④ 은백색 광택을 가지는 연하고 가벼운 고체로 칼로 쉽게 잘라진다.

해설
원자가 전자가 1개로 쉽게 1가의 양이온이 되어 반응한다.

36 옥외탱크저장소가 소화난이도등급 I 에 해당되는지 확인하기 위해 측정하는 탱크높이기준으로 적합한 것은?

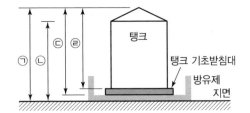

ⓐ 지면으로부터 탱크의 지붕 위까지의 높이
ⓑ 지면으로부터 지붕을 제외한 탱크까지의 높이
ⓒ 방유제의 바닥으로부터 탱크의 지붕 위까지의 높이
ⓓ 탱크 기초받침대를 제외한 탱크의 바닥으로부터 탱크의 지붕 위까지의 높이

① ㉠   ② ㉡
③ ㉢   ④ ㉣

해설
바닥면으로부터 탱크 옆판의 상단까지 높이가 6m 이상인 옥외탱크저장소는 소화난이도등급 I 이다.

37 다음 중 연소반응이 가장 잘 일어날 물질은?

① 산소와의 친화력이 작고 활성화에너지가 작은 물질

② 산소와의 친화력이 크고 활성화에너지가 큰 물질

③ 산소와의 친화력이 작고 활성화에너지가 큰 물질

④ 산소와의 친화력이 크고 활성화에너지가 작은 물질

해설
• 산소와의 친화력이 클수록 연소반응이 잘 일어난다.
• 활성화에너지가 작을수록 연소반응이 잘 일어난다.

38 다음 중 옥외저장소에 저장을 허가받을 수 있는 위험물은? (단, 특별시·광역시 또는 도의 조례에서 정하는 위험물과 IMDG Code에 적합한 용기에 수납된 위험물의 경우는 제외한다.)

① 특수인화물　　　　② 아세톤
③ 유황　　　　　　　④ 칼륨

해설

옥외저장소에 저장을 허가받을 수 있는 위험물

- 제2류 위험물 중 유황 또는 인화성 고체(인화점이 섭씨 0도 이상인 것에 한한다)
- 제4류 위험물 중 제1석유류(인화점이 섭씨 0도 이상인 것에 한한다)·알코올류·제2석유류·제3석유류·제4석유류 및 동식물유류
- 제6류 위험물
- 제2류 위험물 및 제4류 위험물 중 특별시·광역시 또는 도의 조례에서 정하는 위험물(「관세법」 제154조의 규정에 의한 보세구역 안에 저장하는 경우에 한한다)
- 「국제해사기구에 관한 협약」에 의하여 설치된 국제해사기구가 채택한 「국제해상위험물규칙」(IMDG Code)에 적합한 용기에 수납된 위험물
  ① 특수인화물 : 제4류 위험물
  ② 아세톤 : 제4류 위험물(제1석유류, 인화점 – 18℃)
  ③ 유황 : 제2류 위험물
  ④ 칼륨 : 제3류 위험물

39 제4류 위험물에 화재가 발생하였을 때 사용하는 소화설비로 가장 옳은 것은?

① 포소화설비　　　　② 봉상수소화기
③ 옥외소화전설비　　④ 옥내소화전설비

해설

제4류 위험물에 대하여 적응성이 있는 소화설비

소화설비의 구분			건축물·그 밖의 공작물	전기설비	제1류 위험물		제2류 위험물			제3류 위험물		제4류 위험물	제5류 위험물	제6류 위험물
					알칼리금속과산화물등	그 밖의 것	철분·금속분·마그네슘등	인화성고체	그 밖의 것	금수성물품	그 밖의 것			
옥내소화전 또는 옥외소화전 설비			○			○		○	○		○		○	○
스프링클러설비			○			○		○	○		○	△	○	○
물분무등소화설비		물분무소화설비	○	○		○		○	○		○	○	○	○
		포소화설비	○			○		○	○		○	○	○	○
		불활성가스소화설비		○				○				○		
		할로겐화합물소화설비		○				○				○		
	분말소화설비	인산염류등	○	○		○		○				○		○
		탄산수소염류등		○	○		○	○		○		○		
		그 밖의 것			○		○			○				
대형·소형수동식소화기		봉상수(棒狀水)소화기	○			○		○	○		○	○		○
		무상수(霧狀水)소화기	○	○		○		○	○		○	○		○
		봉상강화액소화기	○			○		○	○		○	○		○
		무상강화액소화기	○	○		○		○	○		○	○	○	○
		포소화기	○			○		○	○		○	○	○	○
		이산화탄소소화기		○				○				○		△
		할로겐화합물소화기		○				○				○		
	분말소화기	인산염류소화기	○	○		○		○				○		○
		탄산수소염류소화기		○	○		○	○		○		○		
		그 밖의 것			○		○			○				
기타		물통 또는 수조	○			○		○	○		○	○		○
		건조사			○	○	○	○	○	○	○	○	○	○
		팽창질석 또는 팽창진주암			○	○	○	○	○	○	○	○	○	○

40 가솔린의 연소범위로 가장 가까운 것은?

① 1.4~7.6%　　　　② 2.0~23.0%
③ 1.8~36.5%　　　④ 1.0~50.0%

해설

가솔린의 연소범위는 1.4~7.6%이다.

정답　38 ③　39 ①　40 ①

41 제2류 위험물 운반용기의 외부에 표시하여야 하는 주의사항으로 옳은 것은?

① 제2류 위험물 중 철분, 금속분, 마그네슘 또는 이들 중 어느 하나 이상을 함유한 것에 있어서는 "화기주의" 및 "물기주의". 인화성고체에 있어서는 "화기엄금", 그 밖의 것에 있어서는 "화기주의"

② 제2류 위험물 중 철분, 금속분, 마그네슘 또는 이들 중 어느 하나 이상을 함유한 것에 있어서는 "화기주의" 및 "물기엄금". 인화성고체에 있어서는 "화기주의", 그 밖의 것에 있어서는 "화기엄금"

③ 제2류 위험물 중 철분, 금속분, 마그네슘 또는 이들 중 어느 하나 이상을 함유한 것에 있어서는 "화기주의" 및 "물기엄금". 인화성고체에 있어서는 "화기엄금", 그 밖의 것에 있어서는 "화기주의"

④ 제2류 위험물 중 철분, 금속분, 마그네슘 또는 이들 중 어느 하나 이상을 함유한 것에 있어서는 "화기엄금" 및 "물기엄금". 인화성고체에 있어서는 "화기엄금", 그 밖의 것에 있어서는 "화기주의"

해설

유별		외부 표시 주의사항
제1류	알칼리금속의 과산화물	• 화기 · 충격주의 • 물기엄금 • 가연물 접촉주의
	그 밖의 것	• 화기 · 충격주의 • 가연물 접촉주의
제2류	철분 · 금속분 · 마그네슘	• 화기주의 • 물기엄금
	인화성 고체	• 화기엄금
	그 밖의 것	• 화기주의
제3류	자연발화성 물질	• 화기엄금 • 공기접촉엄금
	금수성 물질	• 물기엄금
제4류		• 화기엄금
제5류		• 화기엄금 • 충격주의
제6류		• 가연물 접촉주의

42 다음 중 지정수량이 20kg이면서 비점이 280℃인 위험물은?

① 적린   ② 마그네슘
③ 유황   ④ 황린

해설

① 적린 : 지정수량 100kg
② 마그네슘 : 지정수량 500kg
③ 유황 : 지정수량 100kg

43 제6류 위험물 화재에 이산화탄소 소화기가 적응성이 있는 장소로 옳은 것은?

① 건축물의 흡수   ② 폭발 위험성의 유무
③ 습도의 정도   ④ 밀폐성 유무

해설

제6류 위험물을 저장 또는 취급하는 장소로서 폭발의 위험이 없는 장소에 한하여 이산화탄소 소화기가 제6류 위험물에 대하여 적응성이 있다.

44 CH_3ONO_2의 소화방법에 대해 옳은 것은?

① 물을 주수하여 냉각소화한다.
② 이산화탄소 소화기로 질식소화를 한다.
③ 할로겐화합물 소화기로 질식소화를 한다.
④ 건조사로 냉각소화한다.

해설

질산메틸(CH_3ONO_2)은 제5류 위험물로 화재 초기 또는 소형 화재 시 물을 주수하여 냉각소화한다.

45 휘발유에 대한 설명으로 틀린 것은?

① 지정수량은 200L이다.

② 전기의 불량도체로서 정전기 축적이 용이하다.

③ 원유의 성질·상태·처리방법에 따라 탄화수소의 혼합비율이 다르다.

④ 발화점은 −43~20℃ 정도이다.

해설

휘발유의 발화점은 약 300℃ 정도이다.

46 화학소방자동차 중 제독차에는 가성소다 및 규조토를 각각 몇 kg 이상 비치하여야 하는가?

① 40　　　　　　② 50

③ 60　　　　　　④ 70

해설

제독차에는 가성소다 및 규조토를 각각 50kg 이상 비치해야 한다.

47 2mol의 브롬산칼륨이 모두 열분해 되어 생성된 산소의 양은 2atm, 27℃에서 몇 L인가?

① 32.4　　　　　② 36.9

③ 41.3　　　　　④ 45.6

해설

• $2KBrO_3 \rightarrow 2KBr + 3O_2$

2몰의 브롬산칼륨이 열분해되면, 3몰의 산소가 생성된다.

• $PV = nRT$식에

P(압력) = 2atm

V(부피) = x

n(몰수) = 3mol

R(기체상수) = 0.082L · atm/(K · mol)

T(온도) = 27℃ + 273 = 300K

를 대입한다.

$x = \dfrac{3mol \times 0.082L \cdot atm/(K \cdot mol) \times 300K}{2atm} = 36.9L$

48 제4류 위험물의 물에 대한 성질과 화재상황과 직접 관계가 있는 것은?

① 수용성과 인화성　　② 비중과 착화온도

③ 비중과 인화성　　　④ 비중과 화재 확대성

해설

제4류 위험물의 비중이 1보다 작은 것이 많아서 화재 시 주수하면 위험물이 부유하며 화재면을 확대시켜 더욱 위험해질 수 있다.

49 제5류 위험물 중 유기과산화물을 함유한 것으로서 위험물에서 제외되는 기준이 아닌 것은?

① 과산화벤조일의 함유량이 35.5wt% 미만인 것으로서 전분가루, 황산칼슘2수화물 또는 인산1수소칼슘2수화물과의 혼합물

② 비스(4클로로벤조일)퍼옥사이드의 함유량이 30wt% 미만인 것으로서 불활성고체와의 혼합물

③ 1·4비스(2 - 터셔리부틸퍼옥시이소프로필)벤젠의 함유량이 40wt% 미만인 것으로서 불활성고체와의 혼합물

④ 시크로헥사놀퍼옥사이드의 함유량이 40wt% 미만인 것으로서 불활성고체와의 혼합물

해설

시크로헥사놀퍼옥사이드의 함유량이 30wt% 미만인 것으로서 불활성고체와의 혼합물은 위험물에서 제외된다.

정답　45 ④　46 ②　47 ②　48 ④　49 ④

50 위험물안전관리에 관한 세부기준에서 정한 위험물의 유별에 따른 위험성 시험방법을 옳게 연결한 것은?

① 제1류 - 가열분해성 시험
② 제2류 - 작은불꽃착화시험
③ 제3류 - 충격민감성시험
④ 제4류 - 낙구타격감도시험

해설

위험물 종류	시험종류	시험항목
제1류 위험물 (산화성 고체)	산화성 시험	연소시험
		대량연소시험
	충격 민감성 시험	낙구타격감도시험
		철관시험
제2류 위험물 (가연성 고체)	착화 위험성 시험	작은 불꽃 착화시험
	인화 위험성 시험	인화점측정 시험
제3류 위험물 (자연발화성 물질 및 금수성 물질)	자연발화성 시험	자연발화성 시험
	금수성 시험	물 반응 위험성 시험
제4류 위험물 (인화성 액체)	인화성 시험	인화점 측정시험 • 태그밀폐식인화점측정기 • 신속평형법인화점측정기 • 클리브랜드개방컵인화점측정기
제5류 위험물 (자기반응성 물질)	폭발성 시험	열분석시험
	가열분해성 시험	압력용기시험
제6류 위험물 (산화성 액체)	산화성 시험	연소시간 측정시험

51 다음은 P_2S_5와 물의 화학반응이다. (   )에 알맞은 숫자를 차례대로 나열한 것은?

$$P_2S_5 + (\quad)H_2O \rightarrow (\quad)H_2S + (\quad)H_3PO_4$$

① 5, 8, 2 ② 2, 5, 8
③ 8, 5, 2 ④ 8, 2, 5

해설

$P_2S_5 + 8H_2O \rightarrow 5H_2S + 2H_3PO_4$

52 제조소의 옥외에 3개의 휘발유 취급탱크를 설치하고 그 주위에 방유제를 설치하고자 한다. 취급탱크의 용량은 5만L, 3만L, 2만L일 때 필요한 방유제의 용량은 몇 L 이상인가?

① 66,000 ② 60,000
③ 33,000 ④ 30,000

해설

제조소의 옥외에 있는 위험물취급탱크의 방유제 용량

하나의 취급탱크 주위에 설치하는 방유제	당해 탱크용량의 50% 이상
2 이상의 취급탱크 주위에 하나의 방유제	당해 탱크 중 용량이 최대인 것의 50%에 나머지 탱크용량 합계의 10%를 가산한 양 이상

5만L × 0.5 + (3만L + 2만L) × 0.1 = 30,000L

53 제조소 등의 허가 취소 또는 사용정지의 사유에 해당하지 않는 것은?

① 안전교육 대상자가 교육을 받지 아니한 때
② 완공검사를 받지 않고 제조소 등을 사용한 때
③ 위험물안전관리자를 선임하지 아니한 때
④ 제조소 등의 정기검사를 받지 아니한 때

해설

제조소 등의 설치허가의 취소 또는 사용정지의 사유

• 변경허가를 받지 아니하고 제조소 등의 위치 · 구조 또는 설비를 변경한 때
• 완공검사를 받지 아니하고 제조소 등을 사용한 때
• 안전조치 이행명령을 따르지 아니한 때
• 수리 · 개조 또는 이전의 명령을 위반한 때
• 위험물안전관리자를 선임하지 아니한 때
• 위험물안전관리자가 직무를 수행할 수 없을 경우 대리자를 지정하지 아니한 때
• 정기점검을 하지 아니한 때
• 정기검사를 받지 아니한 때
• 저장 · 취급기준 준수명령을 위반한 때

정답 50 ② 51 ③ 52 ④ 53 ①

54 제1류 위험물의 저장방법에 대해 옳지 않은 것은?

① 조해성 물질은 방습에 주의한다.

② 무기과산화물은 물속에 보관한다.

③ 분해를 촉진하는 물품과 접촉을 피해 저장한다.

④ 복사열이 없고 환기가 잘되는 서늘한 곳에 저장한다.

무기과산화물은 물과 반응하여 열과 산소를 발생시키기 때문에 물과의 접촉을 피해야 한다.

55 다음 중 위험등급이 나머지와 다른 하나는?

① 알칼리토금속　　② 아염소산염류

③ 질산에스테르류　④ 제6류 위험물

- 알칼리토금속 - Ⅱ
- 아염소산염류 - Ⅰ
- 질산에스테르류 - Ⅰ
- 제6류 위험물 - Ⅰ

56 알킬알루미늄의 저장·취급 방법으로 옳은 것은?

① 용기는 완전밀봉하고 CH_4, C_3H_8 등을 봉입한다.

② C_6H_6 등의 희석제를 넣어준다.

③ 용기의 마개에 다수의 미세한 구멍을 뚫는다.

④ 통기구가 달린 용기를 사용하여 압력상승을 방지한다.

알킬알루미늄에 불연성 가스를 채우고, 벤젠이나 헥산 같은 희석제를 첨가하여 저장한다.

57 지정수량의 120배를 저장하는 옥내저장소에 설치하여야 하는 경보설비는? (단, 고인화점 위험물만을 저장 또는 취급하는 것은 제외한다.)

① 비상경보설비　　② 자동화재탐지설비

③ 비상방송설비　　④ 비상조명등설비

제조소등별로 설치해야 하는 경보설비의 종류

제조소 등의 구분	제조소 등의 규모, 저장 또는 취급하는 위험물의 종류 및 최대수량 등	경보설비
가. 제조소 및 일반취급소	• 연면적이 500제곱미터 이상인 것 • 옥내에서 지정수량의 100배 이상을 취급하는 것(고인화점위험물만을 100℃ 미만의 온도에서 취급하는 것은 제외한다) • 일반취급소로 사용되는 부분 외의 부분이 있는 건축물에 설치된 일반취급소(일반취급소와 일반취급소 외의 부분이 내화구조의 바닥 또는 벽으로 개구부 없이 구획된 것은 제외한다)	자동화재탐지설비
나. 옥내저장소	• 지정수량의 100배 이상을 저장 또는 취급하는 것(고인화점위험물만을 저장 또는 취급하는 것은 제외한다) • 저장창고의 연면적이 150제곱미터를 초과하는 것[연면적 150제곱미터 이내마다 불연재료의 격벽으로 개구부 없이 완전히 구획된 저장창고와 제2류 위험물(인화성 고체는 제외한다) 또는 제4류 위험물(인화점이 70℃ 미만인 것은 제외한다)만을 저장 또는 취급하는 저장창고는 그 연면적이 500제곱미터 이상인 것을 말한다] • 처마 높이가 6미터 이상인 단층 건물의 것 • 옥내저장소로 사용되는 부분 외의 부분이 있는 건축물에 설치된 옥내저장소[옥내저장소와 옥내저장소 외의 부분이 내화구조의 바닥 또는 벽으로 개구부 없이 구획된 것과 제2류(인화성 고체는 제외한다) 또는 제4류의 위험물(인화점이 70℃ 미만인 것은 제외한다)만을 저장 또는 취급하는 것은 제외한다]	자동화재탐지설비
다. 옥내탱크저장소	단층 건물 외의 건축물에 설치된 옥내탱크저장소로서 제41조 제2항에 따른 소화난이도등급Ⅰ에 해당하는 것	자동화재탐지설비
라. 주유취급소	옥내주유취급소	자동화재탐지설비
마. 옥외탱크저장소	특수인화물, 제1석유류 및 알코올류를 저장 또는 취급하는 탱크의 용량이 1,000만 리터 이상인 것	• 자동화재탐지설비 • 자동화재속보설비
바. 가목부터 마목까지의 규정에 따른 자동화재탐지설비 설치 대상 제조소 등에 해당하지 않는 제조소 등(이송취급소는 제외한다)	지정수량의 10배 이상을 저장 또는 취급하는 것	자동화재탐지설비, 비상경보설비, 확성장치 또는 비상방송설비중 1종 이상

58 동식물유류의 일반적인 특징으로 옳은 것은?

① 자연발화의 위험은 없지만, 점화원에 의해 쉽게 인화된다.
② 대부분 비중 값이 물보다 크다.
③ 인화점이 100℃보다 높은 물질이 많다.
④ 요오드값이 50 이하인 건성유는 자연발화 위험이 높다.

해설

요오드값이 클수록 자연발화의 위험이 높다.

59 위험물운송자는 어떤 위험물을 운송할 때 위험물안전카드를 휴대하여야 하는가?

① 특수인화물 및 제1석유류
② 알코올류 및 제2석유류
③ 제3석유류 및 동식물유류
④ 제4석유류

해설

위험물의 운송 시 위험물 안전카드 휴대해야 하는 위험물 : 위험물(제4류 위험물에 있어서는 특수인화물 및 제1석유류에 한함)

60 정기점검 대상 제조소 등에 해당하지 않는 것은 무엇인가?

① 이동탱크저장소
② 지정수량 120배의 위험물을 저장하는 옥외저장소
③ 지정수량 120배의 위험물을 저장하는 옥내저장소
④ 이송취급소

해설

정기점검 대상 제조소 등

정기점검 대상 제조소 등	비고
1. 지정수량의 10배 이상의 위험물을 취급하는 제조소 2. 지정수량의 100배 이상의 위험물을 저장하는 옥외저장소 3. 지정수량의 150배 이상의 위험물을 저장하는 옥내저장소 4. 지정수량의 200배 이상의 위험물을 저장하는 옥외탱크저장소 5. 암반탱크저장소 6. 이송취급소 7. 지정수량의 10배 이상의 위험물을 취급하는 일반취급소. 다만, 제4류 위험물(특수인화물을 제외한다)만을 지정수량의 50배 이하로 취급하는 일반취급소(제1석유류 · 알코올류의 취급량이 지정수량의 10배 이하인 경우에 한한다)로서 다음 각목의 어느 하나에 해당하는 것을 제외한다. 　가. 보일러 · 버너 또는 이와 비슷한 것으로서 위험물을 소비하는 장치로 이루어진 일반취급소 　나. 위험물을 용기에 옮겨 담거나 차량에 고정된 탱크에 주입하는 일반취급소	관계인이 예방규정을 정하여야 하는 제조소 등
지하탱크 저장소	
이동탱크 저장소	
위험물을 취급하는 탱크로서 지하에 매설된 탱크가 있는 제조소 · 주유취급소 또는 일반취급소	

2회 기출복원문제

01 옥외소화전설비의 설치기준에 대해 다음 ( ) 안에 알맞은 숫자를 차례대로 나열한 것은?

> 옥외소화전설비는 모든 옥외소화전(설치개수가 4개 이상인 경우는 4개)을 동시에 사용할 경우에 각 노즐 선단의 방수압력이 ( )kPa 이상이고, 방수량이 1분당 ( )L 이상의 성능이 되도록 할 것

① 300, 450 ② 300, 260
③ 350, 450 ④ 350, 260

해설

옥외소화전설비는 모든 옥외소화전(설치개수가 4개 이상인 경우는 4개의 옥외소화전)을 동시에 사용할 경우에 각 노즐끝부분의 방수압력이 350kPa 이상이고, 방수량이 1분당 450L 이상의 성능이 되도록 할 것

02 과염소산암모늄의 위험성에 대해 옳지 않은 것은?

① 급격히 가열하면 폭발의 위험이 있다.
② 건조 시에는 안정하나 수분 흡수 시에는 폭발한다.
③ 가연성 물질과 혼합하면 위험하다.
④ 강한 충격이나 마찰에 의해 폭발의 위험이 있다.

해설

과염소산암모늄은 건조 시에도 분해 폭발할 수 있다.

03 제4석유류의 위험등급으로 옳은 것은?

① 위험등급 I ② 위험등급 II
③ 위험등급 III ④ 위험등급 IV

해설

제4류 위험물의 위험등급
• 위험등급 I : 특수인화물
• 위험등급 II : 제1석유류, 알코올류
• 위험등급 III : 제2석유류, 제3석유류, 제4석유류, 동식물유류

04 탄화알루미늄 1몰을 물과 반응시킬 때 발생하는 가연성 가스 및 발생량으로 옳은 것은?

① 에탄, 4몰 ② 에탄, 3몰
③ 메탄, 4몰 ④ 메탄, 3몰

해설

$Al_4C_3 + 12H_2O \rightarrow 4Al(OH)_3 + 3CH_4$

05 제6류 위험물이 아닌 것은?

① 과염소산 ② 과산화수소
③ 과염소산나트륨 ④ 질산

해설

과염소산나트륨은 제1류 위험물이다.

06 다음 중 경보 설비에 해당하지 않는 것은?

① 비상방송설비 ② 비상조명등설비
③ 자동화재탐지설비 ④ 비상경보설비

해설

• 제조소, 일반취급소, 옥내저장소, 옥내탱크저장소, 주유취급소 : 자동화재탐지설비
• 옥외탱크저장소 : 자동화재탐지설비, 자동화재속보설비
• 그 외 제조소 등 : 자동화재탐지설비, 비상경보설비, 확성장치 또는 비상방송설비 중 1종 이상

07 열의 이동 원리 중 복사에 관한 예로 가장 거리가 먼 것은?

① 더러운 눈이 빨리 녹는 현상
② 보온병 내부를 거울벽으로 만드는 것
③ 해풍과 육풍이 일어나는 원리
④ 그늘이 시원한 이유

해설

해풍과 육풍이 일어나는 원리는 대류에 관한 예이다.

열의 이동원리

• 전도 : 물질이 직접 이동하지 않고, 물체에서 이웃한 분자들의 연속적 충돌에 의해 열이 전달되는 현상으로 주로 고체의 열 이동 방법
• 대류 : 액체나 기체 상태의 분자가 직접 이동하면서 열을 전달하는 현상
• 복사 : 열을 전달해주는 물질 없이 열에너지가 직접 전달되는 현상

08 $CH_3COC_2H_5$의 명칭 및 지정수량이 옳게 짝지은 것은?

① 메틸에틸케톤, 50L
② 메틸에틸케톤, 200L
③ 메틸에틸에테르, 50L
④ 메틸에틸에테르, 200L

해설

메틸에틸케톤은 제4류 위험물 중 제1석유류(비수용성)이다.

09 다음 중 D급 화재에 해당하는 것은?

① 플라스틱 화재 ② 휘발유 화재
③ 칼륨 화재 ④ 전기 화재

해설

칼륨 화재는 금속 화재이므로, D급 화재이다.

• A급 화재 – 일반 화재
• B급 화재 – 유류 · 가스 화재
• C급 화재 – 전기 화재
• D급 화재 – 금속 화재
• K급 화재 – 주방 화재

10 연소의 연쇄반응을 억제하여 소화하는 소화약제는?

① 할론 1301 ② 물
③ 이산화탄소 ④ 포

해설

연쇄반응을 억제하는 억제소화를 하는 소화약제는 할로겐화합물 소화약제이다.

11 제거소화로 보기에 가장 거리가 먼 것은?

① 유전의 화재 시 다량의 물을 이용하였다.
② 가스화재 시 밸브를 잠겄다.
③ 산불화재 시 벌목을 하였다.
④ 촛불을 바람으로 불어 가연성 증기를 날려 보냈다.

해설

다량의 물을 이용하는 것은 냉각소화의 적용이다.

12 $(C_2H_5)_3Al$이 물과 반응하여 생성되는 물질은?

① 메탄 ② 에탄
③ 프로판 ④ 부탄

해설

트리에틸알루미늄이 물과 반응하면 수산화알루미늄과 에탄이 생성된다.

$(C_2H_5)_3Al + 3H_2O \rightarrow Al(OH)_3 + 3C_2H_6$

13 소화전용 물통 8L의 능력단위로 옳은 것은?

① 0.3   ② 0.5
③ 1.0   ④ 1.5

해설

기타 소화설비의 능력단위

소화설비	용량	능력단위
소화전용 물통	8L	0.3
수조(소화전용물통 3개 포함)	80L	1.5
수조(소화전용물통 6개 포함)	190L	2.5
마른 모래(삽 1개 포함)	50L	0.5
팽창질석 또는 팽창진주암(삽 1개 포함)	160L	1.0

14 다음 중 지정수량이 300kg인 위험물은?

① $NaBrO_3$ ② CaO_2
③ $KClO_4$ ④ $NaClO_2$

해설

① $NaBrO_3$: 브롬산나트륨, 300kg
② CaO_2 : 과산화칼슘, 50kg
③ $KClO_4$: 과염소산칼륨, 50kg
④ $NaClO_2$: 아염소산나트륨, 50kg

15 제5류 위험물 중 질산에스테르류가 아닌 것은?

① 질산에틸   ② 니트로글리세린
③ 니트로톨루엔   ④ 니트로셀룰로오스

해설

니트로톨루엔은 제4류 위험물이다.

16 가연성 액체의 연소형태에 대한 설명 중 옳은 것은?

① 가연성 액체의 증발연소는 액면에서 발생하는 증기가 공기와 혼합하여 연소하기 시작한다.
② 증발성이 낮은 액체일수록 연소가 쉽고 연소속도는 빠르다.
③ 연소범위의 하한보다 낮은 범위에서라도 점화원이 있으면 연소한다.
④ 가연성 증기의 농도가 연소범위 상한보다 높으면 연소의 위험이 높다.

해설

② 증발성이 높은 액체일수록 연소가 쉽고 연소속도는 빠르다.
③ 연소범위의 하한보다 낮은 범위에서는 점화원이 있어도 연소하지 않는다.
④ 가연성 증기의 농도가 연소상한계보다 높아지면 연소가 일어나지 않는다.

17 물분무소화설비의 방사구역은 몇 m² 이상인가? (단, 방호대상물의 표면적이 30m²이다.)

① 30   ② 150
③ 300   ④ 450

해설

물분무소화설비의 방사구역은 150m² 이상(방호대상물의 표면적이 150m² 미만인 경우에는 당해 표면적)으로 할 것

18 지하탱크저장소 2개를 인접해 설치하는 경우 탱크 상호간의 간격 기준은? (단, 지하탱크저장소의 용량 합계가 지정수량의 100배이다.)

① 0.1m 이상   ② 0.3m 이상
③ 0.5m 이상   ④ 1m 이상

해설

지하저장탱크를 2 이상 인접해 설치하는 경우에는 그 상호간에 1m(당해 2 이상의 지하서상탱크의 용량의 힙계가 지정수량의 100배 이하인 때에는 0.5m) 이상의 간격을 유지하여야 한다. 다만, 그 사이에 탱크전용실의 벽이나 두께 20cm 이상의 콘크리트 구조물이 있는 경우에는 그러하지 아니하다.

정답 13 ① 14 ① 15 ③ 16 ① 17 ① 18 ③

19 다음 중 인화점이 가장 높은 위험물은?

① 니트로벤젠　　　　② 클로로벤젠
③ 톨루엔　　　　　　④ 에틸벤젠

해설

니트로벤젠이 제3석유류로 보기 중 인화점이 가장 높다.
② 클로로벤젠 : 제2석유류
③ 톨루엔 : 제1석유류
④ 에틸벤젠 : 제1석유류

20 다음 중 소화설비가 아닌 것은?

① 물분무소화설비　　② 방화설비
③ 옥내소화전설비　　④ 물통

해설

소화설비의 종류

대상물 구분 소화설비의 구분	건축물·그 밖의 공작물	전기설비	제1류 위험물		제2류 위험물			제3류 위험물		제4류 위험물	제5류 위험물	제6류 위험물
			알칼리금속과산화물등	그 밖의 것	철분·금속분·마그네슘등	인화성고체	그 밖의 것	금수성물품	그 밖의 것			
옥내소화전 또는 옥외소화전 설비	○			○		○	○		○		○	○
스프링클러설비	○			○		○	○		○	△	○	○
물분무등소화설비	물분무소화설비	○	○		○		○	○		○	○	○	○
	포소화설비	○			○		○	○		○	○	○	○
	불활성가스소화설비		○				○				○		
	할로겐화합물소화설비		○				○				○		
	분말소화설비 인산염류등		○		○		○				○		○
	분말소화설비 탄산수소염류등		○	○		○	○		○		○		
	분말소화설비 그 밖의 것			○		○			○				
대형·소형수동식소화기	봉상수(棒狀水) 소화기	○			○		○	○		○		○	○
	무상수(霧狀水) 소화기	○	○		○		○	○		○		○	○
	봉상강화액소화기	○			○		○	○		○		○	○
	무상강화액소화기	○	○		○		○	○		○	○	○	○
	포소화기	○			○		○	○		○	○	○	○
	이산화탄소소화기		○				○				○		△
	할로겐화합물소화기		○				○				○		
	분말소화기 인산염류소화기	○	○		○		○	○		○		○	○
	분말소화기 탄산수소염류소화기		○	○		○	○		○		○		
	분말소화기 그 밖의 것			○		○			○				
기타	물통 또는 수조	○			○		○	○		○		○	○
	건조사			○	○	○	○	○	○	○	○	○	○
	팽창질석 또는 팽창진주암			○	○	○	○	○	○	○	○	○	○

21 사업소의 관계인이 자체소방대를 설치하여야 할 대상으로 옳은 것은?

① 제4류 위험물을 지정수량의 3천배 이상 취급하는 옥외탱크저장소
② 제4류 위험물을 지정수량의 3천배 이상 취급하는 옥외저장소
③ 제4류 위험물을 지정수량의 3천배 이상 취급하는 제조소
④ 제4류 위험물을 지정수량의 3천배 이상 취급하는 옥내저장소

해설

자체소방대를 설치하여야 하는 사업소
• 제4류 위험물을 취급하는 제조소 또는 일반취급소(보일러로 위험물을 소비하는 일반취급소 등 행정안전부령으로 정하는 일반취급소는 제외)에서 취급하는 제4류 위험물의 최대수량의 합이 지정수량의 3천배 이상인 경우
• 제4류 위험물을 저장하는 옥외탱크저장소에 저장하는 제4류 위험물의 최대수량이 지정수량의 50만배 이상인 경우

22 화재 시 이산화탄소를 방출하여 산소의 농도를 12vol%로 낮추어 소화를 하려면 공기 중 이산화탄소의 농도는 몇 vol%가 되어야 하는가?

① 28.1　　　　　　② 38.1
③ 42.9　　　　　　④ 48.4

해설

이산화탄소의 소화 농도

$$\text{vol\% } CO_2 = \frac{21 - \text{vol\% } O_2}{21} \times 100\%$$

$$= \frac{21 - 12}{21} \times 100\% = 42.9\%$$

23 금속나트륨의 올바른 취급방법으로 가장 거리가 먼 것은?

① 보호액 속에서 노출되지 않도록 저장한다.
② 용기에서 꺼낼 때는 손을 깨끗이 닦고 만져야 한다.
③ 수분 또는 습기와 접촉되지 않도록 주의한다.
④ 다량 연소하면 소화가 어려우므로 가급적 소량으로 나누어 저장한다.

해설
금속나트륨은 피부와 접촉 시 화상의 위험이 있다.

24 석유류가 연소할 때 발생하는 가스로 강한 자극적인 냄새가 나며 취급하는 장치를 부식시키는 것은?

① H_2 ② CH_4
③ NH_3 ④ SO_2

해설
석유류에 황 성분이 포함되어 있어 연소하면 이산화황이 생성된다. 이산화황은 강한 자극적인 냄새가 나고, 취급하는 장치를 부식시킨다.

25 요오드산아연에 대한 설명으로 가장 거리가 먼 것은?

① 결정성 분말이다.
② 유기물과 혼합 시 연소위험이 있다.
③ 환원력이 강하다.
④ 제1류 위험물이다.

해설
요오드산아연은 산화력이 강하다.

26 위험물안전관리법령상 아세트알데히드 등을 취급하는 설비에 대한 내용이다. (　　　) 안에 해당하는 물질이 아닌 것은?

> 아세트알데히드 등을 취급하는 설비는 (　　) · (　　) · (　　) · (　　) 또는 이들을 성분으로 하는 합금으로 만들지 아니할 것

① 동   ② 은
③ 금   ④ 마그네슘

해설
아세트알데히드 등을 취급하는 설비에는 은 · 수은 · 동 · 마그네슘을 성분으로 하는 합금으로 만들지 않는다.

27 다음 중 지정수량이 틀린 것은?

① 황 : 100kg
② 철분 : 500kg
③ 금속분 : 500kg
④ 인화성 고체 : 500kg

해설
인화성 고체 : 1,000kg

28 위험물저장탱크의 공간용적은 탱크 내용적의 ( ) 이상, ( ) 이하로 해야 할 때, ( )안에 들어갈 숫자를 차례대로 나열한 것은?

① 2/100, 3/100
② 2/100, 5/100
③ 5/100, 10/100
④ 10/100, 20/100

해설

위험물을 저장 또는 취급하는 탱크의 공간용적은 탱크의 내용적의 100분의 5 이상 100분의 10 이하의 용적으로 한다.

29 메탄 1g이 완전연소하면 발생되는 이산화탄소의 질량(g)을 구하시오.

① 1.25   ② 2.75
③ 3.25   ④ 4.75

해설

$CH_4 + O_2 \rightarrow CO_2$
메탄 1mol이 완전연소하면 이산화탄소 1mol이 발생된다.
→ 메탄 16g(= 1mol)을 완전연소하면 이산화탄소 44g(= 1mol)이 발생된다.
메탄 16g : 이산화탄소 44g = 메탄 1g : 이산화탄소 x g
$x = \dfrac{44}{16} g = 2.75 g$

30 아래와 같은 위험물 저장탱크의 내용적(m³)을 구하시오.

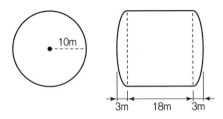

① 4,283   ② 5,283
③ 6,283   ④ 7,283

해설

탱크의 내용적 $= \pi r^2 \times \left(l + \dfrac{l_1 + l_2}{3} \right)$

$\qquad = \pi (10\text{m})^2 \times \left(18\text{m} + \dfrac{3\text{m} + 3\text{m}}{3} \right) = 6,283\text{m}^3$

31 BLEVE(Boiling Liquid Expanding Vapor Explosion)에 대한 설명으로 옳은 것은?

① 기름탱크에서의 수증기 폭발현상이다.
② 비등상태의 액화가스가 기화하여 팽창하고 폭발하는 현상이다.
③ 화재 시 기름 속의 수분이 급격히 증발하여 기름거품이 되고 팽창해서 기름탱크에서 밖으로 내뿜어져 나오는 현상이다.
④ 고점도의 기름 속에 수증기를 포함한 볼 형태의 물방울이 형성되어 탱크 밖으로 넘치는 현상이다.

해설

블레비(BLEVE)
• 비등액체팽창증기폭발
• 저장탱크 내의 가연성 액체가 끓으면서 기화한 증기가 팽창한 압력에 의해 폭발하는 현상

정답   **28** ③   **29** ②   **30** ③   **31** ②

32 수소화나트륨의 소화약제로 사용하기에 거리가 먼 것은?

① 물   ② 건조사

③ 팽창질석   ④ 팽창진주암

해설

- 수소화나트륨은 물과 반응하여 수산화나트륨과 수소를 발생하여 위험해진다.
  $$NaH + H_2O \rightarrow NaOH + H_2$$
- 제3류 위험물 금수성물질(수소화나트륨)에 대하여 적응성이 있는 소화설비

대상물 구분 / 소화설비의 구분	건축물·그 밖의 공작물	전기설비	제1류 위험물 알칼리금속과산화물등	제1류 위험물 그 밖의 것	제2류 위험물 철분·금속분·마그네슘등	제2류 위험물 인화성고체	제2류 위험물 그 밖의 것	제3류 위험물 금수성물품	제3류 위험물 그 밖의 것	제4류 위험물	제5류 위험물	제6류 위험물
옥내소화전 또는 옥외소화전 설비	○			○		○	○		○		○	○
스프링클러설비	○			○		○	○		○	△	○	○
물분무소화설비	○	○		○		○	○		○	○	○	○
포소화설비	○			○		○	○		○	○	○	○
불활성가스소화설비		○				○				○		
할로겐화합물소화설비		○				○				○		
분말소화설비 인산염류등	○	○		○		○				○		○
분말소화설비 탄산수소염류등		○	○		○	○		○		○		
분말소화설비 그 밖의 것			○		○			○				
봉상수(棒狀水) 소화기	○			○		○	○		○		○	○
무상수(霧狀水) 소화기	○	○		○		○	○		○		○	○
봉상강화액소화기	○			○		○	○		○		○	○
무상강화액소화기	○	○		○		○	○		○	○	○	○
포소화기	○			○		○	○		○	○	○	○
이산화탄소소화기		○				○				○		△
할로겐화합물소화기		○				○				○		
분말소화기 인산염류소화기	○	○		○		○				○		○
분말소화기 탄산수소염류소화기		○	○		○	○		○		○		
분말소화기 그 밖의 것			○		○			○				
기타 물통 또는 수조	○			○		○	○		○		○	○
기타 건조사			○	○	○	○	○	○	○	○	○	○
기타 팽창질석 또는 팽창진주암			○	○	○	○	○	○	○	○	○	○

33 옥내저장소의 저장창고에 150m² 이내마다 격벽을 설치하여 저장하여야 하는 위험물은?

① 제5류 위험물 중 지정과산화물

② 알킬알루미늄등

③ 아세트알데히드등

④ 히드록실아민등

해설

지정과산화물을 저장하는 옥내저장소의 경우 바닥면적 150m² 이내마다 격벽으로 구획을 하여야 한다.

34 다음 빈칸에 들어갈 말로 알맞은 것은?

> 인화점은 가연성 액체 또는 고체가 공기 중에서 생성한 가연성 증기가 연소범위의 (㉠)계에 도달하는 (㉡)의 온도를 말한다.

	㉠	㉡
①	상한	최고
②	상한	최저
③	하한	최고
④	하한	최저

해설

인화점은 가연성 액체 또는 고체가 공기 중에서 생성한 가연성 증기가 연소범위의 하한계에 도달하는 최저의 온도를 말한다.

35 이산화탄소 소화기 사용 시 줄톰슨 효과에 의해서 생성되는 물질로 옳은 것은?

① 일산화탄소   ② 드라이아이스

③ 포스겐   ④ 수성가스

해설

- 줄톰슨 효과 : 압축한 기체를 단열된 좁은 구멍으로 분출시키면 온도가 변하는 현상
- 액화탄산가스가 줄톰슨 효과에 의해 드라이아이스(고체 이산화탄소)가 되어 방출된다.

36 다음 중 주수소화 시 위험성이 증대되는 것은?

① 과산화칼륨　　② 과망간산칼륨

③ 과염소산칼륨　　④ 브롬산칼륨

해설

알칼리금속의 과산화물은 물과 반응하여 산소를 발생시키기 때문에 화재를 키울 수 있어 위험하다.

37 탄산수소염류 분말 소화기에 적응성이 있는 위험물로 거리가 먼 것은?

① 철분　　② 아세톤

③ 톨루엔　　④ 과염소산

해설

① 철분 – 제2류 위험물 중 철분, 금속분, 마그네슘 등

② 아세톤 – 제4류 위험물

③ 톨루엔 – 제4류 위험물

④ 과염소산 – 제6류 위험물

탄산수소염류 분말 소화기에 적응성이 있는 위험물

대상물 구분 / 소화설비의 구분	건축물·그 밖의 공작물	전기설비	제1류 위험물		제2류 위험물			제3류 위험물		제4류 위험물	제5류 위험물	제6류 위험물
			알칼리금속과산화물등	그 밖의 것	철분·금속분·마그네슘등	인화성고체	그 밖의 것	금수성물품	그 밖의 것			
옥내소화전 또는 옥외소화전 설비	○			○		○	○		○		○	○
스프링클러설비	○			○		○	○		○	△	○	○
물분무등소화설비 · 물분무소화설비	○	○		○		○	○		○	○	○	○
포소화설비	○			○		○	○		○	○	○	○
불활성가스소화설비		○				○				○		
할로겐화합물소화설비		○				○				○		
분말소화설비 · 인산염류등	○	○		○		○	○			○		○
탄산수소염류등		○	○		○	○		○		○		
그 밖의 것			○		○			○				
대형·소형수동식소화기 · 봉상수(棒狀水) 소화기	○			○		○	○		○		○	○
무상수(霧狀水) 소화기	○	○		○		○	○		○		○	○
봉상강화액소화기	○			○		○	○		○		○	○
무상강화액소화기	○	○		○		○	○		○	○	○	○
포소화기	○			○		○	○		○	○	○	○
이산화탄소소화기		○				○				○		△
할로겐화합물소화기		○				○				○		
인산염류소화기	○	○		○		○	○			○		○
탄산수소염류소화기		○	○		○	○		○		○		
그 밖의 것			○		○			○				
기타 · 물통 또는 수조	○			○		○	○		○		○	○
건조사			○	○	○	○	○	○	○	○	○	○
팽창질석 또는 팽창진주암			○	○	○	○	○	○	○	○	○	○

38 위험물안전관리법의 규제대상에 대한 설명 중 틀린 것은?

① 지정수량 미만 위험물의 저장·취급 및 운반은 시·도조례에 의해 규제한다.

② 항공기에 의한 위험물의 저장·취급 및 운반은 위험물안전관리법의 규제대상이 아니다.

③ 궤도에 의한 위험물의 저장·취급 및 운반은 위험물안전관리법의 규제대상이 아니다.

④ 선박법의 선박에 의한 위험물의 저장·취급 및 운반은 위험물안전관리법의 규제대상이 아니다.

해설

지정수량 미만인 위험물의 저장 또는 취급에 관한 기술상의 기준은 특별시·광역시·특별자치시·도 및 특별자치도(이하 "시·도"라 한다)의 조례로 정한다. 단, 지정수량 미만의 운반은 위험물안전관리법으로 규제한다.

39 디에틸에테르의 보관 및 취급에 관한 설명으로 옳지 않은 것은?

① 용기는 밀봉하여 보관한다.

② 환기가 잘 되는 곳에 보관한다.

③ 정전기가 발생하지 않도록 취급한다.

④ 저장용기에 빈 공간이 없게 가득 채워 보관한다.

해설

디에틸에테르는 팽창계수가 크기 때문에 가득 채워 보관하지 않는다.

40 트리니트로페놀에 대한 설명 중 옳지 않은 것은?

① 융점은 약 $61℃$이고 비점은 약 $120℃$이다.

② 쓴맛이 있으며 독성이 있다.

③ 단독으로는 마찰, 충격에 비교적 안정하다.

④ 알코올, 에테르, 벤젠에 녹는다.

해설

트리니트로페놀은 융점은 $121℃$이다.

41 지정수량의 10배의 위험물을 운반할 때 혼재가 가능한 조합은?

① 제1류 위험물과 제2류 위험물
② 제1류 위험물과 제4류 위험물
③ 제4류 위험물과 제5류 위험물
④ 제5류 위험물과 제3류 위험물

해설

유별을 달리하는 위험물의 혼재기준([별표 19] 관련)

위험물의 구분	제1류	제2류	제3류	제4류	제5류	제6류
제1류		×	×	×	×	○
제2류	×		×	○	○	×
제3류	×	×		○	×	×
제4류	×	○	○		○	×
제5류	×	○	×	○		×
제6류	○	×	×	×	×	

42 25℃, 2atm에서 액화 이산화탄소 1kg이 방출되어 모두 기체가 되었다. 방출된 기체의 이산화탄소 부피(L)를 구하시오.

① 238L
② 278L
③ 308L
④ 318L

해설

$PV = nRT$식에
- P(압력) = 2atm
- V(부피) = x
- n(몰수) = W(질량)/M(분자량) = 1,000g/(44g/mol)
  = 22.73mol
- R(기체상수) = 0.082L · atm/(K · mol)
- T(온도) = 25℃ + 273 = 298K
  를 대입한다.
∴ x = 277.72L

43 위험물안전관리법령상 위험물의 운송에 관한 설명 중 옳지 않은 것은?

① 알킬리튬과 알킬알루미늄 또는 이 중 어느 하나 이상을 함유한 것은 운송책임자의 감독, 지원을 받아야 한다.
② 이동탱크저장소에 의하여 위험물을 운송할 때 운송책임자에는 법정의 교육을 이수하고 관련 업무에 2년 이상 경력이 있는 자도 포함된다.
③ 서울에서 부산까지 금속의 인화물 300kg을 1명의 운전자가 휴식 없이 운송해도 규정위반이 아니다.
④ 운송책임자의 감독 또는 지원 방법에는 동승하는 방법과 별도의 사무실에서 대기하면서 규정된 사항을 이행하는 방법이 있다.

해설

서울에서 부산까지 금속의 인화물 300kg을 1명의 운전자가 휴식 없이 운송하면 규정위반이다.
- 위험물운송자는 장거리(고속도로에 있어서는 340km 이상, 그 밖의 도로에 있어서는 200km 이상을 말한다)에 걸치는 운송을 하는 때에는 2명 이상의 운전자로 할 것. 다만, 다음의 1에 해당하는 경우에는 그러하지 아니하다.
  1) 운송책임자를 동승시켜 운송 중인 위험물의 안전확보에 관하여 운전자에게 필요한 감독 또는 지원을 하는 경우
  2) 운송하는 위험물이 제2류 위험물 · 제3류 위험물(칼슘 또는 알루미늄의 탄화물과 이것만을 함유한 것에 한함) 또는 제4류 위험물(특수인화물을 제외)인 경우
  3) 운송 도중에 2시간 이내마다 20분 이상씩 휴식하는 경우

44 다음 중 건성유가 아닌 것은?

① 들기름
② 동유
③ 아마인유
④ 피마자유

해설

피마자유는 불건성유이다.

동식물유류	요오드값	종류
건성유	130 이상	정어리유, 대구유, 상어유, 해바라기유, 동유(오동유), 아마인유, 들기름
반건성유	100 이상 130 미만	청어유, 면실유, 참기름, 콩기름, 새종유, 쌀겨기름, 옥수수기름
불건성유	100 미만	쇠기름, 돼지기름, 고래기름, 피마자유, 올리브유, 팜유, 땅콩기름(낙화생유), 야자유

정답 41 ③ 42 ② 43 ③ 44 ④

45 다음 중 인화점이 가장 높은 위험물은?

① 아세톤   ② 디에틸에테르

③ 메틸알코올   ④ 벤젠

> 해설
>
> ① 아세톤 : $-18℃$
> ② 디에틸에테르 : $-45℃$
> ③ 메틸알코올 : $11℃$
> ④ 벤젠 : $-11℃$

46 위험물안전관리법령상 품명이 나머지 셋과 다른 위험물은?

① 트리니트로페놀   ② 트리니트로톨루엔

③ 니트로셀룰로오스   ④ 테트릴

> 해설
>
> ① 트리니트로페놀 : 니트로화합물
> ② 트리니트로톨루엔 : 니트로화합물
> ③ 니트로셀룰로오스 : 질산에스테르류
> ④ 테트릴 : 니트로화합물

47 제5류 위험물에 대한 설명 중 옳지 않은 것은?

① 자기연소를 일으키며, 연소속도가 빠르다.

② 무기물이므로 폭발의 위험이 있다.

③ 운반용기 외부에 "화기엄금" 및 "충격주의" 주의사항 표시를 하여야 한다.

④ 강산화제나 강산류 접촉 시 위험성이 증가한다.

> 해설
>
> 제5류 위험물은 대부분 유기물이다.

48 황화린에 대한 설명 중 틀린 것은?

① 삼황화린은 황색 결정으로 공기 중 약 100℃에서 발화할 수 있다.

② 오황화린은 담황색 결정으로 조해성이 있다.

③ 오황화린은 물과 접촉하여 유독성가스를 발생할 위험이 있다.

④ 삼황화린은 연소하여 황화수소가스를 발생할 위험이 있다.

> 해설
>
> 삼황화린은 연소하여 이산화황가스를 발생한다.
> $P_4S_3 + 8O_2 \rightarrow 2P_2O_5 + 3SO_2$

49 과산화수소와 산화프로필렌의 공통점으로 옳은 것은?

① 특수인화물이다.

② 분해 시 질소를 발생한다.

③ 끓는점이 200℃ 이하이다.

④ 수용액 상태에서도 자연발화 위험이 있다.

> 해설
>
> **위험물의 끓는점**
> • 과산화수소 : $84℃$
> • 산화프로필렌 : $34℃$

50 금속은 덩어리 상태보다 분말상태일 때 연소 위험성이 더욱 증가하는데, 위험성이 증가하는 이유로 타당하지 않은 것은?

① 비표면적이 증가하여 반응면적이 증대되기 때문에

② 비열이 증가하여 열축적이 용이하기 때문에

③ 복사열의 흡수율이 증가하여 열의 축적이 용이하기 때문에

④ 대전성이 증가하여 정전기가 발생되기 쉽기 때문에

> 해설
>
> 비열은 물질 1g의 온도 1℃ 올리는 데 필요한 열량으로 비열이 증가하면 온도를 올리는 데 많은 에너지가 필요하기 때문에 열축적이 더 어려워지고 연소위험성은 낮아진다.

51 위험물안전관리법령상 변경신고에 대한 설명으로 옳은 것은?

① 허가청과 협의하여 설치한 군용 위험물 시설의 경우에도 적용된다.

② 변경신고는 변경한 날로부터 7일 이내에 완공검사필증을 첨부하여 신고하여야 한다.

③ 위험물의 품명이나 수량의 변경을 위해 제조소의 위치, 구조 또는 설비를 변경하는 경우에 신고한다.

④ 위험물의 품명, 수량 및 지정수량의 배수를 모두 변경할 때는 신고를 할 수 없고 허가를 신청하여야 한다.

해설

② 변경신고는 변경하고자 하는 날의 1일 전까지 별지 제19호 서식의 신고서에 제조소등의 완공검사합격확인증을 첨부하여 시·도지사에게 신고하여야 한다.

③ 위험물의 품명이나 수량의 변경을 위해 제조소의 위치, 구조 또는 설비를 변경하는 경우에는 변경허가를 받아야 한다.

④ 위험물의 품명, 수량 및 지정수량의 배수를 모두 변경할 때에는 변경신고를 하여야 한다.

52 아세트알데히드와 아세톤의 공통점에 대한 설명 중 옳지 않은 것은?

① 증기는 공기보다 무겁다.

② 무색 액체로서 인화점이 낮다.

③ 물에 잘 녹는다.

④ 특수인화물로 반응성이 크다.

해설

아세톤은 제1석유류이다.

53 운송책임자의 감독·지원을 받아 운송하여야 하는 위험물은?

① 특수인화물 ② 알킬리튬

③ 질산구아니딘 ④ 히드라진유도체

해설

운송책임자의 감독·지원을 받아 운송하여야 하는 위험물

• 알킬알루미늄

• 알킬리튬

• 알킬알루미늄 또는 알킬리튬을 함유하는 위험물

54 지정수량이 혼자만 다른 위험물은?

① 염소산나트륨 ② 리튬

③ 과산화나트륨 ④ 나트륨

해설

나트륨의 지정수량은 10kg이다. 나머지 보기는 50kg이다.

55 위험물 옥외저장탱크 중 압력탱크에 저장하는 아세트알데히드 등의 저장온도는 몇 ℃ 이하로 유지해야 하는가?

① 60℃ ② 40℃

③ 30℃ ④ 15℃

해설

옥외저장탱크·옥내저장탱크 또는 지하저장탱크 중 압력탱크에 저장하는 아세트알데히드등 또는 디에틸에테르등의 온도는 40℃ 이하로 유지해야 한다.

56 IG-541 소화약제를 구성하는 물질이 아닌 것은?

① He ② N_2

③ Ar ④ CO_2

해설

IG-541 : N_2 52%+Ar 40%+CO_2 8%

57 위험물안전관리법령상 산화성 액체의 화재예방 및 진압대책으로 옳은 것은?

① 과산화수소 화재 시 주수소화를 금한다.

② 질산은 소량의 화재 시 다량의 물로 희석한다.

③ 과염소산은 폭발방지를 위해 철제용기에 저장한다.

④ 제6류 화재 시에는 건조사만 사용하여 진압할 수 있다.

해설

③ 과염소산은 철제를 부식시킨다.

①, ④ 제6류 화재 시에는 물 또는 건조사를 이용하여 소화한다.

정답 51 ① 52 ④ 53 ② 54 ④ 55 ② 56 ① 57 ②

58 위험물안전관리법령상 옥외저장탱크 중 압력탱크 외의 탱크에 밸브없는 통기관을 설치할 경우 이 통기관의 지름은 몇 mm 이상으로 하여야 하는가?

① 10mm
② 15mm
③ 20mm
④ 30mm

해설

제4류 위험물의 옥외저장탱크 중 압력탱크 외의 탱크의 밸브없는 통기관 설치기준

1) 지름은 30mm 이상일 것
2) 끝부분은 수평면보다 45도 이상 구부려 빗물 등의 침투를 막는 구조로 할 것
3) 인화점이 38℃ 미만인 위험물만을 저장 또는 취급하는 탱크에 설치하는 통기관에는 화염방지장치를 설치하고, 그 외의 탱크에 설치하는 통기관에는 40메쉬(mesh) 이상의 구리망 또는 동등 이상의 성능을 가진 인화방지장치를 설치할 것. 다만, 인화점이 70℃ 이상인 위험물만을 해당 위험물의 인화점 미만의 온도로 저장 또는 취급하는 탱크에 설치하는 통기관에는 인화방지장치를 설치하지 않을 수 있다.
4) 가연성의 증기를 회수하기 위한 밸브를 통기관에 설치하는 경우에 있어서는 당해 통기관의 밸브는 저장탱크에 위험물을 주입하는 경우를 제외하고는 항상 개방되어 있는 구조로 하는 한편, 폐쇄하였을 경우에 있어서는 10kPa 이하의 압력에서 개방되는 구조로 할 것. 이 경우 개방된 부분의 유효단면적은 777.15mm² 이상이어야 한다.

59 지정수량 이상의 히드록실아민을 취급하는 제조소에 두어야 하는 최소 안전거리 D를 구하는 식으로 옳은 것은? (단, N은 해당 제조소에서 취급하는 히드록실아민의 지정수량의 배수이다.)

① $D = 40\sqrt[3]{N}$
② $D = 51.1\sqrt[3]{N}$
③ $D = 55\sqrt[3]{N}$
④ $D = 61.1\sqrt[3]{N}$

해설

지정수량 이상의 히드록실아민 등을 취급하는 제조소의 위치는 건축물의 벽 또는 이에 상당하는 공작물의 외측으로부터 해당 제조소의 외벽 또는 이에 상당하는 공작물의 외측까지의 사이에 다음 식에 의하여 요구되는 거리 이상의 안전거리를 둘 것

$D = 51.1\sqrt[3]{N}$

• D : 안전거리(m)
• N : 해당 제조소에서 취급하는 히드록실아민 등의 지정수량의 배수

60 분말 소화약제의 색이 바르게 연결되어 있는 것은?

① $KHCO_3$: 백색
② $NH_4H_2PO_4$: 담홍색
③ $NaHCO_3$: 담회색
④ $KHCO_3 + (NH_2)_2CO$: 녹색

해설

분말 소화약제의 착색

종류	주성분	착색
제1종 분말약제	$NaHCO_3$	백색
제2종 분말약제	$KHCO_3$	담회색
제3종 분말약제	$NH_4H_2PO_4$	담홍색
제4종 분말약제	$KHCO_3 + (NH_2)_2CO$	회색

01 유기과산화물의 화재예방상 주의해야 할 사항으로 옳지 않은 것은?

① 열원으로부터 멀리한다.
② 직사광선을 피해야 한다.
③ 용기의 파손에 의해 누출되면 위험하므로 정기적으로 점검하여야 한다.
④ 산화제와 격리하고 환원제와 접촉시켜야 한다.

해설
산화제, 환원제 모두와 격리시켜야 한다.

02 다음 중 금속 화재에 해당하는 것은?

① A급 화재
② B급 화재
③ C급 화재
④ D급 화재

해설
• A급 화재 – 일반 화재
• B급 화재 – 유류 · 가스 화재
• C급 화재 – 전기 화재
• D급 화재 – 금속 화재
• K급 화재 – 주방 화재

03 다음 중 물에 가장 잘 녹는 위험물은?

① 적린
② 황
③ 벤젠
④ 아세톤

해설
아세톤만 수용성이고, 나머지 보기는 비수용성 물질이다.

04 알킬알루미늄 1,000kg의 소요단위를 구하시오.

① 10
② 20
③ 30
④ 40

해설
• 위험물은 지정수량의 10배를 1소요단위로 한다.
• 소요단위 = 저장수량/(지정수량×10)
• 소요단위 = 1,000/(10×10) = 10

05 하론1301 소화약제에 대한 설명으로 옳지 않은 것은?

① 저장 용기에 액체상으로 충전한다.
② 화학식은 CF_3Br이다.
③ 비점이 낮아서 기화가 용이하다.
④ 공기보다 가볍다.

해설
Halon 1301은 공기보다 5.14배 무겁다.
Halon 1301 = CF_3Br
CF_3Br의 분자량 = 12 + 19×3 + 80 = 149
증기비중 = 증기분자량/공기분자량 = 149/29 = 5.14

PART 01 | PART 02 | PART 03 | PART 04 | PART 05

06 제6류 위험물을 저장하는 단층 건물에 설치된 옥내탱크저장소의 소화난이도 등급은?

① Ⅰ등급   ② Ⅱ등급
③ Ⅲ등급   ④ 해당없음

해설

옥내탱크저장소의 소화난이도등급

소화난이도 등급	제조소등의 규모, 저장 또는 취급하는 위험물의 품명 및 최대수량 등
Ⅰ	액표면적이 40m² 이상인 것(제6류 위험물을 저장하는 것 및 고인화점위험물만을 100℃ 미만의 온도에서 저장하는 것은 제외)
	바닥면으로부터 탱크 옆판의 상단까지 높이가 6m 이상인 것(제6류 위험물을 저장하는 것 및 고인화점위험물만을 100℃ 미만의 온도에서 저장하는 것은 제외)
	탱크전용실이 단층건물 외의 건축물에 있는 것으로서 인화점 38℃ 이상 70℃ 미만의 위험물을 지정수량의 5배 이상 저장하는 것(내화구조로 개구부없이 구획된 것은 제외한다)
Ⅱ	소화난이도등급 Ⅰ의 제조소등 외의 것(고인화점위험물만을 100℃ 미만의 온도로 저장하는 것 및 제6류 위험물만을 저장하는 것은 제외)

07 다음 중 연소의 3요소를 모두 갖춘 조합으로 옳은 것은?

① 휘발유, 공기, 수소
② 적린, 수소, 성냥불
③ 성냥불, 황, 염소산암모늄
④ 알코올, 수소, 염소산암모늄

해설

연소의 3요소는 가연물, 산소공급원, 점화원이다.
• 가연물 : 휘발유, 수소, 적린, 황, 알코올
• 산소공급원 : 공기, 염소산암모늄
• 점화원 : 성냥불

08 위험물의 유별에 따른 성질과 그에 해당하는 품명의 예가 잘못 나열된 것은?

① 제1류 - 산화성 고체 - 무기과산화물
② 제2류 - 가연성 고체 - 금속분
③ 제3류 - 자연발화성 물질 및 금수성 물질 - 황화린
④ 제5류 - 자기반응성물질 - 히드록실아민염류

해설

황화린은 제2류 위험물이다.

09 지하탱크저장소에서 2개의 지하저장탱크가 인접해 있고, 이들 탱크의 용량합계가 지정수량의 100배일 때 탱크 상호 간의 유지해야 하는 간격은?

① 0.1m   ② 0.3m
③ 0.5m   ④ 1m

해설

지하저장탱크를 2 이상 인접해 설치하는 경우에는 그 상호 간에 1m(당해 2 이상의 지하저장탱크의 용량의 합계가 지정수량의 100배 이하인 때에는 0.5m) 이상의 간격을 유지하여야 한다. 다만, 그 사이에 탱크전용실의 벽이나 두께 20cm 이상의 콘크리트 구조물이 있는 경우에는 그러하지 아니하다.

10 다음 중 액체 비중이 1보다 큰 위험물은?

① 이황화탄소   ② 톨루엔
③ 벤젠   ④ 메틸에틸케톤

해설

① 이황화탄소 : 1.26
② 톨루엔 : 0.867
③ 벤젠 : 0.877
④ 메틸에틸케톤 : 0.8

11 플래시오버에 대한 설명으로 옳지 않은 것은?

① 공간 내 전체 가연물이 동시에 발화하는 현상이다.
② 대부분 성장기~최성기 구간에서 발생한다.
③ 실내 온도의 상승이 주요 요인이 되어 발생한다.
④ 내장재의 종류와 개구부의 크기에 영향을 받지 않는다.

해설
플래시오버는 내장재의 종류와 개구부의 크기에 영향을 받는다.

12 옥외저장탱크에 연소성 혼합기체의 생성에 의한 폭발을 방지하기 위한 불활성의 기체를 봉입해야 하는 위험물은?

① $CH_3COC_2H_5$ ② C_5H_5N
③ CH_3CHO ④ C_6H_5Cl

해설
아세트알데히드등의 옥외탱크저장소 설치기준
• 옥외저장탱크의 설비는 동·마그네슘·은·수은 또는 이들을 성분으로 하는 합금으로 만들지 아니할 것
• 옥외저장탱크에는 냉각장치 또는 보냉장치, 그리고 연소성 혼합기체의 생성에 의한 폭발을 방지하기 위한 불활성의 기체를 봉입하는 장치를 설치할 것

13 용량 50만L 이상의 옥외탱크저장소에 대하여 변경허가를 받고자 할 때 한국소방산업기술원으로부터 기술검토를 받아야 하지만, 소방청장이 고시하는 부분적인 사항을 변경하는 경우에는 기술검토가 면제된다. 다음 중 기술검토가 면제되지 않는 경우는?

① 노즐, 맨홀을 포함한 동일한 형태의 지붕판 교체
② 탱크 밑판에 있어서 밑판 표면적의 50% 미만의 육성보수공사
③ 탱크 옆판 중 최하단 옆판에 있어서 옆판 표면적의 30% 이내의 교체
④ 제조소의 구조·설비 변경에 의한 위험물 취급량의 증가가 지정수량의 3천배 미만인 경우

해설
기술검토를 받지 아니하는 변경사항
1. 옥외저장탱크의 지붕판(노즐·맨홀 등을 포함한다)의 교체(동일한 형태의 것으로 교체하는 경우에 한한다)
2. 옥외저장탱크의 옆판(노즐·맨홀 등을 포함한다)의 교체 중 다음 각목의 어느 하나에 해당하는 경우
   가. 최하단 옆판을 교체하는 경우에는 옆판 표면적의 10% 이내의 교체
   나. 최하단 외의 옆판을 교체하는 경우에는 옆판 표면적의 30% 이내의 교체
3. 옥외저장탱크의 밑판(옆판의 중심선으로부터 600mm 이내의 밑판에 있어서는 당해 밑판의 원주길이의 10% 미만에 해당하는 밑판에 한한다)의 교체
4. 옥외저장탱크의 밑판 또는 옆판(노즐·맨홀 등을 포함한다)의 정비(밑판 또는 옆판의 표면적의 50% 미만의 겹침보수공사 또는 육성보수공사를 포함한다)
5. 옥외탱크저장소의 기초·지반의 정비
6. 암반탱크의 내벽의 정비
7. 제조소 또는 일반취급소의 구조·설비를 변경하는 경우에 변경에 의한 위험물 취급량의 증가가 지정수량의 1천배 미만인 경우
8. 제1호 내지 제6호의 경우와 유사한 경우로서 한국소방산업기술원(이하 "기술원"이라 한다)이 부분적 변경에 해당한다고 인정하는 경우

14 A·B·C급 화재에 모두 적용할 수 있는 분말 소화약제는 무엇인가?

① 제1종 분말소화약제 ② 제2종 분말소화약제
③ 제3종 분말소화약제 ④ 제4종 분말소화약제

해설
제3종 분말약제는 열분해하여 메타인산을 생성시켜 A, B, C급 화재에 적용된다.
$NH_4H_4PO_4 \rightarrow HPO_3 + NH_3 + H_2O$

15 CH_3ONO_2의 소화방법에 대한 설명으로 옳은 것은?

① 이산화탄소 소화기로 질식소화한다.
② 할로겐화합물 소화기로 질식소화한다.
③ 건조사로 냉각소화한다.
④ 물을 주수하여 냉각소화한다.

해설

질산메틸(CH_3ONO_2)은 제5류 위험물로 화재 초기 또는 소형 화재 시 물을 주수하여 냉각소화한다.

16 질산 600L는 지정수량의 몇 배인가? (단, 질산의 비중은 1.50이다.)

① 1   ② 2
③ 3   ④ 4

해설

• 질산의 지정수량 : 300kg
• 질산 $600L = 600L \times \dfrac{1.5kg}{1L} = 900kg$
• 질산 900kg은 지정수량인 300kg의 3배이다.

17 소화약제로서 물의 단점인 동결현상을 방지하기 위하여 물에 첨가하는 물질로 보기 어려운 것은?

① 프로필렌글리콜   ② 글리세린
③ 탄산나트륨   ④ 에틸렌글리콜

해설

부동액(에틸렌글리콜, 프로필렌글리콜, 글리세린 등)을 넣어 물의 동결현상을 방지한다.

18 위험물안전관리법령상 제4류 위험물 운반용기 외부에 표시하여야 하는 주의사항을 모두 나타낸 것은?

① 화기엄금 및 충격주의
② 가연물접촉주의
③ 화기엄금
④ 화기주의 및 충격주의

해설

유별		외부 표시 주의사항
제1류	알칼리금속의 과산화물	• 화기 · 충격주의 • 물기엄금 • 가연물 접촉주의
	그 밖의 것	• 화기 · 충격주의 • 가연물 접촉주의
제2류	철분 · 금속분 · 마그네슘	• 화기주의 • 물기엄금
	인화성 고체	• 화기엄금
	그 밖의 것	• 화기주의
제3류	자연발화성 물질	• 화기엄금 • 공기접촉엄금
	금수성 물질	• 물기엄금
제4류		• 화기엄금
제5류		• 화기엄금 • 충격주의
제6류		• 가연물 접촉주의

19 제3종 분말 소화약제의 열분해 반응식으로 옳은 것은?

① $NH_4H_2PO_4 \rightarrow HPO_3 + NH_3 + H_2O$
② $2KNO_3 \rightarrow 2KNO_2 + O_2$
③ $KClO_4 \rightarrow KCl + 2O_2$
④ $2CaHCO_3 \rightarrow 2CaO + H_2CO_3$

해설

분말 소화약제의 열분해 반응식

제1종 분말	$2NaHCO_3 \rightarrow Na_2CO_3 + CO_2 + H_2O$
제2종 분말	$2KHCO_3 \rightarrow K_2CO_3 + CO_2 + H_2O$
제3종 분말	$NH_4H_2PO_4 \rightarrow HPO_3 + NH_3 + H_2O$

정답 15 ④ 16 ③ 17 ③ 18 ③ 19 ①

20 위험물안전관리법령상 인화성 액체의 공통적인 성질로 거리가 먼 것은?

① 인화되기 쉽다.
② 대부분 물보다 가볍고 물에 녹기 어렵다.
③ 공기와 혼합된 증기는 연소의 우려가 있다.
④ 전기의 도체이므로 정전기가 축적되기 쉽다.

해설
인화성 액체는 전기의 부도체이므로 정전기 발생을 제거해야 한다.

21 수소화나트륨 240g과 충분한 양의 물이 완전히 반응하였을 때 발생하는 수소의 부피는? (단, 표준상태이며 나트륨의 원자량은 23이다.)

① 22.4L
② 224L
③ $22.4m^3$
④ $224m^3$

해설
$NaH + H_2O \rightarrow NaOH + H_2$
수소화나트륨 1mol 이 반응하면, 수소 1mol이 생성된다.
수소화나트륨 $240g = 240g \times \dfrac{1mol}{(23+1)g} = 10mol$
수소화나트륨 10mol이 반응하면, 수소 10mol이 생성된다.
수소 $10mol = 10mol \times \dfrac{22.4L}{1mol} = 224L$

22 다음 (   ) 안에 알맞은 숫자를 차례대로 나타낸 것은?

> 위험물 암반탱크의 공간용적은 당해 탱크 내에 용출하는 (   )일간의 지하수 양에 상당하는 용적과 당해 탱크 내용적의 100분의 (   )의 용적 중에서 보다 큰 용적을 공간용적으로 한다.

① 1, 7
② 3, 5
③ 5, 3
④ 7, 1

해설
• 탱크의 공간용적은 탱크의 내용적의 100분의 5 이상 100분의 10 이하의 용적으로 한다. 다만, 소화설비(소화약제 방출구를 탱크안의 윗부분에 설치하는 것에 한함)를 설치하는 탱크의 공간용적은 당해 소화설비의 소화약제방출구 아래의 0.3미터 이상 1미터 미만 사이의 면으로부터 윗부분의 용적으로 한다.
• 암반탱크에 있어서는 당해 탱크내에 용출하는 7일간의 지하수의 양에 상당하는 용적과 당해 탱크의 내용적의 100분의 1의 용적 중에서 보다 큰 용적을 공간용적으로 한다.

23 비중은 0.86, 은백색의 무른 경금속으로 보라색 불꽃을 내면서 연소하는 위험물은 무엇인가?

① 칼슘
② 나트륨
③ 칼륨
④ 리튬

해설
칼륨에 대한 설명이다.

24 과산화벤조일의 위험성에 대한 설명으로 잘못된 것은?

① 상온에서 분해되며 수분이 흡수되면 폭발성을 가지므로 건조된 상태로 보관, 운반한다.
② 강산에 의해 분해 폭발의 위험이 있다.
③ 충격, 마찰에 의해 분해되어 폭발할 위험이 있다.
④ 가연성 물질과 접촉하면 발화의 위험이 높다.

해설
과산화벤조일은 수분, 프탈산디메틸, 프탈산디부틸의 첨가에 의해 폭발성을 낮출 수 있다.

정답 20 ④ 21 ② 22 ④ 23 ③ 24 ①

25 산소농도를 한계산소량 이하로 낮추어 연소를 중지시키는 소화방법을 무엇이라고 하는가?

① 냉각소화   ② 제거소화

③ 억제소화   ④ 질식소화

해설

산소농도를 한계산소량 이하로 낮추어 연소를 중지시키는 소화방법은 질식소화이다.

26 위험물안전관리법령상 산화성액체에 대한 설명으로 옳은 것은?

① 과염소산은 독성은 없지만, 폭발의 위험이 있으므로 밀폐하여 보관한다.

② 과산화수소는 농도가 3% 이상일 때 단독으로 폭발하므로 취급에 주의한다.

③ 질산은 자연발화의 위험이 높으므로 저온으로 보관한다.

④ 할로겐간화합물의 지정수량은 300kg이다.

해설

① 과염소산은 독성은 강하지만 폭발의 위험은 없다.

② 과산화수소는 농도가 60% 이상일 때 단독으로 폭발하므로 취급에 주의한다.

③ 질산은 불연성 물질이다.

27 과산화칼륨이 물, 이산화탄소와 각각 반응할 경우 공통적으로 발생하는 물질은?

① 산소   ② 과산화수소

③ 수산화칼륨   ④ 수소

해설

- $2K_2O_2 + 2H_2O \rightarrow 4KOH + O_2$
- $2K_2O_2 + 2CO_2 \rightarrow 2K_2CO_3 + O_2$

28 비전도성 액체가 배관을 흐를 때 정전기가 발생하기 쉬운 조건으로 가장 거리가 먼 것은?

① 흐름의 낙차가 클 때

② 느린 유속으로 흐를 때

③ 심한 와류가 생길 때

④ 필터를 통과할 때

해설

빠른 유속으로 흐를 때 정전기가 발생하기 쉽다.

29 제3류 위험물인 칼륨과 나트륨의 공통적인 특성으로 옳은 것은?

① 불연성이다.

② 물보다 가벼운 금속이다.

③ 은백색의 단단한 금속이다.

④ 물과 반응해서 산소를 발생한다.

해설

① K, Na 모두 가연성이다.

③ K, Na 모두 은백색의 무른 금속이다.

④ K, Na 모두 물과 반응해서 수소를 발생한다.

30 착화점이 232℃에 가장 가까운 위험물은 무엇인가?

① 삼황화린   ② 오황화린

③ 적린   ④ 황

해설

위험물의 착화점

① 삼황화린 : 100℃

② 오황화린 : 142℃

③ 적린 : 260℃

④ 황 : 232℃

31 휘발유를 저장하던 이동탱크 상부로부터 등유를 주입할 때 액표면이 주입관의 끝부분을 넘는 높이가 될 때까지 주입관 내 유속을 몇 m/s 이하로 하여야 하는가?

① 1
② 2
③ 3
④ 5

해설

휘발유를 저장하던 이동저장탱크 상부로부터 등유나 경유를 주입할 때 또는 등유나 경유를 저장하던 이동저장탱크 상부로부터 휘발유를 주입할 때에는 액표면이 주입관의 끝부분을 넘는 높이가 될 때까지 그 주입관 내의 유속을 초당 1m 이하로 해야 한다.

32 위험물의 화재위험에 관한 조건을 설명한 것으로 옳은 것은?

① 인화점이 높을수록, 연소범위가 넓을수록 위험하다.
② 인화점이 낮을수록, 연소범위가 좁을수록 위험하다.
③ 인화점이 높을수록, 연소범위가 좁을수록 위험하다.
④ 인화점이 낮을수록, 연소범위가 넓을수록 위험하다.

해설

• 인화점이 낮을수록 낮은 온도에서도 불이 붙을 수 있어서 위험하다.
• 연소범위가 넓을수록 넓은 범위의 농도에서 불이 붙을 수 있어서 위험하다.

33 위험물저장소에 다음과 같이 2가지 위험물을 저장하고 있을 때, 지정수량 이상에 해당하는 조합은?

① 브로민산칼륨 80kg, 염소산칼륨 40kg
② 질산 100kg, 과산화수소 150kg
③ 질산칼륨 120kg, 중크롬산나트륨 500kg
④ 휘발유 20L, 윤활유 2,000L

해설

위험물의 지정수량
• 브로민산칼륨 : 300kg
• 염소산칼륨 : 50kg
• 질산 : 300kg
• 과산화수소 : 300kg
• 질산칼륨 : 300kg
• 중크롬산나트륨 : 1,000kg
• 휘발유 : 200L
• 윤활유 : 6,000L
  ① $80/300 + 40/50 = 1.07$
  ② $100/300 + 150/300 = 0.83$
  ③ $120/300 + 500/1,000 = 0.9$
  ④ $20/200 + 2,000/6,000 = 0.43$

34 다음은 무엇에 대한 정의인가?

인화성 또는 발화성 등의 성질을 가지는 것으로서 대통령령이 정하는 물품을 말한다.

① 위험물
② 가연물
③ 특수인화물
④ 제4류 위험물

해설

"위험물"이라 함은 인화성 또는 발화성 등의 성질을 가지는 것으로서 대통령령이 정하는 물품을 말한다.

35 오황화린과 칠황화린이 각각 물과 반응했을 때 공통으로 나오는 물질은 무엇인가?

① 이산화황　　　　　② 황화수소
③ 인화수소　　　　　④ 삼산화황

해설

$P_2S_5 + 8H_2O \rightarrow 5H_2S + 2H_3PO_4$

$P_4S_7 + 13H_2O \rightarrow 7H_2S + H_3PO_4 + 3H_3PO_3$

36 디에틸에테르에 대한 설명 중 틀린 것은?

① 강산화제와 혼합 시 안전하게 사용할 수 있다.
② 대량으로 저장 시 불활성 가스를 봉입한다.
③ 정전기 발생 방지를 위해 주의를 기울여야 한다.
④ 통풍, 환기가 잘되는 곳에 저장한다.

해설

디에틸에테르는 강산화제와 혼합 시 위험해진다.

37 인화칼슘이 물 또는 염산과 반응하였을 때 공통적으로 발생하는 물질은?

① $CaCl_2$　　　　　② $Ca(OH)_2$
③ PH_3　　　　　　④ H_2

해설

포스핀(PH_3)이 생성된다.
• $Ca_3P_2 + 6H_2O \rightarrow 3Ca(OH)_2 + 2PH_3$
• $Ca_3P_2 + 6HCl \rightarrow 3CaCl_2 + 2PH_3$

38 소화난이도등급 I의 옥내탱크저장소에 설치해야 하는 소화설비가 아닌 것은? (단, 인화점이 70℃ 이상의 제4류 위험물만을 저장·취급하는 장소이다.)

① 물분무소화설비, 고정식 포소화설비
② 이동식 외 불활성가스 소화설비, 고정식 포소화설비
③ 이동식 분말소화설비, 스프링클러설비
④ 이동식 외 할로겐화합물 소화설비, 물분무소화설비

해설

소화난이도등급 I의 제조소등에 설치하여야 하는 소화설비

제조소등의 구분		소화설비
옥내탱크 저장소	유황만을 저장 취급하는 것	물분무소화설비
	인화점 70℃ 이상의 제4류 위험물만을 저장취급하는 것	물분무소화설비, 고정식 포소화설비, 이동식 이외의 불활성가스소화설비, 이동식 이외의 할로겐화합물소화설비 또는 이동식 이외의 분말소화설비
	그 밖의 것	고정식 포소화설비, 이동식 이외의 불활성가스소화설비, 이동식 이외의 할로겐화합물소화설비 또는 이동식 이외의 분말소화설비

39 불활성가스 소화설비의 저장용기 설치기준에 관한 내용으로 옳지 않은 것은?

① 방호구역 외의 장소에 설치할 것
② 온도가 50℃ 이하이고 온도변화가 적은 장소에 설치할 것
③ 직사일광 및 빗물이 침투할 우려가 적은 장소에 설치할 것
④ 저장용기에는 안전장치를 설치할 것

해설

불활성가스 소화설비 저장용기 설치기준
• 방호구역 외의 장소에 설치할 것
• 온도가 40℃ 이하이고 온도변화가 적은 장소에 설치할 것
• 직사일광 및 빗물이 침투할 우려가 적은 장소에 설치할 것
• 저장용기에는 안전장치를 설치할 것
• 저장용기의 외면에 소화약제의 종류와 양, 제조년도 및 제조자를 표시할 것

정답　35 ②　36 ①　37 ③　38 ③　39 ②

40 염소산염류 20kg과 아염소산염류 20kg을 과염소산과 함께 저장하는 경우 지정수량 1배로 저장하려면 과염소산은 얼마나 저장할 수 있는가?

① 50kg ② 60kg
③ 70kg ④ 80kg

• 염소산염류 지정수량 : 50kg
• 아염소산염류 지정수량 : 50kg
• 과염소산 지정수량 : 300kg
• 지정수량의 배수 = 위험물 저장수량/위험물 지정수량

$$1 = \frac{20}{50} + \frac{20}{50} + \frac{x}{300}$$

$$\therefore x = 60\text{kg}$$

41 위험물제조소의 배관에 대한 설명으로 틀린 것은?

① 배관을 지하에 매설하는 경우 접합부분에는 점검구를 설치하여야 한다.
② 배관을 지하에 매설하는 경우 금속성 배관의 외면에는 부식방지조치를 하여야 한다.
③ 최대상용압력의 1.5배 이상의 압력으로 수압시험을 실시하여 이상이 없어야 한다.
④ 지상에 설치하는 경우에는 안전한 구조의 지지물로 지면에 밀착하여 설치하여야 한다.

배관을 지상에 설치하는 경우에는 지진 · 풍압 · 지반침하 및 온도변화에 안전한 구조의 지지물에 설치하되, 지면에 닿지 아니하도록 하고 배관의 외면에 부식방지를 위한 도장을 하여야 한다.

42 지정과산화물을 저장·취급하는 위험물 옥내저장소 저장창고에 대한 기준으로 옳지 않은 것은?

① 서까래의 간격은 30cm 이하로 할 것
② 저장창고 출입구에는 갑종 방화문을 설치할 것
③ 저장창고 외벽을 철근콘크리트조로 할 경우 두께를 10cm 이상으로 할 것
④ 저장창고의 창은 바닥면으로부터 2m 이상의 높이에 둘 것

저장창고의 외벽은 두께 20cm 이상의 철근콘크리트조나 철골철근콘크리트조 또는 두께 30cm 이상의 보강콘크리트블록조로 할 것

43 다음 중 주수소화 시 위험성이 증가하는 위험물은 어느 것인가?

① 과산화나트륨 ② 트리니트로톨루엔
③ 과염소산칼륨 ④ 중크롬산칼륨

$$2Na_2O_2 + 2H_2O \rightarrow 4NaOH + O_2$$
과산화나트륨은 물과 반응하여 조연성 가스(산소)를 생성하므로 위험성이 증가한다.

44 일반취급소가 옥외에 설치된 공작물이며 그 최대수평투영면적이 500m²일 때, 이 일반취급소의 소요단위를 구하시오.

① 5단위 ② 10단위
③ 15단위 ④ 20단위

구분	외벽이 내화구조인 것	외벽이 내화구조가 아닌 것
제조소 · 취급소용 건축물	연면적 100m²	연면적 50m²
저장소용 건축물	연면적 150m²	연면적 75m²
위험물	지정수량의 10배	

→ 제조소등의 옥외에 설치된 공작물은 외벽이 내화구조인 것으로 간주하고 공작물의 최대수평투영면적을 연면적으로 간주한다.
→ 500m²/100m² = 5단위

40 ② **41** ④ **42** ③ **43** ① **44** ①

45 경유 2,000L, 글리세린 2,000L의 지정수량의 배수의 합은 얼마인가?

① 2.5   ② 3.0
③ 3.5   ④ 4.0

해설

• 경유의 지정수량 : 1,000L
• 글리세린의 지정수량 : 4,000L
• 지정수량의 배수 = 위험물 저장수량/위험물 지정수량
• 지정수량 배수의 합 = 2,000/1,000 + 2,000/4,000 = 2.5

46 이송취급소에 설치하는 정보설비의 기준에 따라 이송기지에 설치하여야 하는 경보설비로만 이루어져 있는 것은?

① 확성장치, 비상벨장치
② 비상방송설비, 비상경보설비
③ 확성장치, 비상발송설비
④ 비상방송설비, 자동화재탐지설비

해설

이송기지에는 비상벨장치 및 확성장치를 설치할 것

47 아염소산나트륨의 저장·취급 시 주의해야 할 사항으로 거리가 먼 것은?

① 물속에 넣어 냉암소에 저장한다.
② 강산류와의 접촉을 피한다.
③ 취급 시 충격, 마찰을 피한다.
④ 가연성 물질과 접촉을 피한다.

해설

아염소산나트륨은 공기 중의 수분을 흡수하는 성질이 있어 밀폐용기에 보관해야 한다.

48 위험물안전관리법령상 제4류 위험물 중 알코올류에 해당하는 것은?

① 에틸알코올(CH_3CH_2OH)
② 알릴알코올(CH_2CHCH_2OH)
③ 에틸렌글리콜($C_2H_4(OH)_2$)
④ 부틸알코올(C_4H_9OH)

해설

"알코올류"라 함은 1분자를 구성하는 탄소원자의 수가 1개부터 3개까지인 포화1가 알코올(변성알코올을 포함한다)을 말한다.

49 제4류 위험물의 품명에 따른 위험등급과 옥내저장소 하나의 저장창고 바닥면적 기준을 옳게 나열한 것을 고르시오. (단, 전용의 독립된 단층건물에 설치하며, 구획된 실이 없는 하나의 저장창고인 경우에 한한다.)

① 제1석유류, 위험등급Ⅰ, 최대 바닥면적 1,000m²
② 제2석유류, 위험등급Ⅰ, 최대 바닥면적 2,000m²
③ 제3석유류, 위험등급Ⅱ, 최대 바닥면적 1,000m²
④ 알코올류, 위험등급Ⅱ, 최대 바닥면적 1,000m²

해설

① 제1석유류, 위험등급Ⅱ, 최대 바닥면적 1,000m²
② 제2석유류, 위험등급Ⅲ, 최대 바닥면적 2,000m²
③ 제3석유류, 위험등급Ⅲ, 최대 바닥면적 2,000m²

50 알루미늄분의 특성에 대한 설명으로 옳은 것을 고르시오.

① 금속 중에서 연소열량이 가장 작다.
② 끓는 물과 반응해서 수소를 발생한다.
③ 안전한 저장을 위해 할로겐 원소와 혼합한다.
④ 수산화나트륨 수용액과 반응해서 산소를 발생한다.

해설

② $2Al + 6H_2O \rightarrow 2Al(OH)_3 + 3H_2$(수소)

51 위험물시설에 설치하는 자동화재탐지설비의 하나의 경계구역 면적과 그 한 변의 길이 기준으로 옳은 것은? (단, 광전식분리형 감지기를 설치하지 않은 경우이다.)

① $300m^2$ 이하, 50m 이하

② $300m^2$ 이하, 100m 이하

③ $600m^2$ 이하, 50m 이하

④ $600m^2$ 이하, 100m 이하

해설

하나의 경계구역의 면적은 $600m^2$ 이하로 하고 그 한 변의 길이는 50m(광전식분리형 감지기를 설치할 경우에는 100m) 이하로 할 것. 다만, 당해 건축물 그 밖의 공작물의 주요한 출입구에서 그 내부의 전체를 볼 수 있는 경우에 있어서는 그 면적을 $1,000m^2$ 이하로 할 수 있다.

52 적린과 황린의 공통적인 특성으로 옳은 것은?

① 연소할 때에는 오산화인의 흰 연기를 낸다.

② 냄새가 없는 적색가루이다.

③ 물, 이황화탄소에 녹는다.

④ 맹독성이다.

해설

• 적린의 연소 : $4P + 5O_2 \rightarrow 2P_2O_5$

• 황린의 연소 : $P_4 + 5O_2 \rightarrow 2P_2O_5$

② 적린은 냄새가 없으나, 황린은 마늘과 비슷한 냄새를 가진다.

③ 황린은 물에 반응하지 않아 물속에 저장한다.

④ 적린은 황린에 비해 독성이 없다.

53 소화전용 물통 16L의 능력단위를 구하시오.

① 0.1

② 0.3

③ 0.5

④ 0.6

해설

소화전용 물통 8L의 능력단위가 0.3이므로, 물통 16L(8L의 2배)의 능력단위는 0.6(0.3의 2배)이다.

기타 소화설비의 능력단위

소화설비	용량	능력단위
소화전용 물통	8L	0.3
수조(소화전용물통 3개 포함)	80L	1.5
수조(소화전용물통 6개 포함)	190L	2.5
마른 모래(삽 1개 포함)	50L	0.5
팽창질석 또는 팽창진주암(삽 1개 포함)	160L	1.0

54 10℃의 물 2g이 100℃ 수증기로 증발하면 열량을 얼마나 흡수할 수 있는가? (단, 물의 증발잠열은 539cal/g이다.)

① 180cal

② 340cal

③ 719cal

④ 1,258cal

해설

$Q = Q_1 + Q_2$

	1) Q_1		2) Q_2	
10℃ 물	$\longrightarrow$	100℃ 물	$\longrightarrow$	100℃ 수증기

물의 비열 $= 1cal/(g \cdot ℃)$

1) 10℃ 물 → 100℃ 물

$Q_1 = 1cal/(g \cdot ℃) \times 2g \times (100 - 10)℃ = 180cal$

2) 100℃ 물 → 100℃ 수증기

$Q_2 = 539cal/g \times 2g = 1,078cal$

3) $Q = Q_1 + Q_2$

$Q = 180 + 1,078 = 1,258kcal$

55 톨루엔에 대한 설명으로 옳지 않은 것은?

① 벤젠의 수소원자 하나가 메틸기로 치환된 것이다.

② 증기는 벤젠보다 가볍고 휘발성은 더 높다.

③ 독특한 향기를 가진 무색의 액체이다.

④ 물에 녹지 않는다.

해설

증기는 벤젠보다 무겁고 휘발성은 더 낮다.
- 벤젠(C_6H_6)의 증기비중 = 78/29 = 2.69
- 톨루엔($C_6H_5CH_3$)의 증기비중 = 92/29 = 3.17

56 제조소등에 전기설비(전기배선, 조명기구 등을 제외)가 설치된 경우 면적 몇 m^2마다 소형 수동식소화기를 1개 이상 설치하여야 하는가?

① $50m^2$ ② $100m^2$

③ $150m^2$ ④ $200m^2$

해설

제조소 등에 전기설비(전기배선, 조명기구 등은 제외)가 설치된 경우에는 당해 장소의 면적 $100m^2$마다 소형 수동식소화기를 1개 이상 설치할 것

57 위험물안전관리법상 안전거리 규제대상이 아닌 곳은?

① 제6류 위험물을 취급하는 제조소를 제외한 모든 제조소

② 주유취급소

③ 옥외저장소

④ 옥외탱크저장소

해설

안전거리 제외 대상
- 제6류 위험물을 취급하는 제조소
- 옥내탱크저장소
- 지하탱크저장소
- 간이탱크저장소
- 이동탱크저장소
- 암반탱크저장소
- 주유취급소
- 판매취급소

58 다음 중 소화설비의 주된 소화효과를 올바르게 연결한 것은?

① 옥내 · 옥외 소화전설비 – 질식소화

② 스프링클러설비, 물분무소화설비 – 억제소화

③ 포 · 분말 소화설비 – 억제소화

④ 할로겐화합물 소화설비 – 억제소화

해설

① 옥내 · 옥외 소화전설비 : 냉각소화

② 스프링클러설비, 물분무소화설비 : 냉각소화, 질식소화

③ 포 · 분말 소화설비 : 질식소화

59 위험물의 특성에 관한 설명 중 옳은 것은?

① 벤젠과 톨루엔 중 인화온도가 낮은 것은 톨루엔이다.

② 디에틸에테르는 휘발성이 높으며 마취성이 있다.

③ 에틸알코올은 물이 조금이라도 섞이면 불연성 액체가 된다.

④ 휘발유는 전기양도체이므로 정전기 발생이 위험하다.

해설

① 벤젠의 인화점은 - 11℃, 톨루엔의 인화점은 4℃이다.

③ 에틸알코올은 알코올의 함유량이 60중량퍼센트 이상이어야 한다.

④ 휘발유는 전기부도체이므로 정전기 발생이 위험하다.

정답 55 ② 56 ② 57 ② 58 ④ 59 ②

60 위험물의 운송기준에 관한 설명 중 옳지 않은 것은?

① 알킬리튬과 알킬알루미늄 또는 이 중 어느 하나 이상을 함유한 것은 운송책임자의 감독, 지원을 받아야 한다.

② 이동탱크저장소에 의하여 위험물을 운송할 때 운송책임자에는 법정의 교육을 이수하고 관련 업무에 2년 이상 경력이 있는 자도 포함된다.

③ 서울에서 부산까지 금속의 인화물 300kg을 1명의 운전자가 휴식 없이 운송해도 규정위반이 아니다.

④ 운송책임자의 감독 또는 지원 방법에는 동승하는 방법과 별도의 사무실에서 대기하면서 규정된 사항을 이행하는 방법이 있다.

해설

서울에서 부산까지 금속의 인화물 300kg을 1명의 운전자가 휴식 없이 운송하면 규정위반이다.

• 위험물운송자는 장거리(고속도로에 있어서는 340km 이상, 그 밖의 도로에 있어서는 200km 이상을 말한다)에 걸치는 운송을 하는 때에는 2명 이상의 운전자로 할 것. 다만, 다음의 1에 해당하는 경우에는 그러하지 아니하다.

1) 운송책임자를 동승시켜 운송 중인 위험물의 안전확보에 관하여 운전자에게 필요한 감독 또는 지원을 하는 경우

2) 운송하는 위험물이 제2류 위험물·제3류 위험물(칼슘 또는 알루미늄의 탄화물과 이것만을 함유한 것에 한함)또는 제4류 위험물(특수인화물을 제외)인 경우

3) 운송 도중에 2시간 이내마다 20분 이상씩 휴식하는 경우

01 위험물안전관리법령상 제1류 위험물을 운반할 시 함께 적재할 수 있는 위험물은? (단, 지정수량 10배 이상인 경우이다.)

① 제3류   ② 제4류

③ 제6류   ④ 없음

해설

유별을 달리하는 위험물의 혼재기준([별표 19] 관련)

위험물의 구분	제1류	제2류	제3류	제4류	제5류	제6류
제1류		×	×	×	×	○
제2류	×		×	○	○	×
제3류	×	×		○	×	×
제4류	×	○	○		○	×
제5류	×	○	×	○		×
제6류	○	×	×	×	×	

02 다음 보기 중 발화점 변화에 영향을 주는 요인으로 가장 거리가 먼 것은?

① 가연성가스와 공기의 조성비
② 발화를 일으키는 공간의 형태와 크기
③ 가열속도와 가열시간
④ 가열도구의 내구연한

해설

가열도구의 내구연한은 발화점과 관련이 없다.

03 농도가 36중량퍼센트 이상인 것을 위험물안전관리법령상의 위험물로 간주하는 물질은?

① 과산화수소   ② 과염소산

③ 질산   ④ 초산

해설

과산화수소는 그 농도가 36중량퍼센트 이상인 것에 한한다.

04 할론 소화약제의 분자식과 그의 약칭이 바르게 나열된 것은?

① CF_2ClBr, CB   ② CH_2ClBr, FB

③ $C_2F_4Br_2$, CTC   ④ CF_3Br, MTB

해설

Halon 1011	CH_2ClBr	CB 소화약제
Halon 1211	CF_2ClBr	BCF 소화약제
Halon 1301	CF_3Br	BTM 소화약제 또는 MTB 소화약제
Halon 2402	$C_2F_4Br_2$	FB 소화약제
Halon 104	CCl_4	CTC 소화약제

정답   **01** ③   **02** ④   **03** ①   **04** ④

05 위험물안전관리법령상 아세트알데히드 등을 취급하는 설비에 대한 내용이다. ( ) 안에 해당하는 물질이 아닌 것은?

> 아세트알데히드 등을 취급하는 설비는 ( ) · ( ) · ( ) · ( ) 또는 이들을 성분으로 하는 합금으로 만들지 아니할 것

① 동 ② 은
③ 금 ④ 마그네슘

해설

아세트알데히드 등을 취급하는 설비에는 은 · 수은 · 동 · 마그네슘을 성분으로 하는 합금으로 만들지 않는다.

06 표준상태에서 화학포 소화약제인 탄산수소나트륨 6mol과 반응하여 생성되는 이산화탄소의 부피(L)는?

① 22.4L ② 44.8L
③ 67.2L ④ 134.4L

해설

• 화학포의 반응식
$6NaHCO_3 + Al_2(SO_4)_3 \cdot 18H_2O \rightarrow 3Na_2SO_4 + 2Al(OH)_3 + 6CO_2 + 18H_2O$
• 탄산수소나트륨 6몰이 반응하여 6몰의 이산화탄소가 생성된다.
$\rightarrow 6mol\ CO_2 = 6mol \times \dfrac{22.4L}{1mol} = 134.4L$

07 질산이 공기 중에서 분해될 때 발생하는 유독한 갈색 증기의 분자량으로 옳은 것은?

① 16 ② 40
③ 46 ④ 71

해설

$4HNO_3 \rightarrow 2H_2O + 4NO_2 + O_2$
이산화질소가 발생한다.
NO_2의 분자량 : $14 + 16 \times 2 = 46$

08 황린에 대한 설명으로 틀린 것은?

① 공기 중에서 자연발화 할 수 있다.
② 연소하면 악취가 있는 검은색 연기를 낸다.
③ 수중에 저장하여야 한다.
④ 자체 증기도 유독하다.

해설

연소하면 백색연기(오산화인)를 낸다.
$P_4 + 5O_2 \rightarrow 2P_2O_5$

09 제조소 등의 위험물 저장 기준으로 틀린 것은?

① 황린은 제3류 위험물이므로 물기가 없는 건조한 장소에 저장하여야 한다.
② 덩어리 상태의 유황은 위험물 용기에 수납하지 않고 옥내저장소에 저장할 수 있다.
③ 옥내저장소에서는 용기에 수납하여 저장하는 위험물의 온도가 55℃를 넘지 아니하도록 필요한 조치를 강구하여야 한다.
④ 이동저장탱크에는 저장 또는 취급하는 위험물의 유별 · 품명 · 최대수량 및 적재중량을 표시하고 잘 보일 수 있도록 관리하여야 한다.

해설

황린은 자연발화성 물질이므로 물속에 넣어 저장한다.

10 살충제 원료로 사용되기도 하는 물질로 물과 반응하여 포스핀 가스를 발생하는 위험물은?

① 인화아연 ② 수소화나트륨
③ 칼륨 ④ 나트륨

해설

$Zn_3P_2 + 6H_2O \rightarrow 3Zn(OH)_2 + 2PH_3$

정답 05 ③ 06 ④ 07 ③ 08 ② 09 ① 10 ①

11 과염소산($HClO_4$)과 염화바륨($BaCl_2$)이 반응하여 발생하는 유해가스는 무엇인가?

① 질산(HNO_3)　　　② 황산($H2SO_4$)
③ 염화수소(HCl)　　④ 포스핀(PH_3)

해설

$2HClO_4 + BaCl_2 \rightarrow Ba(ClO_4)_2 + 2HCl$

12 다음 중 제4류 위험물의 제1석유류에 속하는 것은?

① 에틸렌글리콜　　　② 글리세린
③ 아세톤　　　　　　④ n - 부탄올

해설

① 에틸렌글리콜 : 제3석유류
② 글리세린 : 제3석유류
③ 아세톤 : 제1석유류
④ n - 부탄올 : 제2석유류

13 질산에틸과 아세톤의 공통적인 저장·취급방법으로 적합한 것은?

① 휘발성이 낮기 때문에 마개 없는 병에 보관하여도 무방하다.
② 점성이 커서 다른 용기에 옮길 때 가열하여 더운 상태에서 옮긴다.
③ 통풍이 잘되는 곳에 보관하고 불꽃 등의 화기를 피하여야 한다.
④ 인화점이 높으나 증기압이 낮으므로 햇빛에 노출된 곳에 저장이 가능하다.

해설

질산에틸과 아세톤은 통풍이 잘되는 곳에 보관하고 불꽃 등의 화기를 피하여야 한다.

14 할로겐화합물 소화약제의 주된 소화효과로 가장 적절한 것은?

① 부촉매효과　　　　② 희석효과
③ 파괴효과　　　　　④ 냉각효과

해설

할로겐화합물 소화약제의 주된 소화효과는 부촉매효과(억제효과)이다.

15 옥내탱크저장소의 탱크전용실을 단층 건물 외의 건축물에 설치할 때, 탱크전용실을 건축물의 1층 또는 지하층에만 설치하지 않아도 되는 위험물은?

① 제2류 위험물 중 덩어리 유황
② 제3류 위험물 중 황린
③ 제4류 위험물 중 인화점이 38℃ 이상인 위험물
④ 제6류 위험물 중 질산

해설

옥내저장탱크는 탱크전용실에 설치할 것. 이 경우 제2류 위험물 중 황화린·적린 및 덩어리 유황, 제3류 위험물 중 황린, 제6류 위험물 중 질산의 탱크전용실은 건축물의 1층 또는 지하층에 설치하여야 한다.

16 옥내저장소에서 저장하는 지정과산화물에 대한 설명으로 옳은 것은?

① 지정과산화물이란 제5류 위험물 중 유기과산화물 또는 이를 함유한 것으로서 지정수량이 10kg인 것을 말한다.
② 지정과산화물에는 제4류 위험물에 해당하는 것도 포함된다.
③ 지정과산화물이란 유기과산화물과 알킬알루미늄을 말한다.
④ 지정과산화물이란 유기과산화물 중 소방청장이 고시로 지정한 물질을 말한다.

해설

지정과산화물이란 제5류 위험물 중 유기과산화물 또는 이를 함유한 것으로서 지정수량이 10kg인 것을 말한다.

17 25℃, 2atm에서 액화 이산화탄소 1kg이 방출되어 모두 기체가 되었다. 방출된 기체의 이산화탄소 부피(L)를 구하시오.

① 238 　　　　② 278

③ 308 　　　　④ 340

해설

$PV = nRT$식에

- P(압력) = 2atm
- V(부피) = x
- n(몰수) = W(질량)/M(분자량) = 1,000g/(44g/mol)
  = 22.73mol
- R(기체상수) = 0.082L · atm/(K · mol)
- T(온도) = 25℃ + 273 = 298K
  를 대입한다.
∴ x = 277.72L

18 경유에 대한 설명으로 옳지 않은 것은?

① 물에 녹지 않는다.

② 비중은 1 이하이다.

③ 발화점이 인화점보다 높다.

④ 인화점은 상온 이하이다.

해설

인화점은 50℃ 이상으로, 상온 이상이다.

19 지하탱크저장소에 설치하는 강제이중벽탱크의 구조 및 표시사항에 관한 설명으로 옳지 않은 것은?

① 탱크 본체와 외벽 사이에는 3mm 이상의 감지층을 둔다.

② 스페이서는 탱크 본체와 재질을 다르게 하여야 한다.

③ 탱크전용실 없이 지하에 직접 매설할 수도 있다.

④ 탱크의 외면에는 최대시험압력을 지워지지 않도록 표시하여야 한다.

해설

①, ② 강제 이중벽탱크의 구조
- 외벽은 완전용입용접 또는 양면겹침이음용접으로 틈이 없도록 제작할 것
- 탱크의 본체와 외벽의 사이에 3mm 이상의 감지층을 둘 것
- 탱크 본체와 외벽 사이의 감지층 간격을 유지하기 위한 스페이서를 다음 각목에 의하여 설치할 것
  - 스페이서는 탱크의 고정밴드 위치 및 기초대 위치에 설치할 것
  - 재질은 원칙적으로 탱크본체와 동일한 재료로 할 것
  - 스페이서와 탱크의 본체와의 용접은 전주필렛용접 또는 부분용접으로 하되, 부분용접으로 하는 경우에는 한 변의 용접비드는 25mm 이상으로 할 것
  - 스페이서 크기는 두께 3mm, 폭 50mm, 길이 380mm 이상일 것
- 누설감지설비는 누설감지설비의 기준규정에 의할 것
④ 탱크 외면 표시사항
- 제조업체명, 제조년월 및 제조번호
- 탱크의 용량 · 규격 및 최대시험압력
- 형식번호, 탱크안전성능시험 실시자 등 기타 필요한 사항
- 탱크운반시 주의사항 · 적재방법 · 보관방법 · 설치방법 및 주의사항 등을 기재한 지침서

20 다음 중 분진폭발 발생 위험성이 가장 낮은 것은?

① 마그네슘 가루 　　② 아연가루

③ 밀가루 　　　　　④ 시멘트 가루

해설

- 분진폭발을 일으키는 물질 : 밀가루, 석탄가루, 먼지, 전분, 플라스틱 분말, 금속분 등
- 분신폭발을 일으키지 않는 물질 : 석회석 가루(생석회) 시멘트 가루, 대리석 가루, 탄산칼슘 등

정답 **17** ① **18** ④ **19** ② **20** ④

PART 01 | PART 02 | PART 03 | PART 04 | PART 05

21 다음 중 인화점이 100℃보다 낮은 위험물은?

① 아닐린
② 에틸렌글리콜
③ 글리세린
④ 실린더유

해설

위험물의 인화점
① 아닐린 : 70℃
② 에틸렌글리콜 : 111℃
③ 글리세린 : 160℃
④ 실린더유 : 200~250℃

22 높이 15m, 지름 20m인 옥외저장탱크의 보유공지 단축을 위해 물분무설비로 방호조치를 하는 경우에 필요한 최소 수원의 양(L)은?

① 46,496L
② 58,090L
③ 70,259L
④ 95,880L

해설

옥외저장탱크에 다음 각목의 기준에 적합한 물분무설비로 방호조치를 하는 경우에는 그 보유공지를 규정에 의한 보유공지의 2분의 1 이상의 너비(최소 3m 이상)로 할 수 있다. 이 경우 공지단축 옥외저장탱크의 화재 시 $1m^2$당 20kW 이상의 복사열에 노출되는 표면을 갖는 인접한 옥외저장탱크가 있으면 당해 표면에도 다음 각목의 기준에 적합한 물분무설비로 방호조치를 함께하여야 한다.
가. 탱크의 표면에 방사하는 물의 양은 탱크의 원주길이 1m에 대하여 분당 37L 이상으로 할 것
나. 수원의 양은 가목의 규정에 의한 수량으로 20분 이상 방사할 수 있는 수량으로 할 것
다. 탱크에 보강링이 설치된 경우에는 보강링의 아래에 분무헤드를 설치하되, 분무헤드는 탱크의 높이 및 구조를 고려하여 분무가 적정하게 이루어질 수 있도록 배치할 것
라. 물분무소화설비의 설치기준에 준할 것
→ 수원의 양 = 37L/m · min × 원주의 길이 × 20min
  = 37L/m · min × 20πm × 20min = 46,496L

23 디에틸에테르의 과산화물 검출시약으로 사용되는 물질은 무엇인가?

① 요오드화칼륨
② 요오드화나트륨
③ 물
④ 황산제일철

해설

KI(요오드화칼륨) 10% 수용액을 검출시약으로 사용한다.

24 다음 중 발화점이 낮아지는 조건으로 가장 적합한 것은?

① 화학적 활성도가 낮을 때
② 발열량이 클 때
③ 산소와 친화력이 나쁠 때
④ 주위의 압력이 낮을 때

해설

화학적 활성도가 높을 때, 발열량이 클 때, 산소와 친화력이 좋을 때, 주위의 압력이 높을 때 발화점이 낮아진다.

25 피리딘의 특성에 대한 설명 중 옳지 않은 것은?

① 물보다 가볍고, 증기는 공기보다 무겁다.
② 순수한 것은 무색 액체이다.
③ 흡습성이 없고, 비수용성이다.
④ 약알칼리성을 나타낸다.

해설

피리딘은 수용성 액체이다.

26 염소산염류의 성질에 대한 설명으로 옳은 것은?

① 염소산칼륨은 환원제이다.
② 염소산나트륨은 조해성이 있다.
③ 염소산암모늄은 위험물이 아니다.
④ 염소산칼륨은 냉수와 알코올에 잘 녹는다.

해설

① 염소산칼륨은 산화제이다.
③ 염소산암모늄은 제1류 위험물이다.
④ 염소산칼륨은 냉수와 알코올에 잘 녹지 않고, 온수나 글리세린에 잘 녹는다.

27 위험성 예방을 위해 물속에 넣어 저장하는 위험물은?

① 칠황화린
② 이황화탄소
③ 오황화린
④ 톨루엔

해설

이황화탄소는 가연성 증기발생을 억제하기 위해 물속에 넣어 저장한다.

28 비중은 0.86이며 은백색의 무른 경금속으로, 연소 시 보라색 불꽃을 내는 위험물의 명칭은 무엇인가?

① 칼슘
② 나트륨
③ 칼륨
④ 리튬

해설

칼륨에 대한 설명이다.

29 알킬알루미늄 등 또는 아세트알데하이드 등을 취급하는 제조소의 특례기준으로 적절한 것은?

① 알킬알루미늄 등을 취급하는 설비에는 불활성기체 또는 수증기를 봉입하는 장치를 설치한다.
② 알킬알루미늄 등을 취급하는 설비에는 은·수은·동·마그네슘을 성분으로 하는 것으로 만들지 않는다.
③ 아세트알데하이드 등을 취급하는 탱크에는 냉각장치 또는 보냉장치 및 불활성기체 봉입장치를 설치한다.
④ 아세트알데하이드 등을 취급하는 설비의 주위에는 누설 범위를 국한하기 위한 설비와 누설되었을 때 안전한 장소에 설치된 저장실에 유입시킬 수 있는 설비를 갖춘다.

해설

① 알킬알루미늄 등을 취급하는 설비에는 불활성 기체를 봉입하는 장치를 설치한다.
② 아세트알데히드 등을 취급하는 설비에는 은·수은·동·마그네슘을 성분으로 하는 합금으로 만들지 않는다.
④ 알킬알루미늄 등을 취급하는 설비의 주위에는 누설 범위를 국한하기 위한 설비와 누설되었을 때 안전한 장소에 설치된 저장실에 유입시킬 수 있는 설비를 갖춘다.

30 이산화탄소 소화기의 특징에 대한 설명으로 옳지 않은 것은?

① 소화약제에 의한 오손이 거의 없다.
② 장시간 저장해도 물성의 변화가 거의 없다.
③ 전기화재에 유효하다.
④ 약제 방출 시 소음이 없다.

해설

이산화탄소 소화기는 약제 방출 시 소음이 크다.

정답 26 ② 27 ② 28 ③ 29 ③ 30 ④

31 위험물을 차량 등에 적재할 때 강구하는 조치로 옳지 않은 것은?

① 제5류, 제6류에는 방수성 피복으로 덮는다.
② 제2류 중 철분, 마그네슘은 방수성 피복으로 덮는다.
③ 제1류의 알칼리금속 과산화물은 차광성과 방수성이 모두 있는 피복으로 덮는다.
④ 제5류 위험물 중 55℃ 이하의 온도에서 분해 우려가 있는 것은 보냉컨테이너에 수납하는 등의 방법으로 적당한 온도관리를 유지한다.

해설

방수성 피복으로 덮어야 하는 위험물
• 제1류 위험물 중 알칼리금속의 과산화물 또는 이를 함유한 것
• 제2류 위험물 중 철분·금속분·마그네슘 또는 이들 중 어느 하나 이상을 함유한 것
• 제3류 위험물 중 금수성물질

32 적린과 유황의 공통되는 일반적인 특성으로 거리가 먼 것은?

① 비중이 1보다 크다.
② 연소하기 쉽다.
③ 산화되기 쉽다.
④ 물에 잘 녹는다.

해설

적린과 유황은 비수용성 물질이다.

33 위험물안전관리법령에서 규정하고 있는 사항으로 옳지 않은 것은?

① 법정의 안전관리자교육 이수자와 소방공무원으로 근무한 경력이 3년 이상인 자는 제4류 위험물에 대한 위험물취급자격자가 될 수 있다.
② 정기검사의 대상이 되는 것은 액체 위험물을 저장 또는 취급하는 10만L 이상의 옥외탱크저장소, 암반탱크저장소, 이송취급소이다.
③ 법정의 안전교육을 받아야 하는 사람은 안전관리자로 선임된 자, 탱크시험자의 기술인력으로 종사하는 자, 위험물운송자로 종사하는 자이다.
④ 지정수량 150배 이상의 위험물을 저장하는 옥내저장소는 관계인이 예방규정을 정하여야 하는 제조소 등에 해당한다.

해설

정기검사 대상 제조소 등은 액체위험물을 저장 또는 취급하는 50만L 이상의 옥외탱크저장소를 말한다.

34 니트로글리세린에 관한 설명으로 옳지 않은 것은?

① 상온에서 액체 상태이다.
② 다이너마이트의 원료로 쓰인다.
③ 충격 및 마찰에 민감하므로 주의해야 한다.
④ 물에는 잘 녹지만 유기용매에는 녹지 않는다.

해설

니트로글리세린은 비수용성이고, 메틸알코올, 아세톤 같은 유기용매에 잘 녹는다.

35 자동화재탐지설비의 설치기준에 대한 설명 중 옳지 않은 것은?

① 자동화재탐지설비의 경계구역은 건축물, 그 밖의 공작물의 2 이상의 층에 걸치도록 할 것
② 하나의 경계구역에서 그 한 변의 길이는 50m(광전 식분리형 감지기를 설치할 경우에는 100m) 이하로 할 것
③ 자동화재탐지설비의 감지기는 지붕 또는 벽의 옥내에 면한 부분에 유효하게 화재의 발생을 감지할 수 있도록 설치할 것
④ 자동화재탐지설비에는 비상전원을 설치할 것

해설
자동화재탐지설비의 경계구역은 건축물 그 밖의 공작물의 2 이상의 층에 걸치지 아니하도록 할 것

36 제1종 분말소화약제를 이용하여 식용유 화재를 제어할 때 사용되는 소화원리(효과)로 옳은 것은?

① 촉매효과에 의한 질식소화
② 비누화 반응에 의한 질식소화
③ 요오드화에 의한 냉각소화
④ 가수분해 반응에 의한 냉각소화

해설
제1종 분말 소화약제(탄산나트륨)은 수용액상에서 염기성을 띠며 식용유와 반응하여 비누화반응을 일으켜 질식소화 효과를 나타낸다.

37 주유취급소 중 건축물의 2층에 휴게음식점의 용도로 사용하는 것에 있어 해당 건축물의 2층으로부터 주유취급소의 부지 밖으로 통하는 출입구와 해당 출입구로 통하는 통로·계단 및 출입구에 설치하여야 하는 것은?

① 비상경보설비
② 유도등
③ 비상조명등
④ 확성장치

해설
주유취급소 중 건축물의 2층 이상의 부분을 점포·휴게음식점 또는 전시장의 용도로 사용하는 것에 있어서는 당해 건축물의 2층 이상으로부터 주유취급소의 부지 밖으로 통하는 출입구와 당해 출입구로 통하는 통로·계단 및 출입구에 유도등을 설치하여야 한다.

38 제1류 위험물 일반적 특성에 대한 설명으로 옳지 않은 것은?

① 고체상태이다.
② 분해하여 산소를 발생한다.
③ 가연성 물질이다.
④ 산화제이다.

해설
제1류 위험물은 일반적으로 불연성 물질이다.

39 위험물안전관리법상 제조소 등의 설치허가의 취소 또는 사용정지의 사유에 해당하지 않는 것은 무엇인가?

① 안전교육 대상자가 교육을 받지 아니한 때
② 완공검사를 받지 않고 제조소 등을 사용한 때
③ 위험물안전관리자를 선임하지 아니한 때
④ 제조소 등의 정기검사를 받지 아니한 때

해설

제조소 등의 설치허가의 취소 또는 사용정지의 사유
• 변경허가를 받지 아니하고 제조소 등의 위치·구조 또는 설비를 변경한 때
• 완공검사를 받지 아니하고 제조소 등을 사용한 때
• 안전조치 이행명령을 따르지 아니한 때
• 수리·개조 또는 이전의 명령을 위반한 때
• 위험물안전관리자를 선임하지 아니한 때
• 위험물안전관리자가 직무를 수행할 수 없을 경우 대리자를 지정하지 아니한 때
• 정기점검을 하지 아니한 때
• 정기검사를 받지 아니한 때
• 저장·취급기준 준수명령을 위반한 때

40 과염소산나트륨의 특성으로 옳지 않은 것은?

① 황색의 분말로 물과 반응하여 산소를 발생한다.
② 가열하면 분해되어 산소를 방출한다.
③ 융점은 약 482℃이고 물에 잘 녹는다.
④ 비중은 약 2.0으로 물보다 무겁다.

해설

물과 반응하여 산소를 발생시키는 것은 알칼리금속의 과산화물이다.

41 이송취급소의 배관이 하천을 횡단하는 경우 하천 밑에 매설하는 배관의 외면과 계획하상(계획하상이 최심하상보다 높은 경우에는 최심하상)과의 거리는 몇 m 이상 두어야 하는가?

① 1.2m   ② 2.5m
③ 3.0m   ④ 4.0m

해설

• 하천을 횡단하는 경우 : 4.0m 이상
• 수로를 횡단하는 경우
  - 「하수도법」에 따른 하수도(상부가 개방되는 구조로 된 것에 한함) 또는 운하 : 2.5m 이상
  - 그 외의 좁은 수로(용수로 그 밖에 유사한 것을 제외) : 1.2m 이상

42 위험물안전관리법령 상 위험물과 그의 지정수량 연결이 틀린 것은?

① 유황 : 100kg   ② 황화린 : 100kg
③ 마그네슘 : 100kg   ④ 금속분 : 500kg

해설

마그네슘의 지정수량은 500kg이다.

43 유기과산화물을 저장할 때 주의사항으로 옳지 않은 것은?

① 인화성 액체류와 접촉을 피한다.
② 다른 산화제와 격리하여 저장한다.
③ 필요한 경우 물질의 특성에 맞는 희석제를 첨가한다.
④ 습기 방지를 위해 건조한 상태로 저장한다.

해설

유기과산화물 중 과산화벤조일의 경우에는 수분이 10% 이하가 되지 않도록 보관해야 한다.

정답 39 ① 40 ① 41 ④ 42 ③ 43 ④

44 유류화재 시 분말 소화약제를 사용할 경우 소화 후 재발화현상이 발생할 수 있어서 이러한 현상을 예방하기 위하여 분말 소화약제와 병용하여 사용하는 포소화약제는 무엇인가?

① 단백포
② 수성막포
③ 알코올형포
④ 합성계면활성제포

해설

포 소화약제(거품 피막의 지속성)와 분말 소화약제(빠른 소화능력의 속소성)의 장점을 합쳐 트윈 에이전트 시스템으로 병용하여 사용한다. 이 트윈 에이전트 시스템은 분말로는 CDC(Compatible Dry Chemical)를, 포 소화약제로는 수성막포를 조합한다.

45 위험물안전관리법령상 자기반응성 물질에 적응성이 있는 소화설비는?

① 포소화설비
② 불활성기체 소화설비
③ 할로겐화합물 소화설비
④ 탄산수소염류 소화설비

해설

자기반응성 물질(제5류 위험물)에 대하여 적응성이 있는 소화설비

대상물의 구분 / 소화설비의 구분	건축물·그밖의공작물	전기설비	제1류 위험물 알칼리금속과산화물등	제1류 위험물 그밖의것	제2류 위험물 철분·금속분·마그네슘등	제2류 위험물 인화성고체	제2류 위험물 그밖의것	제3류 위험물 금수성물품	제3류 위험물 그밖의것	제4류 위험물	제5류 위험물	제6류 위험물
옥내소화전 또는 옥외소화전 설비	○			○		○	○		○		○	○
스프링클러설비	○			○		○	○		○	△	○	○
물분무 소화설비	○	○		○		○	○		○	○	○	○
포소화설비	○			○		○	○		○	○	○	○
불활성가스 소화설비		○				○				○		
할로겐화합물 소화설비		○				○				○		
분말 소화설비 인산염류 등	○	○		○		○	○			○		○
분말 소화설비 탄산수소염류 등		○	○		○	○		○		○		
분말 소화설비 그 밖의 것			○		○			○				

46 전역방출방식 할로겐화합물소화설비의 분사헤드에서 하론 1211을 방사하는 경우에 분사헤드의 방사압력은 얼마 이상으로 하여야 하는가?

① 0.1MPa
② 0.2MPa
③ 0.3MPa
④ 0.9MPa

해설

전역방출방식 할로겐화합물소화설비 분사헤드의 방사압력
- 하론 2402를 방사하는 것 : 0.1MPa 이상
- 하론 1211(브로모클로로다이플루오로메탄)을 방사하는 것 : 0.2MPa 이상
- 하론 1301(브로모트라이플루오로메탄)을 방사하는 것 : 0.9MPa 이상

47 포소화설비 가압송수장치에서 압력수조 압력 산출 시 필요 없는 항은 무엇인가?

① 낙차의 환산수두압
② 배관의 마찰손실수두압
③ 노즐선의 마찰손실수두압
④ 소방용 호스의 마찰손실수두압

해설

$P = p_1 + p_2 + p_3 + p_4$

P : 압력수조의 필요한 압력(MPa)
p_1 : 고정식포방출구의 설계압력 또는 이동식포소화설비의 노즐 방사압력(MPa)
p_2 : 배관의 마찰손실수두압(MPa)
p_3 : 낙차의 환산수두압(MPa)
p_4 : 이동식포소화설비의 소방용 호스의 마찰손실수두압(MPa)

정답 44 ② 45 ① 46 ② 47 ③

48 제2류 위험물 중 지정수량이 500kg인 물질에 의한 화재로 옳은 것은?

① A급 화재
② B급 화재
③ C급 화재
④ D급 화재

해설
지정수량 500kg인 철분, 금속분, 마그네슘의 화재는 D급 화재(금속 화재)이다.

49 브롬산나트륨 300kg, 과산화나트륨 150kg, 중크롬산나트륨 500kg을 취급하고 있는 제조소의 지정수량 배수 총합은 얼마인가?

① 3.5
② 4.0
③ 4.5
④ 5.0

해설
- 브롬산나트륨 지정수량 : 300kg
- 과산화나트륨 지정수량 : 50kg
- 중크롬산나트륨 지정수량 : 1,000kg
- 지정수량의 배수 = 위험물 저장수량/위험물 지정수량
- 지정수량 배수의 합 = $\dfrac{300}{300} + \dfrac{150}{50} + \dfrac{500}{1,000} = 4.5$

50 위험물안전관리법령상 소화난이도등급 I 인 제조소의 연면적기준은 몇 m² 이상인가?

① 1,000m²
② 900m²
③ 800m²
④ 700m²

해설
소화난이도등급 I 에 해당하는 제조소

제조소 등의 구분	제조소 등의 규모, 저장 또는 취급하는 위험물의 품명 및 최대수량 등
제조소 일반취급소	연면적 1,000m² 이상인 것
	지정수량의 100배 이상인 것(고인화점위험물만을 100℃ 미만의 온도에서 취급하는 것 및 제48조의 위험물을 취급하는 것은 제외)
	지반면으로부터 6m 이상의 높이에 위험물 취급설비가 있는 것(고인화점위험물만을 100℃ 미만의 온도에서 취급하는 것은 제외)
	일반취급소로 사용되는 부분 외의 부분을 갖는 건축물에 설치된 것(내화구조로 개구부 없이 구획된 것, 고인화점위험물만을 100℃ 미만의 온도에서 취급하는 것 및 [별표 16] X의2의 화학실험의 일반취급소는 제외)

51 다음 중 제5류 위험물에 속하는 것이 아닌 것은?

① 클로로벤젠
② 과산화벤조일
③ 염산히드라진
④ 아조벤젠

해설
클로로벤젠은 제4류 위험물(제2석유류)이다.

52 건축물의 1층 및 2층 부분만을 방사능력범위로 하는 소화설비는 무엇인가?

① 스프링클러설비
② 포소화설비
③ 옥외소화전설비
④ 물분무소화설비

해설
옥외소화전은 방호대상물(당해 소화설비에 의하여 소화하여야 할 제조소등의 건축물, 그 밖의 공작물 및 위험물을 말한다. 이하 같다)의 각 부분(건축물의 경우에는 당해 건축물의 1층 및 2층의 부분에 한한다)에서 하나의 호스접속구까지의 수평거리가 40m 이하가 되도록 설치할 것. 이 경우 그 설치개수가 1개일 때는 2개로 하여야 한다.

정답 **48** ④ **49** ③ **50** ① **51** ① **52** ③

53 다음 중 내알코올포 소화약제를 사용하는 것이 가장 적합한 위험물은?

① 아세톤
② 휘발유
③ 경유
④ 등유

해설

내알코올포 소화약제는 알코올과 같은 수용성 액체 화재에 적합한 소화약제이다.

54 운송의 감독 또는 지원을 위하여 마련한 별도의 사무실에 운송책임자가 대기하면서 이행하는 사항으로 거리가 먼 것은?

① 운송 후에 운송경로를 파악하여 관할 경찰관서에 신고하는 것
② 이동탱크저장소의 운전자에 대하여 수시로 안전확보 상황을 확인하는 것
③ 비상시의 응급처치에 관하여 조언을 하는 것
④ 위험물의 운송 중 안전확보에 관하여 필요한 정보를 제공하고 감독 또는 지원하는 것

해설

운송의 감독 또는 지원을 위하여 마련한 별도의 사무실에 운송책임자가 대기하면서 이행하는 사항
• 운송경로를 미리 파악하고 관할소방관서 또는 관련업체(비상대응에 관한 협력을 얻을 수 있는 업체를 말한다)에 대한 연락체계를 갖추는 것
• 이동탱크저장소의 운전자에 대하여 수시로 안전확보 상황을 확인하는 것
• 비상시의 응급처치에 관하여 조언을 하는 것
• 그 밖에 위험물의 운송 중 안전확보에 관하여 필요한 정보를 제공하고 감독 또는 지원하는 것

55 20℃의 구리 50g을 100℃까지 가열하는 데 필요한 열량은? (단, 구리의 비열은 0.093cal/g·℃이다.)

① 520cal
② 450cal
③ 372cal
④ 184cal

해설

$Q = cm\Delta t$

$Q = \dfrac{0.093\,\text{cal}}{g\cdot℃} \times 50g \times (100-20)℃ = 372\,\text{cal}$

56 메틸알코올 8,000L에 대한 소화능력으로 삽을 포함한 마른 모래를 얼마나 설치하여야 하는가?

① 100L
② 200L
③ 300L
④ 400L

해설

• 메틸알코올 지정수량 : 400L
• 위험물의 1소요단위 = 지정수량의 10배
• 소요단위 $= \dfrac{\text{저장수량}}{\text{지정수량} \times 10} = \dfrac{8,000}{400 \times 10} = 2$
• 삽을 포함한 마른 모래의 능력단위 : 0.5(용량 50L)
메틸알코올의 소요단위 2에 대응하기 위해 능력단위 0.5의 4배의 용량이 필요
∴ 50L × 4 = 200L

57 위험물안전관리법에서 규정하고 있는 내용으로 옳지 않은 것은?

① 민사집행법에 의한 경매, 국세징수법 또는 지방세징수법에 따른 압류재산의 매각절차에 따라 제조소 등 시설의 전부를 인수한 자는 그 설치자의 지위를 승계한다.

② 탱크시험자의 등록이 취소된 날로부터 2년이 지나지 아니한 자는 탱크시험자로 등록하거나 탱크시험자의 업무에 종사할 수 없다.

③ 농예용·축산용으로 필요한 난방시설 또는 건조시설을 위한 지정수량 20배 이하의 취급소는 신고를 하지 아니하고 위험물의 품명·수량을 변경할 수 있다.

④ 법정의 완공검사를 받지 아니하고 제조소 등을 사용한 때 시·도지사는 허가를 취소하거나 6월 이내의 기간을 정하여 사용정지를 명할 수 있다.

해설

농예용, 축산용으로 필요한 난방시설 또는 건조시설을 위한 지정수량 20배 이하의 저장소는 신고를 하지 아니하고 위험물의 품명, 수량을 변경할 수 있다.

58 정기점검 대상 제조소 등이 아닌 것은?

① 이동탱크저장소
② 지정수량 120배의 위험물을 저장하는 옥외저장소
③ 지정수량 120배의 위험물을 저장하는 옥내저장소
④ 이송취급소

해설

정기점검 대상 제조소 등

정기점검 대상 제조소 등	비고
1. 지정수량의 10배 이상의 위험물을 취급하는 제조소 2. 지정수량의 100배 이상의 위험물을 저장하는 옥외저장소 3. 지정수량의 150배 이상의 위험물을 저장하는 옥내저장소 4. 지정수량의 200배 이상의 위험물을 저장하는 옥외탱크저장소 5. 암반탱크저장소 6. 이송취급소 7. 지정수량의 10배 이상의 위험물을 취급하는 일반취급소. 다만, 제4류 위험물(특수인화물을 제외한다)만을 지정수량의 50배 이하로 취급하는 일반취급소(제1석유류·알코올류의 취급량이 지정수량의 10배 이하인 경우에 한한다)로서 다음 각목의 어느 하나에 해당하는 것을 제외한다. 　가. 보일러·버너 또는 이와 비슷한 것으로서 위험물을 소비하는 장치로 이루어진 일반취급소 　나. 위험물을 용기에 옮겨 담거나 차량에 고정된 탱크에 주입하는 일반취급소	관계인이 예방규정을 정하여야 하는 제조소 등
지하탱크 저장소	
이동탱크 저장소	
위험물을 취급하는 탱크로서 지하에 매설된 탱크가 있는 제조소·주유취급소 또는 일반취급소	

59 위험물안전관리법령상 염소화규소화합물의 위험물 유별은?

① 제1류 위험물　　　② 제2류 위험물
③ 제3류 위험물　　　④ 제5류 위험물

해설

제3류 위험물(행정안전부령으로 정하는 것)에 해당된다.

60 인화점 70℃ 이상의 제4류 위험물을 저장하는 소화난이도등급 I 의 옥외탱크저장소에 설치하여야 하는 소화설비로만 이루어진 것은?

① 물분무소화설비 또는 고정식 포소화설비
② 불활성가스 소화설비 또는 물분무소화설비
③ 할로겐화합물 소화설비 또는 불활성가스 소화설비
④ 고정식 포소화설비 또는 할로겐화합물소화설비

해설
물분무소화설비 또는 고정식 포소화설비를 설치해야 한다.

PART 01 | PART 02 | PART 03 | PART 04 | PART 05

2024
위험물기능사 필기 한권완성
—

초 판 발 행   2024년 03월 20일

편   저   김찬양
발 행 인   정용수
발 행 처   (주)예문아카이브
주   소   서울시 마포구 동교로 18길 10 2층
T E L   02) 2038 – 7597
F A X   031) 955 – 0660

등 록 번 호   제2016-000240호

정   가   30,000원

홈페이지 http://www.yeamoonedu.com

ISBN   979-11-6386-263-5   [13570]